城市资源环境承载力

——评价原理与应用

申立银　著

科学出版社

北　京

内容简介

城市资源环境承载力是城市可持续发展的基础。本书创新性地提出了“载体-荷载”视角下的城市资源环境承载力评价原理和理论方法，阐释了城市可持续发展所依托的九个城市资源环境维度：水资源、能源资源、大气资源、土地资源、文化资源、人力资源、交通资源、市政设施、公共服务资源，对我国35个大型样本城市的资源环境承载力进行了实证研究，剖析了样本城市的资源环境承载力状况和面临的问题，提出了优化我国城市资源环境承载力的政策体系。

本书是基于国家社会科学基金重大项目“大数据背景下我国大型城市资源环境承载力评价与政策研究”（17ZDA062）的研究成果。本书可服务于政府相关部门的决策支撑，指导相关行业部门与科研机构评价分析城市资源环境承载力水平。

审图号：GS川(2024)117号

图书在版编目(CIP)数据

城市资源环境承载力：评价原理与应用 / 申立银著. -- 北京：科学出版社, 2024. 6. -- ISBN 978-7-03-078737-8

Ⅰ. X372

中国国家版本馆CIP数据核字第2024EH7335号

责任编辑：刘　琳 / 责任校对：彭　映
责任印制：罗　科 / 封面设计：墨创文化

科学出版社出版
北京东黄城根北街16号
邮政编码：100717
http://www.sciencep.com

成都锦瑞印刷有限责任公司 印刷
科学出版社发行　各地新华书店经销
*
2024年6月第　一　版　　开本：787×1092 1/16
2024年6月第一次印刷　　印张：29
字数：690 000

定价：288.00元

（如有印装质量问题，我社负责调换）

前　言

城镇化是 21 世纪全球特别是发展中国家社会经济发展的主旋律。随着信息科学与技术的进步，城镇化建设迎来了数字化时代，而人类社会的经济活动及生产生活方式也在迅速改变。人类社会经济活动不断地向城市集聚，城市规模不断增大，老旧城区不断更新，新兴城市不断涌现，城市成为人类社会经济活动的主要所在地，是人类家园的主要空间，也是人类社会可持续发展的重要引擎。

科学技术的发展已经改变了城市可持续发展所依赖的资源环境的内涵，城市的有效运行和可持续发展对社会属性资源的依赖度变得越来越高。城市高度集聚的生活和生产活动与有限的城市资源环境承载力成为一对相互依赖、相互制约的二元体。因此，研究如何准确认识城市资源环境承载力、如何优化提升城市资源环境承载力具有重要的理论意义，它们是迫切需要解决的重大现实问题。

[内容结构]

本书由基础篇、实证篇和政策篇三部分组成，各篇的研究内容如下。

基础篇包括第 1～4 章，全面阐述本书诞生的背景、相关文献和基础理论；引用物理力学中“载体”与“荷载”的概念，构建基于“载体-荷载”视角的城市资源环境承载力评价原理；建立城市资源环境承载力评价方法。

实证篇包括第 5～14 章，应用基础篇中构建的城市资源环境承载力评价原理与方法对我国大型样本城市的水资源、能源资源、大气环境、土地资源、文化资源、人力资源、交通、市政设施以及公共服务资源 9 个维度的城市资源环境承载力进行了系统的实证研究。主要内容包括：界定各维度资源环境承载力的内涵；描述各维度资源环境承载力的定量算法；计算样本城市各维度资源环境承载力的状态水平；分析样本城市的资源环境承载力的演变规律；诊断样本城市的资源环境承载力居民满意度。

政策篇包括第 15～18 章，秉承“渐进模式”的政策研究范式，基于“问题-经验模式”的经验挖掘思路，循序渐进地构建优化城市资源环境承载力的政策体系。主要内容包括：系统阐述我国城市资源环境承载力存在的问题；刻画我国城市资源环境承载力政策现状；展示基于经验挖掘理论的城市资源环境承载力政策决策支持系统及其应用；建立提升城市资源环境承载力的政策体系。

[学术价值]

本书阐述了一系列新的学术思想、理论观点和研究方法，丰富了城市资源环境承载力理论体系，将城市资源环境承载力评价原理和方法发展到新的阶段，具有重要的学术价值，具体表现在以下四个方面：①围绕“实现城市可持续发展需要哪些方面的资源环境承载力”这一根本问题，应用城市可持续发展理论，科学地提出城市资源环境承载力包括水资源承载力、能源资源承载力、大气环境承载力、土地资源承载力、文化资源承载力、人力资源承载力、交通承载力、市政设施承载力和公共服务资源承载力九大维度的承载力。这一学术观点避免了城市资源环境承载力内涵“众说纷纭”的问题，克服了传统上侧重从自然资源视角认识城市资源环境承载力的局限性，为全面认识城市资源环境承载力提供了理论导向。②引用物理力学中“载体”与“荷载”的概念，创新性地提出城市资源环境承载力由载体与荷载共同决定的理论观点，通过建立城市资源环境载体与其承载的荷载之间的关系，确立计算承载水平的方法，进而分析和比较各个城市不同维度资源环境承载力的水平。③创新性地提出城市资源环境承载力分析应基于韧性观而非阈值观的理论观点，建立了基于韧性观的城市资源环境承载力分析范式，借鉴“韧性”的概念描述城市载体在承载荷载的过程中进行自我调节的能力，为形成城市资源环境承载力是动态变化的观点提供了理论依据。④应用经验挖掘理论构建了城市资源环境承载力政策决策支持系统，帮助城市管理者搜索匹配可借鉴的最佳经验决策，为科学制定优化提升城市资源环境承载力的政策提供了重要技术支撑。

［应用价值］

本书展示了丰富的城市资源环境承载力实证研究内容，具有重要的应用价值：①对我国大型样本城市资源环境承载力的实证评价结果，可以帮助这些城市的管理者掌握城市的水资源、能源资源、大气环境、土地资源、文化资源、人力资源、交通、市政设施和公共服务资源等资源环境承载力的状态和演变规律，认识城市在资源环境承载力方面的短板，为判断城市资源环境承载力未来发展和变化的趋势提供借鉴；②系统地识别和解析了我国城市资源环境承载力面临的突出问题，帮助城市管理者清楚把控问题和认识出现问题的原因，使城市管理者可以研究具有针对性的措施用于改善城市资源环境承载力；③开发了基于经验挖掘理论的城市资源环境承载力政策决策支持系统，为城市管理者设计和制定优化提升资源环境承载力的政策措施提供了技术支撑；④系统地提炼出一套旨在优化提升城市资源环境承载力的政策体系，为城市管理者提供了可以借鉴和应用的具体政策措施。

［鸣谢］

本书是作者所主持的国家社会科学基金重大课题“大数据背景下大型城市生态环境资源承载力评价及政策研究”（17ZDA062）的研究成果。参与该课题研究的主要专家成员有张红、吕伟生、叶堃晖、吴安、叶贵、毛超、张荣。参与该课题申报工作的研究生有王金欢、严行、张羽、杜小云、吴雅、任一田、娄营利、黄振华、熊宁、魏小璇、黄雅丽、陈洋、罗芸、易雪、郭振华、张盼星等。参与课题实施、报告书写和修改工作的研究生有杜小云、何虹熳 、舒天衡、魏小璇、罗文竹、廖世菊、廖霞、孟聪会、杨楠、成广宇、杨镇川、陈希、杨艺、张玲瑜、史方晨、吴莹、吴诗婕、刘智、王金欢、张羽、严行、赖悦言、肖骏、朱梦成、张雪琴、谢怡欣等。在此对各位课题组成员从资料收集、实证调研、数据分析到著作撰写和修改付出的努力表示衷心的感谢！

感谢国家哲学社会科学规划办公室对课题组的信任和关怀！

感谢科学出版社的编辑为本书的出版付出的辛勤劳动！

申立银

目　录

基础篇

实 证 篇

政 策 篇

基础篇

第1章 绪 论

1.1 城市资源环境承载力提出的背景

1. 快速城镇化引发的城市资源环境承载力危机给城市的可持续发展带来严峻挑战

城市是一个国家发展的载体，城镇化是人类社会发展的必然趋势。2018 年联合国发布的报告《世界城镇化展望》显示，全球城镇人口已从 1950 年的 7.51 亿增加到 2018 年的 42 亿，这期间全球人口城镇化率从 29%跃升至 55%，预计 2050 年全球城镇人口将超过 67 亿，新增城镇人口将主要居住在亚洲和非洲国家。2018 年全球人口超过 1000 万的超大城市有 33 个，预计 2050 年将达到 43 个。中国自 20 世纪 80 年代实施改革开放以来经历了世界历史上规模最大、速度最快的城镇化进程，取得了举世瞩目的成就，2018 年中国常住人口城镇化率已经达到 59.58%。在可预见的未来，城镇化将仍然是中国社会经济发展的主旋律，2030 年中国常住人口城镇化率将达到 70%。大量人口在城市居住就业，加速了资本、劳动力、技术和信息等生产要素的集聚，为城市的可持续发展注入了活力。然而，快速的城镇化在带来繁荣经济的同时，也给支撑城市持续发展的资源环境承载力带来挑战。全球许多城市特别是大型城市，其土地资源、水资源、大气环境、能源资源、基础设施、公共服务资源等已无法适应城市不断增加的社会经济活动，出现了城市无序蔓延、生态环境被破坏、交通拥堵、安全事件频发、看病难、就业难、人口拥挤、碳排放量增加等一系列城市病。

我国经历了 20 世纪 80 年代以来的快速城镇化过程，在社会经济发展取得巨大成就的同时，城市资源环境承载力面临着严峻挑战，土地资源、水资源以及各类能源资源等的消耗持续急剧增加，城市的空气污染严重，社会经济进一步发展的需求与自然资源环境的承载能力出现明显不匹配的矛盾，城市发展受自然资源约束的问题日益凸显。城市基础设施及医疗、教育等公共服务的供应不能满足快速城镇化所产生的需求。交通拥堵现象几乎在所有城市中都存在，大型城市的高峰拥堵延时指数达到 2 以上，交通拥堵问题突出。有研究(顾又祺等，2017)显示，上海公立三甲医院门诊患者的平均就诊时间近 3h，医患之间的沟通交流时间很短，仅占就诊时间的 5%左右，而其他环节(包括挂号、候诊、检查、交费、取药等)占就诊时间的 95%左右。上述这些现象都说明我国城市特别是大型城市的资源环境承载社会经济活动的能力在快速的城镇化过程中显得越发“力不从心”，对实现城市的可持续发展目标产生阻碍效应。如果不能正确认识和发挥城市的资源环境承载力，在未来进一步推进城镇化的过程中，各类城市病可能会变得更严重，城市资源环境承载力对城市社会经济发展的阻碍效应将更强，城市的可持续发展会面临更严峻的挑战。为此，我国政府近年来制定了许多旨在提升城市资源环境承载力的政策措施，其中典型政策举措的发展历程如图 1.1 所示。

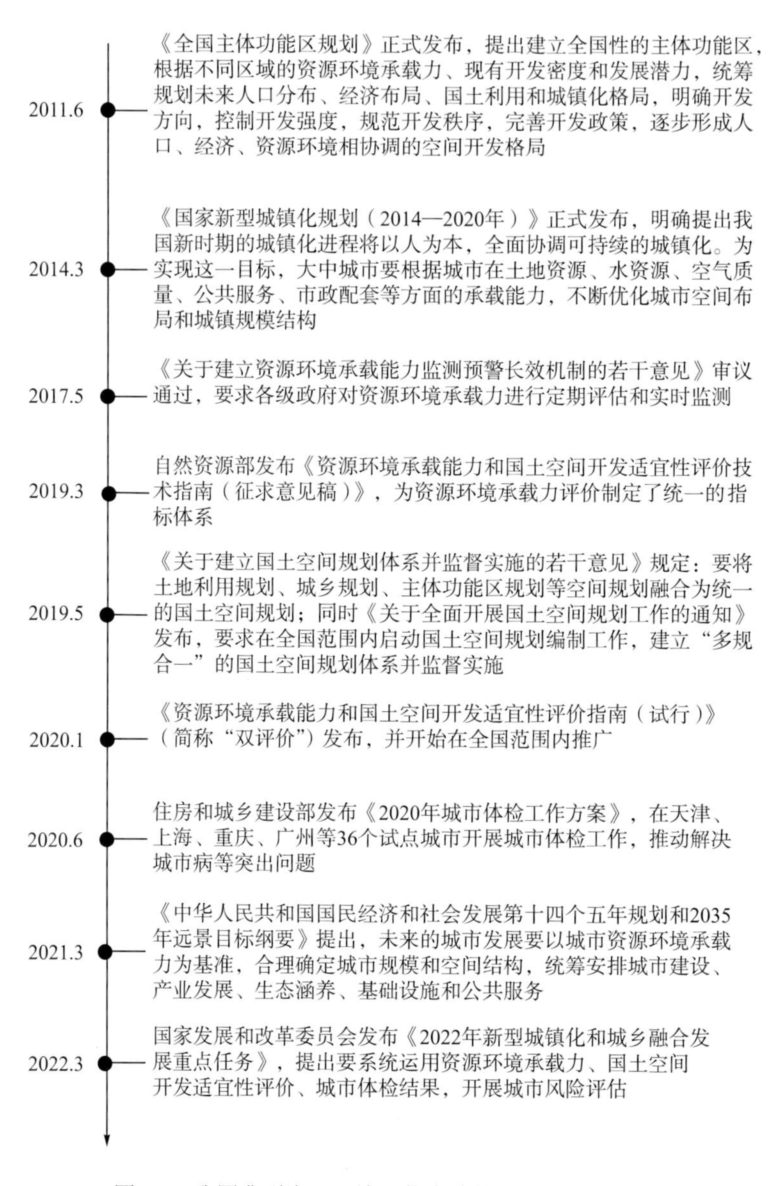

图 1.1　我国典型资源环境承载力政策举措的发展历程

2. 只有准确认识城市资源环境承载力，才能对其进行优化和提升

城市资源环境承载力是影响人类社会能否持续发展的关键因素。为了解决城市资源环境承载力与城市社会经济发展不匹配的问题，必须准确认识城市资源环境承载力状况，找出短板和强项，对城市资源环境承载力进行优化提升，采取有效措施保证城市的

人口分布和经济活动布局与其资源环境承载力相适应，从而实现经济、社会和环境的协调发展。

准确认识和评价城市资源环境承载力是一项重要的国家战略任务。2019 年，我国政府通过制定政策措施，将土地利用规划、城乡规划、主体功能区规划等空间规划融合为统一的国土空间规划，即“多规合一”。2020 年初，自然资源部发布了关于资源环境承载力评价和国土空间开发适宜性评价的“双评价”技术指南，旨在指导各地区和城市科学、规范、有效地开展“双评价”工作，提升国土空间的开发效率和资源环境的承载能力。“双评价”中的资源环境承载力评价是指分析区域资源环境禀赋条件，研判国土空间开发利用中存在的问题和风险，识别生态系统服务功能极重要空间和生态极敏感空间；而国土空间开发适宜性评价旨在明确农业生产、城镇建设的最大合理规模和适宜空间。

“双评价”主要关注未来的空间开发，侧重对资源承载力进行综合分析，较少关注城市的社会经济资源环境。然而城市的可持续发展不仅依赖于自然资源，还依赖于社会经济资源，城市的基础设施资源、公共服务资源、人力资源、文化资源等也会对城市的可持续发展产生直接重大的影响。大型城市资源环境的多维性特征明显，所以要想正确认识和评价城市资源环境承载力，应综合考量自然、社会、经济资源环境的承载能力，这三个维度的承载能力是制定城市可持续发展战略的基础。换句话说，对于城市资源环境承载力，必须从自然本底和社会本底两个视角去认识，这样才能帮助城市管理者制定措施对城市资源环境承载力进行优化提升。因此，从自然、社会和经济维度出发，对城市资源环境承载力进行评价，是对国家“双评价”战略工作的丰富和完善。

3. 数字化时代向准确评价城市资源环境承载力提出了新的挑战

人类社会正在进入数字化时代，人类的社会经济活动形式发生了巨大变化，这些活动与城市资源环境相互影响和相互作用的方式也发生了巨大变化，城市的资源环境承载社会经济活动的能力更加具有动态性。

一方面，城镇化带来的城市人口不断增多使城市生产关系变得更为复杂，用传统的数据管理机制和处理方法认识和评价城市资源环境承载力已受到限制。因此，数字化时代向准确评价城市资源环境承载力提出了新的挑战和要求，寻求新的科学方法和原理来评价城市资源环境承载力是数字化时代的必然要求。另一方面，在数字化时代背景下，城市中的生产、生活和生态活动产生的数据能够通过使用大数据工具进行动态的挖掘和收集，如土地利用的遥感图像、大气环境的监测指数、交通出行记录、公共服务信息等，这些动态的海量数据为准确地评价城市资源环境承载力提供了新的支撑。大数据工具可以打破行业间、部门间的数据壁垒，实现信息共享，进一步支持对城市资源环境承载力的准确评价，帮助挖掘更多关于城市资源环境承载力的重要数据和信息。因此，虽然数字化时代人类活动的动态性和复杂性增加了准确认识和评价城市资源环境承载力的难度，但如果能有效地应用大数据工具和发挥大数据的功能，这样的难题是能被克服的，而基于动态大数据的评价结果能为提升城市治理水平提供强大的决策支撑。

4. 准确的城市资源环境承载力评价结果是研究优化提升城市资源环境承载力政策措施的保障

一方面，传统的资源环境承载力政策往往来自不同的政府部门，这些部门之间缺乏协同机制，在政策制定过程中缺乏沟通，各部门使用的资料和数据统计口径不一致，不同部门制定的政策不可避免地会出现差异甚至冲突；另一方面，由于缺乏系统科学的评价作为支撑，已有的城市资源环境承载力政策在制定过程中缺乏针对性，导致政策盲目且重复，降低了政策制定和实施的效率和准确性。再有，传统的资源环境承载力政策往往聚焦于某一维度，缺乏兼顾多个维度的资源环境承载力政策体系，政策的实施无法实现资源环境承载力整体上的优化提升。因此，在大数据背景下，政策措施的制定需要打破部门间的信息壁垒，依托跨部门、统计口径统一的海量数据，对城市资源环境承载力进行多维度和多层次的评价，由此才能实时动态地掌握城市资源环境承载力状况，制定出针对性、时效性、可操作性较强的政策措施。

5. 对我国城市资源环境承载力现状进行实证分析是科学推进城镇化可持续发展的迫切需要

我国城市数量多、规模大，城市间社会经济背景和自然环境条件差异很大，发展水平不均衡的问题突出，支撑城市持续发展的资源环境承载力有很大的不同。因此，通过实证分析认识我国城市资源环境承载力，可以帮助我国掌握不同城市在资源环境承载力方面的短板和优势，进而针对不同城市采取具有针对性的政策措施，实现在整体上优化提升我国城市的资源环境承载力。

1.2 本书研究的问题

基于前述背景，本书围绕准确认识评价和提升城市资源环境承载力是实现城市可持续发展的重要抓手这一根本观点，遵循城市资源环境承载力“是什么—怎么样—如何做”的逻辑链条，提出以下三个问题，只有解决这三个问题，才能准确评价城市资源环境承载力并制定提升城市资源环境承载力的政策体系。

1. 如何准确认识城市资源环境承载力的内涵

科学界定城市资源环境承载力的内涵是准确评价城市资源环境承载力的前提。如何准确认识城市资源环境承载力的内涵，就是要解决“城市资源环境承载力是什么”的问题。城市资源环境承载力是一个综合概念，反映了城市自然本底资源和社会本底资源支撑城市持续发展的能力和水平，然而城市系统的复杂性和动态性向准确认识城市资源环境承载力的内涵提出了挑战。因此，本书首先探索如何准确认识城市资源环境承载力的多维性和动态性。

2. 如何科学评价城市资源环境承载力

准确评价城市资源环境承载力，是科学制定优化提升城市资源环境承载力政策的基础。如何准确评价城市资源环境承载力，就是要解决“城市资源环境承载力状况怎么样”的问题。评价城市资源环境承载力是把握城市资源环境承载力发展趋势的重要途径，也是国土空间规划的重要内容。因此，本书将探索城市资源环境承载力评价原理，构建城市资源环境承载力评价指标和评价方法。

3. 如何精准提出提升城市资源环境承载力的政策建议

如何精准提出提升城市资源环境承载力的政策建议，就是要解决“提升城市资源环境承载力如何做”的问题。只有精准制定提升城市资源环境承载力的政策，避免“千城一律”，才能保证政策措施实施的有效性。因此，本书将阐述如何构建城市资源环境大数据政策经验库，以及如何利用城市资源环境承载力政策决策支持系统，制定提升城市资源环境承载力的有效政策。

1.3 资源环境承载力研究发展综述

1.3.1 资源环境承载力研究概况

1. 文献数据

文献数据可系统反映资源环境承载力这一研究领域在过去几十年里的发展趋势。资源环境承载力相关研究的文献包括中文文献和外文文献，其中外文文献主要是英文文献。本书的中文文献取自中国知网(China national knowledge infrastructure，CNKI)数据库，英文文献从全球最大的综合性学术信息资源库 WOS(web of science)中检索得到。

1)基于 CNKI 数据库的资源环境承载力文献数据

本书在 CNKI 数据库中通过设置检索主题词“承载力”“可持续发展”，得到 1994～2020 年的 1627 篇中文文献，再对检索结果进行去重处理和整理，剔除简讯、书评、会议、访谈等方面的文献，最终获得关于资源环境承载力研究的 1443 篇高水平中文文献。

从 CNKI 数据库中检索到的 1443 篇高水平中文文献在时间轴上的分布可用图 1.2 表示。从图中可以看出，有关资源环境承载力的中文文献数量在 1994～2020 年呈波动性变化，其中 1994～2008 年发表的文献数量波动上升，2008 年文献数量达到最大值(151 篇)，之后该领域的中文文献数量逐渐下降。

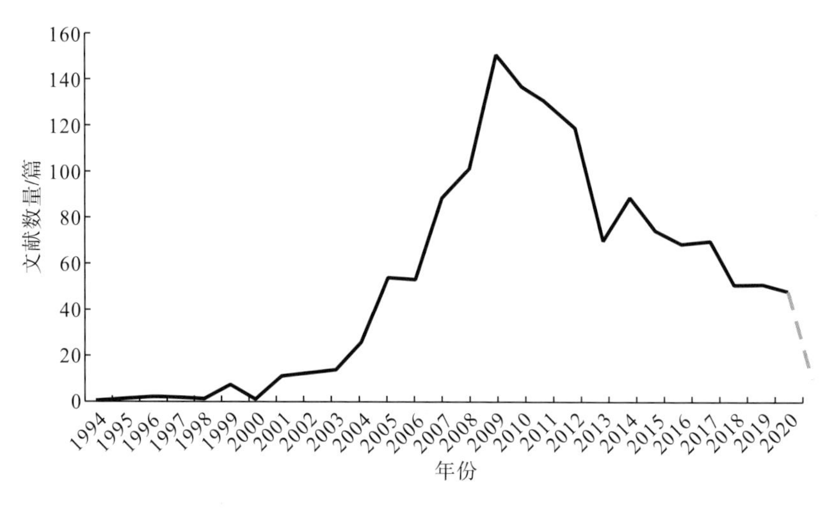

图 1.2 CNKI 数据库中有关资源环境承载力研究的文献数量分布

2) 基于 WOS 数据库的资源环境承载力文献数据

在 WOS 数据库中设置的检索主题词包括“urban sustainability”“ecological capacity”“urban carrying capacity”“environment capacity”“resource capacity”，检索到 1991～2020 年的 1277 篇英文文献，再进一步将文献类型限定为 article 和 proceeding paper，在此基础上剔除与研究主题不相关的文献，最终获得 526 篇高水平英文文献。

从 WOS 数据库中检索到的 526 篇英文文献在时间轴上的分布可用图 1.3 表示。可以看出，关于资源环境承载力研究的英文文献数量自 20 世纪 60 年代以来保持波动上升的趋势，尤其是 1994 年以后增势显著，2018 年该领域英文文献数量超过 50 篇。这一趋势表明近年来有关资源环境承载力的研究在全球范围内越来越受到重视。

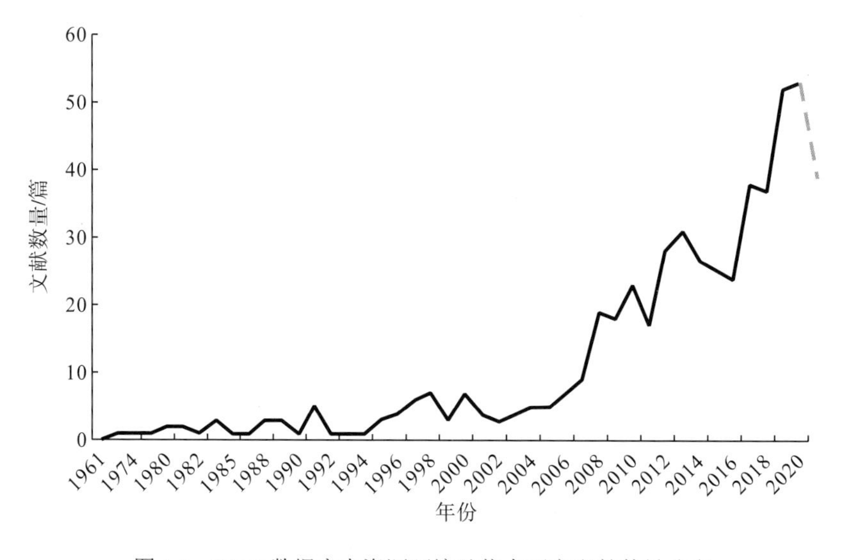

图 1.3 WOS 数据库中资源环境承载力研究文献数量分布

2. 资源环境承载力研究热点

1) 基于 CNKI 数据库的资源环境承载力研究热点分析

通过应用 Cite Space 软件，对 CNKI 数据库中资源环境承载力研究文献进行演进态势和热点可视化分析，生成关键词共现时区图，见图 1.4。

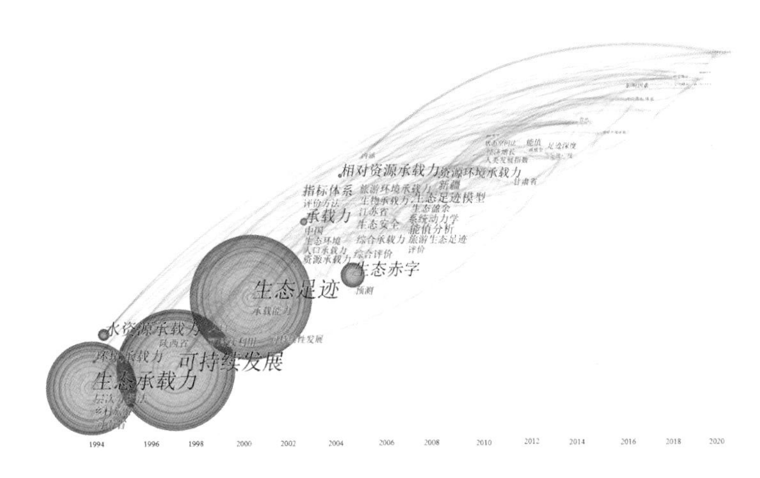

图 1.4　基于 CNKI 数据库的资源环境承载力研究文献热点关键词共现时区图

在图 1.4 研究热点关键词共现时区图谱的基础上，可以进一步进行关键词突发性分析，从而得到突发性关键词时序图，如图 1.5 所示。中文文献中资源环境承载力研究领域的突发性关键词在 1994 年就开始出现，图 1.5 展示了 1994～2020 年在资源环境承载力研究领域突现强度较高的突发性关键词。可以发现，“水资源”和“承载力”这两个关键词的突现强度最高。其他突现强度较高的关键词包括“泸西”“流域”“生态赤字”“能值分析”等，特别是“能值分析”一词，其是近些年新出现的关键词。

关键词	年份	强度	起始年	截止年	1994～2020年
水资源	1994	6.21	1994	2004	
泸西	1994	5.8	1994	2003	
流域	1994	5.41	1994	2003	
乡村旅游	1994	4.25	1994	2003	
陕西省	1994	4.03	1994	2001	
河南省	1994	3.85	1994	2002	
承载能力	1994	3.77	1998	2005	
承载力	1994	6.56	2003	2006	
生态赤字	1994	4.29	2007	2008	
能值分析	1994	4.5	2009	2013	
甘肃省	1994	4.45	2011	2013	

图 1.5　基于 CNKI 数据库的资源环境承载力研究突发性关键词突现强度

资源环境承载力研究领域的研究热点是动态变化的。CNKI 数据库中关于资源环境承载力的研究热点的演变可以分为以下四个阶段。

(1) 1994～2000 年：资源环境承载力相关研究处于起步阶段，生态承载力、可持续发展、生态足迹、环境承载力、交通承载力、水资源承载力、人口承载力是该阶段研究的主要热点内容，该阶段的研究方法大多采用层次分析法。其中“生态承载力”“可持续发展”“生态足迹”三大关键词的周围共现网络节点最为密集、中心度最高，是这个阶段资源环境承载力研究领域的核心节点及研究热点。

(2) 2001～2005 年：资源环境承载力相关研究得到快速发展，出现了较多关键词，产生了多元化的研究主题，这一时期研究热点主要集中在对“生态赤字”的研究和对资源环境承载力的评价和预测方面，评价方法多采用指标体系法；对资源环境承载力的评价由对资源或环境单一承载要素的评价发展成对综合承载力的评价，评价的空间尺度主要基于全国或区域层面。

(3) 2006～2012 年：关于资源环境承载力的研究热点演变为对“生态足迹模型”的建立，研究尺度多基于省域或城市范围，研究方法主要包括能值分析法、系统动力学方法、P-S-R (pressure-state-response，压力-状态-响应) 模型法、状态空间法、主成分分析法等。

(4) 2012 年至今：有关资源环境承载力的研究热点包括资源环境承载力评价指标体系的构建和完善、资源环境承载力影响因素以及资源环境承载力时空格局和演化规律等；在研究方法上，主要借助 GIS 等大数据研究工具对资源环境承载力进行评价。

2) 基于 WOS 数据库的资源环境承载力研究热点分析

通过应用 CiteSpace 软件对 WOS 数据库中资源环境承载力研究文献进行关键词共现分析，得到资源环境承载力研究关键词共现图，如图 1.6 所示。其中，节点越大表示关键词出现的频次越高，与其他关键词的连线越多，在共现网络中的作用越大。分析结果表明，高频关键词包括“可持续 (sustainability)”“承载力 (carrying capacity)”“生态承载力 (ecological carrying capacity)”“系统 (system)”“模型 (model)”“中国 (China)”“生态足迹 (ecological footprint)”“环境 (environment)”等。

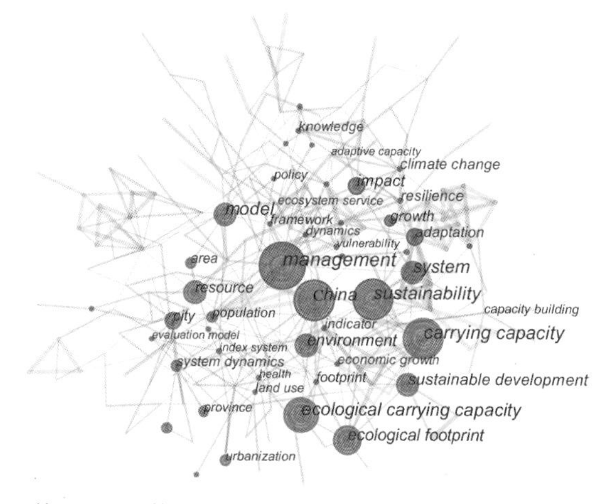

图 1.6　基于 WOS 数据库的资源环境承载力研究热点关键词共现图

在图 1.6 的基础上，进一步进行突发性关键词分析，得到突发性关键词时序图，如图 1.7 所示。英文文献中资源环境承载力研究领域的突发性关键词在 2003 年之后才开始出现，图 1.7 展示了 2003～2020 年突现强度较高的突发性关键词。其中，“中国(China)”一词在所列的关键词中突现强度最高。其他突现强度较高的关键词包括“承载力(carrying capacity)”“需求(demand)”“省份(province)”等，而“优化(optimization)”一词是近几年新出现的关键词。

关键词	年份	强度	开始年	截止年	2003～2020年
capacity building	2003	2.3767	2003	2009	
ecological footprint	2003	2.7261	2004	2011	
demand	2003	3.5546	2005	2011	
carrying capacity	2003	3.8562	2009	2012	
capacity planning	2003	2.8013	2010	2014	
index system	2003	2.4244	2011	2012	
community	2003	2.9579	2014	2016	
management	2003	2.4168	2014	2016	
China	2003	4.1204	2015	2018	
province	2003	3.4748	2017	2020	
optimization	2003	2.5022	2018	2020	

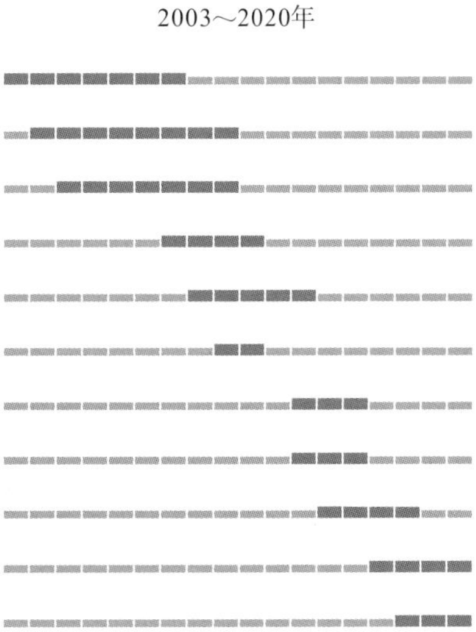

图 1.7 WOS 数据库的资源环境承载力研究突发性关键词突现强度

由图 1.6 和图 1.7 可以看出，近年来全球对资源环境承载力的研究视角已经从单一的生态足迹研究视角转变为追求经济、社会、资源环境协调的可持续发展研究视角。

1.3.2 城市资源环境承载力内涵的演化

1. 承载力概念的演化

承载力的概念起源于对人口自然增长极限的研究，其内涵是适应社会生产力的最佳人口数量。古希腊哲学家柏拉图(Plato，公元前 427—公元前 347)在《理想国》一书中论述了他心中理想国的构建、治理和正义，对理想国人口“最佳限度”进行了思索，他认为城邦统治者应维持适度的公民人口，使其能够满足城邦在军事、农业、政治、工业等领域的智力和劳动力需求，又不至于给城邦的日常管理造成额外的负担。英国经济学家马尔萨斯(Malthus，1766—1834)在《人口学原理》书中首次引入承载力思想去探索人口的适度性，指出食物的增长方式是以算术线性速度增长的，而人口数量却是以几何级数的速度增长。所以随着时间的推移，食物和人口间这种不平衡性增长速度将最终引发饥饿、疾病、战争等问题，因此必须通过一些方法抑制人口的过度增长。随后的一些学者对马尔萨斯的理论假说通过统计数据反复进行了验证，支撑了马尔萨斯提出的理论观点。可以看出早期承载力概念主要关注有限的食物对人口的影响，特别是马尔萨斯指出的人口增长会受到粮食增长的限制。这种观点其实质是希望解决食物等基本生活资料与人口数量的适配问题，但还没有延伸到环境和社会福利等要素对人口的限制作用。

随着社会经济水平的不断提高，研究者对承载力的探索从人口学和食物要素方面逐步延伸到生态环境领域。Park 和 Burgess（1921）率先提出土地资源承载力的概念，他们以食物作为限制因子，认为可以以食物资源为依据确定人口承载力。Hadwen 和 Palmer（1922）在研究阿拉斯加驯鹿种群时提出了针对草场生态系统的承载力概念，认为承载力是指在不影响草场的前提下草场可以支持的牲畜数量。这一定义突破了前人单纯强调的最大极限数量，开始关注载体（草场）的不受损害性，蕴含了可持续发展的早期思想。Burgess 和 Park（1933）从生物生态学视角出发，认为承载力是指在某一特定环境条件（主要指生存空间、营养物质、太阳光等生态条件）下，某种生物存在数量的最高极限，强调容量的最大极限。这类承载力定义开始关注自然生态环境资源有限的问题。20 世纪 70 年代，Van der Honing 等（1973）提出生态承载力的概念，随后引出许多关于生态承载力的概念，其主要思想是将生态承载力阐释为生态系统在特定时间内所能支持的最大种群数量和最大人口数量，强调生态承载力是一个有关容量的概念，具有动态性。

第二次世界大战结束以后，随着人口膨胀和经济的快速发展，资源被快速消耗和环境被破坏等全球性问题加剧，承载力的内涵开始由生态承载力逐步扩展到资源承载力和环境承载力方面，研究人员不只关注生态容量方面的生态承载力，也开始探讨自然资源的利用和自然环境的变化对人类生存和长期发展的影响，关于资源承载力和环境承载力的各种概念纷纷出现。20 世纪 80 年代初，UNESCO（1985）在阐释资源承载力时指出，一个国家或地区的资源承载力是指在可预见的时间内，利用本底资源及其他自然资源和技术条件，在保持符合其社会文化准则的物质生活水平下所能持续供养的人口数量。Cohen（1995）将资源承载力进一步阐述为在不损害自然、生态和社会环境的情况下，在可以预见的未来能供养的人口数量。

人类赖以生存的资源是多种多样的。联合国教科文组织（United Nations Educational, Scientific and Cultural Organization，UNESCO）、联合国粮农组织（Food and Agriculture Organization of the United Nations，FAO）、经济合作与发展组织（Organization for Economic Co-operation and Development，OECD）从不同类型资源的视角进一步提出了土地资源承载力、水资源承载力等概念，而土地资源承载力引起了越来越广泛的关注。FAO 在 1977 年开展的发展中国家土地潜在人口支持能力研究中，将土地承载力描述为在一定生产条件下土地资源的生产能力及其在一定生活水平下所能供养的人口数量。随着土地承载力研究的深入和发展，有学者指出基于单一限制因子的土地承载力不能客观反映不同国家或地区的人口承载情况，土地承载力应该基于多种因子。王书华等（2001）提出了土地综合承载力的概念，把土地承载力与区域环境、社会经济系统联系起来，认为土地综合承载力是指在一定时期、一定空间区域和一定社会、经济、生态环境条件下，土地资源所能承载的人类各种活动的规模和强度的阈值。事实上，土地承载力不仅仅是指土地的人口承载力，作为人类活动的载体，土地不仅包括耕地，还涉及森林、湖泊、水域，承载的对象也不仅仅是人，还包括各种社会经济活动。

同土地资源一样，水资源也是人类赖以生存发展的基本资源，然而随着人类活动的增加，水源的污染和减少成为人类社会可持续发展面临的最大挑战之一。水资源的承载能力是保障可持续发展的基本条件，因此受到越来越广泛的关注。对于水资源承载力，不同的学者有不同的阐释。例如，施雅风和曲耀光（1992）认为，水资源承载力是指在社会和科学技术发展到一定阶段时，在不破坏社会和生态系统的条件下，某一地区的水资源可最大程度承载的农业、工业、城市规模和人口数量。许新宜等（1997）认为，水资源承载力是指在某一具体的历史发展阶段下，以可预见的技术、经济和社会发展水平为依据，以可持续发展为原则，以维持生态环境良性发展为前提，在合理配置和高效利用水资源的条件下，区域社会经济发展下的最大人口容量。也有观点认为水资源承载力是指水资源可开发利用的最大规模，如姚治君等（2002）在讨论水资源承载力的内涵和特征时认为，水资源承载力是指某一区域内的水资源持续支持区域经济和人口发展的最大能力。左其亭和张修宇（2015）则认为水资源承载力是指水资源在气候变化和人类活动的影响下能够维系生态系统良性循环、支撑经济社会发展的最大规模。还有一种观点认为，水资源承载力是指水资源能够支持社会经济持续发展的合理规模。

同自然资源一样，自然环境对人类的生存和发展起根本性和基础性的作用。自然环境能够为人类提供氧气和其他生存条件，维持生态系统的平衡。自然环境与自然资源相互作用、相互依存。但在人类社会发展的漫长历程中，人类不断适应自然和改造自然的活动不可避免地造成自然环境被严重破坏。尤其是在人口密集的城市，雾霾、水体污染、生物多样性丧失、极端气候等自然环境问题频繁发生，威胁着人类社会的可持续发展。在这样的背景下，出现了环境承载力这一概念，用以反映自然环境对人类社会经济活动的支持能力，以及人类社会发展与自然环境的协调程度。在《环境科学大辞典》中，环境承载力被定义为某一环境在状态和结构不发生对人类生存发展有害变化的前提下所能承受的人类社会经济活动的最大规模。尽管环境承载力的阐释方式存在一定差别，但其核心思想始终指向某区域环境在某一时间、某种状态下对人类社会经济活动的支持能力。例如，倪天麒和王伟（2000）认为，环境承载力是指在一定时期、一定状态或一定条件下，一定的环境系统对生物与人文系统正常运行的最大支持能力。卢亚灵等（2017）认为自然环境对人类生产生活的承载能力具有上限，并以大气环境为例探讨了承载力的内涵，指出大气环境承载力是指在大气环境系统不受到严重危害的基本前提下，其对社会发展和人口增长的承载能力。王凯丽等（2018）认为环境承载力是指在环境系统能够维持生态平衡和人类健康的基本条件下，特定区域所能允许排放的最大污染物总量，若超过该总量，环境系统的自我净化功能就会失去作用。由此可以看出，这些关于环境承载力的定义都围绕着“阈值”这个参数。

从上述讨论中可以看出，资源承载力和环境承载力的概念拓展了生态承载力的内涵，注重人类活动对资源环境的影响，考虑了资源环境的动态变化特征。但是这些概念主要侧重于土地资源、水资源、大气环境等自然资源和环境，而人类社会的发展已经越发依赖公共服务、文化、交通等具有社会属性的资源。随着承载力研究的不断深入，仅仅关注自然资源环境已经无法满足人类社会可持续发展的需要，于是将自然资源环境和社会资源环境相结合的资源环境综合承载力概念出现了。

2. 城市资源环境承载力

城市是人类社会经济活动的集中地，是自然、经济和社会要素综合而成的复杂系统，也是资源环境问题集中激化的敏感地。所以，关于资源环境承载力的研究逐渐聚焦在城市层面上。Oh 等(2005)将城市资源环境承载力定义为在不造成城市系统严重退化和不可逆转破坏的情况下，城市资源环境系统所能维持的人类活动、人口增长、土地利用和物质发展水平。陈丙欣和叶裕民(2008)认为，城市资源环境承载力是指城市的资源禀赋、生态环境、基础设施和公共服务等资源以及经济和社会系统对城市人口及社会经济活动的承载能力。李东序和赵富强(2008)把城市资源环境承载力解释为在一定时期、一定空间以及一定的社会、经济、生态环境条件下，城市资源环境系统所能承载的人类各种活动的规模和强度的阈值。金磊(2008)将城市资源环境承载力定义为城市安全容量，即在一段时期内对造成社会、经济、环境、文化等系统无法运转的城市灾害的最大容忍度。

有一些学者将城市资源环境承载力的概念延伸到社会、文化等方面，例如，人类承载力概念的内涵被解释为制度、风俗习惯、知识创造、建筑艺术等与人类社会相关的因素(Hardin，1992)。社会承载力用来刻画人类社会所能支持的最大人口数量，这个数量的阈值受社会系统组成、运行模式、消费习惯等因素影响(Daily and Ehrlich，1992)。王郁(2016)提出了公共服务承载力的概念，指出公共服务承载力是指在一定的环境资源约束以及一定的经济、社会、技术和管理水平条件下，城市提供的各类公共服务所能承载的人口和社会经济活动的最大规模。邓伟(2010)将资源环境承载力定义为在保证资源得到合理开发和生态环境得到良好发展的条件下，一定时期内特定区域的资源环境能够承载的最大人口规模和经济总量。黄敬军等(2015)认为城市资源环境承载力是指在一定的时期和一定的区域范围内，在保证区域资源结构符合可持续发展需要和区域环境功能仍具有维持稳态效应能力的条件下，区域资源环境系统对人类社会经济活动的承载能力。石忆邵等(2013)把城市承载力定义为城市在一定的经济、技术和社会发展水平下，受城市资源环境的约束，能够承载的最大人口总数及最高的社会经济活动规模和强度。史宝娟和郑祖婷(2014)认为城市资源环境承载力是指城市具有的自然资源、生态环境等自然资源禀赋和基础设施、公共服务等社会资源所能承载的城市人口总数的阈值。

也有学者从环境的纳污能力角度出发定义城市资源环境承载力，认为城市的生态系统承受破坏的能力存在一个阈值，突破这个阈值会对城市的自然环境造成不可逆转的破坏。例如，高爽等(2019)认为资源环境承载力是指一定区域在自然环境不受危害并维持良好生态系统的前提下可以承载的环境污染物排放量和能够提供的生态系统服务能力。许明军等(2018)将资源环境承载力的内涵解析为不同方面，包括资源要素的使用强度、资源要素的保障程度、资源要素的潜力提升、环境污染物现状规模、环境污染物变化率和环境污染物治理能力。岳文泽和王田雨(2019)将资源环境承载力解构成资源承载维度、生态服务维度和环境容纳维度，认为资源对基本活动起支撑作用，生态对生活品质起提升作用，环境对生存起保障作用。上述城市资源环境承载力概念的内涵尽管在表述上不同，但其核心思想一致，主要涉及一个城市能容纳多少人口、能满足多少人口就业、能处理多少环境污染物、能提供怎样的生活水平等，反映了城市对内外部资源环境变化的最大承受能力，且表现为一个阈值。

还有一些学者从状态视角阐释城市资源环境承载力，强调城市资源环境要素的理想承载状态以及承载系统的综合性。例如，Oh 等(2005)将城市承载力定义为人口增长、人类活动、物质发展和土地利用水平。李东序和赵富强(2008)将城市承载力定义为多个子系统耦合形成的一个综合函数，而并非针对某一对象的极限承载规模。豆建民和刘叶(2016)提出，城市承载力不仅指能容纳的人口规模和人口总量，而且指社会、经济、环境在相互协调、相互作用和相互影响下所表现出来的协调程度。谭文垦等(2008)提出了市民忍受力的概念，认为城市承载状态应在市民忍受范围之内，一旦突破忍受范围，将引发城市病。

1.3.3　城市资源环境承载力评价方法的演化

随着城市资源环境承载力研究的发展，资源环境承载力的内涵不断丰富，资源环境承载力研究的研究对象变得越来越多样化，研究城市资源环境承载力的方法也得到很大的发展。归纳起来，评价城市资源环境承载力的方法主要包括单要素分析法、资源供需平衡法、多要素综合评价法、P-S-R 模型法、系统动力学模型法等。

1. 单要素分析法

单要素分析法是评价资源环境承载力的一种方法。这种方法通过选择某单一要素或特定的指标来分析城市资源环境承载力状况，如土地资源环境承载力、水资源环境承载力、基础设施承载力、生态承载力、旅游资源承载力等。

单要素分析法聚焦于资源环境系统的个别要素，通过选择能体现要素表现的指标并确定指标的权重，对个别要素(如土地、水资源等)的承载力进行分析，找到系统中承载力最小的要素。“木桶原理”表明，承载力最小的资源环境要素，或者说承载力最薄弱的环节，决定了整个资源环境系统的承载力。因此，管理者应该主要针对承载力最薄弱的要素，采取改进措施以提升这个要素的承载力，进而提升资源环境整体承载力。不同城市的自然环境和社会经济背景不同，导致城市资源环境承载力薄弱的环节或要素不同，有的城市可能是水资源承载力最薄弱，有的可能是土地资源最匮乏，有的可能是基础设施建设能力最薄弱，有的则可能是公共服务资源供给能力最薄弱。

2. 资源供需平衡法

资源供需平衡法通过对资源的供给与需求的差量分析来判断资源环境承载力，其基本原理是针对特定的城市或区域，通过测量各种资源环境要素的规模(如土地资源规模、水资源规模)水平与社会经济活动对各种资源环境要素需求量之间的差值来表示资源环境承载力。传统上，资源供需平衡法主要用于分析评价土地资源、水资源和生态资源承载力，以及这些资源环境要素的规模水平是否能满足或者能在多大程度上满足可持续发展的需要。

20 世纪 90 年代，加拿大学者里斯(Rees)和瑞士学者瓦克纳格尔(Wackernagel)提出的生态足迹法实际上也是一种资源供需平衡法。生态足迹被描述为维持城市或地区发展所需要的能够处理人类所排放的废物的地域面积。生态足迹法的原理是把一个区域的资源要素规模水平与该区域对资源要素的消耗水平进行比较，从而得出该区域的生态状况。

3. 多要素综合评价法

多要素综合评价法的基本思想是，首先基于对资源环境承载力内涵的认识，将与资源环境承载力相关的所有要素都尽量考虑到，并构建资源环境承载力评价指标体系；然后根据评价对象所处的具体地区和社会经济背景，确定所有要素对评价目标所起的作用大小和影响程度，进而确定要素权重；最后通过数量模型，并结合各要素的表现和权重，计算出资源环境承载力水平。其中，确定评价指标的权重十分重要，权重的确定可采用德尔菲(Delphi)法和层次分析法等主观方法，也可采用主成分分析法、熵权法、模糊数学法等客观方法。

随着可持续发展理论的发展与广泛应用，研究资源环境承载力的视角逐渐转变为多要素视角。事实上，只有从多要素角度研究资源环境承载力，才能准确认识和评价承载力状况。因此，多要素综合评价法被广泛认为是评价资源环境承载力方面正确有效的方法，并得到广泛应用。采用多因素综合评价方法时，资源环境承载力的指标扩展到综合考虑资源环境的各个要素，衍生出了多种不同的评价资源环境承载力的指标体系，但其本质上都是围绕社会、经济、资源和环境四个维度去构建指标体系的。有的资源环境承载力评价指标体系的构建基础，是将资源环境承载力解释为由社会资源承载力、经济资源承载力、自然资源承载力和自然环境承载力构成的系统承载力，因此，其评价指标体系需要能反映这四个方面的能力。有的评价体系主要从自然资源和环境角度出发，聚焦土地资源、水资源、能源资源、生物资源和空气环境，构建资源环境承载力评价指标和评价标准。有的评价指标体系的构建是基于可持续发展的视角，从社会、经济、环境三个基础维度构建资源环境承载力的指标体系。

4. P-S-R 模型法

P-S-R 模型是一种描述和量化评估可持续发展与生态环境的重要工具。1991 年联合国经济合作与发展组织(OECD)的环境部门基于可持续发展理念将 P-S-R 框架定义为，揭示人类活动与生态环境之间相互作用的线性关系。其主要表达两种基本关系：①人类社会施加于生态环境的压力，以及由此导致的环境现状；②针对人类活动导致的环境现状，对其负面影响所做出的响应。P-S-R 模型法被大量用于研究城市可持续发展问题，其不仅能分析系统之间的因果关系，而且能根据压力状态特征、响应程度来分析压力来源及影响因素，同时还能为分析由若干关联城市组成的城市群在发展过程中产生的一系列生态环境问题提供理论基础。

5. 系统动力学模型法

系统动力学模型法是研究复杂系统的一种重要方法，被广泛应用于对系统内部各要素之间关系的模拟分析。这种模拟方法来源于美国麻省理工学院弗雷斯特(Forrester)教授于 1956 年提出的信息反馈系统。系统动力学模型法主要通过界定一个系统分析和建立该系统中各个要素变量之间的因果及反馈关系，通过改变要素变量的取值形成系统各种可能的发展方案，并进一步模拟各种方案带来的结果，从而找出能带来系统最佳结果的方案。

应用系统动力学模型法对城市资源环境承载力进行评价的原理是将资源环境承载力作为一个系统目标变量，将评价资源环境承载力的各种指标作为要素变量，模拟当要素变量取不同值时的目标变量值，然后通过比较不同的目标变量值，识别出能实现最佳资源环境承载力状态的要素变量值。根据这一原理，可以通过识别要素变量的变化，预测资源环境承载力状态的变化趋势。

1.3.4 城市资源环境承载力政策研究的演化

已有的城市资源环境承载力政策研究主要聚焦资源环境承载力政策实施效果及其提升措施两方面。

1. 政策实施效果分析

已有的研究文献中有各种关于分析资源环境承载力政策实施效果的方法。范英英等(2005)构建了北京市水资源动态预测模型，将承载力指标融入模型中进行计算，模拟了北京市五项核心水资源政策(实施应急供水工程、推进再生水利用、调整产业结构、发展农业节水灌溉和提高用水价格)措施下北京市水资源承载力的变化趋势，发现实施应急供水工程、推进再生水利用和调整产业结构对北京市水资源承载力的影响最显著，而发展农业节水灌溉和提高用水价格从长期来看有利于缓解水资源稀缺对城市发展的影响。尹凡和刘明(2017)探讨了发展基础设施和改善公共服务两种政策措施对提升京津冀地区整体承载力的影响，并通过实证测度、政策现状比对和成因回溯发现北京、天津和河北三地的基础设施承载力差距较小，但三地的公共服务承载力呈现出显著的差距，因此改善公共服务的政策效果最好。苗国强和杨忠振(2016)聚焦我国交通政策对环境承载力的影响，根据城市环境承载力的约束条件，以大连市为例，基于离散选择理论评价了交通节能减排政策的实施效果，并指出若要实现城市交通节能减排总目标，需要对专项措施进行集成管理与优化控制。石敏俊等(2017)评估了京津冀地区在环境承载力约束下的雾霾治理政策实施效果，并根据现有政策实施现状对未来 $PM_{2.5}$ 的发展趋势进行了模拟，发现《大气污染防治行动计划》在已有的措施下难以实现预定的减排目标。丁学森和邬志辉(2019)对我国大型城市义务教育资源承载力现有问题进行了诊断，发现我国大型城市义务教育资源难以满足城市居民的需求，现有政策措施未能有效解决小学与初高中教育资源结构性失衡、公办教育教师配备不足、教育经费吃紧以及学位增加困难等问题。从研究对象来看，已有的城市资源环境承载力政策研究不仅关注城市的自然本底，还关注交通、教育等社会层面的城市政策。从研究内容来看，已有的政策现状研究注重对城市资源环境承载力政策实施效果的评估和模拟，在政策现状评估方面大多聚焦于城市资源环境承载力的某一维度，缺乏从综合视角进行政策实施效果评估。

2. 政策实施效果提升措施研究

已有的研究提出了许多关于提升城市资源环境承载力的政策措施。一些学者从城市宏观层面出发，提出了提升城市资源环境承载力的政策框架。例如，魏后凯(1989)提出合理的城市发展政策应兼顾经济效益、社会效益和生态效益，同时应考虑城市发展在时间轴上的阶段性和在地理空间上的区域差异性。叶京京(2007)建议中央政府加强领导，把资源环境承载力评价结果纳入各级领导干部考核指标，并建立多层次、多渠道的投入保障机制。李端等(2012)提出提升资源环境承载力时应先确定生态修复规划的目标和实施方案，从强化环境管理、优化产业结构、清洁生产、引进先进技术四个方面提高资源环境承载力。刘政永和孙娜(2014)结合环首都城市群资源环境承载力实证分析，建议倡导低碳生活、优化产业结构、推进节能减排、发展低碳交通、完善低碳能源体系、借鉴低碳发展模式，提升城市群资源环境承载力。席晶和袁国华(2017)在分析我国东部、西部各省资源环境承载力水平的基础上，建议构建东部、西部各省相互交流的机制，帮助中西部地区提升资源环境承载力。

也有一些学者从城市人口、土地、产业、财税政策等方面提出了提升城市资源环境承载力的政策措施和建议。在城市人口政策方面，罗源昆等(2013)认为解决城市病问题、提高城市资源环境承载力时，应“以业控人”、合理布局，而不是靠行政手段控制人口进入城市，并指出通过市场机制实现人口的疏散存在障碍，人口规模调控存在“市场失灵”问题，需要政策加以引导，而政府在引导人口疏散方面更有效率。在城市土地政策方面，王恒伟(2018)提出，可根据中心城市建设区、生态整治区、生态保护区等6个土地利用分区的不同土地容量特点，实施不同的土地利用调控政策。在城市产业政策方面，鲍超和贺东梅(2017)建议实施“以水量城”的城镇化政策和“以水定产”的产业政策，在资源可承载的范围内确定发展目标。杨海平和孙平军(2017)提出，提升资源环境承载力时应加大对第二产业高附加值、高技术含量产品的研发力度，加强第三产业高就业、高附加值的配套发展。刘纯彬和李叶妍(2015)提出，北京等超大城市应节制房地产业、劳动密集型产业、批发市场等的发展规模，制定污染产业关停时间表，并向社会公布污染产业关停名单。在城市财税政策方面，王金霞(2004)提出我国缺乏针对环境保护专门设立的环境税，现行税制中大部分税种的税目、税基、税率都未从环境保护与可持续发展的角度进行考虑，税收体系与国际上已经建立起来的环保型税收体系存在差距。罗鹏庭等(2016)提出，要增强工业园的资源环境承载力，对研发物料循环工艺与设备的厂商进行补贴。

上述提及的各种提升城市资源环境承载力的政策措施和建议较多在理论框架的设计层面，缺乏可操作的微观政策建议。或者是只关注了城市资源环境承载力中的某一方面，如土地、人口等，缺乏从城市资源环境承载力系统的视角的政策建议体系。城市资源环境承载力是一个综合系统，需要系统性的政策体系才能帮助城市实现资源环境承载力全面提升。

1.3.5 研究文献评述

基于资源环境承载力研究进展、城市资源环境承载力的内涵、城市资源环境承载力评价研究、城市资源环境承载力政策研究，本书得到以下启示。

(1) 在城市资源环境承载力的内涵方面，以往研究主要立足于传统的资源、环境本体层面，较少考虑人类活动对资源环境承载力的动态影响，且大多以单一自然资源的承载能力为分析对象，很少考虑将社会资源(如公共服务资源、人力资源等)作为研究对象，缺乏从系统性、综合性的视角探索城市资源环境承载力。城市作为新型城镇化发展的重要引擎，其生态压力不断加大，资源环境问题日益突出，城市资源环境承载力的内涵亟须准确界定。

(2) 在城市资源环境承载力评价研究方面，以往的研究文献基于不同视角建立了大量关于城市资源环境承载力的评价指标，这为本书构建城市资源环境承载力候选评价指标库奠定了坚实的基础。文献中的各种评价模型和方法，也为本书的城市资源环境承载力评价奠定了重要基础。但以往关于城市资源环境承载力的评价方法存在不足：①指标维度的划分缺乏理论指导、城市资源环境系统与社会经济系统之间的对应关系模糊等；②由于对承载力内涵的认识存在局限性，对城市资源环境系统与社会经济系统的相互影响机制缺乏基于载体和荷载视角的考量。

(3) 在城市资源环境承载力政策研究方面，以往研究聚焦于分析城市某一维度的政策(如水资源、公共服务、大气环境治理政策等)的实施效果，在实证分析的基础上提出了提升城市资源环境承载力的措施框架，针对城市资源环境承载力存在的具体问题提出了相应的专项措施和建议。这些研究对完善现有城市资源环境承载力政策体系和提升城市资源环境承载力有重要的参考意义，但存在局限性：①就政策现状及实施效果方面的研究而言，现有研究聚焦于单一维度的政策措施，缺乏对城市整个资源环境承载力政策体系的现状进行评估；②就资源环境承载力提升措施而言，已有的研究仅注重综合性措施框架或针对某一领域问题的具体措施，缺乏从资源环境承载力系统的视角建立政策框架和提出系统性的措施与建议。基于此，本书将从综合性的视角出发，基于城市可持续发展理论界定城市资源环境承载力的内涵以及选取城市资源环境承载力评价指标，对城市资源环境承载力进行系统的研究，并从载体和荷载相结合的视角研究城市资源环境承载力的评价方法，使城市资源环境承载力的评价结果更具系统性、综合性和精准性，为城市管理部门提供准确的城市资源环境承载力现状及变化趋势信息，帮助管理部门制定更具针对性、时效性、可操作性的政策，从而全面优化提升城市资源环境承载力，实现城市的可持续发展。

1.4 本书内容结构

本书秉承“理论构建→实践应用”的科学范式安排章节内容，篇章结构如下。

第 1～4 章为基础篇。第 1 章绪论从城市资源环境承载力提出的背景、研究的问题和资源环境承载力研究发展综述方面介绍和评价城市资源环境承载力的重要性和必要性，是全书内容的基础。第 2 章为理论基础，重点阐释城市可持续发展理论、城市生态系统理论、区域经济理论、公共政策分析理论、信息理论的基本原理、应用要点及在本书中的具体应用。第 3 章为城市资源环境承载力评价原理，探究城市资源环境承载力的内涵，界定基于“载体-荷载”视角的城市资源环境承载力概念，构建基于“载体-荷载”视角的城市资源环境承载力评价模型，介绍评价模型的数据特征。第 4 章为城市资源环境承载力计算方法，包括评价指标的构建方法、指标数据的处理方法、承载力的计算方法以及承载力计算结果的解析框架。

第 5～14 章为实证篇。第 5～13 章依次对城市水资源承载力(urban water resource carrying capacity，UWRCC)、城市能源资源承载力(urban energy resource carrying capacity，UERCC)、城市大气环境承载力(urban atmospheric environmental carrying capacity，UAECC)、城市土地资源承载力(urban land resource carrying capacity，ULRCC)、城市文化资源承载力(urban culture resources carrying capacity，UCRCC)、城市人力资源承载力(urban human resources carrying capacity，UHRCC)、城市交通承载力(urban transportation carrying capacity，UTCC)、城市市政设施承载力(urban municipal infrastructure carrying capacity，UMICC)和城市公共服务资源承载力(urban public service resources carrying capacity，UPRSCC)开展实证评价。各章均包括三个方面的内容：①评价方法。阐释各维度城市资源环境承载力下载体与荷载的具体内涵，构建各维度城市资源环境承载力的评价指标和评价模型。②实证计算。选取我国 35 个大型城市作为实证对象，展示各个维度下我国城市资源环境承载力的实证计算数据。③演化规律分析。从时间和空间两个角度对实证评价结果的演化规律进行分析，在时间上探索城市资源环境承载力的动态性，在空间上分析不同城市的资源环境承载力的差异性。第 14 章为基于居民满意度的城市资源环境承载力分析，根据对样本城市广泛的社会调查，分析各维度城市资源环境承载力的居民满意度现状。

第 15～18 章为政策篇。第 15 章为城市资源环境承载力问题分析，在实证评价结果和社会调查结果的基础上，剖析我国各维度城市资源环境承载力存在的问题。第 16 章阐释我国城市资源环境承载力政策现状，从演变规律、类型分布和关注的焦点视角全面介绍现有城市资源环境承载力政策体系。第 17 章基于经验挖掘理论建立城市资源环境承载力政策决策支持系统，内容包括基本原理、系统构成要素、经验库、系统前端和后端结构、应用展示。第 18 章基于识别的城市资源环境承载力问题，应用决策支持系统，建立提升城市资源环境承载力的政策体系。

第2章 理论基础

本书将应用多个学科领域的理论，建立城市资源环境承载力的评价原理以及进行实证分析。这些理论包括城市可持续发展理论、城市生态系统理论、区域经济理论、公共政策分析理论以及信息理论。本章将阐述这些理论的基本概念、主要观点以及在本书中的应用。

2.1 城市可持续发展理论

1. 城市可持续发展理论的基本概念

对城市资源环境承载力进行评价的根本目的是实现城市的可持续发展，应应用城市可持续发展理论来认识城市资源环境承载力的内涵并指导构建城市资源环境承载力评价原理和评价指标体系。

城市可持续发展理论是可持续发展理论在城市尺度上的延伸，其经历了一个不断完善的过程。1987 年，世界环境与发展委员会（World Commission on Environment and Development，WCED）在报告《我们共同的未来》中第一次对可持续发展做了全面详细的阐述，将可持续发展定义为“既能满足当代人的需要，而又不对后代人满足其需要的能力构成危害的发展模式”。城市在人类可持续发展中扮演着重要的角色，然而在快速的城市化进程中，各种社会经济问题和资源环境面临的挑战不断涌现，研究者开始积极探索城市尺度上可持续发展的内涵和演变规律。1991 年，联合国人类住区规划署和环境规划署在全球范围内推行城市可持续发展计划，将城市可持续发展定义为社会、经济和自然环境都可持续发展的城市发展模式。基于这一背景，关于城市可持续发展的研究不断涌现，逐步形成了城市可持续发展理论。

2. 城市可持续发展理论的主要观点

(1) 城市可持续发展理论强调发展城市是为了人类，人是城市发展的内在驱动力，因此以人为本的城市发展是城市发展的最高境界。人既是城市发展的实践者，又是城市的服务对象，因此满足人的需要是城市可持续发展的根本目的，城市中的社会经济活动和资源环境要素是满足人的需求和保障人类可持续发展的必要条件。

(2) 城市可持续发展理论从三个维度阐释了城市的可持续发展，包括城市社会的可持续发展、城市经济的可持续发展和城市环境的可持续发展。城市社会的可持续发展是城市经济和环境可持续发展的基础，强调社会公平和全面进步、改善人类生存环境、提高居民生活质量、保障居民自由平等。城市经济的可持续发展是人类社会追求的发展目标，是推动城市可持续发展的动力。城市经济的可持续发展不仅追求城市经济的持续增长，更追求高质量的城市经济发展，目的是保障居民生活水平不断提高，为维持城市社会发展和生态环境的可持续性提供物质基础。城市环境的可持续发展是人类社会延续和经济活动持续发展的基础，是城市可持续发展的基本条件。人类拥有的自然空间和资源环境有限，在从事社会经济活动的过程中，必须充分考虑其对自然资源环境的影响，保障生态环境资源有支撑城市经济建设和社会持续发展的能力。

(3)城市可持续发展理论强调城市社会、经济和环境的平衡与和谐发展。城市的可持续发展是指由社会、经济、环境等组成的系统的可持续发展，系统的每个维度都是城市存在和发展的前提和基础，各个维度之间是一种协调和平衡的关系，不能厚此薄彼。传统上有许多以牺牲环境资源和环境质量为代价的城市经济发展模式，它们带来了在相当长的时期内无法解决的环境问题，典型的有水资源枯竭、土壤污染、气候变暖等，一些城市甚至面临无法持续发展的厄运。城市可持续发展理论要求人类必须纠正传统上粗放式的发展模式，城市的发展模式必须保障社会、经济和环境要素之间互利互动和协调一致。

3. 城市可持续发展理论在本书中的应用

(1)城市可持续发展理论强调用以人为本的观点指导认识和解读城市资源环境承载力的内涵。传统上有关资源环境承载力的理论和文献聚焦于自然资源，而本书基于城市可持续发展的视角对其进行阐释，把城市资源环境承载力的内涵充分与以人为本的价值观相结合，与人类生存和生活息息相关的社会、经济等要素有机地集成。

(2)城市可持续发展理论将指导如何系统地对城市资源环境承载力进行维度划分。城市资源环境承载力是实现城市可持续发展的基础，因而必须基于城市可持续发展的原则理解和分析资源环境承载力的维度。遵循城市可持续发展理论阐释的城市资源环境承载力涉及城市社会、经济和环境三个方面，由一系列资源环境要素决定，包括水资源、能源资源、大气环境、土地资源、文化资源、人力资源、交通、市政设施、公共服务资源等。

(3)城市可持续发展理论强调城市社会、经济、环境发展的协调性和平衡性，这一观点将用于指导构建城市资源环境承载力评价原理和评价指标体系，以及研究优化提升城市资源环境承载力的政策建议。换句话说，构建城市资源环境承载力的评价原理和评价指标体系时要遵循城市可持续发展理论提出的有关城市社会、经济和环境的协调性和平衡性原则。

2.2 城市生态系统理论

1. 城市生态系统的基本概念

研究城市资源环境承载力时需要厘清城市生态系统的组成以及各组成部分间的相互关系，城市生态系统理论为完成这一任务提供了理论支撑。

随着社会经济的迅速发展，一系列城市生态问题在过去的一个世纪变得越来越明显，如城市的环境问题、市政设施问题、规划问题、社会问题等。近几十年来，越来越多的研究人员把城市当成一个生态系统，应用生态学思想研究城市问题。联合国教科文组织于1971年提出的“人与生物圈计划(man and the biosphere programme，MAB)”指出城市是一个以人类活动为中心的生态系统，提倡将城市作为一个生态系统来进行研究。随后，将生态学理论用于研究城市问题逐渐发展成城市生态系统理论，其主要阐释城市生态系统的组成与结构、能量流动与物质循环、城市生态因子以及城市生态系统的平衡等。

2. 城市生态系统理论的主要观点

(1)城市生态系统理论认为城市是一个复杂的生态系统，是城市空间范围内的居民、自然资源环境系统、人工建造的经济系统和社会系统经相互作用而形成的统一体，这些系统的内部结构及相互之间的作用和关系是动态变化的。城市生态系统的居民属性以居民的性别、年龄、智力、职业和家庭等来体现；自然资源环境系统包括由大气、水、土壤、岩石、矿产资源组成的非生物系统，以及由野生动植物、微生物和人工培育的生物群体等组成的生物系统；经济系统主要由市场机制、产业、贸易和金融活动组成；社会系统涉及政治、体育、法律、文化教育、医疗卫生、社会治安、科学技术等维度。这些系统要素相互作用，构成一个有机的城市生态系统。

(2)城市生态系统的社会子系统、经济子系统以及自然资源环境子系统间相互支持、相互制约。社会子系统通过人类生产生活活动带来的环境污染影响城市自然资源环境子系统，同时通过科学技术和法律手段治理、保护和改善自然资源环境子系统；经济子系统中人类经济活动产生的废气、废水、废渣等对城市自然资源环境子系统造成污染，但经济子系统产生的财富和效益为治理和保护自然资源环境提供了物质条件；而自然资源环境子系统为经济子系统提供了可利用的资源，向社会子系统提出了生态需求。当这三个子系统处于协调和平衡的关系时，城市生态系统便能得到健康有序的发展。

(3)城市生态系统理论强调系统的开放性和动态性，认为城市生态系统是一个开放性极强的复杂系统，在功能和形态上保持着相对的动态平衡状态。城市生态系统是一个与外界紧密联系并相互作用的开放系统，在城市生态系统中人类活动与外界的联系不断发生变化，同时系统对人类活动的支撑能力随着社会经济的发展不断变化。因此，人类活动与生态系统支撑人类活动的能力保持着相对的动态平衡状态。人类作为城市生态系统的主体，具有能动作用，有能力通过改变生态系统的组成、调整生态系统的内部结构，保障城市生态系统对人类活动的支撑能力得到延续并不断提高。然而，城市生态系统为人类活动提供的支撑能力是有限的，当人类活动强度超过城市生态系统的自组织调节能力时，城市生态系统的相对平衡状态就有可能被扰动甚至被破坏。

3. 城市生态系统理论在本书中的应用

(1)在进行资源环境承载力内涵分析和维度划分时城市生态系统理论将指导考虑资源环境的自然本底和社会本底，而认识城市生态系统组成要素和结构有助于科学地对城市资源环境承载力进行维度划分。根据城市生态系统理论，应以系统性思维分析城市资源环境承载力的内涵，统筹考虑社会、经济和环境子系统的特征及相互之间的关系，体现资源环境的自然本底和社会本底。

(2)根据城市生态系统理论，在构建我国城市资源环境承载力的评价原理时应考虑人类活动对城市生态系统造成的压力以及城市生态系统本身的支撑能力。当压力趋近于支撑能力的临界值时，城市生态系统将对压力产生抵抗并调整自组织结构以提升自身的支撑能力，使压力与自身的支撑能力保持相对的动态平衡状态。这种压力与支撑能力的作用机理可以类比为物理力学中物理构件即载体在承受荷载时的变化过程。在定义城市资源环境承载力时，可以借鉴物理力学中承载力的定义，而物理力学中承载力被定义为载体在其不出现物理破坏的前提条件下所能承受的最大荷载。当然，城市生态系统与物理构件有本质区别，前者是一个复杂的巨型开放系统，后者是一个闭合系统。不过物理力学中的承载力概念反映了载体和荷载两个变量间的密切关系，而对承载力的考量必须同时考虑载体本身的特征以及对其施加的荷载的特征，这能用于阐释和定义城市资源环境承载力。

2.3 区域经济理论

1. 区域经济理论的基本概念

区域经济理论是一个综合了多分支观点的理论体系，研究的是一定自然区域或者行政区域范围内经济活动变化的规律及其作用机制。区域经济理论体系中典型的理论有城市区位理论、比较优势理论和增长极理论。

城市区位理论的研究对象主要是城市，主要研究不同自然要素和经济要素的组合如何影响城市的经济活动。城市区位包含自然地理区位和经济条件区位，自然地理区位是指自然地理基础条件，包括河流、湖泊、地形和气候等要素，经济条件区位主要是指城市经济活动的便捷程度、城市经济的信息化程度、城市经济的发展水平、城市市场规模以及城市对物流的支撑能力。

比较优势理论研究的对象是一个城市或地区的发展优势和劣势，其中发展优势指“有利条件”或“低成本”，发展劣势指“不利条件”或“高成本”。比较优势理论主要涉及如何进行地区的资源优化配置以推动社会经济发展，强调增强优势资源的主导作用和减弱劣势资源的消极作用。

增长极理论研究的对象是区域经济的不均衡发展，研究内容主要是在区域经济不均衡发展过程中增长极形成的动因以及增长极对外围经济如何产生影响和发挥作用。

2. 区域经济理论的主要观点

(1)区域经济理论体系中的城市区位理论认为城市的区位是指城市在空间场所与经济方面占据的位置，决定了城市的功能、性质和发展方向，导致城市的发展具有等级性、相对性和动态性等特征。城市区位的等级性是指城市在社会经济活动方面具有不同的等级，表现为经济相对发达的城市往往具有较高的行政级别。城市区位的相对性指区位的好坏是相对的而不是绝对的，不同的产业经济活动对处于同一区位的城市所产生的影响不同。城市区位的动态性表明城市经济发展的等级可以改变，通过调整和改善产业结构可以改变城市的经济发展水平。

(2) 区域经济理论体系中的比较优势理论认为影响一个地区发展的因素是多样化的，这些因素分为优势因素与短板因素。比较优势理论强调在区域之内将不同产业、产品进行对比，发展具有优势的产业、产品。优势既包括自然固有优势，也包括在发展过程中形成的产业、产品优势。一个地区可以通过对短板因素进行改善和弥补，形成优势因素。而如何发挥优势因素，改善或弥补短板因素，会对地区发展产生很大的影响。

(3) 区域经济理论体系中的增长极理论认为区域经济发展是不平衡的，始终存在一个优先发展的增长极，这个增长极会对周围的经济空间产生辐射状的“向心力”或“离心力”。Perroux (1950) 从一般、抽象的经济空间出发，指出经济空间存在着若干中心、力场或极，产生了类似于“磁极”作用的向心力或离心力作用，进而产生一定范围的“场”，并总是处于非平衡的极化过程之中，这样的经济空间可以被视为“增长极”。

增长极对周围经济空间的“向心力”作用体现在增长极在发展过程中凭借自身的优势，吸引周围地区的经济、劳动力、信息等资源，从而减少了周围地区自身发展所需要的资源，由此对周围地区的发展产生“抑制”作用。而增长极对周围经济空间的“离心力”作用是指增长极在自身达到一定的发展水平和规模时会对周围地区产生“溢出效应”，这种效应表现为增长极内的产业活动向周围地区迁移，从而增加了周围地区的就业岗位，向周围地区输入了先进的生产技术，促进和带动了周围地区的社会经济发展。

3. 区域经济理论在本书中的应用

(1) 区域经济理论体系中的城市区位理论有助于分析城市资源环境承载力的演变规律。城市的自然地理区位特征和经济条件区位特征对城市资源环境承载力的状态有决定性的影响，这些区位特征的变化会直接导致城市资源环境承载力发展演化。城市区位理论阐述的区位等级性能用于指导分析处于不同区位的城市的资源环境承载力在不同维度下表现出来的空间差异性及其形成原因。城市区位理论阐述的区位相对性表明，同一城市的资源环境支撑不同社会经济活动的能力不同，这种支撑能力是相对的。换句话说，城市资源环境的支撑能力可以通过改变社会经济活动的规模和结构进行调整。而城市区位理论阐释的区位动态性能够帮助理解城市的资源环境承载力为何在不同时期处于不同水平，同时有助于分析城市资源环境承载力在时间轴上的变化规律。

(2) 区域经济理论体系中的比较优势理论将指导识别城市的优势和劣势资源环境要素，帮助发现不同城市资源环境承载力的优势维度和短板维度。一方面，针对城市的优势资源环境要素，可以研究在推动城市可持续发展过程中优化和提升这些优势资源环境要素的路径和措施；另一方面，针对城市的短板资源环境要素，可以找出这些短板资源环境要素制约城市资源环境承载力的关键环节和表现形式，研究制定有针对性的政策，减弱或消除这种制约作用。

(3) 区域经济理论体系中的增长极理论可以帮助理解样本城市的增长极地位，识别具有增长极地位的城市其资源环境承载力的重要性。我国人口规模大或者行政等级高的城市，一般都是社会经济发展的增长极。这些城市不仅集聚大量的资源，并且会对周边中小型城市和地区的发展产生向心力或离心力作用。因此，认识城市资源环境承载力对研究制定优化提升城市资源环境承载力的政策措施具有重要的意义。

2.4 公共政策分析理论

1. 公共政策分析理论的基本概念

公共政策分析理论的研究对象是公共产品和公共服务，其主要内容是阐释如何分析公共政策现状、如何制定和完善公共政策以及如何实施公共政策。公共政策是市场机制的重要组成部分，市场机制的服务对象主要是产品，为了应对市场机制在公共产品的供给中存在的缺陷，以政府为主的公共权威机构需要通过制定和实施公共政策来进行宏观调控，弥补市场机制的不足，由此推动了公共政策分析理论的诞生与发展。

公共政策分析以实践为导向，通过运用多个学科的研究视角及分析方法对政策过程和政策系统进行研究，进而提出改进政策系统的政策建议，帮助决策者提高政策质量，最终解决现实社会中存在的问题。公共政策分析制定过程由若干环节组成，包括认识问题、确定目标、设计备选政策方案、建立评估备选政策方案的标准和方法、提出新的政策方案。可以看出，公共政策分析的前提是明确问题，基础是设计备选政策方案，保障是评估备选政策方案的可行性，最终的结果是提出新的政策方案。

2. 公共政策分析理论的主要观点

(1) 公共政策分析理论认为，制定有效的公共政策是以政府为主的公共权威机构的主要职能。也有学者认为非政府公共组织也可以有效管理公共事务，所以公共事务的管理主体是政府，但非政府公共组织和公众也能参与。公共政策的制定和实施旨在维护公共利益，政府部门和立法机构是制定和实施公共政策的主体，这些具有公共权威属性的主体依托公共资源行使公共权力，按照一定的流程或准则制定和实施维护公共利益的政策。

(2) 公共政策分析理论强调，向政府提供的公共政策建议要以公共问题为导向、合理确定政策目标为关键、充分的政策方案搜寻为保障。政策问题是政策分析的逻辑起点，明确问题的性质有助于分析者确定政策过程的性质，显然，它是最重要的政策分析活动。现代政策分析理论认为，政策问题既是客观的，也是主观的，在很大程度上由决策者、分析者或其他社会群体创造，问题的性质因不同个人或群体而有所不同。

通过分析公共政策问题确立合理的政策目标是公共政策分析的关键环节。有效的政策目标应基于正确的目标设计，以及政策制定者对政策目标的共识。不明确的政策目标很难保证政策方案设计的准确性。而要确保政策目标得以实现，则应根据环境和要求的变化对目标进行及时调整，使其更符合实际。

(3) 公共政策的复杂性决定了其形成和发展需要以系统分析为基础。系统分析包括三个方面，即整体分析、环境分析和结构分析。系统分析有助于分析者从宏观上整体把握政策系统，将不同政策系统进行比较，研究政策系统的各子系统，关注系统的内部结构和层次特点。系统分析要求在政策分析中考虑实现政策目标和解决问题所需的条件，注意协调、控制、执行等问题，强调进行从目的到手段的全面调查。

3. 公共政策分析理论在本书中的应用

(1) 城市资源环境承载力是一个关于城市可持续发展的重要公共议题。公共政策分析理论可以帮助认识和定义与城市资源环境承载力相关的公共政策类别，有助于分析城市资源环境承载力相关政策的变迁，提炼城市资源环境承载力相关政策的实施经验，以及诊断城市资源环境承载力相关政策的短板，为研究制定优化提升城市资源环境承载力的政策措施奠定基础。

(2) 以认识问题为前提的公共政策分析理论，为构建“问题-方法”视角下的城市资源环境承载力政策评价原理提供了理论支撑。本书首先依照“认识问题—明确目标—设计备选政策方案—评估备选政策方案—提出政策”的公共政策分析过程对城市资源环境承载力存在的问题进行识别和总结，在此基础上对城市资源环境承载力的相关政策进行现状分析，以为形成用于解决问题的备选政策方案奠定基础；然后，对现有政策解决问题的经验进行总结，形成经验块，据此构建大数据背景下的城市资源环境承载力政策经验库，这个政策经验库是用于解决城市资源环境承载力问题的备选政策方案库；最后通过一个决策支持系统，针对性地提出有关城市资源环境承载力的政策建议。

(3) 公共决策分析理论为构建“整体-维度”结构的城市资源环境承载力政策体系提供了理论支撑。根据公共决策分析理论，本书将城市资源环境承载力政策建议分为整体建议以及子系统的政策建议。书中的政策建议从宏观上整体把握城市资源环境承载力政策的重点和脉络，并注重各个子系统之间的政策协同。微观上，书中对各个维度的重点问题及一般问题分别提出具有针对性的政策建议。

2.5 信息理论

1. 信息理论的基本概念

信息的定义强调信息是物质的基本属性，需要客观载体来进行承载，反映了物质间相互作用或交换的情况。城市系统在运行过程中会产生海量的信息资源，这些信息资源能够帮助城市管理者更精准有效地识别和分析城市资源环境承载力，制定更科学有效的政策措施。因此，需要应用信息理论来科学解读城市资源环境承载力。

信息理论是研究信息的计量、获取、传输、转换、存储、处理和应用的理论，包含工程技术、技术科学和基础科学三个层面(钱学森，1988)。工程技术层面的信息理论包含数字技术、虚拟技术、互联网技术等理论；技术科学层面的信息理论包括信息论、情报学、符号学和语言学等理论；基础科学层面的信息理论是指具有一般意义的全信息理论(苗东升，2006)。信息科学的发展将人类社会带入大数据时代，人类社会经济活动的内涵和管理方式在这一时代背景下发生革命性的变化。相应地，自大数据出现以来，信息理论得到了进一步的发展，如何用信息理论来指导大数据在认识和改造世界中的应用已成为新的科学前沿议题。

2. 信息理论的主要观点

(1)信息理论认为信息来自数据，数据的本质是信息。信息的一般属性包括标示性、确定性、重复不增值性、可存储性、可提取性、可处理性、可传递性等。数据是一种用数字信息标示复杂系统各方面状况的信息表达形式，而大数据不仅具有数据的一般属性，还具有规模大、高速、多样化、低价值密度、真实的特点。

(2)信息理论强调，信息处理技术应为数据处理与提取提供基础保障。在大数据时代，各类数据不断更迭出现，面对复杂的大数据，需要科学充分地应用信息处理技术对信息进行全面、高效、精准的获取、传送、处理等操作，从海量数据中挖掘所需的有价值数据，并对这些数据进行充分利用。大数据的获取可通过传感器采集、摄像头记录、网页信息爬取等实现，获取的信息类型丰富多样，包括文字、图像、声音以及自然语言等。信息传送技术有电路交换、报文交换和分组交换三种类型。处理信息时需要进行编码和译码，处理方式可分为手工处理、机械处理和计算机处理三种类型。

(3)信息理论认为数据的应用需要依靠信息获取、信息传送、信息处理以及信息存取四个步骤来实现。在完成对数据的处理分析后，不仅需要对数据信息实现高效利用，同时还需要保护数据信息的安全性，因此数据存取环节尤为重要。信息存储技术主要包括磁存储技术、缩微技术与光盘技术三种，这些技术可以帮助信息使用者存储和管理大量的信息。针对数据在存储前、存储期间以及使用期间面临的存储风险，目前常用的是数据存储加密技术，需结合不同的数据存储场景，选择有针对性的存储加密技术，以满足数据安全存储要求，为保持信息的长期利用价值和决策分析提供支持。

3. 信息理论在本书中的应用

(1)本书应用信息获取技术，通过统计年鉴、卫星遥感、网页爬虫等多种途径，获取有关城市资源环境承载力的统计资料、气象监测数据、夜间灯光图像、政策文件等多种类型的数据，并将这些数据用于城市资源环境承载力的评价和政策研究。

(2)本书应用信息处理技术，对获得的原始数据进行初始化处理(包括对缺失值、异常值的处理和标准化处理等)，在此基础上进行数据的存储、加工和处理，将杂乱、分散、标准不统一的原始数据加以整合，形成可用于评价和分析城市资源环境承载力的数据。

(3)本书应用信息存取技术，构建数据仓库，对已有的可提升城市资源环境承载力的成功经验和措施进行提炼和编码，并进行经验挖掘，为提出改善和优化城市资源环境承载力的政策奠定基础。

2.6 本 章 小 结

本章对城市可持续发展理论、城市生态系统理论、区域经济理论、公共政策分析理论、信息理论的内涵进行了解析，阐述了这些理论在本书中的应用。

城市可持续发展理论在本书中起指导作用，对城市资源环境承载力内涵的界定、维度的划分以及城市资源环境承载力评价原理和评价指标体系的构建起引导作用。城市生态系统理论可指导资源环境承载力内涵分析和维度划分，强调需要考虑资源环境的自然本底和社会本底，引入了资源环境子系统、社会子系统和经济子系统，提出在构建城市资源环境承载力的评价原理时应考虑人类活动对城市生态系统造成的压力以及城市生态系统本身的支撑能力，进一步为资源环境承载力内涵的界定提供了理论基础。区域经济理论是研究人类活动及其相关设施的最优场所或空间区域的理论，为进行资源环境承载力实证研究、演化规律分析以及社会调查提供了理论依据。公共政策分析理论为分析城市资源环境承载力存在的问题、政策现状和构建政策分析模型以及提出提升城市资源环境承载力的政策建议提供了理论支撑。信息理论为构建资源环境承载力的评价模型和进行政策分析提供了新的科学方法。

第3章　城市资源环境承载力评价原理

本章构建了城市资源环境承载力的评价原理。信息技术的发展使人类社会经济活动的内容和形式发生了划时代的变革，为城市资源环境承载力赋予了新的时代内涵，使城市资源环境承载力在评价内容、评价指标、评价方法、评价结果解析视角等方面都发生了变化。

3.1　城市资源环境承载力评价的内涵

对事物进行评价时首要任务是准确理解和掌握评价的内涵，而评价的具体方面或者维度是评价内涵的体现，也是对评价范围的界定和划分。通过确定评价内涵的维度，可以使评价具有系统性、全面性和正确性。传统上对城市资源环境承载力的维度划分有不同的阐释：①不同的文献与理论从不同的研究视角提出城市资源环境承载力，对承载力的作用机理存在不同见解，所提出的城市资源环境承载力的内涵差异较大，难以解释不同维度的要素所能代表的城市资源环境承载力的特性；②以往对城市资源环境承载力维度的划分主观性较强，缺乏能解释维度划分依据的基础支撑理论，难以体现其正确性；③文献与理论中有不同的城市资源环境承载力评价方法，这些方法之间既有重叠性又有差异性，缺乏对这些方法的应用对象和应用条件的解释，限制了这些方法在实际评价城市资源环境承载力时的有效应用。这些局限反映了已有的文献和理论缺乏统筹认识城市资源环境承载力的内涵，而要明晰城市资源环境承载力的内涵，首先需要全面系统地对承载力包含的维度进行界定。

本书通过将可持续发展理论作为认识城市资源环境承载力的基础理论来确立城市资源环境承载力的评价维度，剖析城市资源环境承载力评价维度之间的关系，从而科学确定城市资源环境承载力评价的内涵。

1. 城市资源环境承载力的内涵

对城市资源环境承载力进行评价和剖析的最终目的是帮助城市实现可持续发展，用城市可持续发展理论指导划分城市资源环境承载力维度能够保证城市资源环境承载力的评价内容与评价目标一致。按照城市可持续发展理论，城市资源环境承载力维度必须与城市可持续发展的要求相呼应，换句话说，城市要实现可持续发展应具有相应维度的资源环境承载力。

城市可持续发展理论强调经济、社会和环境是城市可持续发展的三个支柱，三者需要实现协调发展。按照这一理论，支撑城市可持续发展的城市资源环境承载力应包括经济承载力、社会承载力和环境承载力。其中，城市经济承载力是指城市利用自然资源、人力资源、社会资源和科学技术等持续地促进城市经济增长的能力，是实现城市可持续发展的基本条件。城市社会承载力是指城市通过交通、市政设施、教育、医疗和治安等承载和满足城市居民需求的能力。如果城市社会承载力不能满足城市居民的需要，则会引发各种社会问题，如交通拥堵、住房短缺、看病难、上学难和极化的财富分配问题等。城市环境承载力是指城市各种自然环境载体支撑城市社会经济发展和各种动植物生存的能力，这些环境载体包括大气、土地、水、森林和海岸。如果人类社会经济活动给环境载体造成的压力太大，超过环境载体的承载能力，则会产生各种环境问题，如空气污染、水污染、水源短缺、生物多样性减少以及生物栖息地丧失等。

2. 城市资源环境承载力评价维度

城市经济承载力、城市社会承载力和城市环境承载力是城市实现可持续发展的重要支撑。综合以往的研究文献，可知这三类承载力主要由以下要素组成。

(1) 城市经济承载力要素：旅游承载力、能源承载力、矿产承载力、人力资源承载力、就业承载力、技术承载力。

(2) 城市社会承载力要素：交通承载力、市政设施承载力、医疗承载力、教育承载力、文化承载力、治安承载力。

(3) 城市环境承载力要素：土地资源承载力、水资源承载力、大气环境承载力、生态环境承载力、海岸环境承载力、森林承载力。

为了进一步确定这三类城市资源环境承载力的内容，本书在撰写过程中不仅参阅了已有的文献资料，还在全国范围内对典型城市进行了实地调研，并同各地专家学者进行了探讨。参与实地调研的既包括从事城市资源环境研究的科研人员，也包括从事城市规划工作的实践专家，还包括负责城市管理的政府官员。结合已有的理论观点和实地调研中专家学者反映的城市实际发展情况，本书认为城市资源环境承载力在考虑经济、社会和环境三大维度的基础上，还应充分体现以下思想。

(1) 城市资源环境承载力的维度必须体现城市可持续发展的需要。城市的可持续发展需要经济、社会、环境三方面的承载力共同支撑，三者相辅相成、缺一不可、无法替代，具有同等的重要性。因此，城市资源环境承载力的维度必须反映城市的经济承载力、社会承载力和环境承载力特征。

(2) 城市资源环境承载力的维度需要综合体现自然本体承载力和社会基础承载力。城市是一个人与自然共生的复杂综合系统，其运行不仅依赖于自然本底资源，也依赖于社会基础资源。自然本底资源包括大气环境、土地资源、水资源、森林资源、海洋资源等，是人类生存和发展的基本条件。社会基础资源是人类社会在发展过程中形成的各种社会经济财富，包括物质财富和精神财富。随着人类社会的发展，社会基础资源对城市的可持续发展越发重要。因此，城市资源环境承载力的维度不仅要反映城市的自然本体承载力，也要体现城市的社会基础承载力。

(3) 城市资源环境承载力的维度需要体现城市特征。城市的最显著特征是具有专业化和行业化的各种工业和服务业活动，专业化和行业化推动了人类历史的发展。经济学之父亚当·斯密(Adam Smith)在《国富论》一书中指出，专业化分工的形成是城市发展的重要标志。城市的工业和服务业所产生的产品和服务需要与外界进行交换，形成价值和财富，以支撑城市的进一步发展。专业化和行业化的分工使得不同专业和行业的人群之间产生了产品和服务交换需求。然而，产品和服务的交换与流通意味着城市需要拥有完善的交通基础设施和运输网络。由于城市拥有比乡村更加优越的生产生活条件，人们逐渐主要集中在城市中，这就需要城市提供能保障居民生产和生活的公共服务和市政设施，以支撑城市的各种生产生活活动。另外，随着社会经济的发展，旅游已经成为人们生活的重要内容，城市也逐渐成为旅游的主要目的地。因此，城市的文化旅游资源和设施也是承载城市持续发展的重要资源。

(4)城市资源环境承载力的要素要体现以人为本的宗旨。以人为本是城市发展的宗旨。传统上，城镇化战略是发展经济的重要手段，或者说传统上城镇化建设是以经济发展为中心的。按照可持续发展理论的原则，城镇化建设应该以人为中心，把人的需求放在首要位置，开展与城镇化建设有关的活动最终是为了满足人的需要。所以，对城市资源环境承载力的刻画需要体现生产生活中人的生存与发展需求。

基于上述分析和总结，本书将医疗、教育、治安、就业等涉及城市公共服务领域的要素整合为城市公共服务资源承载力维度；将文化、旅游、技术等涉及传承、创造、消费等行为活动的要素整合为城市文化资源承载力维度。已有的文献提到的海岸环境承载力、矿产承载力、森林承载力等主要针对特殊类型的城市，无法反映城市的一般特性，因而不单独列出。许多文献提到的生态环境承载力由于其内涵综合性较强，且与土地资源承载力、水资源承载力和大气环境承载力在内容上存在很大的重合性，因此不单独列出。

通过上述梳理和整合，本书将城市资源环境承载力划分为九大维度，分别是水资源承载力、能源资源承载力、大气环境承载力、土地资源承载力、交通承载力、人力资源承载力、文化资源承载力、市政设施承载力和公共服务资源承载力，如图3.1所示。

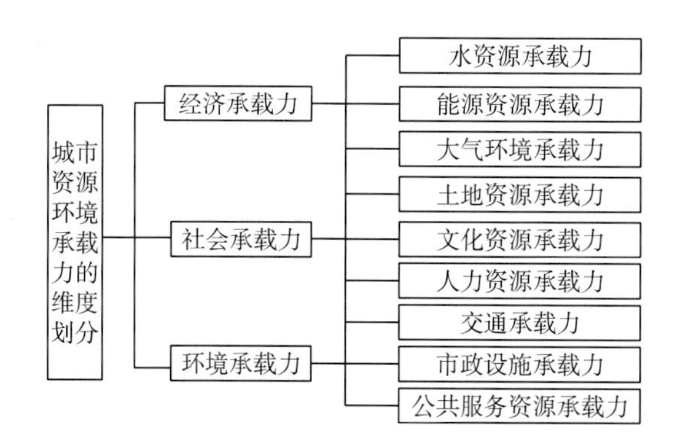

图3.1 基于城市可持续发展理论的城市资源环境承载力维度划分

3. 城市资源环境承载力维度间关系的解析

图3.1中，城市资源环境承载力的九个维度不是独立存在的，彼此间存在着密切的关

联，分别承担着支撑城市可持续发展所需的功能，共同构成城市资源环境承载力，对城市的可持续发展具有同等重要的地位。

可持续发展的核心是以人为本，人是城市发展的主体，城市的发展本质上是为了满足城市居民的需要。根据美国著名社会心理学家亚伯拉罕·马斯洛(Abraham H. Maslow)提出的需求层次理论，人的需求分为五个层次，从低到高分别是生理需求、安全需求、社交需求、尊重的需求以及自我实现的需求，这五个层次的需求可用图 3.2 表示。

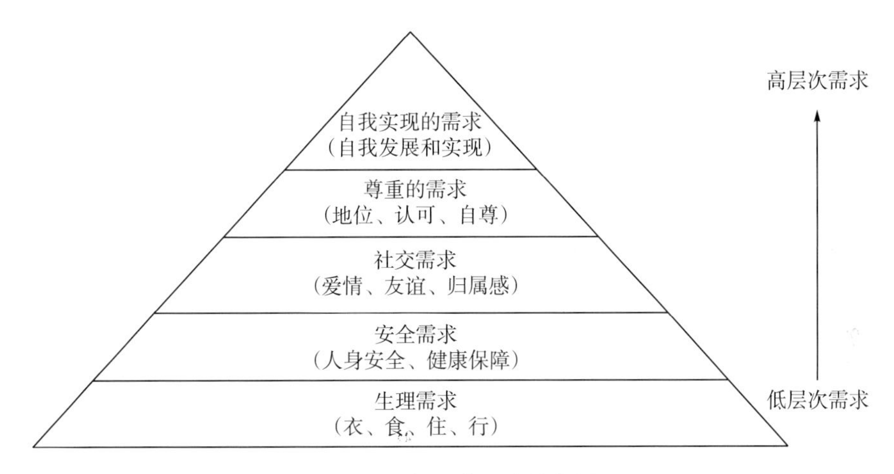

图 3.2　人的需求层次结构图

关于需求层次理论的层次递进逻辑，应该从动态的视角去阐释。一个人的发展过程基本上是服从这个从低级层次到高级层次的递进逻辑，高层次需求是建立在低层次需求得到了满足的基础上的。但是，在一个人处于高层次需要满足时，由于各种变化的出现，可能使其在某些低层次的需求又不能得到满足了。例如，在追求满足社会认可和自我实现层次时，一个人可能由于突然的变化因素发生失去了工作，这时没有了低层次的食住需求的保障了，这个人就必须先努力满足食住等底层生理需求，才能再发展到追求高层的社会地位和自我实现需求。因此，需求层次理论是用来阐释一个人的发展需求趋势。但是这个趋势是波动的，从低层次需求向高层次需求的追求是人的本能特征，是主观的和本能驱动的。不同的个体所具有的这种主观意志和本能是不一样的，所以发展的速度和结果是不一样的。然而从追求高层次的需求降低到追求低层次的需求，一般不是人们主观愿望的，往往是客观因素的变化所迫使的。

如果把马斯洛的需求层次理论应用于城市里的居民，则可以进行以下解释：为满足低层次的生理需求，城市需要用土地资源来建设住房，用水资源和能源资源来满足居民的日常生活需要，用洁净的空气维持居民的健康。在满足了低层次需求之后，人就会追求安全，包括人身安全和健康安全，这就需要城市提供医疗、教育、治安、社会保障等公共服务。在满足了生理需求和安全需求后，人会有社交需求，人开始建立社会关系，追求爱情和友谊，产生对所居住的城市的认同感和参与感，因此城市不只是维持人类生存的物质载体，还成了寄托情感的精神载体。更进一步地，当人的社交需求得到满足后，人便会希望得到他人的尊重和认可，谋求在社会中具有一定的地位，在社会中实现自我价值，这就要求城市向居民提供进行社交活动和实现自我价值的条件，包括各种以公共设施、交通网络和文化资源为载体的发展机遇。

根据上述阐述，城市资源环境承载力可以根据需求层次理论解析为底层基础承载力、中层支撑承载力、上层建筑承载力，如图 3.3 所示。

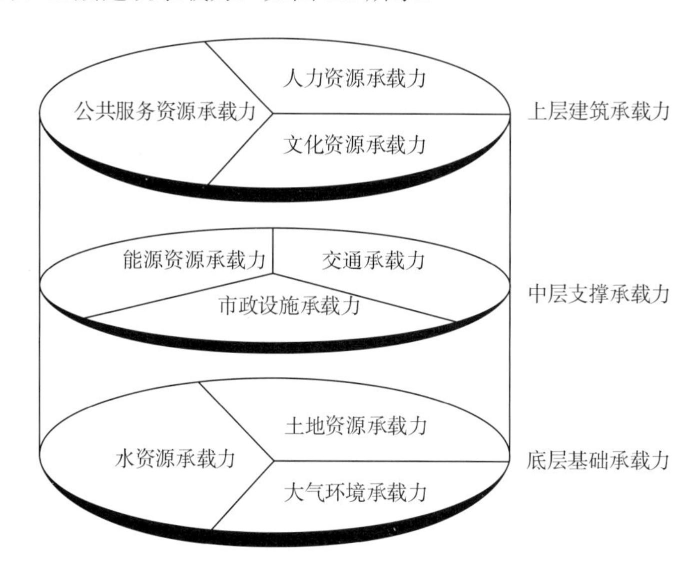

图 3.3 城市资源环境承载力维度关系图

1) 底层基础承载力

土地、水和大气是城市最基本的自然本底资源，包括人类在内的生物群落的生存和繁衍均依赖于各种自然本底资源。土地资源承载力、水资源承载力和大气环境承载力是城市的底层基础承载力，如果这些承载力薄弱，无法满足城市的发展需要，则会出现各种基础性城市问题，如水资源短缺、粮食安全受到威胁、空气污染、水质恶化、物种多样性减少和生物栖息地被破坏，从而影响城市的社会经济活动。

每一种自然本底资源都是人类社会经济发展所依赖的不可或缺的资源，就像组成木桶的木板一样，任何一块木板的短缺都会导致木桶丧失功能，而城市任何一种自然本底要素的缺失或破坏都会对城市的运行和发展造成严重损害。所以，自然本底资源对城市的可持续发展具有木桶效应，如图 3.4 所示。

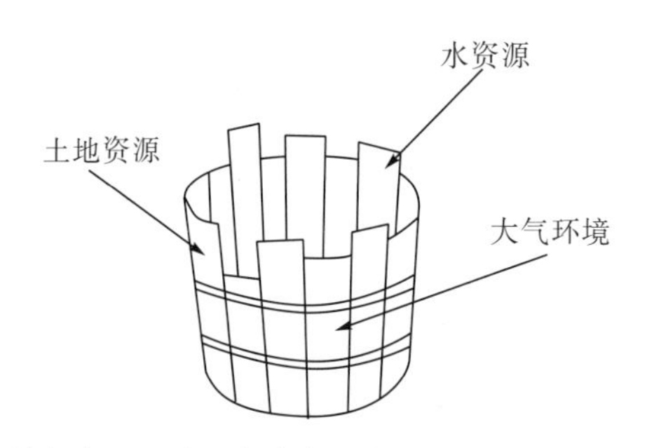

图 3.4 城市资源环境承载力的自然本底资源木桶效应示意图

2) 中层支撑承载力

图 3.3 显示能源资源、交通和市政设施是确保城市可持续发展的支撑条件，能源资源承载力、交通承载力和市政设施承载力是城市的中层支撑承载力。这三类承载力对城市的正常稳定运行起支撑作用，如图 3.5 所示。能源资源是城市系统各种社会经济活动进行的动力，充足的能源供应是城市运行和发展的动力支撑。完善的交通网络可以支撑城市系统的各种社会经济活动，保障城乡系统要素有机连接，支撑城市各种生产要素和产品在城市系统内外部得到合理配置。城市市政设施包括给排水、供电、通信、燃气、热力等设施，它们控制着城市系统的各种社会经济活动，是城市可持续发展的后勤支撑，为城市的正常运行和发展提供了可靠保障。

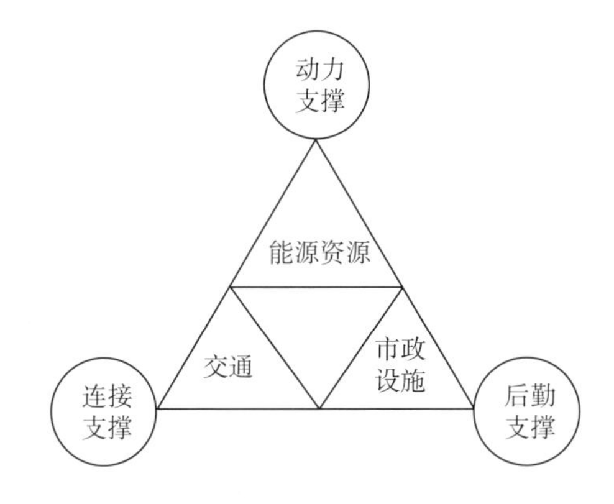

图 3.5　城市资源环境承载力的中层支撑维度

3) 上层建筑承载力

构建城市上层建筑的资源有人力资源、文化资源，以及体现社会生产力发展水平的教育、医疗等公共服务资源。因此，人力资源承载力、文化资源承载力和公共服务资源承载力是城市的上层建筑承载力。人力资源是城市的上层建筑基础资源，包括拥有不同背景、不同年龄、不同学历、不同专业技能的人，是构成和承接上层建筑的基础。城市文化资源是社会生产力发展的结果在居民精神层面的体现，以博物馆、展览馆等呈现，反映了城市居民共同的价值观、认同感和归属感，是城市上层建筑的重要组成部分。城市公共服务资源为城市居民提供教育、医疗、社会保障、治安等服务，保障和满足居民的学习、工作、健康、生活和发展需要。城市公共服务资源供给水平可体现城市管理水平，公共服务资源承载力是城市上层建筑承载力的主要内容。人力资源承载力、文化资源承载力和公共服务资源承载力三者密切联系、相互促进，三者之间的关系可用图 3.6 表示。拥有优质的文化和公共服务资源是城市吸引人才的重要因素，人才为丰富城市文化、推动城市公共服务的发展提供了动力，使城市的文化发扬光大，形成城市的独特文化。

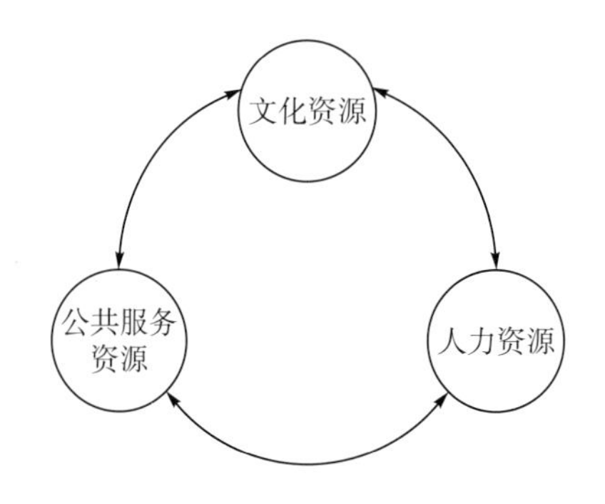

图 3.6 城市资源环境承载力的上层建筑维度

3.2 基于“载体-荷载”视角的城市资源环境承载力

3.1 节全面剖析了基于可持续发展理论的城市资源环境承载力评价的内涵，构建了涉及水资源、能源资源、土地资源、大气环境、交通、公共服务资源、市政设施、人力资源、文化资源九个维度的城市资源环境承载力评价体系。关于如何评价这些维度的城市资源环境承载力水平，本书引入工程力学中计算承载力时用到的“载体-荷载”概念，提出“载体-荷载”视角下的城市资源环境承载力评价方法。

1. “载体-荷载”视角下城市资源环境承载力的定义

以往的研究文献对资源环境承载力的定义和评价主要基于承载力阈值，并根据历史数据来计算城市资源环境承载力的阈值，如一个城市能够承载的人口数量极限。但事实上，阈值不能代表城市资源环境真正的承载极限。城市资源环境承载力在不同的时间和空间条件下不同，城市的资源环境承载强度和承载状态与城市系统中人类社会经济活动的性质和强度密切相关，城市资源环境承载力受城市资源环境要素、人类社会经济活动、空间特征和时间四类要素变量影响。如果用 URECC（urban resources environment carrying capacity）表示城市资源环境承载力，u 表示城市资源环境禀赋要素，h 表示人类社会经济活动行为要素，s 表示空间特征要素，t 表示时间，那么有以下函数表达式：

$$\mathrm{URECC} = f(u,h,s,t) \tag{3.1}$$

式中，f 表示在四个要素变量的作用下形成城市资源环境承载力的机理和作用关系。认识这种机理对分析承载力十分重要，只有正确认识这种机理，才能建立正确的城市资源环境承载力评价方法。

城市资源环境系统是一个复杂巨大的系统，由三个相互关联的子系统组成，即城市自然环境子系统（urban natural environment subsystem，UES）、城市自然资源子系统（urban natural resources subsystem，URS）、城市社会经济子系统（urban socioeconomic subsystem，USS）。这三个子系统各自有不同的功能但又相互依赖和相互影响，共同组成城市资源环境系统以发挥城市必要的功能。在城市资源环境系统中，人类的各种社会经济活动是各个子系统进行联系的桥梁，驱动着子系统之间的相互作用和整个系统的运行。同时，人类的社会经济活动受这三个子系统的表现以及相互之间联系情况的影响。城市资源环境系统的三个子系统之间的相互作用以及与人类活动的关系可用图 3.7 表示。

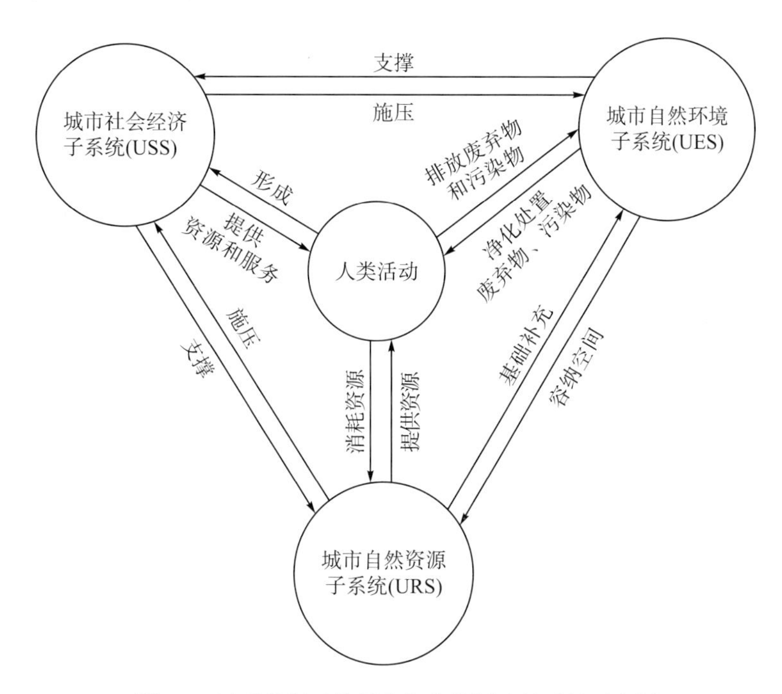

图 3.7　子系统相互作用和与人类活动关系的示意图

从图 3.7 中可以看出，人类活动是城市在运行中的核心要素，如生活行为、城市建设、工业生产、污染物与废弃物排放、交通以及基础设施建设等，该核心要素将城市自然资源子系统、城市自然环境子系统以及城市社会经济子系统联结成一个有机整体。其中城市自然资源子系统体现的是资源特征，主要包含土地资源、水资源、能源资源等。城市自然环境子系统反映的是环境特征，包含土地环境、水环境、大气环境等。自然资源子系统和自然环境子系统以生态服务形式对人类社会经济活动提供支撑，包括土地、空气、水、食物、能源等，同时为城市居民的生存提供基础支撑。而体现人类活动的社会经济子系统，一方面对自然资源子系统和自然环境子系统造成压力和影响，如消耗能源和水资源、影响空气质量、排放污染物等；另一方面，不仅为人类的生产生活活动提供资源和服务，而且也是人类社会发展的重要支撑，如通过城市建设活动建立公共服务、交通、基础设施等，这些都是从事社会经济活动的基础。另外，城市社会经济子系统的内在结构和表现与科学技术和政策有十分密切的联系，其在先进的科学技术和政策引导下能健康发展，进一步优化对城市自然资源子系统和自然环境子系统的施压路径，提高自然资源子系统和自然环境子系统的供给或服务能力。

城市资源环境系统的三个子系统在功能和形态上保持相对的动态平衡状态。当人类社会经济活动依赖的载体(即城市资源环境系统)不能有效地提供相应的支撑能力时，需要调整人类社会经济活动的结构和规模，以及改变城市资源环境系统的三个子系统的要素结构和关联机理，使城市资源环境系统的三个子系统以新的状态出现，最终使子系统之间在新的状态下达到平衡。其中城市社会经济子系统的动态性尤为明显，这是由人类生产生活活动的动态性决定的。可以看出，城市资源环境系统的平衡状态是动态的，城市资源环境系统应对人类活动干扰的能力通过动态调整自组织结构和内容来实现。这种通过调节自组织结构和内容应对干扰的能力可以用物理力学中的“承载力”来进行阐述。

物理力学中的承载力涉及两个密切相关的参数，即荷载与载体，承载力表示的是物理材料或构件(载体)在其不出现物理破坏的前提下所能承载的最大荷载，对于一个载体，最大荷载可以通过破坏性试验测定。可见，考量承载力时必须同时考虑载体本身的承载能力以及其所能承载的荷载大小。参考物理力学中的承载力概念来分析城市资源环境承载力时，既需要考虑城市资源环境系统的城市载体(urban carrier，UC)，又需要考虑城市载体所能承载的城市荷载(urban load，UL)，如图 3.8 所示。

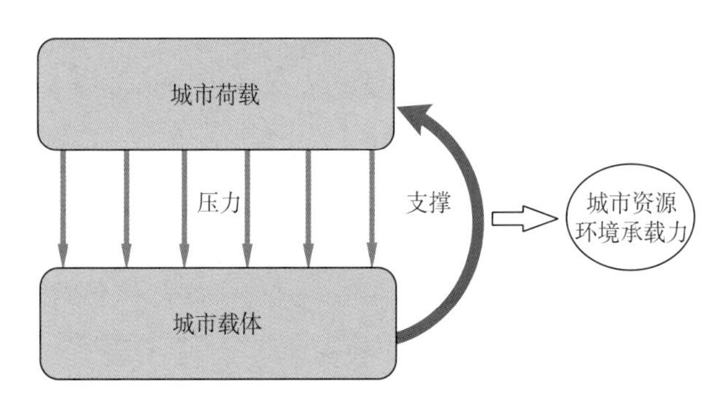

图 3.8 城市载体、城市荷载及城市资源环境承载力之间的关系示意图

2. 城市载体

城市载体肩负着承载人类为了可持续发展从事的各种生产生活活动所产生的荷载的重要功能。根据 3.1 节的论述，城市资源环境系统包含九大维度的载体：水、能源、大气环境、土地、文化、人力、交通、市政设施和公共服务。

城市载体具有时间上的变化性、空间上的边界性以及载体要素的功能性。城市资源环境系统的城市载体(UC)可用以下表达式描述：

$$\mathrm{UC}=g(c_1,c_2,\cdots,c_i\cdots,c_n,t,s) \tag{3.2}$$

式中，c_i 代表城市载体的要素因子，要素因子的性质和利用状态对城市载体的支撑能力有很大的影响；t 代表城市资源环境系统对应的时间因子，城市载体的支撑能力是变化的，可以随着科学技术的进步而改变；s 代表城市资源环境系统对应的空间因子，不同的城市在不同的地理位置和社会经济条件下，其载体的支撑能力存在差异；g 代表各类载体变量形成城市载体的综合函数关系。

3. 城市荷载

由上述论述可知，评价城市资源环境承载力时首先要将城市资源环境作为一个系统，然后识别这个系统所能承载的荷载。借鉴工程物理学中常规荷载和偶然荷载的相关原理，可以将城市荷载分为两类，即城市常规荷载和城市偶然荷载。城市常规荷载指人类的日常生产生活活动对城市资源环境系统产生的干扰，这些生产生活活动主要涉及农业、工业、城市建设、交通以及日常生活等，以及在人类生产生活活动中污染物的产生和废弃物的排放，这些活动持续不断地消耗城市资源环境系统中的各种自然和社会资源。城市偶然荷载主要是指自然灾害和一些社会突发事件，如地震、洪水、滑坡、有毒有害物质泄漏、群体冲突和爆炸事件等。城市偶然荷载会给城市资源环境系统造成巨大的影响，尽管其具有偶然性，但却是客观存在的，通常难以预测，发生的概率不高。城市偶然荷载对城市资源环境系统造成的压力一般通过城市应急管理、减灾管理等手段进行处置。

城市荷载在性质上体现为具有不同功能的各种要素，在空间上具有边界性，在时间上具有变化性。以城市资源环境系统中的水资源为例，快速的城镇化使得城市对水资源的消耗与日俱增，表明人类活动对城市水资源载体产生的荷载是随时间变化的；在空间上，由于不同城市的规模不同，社会经济活动的产生背景和强度也不同，城市对水量及水质的需求不尽相同；而不同的城市有不同的产业结构及社会经济结构，由此对水资源载体产生的荷载不同。

基于以上的讨论，城市资源环境系统的城市荷载(UL)可以用以下表达式描述：

$$\mathrm{UL} = f(l_1, l_2, \cdots, l_i, \cdots, l_n, t, s) \tag{3.3}$$

式中，l_i 表示城市荷载的要素因子；t 和 s 分别表示在分析城市荷载时城市资源环境系统对应的时间和空间因子，表明城市荷载只能在特定的时间点和空间边界下被定义；f 表示各类荷载变量描述的城市荷载的综合函数关系。

3.3 基于“载体-荷载”视角的城市资源环境承载力评价模型

基于 3.2 节引入的载体和荷载的概念，可知评价城市资源环境承载力实质上是评价城市载体与城市荷载之间的适配情况，或者说评价城市载体对城市荷载的承载强度。本书通过引入承载力指数 ρ 来量化城市载体对城市荷载的承载强度，以测度城市资源环境承载力(URECC)，可以用以下公式表示：

$$\rho = \frac{\mathrm{UL}}{\mathrm{UC}} \tag{3.4}$$

式中，UC 和 UL 分别为城市载体和城市荷载，它们的定义已分别在式(3.2)及式(3.3)中进行了阐述。城市资源环境承载力指数 ρ 刻画的是城市载体对城市荷载的承载强度，反映了城市载体在特定时空条件下的承载状态。ρ 值越大意味着城市资源环境系统的承载压力越大，城市载体提供的承载能力被利用的程度越高，城市资源环境系统超载的可能性越大。相反，ρ 值越小意味着城市载体承载的城市荷载强度越低，载体提供的承载能力被利用的程度越低，资源被无效利用和浪费的现象较严重。但 ρ 值不是越大越好，也不是越小越好。那么如何确定合理的 ρ 值呢？合理的 ρ 值体现的是城市处于健康、可持续发展的状态。社会经济相对发达的城市，人类活动对其资源环境的影响相对较大，资源环境承载荷载的强度也相对较大，其 ρ 值会偏高，这类城市在发展中应使 ρ 值不持续增加，反而合理下降，但不能下降得太多，否则会出现城市资源环境承载力的利用不足甚至被浪费的现象。对于社会经济发展相对滞后的城市，在一般情况下，人类活动对其资源环境的影响相对较小，资源环境承载荷载的强度也相对较小，其 ρ 值一般偏低，这类城市可以增加社会经济活动，提升对资源环境承载力的应用强度。

上述讨论的城市资源环境承载力测度理念可以用图 3.9 表示，图中 ρ_0 代表城市资源环境承载力指数的初始值。因为一个城市的诞生和发展意味着这个城市必然有人类活动，也必然会对资源环境系统产生荷载，所以 ρ_0 不为零；ρ^* 代表城市处于健康、可持续发展状态时的最优承载力指数；ρ_{vl} 代表极限承载力指数。当城市的资源环境承载力指数超过 ρ_{vl} 时，城市便无法维持可持续发展，城市已经受到了不可逆转的破坏。

在图 3.9 中有三个参数，即 ρ_0、ρ^*、ρ_{vl}，形成了两个区域：高载区 H(或称为赤字区)、低载区 L(或称为盈余区)。处于高载区 H 的城市，其资源环境承载力指数值高于最优值，表明城市的资源环境承载力被利用的程度偏高。高载区的城市应降低资源环境承载力指数值，在这个区域指数值越小越好，最好逼近最优值。处于低载区 L 的城市，其资源环境承载力指数值低于最优值，体现在城市的资源环境承载力被利用的程度偏低。低载区的城市可以考虑通过增加城市荷载提高资源环境承载力指数值，而指数值在这个区域越大越好，最好逼近最优值。

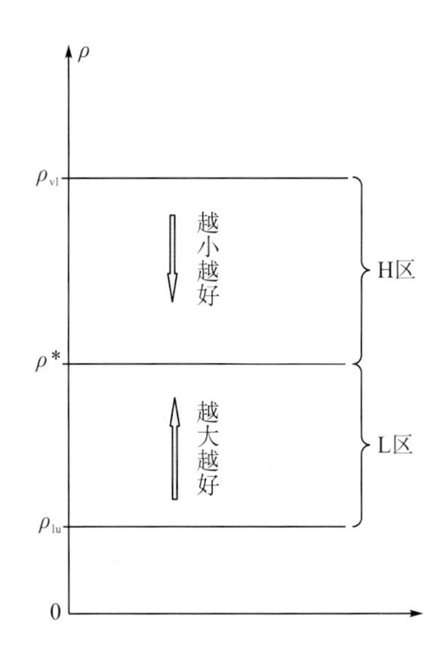

图 3.9 城市资源环境承载力指数(ρ)区间解析示意图

为了进一步解析图 3.9 中的城市资源环境承载力高载区和低载区，这里引入城市系统韧性的概念。韧性是指自我缓冲能力，城市系统韧性的出现是城市载体对城市荷载所施加的压力的响应过程。城市系统的韧性是指城市系统的社会子系统、经济子系统和自然资源环境子系统的功能和结构在受到内外部干扰或破坏后恢复正常的能力。当受到干扰或破坏时，城市系统需要一定的时间恢复到正常状态，恢复速度是衡量城市系统抗干扰和抗破坏能力的重要特征指标。城市系统的韧性由许多维度的因素决定，除了干扰和破坏强度外，还包括社会经济的发展水平、科学技术水平、基础设施条件、政策措施、管理水平、自然环境条件等，它们决定着城市系统在受到干扰或破坏后能否恢复到正常状态。可以看出，城市系统所具有的结构要素决定了城市系统的韧性。例如，在我国许多城市曾出现过空气中的 $PM_{2.5}$ 值严重超过标准值的情况，不同的城市应对这种空气污染的能力不同。发达的城市，或者说城市系统结构要素较好的城市，调节 $PM_{2.5}$ 值以使城市系统保持正常运行的能力要好一些，即这些城市抗 $PM_{2.5}$ 影响的韧性要好一些。而城市系统结构要素较差的城市，保证 $PM_{2.5}$ 值不影响城市系统正常运行的能力要差一些，或者说这类城市抗 $PM_{2.5}$ 影响的韧性要弱一些。

城市系统韧性的概念解释了图 3.9 中处于城市资源环境承载力高载区 H 和低载区 L 的城市具有韧性并都能维持正常运行的机理。在处于不同资源环境承载力状态的城市恢复最优承载力状态的过程中，城市系统韧性发挥的作用不同，承载力指数值离最优值越远，城市系统韧性发挥的作用越大。相反，承载力指数值离最优值越近，城市系统韧性发挥的作用越小。在图 3.9 中，ρ_{lu} 与 ρ_{vl} 构成的区域表示城市系统的韧性。韧性高的城市，其资源环境承载力的极限状态值会相对大一些。

城市系统的韧性体现在其资源环境承载力的可调控性和可变性上，这意味着城市资源环境承载力指数（ρ）可以变化。这个变化是客观存在的，因为城市载体和城市荷载都会随时间变化。城市资源环境承载力指数随时间的变化可以用图 3.10 表示。在特定时空条件下，ρ 值会在一个有虚拟边界的区间内波动。但这个边界不是一成不变的，随着城市社会经济的发展，虚拟边界可能会由于技术的进步而向上移动[图 3.10 中的情形(a)]，也可能会由于受地震或极端气候等的影响而向下移动[图 3.10 中的情形(b)]，之后城市系统将在新的虚拟边界下实现新的平衡，即迈入另一个韧性区间。

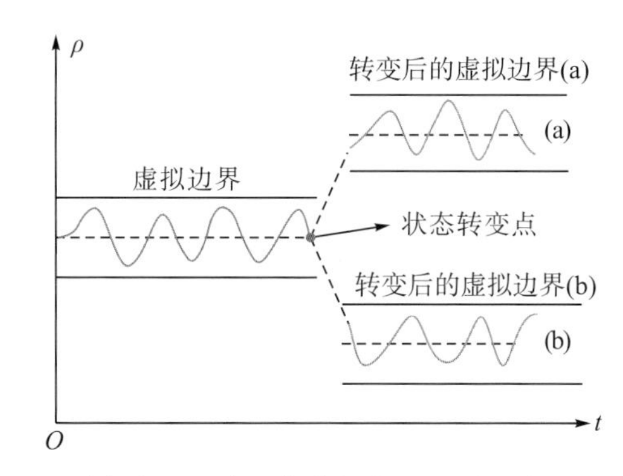

图 3.10　城市资源环境承载力指数 ρ 随时间变化的示意图

图 3.10 进一步说明城市资源环境承载力的变动反映了城市的韧性特征，当城市资源环境系统承载的荷载超过了上限虚拟边界时，城市的可持续发展能力将受到不可逆的损害。这个韧性上限虚拟边界值是城市资源环境承载力的潜在极限值，因为这个值是无法被计算出的所以是个潜在值。城市资源环境系统并不像一块物理构件或材料一样可以通过破坏性的实验测度出韧性上限边界值，城市系统包含有人类和自然界所有生命元素，是以社会属性主导的生命系统，不允许进行破坏性实验去获取这个极限值，也因此这个极限值只能是虚拟的。传统上很多学者试图评估一个城市的人口承载极限值，但所得的极限值往往

被城市发展所突破，表明这些理论极限值是无法在实践中得到证明的。这种研究结论的错误性是由于研究这些极限值的理论观点——阈值观，无法成立。

城市资源环境系统的承载力虽然无法用一个阈值去界定，但是需要一个边界数值作为参照值去帮助认知资源环境承载力所处的状态是否有超载风险，从而给城市管理者以警醒和提示。所以，引入一个城市资源环境承载力的虚拟边界作为参考值，这个虚拟边界并不是真正存在的，但可以作为参考值帮助判断和监测承载力变动的上限状态，从而提供预警信息。城市资源环境承载力虚拟边界值可以根据承载力历史数据值的变化状况来确定。当城市资源环境系统的实际承载状态 ρ 值接近这个虚拟边界值时，城市资源环境系统超载的可能性就很大，城市管理者就需要调整城市荷载和城市载体的关系来降低超载的风险。因此，这个虚拟边界值就起到了判断城市资源环境是否有可能超载的预警作用。基于这一观点，传统上关于城市资源环境承载力相关研究所得到的承载力阈值实际上也是一个虚拟值。

3.4 基于“载体-荷载”视角的城市资源环境承载力评价模型应用的数据特征

需要指出，前面论述的城市资源环境系统的载体包括九个维度，所构建的基于“载体-荷载”视角的城市资源环境承载力评价模型具有一般应用性，适用于研究每一个维度的城市资源环境承载力。但是各个维度下城市资源环境系统的载体和荷载不同，且不同维度下载体和荷载数据的度量方式和取值量纲存在差异，尤其是在大数据背景下城市载体和城市荷载的表达方式更为多元化和动态化。因此，在应用资源环境承载力评价的基本原理时，应充分识别和考量不同维度下载体和荷载的特征，对于用于在不同维度下刻画相应载体和荷载数据的方法和指标的选择，应遵循具有代表性和科学性的原则，并应注重其在实践中的运用。

大数据工具对城市资源环境承载力评价的影响是划时代的。传统上对城市资源环境承载力的评价主要基于公开的统计数据(或称结构数据)，如城市水资源总量数据、能源供给量数据、土地面积数据、污水处理率和二氧化硫排放量数据等。这类数据具有很大的粗粒度，且具有空间尺度大、滞后性和相对静态性等特征。另外，统计数据是经过处理的数据，统计误差客观存在。这些因素导致城市资源环境承载力的评价结果不够准确，有突出的时效性。

大数据工具可以用于收集空间尺度更小的城市数据，能打破传统上统计数据受行政区域划分的限制，其收集的数据动态性极强，可以被实时更新。另外，大数据工具对城市载体性质和能力的刻画更具及时性和动态性，特别是在公共服务资源承载力、交通承载力等的评估上这种及时性和动态性尤为明显。因此，通过应用大数据工具收集的数据能精确刻画城市的资源环境承载力，使城市资源环境承载力评价结果呈现出空间维度上的高精度性特征和时间维度上的及时性与动态性特征，让城市管理者对城市资源环境的管理和监测更具有实时性、动态性和高效性。

图 3.11 反映了不同时间点的城市资源环境承载力示意图。分析城市资源环境承载力的传统数据多以年份为单位，图 3.11 中粗线上的节点表示的是某一城市在年份 (y) 的资源环境承载力指数值 ρ 值，这个值在不同的年份间是变化的。但如果能够获取更小时间尺度的数据，比如月数据、季度数据，就可以刻画在一个年份内不同时间段 (t_i) 的城市资源环境承载力 ρ (t_i)，从而发现某一年内 ρ 值的变化规律。基于此，城市管理者能掌握到更精细时间尺度上的城市资源环境承载力状况，为研究及时响应的对策提供有力支撑。

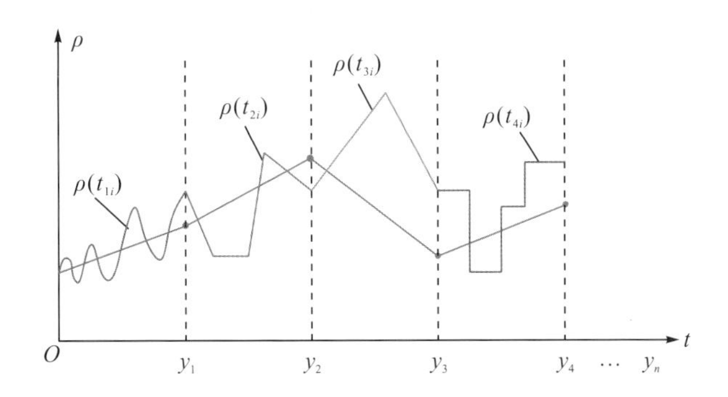

图 3.11　不同时间尺度下城市资源环境承载力的动态性

3.5　本 章 小 结

本章构建了城市资源环境承载力评价原理。首先，基于城市可持续发展理论界定了城市资源环境承载力评价的内涵，确立了城市资源环境承载力的九大维度，即水资源承载力、能源资源承载力、大气环境承载力、土地资源承载力、交通承载力、人力资源承载力、文化资源承载力、市政设施承载力和公共服务资源承载力。其次，通过借鉴物理力学中载体和荷载的概念，提出“载体-荷载”视角下城市资源环境承载力的定义，强调和阐述了承载力体现的是载体与荷载相互作用的结果的观点，在此基础上构建了基于“载体-荷载”视角的城市资源环境承载力评价模型。再次，提出用韧性观点指导城市资源环境承载力的应用，解释了城市资源环境承载力的可塑性，以为提升和优化城市资源环境承载力提供理论支撑。最后，讨论了用于评价城市资源环境承载力的数据的特征，指出大数据工具可以帮助采集更精确、更及时的评价数据，有助于提升城市资源环境承载力评价结果的精确性和时效性，为城市管理者提供更有价值的决策信息。

第4章　城市资源环境承载力计算方法

本章将应用第3章阐释的城市资源环境承载力评价原理，构建城市资源环境承载力的计算方法，具体包括以下四个方面的内容：①城市资源环境承载力评价指标构建方法；②城市资源环境承载力指标数据处理方法；③城市资源环境承载力状态值的计算模型；④城市资源环境承载力计算结果解析。

4.1　城市资源环境承载力评价指标构建方法

在应用第3章构建的城市资源环境承载力评价原理时，首先需要构建用于衡量城市载体和城市荷载表现的评价指标。前面已经论及城市资源环境承载力应该从九个维度进行分析，分别是水资源承载力、能源资源承载力、大气环境承载力、土地资源承载力、文化资源承载力、人力资源承载力、交通承载力、市政设施承载力和公共服务资源承载力。也就是说，依据城市资源环境承载力评价原理，在评价城市资源环境承载力时需要考虑“城市载体”和“城市荷载”两个基本组成要素。城市载体在各个方面对人类社会经济活动提供支撑，而城市荷载是指人类社会经济活动给城市各个方面造成的压力。城市载体和城市荷载二者相辅相成，二者的关系如图4.1所示。

构建城市资源环境承载力评价指标体系必须基于对载体与荷载交互关系的正确认识。在图4.1中，城市载体既包括城市的自然属性资源环境(如土地资源、水资源和大气环境等)，也包括由于人类社会发展而形成的社会属性资源环境(如交通、文化资源、市政设施等)。城市载体是城市实现经济发展、社会公平包容和环境保护的重要支撑。每个具体的城市载体的构成又能进一步被分解，例如，城市的土地资源载体包括不同类型的用地，如绿地、林地、居住用地、工业用地、道路和交通设施用地、公共服务用地等。城市荷载来源于城市中人类的生产活动、生活活动和生态活动，对城市载体造成各种类型的压力。生产活动是人类利用一定手段对原材料进行加工和处理，使其能够满足人类需要并带来附加价值的活动，如工业加工和生产活动、科学技术创新活动、城市建设活动、交通运输活动等。生活活动是城市居民为满足生存和发展需要而进行的一系列活动，如居住、出行、就业、教育等活动。生态活动是人类进行的对自然资源环境有影响的一系列活动，如废气的处理和排放、废物的处理和排放、废水的处理和排放以及垃圾的处理和排放等。

基于对城市载体与城市荷载交互关系的认识，可总结出构建城市资源环境承载力评价指标的方法主要有以下步骤：①建立候选评价指标库；②筛选评价指标；③实地调研并与专家讨论；④确定评价指标体系的构建流程。

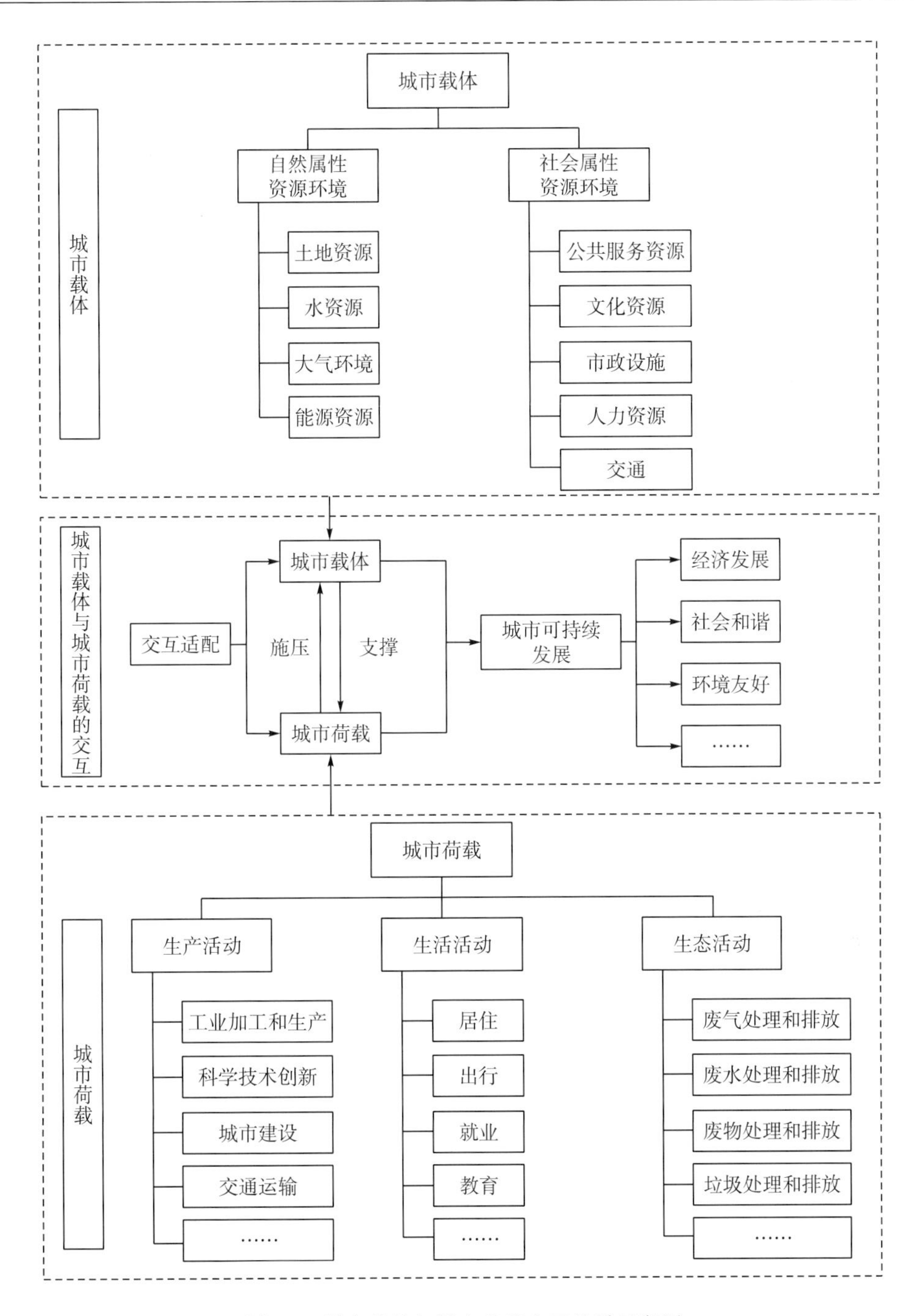

图 4.1　城市载体与城市荷载交互关系示意图

4.1.1　建立候选评价指标库

在对各个维度资源环境承载力的内涵、荷载和载体有正确认识的基础上，利用已有的文献、政策文件以及大数据来对城市不同维度的资源环境承载力评价指标进行收集和整理，构建各个维度的资源环境承载力候选评价指标库。

学者们基于不同的研究背景和研究目标，采取各种方法构建了各种资源环境承载力评价指标体系。例如，Zhang 等(2018)依据生态文明理论构建了城市资源环境承载力评价指标体系。Shi 等(2013)基于 GIS 构建了大型城市土地人口承载力评价指标体系。基于水资源承载力对城市可持续发展的重要性，Ren 等(2016)应用区域水资源代谢理论构建了水资源承载力评价指标体系。Lane 等(2014)基于粮食生产和饮食习惯构建了用于评价资源承载力的分析模型。已有的文献中应用的评价指标科学性较强，逻辑严密，有较高的学术认可度。但是，这些指标也存在局限性，主要体现为：①可应用性和可操作性未得到实践检验；②指标的数据来源相对受限；③部分指标的设置主观性较强。

用于构建城市资源环境承载力候选评价指标库的一些资料来源于政策文件。政府有关部门针对城市资源环境承载力的评价制定了一系列政策文件，包括政策方针、评价指南、技术标准等，如国土资源部(现自然资源部)在 2016 年印发的《国土资源环境承载力评价技术要求(试行)》，国家发展和改革委员会在 2016 年同工信部、财政部、国土资源部等 12 个部门联合下发的《资源环境承载能力监测预警技术方法(试行)》(国家发展和改革委员会，2016)，自然资源部在 2020 年印发的《资源环境承载能力和国土空间开发适宜性评价指南(试行)》等。这些政策文件中列出了各种类型的资源环境承载力评价指标。政策文件中采用的评价指标具有许多优点，不仅具有很强的现实意义，还具有一定的学术价值；可操作性强，且经过了实践的检验，能体现社会经济发展的方向和要求。但是，这些评价指标也具有一定的局限性。政策文件通常要考虑普适性和可操作性，强调通用性，所以个别关键指标可能会被弱化。另外，以往的政策文件侧重于考虑自然资源环境承载力的评价指标，对具有城市社会属性的资源环境承载力评价指标考虑得相对较少。并且，有些政策文件属于试行文件或征求意见稿，相关指标设置的科学性与合理性仍需要进一步探讨。

除了已有的学术文献和相关政策文件，大数据也为城市资源环境承载力指标的选取和设置提供了新的思路。例如，可以利用爬虫程序采集互联网上公开发布的大气监测瞬时数据，弥补现有统计资料中相关信息的不足；也可以利用卫星遥感等技术，对城市能源消耗数据进行采集，以评估城市的能源承载力状况。依托大数据背景建立的评价指标的优点有：①突破了单纯依靠统计数据的局限性，数据来源更加多元化，评价指标的可操作性更强；②数据分析更加灵活，既能了解年度情况，又能了解瞬时情形，可以观测到更小时间尺度下的资源环境承载力状况。不过，应用大数据构建评价指标体系也存在局限性：①不是所有指标的大数据信息都能进行采集；②数据所蕴含的信息需要进行进一步的清洗和过滤，质量难以保证；③数据采集成本较高。

综上所述，构建城市不同维度资源环境承载力的候选评价指标库时，可以结合以往研究文献中提出的指标，政府部门在相关政策文件中采用的指标，以及基于大数据的非结构化数据指标。

4.1.2 筛选评价指标

候选指标库中的指标有很多，但是有些指标不一定有效，有些指标的重叠性可能很大，因此需要对候选库中的指标进行筛选。对候选库中的指标的筛选步骤如下：①遵循一定的原则对指标进行初步筛选；②在初步筛选结果的基础上与专家讨论，参考专家意见对候选指标进行筛选及增补，最终确定指标。

城市资源环境承载力评价指标既要反映各个维度承载力的内涵，以及荷载和载体的特征，又要结合城市的特点；既要有科学意义上的正确性，又要在实践上具备可操作性。评价指标的筛选应遵循以下原则。

(1) 科学性原则。城市资源环境承载力的每个维度都有其特性，不同维度承载力的指标选取需要与这一维度承载力的内涵相关联，反映该维度下荷载和载体的特征。指标要有科学性，即要遵循一定的理论，符合相应的统计规范和度量标准，具有明确的内涵。

(2) 整体性原则。城市资源环境承载力是一个复合概念，具有层次性结构，因此相应的评价指标体系需要遵循这种层次性结构。由单个指标构成的指标体系要具备合理的层次结构，层次上要有清晰的逻辑关系，并形成一个整体，能够充分反映城市在某一维度的载体和荷载的情况。

(3) 可操作性原则。评价指标需要具备一定的可操作性，否则无法完成评价。指标要反映充分的信息，并且具有一定的通用性，便于论证应用和交流，指标所需的数据要能够被获取和统计。如果数据本身无法采集，或由于缺乏相应的数据来源而无法获得，那么相应的指标也就无法具有度量功能，失去了可操作性。

(4) 动态性原则。任何一个城市，其社会经济活动时时刻刻处于动态变化之中。城市资源环境承载力评价指标要能够反映城市的动态变化及其未来的发展趋势，这就要求评价指标在能够度量载体和荷载表现的基础上，体现周期性和变化性，反映出城市的运行和发展状态。

(5) 连续性原则。连续性原则要求指标数据要能够在研究周期内被连续地获取和度量。一方面，指标要能够被连续观测，例如，部分统计年鉴中一些统计指标可能会因年份不同而存在合并、删除、增加等情况，导致指标不能在研究周期内连续出现，这类指标需要进行调整或舍弃。另一方面，指标所用的数据要能够被连续观测，如果无法进行连续观测，则指标可能无法体现城市资源环境承载力的演变规律，导致无法判别城市资源环境承载力的变化情况。因此，为了能够更好地掌握城市资源环境承载力的动态变化情况，所构建的评价指标需要连续地得到观测和度量。

4.1.3　实地调研并与专家讨论

为了使指标体系能够更好地服务于对城市资源环境承载力的评价，需对筛选的指标通过实地调研和与专家讨论的方式进行进一步的筛选和整理，包括实地考察、汇报交流、线上研讨等，然后根据专家意见对指标进行整理、删减或增补。参与评价指标研讨的专家应来自多方机构，包括政府部门、高等院校与科研院所、企业和事业单位等，研讨内容应聚焦在初步筛选的指标是否适合用于评价城市的资源环境承载力方面。基于与专家讨论的指标筛选流程可用图 4.2 来表示。

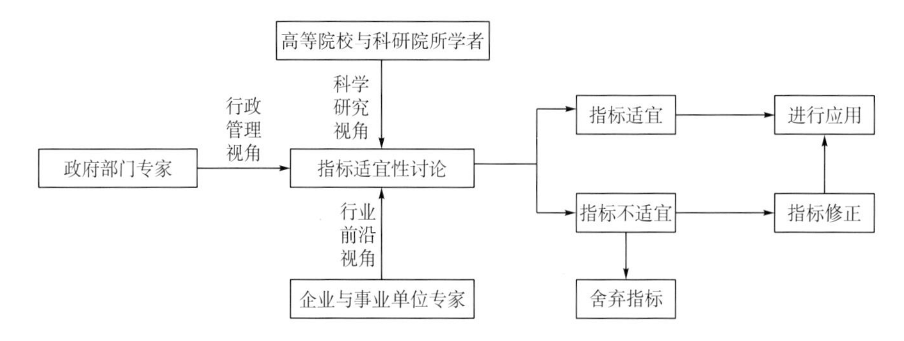

图 4.2 基于与专家讨论的指标筛选流程

4.1.4 确定评价指标体系的构建流程

基于前面的分析讨论，城市资源环境承载力评价指标体系的构建流程可用图 4.3 表示，这个流程可用于指导本书后续章节在对城市各个维度的资源环境承载力进行评价时相对应的指标体系的构建。

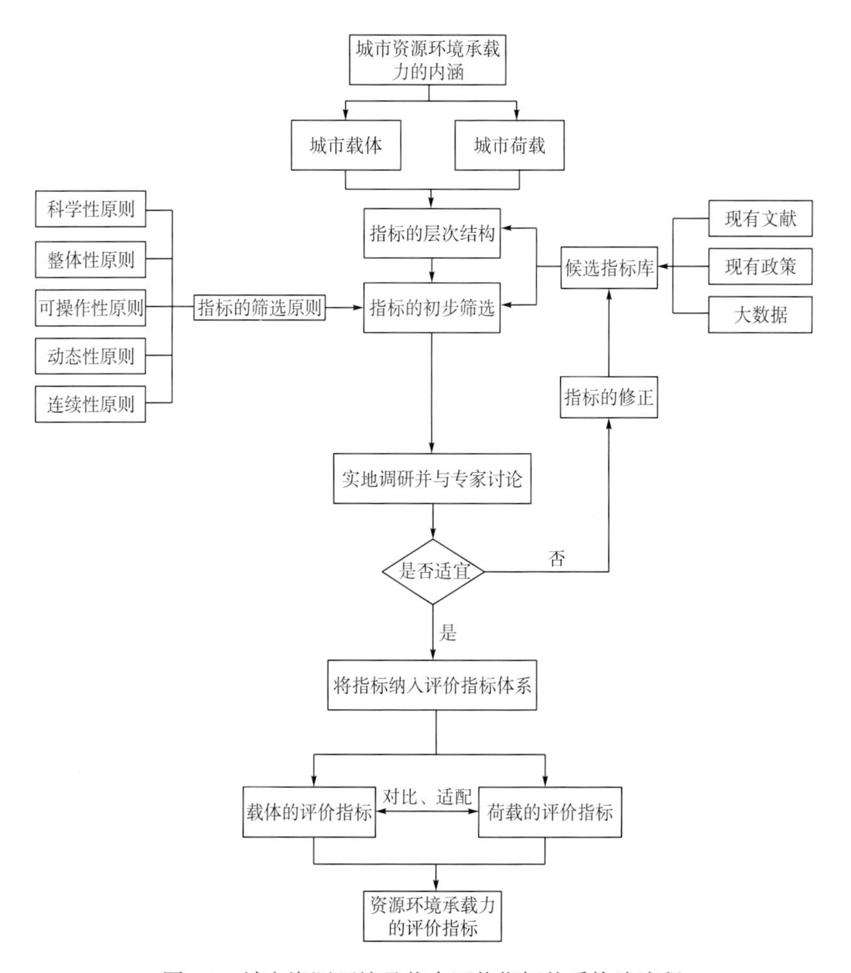

图 4.3 城市资源环境承载力评价指标体系构建流程

4.2　城市资源环境承载力指标数据处理方法

为了计算城市资源环境承载力，需要收集和处理相关的指标数据，具体方法如下。

1. 评价指标数据的获取及处理

城市资源环境承载力评价指标数据的获取和处理流程可用图 4.4 表示。

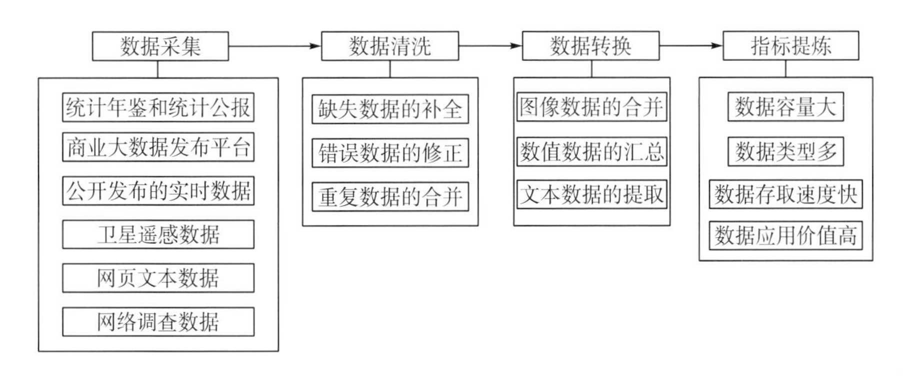

图 4.4　城市资源环境承载力评价指标数据的获取与处理流程

由于城市资源环境承载力具有多个维度，因此对城市资源环境承载力的评价应从多个渠道获取能够用于描述评价指标特征的数据资源。这些渠道主要包括静态数据的发布平台，如统计年鉴、统计公报等；动态数据发布平台提供的相关数据，如商业大数据发布平台(如高德地图、腾讯位置大数据等)、政府部门或企事业单位公开发布的实时数据[如国家气象科学数据中心(http://data.cma.cn)实时发布的气象数据、中国环境监测总站(http://www. cnemc.cn/sssj)实时发布的空气质量监测数据等]、卫星遥感数据(如美国国家海洋和大气管理局、地理空间数据云发布的卫星遥感图像等)、网页文本数据(如政府网站发布的政策文件)以及网络调查数据(如通过网络调查问卷获取的数据)等。

在获取评价指标的原始数据之后，需要对这些原始数据进行一定的“清洗”，包括补全缺失的指标数据，对有明显错误的数据进行修正，以及将重复采集的数据合并。一些经过清洗的数据还需进行一定的转换，将一些定性特征(如性别、城市类型等)转换为定量数值。

2. 评价指标数据的标准化

在得到所有评价指标的相关数据后，需要对指标数据进行标准化处理，以消除评价指标间不同量纲对评价结果的影响，通常采用极差标准化方式对指标数据进行标准化处理。具体的处理方法为：假设评价指标的原始数据是 s 个城市 n 年的数据，共有 m 个评价指标，则指标数据的计算公式如下。

对于正向指标：

$$c'_{i,j,t}=\frac{c_{i,j,t}-\min\left(c_{1,j,t},c_{2,j,t},\cdots,c_{s,j,t}\right)}{\max\left(c_{1,j,t},c_{2,j,t},\cdots,c_{s,j,t}\right)-\min\left(c_{1,j,t},c_{2,j,t},\cdots,c_{s,j,t}\right)} \tag{4.1}$$

$$(i=1,2,\cdots,s;j=1,2,\cdots,m;t=1,2,\cdots,n)$$

对于负向指标：

$$c'_{i,j,t}=\frac{\max\left(c_{1,j,t},c_{2,j,t},\cdots,c_{s,j,t}\right)-c_{i,j,t}}{\max\left(c_{1,j,t},c_{2,j,t},\cdots,c_{s,j,t}\right)-\min\left(c_{1,j,t},c_{2,j,t},\cdots,c_{s,j,t}\right)} \tag{4.2}$$

$$(i=1,2,\cdots,s;j=1,2,\cdots,m;t=1,2,\cdots,n)$$

式中，$c_{i,j,t}$ 表示城市 i 的指标 j 在第 t 年的原始值；$c'_{i,j,t}$ 表示城市 i 的指标 j 在第 t 年的标准化值。

3. 指标权重的确定

由于不同的评价指标给出的信息量不同，因此指标的重要性不同，通常通过赋权的方式处理不同评价指标的重要性。确定指标权重时广泛采用的方法是熵权法，该方法根据数据本身反映的信息来确定评价指标的权重，其核心思想是指标的信息熵越大，指标提供的信息量就越大，在评价中所起的作用也就越大，因此拥有的权重越高。

由于熵权法依据指标提供的信息量大小来确定权重，因此这种方法又称为客观赋权法。可以看出，应用熵权法的关键在于求出指标的信息熵，然后确定权重。计算评价指标信息熵的具体步骤如下。

首先，计算城市 i 的指标 j 在第 t 年的标准化数据在所有城市（s 个）中占的比重 $\rho_{i,j,t}$：

$$\rho_{i,j,t}=\frac{c'_{i,j,t}}{\sum_{i=1}^{s}c'_{i,j,t}}\quad\left(i=1,2,\cdots,s;j=1,2,\cdots,m\right) \tag{4.3}$$

其次，计算指标 j 在第 t 年的信息熵 $e_{j,t}$：

$$e_{j,t}=-k\cdot\sum_{i=1}^{s}\rho_{i,j,t}\ln\rho_{i,j,t} \tag{4.4}$$

式中，$k=\frac{1}{\ln s}$。

再次，计算指标 j 在第 t 年的权重 $W_{j,t}$：

$$W_{j,t}=\frac{1-e_{j,t}}{\sum_{j=1}^{m}(1-e_{j,t})} \tag{4.5}$$

最后，计算指标 j 在 n 年间的平均权重。

由于涉及 n 个年份，为使得各指标在每年的权重相同，通常用指标在 n 年间的平均权重作为其最终的权重。所以指标 j 的权重即为在 n 年间的平均权重 $\overline{W}_j$，可表达为

$$\overline{W}_j=\frac{\sum_{t=1}^{n}W_{j,t}}{n} \tag{4.6}$$

4.3　城市资源环境承载力指数计算模型

这里引入第 3 章提到的计算城市资源环境承载力指数的一般公式[式(3.4)]：$\rho = \dfrac{\mathrm{UL}}{\mathrm{UC}}$。其中，UL 和 UC 分别为城市荷载和城市载体。将该一般公式应用于九个维度的城市资源环境承载力，便可得到下列一组承载力指数计算公式：① $\rho_{\mathrm{W}} = \dfrac{L_{\mathrm{W}}}{C_{\mathrm{W}}}$；② $\rho_{\mathrm{E}} = \dfrac{L_{\mathrm{E}}}{C_{\mathrm{E}}}$；③ $\rho_{\mathrm{A}} = \dfrac{L_{\mathrm{A}}}{C_{\mathrm{A}}}$；④ $\rho_{\mathrm{L}} = \dfrac{L_{\mathrm{L}}}{C_{\mathrm{L}}}$；⑤ $\rho_{\mathrm{C}} = \dfrac{L_{\mathrm{C}}}{C_{\mathrm{C}}}$；⑥ $\rho_{\mathrm{H}} = \dfrac{L_{\mathrm{H}}}{C_{\mathrm{H}}}$；⑦ $\rho_{\mathrm{T}} = \dfrac{L_{\mathrm{T}}}{C_{\mathrm{T}}}$；⑧ $\rho_{\mathrm{I}} = \dfrac{L_{\mathrm{I}}}{C_{\mathrm{I}}}$；⑨ $\rho_{\mathrm{P}} = \dfrac{L_{\mathrm{P}}}{C_{\mathrm{P}}}$。其中，$\rho_{\mathrm{W}}$、$\rho_{\mathrm{E}}$、$\rho_{\mathrm{A}}$、$\rho_{\mathrm{L}}$、$\rho_{\mathrm{C}}$、$\rho_{\mathrm{H}}$、$\rho_{\mathrm{T}}$、$\rho_{\mathrm{I}}$、$\rho_{\mathrm{P}}$ 分别为城市水资源、能源资源、大气环境、土地资源、文化资源、人力资源、交通、市政设施、公共服务资源的承载力指数；L_{W}、L_{E}、L_{A}、L_{L}、L_{C}、L_{H}、L_{T}、L_{I}、L_{P} 分别为城市水资源、能源资源、大气环境、土地资源、文化资源、人力资源、交通、市政设施、公共服务资源的荷载指数；C_{W}、C_{E}、C_{A}、C_{L}、C_{C}、C_{H}、C_{T}、C_{I}、C_{P} 分别为城市水资源、能源资源、大气环境、土地资源、文化资源、人力资源、交通、市政设施、公共服务资源的载体指数。

各维度资源的荷载和载体指标需要结合该维度资源的特征选择，本书后续章节将详细讨论。为了不失一般性，以维度 X(X=W,E,A,L,C,H,T,I,P) 为例，假设 X 维度资源的载体指标为 j，荷载指标为 k，其载体和荷载的平均权重分别记为 $\overline{W}^{C}_{X,j}$ 和 $\overline{W}^{L}_{X,k}$，则计算城市 i 在第 t 年的载体指数 $C_{X,i,t}$ 以及荷载指数 $L_{X,i,t}$ 的公式可以表示为

$$C_{X,i,t} = \sum_{j=1}^{J} \overline{W}^{C}_{X,j} \cdot c'_{X,i,j,t} \qquad (j = 1,2,\cdots,J) \tag{4.7}$$

$$L_{X,i,t} = \sum_{k=1}^{K} \overline{W}^{L}_{X,K} \cdot l'_{X,i,k,t} \qquad (k = 1,2,\cdots,K) \tag{4.8}$$

式中，$c'_{X,i,j,t}$ 表示城市 i 的 X 维度载体指标 j 在第 t 年的标准化值；$l'_{X,i,k,t}$ 表示城市 i 的 X 维度荷载指标 k 在第 t 年的标准化值。

结合式(4.7)和式(4.8)，城市 i 在第 t 年的 X 维度承载力指数的计算公式可以表示如下：

$$\rho_X = \frac{\sum_{k=1}^{K} \overline{W}^{L}_{X,k} \cdot l'_{X,i,k,t}}{\sum_{j=1}^{J} \overline{W}^{C}_{X,j} \cdot c'_{X,i,j,t}} \tag{4.9}$$

4.4　城市资源环境承载力计算结果解析

根据 4.3 节的计算公式可以计算出城市资源环境承载力指数值。而在得出计算结果之后，如何科学理解和解析计算结果是城市资源环境承载力评价的重要环节，需要用一个正

确的方法来指导解析计算结果。第 3 章在阐释城市资源环境承载力评价原理时已经指出，城市资源环境承载力的计算结果反映了载体承载荷载的强度，其数值处于一个区间，体现了城市资源环境承载力的韧性特征。因此，本书基于城市资源环境承载力的区间特征从韧性视角对计算结果进行阐释，以为后续章节对城市资源环境承载力九大维度的实证研究和分析城市资源环境承载力时空演变规律奠定基础。

利用城市资源环境承载力的区间特征可以把承载力指数值划分为若干区间，构建相应区间的承载力特征值。基于该特征值可以判断城市资源环境承载力指数值处于哪一个区间，进而识别城市资源环境承载力状态。当具备一定的可观测时间时，可以在时间跨度范围内对各个维度城市资源环境承载力的计算结果进行动态演变分析。

根据 3.3 节中的评价原理，对城市资源环境承载力计算结果的解析可以围绕三个城市资源环境承载力指数特征值展开。

(1) 虚拟承载力极限值，用以判断城市资源环境承载力是否处于高风险超载状态。当城市资源环境承载力指数值超过此值时，表示城市资源环境系统面临很大的超载风险，城市的健康有效运行受到严峻的挑战。

(2) 基准值，用以判断城市资源环境承载力是否处于较低利用状态。若城市资源环境承载力指数值低于基准值，说明城市资源环境的利用程度较低，可能会造成资源的浪费。

(3) 最优承载力指数值，代表从可持续发展的角度出发，相对理想的城市资源环境承载状态。当城市资源环境承载力实际值接近理想值时，说明城市具备的资源环境和城市社会经济活动对资源环境的利用程度达到适配协调的理想状态。

对于特定的城市，这三个指数特征值难以量化，但可以通过分析一组样本城市的资源环境承载力分布规律来确定。对于某一时点上一组样本城市资源环境承载力指数值的数据分布，可以用统计学中的箱形图描述这三个特征值。箱形图用以解析多个样本值的分布和集聚特征，包括三个主要特征值：上四分位数 Q_3——一组样本值由小到大排列后处在 75%位置上的数字；下四分位数 Q_1——一组样本值由小到大排列后处在 25%位置上的数字；中位数 Q_2——一组样本值的中位数。

基于箱形图原理，在分析一组样本城市在第 i 年的资源环境承载力计算结果时，可以将第 i 年数据的上四分位数 Q_{3i} 定义为该年虚拟的承载力极限值；将第 i 年数据的下四分位数 Q_{1i} 定义为用于判断城市资源环境承载力是否处于较低利用状态的基准值；将中位数 Q_{2i} 定义为最优承载力指数值。中位数处于一组样本城市的资源环境承载力指数值的中间位置，在一定程度上可以反映城市资源环境承载力的平均水平。当城市的资源环境承载力指数值等于或接近中位数时，说明城市所具有的资源环境和城市对资源环境的利用程度达到适配协调的理想状态。这里需要指出的是，之所以不采用平均值代表平均水平，是为了避免受极端值的影响。若某一样本城市的极端值特别大，平均值就会被提高，然而这种情况并非意味着这一组样本城市的资源环境承载力的平均水平高。

通过对箱形图三个特征值的应用，可以构建城市资源环境承载力在一个研究期(t 年)内的三个特征值。

(1) 虚拟承载力极限值 ρ_{vl}：

$$\rho_{\mathrm{vl}}=\frac{1}{t}\sum_{i=1}^{t}Q_{3i} \tag{4.10}$$

当某个城市的资源环境承载力指数 ρ 超过 ρ_{vl} 时，表明该城市的资源环境承载力存在较高的超载风险，应着力减小该城市的资源环境承载力指数，使其尽量接近最优承载力指数。

(2) 基准值 ρ_{lu}：

$$\rho_{\mathrm{lu}}=\frac{1}{t}\sum_{i=1}^{t}Q_{1i} \tag{4.11}$$

当某个城市的资源环境承载力指数 ρ 低于 ρ_{lu} 时，表明该城市的资源环境承载强度很低，资源环境的承载能力没有被有效利用，该城市可以增加生产和投资活动，从而提高资源环境的利用强度。

(3) 最优承载力指数值 ρ^*：

$$\rho^*=\frac{1}{t}\sum_{i=1}^{t}Q_{2i} \tag{4.12}$$

当某个城市的资源环境承载力指数 ρ 等于或接近 ρ^* 时，表明该城市具有的资源环境和城市对资源环境的利用程度达到适配协调的理想状态。

图 4.5 展示了基于箱形图原理表示的城市资源环境承载力的三个特征值及相应的区间划分。

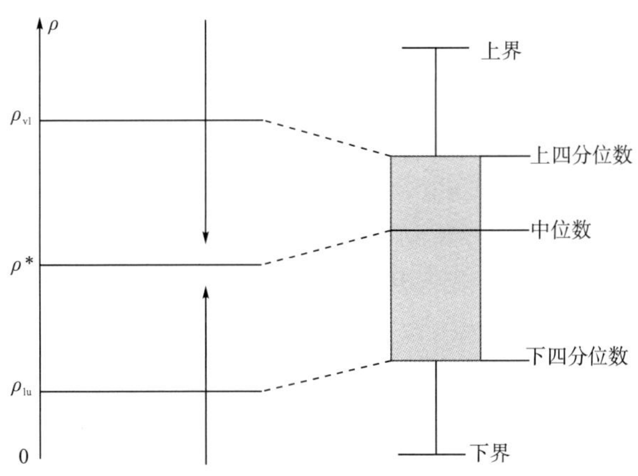

图 4.5　城市资源环境承载力特征值及区间划分

根据图 4.5 中对城市资源环境承载力三个特征值的界定，可以将城市资源环境承载力状态划分成四个区域：A_1 区——承载力高风险超载区；A_2 区——承载力高利用区；A_3 区——承载力中度利用区；A_4 区——承载力低利用区。

上述四个城市资源环境承载力状态区构成一个分段函数，可以用下述公式描述：

$$\text{城市资源环境承载力状态区}=\begin{cases}A_1,\rho\geqslant\rho_{\mathrm{vl}}\\A_2,\rho^*\leqslant\rho<\rho_{\mathrm{vl}}\\A_3,\rho_{\mathrm{lu}}\leqslant\rho<\rho^*\\A_4,\rho<\rho_{\mathrm{lu}}\end{cases} \tag{4.13}$$

城市资源环境承载力指数值的变化反映了城市在应对荷载(即人类社会经济活动)压力时所表现出来的韧性特征。换句话说，城市资源环境承载力的状态在时间轴上的变化趋势和变化范围可以反映城市的发展规律和韧性。在一个研究期内，城市资源环境的承载状态是动态变化的，可能表现为稳定型、上升型或波动型等，该变化反映了城市所具有的资源环境载体在承载各种荷载的过程中所表现出来的承载能力。

当城市资源环境承载力指数值持续上升时，说明城市的资源环境系统承载荷载的强度一直在增加，此时应该积极关注其发展和变化趋势，从而判断是否有超载的风险。相反，当城市资源环境承载力指数值持续下降时，说明城市的资源环境系统承载荷载的强度一直在减小，此时应该分析城市资源环境所具有的承载能力是否被有效开发和利用。如果城市资源环境承载力的指数值具有明显的波动性，则一方面反映了城市资源环境系统的载体与荷载在发生变化，另一方面反映了城市的韧性在起调节作用。

基于上述阐述的关于城市资源环境承载力的计算方法，本书在后续的章节中将对城市资源环境各个维度的承载力进行计算，并聚焦于以下两个方面：①空间上，分析城市资源环境的承载状态以及不同城市间资源环境承载力的空间差异特征；②时间上，探究城市资源环境承载力状态的时间演变规律。

4.5 本章小结

首先本章阐述了选取城市资源环境承载力评价指标的方法，以及收集和处理指标数据的方法，在此基础上详细解释了计算城市资源环境承载力水平的方法。然后本书提出了解析城市资源环境承载力计算结果的方法，并应用统计学中的箱形图原理，定义城市资源环境承载力的三个特征值，分别为虚拟承载力极限值 ρ_{vl}、基准值 ρ_{lu} 以及最优承载力指数值 ρ^*。依据这三个特征值，城市资源环境承载力状态可以被划分为四个区域：承载力高风险超载区、承载力高利用区、承载力中度利用区、承载力低利用区。本章确立的城市资源环境承载力计算方法将指导本书后续章节的实证评价。

实证篇

第 5 章　城市水资源承载力实证评价

本章将对我国城市水资源承载力进行实证评价分析，其主要内容包括：①构建城市水资源承载力的评价方法；②对我国 35 个样本城市在 2008～2017 年的水资源承载力进行实证计算；③基于样本城市的水资源承载力实证计算结果，分析城市水资源承载力的时空演变规律。

5.1　城市水资源承载力评价方法

5.1.1　城市水资源承载力的内涵

水资源是生命之源、生态之基、生产之要，是一个城市在持续发展过程中所必需的自然资源。水资源与城市社会经济和生态环境之间相互作用、相互影响、不可分割。水资源的重要特征是具有循环性。水资源是城市社会经济发展的基础，但城市的社会经济活动会干扰水资源的自循环过程。随着城镇化的发展，城市人口不断增长，城市社会经济快速发展，水资源和水环境与社会经济发展之间的矛盾日益加剧。许多城市面临着自身的水资源无法承载其社会经济发展的困境，出现了日趋严重的水资源短缺和水环境恶化等问题。水资源已成为影响城市可持续发展的关键因素。因此，准确评估城市水资源与社会经济发展及生态环境之间是否协调极为重要，应将城市水资源承载力作为衡量城市可持续发展潜力的关键指标。

城市水资源承载力是指水资源对城市运行和发展过程中各种社会经济活动的承载能力。基于本书第 3 章建立的城市资源环境承载力评价原理，可知对水资源承载力的认识和评价要结合水资源载体和荷载两个方面。城市水资源承载力的内涵可用图 5.1 表示。

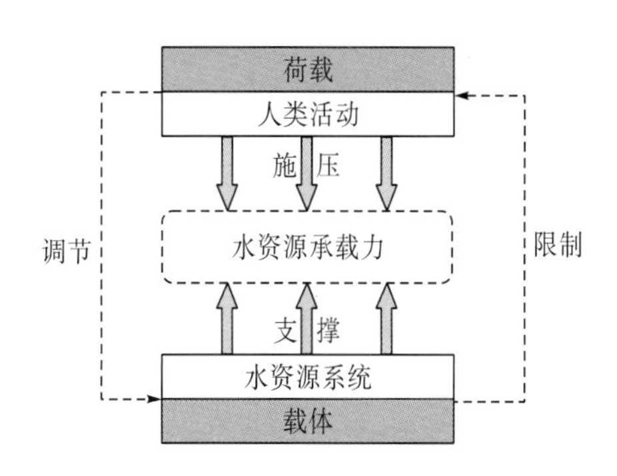

图 5.1　水资源承载力内涵示意图

在图 5.1 中，城市水资源系统的载体是各种水源以及用于供水和排水的各种设施，这些载体要素是支撑城市可持续发展的重要基础，而水资源系统的荷载表现为城市发展过程中各种各样的人类活动，这些荷载会对城市水资源系统的载体施加压力，如对水资源的开采和污染。虽然城市水资源载体有限，其对人类活动的支撑能力也有限，但可以通过强化水资源载体或者减小荷载来调节这种限制作用。当施加在水资源载体上的荷载太大时，可以采取调节措施来减小荷载，从而改变水资源承载力的承载状态，避免出现超载现象。例如，可以通过适当减少社会经济活动来减小水资源荷载。另外，通过提高水资源利用水平和推广节水技术，以及通过实施引水工程来增加水资源载体，都能在一定程度上优化城市水资源系统的承载状态。可以看出，水资源载体和荷载之间的相互作用决定了城市水资源承载力的承载状态。因此，通过调节水资源载体和荷载，可以实现对城市水资源承载强度的优化，保障城市的可持续发展。

基于上述讨论，城市水资源承载力(UWRCC)可以被定义为城市水资源系统的载体对由城市社会经济活动形成的荷载的承载能力，其计算公式表示如下：

$$\rho_{\mathrm{W}} = \frac{L_{\mathrm{W}}}{C_{\mathrm{W}}} \tag{5.1}$$

式中，ρ_{W} 表示城市水资源承载力指数；C_{W} 表示城市水资源载体指数；L_{W} 表示城市中各种社会经济活动对水资源系统施加的荷载指数。ρ_{W} 值越大，表明城市水资源载体对荷载的承载强度越大，ρ_{W} 值过大则说明面临着超载风险，会影响城市的健康有效运行；ρ_{W} 值越小，意味着水资源载体的承载强度越低，ρ_{W} 值过小则意味着对城市水资源载体的利用率不高，存在水资源被浪费的现象。因此，ρ_{W} 值并不是越大越好或越小越好，ρ_{W} 值应结合城市社会经济背景和发展阶段确定。

5.1.2 城市水资源承载力评价指标

前面的阐述表明，城市水资源承载力计算结果能反映承载强度，取决于城市水资源载体和荷载。因而测度城市水资源承载力的前提是建立能够度量城市水资源载体和荷载的评价指标体系，即能够反映城市水资源载体承载能力和规模的指标，以及能够反映城市水资源载体所承载的荷载的指标。而要科学构建城市水资源承载力评价指标体系，需要厘清城市水资源载体和荷载所涉及的关键要素。由于各种社会经济活动对城市水资源的利用贯穿于水循环系统的各个环节，因而可以通过剖析水循环系统来识别能反映城市水资源载体和荷载的指标。

1. 基于水循环系统的城市水资源“载体”和“荷载”识别

水循环系统分为自然水循环系统和社会水循环系统。自然水循环系统主要包括降水、蒸发、下渗和汇流等过程，而社会水循环系统包括人类对水资源的开采、运输、利用和废污水处理等过程。所以城市水资源系统有二元属性，自然水循环系统与社会水循环系统相互作用和影响。这种具有二元属性的城市水资源系统可以用图 5.2 来表示。

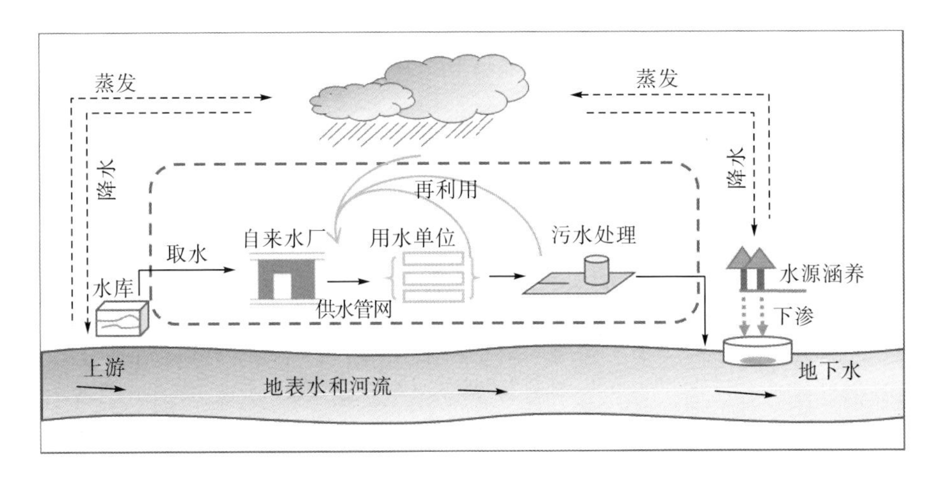

图 5.2　城市“自然-社会”二元水循环系统
（邵益生和张志果，2014；张杰和李冬，2012）

在图 5.2 中，与人类活动相关的水循环系统其主要环节包括水源、供水、用水和污水处理。其中，水源、供水和污水处理共同承载用水的需水压力和污水处理的排污压力，形成水源、供水和污水处理三个方面的城市水资源载体。水资源能够支撑城市的社会、经济和环境活动的有效进行，因此城市水资源荷载可以从社会、经济、环境三个方面来识别。

1) 水资源载体识别

(1) 水源载体。水源代表着城市的自然水资源禀赋，包括地表水、地下水和降水。其中，降水可以对地表水和地下水进行补给，是实现城市水资源系统循环功能的重要保证。对城市水源载体的评价可在通过城市主要气象站、水文站和地下水监测井等收集有关信息后进行，并分析降水、径流、蒸发和地下水位等的演变规律。对于水资源载体数据，可采用水量平衡和遥感解译等方法来复核多源水文信息，以确保数据更加准确，评价结果更加可靠。

(2) 供水载体。一个城市的用水主体对水资源的利用需要通过供水环节实现。供水环节的主要功能是收集和净化各种水源的水，使其达到一定的水质标准，并将其输送给用水主体。因此，城市供水能力可以通过城市供水设施的生产能力来衡量，包括集水、净水和输送能力。

(3) 污水处理载体。污水处理环节的主要功能是收集、处理和排放用水主体产生的废水和污水，关系着城市水生态环境能否健康发展。污水处理设施作为一种水资源载体，其承载能力可以通过数量、处理能力等指标来衡量。

2) 水资源荷载识别

(1) 社会属性荷载。城市社会活动对水资源系统施加的荷载主要来源于城市人口的生活用水需求，所以人均用水量是衡量城市社会属性水资源荷载的重要指标。

(2)经济属性荷载。城市经济活动给城市水资源系统施加的荷载主要来源于工业生产和农业灌溉的用水需求。因此，城市的经济发展模式、产业结构和生产耗水水平是从经济活动视角衡量城市水资源荷载的主要指标。

(3)环境属性荷载。城市水资源系统所承载的环境荷载主要来自两个方面：①城市生态补水、市政绿化等环节的用水需求；②城市代谢过程中产生的废污水需要进行治理，由此对城市水环境造成的压力。

社会、经济和环境属性的水资源荷载均具有动态性，可以通过多种渠道搜集和利用细粒度数据，获取城市实时人口流动数据以及用户的实时用水量信息，以准确识别城市细尺度的水资源荷载水平，为评价城市水资源荷载提供更加有力的数据支撑。

2. 基于“载体-荷载”视角的城市水资源承载力评价指标体系构建

基于上述分析，并结合评价指标筛选原则，构建城市水资源载体指标与城市水资源荷载指标，分别见表 5.1 和表 5.2。

表 5.1 城市水资源载体指标

水资源载体类别	载体指标
水源载体	C_{W_1} (地表水资源总量)/亿 m^3
	C_{W_2} (地下水资源总量)/亿 m^3
	C_{W_3} (产水模数)/(万 m^3/km^2)
	C_{W_4} (年降水量)/mm
	C_{W_5} (年平均相对湿度)/%
供水载体	C_{W_6} (城市供水综合生产能力)/(万 m^3/日)
	C_{W_7} (供水普及率)/%
	C_{W_8} (水厂数量)/座
	C_{W_9} (供水管网漏损水量)/万 m^3
污水处理载体	$C_{W_{10}}$ (污水处理总量)/万 m^3
	$C_{W_{11}}$ (污水处理厂数量)/座
	$C_{W_{12}}$ (污水处理厂集中处理率)/%
	$C_{W_{13}}$ (城市污水日处理能力)/(万 m^3/日)

注：指标 C_{W_9} (供水管网漏损水量)为负向指标，其他为正向指标。

表 5.2　城市水资源荷载指标

水资源荷载类别	荷载指标
社会属性荷载	L_{W_1}（年末常住总人口）/万人
	L_{W_2}（人口自然增长率）/‰
	L_{W_3}（居民家庭用水量）/万 m^3
	L_{W_4}（公共服务用水量）/万 m^3
经济属性荷载	L_{W_5}（GDP）/万元
	L_{W_6}（GDP 增长率）/%
	L_{W_7}（生产运营用水量）/万 m^3
环境属性荷载	L_{W_8}（城市绿化覆盖面积）/km^2
	L_{W_9}（城市生态环境用水量）/亿 m^3
	$L_{W_{10}}$（城市污水年排放量）/（万 m^3/年）

5.1.3　城市水资源承载力计算模型

应用城市水资源承载力的定义即式(5.1)，可以构建城市水资源承载力计算模型。前面的分析表明，城市水资源载体涉及水源、供水和污水处理三个方面，因此城市水资源承载力指数值等于水源承载力指数值、供水承载力指数值和污水处理承载力指数值之和，即

$$\rho_W = \rho_{(so)} + \rho_{(su)} + \rho_{(ww)} \tag{5.2}$$

式中，ρ_W 代表城市水资源承载力指数；$\rho_{(so)}$、$\rho_{(su)}$ 和 $\rho_{(ww)}$ 分别代表水源承载力指数、供水承载力指数和污水处理承载力指数。

根据式(5.1)，$\rho_{(so)}$、$\rho_{(su)}$ 和 $\rho_{(ww)}$ 可以进一步分别表示为

$$\rho_{(so)} = \frac{L_W}{C_{(so)}} \tag{5.3}$$

$$\rho_{(su)} = \frac{L_W}{C_{(su)}} \tag{5.4}$$

$$\rho_{(ww)} = \frac{L_W}{C_{(ww)}} \tag{5.5}$$

式中，L_W 表示城市水资源荷载指数；$C_{(so)}$、$C_{(su)}$ 和 $C_{(ww)}$ 分别表示城市水资源的水源载体指数、供水载体指数和污水处理载体指数。

由上述可知，计算城市水资源承载力指数的需要先计算出三个载体指数 $C_{(so)}$、$C_{(su)}$、$C_{(ww)}$ 和荷载指数 L_W 的值。这些指数的值通过对这些指数相对应的指标进行标准化处理和加权计算得到。三个水资源承载力指数通过式(5.3)～式(5.5)计算得到，荷载指标以及水源、供水和污水处理三个方面的载体指标通过加权法求取。根据第 4 章建立的权重计算方

法，以及表 5.1 和表 5.2 的相应指标，可以得到载体指标 j 和荷载指标 k 的平均权重，分别记为 $\overline{W}_j^C$ 和 $\overline{W}_k^L$，因此计算城市 i 在第 t 年的水源载体指数、供水载体指数和污水处理载体指数即 $C_{i,t(\mathrm{so})}$、$C_{i,t(\mathrm{su})}$、$C_{i,t(\mathrm{ww})}$，以及荷载指数 $L_{\mathrm{W},i,t}$ 的公式可以表示如下：

$$C_{i,t(\mathrm{so})}=\sum_{j=1}^{5}\overline{W}_j^C\cdot c'_{\mathrm{W}_{i,j,t}} \tag{5.6}$$

$$C_{i,t(\mathrm{su})}=\sum_{j=6}^{9}\overline{W}_j^C\cdot c'_{\mathrm{W}_{i,j,t}} \tag{5.7}$$

$$C_{i,t(\mathrm{ww})}=\sum_{j=10}^{13}\overline{W}_j^C\cdot c'_{\mathrm{W}_{i,j,t}} \tag{5.8}$$

$$L_{\mathrm{W},i,t}=\sum_{k=1}^{10}\overline{W}_k^L\cdot l'_{\mathrm{W}_{i,k,t}} \tag{5.9}$$

式中，$c'_{\mathrm{W}_{i,j,t}}$ 表示城市 i 的水资源载体指标 j 在第 t 年的标准化值；$l'_{\mathrm{W}_{i,k,t}}$ 表示城市 i 的水资源荷载指标 k 在第 t 年的标准化值。

结合式(5.3)～式(5.9)，城市 i 在第 t 年的水源承载力指数、供水承载力指数和污水处理承载力指数的计算公式分别如下：

$$\rho_{i,t(\mathrm{so})}=\frac{\sum_{k=1}^{10}\overline{W}_k^L\cdot l'_{\mathrm{W}_{i,k,t}}}{\sum_{j=1}^{5}\overline{W}_j^C\cdot c'_{\mathrm{W}_{i,j,t}}} \tag{5.10}$$

$$\rho_{i,t(\mathrm{su})}=\frac{\sum_{k=1}^{10}\overline{W}_k^L\cdot l'_{\mathrm{W}_{i,k,t}}}{\sum_{j=6}^{9}\overline{W}_j^C\cdot c'_{\mathrm{W}_{i,j,t}}} \tag{5.11}$$

$$\rho_{i,t(\mathrm{ww})}=\frac{\sum_{k=1}^{10}\overline{W}_k^L\cdot l'_{\mathrm{W}_{i,k,t}}}{\sum_{j=10}^{13}\overline{W}_j^C\cdot c'_{\mathrm{W}_{i,j,t}}} \tag{5.12}$$

结合 $\rho_{i,t(\mathrm{so})}$、$\rho_{i,t(\mathrm{su})}$ 和 $\rho_{i,t(\mathrm{ww})}$，可以得到城市 i 在第 t 年的水资源承载力指数 $\rho_{\mathrm{W},i,t}$

$$\rho_{\mathrm{W},i,t}=\frac{\sum_{k=1}^{10}\overline{W}_k^L\cdot l'_{\mathrm{W}_{i,k,t}}}{\sum_{j=1}^{5}\overline{W}_j^C\cdot c'_{\mathrm{W}_{i,j,t}}}+\frac{\sum_{k=1}^{10}\overline{W}_k^L\cdot l'_{\mathrm{W}_{i,k,t}}}{\sum_{j=6}^{9}\overline{W}_j^C\cdot c'_{\mathrm{W}_{i,j,t}}}+\frac{\sum_{k=1}^{10}\overline{W}_k^L\cdot l'_{\mathrm{W}_{i,k,t}}}{\sum_{j=10}^{13}\overline{W}_j^C\cdot c'_{\mathrm{W}_{i,j,t}}} \tag{5.13}$$

5.2 城市水资源承载力实证计算

5.2.1 数据来源及预处理

本书基于对 2008～2017 年我国 35 个样本城市水资源的相关数据进行实证计算，数据指标为 5.1.2 节给出的 13 个载体指标和 10 个荷载指标。这些数据主要来源于国家或城市发布的统计年鉴或统计公报和国家统计局数据库，具体如下。

(1) 数据来源于各省(市)统计公报的指标：C_{W_1}、C_{W_2}、C_{W_3}、C_{W_4}、C_{W_5}、L_{W_3}、L_{W_4}、L_{W_7}、L_{W_9} 和 $L_{W_{10}}$。

(2) 数据来源于历年《中国城市统计年鉴》的指标：L_{W_1}、L_{W_2}、L_{W_5}、L_{W_6} 和 L_{W_8}。

(3) 数据来源于历年《中国城市建设统计年鉴》的指标：C_{W_6}、C_{W_7}、C_{W_8}、C_{W_9}、$C_{W_{10}}$、$C_{W_{11}}$、$C_{W_{12}}$ 和 $C_{W_{13}}$。

对于部分缺失的数据，采用申请政府公开信息、电话咨询相关部门等方式获取，如海口市 2008～2015 年的地表水资源总量(C_{W_1})、地下水资源总量(C_{W_2})和年降水量(C_{W_4})数据通过向海口市水务局申请公开信息的方式获取。其余无法获取的数据[如乌鲁木齐市 2008～2010 年的水厂数量(C_{W_8})]，通过线性外推法补齐。

根据第 4 章提出的方法对指标数据进行无量纲标准化处理，同时采用熵权法确定指标权重，各指标的权重见表 5.3。

表 5.3　城市水资源载体和荷载指标权重

指标	C_{W_1}	C_{W_2}	C_{W_3}	C_{W_4}	C_{W_5}	C_{W_6}	C_{W_7}	C_{W_8}	C_{W_9}	$C_{W_{10}}$	$C_{W_{11}}$	$C_{W_{12}}$	$C_{W_{13}}$
权重	0.196	0.198	0.201	0.200	0.206	0.238	0.243	0.254	0.265	0.248	0.245	0.263	0.245
指标	L_{W_1}	L_{W_2}	L_{W_3}	L_{W_4}	L_{W_5}	L_{W_6}	L_{W_7}	L_{W_8}	L_{W_9}	$L_{W_{10}}$			
权重	0.100	0.106	0.099	0.096	0.099	0.108	0.098	0.099	0.097	0.098			

5.2.2　单要素承载力计算结果

将处理后的数据代入 5.1 节建立的计算模型中，可以得到 2008～2017 年 35 个样本城市的水源承载力指数、供水承载力指数和污水处理承载力指数，表 5.4。

从表 5.4 中可以看出，在调查的 10 年内水源承载力指数年均值排名前三的城市分别是银川(6.011)、北京(4.771)和呼和浩特(3.073)，这几个城市的水源承载强度相对较大，属于资源型缺水。水源承载力指数年均值排名靠后的三个城市分别是福州(0.447)、宁波(0.417)和海口(0.240)，这几个城市的水源相对丰富，所以承载荷载的强度相对较低。水源承载力指数年均值高于全国平均水平(1.398)的城市有 12 个。从供水承载力指数来看，表 5.4 显示供水承载力指数年均值排名前三的城市分别是上海(1.207)、乌鲁木齐(1.146)和深圳(1.091)，而排名靠后的三个城市分别是呼和浩特(0.281)、太原(0.280)和西宁(0.278)。供水承载力指数年均值高于全国平均水平(0.531)的城市有 11 个。关于污水处理承载力指数，表 5.4 显示年均值排名前三的城市分别是西宁(2.036)、南宁(1.834)和兰州(1.584)，排名靠后的三个城市分别是海口(0.606)、沈阳(0.604)和大连(0.579)，高于全国平均水平(0.897)的城市有 12 个。

表 5.4　2008～2017 年 35 个样本城市的水源承载力指数、供水承载力指数和污水处理承载力指数

城市	2008 年			2009 年			2010 年			2011 年			2012 年			2013 年		
	$\rho_{(so)}$	$\rho_{(su)}$	$\rho_{(ww)}$	$\rho_{(so)}$	$\rho_{(su)}$	$\rho_{(ww)}$	$\rho_{(so)}$	$\rho_{(su)}$	$\rho_{(ww)}$	$\rho_{(so)}$	$\rho_{(su)}$	$\rho_{(ww)}$	$\rho_{(so)}$	$\rho_{(su)}$	$\rho_{(ww)}$	$\rho_{(so)}$	$\rho_{(su)}$	$\rho_{(ww)}$
北京	4.107	0.597	0.752	4.913	0.784	0.925	3.981	0.589	0.627	3.286	0.627	0.839	3.481	0.635	0.857	3.995	0.737	0.992
天津	2.976	0.504	0.756	2.450	0.630	0.826	2.926	0.576	0.689	2.899	0.543	0.759	1.862	0.456	0.629	2.407	0.471	0.613
石家庄	1.432	0.323	0.685	1.342	0.529	0.939	1.876	0.469	0.605	1.248	0.396	0.666	1.410	0.366	0.640	1.104	0.358	0.635
太原	1.999	0.174	0.432	1.134	0.255	0.621	1.892	0.270	0.464	1.275	0.257	0.624	2.727	0.275	0.739	0.929	0.204	0.550
呼和浩特	2.128	0.330	3.010	4.819	0.454	2.001	2.078	0.233	0.488	4.680	0.228	1.042	1.225	0.168	0.592	0.961	0.234	0.732
沈阳	1.188	0.520	0.730	1.062	0.713	0.915	0.599	0.612	0.794	0.874	0.423	0.706	0.736	0.412	0.684	0.728	0.375	0.476
大连	1.199	0.408	0.674	0.938	0.456	0.600	0.590	0.412	0.513	0.698	0.356	0.614	0.653	0.321	0.532	0.557	0.290	0.489
长春	1.544	0.531	1.010	1.404	0.540	0.763	0.679	0.467	0.613	1.005	0.366	0.738	0.730	0.318	0.721	0.628	0.344	0.843
哈尔滨	1.504	0.851	1.721	0.667	0.991	3.062	0.404	0.760	1.583	0.601	0.495	0.818	0.501	0.286	0.497	0.384	0.287	0.502
上海	2.006	0.874	0.661	2.024	1.130	0.766	2.092	1.106	0.731	2.242	1.002	0.732	1.996	1.056	0.742	2.205	1.154	0.756
南京	1.166	0.481	0.665	1.004	0.636	0.869	0.886	0.621	0.836	1.112	0.578	1.038	1.406	0.643	1.231	1.477	0.636	1.115
杭州	0.693	0.604	0.831	0.513	0.586	0.720	0.322	0.438	0.506	0.435	0.395	0.604	0.336	0.411	0.657	0.432	0.402	0.628
宁波	0.412	0.288	0.756	0.411	0.404	0.889	0.412	0.442	0.966	0.457	0.320	0.955	0.292	0.332	1.016	0.372	0.304	0.888
合肥	0.850	0.452	0.700	0.903	0.560	0.770	0.658	0.552	0.670	0.735	0.396	0.717	0.754	0.381	0.676	0.573	0.316	0.520
福州	0.533	0.422	1.029	0.560	0.484	1.093	0.439	0.511	0.936	0.467	0.366	0.869	0.322	0.368	0.907	0.481	0.386	0.909
厦门	0.409	0.312	0.424	0.548	0.347	0.527	0.358	0.375	0.528	0.548	0.372	0.715	0.441	0.348	0.699	0.340	0.274	0.532
南昌	0.641	0.456	1.047	0.699	0.627	0.983	0.380	0.587	1.096	0.542	0.379	0.724	0.292	0.373	0.696	0.360	0.364	0.609
济南	1.271	0.312	0.735	1.302	0.409	0.790	1.010	0.328	0.479	0.874	0.285	0.586	1.419	0.295	0.595	0.850	0.275	0.560

续表

城市	2008 年			2009 年			2010 年			2011 年			2012 年			2013 年		
	$\rho_{(so)}$	$\rho_{(su)}$	$\rho_{(ww)}$	$\rho_{(so)}$	$\rho_{(su)}$	$\rho_{(ww)}$	$\rho_{(so)}$	$\rho_{(su)}$	$\rho_{(ww)}$	$\rho_{(so)}$	$\rho_{(su)}$	$\rho_{(ww)}$	$\rho_{(so)}$	$\rho_{(su)}$	$\rho_{(ww)}$	$\rho_{(so)}$	$\rho_{(su)}$	$\rho_{(ww)}$
青岛	0.806	0.323	0.605	1.254	0.437	0.714	0.977	0.368	0.547	0.868	0.314	0.543	1.291	0.356	0.562	1.034	0.341	0.548
郑州	1.798	0.579	0.616	1.746	0.703	0.943	1.734	0.565	0.680	1.290	0.444	0.707	2.272	0.387	0.676	2.536	0.459	0.793
武汉	0.975	0.564	0.726	0.972	0.701	0.815	0.574	0.626	0.619	0.854	0.508	0.645	0.753	0.576	0.898	0.803	0.571	0.721
长沙	0.565	0.430	1.439	0.649	0.561	0.917	0.432	0.509	0.640	0.642	0.436	0.660	0.402	0.424	0.640	0.484	0.363	0.554
广州	0.710	1.091	1.277	1.333	1.410	1.331	0.924	1.127	0.796	1.174	0.968	0.968	0.963	0.941	0.971	0.962	1.013	0.906
深圳	0.940	1.833	1.316	1.252	1.174	1.376	1.058	1.085	0.909	1.379	0.907	0.928	1.150	0.875	0.827	1.037	0.967	0.858
南宁	0.521	0.486	1.459	0.796	0.786	2.239	0.630	0.816	2.835	0.481	0.623	2.704	0.435	0.581	1.200	0.485	0.717	2.319
海口	0.184	0.225	0.457	0.229	0.324	0.716	0.327	0.497	0.841	0.222	0.272	0.618	0.178	0.197	0.480	0.176	0.215	0.473
重庆	0.546	0.607	0.722	0.540	0.754	0.816	0.637	0.971	0.841	0.615	0.857	0.816	0.613	0.857	0.814	0.583	0.782	0.702
成都	0.630	0.589	0.692	0.767	0.590	0.695	0.708	0.790	0.773	0.921	0.748	1.026	0.967	0.720	0.973	0.543	0.548	0.738
贵阳	0.367	0.339	2.029	0.529	0.434	1.719	0.595	0.520	0.630	0.625	0.706	0.691	0.397	0.505	0.656	0.608	0.755	0.835
昆明	0.571	0.337	0.795	0.984	0.495	0.838	0.749	0.434	0.497	0.779	0.446	0.527	0.850	0.508	0.559	0.648	0.329	0.474
西安	1.742	0.403	1.097	1.158	0.472	1.197	0.859	0.300	0.633	0.862	0.423	0.810	1.355	0.391	0.730	1.554	0.438	0.713
兰州	4.903	0.318	2.416	3.257	0.463	1.347	1.956	0.347	1.406	2.240	0.458	5.226	4.236	0.404	1.693	2.189	0.443	0.966
西宁	1.466	0.265	1.397	0.905	0.325	2.086	1.602	0.412	4.001	0.948	0.255	1.314	1.086	0.272	1.837	0.878	0.203	1.333
银川	12.185	0.368	0.538	4.133	0.375	3.109	3.152	0.327	0.527	1.817	0.253	0.533	6.221	0.485	0.465	9.774	0.270	0.460
乌鲁木齐	1.181	0.539	1.694	1.887	0.422	2.258	1.206	0.255	1.068	1.652	0.339	1.257	4.079	0.397	1.075	1.149	0.242	0.651
均值	1.604	0.507	1.026	1.402	0.599	1.176	1.134	0.551	0.896	1.181	0.478	0.963	1.367	0.466	0.805	1.264	0.459	0.754

续表

城市	2014年			2015年			2016年			2017年			年均值年					
	$\rho_{(so)}$	$\rho_{(su)}$	$\rho_{(ww)}$	$\rho_{(so)}$	$\rho_{(su)}$	$\rho_{(ww)}$	$\rho_{(so)}$	$\rho_{(su)}$	$\rho_{(ww)}$	$\rho_{(so)}$	$\rho_{(su)}$	$\rho_{(ww)}$	$\rho_{(so)}$	排名	$\rho_{(su)}$	排名	$\rho_{(ww)}$	排名
北京	7.057	0.862	1.061	5.497	0.811	0.959	6.472	0.889	0.963	4.924	0.803	0.781	4.771	2	0.733	6	0.876	13
天津	3.759	0.797	0.829	3.250	0.700	0.658	4.060	0.775	0.797	2.957	0.609	0.674	2.955	4	0.606	10	0.723	25
石家庄	2.824	0.497	0.681	2.035	0.434	0.649	1.539	0.466	0.744	1.465	0.330	0.538	1.628	10	0.417	22	0.678	28
太原	1.991	0.389	1.010	1.779	0.308	0.753	2.170	0.397	1.010	1.225	0.270	0.665	1.712	9	0.280	34	0.687	27
呼和浩特	5.332	0.471	1.780	3.516	0.235	0.547	3.113	0.288	0.623	2.875	0.168	0.357	3.073	3	0.281	33	1.117	5
沈阳	1.510	0.414	0.458	1.051	0.339	0.380	0.807	0.365	0.409	1.284	0.352	0.494	0.984	20	0.453	19	0.605	34
大连	1.570	0.422	0.612	0.950	0.270	0.405	1.658	0.419	0.703	1.395	0.372	0.648	1.021	18	0.373	28	0.579	35
长春	1.602	0.449	0.772	1.052	0.339	0.453	1.017	0.433	0.700	0.971	0.363	0.580	1.063	17	0.415	23	0.719	26
哈尔滨	0.779	0.398	0.683	0.653	0.320	0.525	0.721	0.400	0.654	0.718	0.319	0.501	0.693	25	0.511	13	1.055	7
上海	1.688	1.258	0.752	1.440	1.463	0.705	1.698	1.581	0.778	1.667	1.444	0.774	1.906	6	1.207	1	0.740	23
南京	1.252	0.785	1.230	0.988	0.729	1.158	0.994	0.780	1.275	1.146	0.761	1.279	1.143	16	0.665	7	1.070	6
杭州	0.587	0.571	0.923	0.411	0.529	0.796	0.555	0.568	0.899	0.590	0.544	0.846	0.487	30	0.505	14	0.741	22
宁波	0.526	0.485	1.160	0.354	0.428	1.039	0.472	0.484	0.921	0.457	0.450	1.122	0.417	34	0.394	26	0.971	9
合肥	0.798	0.578	0.836	0.723	0.550	0.686	0.724	0.607	0.958	0.802	0.513	0.790	0.752	23	0.491	15	0.732	24
福州	0.469	0.454	0.988	0.413	0.464	0.804	0.373	0.482	0.844	0.412	0.447	1.320	0.447	33	0.438	20	0.970	10
厦门	0.606	0.477	0.982	0.434	0.362	0.617	0.445	0.481	0.899	0.634	0.424	0.643	0.476	31	0.377	27	0.657	31
南昌	0.415	0.463	0.801	0.363	0.466	0.704	0.487	0.476	0.823	0.334	0.386	0.564	0.451	32	0.458	18	0.805	17
济南	2.382	0.473	0.840	1.433	0.367	0.630	1.782	0.467	0.801	2.013	0.423	0.747	1.434	12	0.363	30	0.676	29
青岛	1.624	0.474	0.750	2.108	0.415	0.651	2.046	0.478	0.778	1.320	0.456	0.756	1.333	13	0.396	25	0.645	32

续表

城市	2014 年			2015 年			2016 年			2017 年			年均值					
	$\rho_{(so)}$	$\rho_{(su)}$	$\rho_{(ww)}$	$\rho_{(so)}$	$\rho_{(su)}$	$\rho_{(ww)}$	$\rho_{(so)}$	$\rho_{(su)}$	$\rho_{(ww)}$	$\rho_{(so)}$	$\rho_{(su)}$	$\rho_{(ww)}$	$\rho_{(so)}$	排名	$\rho_{(su)}$	排名	$\rho_{(ww)}$	排名
郑州	2.064	0.516	0.878	1.750	0.517	0.783	1.741	0.512	0.762	1.767	0.483	0.745	1.870	7	0.517	12	0.758	21
武汉	1.022	0.772	0.887	0.857	0.721	0.778	0.790	0.758	0.867	0.994	0.740	0.881	0.859	21	0.654	8	0.784	18
长沙	0.441	0.536	0.762	0.483	0.570	0.684	0.492	0.551	0.773	0.353	0.377	0.563	0.494	28	0.476	16	0.763	20
广州	0.965	1.231	0.863	0.982	1.043	0.806	0.942	1.043	0.870	0.948	0.987	0.812	0.990	19	1.085	3	0.960	12
深圳	1.118	1.040	0.883	1.531	1.007	0.830	1.129	1.039	0.896	1.235	0.983	0.912	1.183	14	1.091	2	0.974	8
南宁	0.415	0.747	1.656	0.367	0.669	1.368	0.446	0.515	1.278	0.338	0.532	1.278	0.491	29	0.647	9	1.834	2
海口	0.266	0.313	0.805	0.310	0.253	0.480	0.288	0.345	0.642	0.223	0.275	0.553	0.240	35	0.292	32	0.606	33
重庆	0.657	0.844	0.944	0.731	0.977	0.837	0.758	0.848	0.888	0.673	0.852	0.906	0.635	26	0.835	4	0.828	15
成都	0.890	0.821	0.895	0.794	0.720	0.685	0.973	1.144	0.840	0.812	0.994	0.799	0.801	22	0.766	5	0.812	16
贵阳	0.438	0.569	0.756	0.599	0.958	0.867	0.684	0.458	0.712	0.481	0.451	0.708	0.532	27	0.570	11	0.960	11
昆明	0.835	0.441	0.740	0.620	0.397	0.619	0.778	0.470	0.775	0.650	0.479	0.883	0.746	24	0.434	21	0.671	30
西安	1.560	0.570	0.830	1.460	0.471	0.656	2.307	0.564	0.845	1.605	0.661	1.011	1.446	11	0.469	17	0.852	14
兰州	2.001	0.423	0.973	2.757	0.553	0.668	3.986	0.407	0.681	1.489	0.251	0.462	2.901	5	0.407	24	1.584	3
西宁	0.982	0.282	2.343	1.165	0.207	1.261	1.529	0.284	1.883	0.976	0.276	2.902	1.154	15	0.278	35	2.036	1
银川	5.122	0.319	0.655	3.004	0.241	0.360	9.885	0.620	0.658	4.817	0.454	0.512	6.011	1	0.371	29	0.782	19
乌鲁木齐	2.536	0.352	0.998	1.771	0.353	0.896	1.823	0.354	0.898	1.075	0.245	0.667	1.836	8	0.350	31	1.146	4
均值	1.660	0.586	0.943	1.361	0.548	0.734	1.705	0.593	0.853	1.304	0.528	0.819	1.398	—	0.531	—	0.897	—

前面已经论及城市水源承载力指数[$\rho_{(so)}$]、供水承载力指数[$\rho_{(su)}$]和污水处理承载力指数[$\rho_{(ww)}$]共同构成城市水资源承载力指数(ρ_{w})。为了深入分析这三个承载力指数的变化规律，根据2008～2017年我国35个样本城市的$\rho_{(so)}$、$\rho_{(su)}$和$\rho_{(ww)}$计算结果(表5.4)，将这10年的水源承载力指数、供水承载力指数和污水处理承载力指数用柱状图(图5.3)表示。

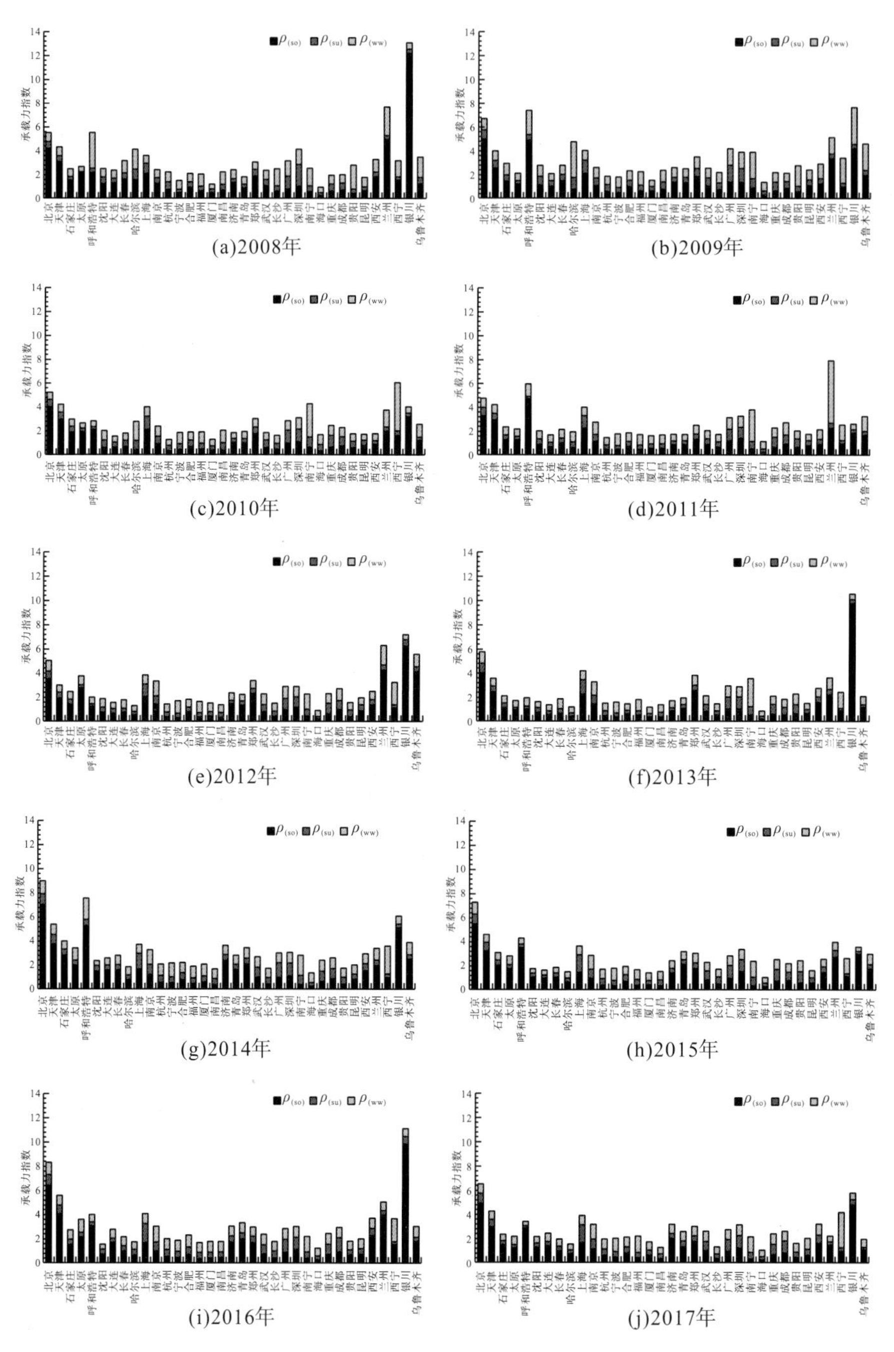

图5.3　2008～2017年我国35个样本城市水源承载力指数、供水承载力指数和污水处理承载力指数柱状图

由图5.3可以看出，各年大部分城市的水源承载力指数均高于其他两个承载力指数，也就是说，大部分城市的水源载体承载的社会经济活动强度很高，这些城市一般属于水源短缺的城市，如北京、天津、呼和浩特、西安、兰州和银川等。水资源是城市的一种自然禀赋，受城市的地理位置和气候条件等自然因素影响，难以通过人工措施进行调节。因此，在规划社会经济活动时，应当结合当地水资源条件，注重对水资源的有效利用，使城市水资源承载强度保持在一个合理的范围内。以北京市为例，2008～2017年该城市的水源承载力指数远远高于供水承载力指数和污水处理承载力指数。这主要是因为北京地处我国北方，气候干旱，降雨量少，自然水资源极度匮乏，然而其社会经济活动规模巨大，因此其水源承载强度很高。类似的城市还有银川、兰州和呼和浩特等。随着经济的发展，可以通过建设调水工程解决城市水源承载强度高的问题，例如，南水北调工程帮助许多城市提升了水源承载能力，降低了其承载强度。

另外，从图5.3中可以看出，大部分城市的供水和污水处理承载力指数值大小相近，也就是说，它们的供水和污水处理承载力状态具有明显的相似性，这是由于载体水平都和城市建设水平、技术水平等高度相关。城市的供水和污水处理能力可以通过规划建设设施实现，即当这种能力不足时可以通过更新建设设施进行提升，以保证设施的承载强度不会过大，避免出现超载风险。但对于某些特殊的城市，如西宁和兰州，其供水承载力指数明显较低，表明这些城市的供水设施承载社会经济活动的强度较低，在城市建设过程中建设有充裕的供水设施。但这些城市的污水处理设施承载强度又相对较高，表明建设的污水处理设施没有供水设施充裕。其原因在于供水是城市生产生活的基本保障，必须有充裕的供水设施，因此供水相对受到重视，然而污水处理受到的重视程度没有供水高。西宁市与之相反，该城市2009～2017年的供水承载力指数明显高于水源和污水处理承载力指数，表明该城市供水设施的承载强度很高，处于高负荷运行状态。这可能是由于西宁受社会经济发展水平所限，城市供水设施没有得到充分更新或扩建。尽管西宁市本身水源丰富，但城市建设水平不高，建设供水设施的能力弱，这导致该城市的供水设施建设能力与该城市的社会经济活动对水的需求不匹配。因此像西宁市这样的城市，应提升城市的供水设施建设水平，这样才能提升城市水资源载体水平。而对于污水处理设施而言，当经济相对不发达时，用以更新改造污水处理设施的资源有限，导致有些城市的污水处理设施有超载风险。

5.2.3　水资源承载力指数计算结果

将表5.4中的数据代入式(5.2)中，可以得到2008～2017年35个样本城市的水资源承载力指数计算结果，见表5.5。

从表5.5中可以看出，在10年内城市水资源承载力指数平均值最高的三个城市分别是银川(7.164)、北京(6.380)和兰州(4.892)，这些城市的水资源承载强度最高。相对来说，水资源承载强度较低的是承载力指数平均值排名靠后的南昌(1.714)、厦门(1.510)和海口(1.138)。承载强度高于全国平均水平(2.827)的城市有13个。可以发现，银川市在10年内有5年的水资源承载力指数都排在首位，海口市的水资源承载力指数在10年内有9年均排在末位，承载强度在绝大部分时间里最小。

表 5.5 2008～2017 年 35 个样本城市水资源承载力指数

城市	2008 年		2009 年		2010 年		2011 年		2012 年		2013 年		2014 年		2015 年		2016 年		2017 年		年均值	
	ρ_W	排名	ρ_W	排名	ρ_W	排名	ρ_W	排名	ρ_W	排名	ρ_W	排名	ρ_W	排名	ρ_W	排名	ρ_W	排名	ρ_W	排名	ρ_W	排名
北京	5.456	4	6.622	3	5.197	2	4.752	3	4.973	4	5.724	2	8.980	1	7.267	1	8.324	2	6.509	1	6.380	2
天津	4.236	5	3.906	9	4.191	4	4.200	4	2.947	10	3.491	7	5.385	4	4.609	2	5.632	3	4.240	3	4.284	5
石家庄	2.439	18	2.810	15	2.950	10	2.311	15	2.415	15	2.096	14	4.002	5	3.118	9	2.750	19	2.333	18	2.722	15
太原	2.605	16	2.009	30	2.626	14	2.157	17	3.740	6	1.683	24	3.391	12	2.841	13	3.577	9	2.160	21	2.679	16
呼和浩特	5.468	3	7.274	2	2.800	12	5.950	2	1.984	21	1.927	18	7.582	2	4.298	3	4.024	6	3.400	6	4.471	4
沈阳	2.439	19	2.690	17	2.005	20	2.002	22	1.832	23	1.578	25	2.382	24	1.770	26	1.581	34	2.130	23	2.041	25
大连	2.281	23	1.994	31	1.515	33	1.668	31	1.507	29	1.336	31	2.604	22	1.624	31	2.780	18	2.414	17	1.972	27
长春	3.085	12	2.707	16	1.758	28	2.110	18	1.769	25	1.815	21	2.823	18	1.845	24	2.149	24	1.914	29	2.198	23
哈尔滨	4.076	7	4.720	5	2.747	13	1.914	23	1.284	34	1.173	33	1.861	31	1.498	33	1.775	32	1.539	32	2.259	22
上海	3.542	8	3.920	8	3.929	6	3.975	5	3.794	5	4.115	3	3.699	7	3.609	5	4.057	5	3.885	5	3.853	6
南京	2.312	22	2.509	19	2.343	17	2.729	10	3.280	8	3.228	8	3.267	13	2.876	12	3.049	14	3.186	8	2.878	13
杭州	2.129	26	1.819	32	1.266	34	1.434	34	1.404	32	1.461	27	2.082	27	1.736	28	2.022	26	1.979	28	1.733	32
宁波	1.456	33	1.705	33	1.821	24	1.732	28	1.640	26	1.564	26	2.171	26	1.821	25	1.877	27	2.029	25	1.782	30
合肥	2.002	27	2.233	25	1.881	23	1.848	24	1.811	24	1.409	29	2.212	25	1.959	23	2.290	22	2.105	24	1.975	26
福州	1.984	28	2.138	26	1.885	22	1.702	30	1.597	27	1.776	22	1.910	30	1.680	29	1.699	33	2.179	20	1.855	28
厦门	1.145	34	1.423	34	1.261	35	1.636	33	1.488	30	1.146	34	2.065	28	1.413	34	1.825	29	1.701	30	1.510	34
南昌	2.144	25	2.309	24	2.063	19	1.645	32	1.361	33	1.333	32	1.679	34	1.533	32	1.786	31	1.284	34	1.714	33
济南	2.318	21	2.501	20	1.816	26	1.745	26	2.310	16	1.685	23	3.695	8	2.430	18	3.051	13	3.182	9	2.473	17
青岛	1.733	31	2.405	22	1.892	21	1.724	29	2.209	20	1.923	19	2.848	17	3.175	8	3.301	10	2.532	15	2.374	19
郑州	2.993	14	3.392	12	2.978	9	2.441	14	3.336	7	3.788	4	3.458	10	3.049	10	3.015	15	2.994	11	3.144	10
武汉	2.265	24	2.488	21	1.819	25	2.006	21	2.227	18	2.094	15	2.681	20	2.357	21	2.415	21	2.615	13	2.297	21
长沙	2.434	20	2.126	27	1.581	32	1.739	27	1.466	31	1.401	30	1.739	33	1.737	27	1.817	30	1.293	33	1.733	31

续表

城市	2008 年		2009 年		2010 年		2011 年		2012 年		2013 年		2014 年		2015 年		2016 年		2017 年		年均值	
	ρ_w	排名	ρ_w	排名	ρ_w	排名	ρ_w	排名	ρ_w	排名	ρ_w	排名	ρ_w	排名	ρ_w	排名	ρ_w	排名	ρ_w	排名	ρ_w	排名
广州	3.078	13	4.074	7	2.847	11	3.110	9	2.875	11	2.881	9	3.059	14	2.830	14	2.854	17	2.747	12	3.035	11
深圳	4.089	6	3.802	11	3.051	8	3.214	8	2.852	12	2.862	10	3.041	15	3.369	7	3.064	12	3.129	10	3.247	9
南宁	2.465	17	3.821	10	4.281	3	3.807	6	2.215	19	3.520	6	2.818	19	2.405	20	2.238	23	2.147	22	2.972	12
海口	0.867	35	1.269	35	1.665	31	1.112	35	0.854	35	0.864	35	1.384	35	1.042	35	1.275	35	1.051	35	1.138	35
重庆	1.874	30	2.109	28	2.449	16	2.288	16	2.284	17	2.067	16	2.444	23	2.544	17	2.494	20	2.431	16	2.299	20
成都	1.911	29	2.051	29	2.272	18	2.695	11	2.660	13	1.828	20	2.607	21	2.199	22	2.957	16	2.605	14	2.378	18
贵阳	2.735	15	2.682	18	1.745	29	2.021	20	1.559	28	2.198	13	1.763	32	2.424	19	1.853	28	1.639	31	2.062	24
昆明	1.704	32	2.317	23	1.681	30	1.752	25	1.917	22	1.451	28	2.016	29	1.636	30	2.023	25	2.013	26	1.851	29
西安	3.242	10	2.827	14	1.791	27	2.095	19	2.476	14	2.705	11	2.960	16	2.586	16	3.716	7	3.277	7	2.768	14
兰州	7.637	2	5.066	4	3.710	7	7.925	1	6.332	2	3.598	5	3.397	11	3.978	4	5.073	4	2.202	19	4.892	3
西宁	3.128	11	3.316	13	6.016	1	2.517	13	3.194	9	2.413	12	3.607	9	2.633	15	3.696	8	4.154	4	3.467	7
银川	13.091	1	7.616	1	4.006	5	2.603	12	7.170	1	10.504	1	6.096	3	3.606	6	11.163	1	5.783	2	7.164	1
乌鲁木齐	3.414	9	4.567	6	2.529	15	3.249	7	5.551	3	2.041	17	3.885	6	3.020	11	3.075	11	1.987	27	3.332	8
均值	3.1365	—	3.1777	—	2.5819	—	2.6231	—	2.6375	—	2.4766	—	3.1884	—	2.6433	—	3.1507	—	2.6505	—	2.827	—

为直观地展示 35 个样本城市的水资源承载力指数在 2008～2017 年随时间的变化趋势，将表 5.5 中的数据绘制成如图 5.4 所示的曲线，图中纵坐标采用差异化的尺度，以便于观察城市水资源承载力随时间的变化情况。

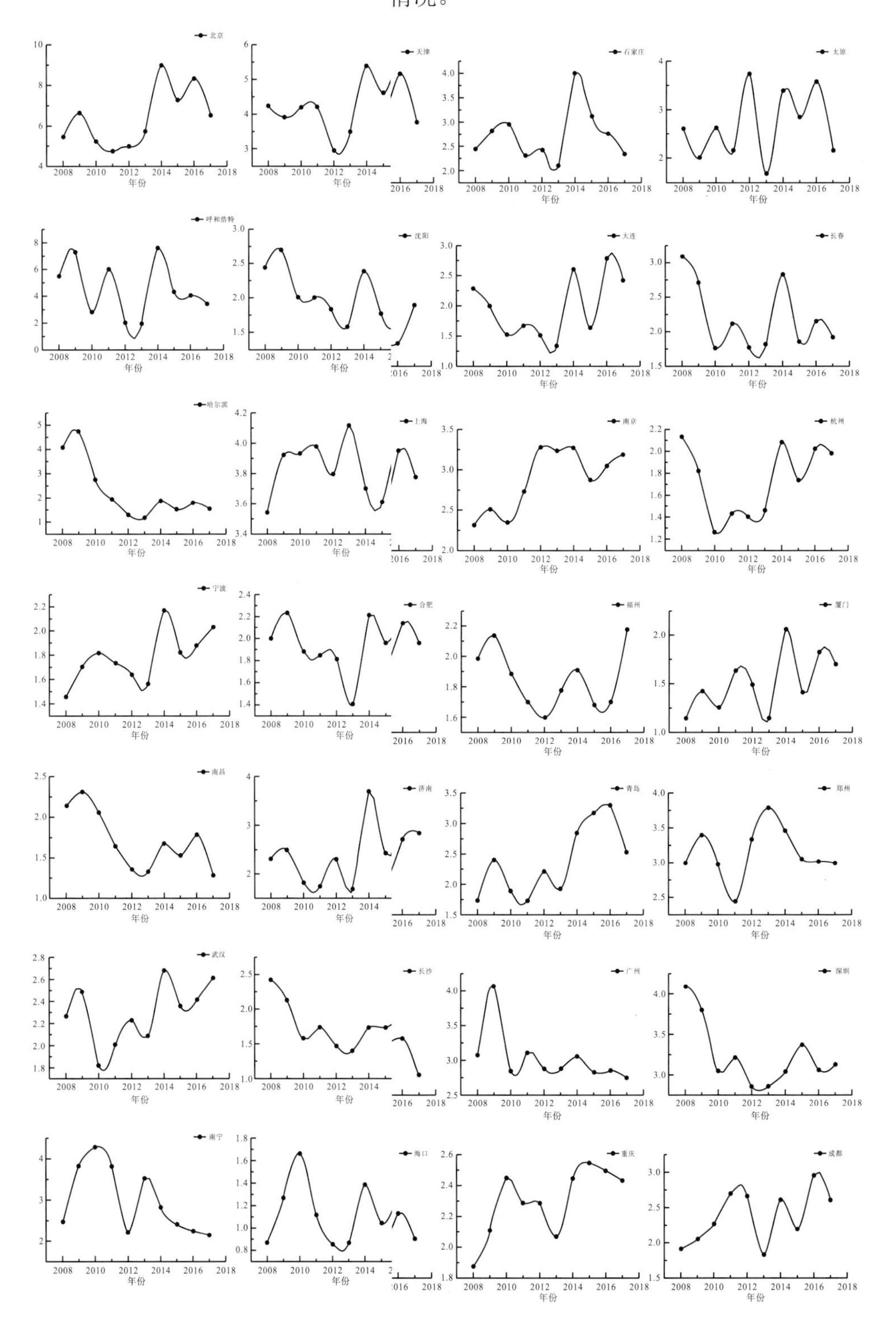

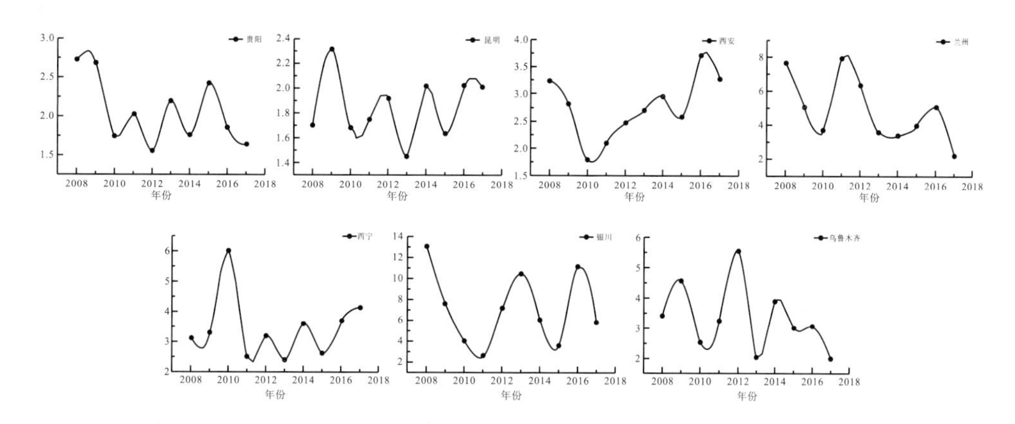

图 5.4　2008～2017 年 35 个样本城市水资源承载力指数

注：纵坐标为水资源承载力指数 ρ_w。

5.3　城市水资源承载力演变规律分析

基于 5.2 节的计算结果，样本城市水资源承载力演变规律可以从以下两方面进行分析：①城市水资源承载力状态特征；②城市水资源承载力状态时空演变规律。

5.3.1　城市水资源承载力状态分析

本书在第 4 章已经阐述，城市资源环境承载力可以通过划分区间进行状态描述，其区间划分基于箱形图原理。根据箱形图原理，可以得到 10 年间每一年对应的三个箱形图参数值：Q_{3w}(上四分位数)、Q_{2w}(中位数)和 Q_{1w}(下四分位数)，并对其求取 10 年的平均值，结果如表 5.6 所示。

表 5.6　水资源承载力指数箱形图参数值

年份	Q_{3w}	Q_{2w}	Q_{1w}
2008	3.414	2.439	2.002
2009	3.906	2.682	2.216
2010	2.978	2.582	1.791
2011	3.110	2.110	1.739
2012	3.194	2.227	1.597
2013	2.881	1.927	1.461
2014	3.607	2.823	2.082
2015	3.118	2.430	1.737
2016	3.557	2.780	1.877
2017	3.182	2.333	1.987
平均值	3.295	2.433	1.849

根据表 5.6 中的数据可得到城市水资源承载力的三个特征值：虚拟极限值 $\rho_{\text{vl-W}}$ =3.295、最优值 ρ_{W}^{*} =2.433、基准值 $\rho_{\text{lu-w}}$ =1.849。基于城市水资源承载力的这三个特征值，可划分出四个不同的城市水资源承载力状态区间，见表 5.7。

表 5.7 城市水资源承载力状态区间划分标准

区间	$A_{1\text{-W}}$（高风险超载区间）	$A_{2\text{-W}}$（高利用区间）	$A_{3\text{-W}}$（中度利用区间）	$A_{4\text{-W}}$（低利用区间）
划分标准	$\rho_{\text{W}} \geqslant 3.295$	$2.433 \leqslant \rho_{\text{W}} < 3.295$	$1.849 \leqslant \rho_{\text{W}} < 2.433$	$\rho_{\text{W}} < 1.849$

表 5.7 中的区间划分标准是后续分析城市水资源承载力时间演变规律和空间差异的基础。根据表 5.7 中的区间划分标准与表 5.5 中 35 个样本城市 10 年的水资源承载力指数，可以得到 2008～2017 年 35 个样本城市水资源承载力指数区间分布图，见图 5.5。

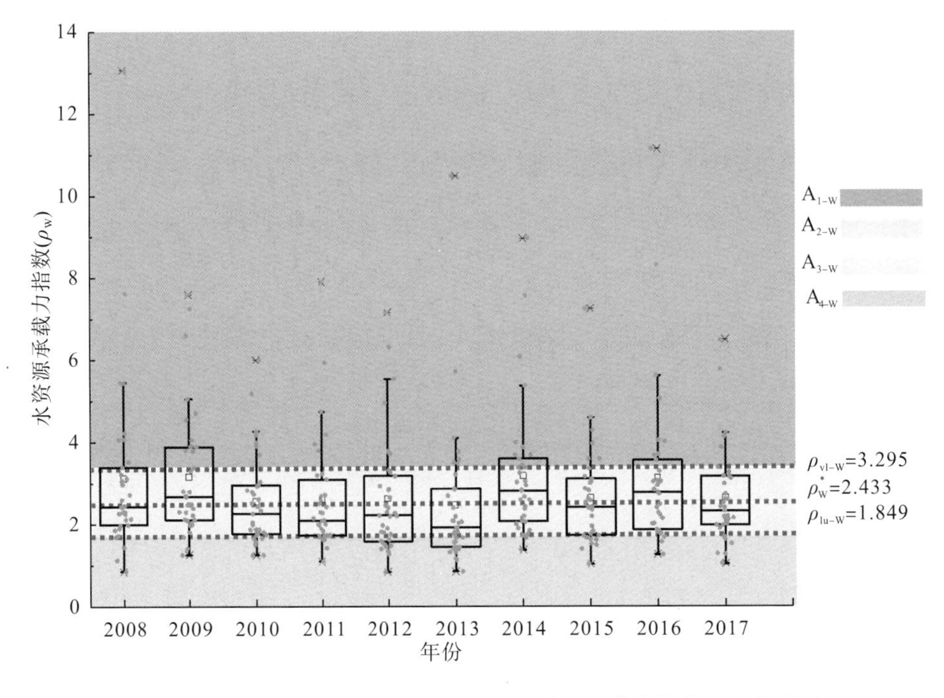

图 5.5 2008～2017 年 35 个样本城市水资源承载力指数区间分布图

根据图 5.5 中 35 个样本城市的水资源承载力状态区间分布情况，可以进一步分析 35 个样本城市其水资源承载力所处状态区间的时间演变规律。结合表 5.10 和图 5.7，可以得到 2008～2017 年 35 个样本城市水资源承载力指数所处状态区间分布图，见图 5.6。

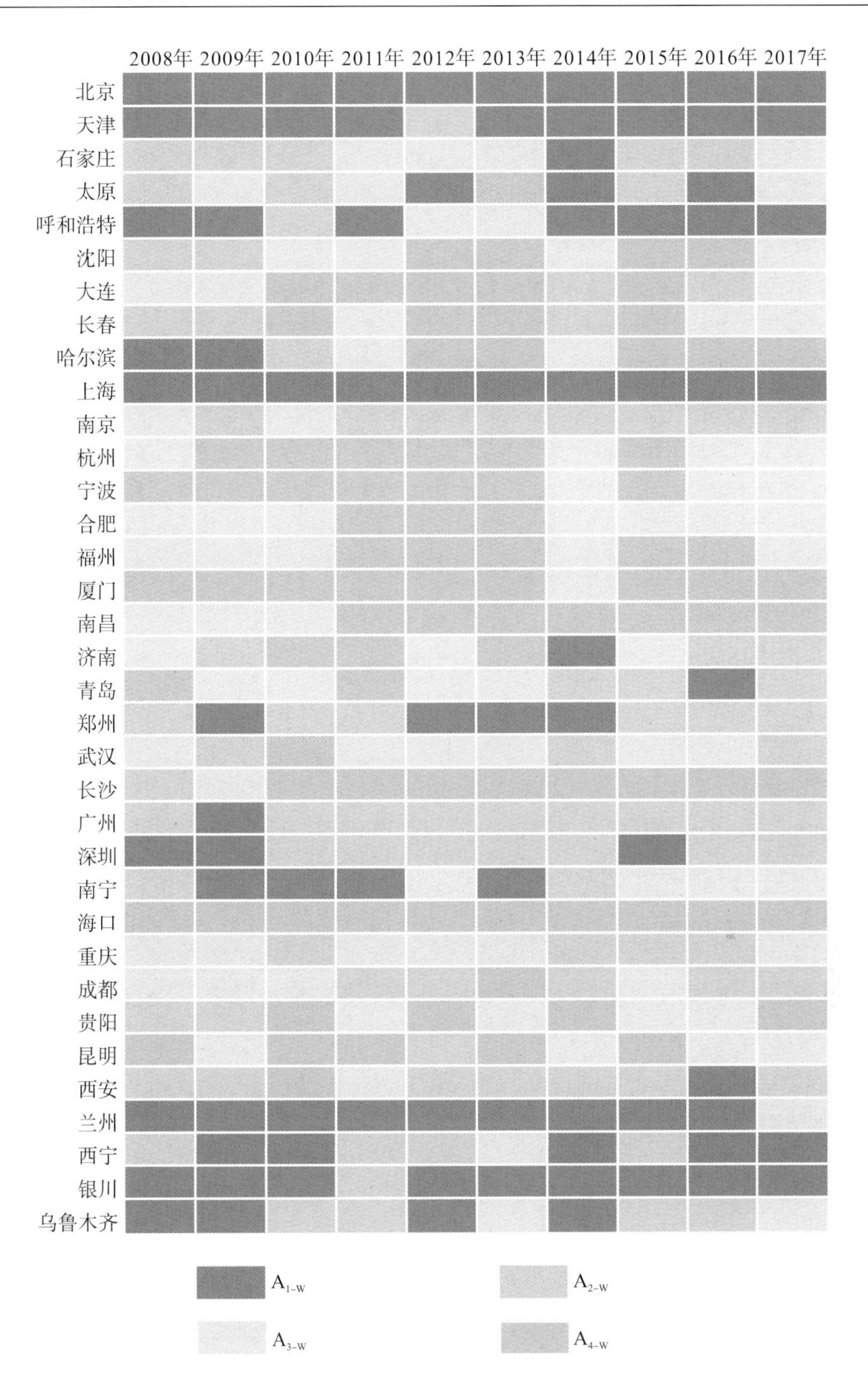

图 5.6　2008～2017 年 35 个样本城市水资源承载力状态区间分布图

5.3.2　城市水资源承载力状态时间演变规律及空间差异分析

城市水资源承载力状态的时间演变规律分析涉及水资源承载力状态区间的总体变化趋势和不同城市的承载状态随时间的变化规律两个方面。

1. 城市水资源承载力状态时间演变规律分析

在图 5.6 中四个区间的城市数量是随时间变化的，这种变化可用柱状图(图 5.7)表示，该图可以帮助分析在研究期内样本城市水资源承载力状态区间的总体变化趋势。

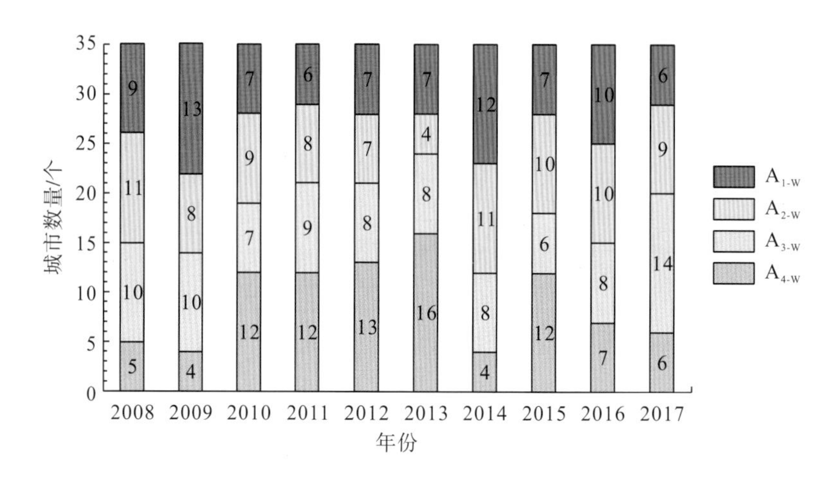

图 5.7　2008～2017 年 35 个样本城市水资源承载力状态区间的城市数量分布图

从图 5.7 中可以看出，2008～2017 年内处于各个承载力状态区间的城市数量随时间的变化较为明显。特别地，处于状态区间 $A_{1\text{-}W}$(高风险超载区间)的城市数量在 2010～2013 年相较于 2008 年和 2009 年明显下降，2014 年后有所上升但并不稳定，2014～2017 年出现比较明显的波动。这一现象反映出随着我国社会经济发展到一定阶段，多个城市处于水资源承载力高风险超载状态，但随着近几年高质量发展、生态优先等新发展理念被提出和践行，处于高风险超载状态的城市开始对自身的水资源进行调控，并取得了一定的成效。另外，从状态区间 $A_{4\text{-}W}$(低利用区间)来看，该区间的城市数量在 2014 年后开始波动下降，这在一定程度上反映出由于我国社会经济发展迅速，以前对水资源承载力利用不足的部分城市，近年来进行了更充分的利用。

2. 城市水资源承载力状态空间差异分析

利用 35 个样本城市在 2008～2017 年的水资源承载力指数平均值可以判定个别城市的水资源承载力状态，分析空间差异。表 5.5 列出了 35 个样本城市在 2008～2017 年的水资源承载力指数平均值，依据表 5.7 的区间划分标准，可以识别每个城市的水资源承载力指数平均值对应的水资源承载力状态区间。35 个样本城市的水资源承载力状态区间及其空间分布情况见图 5.8。

根据图 5.8，从 2008～2017 年城市水资源承载力指数来看，我国 35 个样本城市中处于 $A_{4\text{-}W}$ 区间(低利用区间)的城市数量最少，共计 6 个，分别是宁波、杭州、长沙、南昌、厦门和海口，且这些城市基本都位于我国东南部。而处于 $A_{3\text{-}W}$ 区间(中度利用区间)的城市数量最多，包括成都、重庆和哈尔滨等，共计 12 个，空间上从西南方向往东北方向呈带状分布。处于 $A_{2\text{-W}}$ 区间(高利用区间)和 $A_{1\text{-W}}$ 区间(高风险超载区间)的城市分别为 9 个和 8 个，其中处于 $A_{1\text{-W}}$ 区间的城市主要集中在华北地区，而处于 $A_{2\text{-W}}$ 区间的城市主要为太原、郑州等中部城市和广州、深圳等南方城市。

图 5.8　2008～2017 年 35 个样本城市水资源承载力状态区间空间分布图

对于水资源承载力指数处于高风险超载区间($A_{1\text{-W}}$ 区间)的城市，其水资源载体承载荷载的强度极大，这些城市的水资源超载风险极高。对划分结果进一步分析发现，处于高风险超载区间的城市主要分为两大类：①自然水资源极度匮乏导致水资源载体水平过低，如天津和银川等典型的北方缺水城市；②高强度的社会经济活动导致荷载过高，如北京和上海等超一线城市，这类城市先天水资源比较匮乏，但社会经济发展水平又长期领先于我国其他城市，其水资源载体承载着很高的荷载，因此水资源承载强度很大。这些城市的管理者应注重综合调控水资源载体和荷载，使二者相对匹配，降低水资源超载风险。

水资源承载力指数处于高利用区间($A_{2\text{-W}}$ 区间)的城市同样分为两类：①广州、深圳和南京等社会经济活动强度比较高的城市，这些城市地处水资源较为丰富的南方，其水源载体有明显的优势，且其水资源载体的承载强度并不是很高，其水资源承载力指数处于高利用区间；②水资源承载力高度利用的城市，如济南、石家庄和太原等，其社会经济发展水平相对于一线城市低，但城市建设中供水和污水处理设施的规模和质量相对不足，因此水资源载体的承载强度很高。

水资源承载力指数处于中度利用区间（$A_{3\text{-}W}$区间）的城市（如成都、重庆和长春等）共同具有的特征是水资源相对丰富，且各类水设施建设水平较高，同时城市社会经济活动的强度适宜，因此这些城市的水资源载体和荷载较为匹配。

水资源承载力指数处于低利用区间（$A_{4\text{-}W}$区间）的城市，其单位水资源载体承载的荷载远低于我国大部分城市，水资源载体没有得到充分利用，有较大的开发利用潜力。从处于低利用区间（$A_{4\text{-}W}$区间）的城市的空间分布特点来看，这些城市（如长沙、南昌、厦门和海口等）大都位于南方，它们的自然水资源非常丰富，有很好的潜力支撑城市社会经济的进一步发展。

5.4 本章小结

随着城镇化进程的加快，我国许多城市持续增长的社会经济规模和有限的水资源之间的矛盾日益加剧。因而准确评价城市水资源承载力，并以此评估城市水资源、社会经济及生态环境之间是否协同发展极为重要。本章利用基于“载体-荷载”视角的城市资源环境承载力评价原理，建立了城市水资源承载力评价方法，并选取 35 个样本城市开展了实证研究。评价方法涉及评价指标体系和计算模型，评价指标体系的建立基于城市水循环系统中水源、供水、用水、污水处理各个环节的载体要素和荷载要素。本章选取了 13 个城市水资源载体指标，涉及水源、供水和污水处理三个方面；选取了 10 个荷载指标，覆盖社会、经济和环境三个方面。在建立评价指标体系的基础上，本章构建了城市水资源承载力计算模型，并计算出了我国 35 个样本城市的水源、供水和污水处理载体指数，水源、供水和污水处理荷载指数，以及水源的承载力指数。

本章通过实证计算结果展示了我国城市水资源承载力的演变规律，并得出了如下主要结论。

(1) 从水资源承载力状态的总体变化趋势来看，2008～2017 年水资源承载力指数处于高风险超载区间和高利用区间的城市数量呈下降趋势；水资源承载力指数处于中度利用区间和低利用区间的城市数量呈上升趋势。可见，随着城市高质量发展等理念被提出和践行，我国城市水资源整体承载强度过大的情况有所缓解，部分城市水资源利用水平较低的情况也得到了改善。

(2) 从不同城市的水资源承载力状态随时间的变化规律来看，部分城市（如北京和天津等）的水资源承载力指数在大部分年份处于高风险超载区间，水资源承载强度呈现上升趋势，这些城市的管理者应采取措施降低水资源荷载或增强水资源载体，以降低水资源承载力的超载风险。另外，部分城市（如厦门和海口等）的水资源承载力指数在大部分年份处于低利用区间，且呈现下降趋势，反映出其水资源承载强度很低，这些城市应适当加大对水资源载体的利用力度，增加社会经济活动。

(3) 从城市水资源承载力状态区间的空间分布来看，水资源承载力指数处于高风险超载区间的城市主要分布在缺水的北方，如天津和银川等；处于低利用区间的城市大都位于我国东南部，如长沙和南昌等。这是由我国自然水源呈两极分布和区域经济布局不均衡导致的，未来需要开展跨区域调水或虚拟水贸易等，以实现我国城市水资源承载力在空间上的均衡分布。

(4) 绝大部分样本城市其水源的承载强度高于供水设施和污水处理设施的承载强度，表明资源型缺水一直是我国城市面临的主要问题，该问题尤其突出的城市有北京、天津和银川等。

(5) 我国城市供水设施和污水处理设施的承载状态表现出高度的相似性，且经济水平高的城市的这两种设施的承载强度相对较低。但也有小部分城市的供水设施的承载强度适中而污水处理设施的超载现象突出，如西宁和兰州。

第 6 章　城市能源资源承载力实证评价

本章对我国城市能源资源承载力进行实证评价分析，其主要内容包括：①建立我国城市能源资源承载力的评价方法；②对我国 35 个样本城市在 1998～2017 年的能源资源承载力进行实证计算；③基于实证计算结果，对城市能源资源承载力的时空演变规律进行分析。

6.1　城市能源资源承载力评价方法

6.1.1　城市能源资源承载力的内涵

能源资源是社会经济发展的命脉，是人类重要的物质基础和生存保障。然而过去几十年全球快速的工业化和城市化进程加剧了能源资源的消耗，导致城市出现了种种与能源相关的问题，典型的有不可再生能源枯竭、能源供给危机、环境污染加剧等，削弱了城市的能源资源承载力，严重制约着城市尤其是人类活动高度密集城市的社会经济的可持续发展。能源资源承载力与城市社会经济的可持续发展密切相关，准确认识和把握能源资源承载力有利于对城市能源进行有效的管理和监测，为制定有效的能源管理措施提供指导，实现城市的可持续发展。对于能源资源承载力的定义，有许多不同的阐述。郑忠海等(2009)将城市能源资源承载力定义为在特定的社会经济和环境条件下，城市能源系统满足城市能源需求的能力。彭璇等(2015)认为能源资源承载力是指在一定的能源开发利用技术约束下，某区域在一定时期内可提供给生产和生活活动使用的能源总量，以及对能耗排放污染物的容纳和处理能力。郭云涛(2007)指出区域能源资源承载力是指在一定时期内，在一定的服务品质、生活水平和环境质量条件下，区域能源资源满足区域社会经济发展需要的能力。Zhang 等(2020)将区域能源资源承载力定义为在一定的能源开采利用技术约束下，在特定时间内区域能源系统保障区域可持续发展的能力。

利用第 3 章提出的基于“载体-荷载”视角的城市资源环境承载力评价原理，本书将城市能源资源承载力(UERCC)定义为城市的能源资源载体对城市能源资源荷载的承载水平，并用以下公式表示：

$$\rho_{\mathrm{E}} = \frac{L_{\mathrm{E}}}{C_{\mathrm{E}}} \tag{6.1}$$

式中，ρ_{E} 表示城市能源资源承载力指数；L_{E} 表示城市能源需求所形成的荷载指数；C_{E} 表示城市依靠自身的能源资源禀赋、技术开发能力等形成的能源资源载体指数。ρ_{E} 值越大，表明城市能源资源载体对能源资源荷载的承载强度越大，即城市能源资源载体被相应荷载利用的程度越高。ρ_E 值在城市特定发展条件下会发生动态变化，并不是越大越好或越小越好，ρ_E 值过大则意味着城市能源资源载体的承载强度过高，面临着超载风险；而 ρ_E 值过小则意味着城市能源资源载体的利用程度不高，还有潜在的利用空间。

6.1.2　城市能源资源承载力计算方法

根据式(6.1)，可知城市能源资源承载力的计算基于能源资源载体 C_E 和能源资源荷载 L_E。但在城市层面，我国目前没有关于能源资源载体(供给)和荷载(需求)的有效统计数据，因此无法应用统计数据计算 C_E 和 L_E。在大数据背景下，本书借助夜间灯光数据这一地理大数据从一个新的视角提出能源资源载体和荷载的测算方法。

1. 城市能源资源荷载 L_E 的测算方法

城市能源资源的荷载表现为人类活动对能源的需求和消费。尽管人类活动对能源的利用方式和规模千差万别，但对能源资源产生的压力最终都以能源的消费量展现，也就是说，能源资源的荷载可以间接地用能源的消费量来测算。虽然缺乏绝大部分城市的能源消耗数据，但有省域层面的能耗数据，因此本书采用一种替代性方法对城市能源消费量进行估测，即利用美国国家海洋和大气管理局(National Oceanic and Atmospheric Administration，NOAA)公布的夜间灯光数据建立省域能源消费量与省域夜间灯光亮度的拟合关系，然后利用这个拟合关系反演城市层面的能源消费量。已有的研究表明夜间灯光数据和能源消费量、人类活动水平具有显著的相关关系(陈颖彪等，2019)，且夜间灯光数据的精度可以达到县(市)、街道甚至栅格尺度，所以用夜间灯光数据可以有效反映城市层面的人类活动对能源的消费强度和水平。

用夜间灯光数据反演城市层面能源消费量的思路可以用图 6.1 表示：先建立省域能源消费量与省域夜间灯光亮度的拟合关系，获取拟合函数，然后基于这个拟合函数，用市域夜间灯光亮度来反演城市的能源消费量。

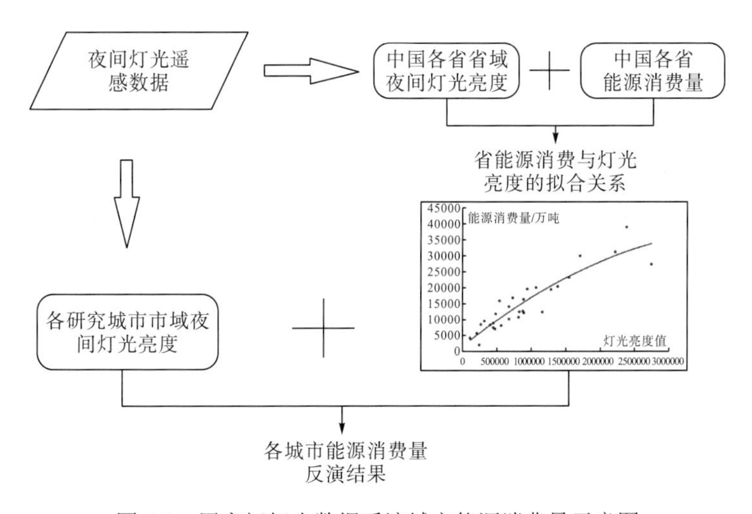

图 6.1　用夜间灯光数据反演城市能源消费量示意图

在应用图 6.1 中基于夜间灯光数据反演测算城市能源消费量的方法时，首先需要对我国省域和市域的灯光亮度数据进行提取。已有的夜间灯光数据由 NOAA 发布，主要两类，一类是 DMSP(defense meteorological satellite program，国防气象卫星计划)/OLS (operational linescan system，操作线路扫描系统)数据，为年度数据，公布时间为 1992～2013 年；另一类是 NPP(national polar-orbiting partnership，国家极地轨道伙伴关系)/VIIRS(visible infrared imaging radiometer suite，可见红外成像辐射计套件)数据，为月度数据，公布时间为 2012 年至今，其中 2015 年和 2016 年公布了合成的年度数据。由于夜间灯光亮度受许多因素(如噪声、传感器、天气等)影响，因此需要对夜间灯光数据进行校正。目前已有许多校正方法，其核心思路基本一致，主要包含灯光噪声处理、不同传感器的相互校正、年份的连续性校正、饱和性校正等核心内容。下面对 DMSP/OLS 和 NPP/VIIRS 两类灯光数据的主要处理步骤进行简要阐述。

1)DMSP/OLS 灯光数据的校正

本书主要参考 Elvidge 等(2009)和曹子阳等(2015)的方法对 DMSP/OLS 灯光数据进行饱和性校正和连续性校正，主要操作步骤具体如下。

(1)采用不变目标区域法选定不变目标区域。根据曹子阳等(2015)的研究，以黑龙江省鹤岗市辖区作为不变目标，同时提取 1992～2013 年共 26 期稳定影像和 F162006 辐射定标的夜间灯光影像分别作为待校正影像和参考影像。

(2)进行不同传感器之间的相互校正和饱和性校正。通过二次函数、三次函数、指数函数和幂函数等对待校正影像与参考影像的相关关系进行拟合，然后采用拟合优度最高的幂函数进行拟合校正，公式如下：

$$DN_{\mathrm{C}} = a \times DN^{b} \tag{6.2}$$

式中，a 和 b 为拟合系数；DN 为校正前的影像像元 DN(digital number，灰度值)值；DN_{C} 为用幂函数校正后的影像像元 DN 值。经过相互校正后长时间序列的 DMSP/OLS 夜间灯光影像数据集中的影像之间具有可比性，同时每一期影像都削弱了影像像元 DN 值的饱和程度。

(3)进行不同年份之间影像的连续性校正。对于同一年有 2 个传感器拍摄的情况，按照式(6.3)对相互校正后的影像数据集中由不同传感器获取的相同年份的影像进行校正：

$$DN_{(n,i)} = \begin{cases} 0, & DN_{(n,i)}^{1} = 0 \text{且} DN_{(n,i)}^{2} = 0 \\ \left(DN_{(n,i)}^{1} + DN_{(n,i)}^{2}\right)/2, & \text{其他} \end{cases} \tag{6.3}$$

式中，$DN_{(n,i)}$ 表示校正后第 n 年的影像中像元 i 的 DN 值；$DN_{(n,i)}^{1}$ 和 $DN_{(n,i)}^{2}$ 分别表示第 n 年相互校正后的由两个不同传感器获取的夜间灯光影像中像元 i 的 DN 值。

上述步骤不能解决影像数据集中不同年份影像的像元 DN 值异常波动(或者不稳定)的问题，该问题可用式(6.4)解决：

$$DN_{(n,i)} = \begin{cases} 0, & DN_{(n+1,i)} = 0 \\ DN_{(n-1,i)}, & DN_{(n+1,i)} > 0 \text{且} DN_{(n-1,i)} > DN_{(n,i)} \\ DN_{(n,i)}, & \text{其他} \end{cases} \tag{6.4}$$

2) NPP/VIIRS 灯光数据的校正

本书主要参考 Ma 等(2014)、Wang 等(2018) 和 Shi 等(2015) 的方法对 NPP/VIIRS 灯光数据进行校正，主要包括灯光影像的噪声处理、异常值处理和连续性校正，具体如下。

(1) 噪声处理。本书采用的 NPP/VIIRS 夜间灯光数据来源于 NOAA 发布的夜间灯光月度数据(其中 2015 年和 2016 年同时公布了年度数据)。为了使各年的数据处理具有统一的标准，本书统一采用月度数据作为原始数据。由于未过滤掉极光、火、船的灯光及其他临时的灯光，因此需要减少这些不稳定夜间灯光和背景噪声对原始数据的影响。根据 Shi 等(2015) 的方法，将 2013 年 DMSP/OLS 夜间灯光数据中像元值为零的区域提取出来作为掩膜，以此过滤掉 NPP/VIIRS 夜间灯光数据中月均值中的噪声像元，同时将 NPP/VIIRS 夜间灯光数据中负值像元的像元值设为零。完成该步骤后将每年的月度数据按均值合成为年度数据。

(2) 异常值处理。参考 Ma 等(2014) 的方法，通过设定合适的阈值区间来提取有效的灯光数据，以去除值过低和值过高的灯光数据。常用的阈值设定方法有百分比法、总灯光面积增加法和经济强度法，本书采用经济强度法。因为灯光辐照度与经济发展程度呈现出显著的正相关关系，所以经济越发达的地方灯光越亮，辐照度越大。参考 Shi 等(2014) 的研究思路，本书选择上海市东方明珠附近的最大亮度值作为灯光亮度的最大阈值，如 2014 年为 166；对于最小阈值，本书通过对水域多个灯光辐照度的对比，发现零作为最小阈值较为合理。进一步地，为实现对异常值的去除，将高于最大阈值的像元辐射值设为最大阈值，将低于最小阈值的像元值设为最小阈值。

(3) 连续性校正。按照前述对 DMSP/OLS 数据连续性的校正方法，对 NPP/VIIRS 数据集进行连续性校正。

需要注意的是，由于采用的是两种不同传感器拍摄的影像数据，经过上述步骤校正后的 DMSP/OLS 和 NPP/VIIRS 两类数据可能会出现数据断层现象。为了减少这个现象，可采用统计时间内最后一年的灯光数据作为掩膜提取历年的灯光数据。

对省域夜间灯光亮度值进行校正后，便可以建立省域能源消费量和省域夜间灯光亮度间的拟合关系。得到拟合关系式后，将市域夜间灯光亮度值代入拟合关系式即可计算出市域能源消费量，即城市能源资源荷载指数 L_E。

2. 城市能源资源载体指数 C_E 的测算方法

由于人类的能源消费活动都归于对一次能源的消耗，一个城市对一次能源的储备水平和自身的能源生产水平反映了城市可供给的能源量，所以可以用城市一次能源量刻画城市能源资源载体。一个城市可供给的一次能源量包括三个部分，即库存量、自身生产量及外部输入量。对于不同的城市，这三个部分所占的比例不同，如国内一些能源富集区，其自身生产的一次能源量占比较大，而对于一些能源匮乏的地区，其能源的外部输入量可能会占很大比例。基于城市可持续发展的原则以及对能源安全及数据可获得性的考量，这里仅选择一次能源生产量作为能源资源载体评价指标。

由于在城市层面上没有能源生产和消费的相关统计数据，这些数据只有在省域层面上才能获取，因而可以利用各城市所在省域的一次能源生产量数据来估测城市层面的一次能源生产量。具体测算思路：基于夜间灯光亮度数据来进行测算，即用一个城市的夜间灯光总亮度值与省域夜间灯光总亮度值的比值来反映省域一次能源生产量中一个城市所占的比例。因此，本书利用省域一次能源生产量数据估算城市的一次能源生产量，并假设生产出的一次能源按社会经济活动强度分配到各个城市中。若省域夜间灯光总亮度值为PTNL（province total night-time light），城市夜间灯光总亮度值为CTNL（city total night-time light），省域一次能源生产量为C_{PE}，则城市的一次能源生产量即城市能源资源载体指数C_E可按下列公式计算：

$$C_E = C_{PE} \times \frac{\text{CTNL}}{\text{PTNL}} \tag{6.5}$$

值得注意的是，式(6.5)中C_E表征的是城市的一次能源可供给量，即城市的能源资源载体水平，是对城市一次能源生产量的替代性估测，可以帮助评价城市的能源资源承载状态。

然后将测算的城市能源资源载体指数C_E和荷载指数L_E的值代入式(6.1)，即可计算出城市能源资源承载力指数ρ_E。

6.2 城市能源资源承载力实证计算

6.2.1 实证计算数据

本书基于对我国35个样本城市能源资源的相关数据进行城市能源资源承载力实证计算，数据的采集时间为1998～2017年。根据6.1节中建立的城市能源资源承载力评价方法，可知计算城市能源资源载体和荷载时所需要收集的数据主要分为两类。第一类为统计数据，具体包括：①我国30个省（区、市）（除西藏自治区外）在1998～2017年的能源消费总量数据，数据来源为各省的统计年鉴；②我国30个省（区、市）在1998～2017年的一次能源生产量数据，数据来源为各省的统计年鉴及《中国能源统计年鉴》，对于少数缺失的数据，用线性内插法或外推法补齐。第二类为夜间灯光数据，包括1998～2013年的年度DMSP/OLS夜间灯光数据以及2014～2017年的月度NPP/VIIRS夜间灯光数据，它们均可在美国国家海洋和大气管理局（NOAA）官网下载，其中DMSP/OLS数据的下载地址为http://ngdc.noaa.gov/eog/dmsp/downloadV4composites.html；NPP/VIIRS数据的下载址为https://www.ngdc.noaa.gov/eog/viirs/download_dnb_com-posites.html。

对夜间灯光数据进行校正处理后，用2017年的夜间灯光影像作为掩膜提取1998～2016年的夜间灯光数据，以消除使用不同传感器拍摄导致的数据断层的影响。最终得到1998～2017年经校正后的夜间灯光数据。

利用ArcGIS平台提取我国30个省（区、市）和选取的35个样本城市的夜间灯光总亮度值，并根据6.2节所述的关于城市能源资源荷载的测算方法，建立省域能源消费量与省域夜间灯光亮度之间的拟合关系。为此，在实证计算中使用了一次函数、二次函数、指数函数、对数函数和幂函数五种拟合函数。根据拟合结果，发现二次函数的拟合效果最优，其拟合相关系数 R^2 值最大，其中 20 个年份的 R^2 值大于 0.7，且有 15 个年份的 R^2 值大于 0.8，故将二次函数作为拟合能源消费量与夜间灯光亮度相关关系的拟合函数(图 6.2)。

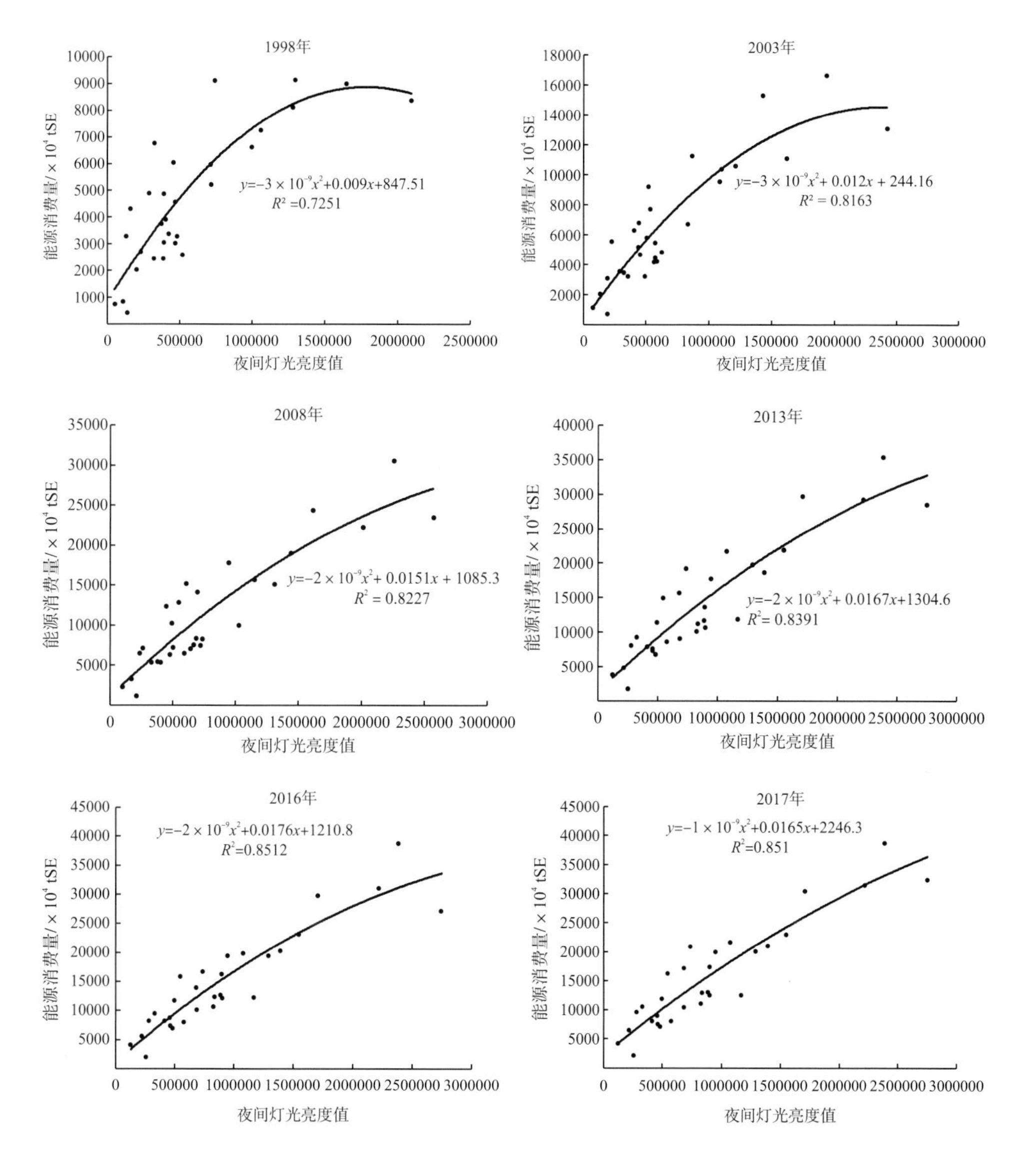

图 6.2　省域能源消费量和省域夜间灯光亮度值的拟合曲线

(1998 年、2003 年、2008 年、2013 年、2016 年和 2017 年)

6.2.2　实证计算结果

基于 6.1 节中对城市能源资源载体指数和荷载指数的评估方法以及 6.2.1 节的数据收集和处理结果，可以得到 1998～2017 年 35 个样本城市的能源资源承载力指数 ρ_{E}。由于数据规模较大，表 6.1 仅给出 35 个样本城市在 5 个示例年份的 ρ_E 计算结果以及 20 年的均值。

表 6.1 35 个样本城市能源资源承载力指数 ρ_E（5 个示例年份及 20 年均值）

城市	1998 年	2003 年	2008 年	2013 年	2017 年	20 年均值	均值排名
北京	5.39	7.36	18.88	16.51	24.04	13.86	6
天津	3.19	2.09	2.27	1.73	1.86	2.11	24
石家庄	3.03	3.06	4.88	5.62	6.97	4.31	13
太原	0.61	0.39	0.51	0.51	0.69	0.53	35
呼和浩特	2.04	0.70	0.58	0.47	0.66	0.81	34
沈阳	1.72	1.81	3.15	4.50	6.89	3.29	17
大连	1.91	1.86	3.38	4.72	7.36	3.48	14
长春	3.02	2.68	3.14	3.76	7.74	3.43	15
哈尔滨	0.73	0.88	1.51	2.09	2.84	1.50	28
上海	55.22	38.68	91.20	141.13	101.05	87.49	1
南京	12.61	9.38	16.32	18.35	32.54	15.43	5
杭州	21.42	14.56	20.56	19.46	16.41	18.64	4
宁波	22.68	14.47	20.44	19.33	16.26	18.71	3
合肥	3.32	1.78	2.15	2.48	3.53	2.43	20
福州	7.29	4.65	5.50	7.48	6.09	5.72	11
厦门	10.61	5.35	6.81	9.63	8.50	7.29	10
南昌	4.17	3.30	4.61	5.90	13.41	5.27	12
济南	2.43	1.79	3.29	3.79	4.89	3.08	18
青岛	2.16	1.68	2.95	3.38	4.18	2.76	19
郑州	1.91	1.49	1.86	2.64	4.12	2.27	21
武汉	5.27	3.47	2.16	3.09	3.53	3.40	16
长沙	1.76	2.11	2.00	1.77	5.42	2.16	23
广州	5.80	6.90	9.51	9.93	8.61	8.47	8
深圳	6.63	7.35	10.67	11.26	10.22	9.47	7
南宁	8.01	9.54	7.51	7.33	7.23	7.96	9
海口	115.52	66.72	76.48	75.33	43.02	76.32	2
重庆	0.61	0.91	1.01	1.27	1.56	1.01	30
成都	0.81	1.16	0.92	0.98	1.08	0.97	31
贵阳	0.92	0.56	0.87	0.79	1.16	0.84	33
昆明	2.73	2.11	1.91	1.54	1.88	2.09	25
西安	2.06	0.91	0.70	0.49	0.53	0.91	32
兰州	1.83	1.47	2.25	2.52	3.23	2.25	22
西宁	3.09	1.47	1.46	1.16	2.62	1.68	26
银川	2.32	1.22	1.74	1.18	1.76	1.58	27
乌鲁木齐	1.92	1.31	1.41	1.39	1.61	1.49	29
均值	9.28	6.43	9.56	11.24	10.39	9.23	—

从表 6.1 中各城市 20 年能源资源承载力指数的均值来看，均值最高的城市是上海，其次为海口、宁波、杭州、南京、北京，且这 6 个城市的能源资源承载力在 35 个样本城市的平均水平(9.48)之上，属于承载强度较高的城市。其中，上海和海口的能源资源承载力在每一年都远远高于其他城市，表明这两个城市的能源资源匮乏，承载强度一直很高。排名靠后的城市有太原、呼和浩特和西安等。

为了更加直观地反映35个样本城市的能源资源承载力指数在2008～2017年随时间的变化趋势，将表 6.1 中 35 个样本城市能源资源承载力指数 ρ_E 的计算结果绘制成如图 6.3 所示的曲线。可以看出，在不同尺度下各个城市的能源资源承载力指数呈现出不同的变化趋势，而在同一尺度下，由于上海和海口两个城市的能源资源承载力指数远高于其他城市，导致大部分城市的能源资源承载力指数在 20 年内变化并不明显。

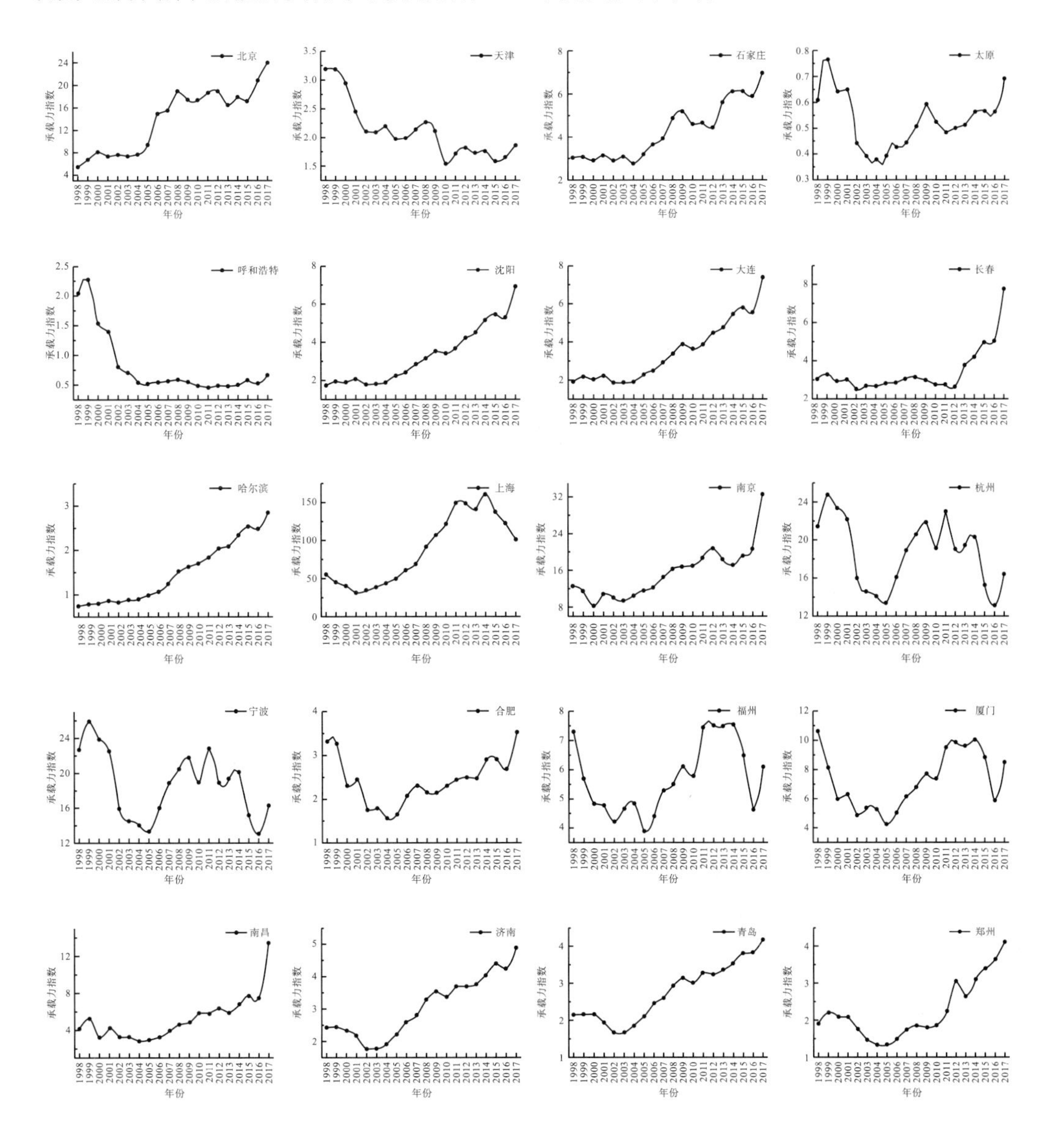

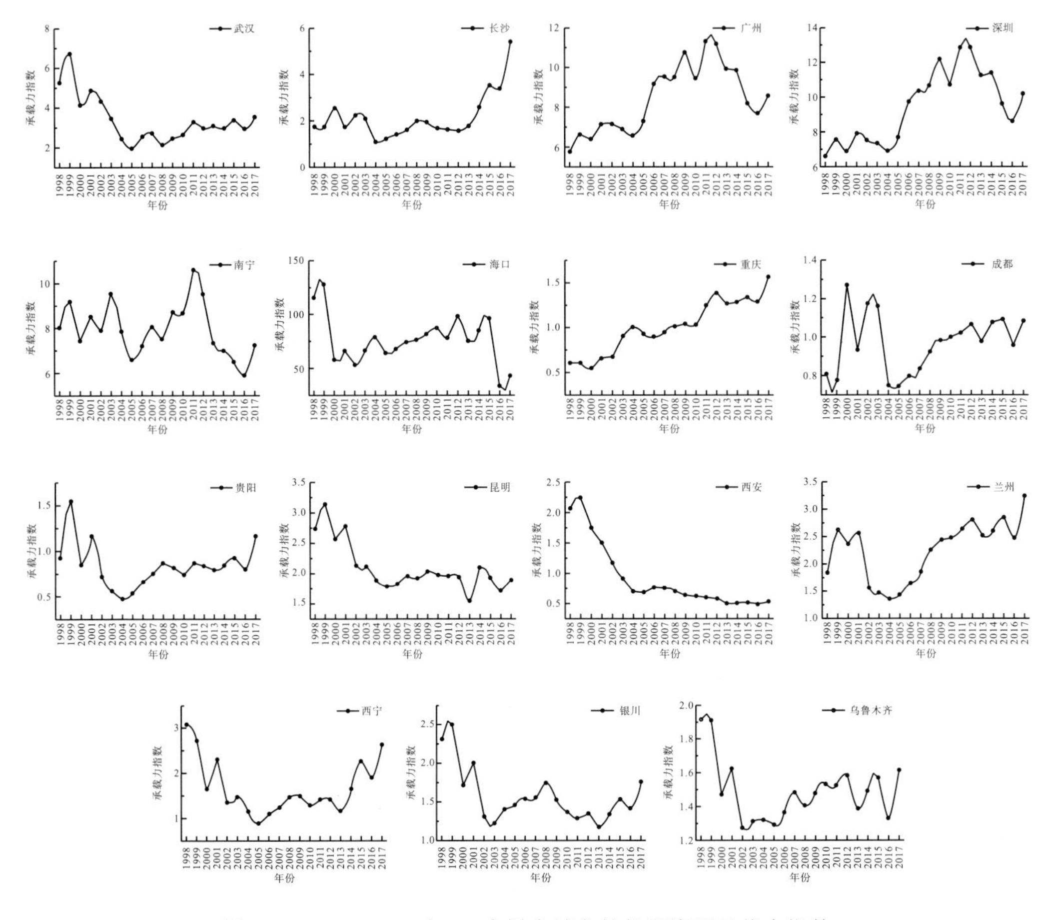

图 6.3 1998～2017 年 35 个样本城市的能源资源承载力指数

6.3 城市能源资源承载力演变规律分析

本节主要基于我国 35 个样本城市能源资源承载力状态的区间特征、能源资源承载力状态的时间演变规律以及能源资源承载力状态的空间差异进行城市能源资源承载力演变规律分析。

6.3.1 城市能源资源承载力状态分析

本书第 4 章基于箱形图原理建立了划分城市资源环境承载力状态区间的方法。应用这一方法时，根据表 6.1 中 1998～2017 年 35 个样本城市的 ρ_E 值，可以得到每一年对应的三个箱形图参数值，即 Q_{3E}（上四分位数）、Q_{2E}（中位数）和 Q_{1E}（下四分位数），以及这些参数值在 20 年的均值，如表 6.2 所示。

表 6.2　1998～2017 年的 Q_{1E}、Q_{2E} 及 Q_{3E} 值

年份	Q_{3E}	Q_{2E}	Q_{1E}
1998	6.21	3.02	1.91
1999	6.72	3.07	2.17
2000	6.19	2.56	1.73
2001	6.74	2.45	1.85
2002	5.99	2.11	1.33
2003	6.12	2.09	1.39
2004	5.92	1.90	1.24
2005	5.42	2.14	1.27
2006	6.10	2.46	1.40
2007	7.08	2.72	1.52
2008	7.16	2.95	1.63
2009	8.20	2.95	1.57
2010	8.00	2.73	1.53
2011	10.05	3.29	1.58
2012	9.69	3.07	1.59
2013	8.55	3.38	1.46
2014	8.70	3.55	1.70
2015	7.96	3.81	1.76
2016	6.69	3.84	1.68
2017	8.55	4.89	1.87
均值	7.30	2.95	1.61

结合本书第4章所述的能源资源承载力状态区间划分方法，将表6.2中 Q_{1E}、Q_{2E} 和 Q_{3E} 的均值分别作为城市能源资源承载力的虚拟极限值 $\rho_{\text{vl-E}}$ (7.30)、最优值 ρ_E^* (2.95) 和基准值 $\rho_{\text{lu-E}}$ (1.61)。基于城市能源资源承载力的这三个特征值，可划分出四个不同的城市能源资源承载力状态区间，见表 6.3。

表 6.3　城市能源资源承载力状态区间划分标准

区间	$A_{1\text{-E}}$（高风险超载区间）	$A_{2\text{-E}}$（高利用区间）	$A_{3\text{-E}}$（中度利用区间）	$A_{4\text{-E}}$（低利用区间）
划分标准	$\rho_E \geqslant 7.30$	$2.95 \leqslant \rho_E < 7.30$	$1.61 \leqslant \rho_E < 2.95$	$\rho_E < 1.61$

表 6.3 中的区间划分标准为分析城市能源资源承载力状态时间演变规律及空间差异奠定了基础。根据表 6.3 中的区间划分标准与表 6.1 中 35 个样本城市的能源资源承载力计算结果，可以得到 1998～2017 年 35 个样本城市能源资源承载力指数区间分布图，见图 6.4。

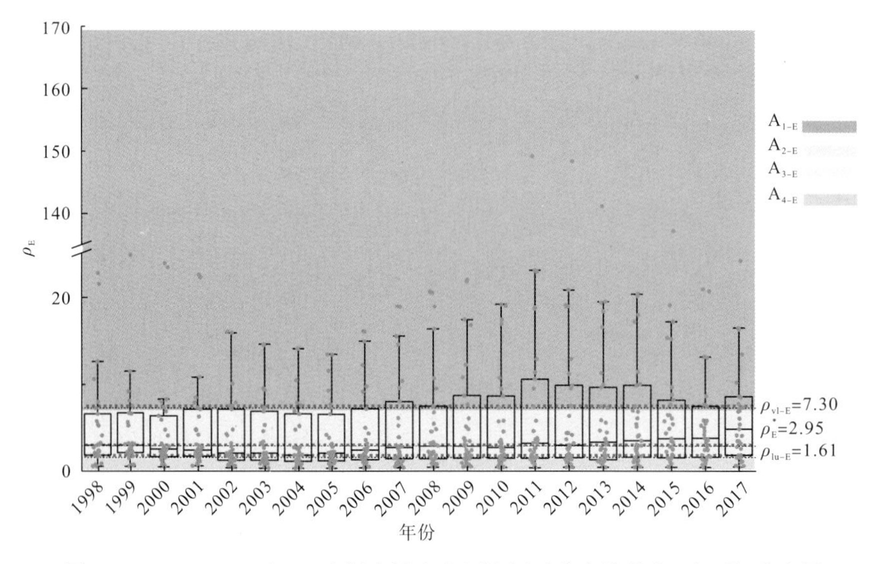

图 6.4 1998～2017 年 35 个样本城市能源资源承载力指数（ρ_E）区间分布图

根据图 6.4 中 35 个样本城市的能源资源承载力状态区间分布情况，可以进一步分析 35 个样本城市能源资源承载力所处状态区间的时间演变规律。为此，将每个样本城市每年的 ρ_E 值对应到相应的状态区间，得到 1998～2017 年 35 个样本城市能源资源承载力状态区间分布图，见图 6.5。

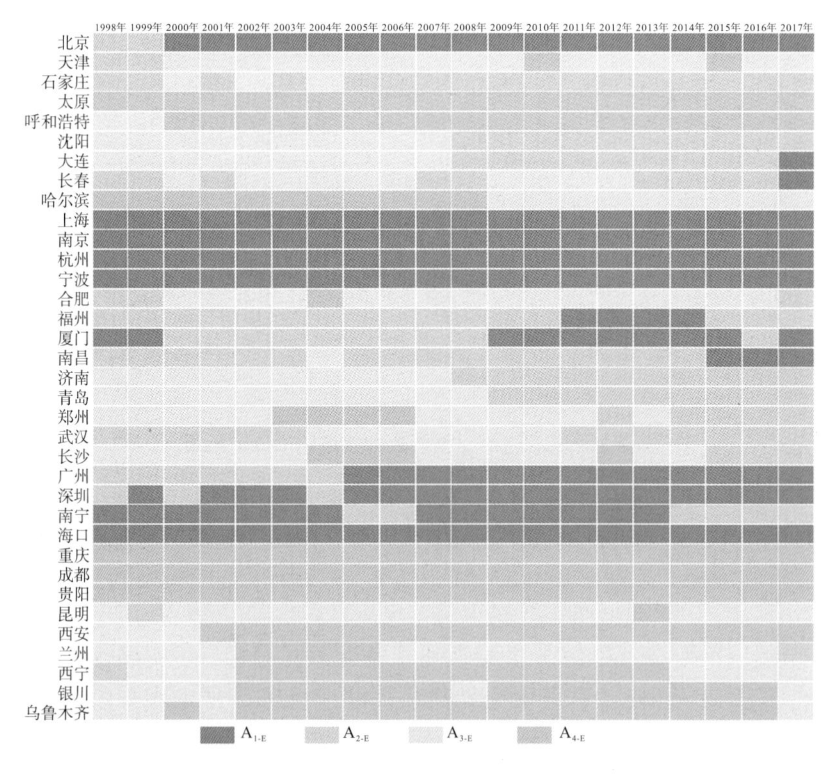

图 6.5 1998～2017 年 35 个样本城市能源资源承载力状态区间分布图

6.3.2　城市能源资源承载力状态时间演变规律及空间差异分析

城市能源资源承载力状态的时间演变规律分析包括状态区间的总体变化趋势分析和不同城市的状态区间随时间的变化规律分析。

1. 能源资源承载力状态时间演变规律分析

为分析1998～2017年我国35个样本城市能源资源承载力状态总体在时间上的演变规律，对图 6.5 中每一年四个承载力状态区间的城市数量进行统计，得到 1998～2017 年不同状态区间的城市数量的变化情况，并绘制成图 6.6。

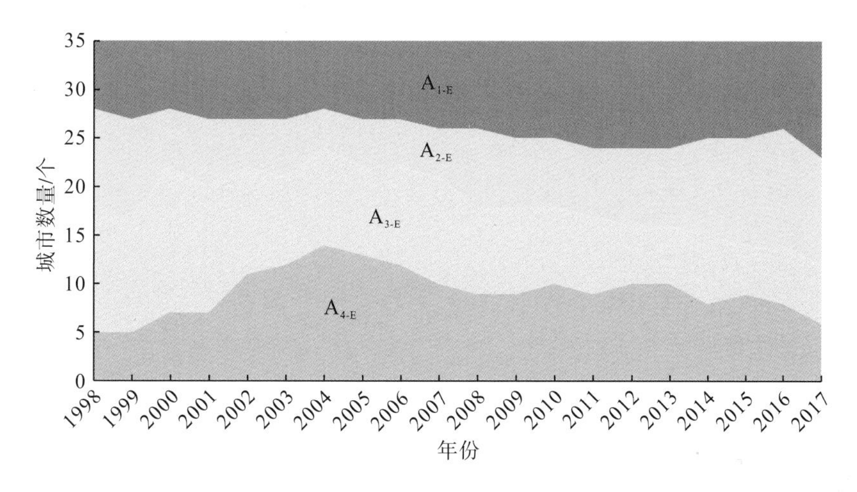

图 6.6　1998～2017 年城市能源资源承载力四个状态区间的城市数量变化趋势图

从图 6.6 中可以看出，在 1998～2017 年，处于 $A_{1\text{-}E}$ 区间(高风险超载区间)的城市数量总体上呈现上升趋势；处于 $A_{2\text{-}E}$ 区间(高利用区间)的城市数量先下降后上升，但总体上处于该区间的城市数量在上升。这表明我国越来越多城市的能源资源承载力面临超载风险，越来越多的城市在生产生活活动方面的能源需求与能源供给不匹配，需要进一步通过控制城市能源消费以及开发新能源调控能源资源载体和荷载，使能源资源承载力保持合理的状态，实现城市能源的可持续发展(李夏琳，2018)。处于 $A_{3\text{-}E}$ 区间(中度利用区间)的城市数量总体上呈现明显的下降趋势，这是由于较多城市进入 $A_{1\text{-}E}$ 区间和 $A_{2\text{-}E}$ 区间。而处于 $A_{4\text{-}E}$ 区间(低利用区间)的城市数量具有明显的先上升后下降趋势，2017 年处于该区间的城市数量与 1998 年相比，总体上没有发生明显的变化。这说明在我国近 20 年来的城镇化进程中，尽管样本城市的能源消费需求急剧增加，能源资源荷载明显上升，但是处于低利用区间的城市能够依靠自身的能源资源优势提供相匹配的能源资源载体，以适应在社会经济发展背景下逐步升高的能源资源荷载，也意味着这些城市在能源资源利用上仍具有较大的空间，能源资源可以支撑这些城市的加速发展。

2. 城市能源资源承载力状态空间差异分析

本节对我国35个样本城市能源资源承载力状态的空间差异分析，包括能源资源承载力指数的空间差异分析以及其综合承载状态的空间差异分析。

1) 城市能源资源承载力指数(ρ_{E})空间差异分析

为了根据计算出的35个样本城市的能源资源承载力指数ρ_{E}探究其空间分布规律，从空间差异的角度切入，识别各城市之间能源资源承载力的差异及其在时间上的变化情况。现有的有关空间差异的研究多采用变异系数法、地区集中度法、泰尔(Theil)指数法和基尼系数法等来测度差异程度。其中，泰尔指数法与其他方法相比不仅可以测度空间差异程度，还可以将空间差异分解为组内差异(within-group inequality，也称为地区内差异)和组间差异(between-group inequality，也称为地区间差异)，因此可以揭示空间差异的来源(林宏和陈广汉，2003)。基于此，这里采用泰尔指数法来测度城市能源资源承载力的空间差异，并按照我国对东部、中部、西部三大地区的划分进行地区的空间差异分解。根据Shorrocks(1980)以及Theil和Uribe(1967)对泰尔指数的定义和推演，泰尔指数T的基本表达式为

$$T=\frac{1}{n}\sum_{i=1}^{n}\frac{\rho_{\mathrm{E}i}}{\overline{\rho}_{\mathrm{E}}}\ln\left(\frac{\rho_{\mathrm{E}i}}{\overline{\rho}_{\mathrm{E}}}\right) \tag{6.6}$$

式中，n为城市样本数量(本书中n=35)；$\rho_{\mathrm{E}i}$为城市i的能源资源承载力指数；$\overline{\rho}_{\mathrm{E}}$为所有城市能源资源承载力指数的均值。并且$T$值大于零，最大值为$\ln n$。$T$值越大，空间差异越大，一般该值越接近1表明空间差异越显著，当样本分布极端时会出现T值大于1的情形(林宏和陈广汉，2003)。

将35个样本城市划分为东部、中部和西部城市三组，按照泰尔指数法，分别衡量组内差异与组间差异对总差异的贡献。若将n个样本城市分为K(本书中K=3，即东部、中部、西部城市3组)组，记为$g_k(k=1,2,\cdots,K)$，记第k组g_k的城市数量为n_k，则有$\sum_{k=1}^{K}n_k=n$；p_i与p_k分别表达为$p_i=\dfrac{\rho_{\mathrm{E}i}}{\sum_{i=1}^{n}\rho_{\mathrm{E}i}}$和$p_k=\dfrac{\sum_{i\in g_k}\rho_{\mathrm{E}i}}{\sum_{i=1}^{n}\rho_{\mathrm{E}i}}$。如果组间差异和组内差异分别记为$T_{\mathrm{b}}$与$T_{\mathrm{w}}$，则有以下的分解式：

$$T_{\mathrm{b}}=\sum_{k=1}^{K}p_k\ln\frac{p_k}{\frac{n_k}{n}},\qquad T_{\mathrm{w}}=\sum_{k=1}^{K}p_k\left(\sum_{i\in g_k}\frac{p_i}{p_k}\ln\frac{\frac{p_i}{p_k}}{\frac{1}{n_k}}\right),\qquad T=T_{\mathrm{b}}+T_{\mathrm{w}} \tag{6.7}$$

进一步地，可以用组内差异和组间差异与总差异的比值来表征组内差异和组间差异对城市ρ_{E}值空间差异的贡献率。

将6.2节中计算出的35个样本城市的能源资源承载力指数代入式(6.7)中，可以得

到 1998～2017 年的泰尔指数(T)，东部、中部、西部城市的能源资源承载力组内差异(T_w)和组间差异(T_b)，以及东部、中部、西部地区的泰尔指数($T_{东}$、$T_{中}$和$T_{西}$)，如表 6.4 所示(每两年进行一次计算)。

表 6.4　泰尔指数计算结果

年份	T	T_b	T_w	$T_{东}$	$T_{中}$	$T_{西}$
1998	1.09	0.35	0.74	0.82	0.17	0.11
2000	0.81	0.31	0.51	0.57	0.13	0.08
2002	0.81	0.32	0.50	0.56	0.16	0.06
2004	1.06	0.39	0.66	0.72	0.13	0.09
2006	0.98	0.40	0.58	0.63	0.12	0.08
2008	1.02	0.41	0.61	0.66	0.13	0.09
2010	1.16	0.43	0.73	0.78	0.16	0.12
2012	1.19	0.44	0.75	0.81	0.16	0.13
2014	1.19	0.42	0.76	0.83	0.15	0.13
2016	1.01	0.35	0.66	0.74	0.17	0.12
2017	0.79	0.30	0.49	0.54	0.26	0.13

从表 6.4 中可以看出，基本所有年份的泰尔指数(T)都在 1.00 附近，说明我国城市能源资源承载力的空间差异非常显著，即城市之间能源资源载体承载人类活动的水平差异巨大。这是由于不同的城市处于不同的发展阶段，拥有不同的经济发展基础，且城市自身的能源资源禀赋各异。进一步地，从表 6.4 中也可以看出，城市能源资源承载力的组内差异(T_w)大于组间差异(T_b)，也就是说，各个城市组内部的差异大于东部、中部、西部三大地区间的差异。从各地区的泰尔指数($T_{东}$、$T_{中}$和$T_{西}$)来看，东部城市的能源资源承载力指数空间差异远大于中部城市和西部城市，且中部城市的差异总体略大于西部城市。这意味着经济越发达的区域，其城市能源资源承载力指数的差异越大。原因可能在于我国部分东部城市的经济发展对能源的需求量和其自身或所在省域能够生产的能源量不匹配，具体表现为东部城市中上海和海口的能源资源承载力指数远远高于其他城市(表 6.1)。而中部、西部城市总体上差异相对较小，这是由于位于这两个地区的城市其自身的能源生产水平能够较好地匹配其经济发展水平，城市能源资源的承载强度没有出现特别大的差异。

为进一步分析样本城市能源资源承载力的空间差异，将表 6.4 中的数据绘制成如图 6.7 所示的曲线。从图中可以看出，泰尔指数在 1998～2010 年呈现出先下降后上升趋势，在 2012 年后呈现出较为明显的下降趋势，说明我国城市能源资源承载力指数的空间差异在减小。实际上，国务院于“十二五”期间(2011～2015 年)发布的《能源发展“十二五”规划》已经明确提出控制能源消费强度与总量、优化能源结构和促进经济发展方式转变等措施，这在一定程度上减小了部分传统高能耗城市的能源消费量；同时该规划也提出要提高各区域的能源生产与供应能力，这使得一些能源资源载体水平较低城市的能源生产与供应能力得到了提高。上述两方面的措施使得 35 个样本城市能源资源承载力指数的差异在

2012 年后逐步缩小。另外，组内差异与总差异的变化趋势基本一致，总体上都略减小。而组间差异较为稳定，其泰尔指数稳定在 0.40 左右，说明区域内能源资源承载力均衡程度的改善对总差异的缩小起了至关重要的作用。

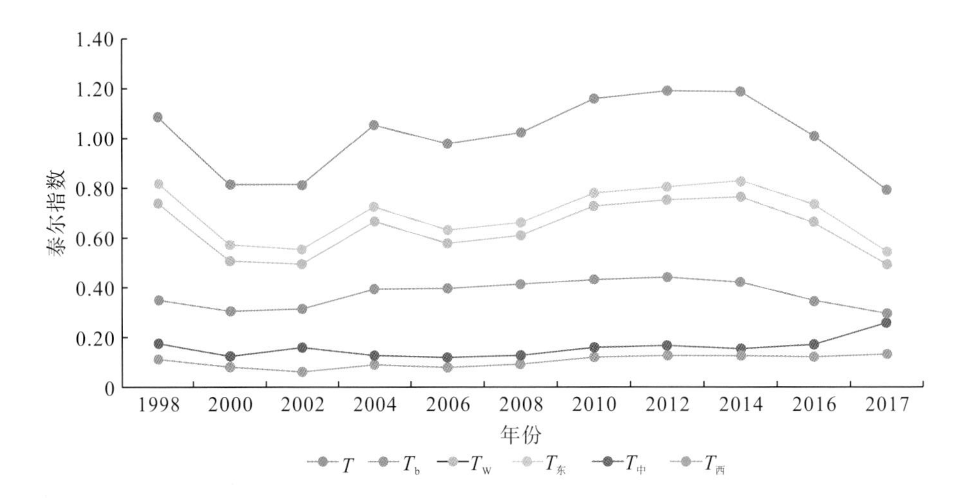

图 6.7　东部、中部、西部地区及全国泰尔指数变化趋势

从图 6.7 中可以进一步看出，东部城市的泰尔指数在 1998～2014 年呈现出波动上升趋势，在 2014 年后一直下降，表明东部城市的能源资源承载力指数差异在缩小。在现实中，部分东部城市如大连、沈阳和石家庄等传统工业城市，其能源自给率十分高，能源资源承载力指数在东部城市中处于相对较低的位置，表明承载强度较小。而这些城市正处于工业转型期，要求高效利用能源和降低能源消费量(李夏琳，2018)，这使得其能源资源承载力指数得到一定提高，因而这些城市与能源资源承载力处于较高水平的东部城市(如上海和广州等)的差异有一定程度的减小。中部和西部城市的泰尔指数在 20 年内呈现出小幅变化，说明这两个地区的城市能源资源承载力指数差异变化不大。其原因可能在于我国大多数中部和西部城市的能源资源相对丰富，属于同一区域的城市发展步调较为一致，同一区域的城市之间能源资源承载力指数无显著变化，因而泰尔指数相对稳定。

为进一步分析不同组的差异对总差异的贡献程度，根据前面所述的泰尔指数和表 6.4 中的数据，分别计算出组间、组内、东部、中部和西部差异对总差异的贡献率，如图 6.8 所示。从图 6.8 中可以看出，五类差异的贡献率在 20 年内基本稳定。其中，组内差异的贡献率等于东部、中部、西部三个地区的贡献率之和。同时从图 6.8 中可以明显看出，我国 35 个样本城市每一年的能源资源承载力指数在空间上的总体差异均主要是东部、中部、西部城市内部的差异，即组内差异(贡献率约为 40%)；而东部、中部、西部三个地区之间的差异即组间差异的贡献率约为 60%。同时，东部城市内部的差异对组内差异起主导作用，即东部城市的差异对组内差异的贡献最大。

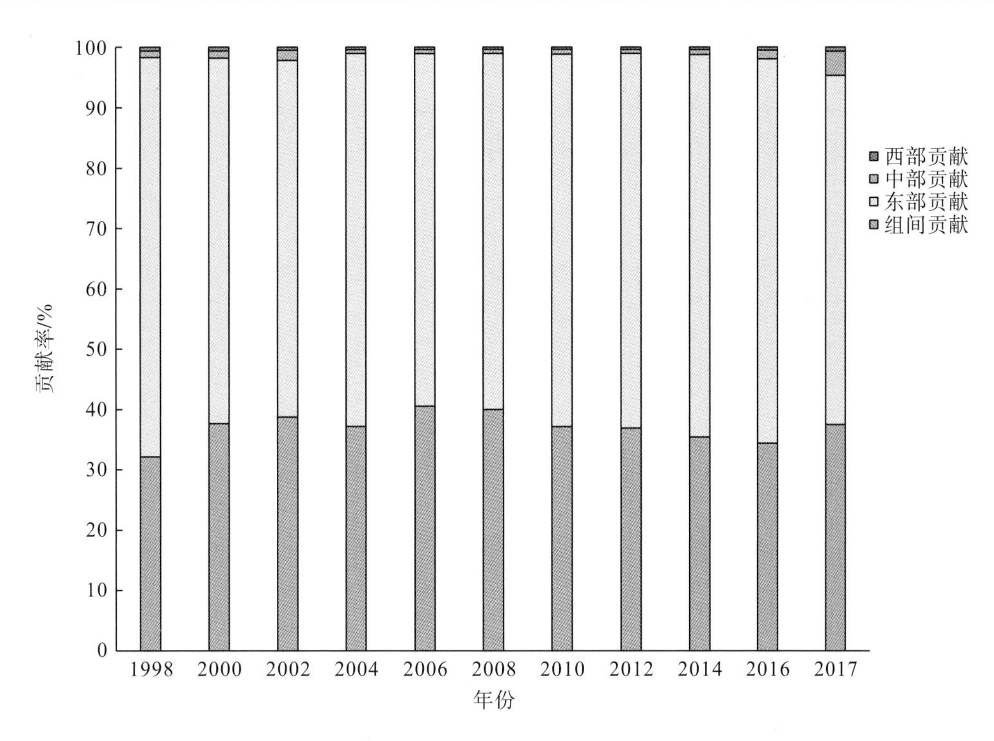

图 6.8　不同组的城市能源资源承载力差异对总差异的贡献率

注：组内贡献＝东部贡献+中部贡献+西部贡献

2) 城市能源资源承载力状态空间差异分析

关于 35 个样本城市的能源资源承载力状态，可以用承载力指数平均值来判定，并以此分析其空间差异特征。表 6.1 展示了 35 个样本城市 20 年的能源资源承载力指数平均值，依据表 6.3 的承载力状态区间划分标准，可以识别每个城市的能源资源承载力指数平均值对应的能源资源承载力状态区间，得到 35 个样本城市的能源资源承载力状态区间分布图(图 6.9)。由图 6.9 可见，处于 $A_{1\text{-}E}$ 区间的城市有 9 个，处于 $A_{2\text{-}E}$ 区间的城市有 8 个，处于 $A_{3\text{-}E}$ 区间的城市有 9 个，处于 $A_{4\text{-}E}$ 区间的城市有 9 个。将上述处于不同状态区间的城市标注在中国地图中，可得到城市能源资源承载力状态区间空间分布图(图 6.9)。

从图 6.9 中可见，处于 $A_{1\text{-}E}$ 区间即高风险超载区间的城市绝大部分(除海口外)都是我国东部经济发达的一线城市。结合 6.2 节城市能源资源载体和荷载表现值的计算结果可知，处于这一状态区间的大部分城市的能源资源载体水平低于全国平均水平，这主要是因为这些城市自身或所在的省域能源资源较为匮乏，对外部能源的依赖性极其严重。另外，这些城市的经济十分发达，能源资源荷载水平高于全国平均水平，导致这些城市的能源资源承载强度高于全国平均水平。不过也存在个别特殊情况，例如，处于 $A_{1\text{-}E}$ 区间的海口市经济水平相对较低，尽管其社会经济活动施加的能源资源荷载不高，但其能源资源载体水平较低，能源资源载体不能满足其社会经济发展需要，导致其能源资源承载力很高，即承载强度很高。处于 $A_{2\text{-}E}$ 区间的城市，即处于能源资源承载力高利用区间的城市，主要位于我国东北和华东地区，如长春、济南和大连等。这些城市重工业较发达，能源消费量大，其能源资源荷载水平在全国平均水平之上，但其能源资源载体水平不高，因此这些城市的能源资源承载力没有出现超载现象，但承载力被高度利用。处于 A_{3-E} 区间和 A_{4-E} 区间的城市，其能源资源承载力分别处于中度利用和低利用状态，这些城市大部分位于我国中西部，其共同的特点是，相比东部经济发达的城市其经济发展水平较低，能源消费规模不大，能源资源荷载水平不高，然而这些城市绝大部分都是能源资源型城市，其能源资源载体水平高于全国平均水平，因而这两个状态区间的城市能源资源承载力均不高，承载强度较低。

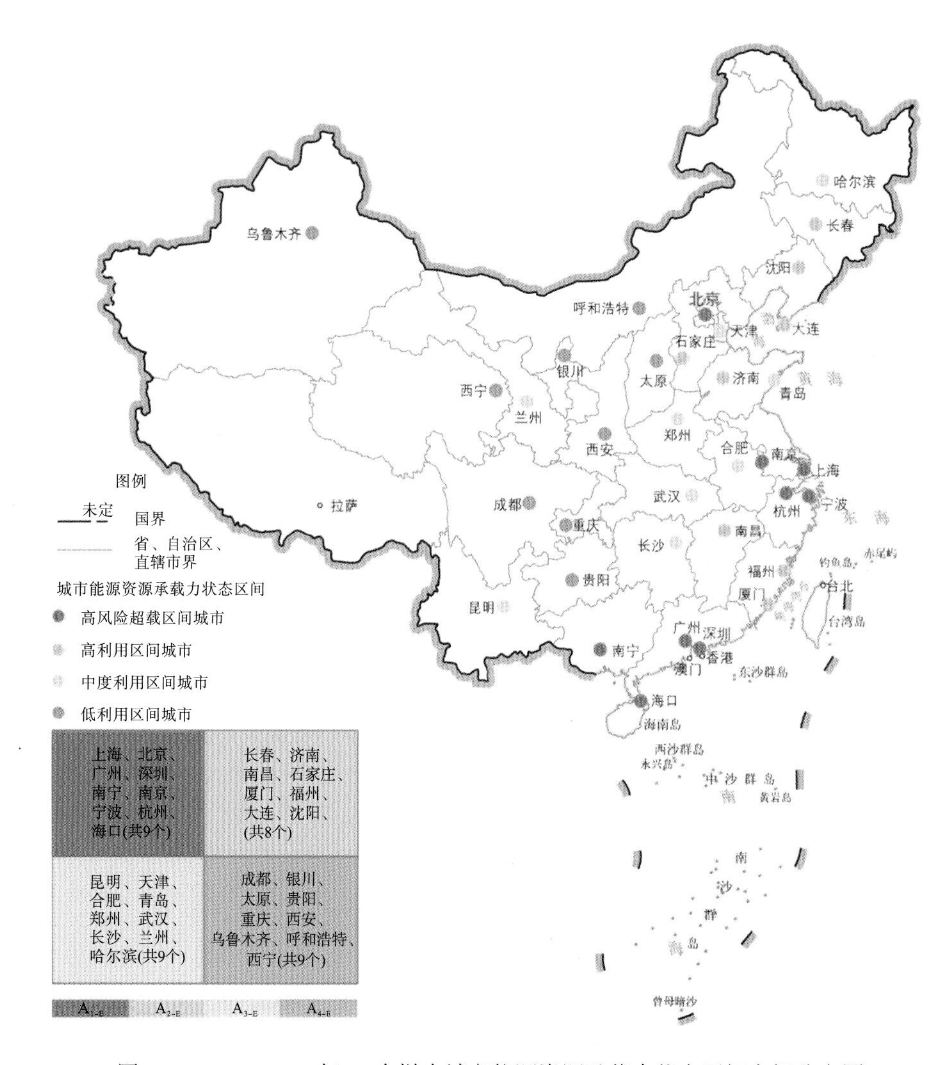

图 6.9　2008～2017 年 35 个样本城市能源资源承载力状态区间空间分布图

6.4　本 章 小 结

本章主要基于“载体-荷载”视角下城市资源环境承载力的评价原理界定了城市能源资源承载力的内涵，同时依托夜间灯光数据建立了城市能源资源承载力的评价方法，并进行了实证研究。在建立评价方法的基础上，考虑到统计数据有限，本章通过建立省域能源消费量和省域夜间灯光亮度间的拟合关系来计算城市能源消费量，以此刻画能源资源荷载水平；基于夜间灯光数据反映的社会经济活动强度，将省域一次能源生产量分配给各个城市，估算得到城市的一次能源生产量，以此刻画城市能源资源载体水平。另外，基于建立的城市能源资源承载力评价方法，本章对我国 35 个样本城市在 1998～2017 年的能源资源承载力进行了计算和分析，得到了相应的能源资源承载力指数。根据计算结果，我国城市能源资源承载力演变规律可以被总结为以下几点。

(1) 1998～2017 年我国 35 个样本城市中处于能源资源承载力高风险超载区间和高利用区间的城市数量总体上呈现上升趋势，而处于能源资源承载力中度利用区间的城市数量明显下降，处于能源资源承载力低利用区间的城市数量先上升后下降。可见，我国越来越多的城市其能源资源承载力面临超载风险，说明我国越来越多的城市在社会经济发展过程中面临着能源供应不足的风险，能源供需矛盾日益加剧，同时能源资源相对丰富的城市数量明显减少。另外，处于中度利用及低利用区间的城市数量尽管在减少，但其能源资源承载强度有所下降，这些城市的能源资源在支撑社会经济发展方面的潜力较大。

(2) 从不同城市的能源资源承载力状态变化趋势来看，不同的城市呈现出明显的差异性。一些城市在大多数年份的能源资源承载力面临较大的超载风险，其中上海、北京、南京、广州和深圳五个城市的能源资源承载强度在研究期间呈现不断上升的趋势，能源资源短缺风险较高，严重威胁着城市的可持续发展。另一些城市在大多数年份的能源资源承载力利用程度很高，其中南昌、石家庄的能源资源承载强度呈上升趋势，面临较高的超载风险，能源资源紧缺现象日益凸显。也有一些城市在大多数年份的能源资源承载力利用程度适中，能源资源载体能够有效充分地支撑社会经济发展，如长沙、青岛、合肥、昆明等。还有一些城市在大多数年份的能源资源承载力利用程度较低，能源资源载体相对于承载的荷载而言比较富足，能源资源“过剩”现象显现，在社会经济发展过程中能源资源的利用空间可以进行进一步的开发。

(3) 从能源资源承载力状态的空间差异来看，能源资源承载力超载风险高的城市绝大部分是我国东部经济发达的一线城市。能源资源承载力利用程度高的城市主要是位于我国东北和华东地区的重工业城市，而能源资源承载力利用程度适中和较低的城市大部分位于我国中西部，这些城市或者是能源资源型城市，或者社会经济发展水平不高，故能源资源相对充裕。

(4) 从区域视角来看，能源资源承载力在城市间的差异明显。在经济发达的区域，城市间能源资源承载力的差异较大，具体表现为东部城市能源资源承载力的差异远大于中部城市和西部城市，而中部城市的差异总体略大于西部城市。我国城市间能源资源承载力的总体差异以及东部城市的差异均在减小，相应地，承载力均衡程度有所改善；同一区域内城市能源资源承载力均衡程度的改善对总体差异的缩小起关键作用，而东部城市的差异对总体差异的贡献最大，因此保证东部城市的能源供给是实现我国城市能源可持续发展的重要环节。

第 7 章　城市大气环境承载力实证评价

本章对我国城市大气环境承载力进行实证评价分析，其主要内容包括：①构建评价我国城市大气环境承载力的模型；②实证计算 35 个样本城市在研究期内的大气环境承载力；③基于样本城市的实证计算结果，分析城市大气环境承载力的时空演变规律。

7.1　城市大气环境承载力评价方法

在大数据时代，随着信息技术的发展，城市大气环境数据已由小体量、静态、结构化的数据转变为大体量、动态、非结构化的数据，这为准确评价城市大气环境承载力创造了条件。基于此，根据本书第 3 章“载体-荷载”视角下的城市资源环境承载力定义，本节将界定城市大气环境承载力的内涵，确定城市大气环境承载力评价指标，构建城市大气环境承载力评价模型。

7.1.1　城市大气环境承载力的内涵

大气环境主要是指与人类生活密切相关的大气圈，大气圈由几公里至几十公里范围内的各种气体混合而成(何为，2016)。近几十年来，全球城市化进程的加快导致人类生产生活活动产生的各种有害气体和固体物质迅速增加，并引发较为严重的大气污染，破坏了生态平衡(薛文博等，2014)。根据《环境空气质量标准》(GB 3095—2012)，可知造成城市大气环境恶化的主要污染物为细颗粒物($PM_{2.5}$)、可吸入颗粒物(PM_{10})、二氧化硫(SO_2)、二氧化氮(NO_2)、臭氧(O_3)和一氧化碳(CO)六类。城市大气环境恶化导致城市大气环境质量降低，影响了人类健康，严重制约了城市的可持续发展。

城市大气环境承载力目前尚没有统一的定义，学界主要用城市大气环境容量和城市大气环境阈值来刻画城市大气环境承载力。主张使用城市大气环境阈值的观点认为，城市大气环境承载力是指在某一时期、某一区域、在某种状态下环境对人类活动所排放的大气污染物的最大可能负荷的支撑能力(王凯丽等，2018)。主张使用城市大气环境阈值的观点则认为，城市大气环境承载力是指在一定时期、一定状态或一定条件下，大气环境系统对生物和人文系统正常运行的最大支持程度(郭秀锐等，2000)。

可以看出，上述两种定义都是从大气环境自身特征和能力的角度刻画城市大气环境承载力。而基于第 3 章“载体-荷载”视角下的城市资源环境承载力定义，本书认为对城市大气环境承载力内涵的认识应该建立在大气环境载体与大气环境荷载相互作用关系的基础上。城市大气环境载体是指城市大气环境自然本体，而人类社会经济活动带来的大气污染则是城市大气环境荷载。这种基于“载体”与“荷载”相互作用关系的城市大气环境承载力的内涵可用图 7.1 表示。

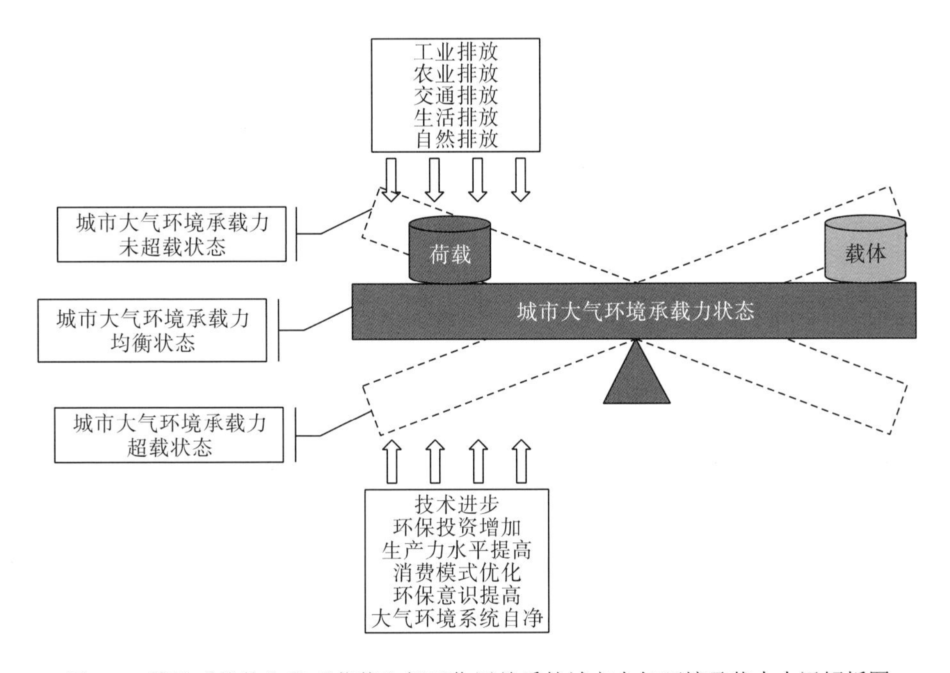

图 7.1 基于“载体”和“荷载”相互作用关系的城市大气环境承载力内涵解析图

城市大气环境荷载的动态性受两方面因素的影响：①荷载减小，包括技术进步、环保投资增加、生产力水平提高、消费模式优化、环保意识提高和大气环境系统自净等；②荷载增加，包括工业排放、农业排放、交通排放、生活排放以及自然排放等增加。

大气环境载体与大气环境荷载间会形成一种动态平衡。在这种动态平衡下，城市大气环境承载力能满足城市的社会经济发展需求，表现为城市大气环境质量符合一定标准。但当荷载大幅增加时，如交通量、农业生产规模或者工业生产规模急剧增加等，载体与荷载间的动态平衡会被打破，导致城市大气环境质量低于相关标准，而城市大气环境承载力处于超载状态。

基于“载体-荷载”视角，本书将城市大气环境承载力(UAECC)界定为城市范围内大气环境载体对大气环境荷载的承载强度，该定义可用式(7.1)表示：

$$\rho_{\mathrm{A}} = \frac{L_{\mathrm{A}}}{C_{\mathrm{A}}} \tag{7.1}$$

式中，ρ_{A} 代表城市大气环境承载力指数，反映的是承载强度；L_{A} 代表城市大气环境荷载指数；C_{A} 代表城市大气环境载体指数。

随着《环境空气质量标准》(GB 3095—2012)的逐步实施，我国实现了地级以上城市大气环境空气质量监测数据的实时发布，截至 2015 年底城市大气环境数据量已超过 10TB(terabyte，万亿字节)(程麟钧，2016)。另外，随着大数据技术的不断发展，分析和处理城市大气环境荷载大数据的相关技术逐渐成熟，包括数据采集、统计计算、系统模拟和参数识别、随机过程分析、神经网络分析等技术。例如，在城市大气环境大数据分析实践方面，李蔚等(2015)用神经网络算法对城市大气环境大数据进行了解析和推演；张辰等(2020)开发了一种基于深度学习的人工智能空气质量预测系统。由此可见，大数据及相关技术的出现为研究者利用海量的城市大气环境数据分析城市大气环境承载力提供了一种新的有力手段。

7.1.2 城市大气环境承载力评价指标

基于城市大气环境承载力的定义[式(7.1)]，可知评价城市大气环境承载力时需要确定大气环境载体指标和荷载指标，并获取相关指标数据。

传统上，用于测度城市大气环境承载力的指标主要分为两类：一类用于衡量城市大气环境在一定区域、一定时间内所能承载的污染物浓度(周业晶等，2016；刘年磊等，2017)；另一类用于衡量大气环境所能承载的人口和社会经济规模(Guo et al.，2018)。虽然现有研究中用来衡量城市大气环境承载力的指标众多，但仍没有形成公认的城市大气环境承载力指标体系(王俭等，2005)。《环境空气质量标准》(GB 3095—2012)中规定的细颗粒物($PM_{2.5}$)、可吸入颗粒物(PM_{10})、二氧化硫(SO_2)、二氧化氮(NO_2)、臭氧(O_3)和一氧化碳(CO)六类大气污染物指标因其数据具有易获取、易量化和客观等特点而被广泛采用。随着国家大气污染物监测站点的完善以及监测技术的进步，这六类大气污染物的相关数据得到了大范围的实时监测与发布，形成了城市大气环境大数据。

本书以《环境空气质量标准》(GB 3095—2012)中规定的六类大气污染物为基础，将这六类大气污染物的浓度限值作为城市大气环境载体指标，它们的实际浓度作为城市大气环境荷载指标，构建城市大气环境承载力评价指标，见表 7.1。

表 7.1 城市大气环境承载力评价指标

	指标	数据来源
荷载	L_{A_1} ($PM_{2.5}$ 实际浓度)/(μg/m^3)	中国环境监测总站
	L_{A_2} (PM_{10} 实际浓度)/(μg/m^3)	
	L_{A_3} (SO_2 实际浓度)/(μg/m^3)	
	L_{A_4} (NO_2 实际浓度)/(μg/m^3)	
	L_{A_5} (CO 实际浓度)/(mg/m^3)	
	L_{A_6} (O_3 实际浓度)/(μg/m^3)	
载体	C_{A_1} ($PM_{2.5}$ 浓度限值)/(μg/m^3)	《环境空气质量标准》(GB 3095—2012)
	C_{A_2} (PM_{10} 浓度限值)/(μg/m^3)	

续表

	指标	数据来源
载体	C_{A_3}（SO_2 浓度限值）/（μg/m³）	《环境空气质量标准》（GB 3095—2012）
	C_{A_4}（NO_2 浓度限值）/（μg/m³）	
	C_{A_5}（CO 浓度限值）/（mg/m³）	
	C_{A_6}（O_3 浓度限值）/（μg/m³）	

7.1.3　城市大气环境承载力评价模型

评价城市大气环境承载力时有两类典型方法，一类是通过构建评价模型对大气环境承载力进行分析，并主要从环境表现、经济水平和社会发展三个维度构建指标体系，进而对城市大气环境的承载能力进行评价；另一类是空气质量指数(air quality index，AQI)法，该方法利用大气环境容量来表征大气环境承载力水平，通过测算特定区域某几种主要大气污染物的浓度或 AQI 来表征当地大气环境对人类活动的承载能力。AQI 是定量描述空气质量状况的无量纲指数，在国际上被广泛采用。AQI 的取值分为 0～50、51～100、101～150、151～200、201～300 和大于 300，取越大说明污染越严重。该方法被广泛认为是能对城市空气质量状况进行直观评价的有效方法。

上述两类评价城市大气环境承载力的方法各有优点。通过构建指标体系评价城市大气环境承载力较为简便，评价结果直观，能为制定相应措施和政策提供有效的参考。而用大气环境容量评价法可以直接对大气环境中的污染物浓度进行评估，客观和定量地反映城市大气环境承载力水平。但是这两类传统的评价方法都没有从大气环境载体和荷载的角度来描述城市大气环境承载力状况，不能对城市大气环境承载力进行动态刻画。因此，本书以城市大气环境承载力的定义[式(7.1)]为基础，针对六类大气污染物，从“载体-荷载”的视角来刻画城市大气环境承载力，并构建由一组城市大气环境承载力分项指数(ρ_{A_i})组成的评价模型：

$$\rho_{A_i}=\frac{L_{A_i}}{C_{A_i}},\quad i\in\{1,2,3,4,5,6\} \tag{7.2}$$

式中，ρ_{A_i} 为第 i 类大气污染物的大气环境承载力分项指数；L_{A_i} 为第 i 类大气环境荷载，即第 i 类大气污染物的实际浓度；C_{A_i} 为第 i 类大气环境载体，即第 i 类大气环境污染物的浓度限值。A_i (i=1,2,⋯,6) 分别代表大气污染物 $PM_{2.5}$、PM_{10}、SO_2、NO_2、CO 和 O_3。

在式(7.2)中，指数 ρ_{A_i} 越大，表明对第 i 类大气污染物的承载强度越高，第 i 类大气污染物的污染越严重。特别地，当 $\rho_{A_i}>1$ 时，表明大气污染物 A_i 的实际浓度高于其浓度限值(载体指数)，该类污染物的大气环境承载力处于超载状态，即 A_i 属于超载污染物。当 $\rho_{A_i}=1$ 时，表明大气污染物 A_i 的实际浓度与其浓度限值(载体指数)相当，该类污染物的大气环境承载力处于均衡状态，A_i 属于临界污染物。当 $\rho_{A_i}<1$ 时，表明大气污染物 A_i

的实际浓度低于其浓度限值，该类污染物的大气环境承载力处于未超载状态，A_i 属于未超载污染物。城市大气环境承载力的状态区间划分见表 7.2。

表 7.2 城市大气环境承载力分项指数（ρ_{A_i}）状态区间划分

ρ_{A_i}	状态区间代号	状态
>1	O	超载状态
=1	B	均衡状态
<1	U	未超载状态

为了综合刻画城市大气环境承载力，本书以空气质量健康指数(air quality health index，AQHI)为基础，构建城市大气环境承载力综合指数(urban atmospheric environment carrying capacity index，UAECCI)。AQHI 是考虑了多种大气污染物的大气环境质量评价指数，表征的是短期暴露于大气污染物中时人类健康受到的综合超额风险影响(Cairncross et al.，2007；Stieb et al.，2008)。本书结合城市大气环境承载力的定义[式(7.1)]，从“载体-荷载”视角出发，将大气环境载体指标(即污染物浓度限值)引入 AQHI，构建城市大气环境承载力综合指数(UAECCI)：

$$\mathrm{UAECCI}=10\times\mathrm{UAECCER}_{j,t}/\mathrm{UAECCER}_{\max} \tag{7.3}$$

式中，UAECCI 代表城市大气环境承载力综合指数；$\mathrm{UAECCER}_{j,t}$ 是六类大气污染物导致的城市 j 在时间 t 内的综合超额死亡率；$\mathrm{UAECCER}_{\max}$ 是不同城市最大超额风险的加权平均值。UAECCI 值越大，代表大气环境综合承载强度越高，大气污染越严重。

$$\mathrm{UAECCER}_{\max}=\sum_{j=1}^{m}\left(\left(\frac{m_j}{\sum_{j=1}^{m}m_j}\right)\times\max_{t=1,\cdots,q}\{\mathrm{UAECCER}_{j,t}\}\right) \tag{7.4}$$

式中，$\max_{t=1,\cdots,q}\{\mathrm{UAECCER}_{j,t}\}$ 代表城市 j 在研究期内的最大综合超额死亡率；m_j 是城市 j 在研究期内的日均死亡人数。$\mathrm{UAECCER}_{\max}$ 以每个城市在研究期内的日均死亡人数为权重，对 $\max_{t=1,\cdots,q}\{\mathrm{UAECCER}_{j,t}\}$ 求加权平均所得。

$$\mathrm{UAECCER}_{j,t}=\sum_{i=1}^{n}\mathrm{UAECCER}_{i,j,t} \tag{7.5}$$

式中，$\mathrm{UAECCER}_{i,j,t}$ 是城市 j 在时间 t 内由污染物 i 导致的超额死亡率；$\mathrm{UAECCER}_{j,t}$ 通过将六类大气污染物导致的 $\mathrm{UAECCER}_{i,j,t}$ 线性相加获得。

$$\mathrm{UAECCER}_{i,j,t}=\begin{cases}\left\{\exp\left[\beta_i\times\left(L_{A_{i,j,t}}-C_{A_i}\right)\right]-1\right\}\times100\%, & L_{A_{i,j,t}}>C_{A_i}\\ 0, & L_{A_{i,j,t}}\leqslant C_{A_i}\end{cases} \tag{7.6}$$

式中，$L_{A_{i,j,t}}$ 是大气环境荷载指数，即城市 j 在时间 t 下其大气污染物 i 的实际浓度；C_{A_i} 是大气环境载体指数，即大气污染物 i 的浓度限值；β_i 是浓度-反应系数，该系数可以通过基于泊松分布的广义相加模型求取。当 $L_{A_{i,j,t}} > C_{A_i}$ 时，将出现超额死亡率 $UAECCER_{i,j,t}$，其值可以通过式(7.6)计算得到；当 $L_{A_{i,j,t}} \leqslant C_{A_i}$（即大气环境中的污染物实际浓度符合浓度限值标准）时，认为大气环境中的污染物不会导致超额健康风险，即 $UAECCER_{i,j,t}$ 为零。进一步地，当六类大气污染物都满足条件 $L_{A_{i,j,t}} < C_{A_i}$ 时，将 UAECCI 定义为零，即城市大气环境承载力处于未超载状态。

根据 UAECCI 的计算公式[式(7.3)]可知，UAECCI 的取值将在 0～10 内波动。但是，在某些特殊的情况下，UAECCI 会超过 10，即城市存在极高的健康风险。基于此，参照 Stieb 等(2008)对 AQHI 区间的划分标准，本书将 UAECCI 划分为 5 个状态区间：0 表示未超载状态；(0,3]表示低超载状态；(3,7]表示中超载状态；(7,10]表示高超载状态；超过 10 即表示严重超载状态，见表 7.3。

表 7.3　城市大气环境承载力综合指数(UAECCI)状态区间划分

UAECCI	状态区间代号	状态
0	$A_{1\text{-}A}$	未超载状态
(0,3]	$A_{2\text{-}A}$	低超载状态
(3,7]	$A_{3\text{-}A}$	中超载状态
(7,10]	$A_{4\text{-}A}$	高超载状态
>10	$A_{5\text{-}A}$	严重超载状态

7.2　城市大气环境承载力实证计算

本节利用中国环境监测总站实时监测平台发布的大数据，结合 7.1.3 节中构建的城市大气环境承载力评价模型，实证计算我国 35 个样本城市大气环境承载力。

7.2.1　实证计算数据

本书对我国 35 个样本城市大气环境承载力的实证计算时间为 2015 年 1 月 1 日至 2019 年 12 月 31 日，共 5 年 1825 天，需要收集表 7.1 中大气环境载体指标和荷载指标的有关数据。其中，大气环境载体指标数据选取《环境空气质量标准》(GB 3095—2012)中的一级浓度限值，见表 7.4。针对日数据，$C_{A_1} \sim C_{A_5}$ 为 24h 平均浓度，C_{A_6} 为日最大 8h 平均浓度。针对时点数据，C_{A_1} 和 C_{A_2} 沿用 24h 平均浓度，$C_{A_3} \sim C_{A_6}$ 采用 1 小时内的平均浓度。

表 7.4 大气环境载体指标数据

大气环境载体指标	C_{A_1} /(μg/m³)	C_{A_2} /(μg/m³)	C_{A_3} /(μg/m³)	C_{A_4} /(μg/m³)	C_{A_5} /(mg/m³)	C_{A_6} /(μg/m³)
日数据	35	50	50	80	4	100
时点数据	35	50	150	200	10	160

对于大气环境荷载指标数据，本书利用网络爬虫对样本城市大气环境大数据进行收集，构成原始数据集，包括日数据和时点数据。其中日数据选取的是 2015 年 1 月 1 日至 2019 年 12 月 31 日 35 个样本城市六类大气污染物实时 24h 平均浓度，数据达到 63910 条；时点数据选取 2019 年 7 月 15 日 01:00 至 2019 年 7 月 22 日 24:00（次日 00:00）35 个样本城市六类大气污染物时点浓度，数据为 588 条。由于收集的大气环境荷载指标数据存在缺失、噪声和异常问题，因此需要对收集的 35 个样本城市六类大气污染物浓度日数据和时点数据进行数据清洗。在数据清洗阶段，对缺失值采用线性插值法和外推法补齐。对噪声采用滑动平均法，在对时点数据的处理中，对于 O_3 首先取 8h 滑动平均值作为时点值，然后再计算日最大 8h 平均浓度，以减小指标数据的随机误差。对异常值采用 3-σ 准则，在 $\left[\mu-3\sigma,\mu+3\sigma\right]$（$\mu$ 表示均值，σ 表示标准差）范围外的数据被视为异常值，将其删除，并以空值代替。

由于实证研究中收集与处理的荷载指标数据量过大，本书仅选取 2019 年 1 月 1 日至 2019 年 1 月 31 日北京六类大气污染物荷载指标日数据（表 7.5），以及 2019 年 7 月 15 日 01:00～24:00 六类大气污染物荷载指标时点数据进行展示（表 7.6），其余样本城市的相关数据由于篇幅有限而不在此处列出。

表 7.5 2019 年 1 月北京六类大气污染物荷载指标日数据

日期(年.月.日)	L_{A_1}	L_{A_2}	L_{A_3}	L_{A_4}	L_{A_5}	L_{A_6}
2019.01.01	37	61	9	54	0.89	43
2019.01.02	30	47	10	36	0.72	26
2019.01.03	55	74	11	54	1.05	11
2019.01.04	122	136	20	80	1.88	62
2019.01.05	17	39	4	24	0.47	49
2019.01.06	16	33	7	35	0.53	12
2019.01.07	62	93	11	67	1.23	52
2019.01.08	32	52	8	40	0.74	62
2019.01.09	9	29	4	26	0.40	25
2019.01.10	39	65	11	56	0.84	15
2019.01.11	74	112	14	77	1.49	20
2019.01.12	103	132	15	79	1.73	13

续表

日期(年.月.日)	L_{A_1}	L_{A_2}	L_{A_3}	L_{A_4}	L_{A_5}	L_{A_6}
2019.01.13	—	209	13	—	2.51	59
2019.01.14	120	171	6	59	1.50	45
2019.01.15	97	138	7	68	1.52	57
2019.01.16	8	56	4	17	0.36	35
2019.01.17	36	70	9	54	0.85	35
2019.01.18	43	75	12	59	1.03	20
2019.01.19	61	102	14	71	1.34	58
2019.01.20	10	32	5	22	0.38	66
2019.01.21	10	34	3	21	0.34	61
2019.01.22	23	60	6	42	0.58	53
2019.01.23	26	69	6	48	0.78	55
2019.01.24	22	51	6	45	0.64	41
2019.01.25	57	75	11	50	1.17	60
2019.01.26	9	32	3	19	0.38	49
2019.01.27	24	39	5	34	0.58	66
2019.01.28	47	100	9	43	0.85	59
2019.01.29	33	59	6	31	0.58	24
2019.01.30	104	135	15	73	1.45	59
2019.01.31	26	72	5	20	0.53	58

注：“—”代表空值。

表 7.6　2019 年 7 月 15 日北京六类大气污染物荷载指标时点数据

时点	L_{A_1}	L_{A_2}	L_{A_3}	L_{A_4}	L_{A_5}	L_{A_6}
01:00	51	78	2	22	0.88	106
02:00	53	67	3	25	0.90	85
03:00	48	56	2	34	0.80	54
04:00	53	59	2	39	0.81	41
05:00	52	64	2	47	0.75	22
06:00	51	60	3	43	0.74	24
07:00	53	56	3	39	0.78	32
08:00	58	69	4	38	0.83	46
09:00	61	75	4	31	0.89	78
10:00	70	86	3	27	0.98	111

续表

时点	L_{A_1}	L_{A_2}	L_{A_3}	L_{A_4}	L_{A_5}	L_{A_6}
11:00	77	93	3	27	1.02	144
12:00	77	83	3	19	0.94	—
13:00	68	68	2	15	0.82	—
14:00	62	64	2	15	0.76	—
15:00	57	61	2	14	0.76	—
16:00	50	65	2	14	0.72	—
17:00	49	65	2	15	0.74	—
18:00	48	65	2	17	0.77	—
19:00	46	62	2	19	0.77	—
20:00	44	64	2	22	0.80	—
21:00	41	69	2	25	0.83	—
22:00	43	86	2	28	0.91	181
23:00	43	71	3	27	1.01	147
24:00	38	53	3	24	1.04	124

注："—"代表空值。

7.2.2 实证计算结果

1. 基于日数据的大气环境承载力分项指数实证计算结果

根据7.1.3节中建立的城市大气环境承载力分项指数评价模型，利用7.2.1节中经过数据清洗的六类大气污染物浓度日数据，计算研究期内样本城市每日大气环境承载力的六类分项指数(ρ_{A_i})。由于数据量过于庞大，在此仅选取2019年1月北京的数据进行展示，见表7.7。其余样本城市的相关数据不在此处列出。

表7.7 2019年1月北京大气环境承载力分项指数(ρ_{A_i})计算结果

日期(年.月.日)	ρ_{A_1}	ρ_{A_2}	ρ_{A_3}	ρ_{A_4}	ρ_{A_5}	ρ_{A_6}
2019.01.01	1.06	1.22	0.18	0.68	0.22	0.43
2019.01.02	0.86	0.94	0.20	0.45	0.18	0.26
2019.01.03	1.57	1.48	0.22	0.68	0.26	0.11
2019.01.04	3.49	2.72	0.40	1.00	0.47	0.62
2019.01.05	0.49	0.78	0.08	0.30	0.12	0.49
2019.01.06	0.46	0.66	0.14	0.44	0.13	0.12

续表

日期(年.月.日)	ρ_{A_1}	ρ_{A_2}	ρ_{A_3}	ρ_{A_4}	ρ_{A_5}	ρ_{A_6}
2019.01.07	1.77	1.86	0.22	0.84	0.31	0.52
2019.01.08	0.91	1.04	0.16	0.50	0.19	0.62
2019.01.09	0.26	0.58	0.08	0.33	0.10	0.25
2019.01.10	1.11	1.30	0.22	0.70	0.21	0.15
2019.01.11	2.11	2.24	0.28	0.96	0.37	0.20
2019.01.12	2.94	2.64	0.30	0.99	0.43	0.13
2019.01.13	—	4.18	0.26	—	0.63	0.59
2019.01.14	3.43	3.42	0.12	0.74	0.38	0.45
2019.01.15	2.77	2.76	0.14	0.85	0.38	0.57
2019.01.16	0.23	1.12	0.08	0.21	0.09	0.35
2019.01.17	1.03	1.40	0.18	0.68	0.21	0.35
2019.01.18	1.23	1.50	0.24	0.74	0.26	0.20
2019.01.19	1.74	2.04	0.28	0.89	0.34	0.58
2019.01.20	0.29	0.64	0.10	0.28	0.10	0.66
2019.01.21	0.29	0.68	0.06	0.26	0.09	0.61
2019.01.22	0.66	1.20	0.12	0.53	0.15	0.53
2019.01.23	0.74	1.38	0.12	0.60	0.20	0.55
2019.01.24	0.63	1.02	0.12	0.56	0.16	0.41
2019.01.25	1.63	1.50	0.22	0.63	0.29	0.60
2019.01.26	0.26	0.64	0.06	0.24	0.10	0.49
2019.01.27	0.69	0.78	0.10	0.43	0.15	0.66
2019.01.28	1.34	2.00	0.18	0.54	0.21	0.59
2019.01.29	0.94	1.18	0.12	0.39	0.15	0.24
2019.01.30	2.97	2.70	0.30	0.91	0.36	0.59
2019.01.31	0.74	1.44	0.10	0.25	0.13	0.58

注：“—”代表空值。

为进一步直观展示 35 个样本城市大气环境承载力在研究期内的变化趋势并挖掘其潜在规律，根据 35 个样本城市大气环境承载力分项指数（ρ_{A_i}）的日数据，绘制各样本城市六类大气环境承载力分项指数在研究期内的日变化趋势图，见图 7.2～图 7.7。

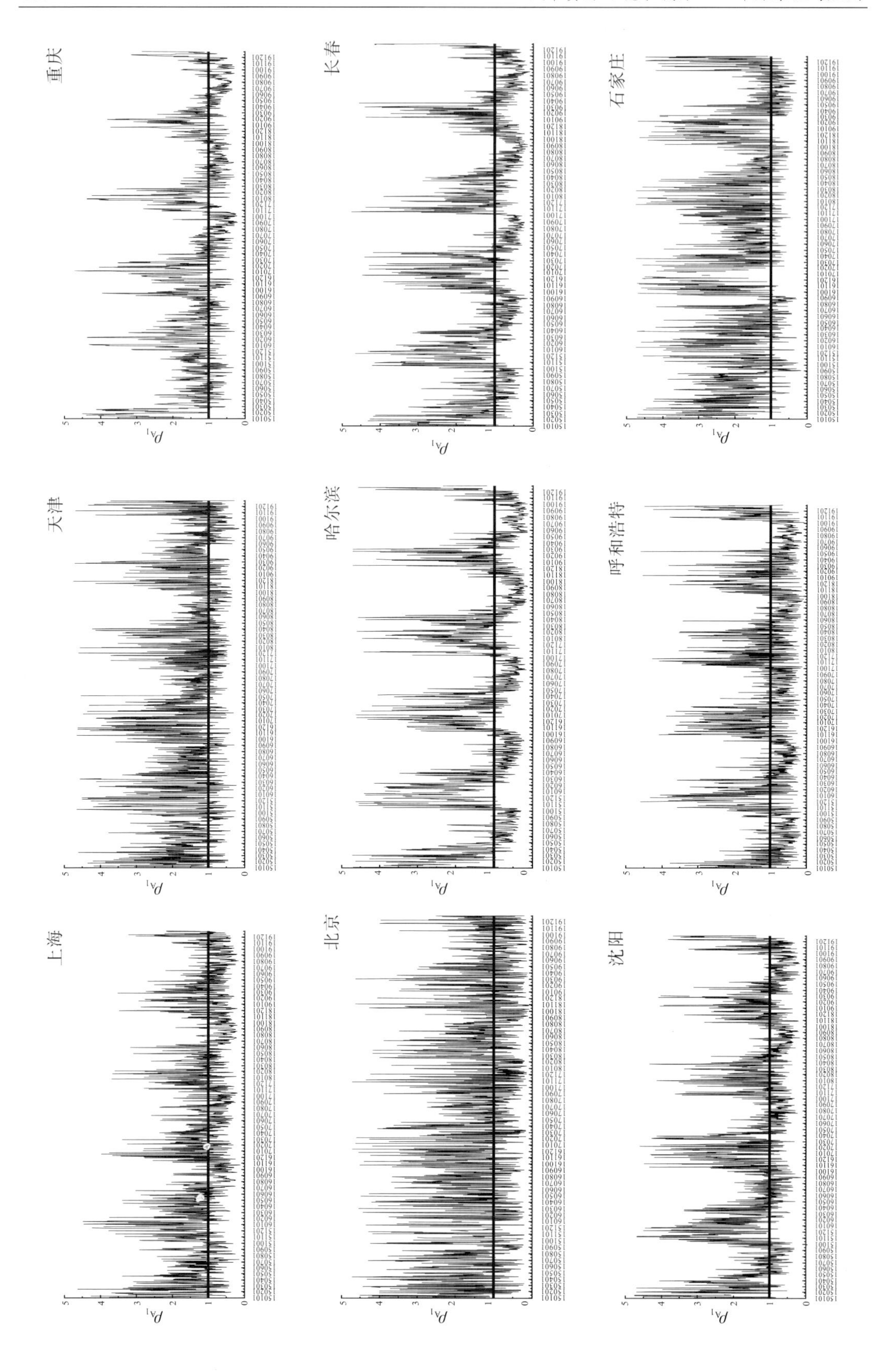
重庆
长春
石家庄
天津
哈尔滨
呼和浩特
上海
北京
沈阳

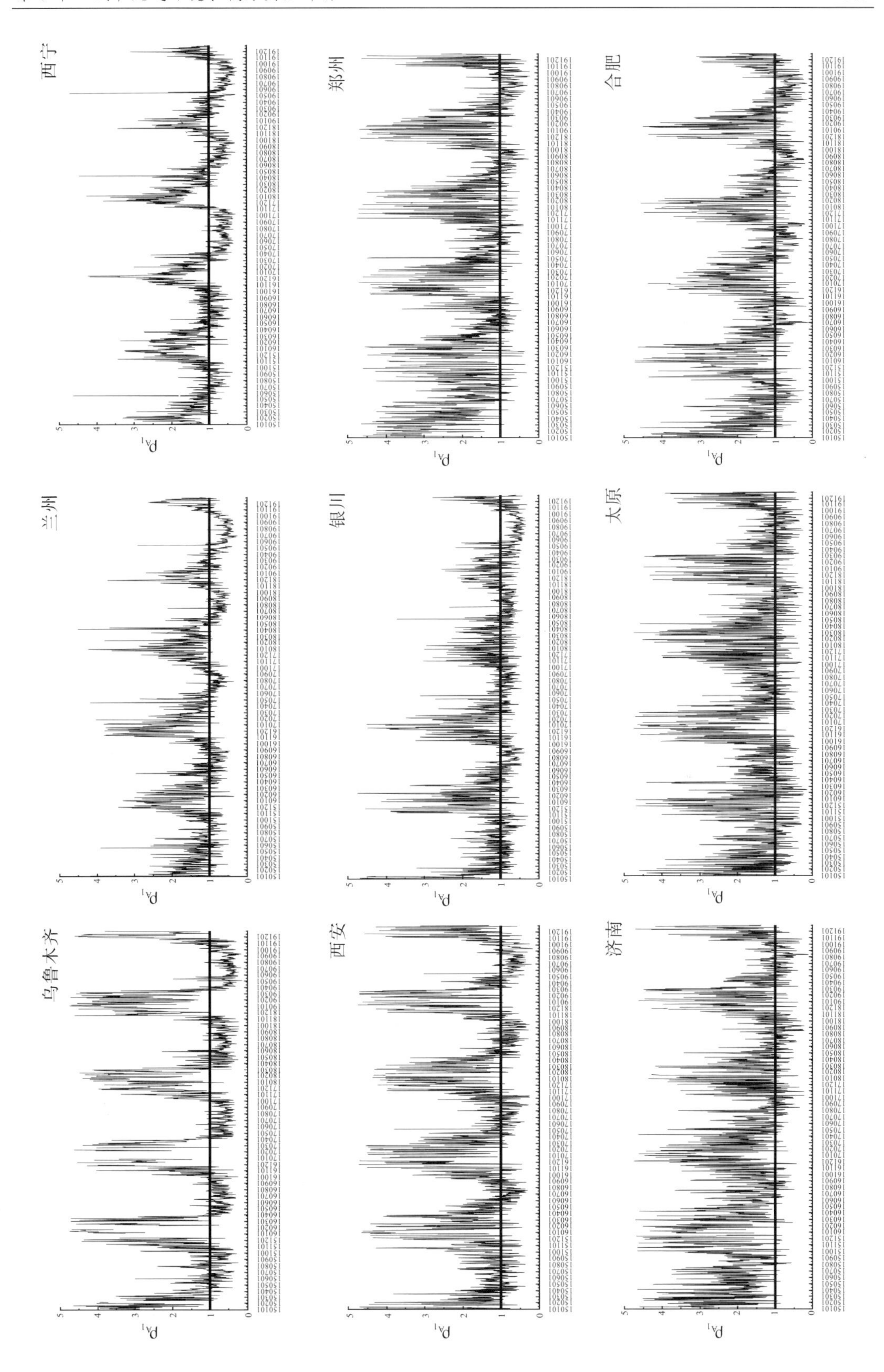
西宁
郑州
合肥
兰州
银川
太原
乌鲁木齐
西安
济南

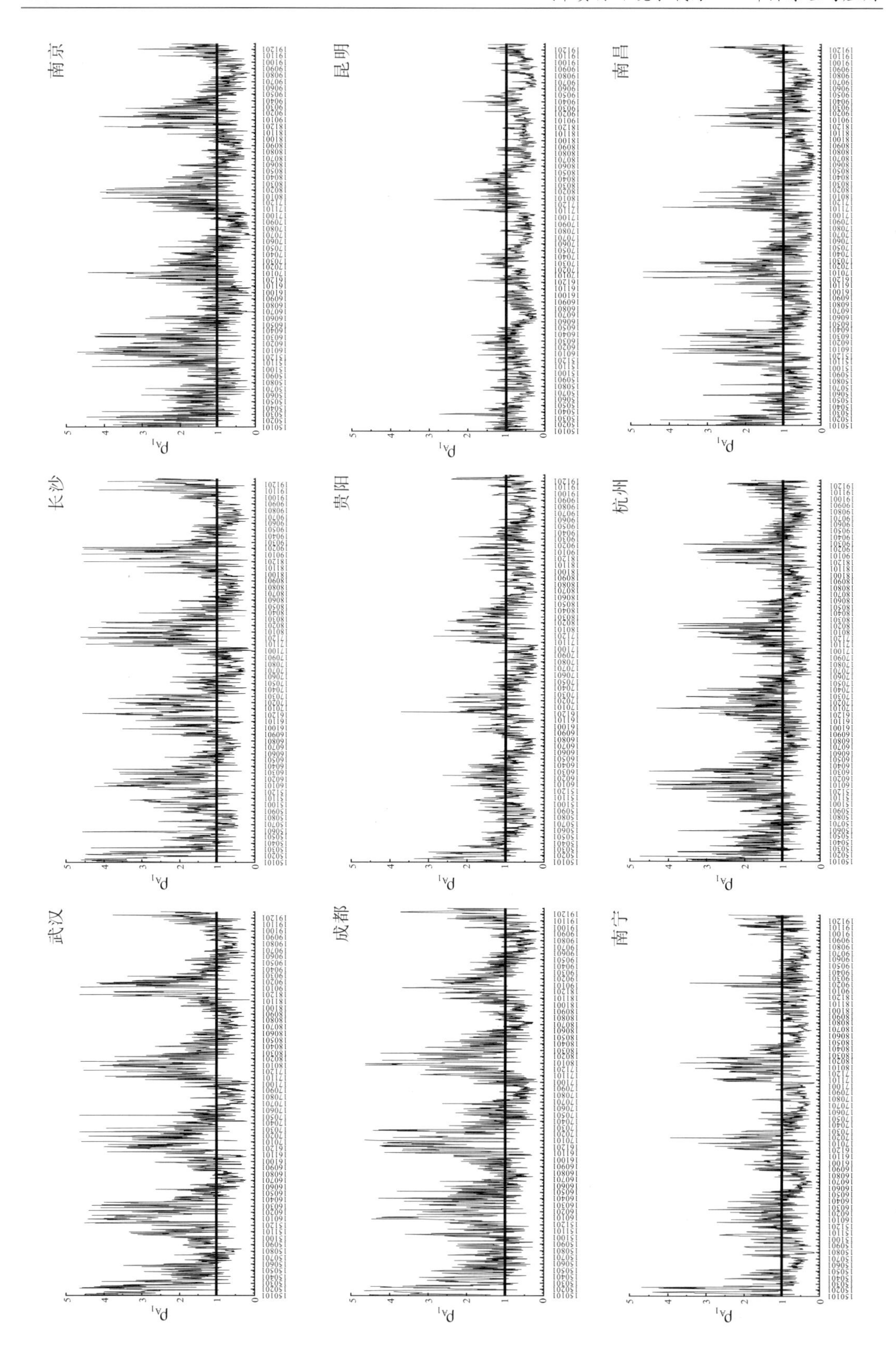
南京
长沙
武汉
昆明
贵阳
成都
南昌
杭州
南宁

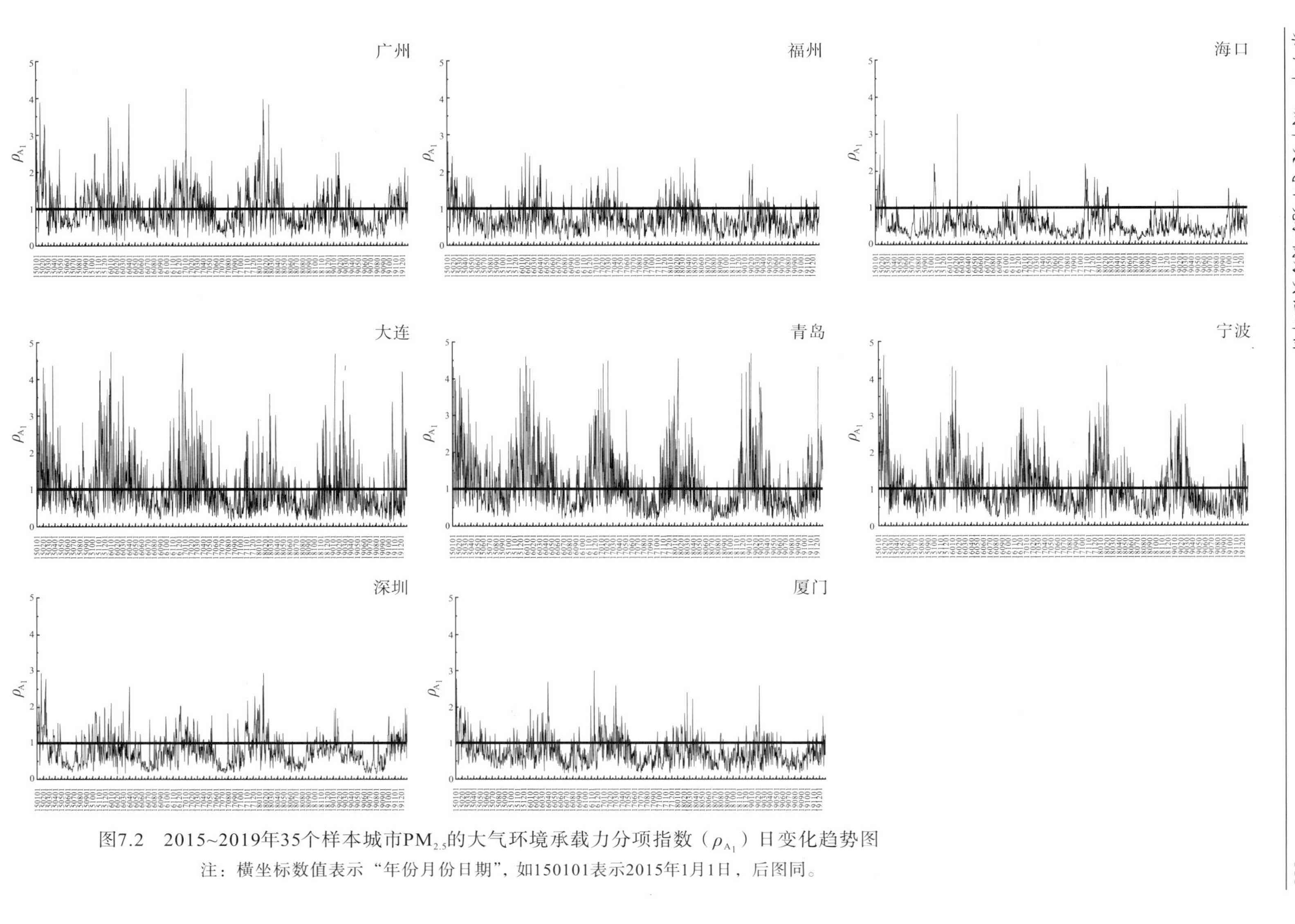

图7.2　2015~2019年35个样本城市$PM_{2.5}$的大气环境承载力分项指数（ρ_{A_1}）日变化趋势图

注：横坐标数值表示“年份月份日期”，如150101表示2015年1月1日，后图同。

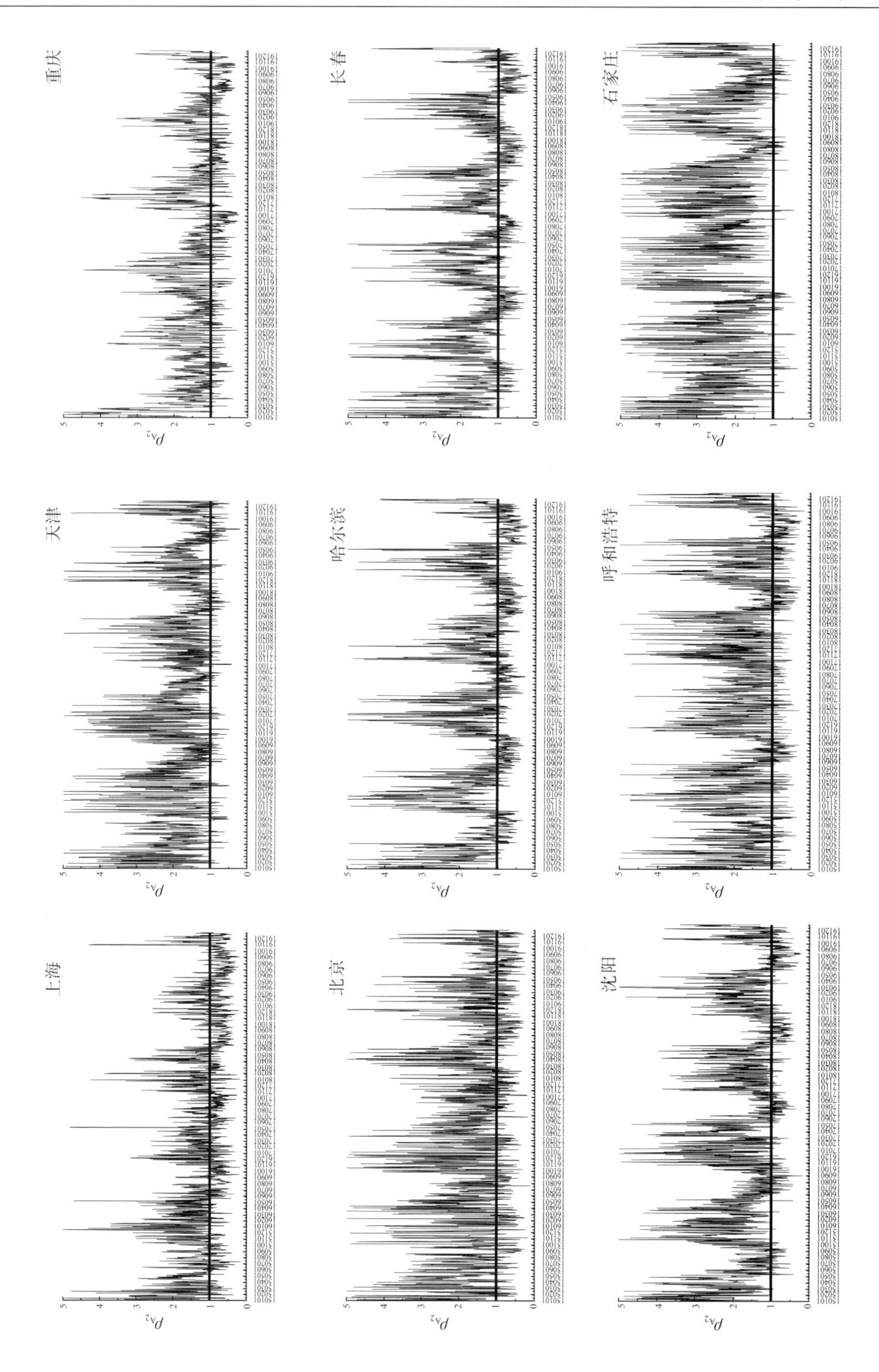
重庆
长春
石家庄
天津
哈尔滨
呼和浩特
上海
北京
沈阳

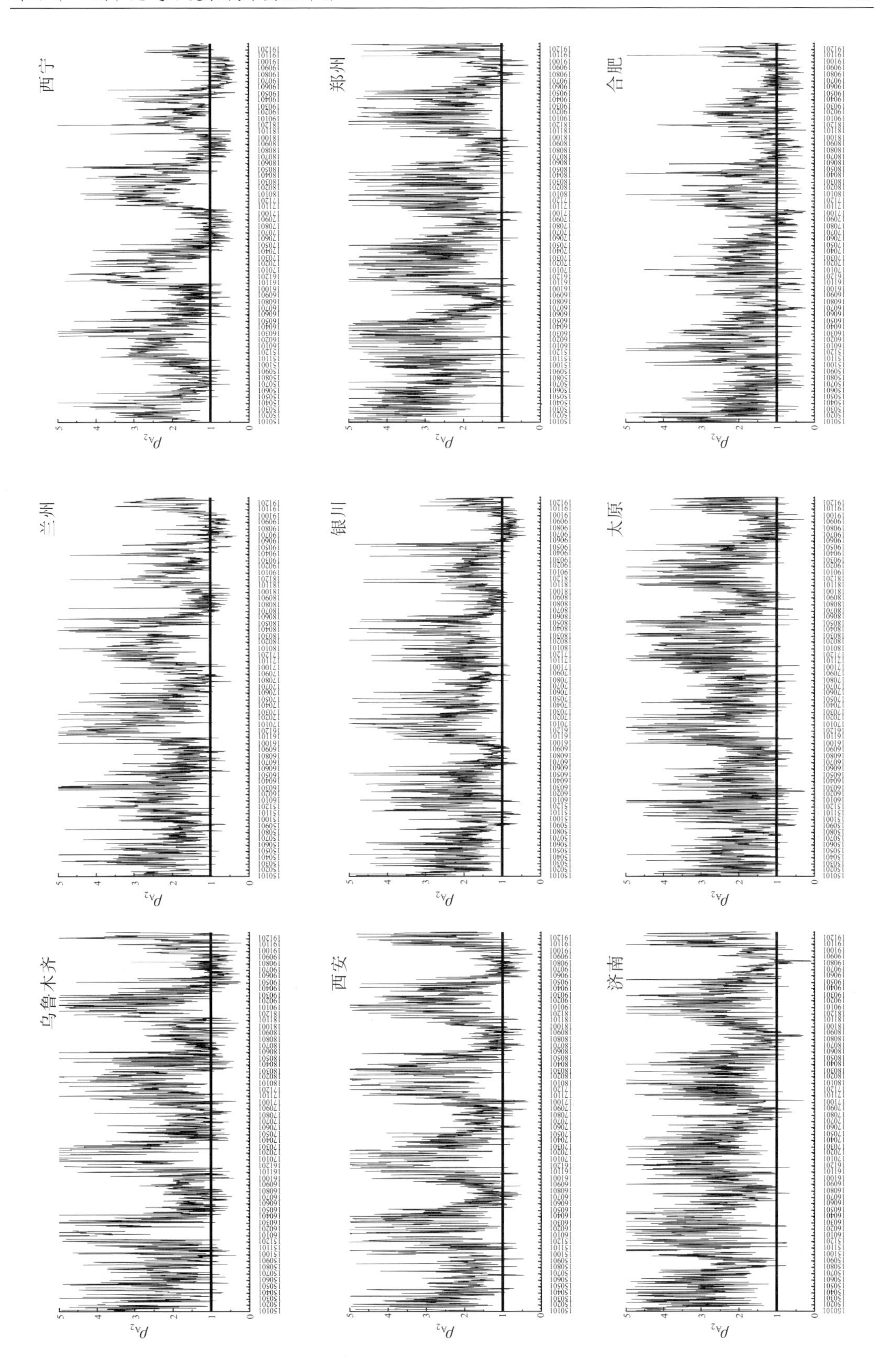
西宁
郑州
合肥
兰州
银川
太原
乌鲁木齐
西安
济南

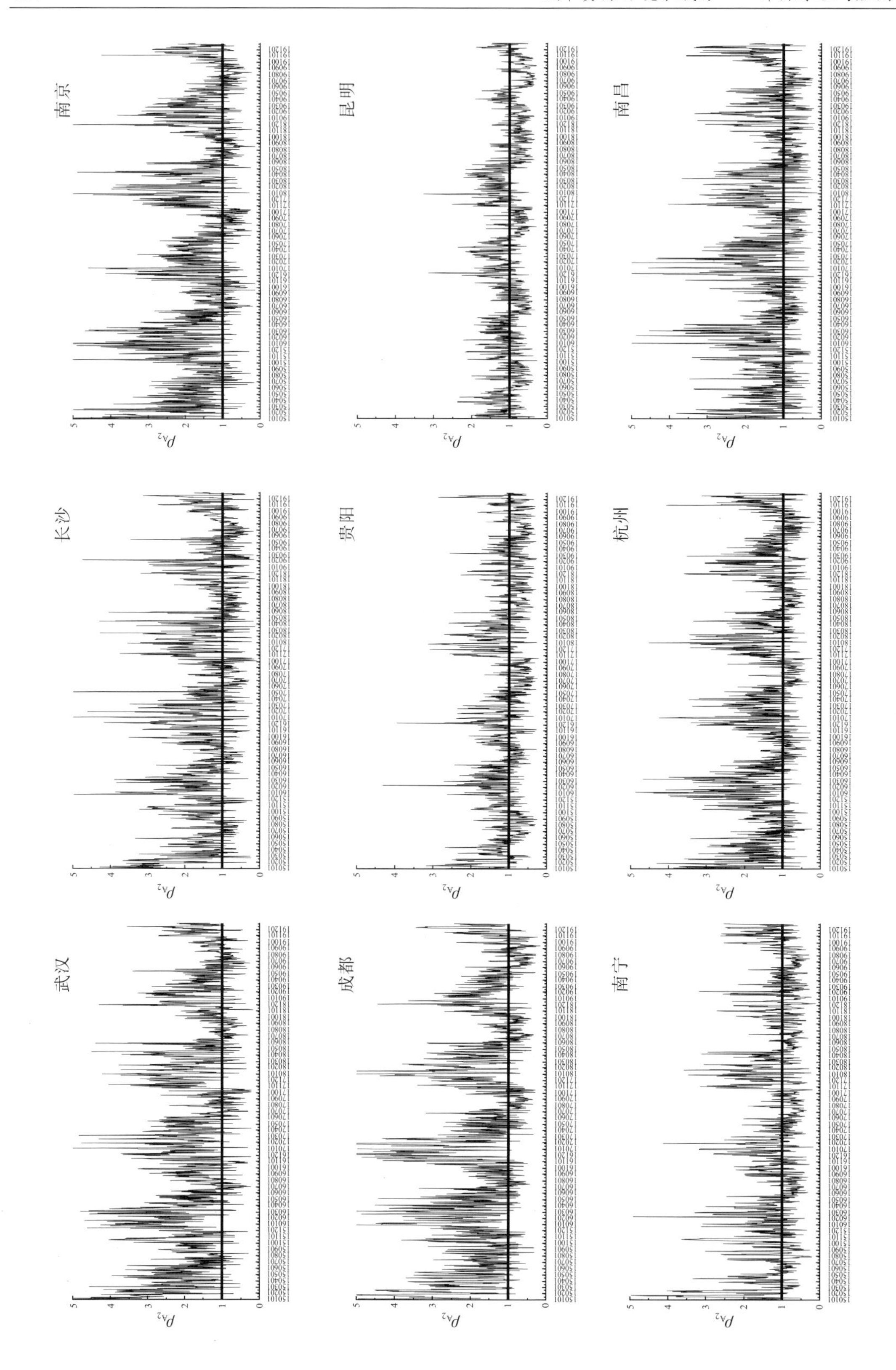
南京
昆明
南昌
长沙
贵阳
杭州
武汉
成都
南宁
ρ_{A_2}
0
1
2
3
4
5

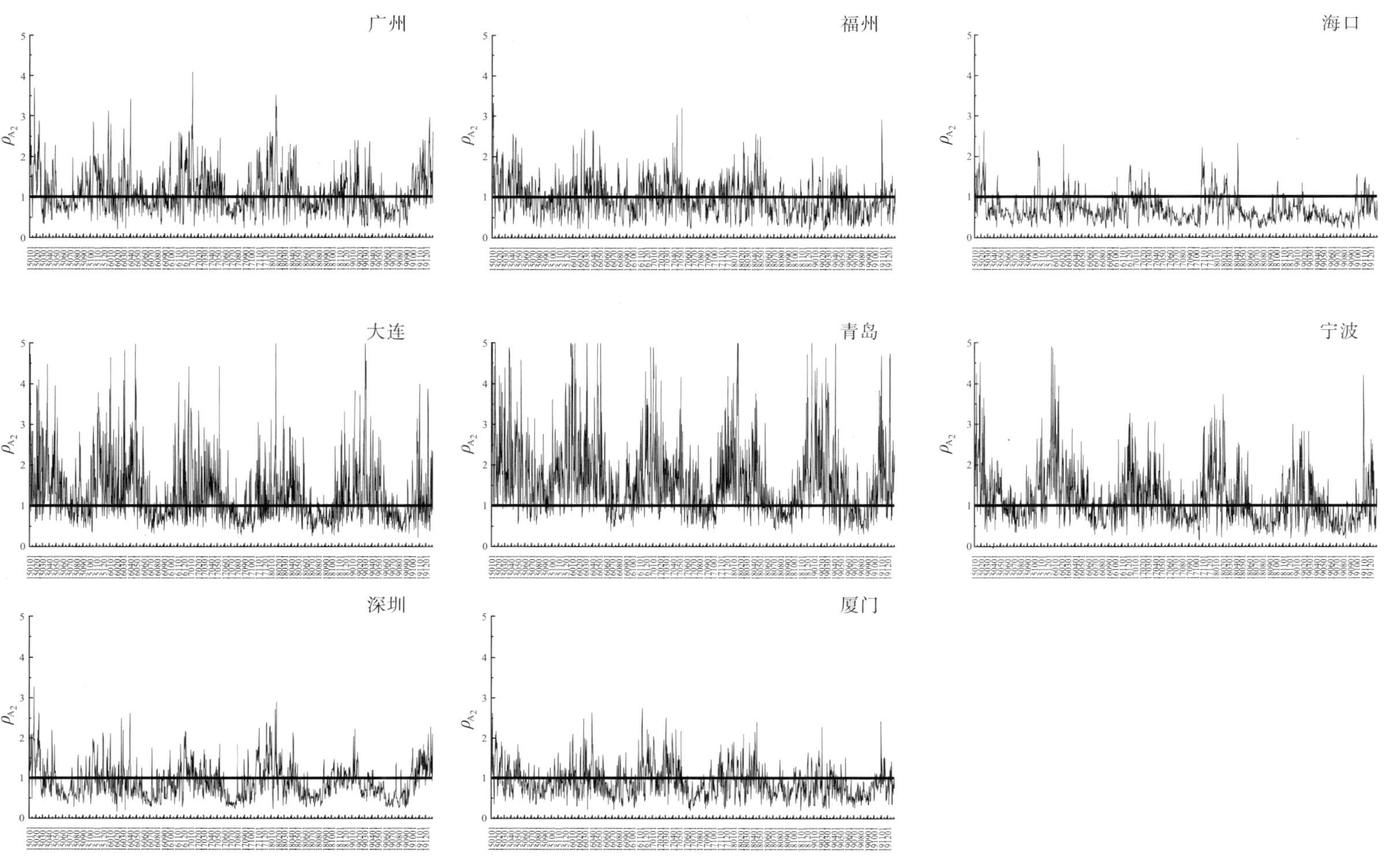

图7.3　2015~2019年35个样本城市PM_{10}的大气环境承载力分项指数（ρ_{A_2}）日变化趋势图

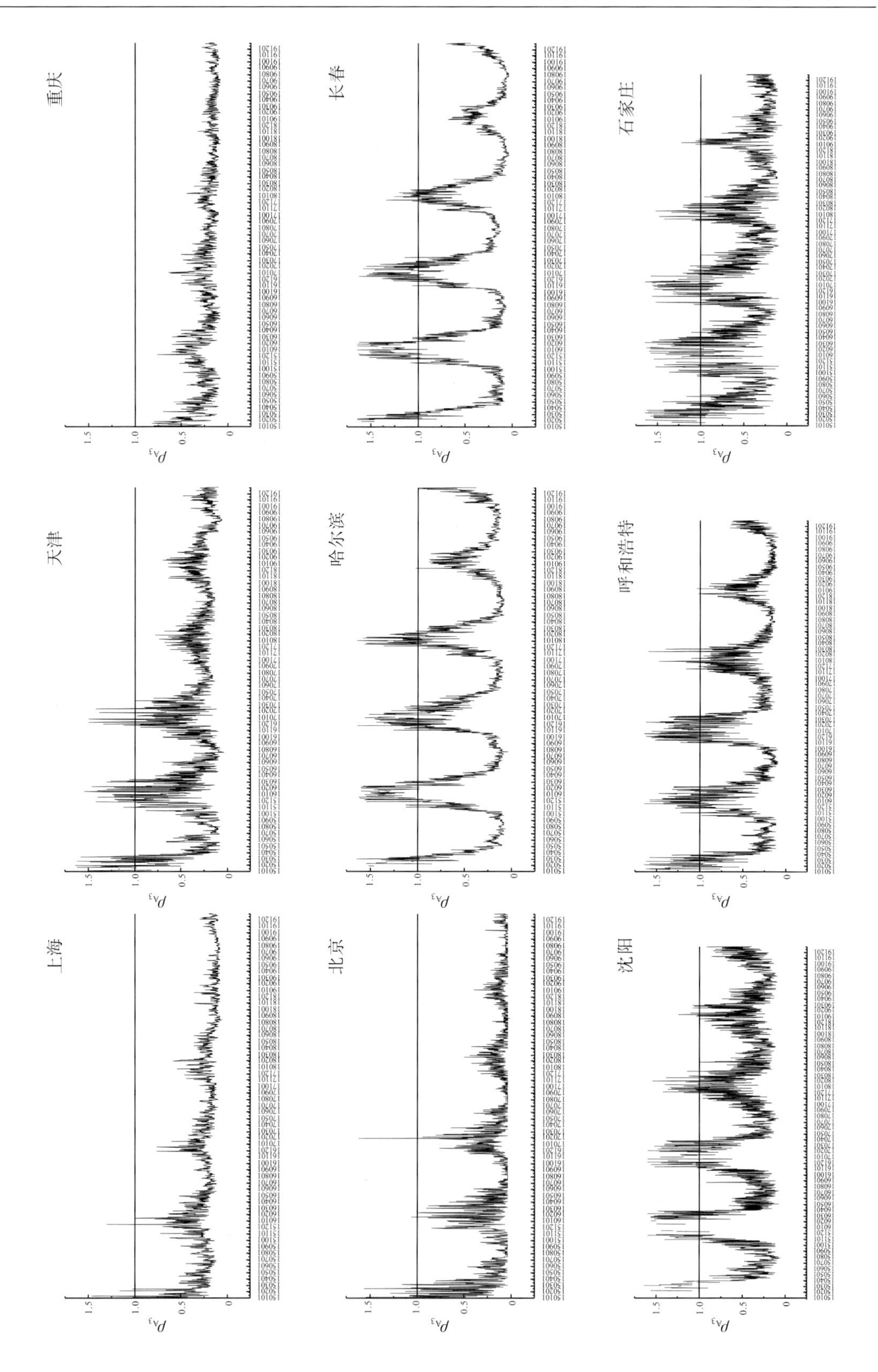

上海
天津
重庆
北京
哈尔滨
长春
沈阳
呼和浩特
石家庄

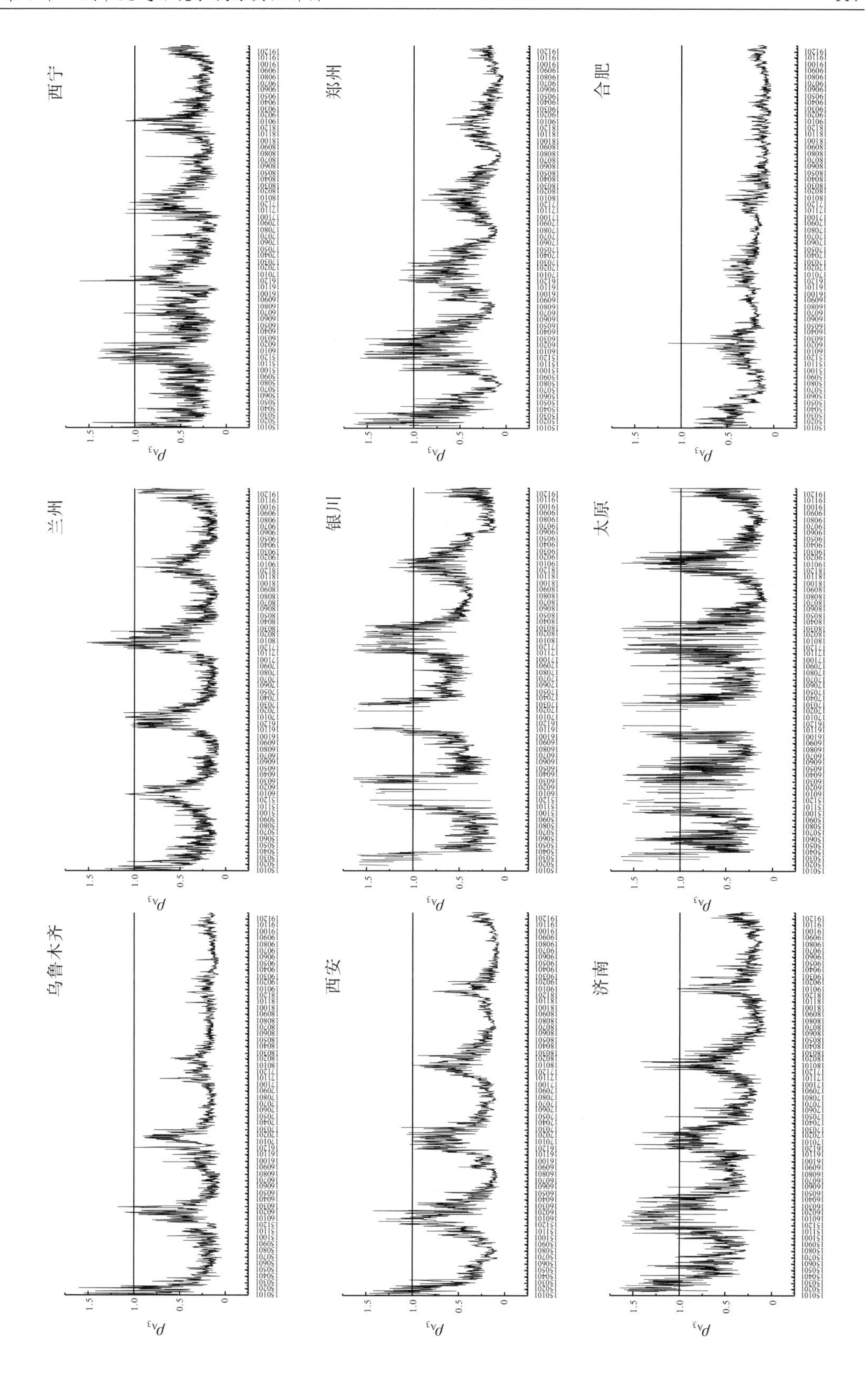
西宁
郑州
合肥
兰州
银川
太原
乌鲁木齐
西安
济南
ρ_{A_3}
1.5
1.0
0.5
0

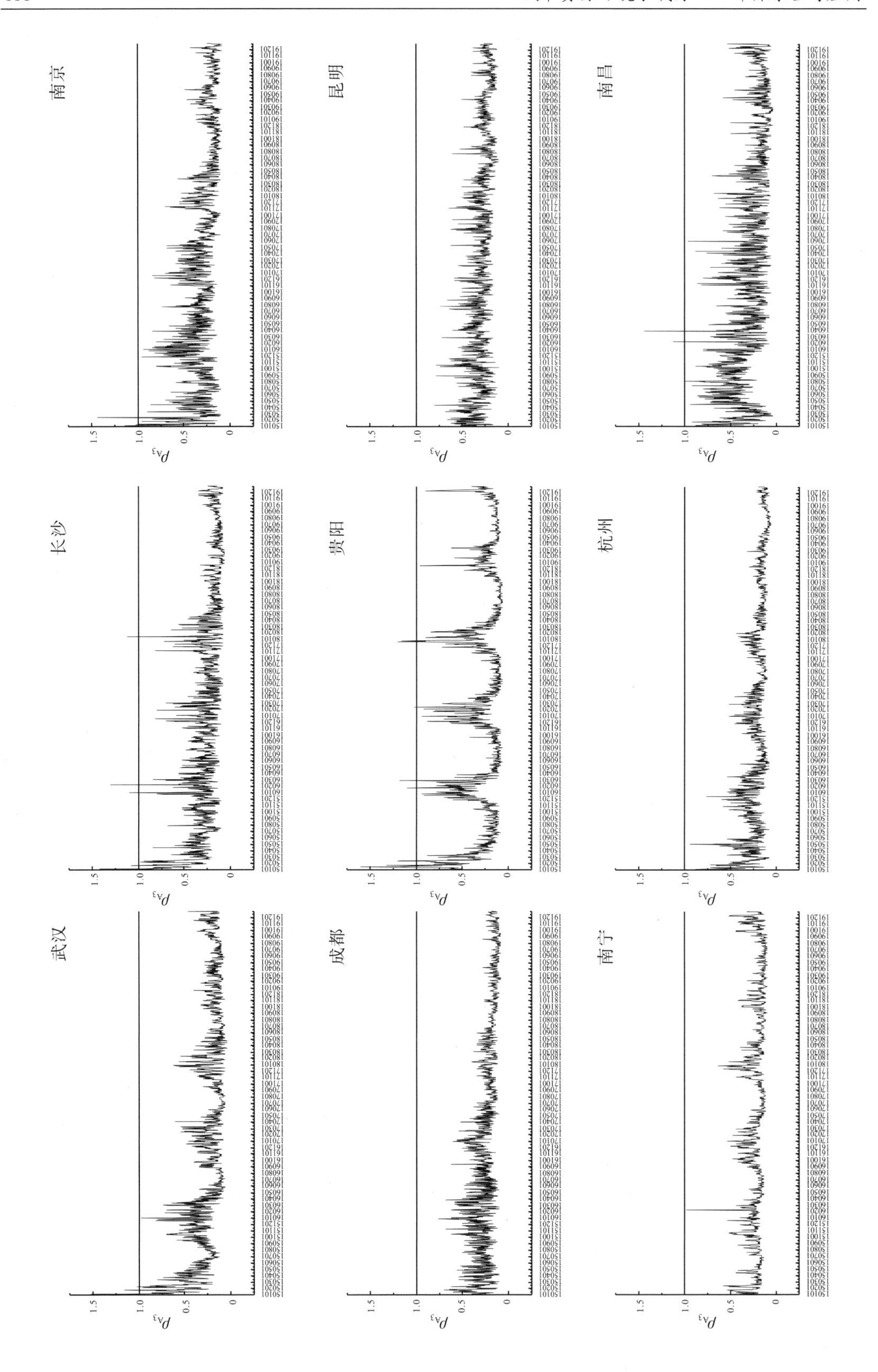
南京
昆明
南昌
长沙
贵阳
杭州
武汉
成都
南宁
1.5
1.0
0.5
0
ρ_{A_3}

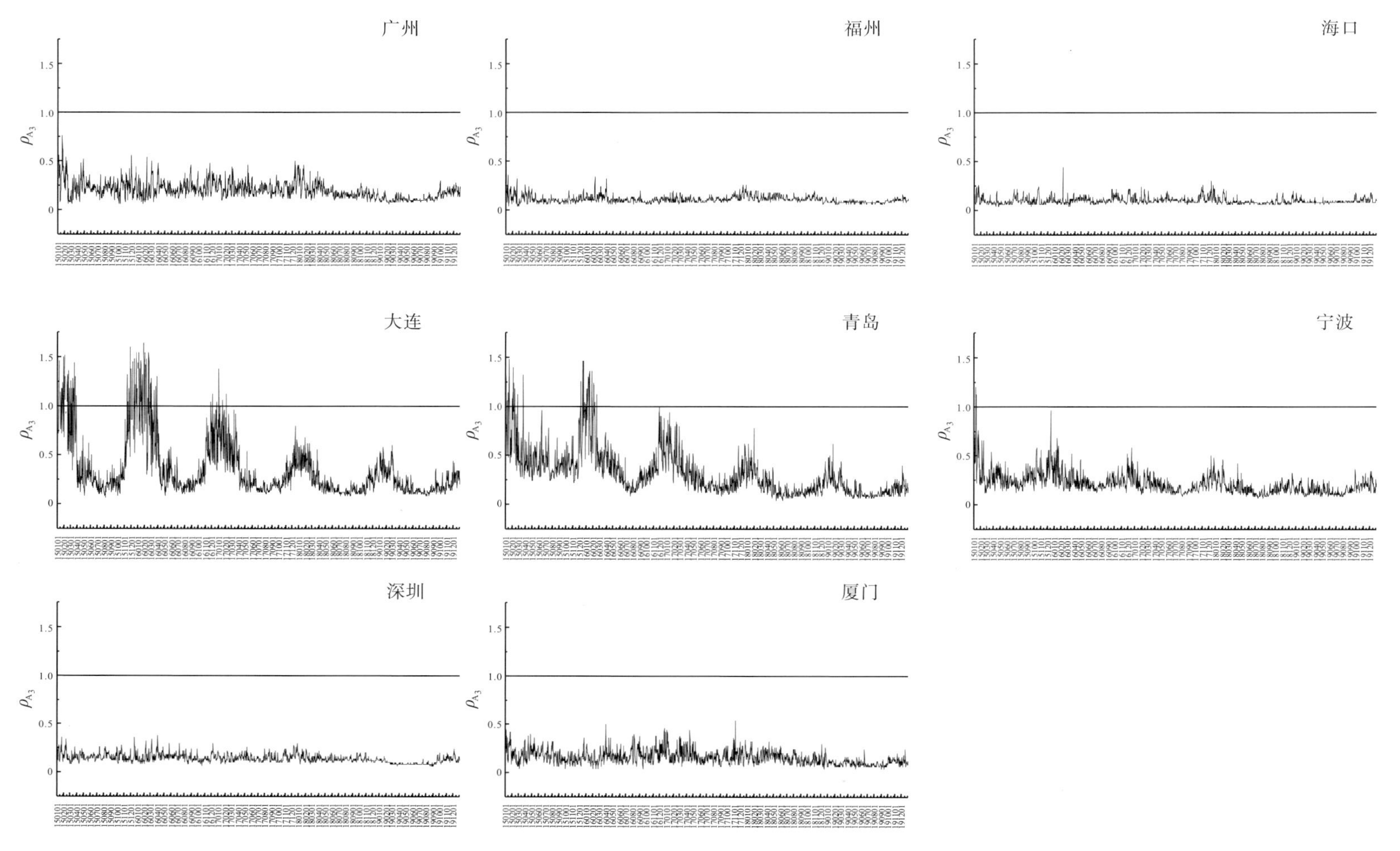

图7.4　2015~2019年35个样本城市SO_2的大气环境承载力分项指数（ρ_{A_3}）日变化趋势图

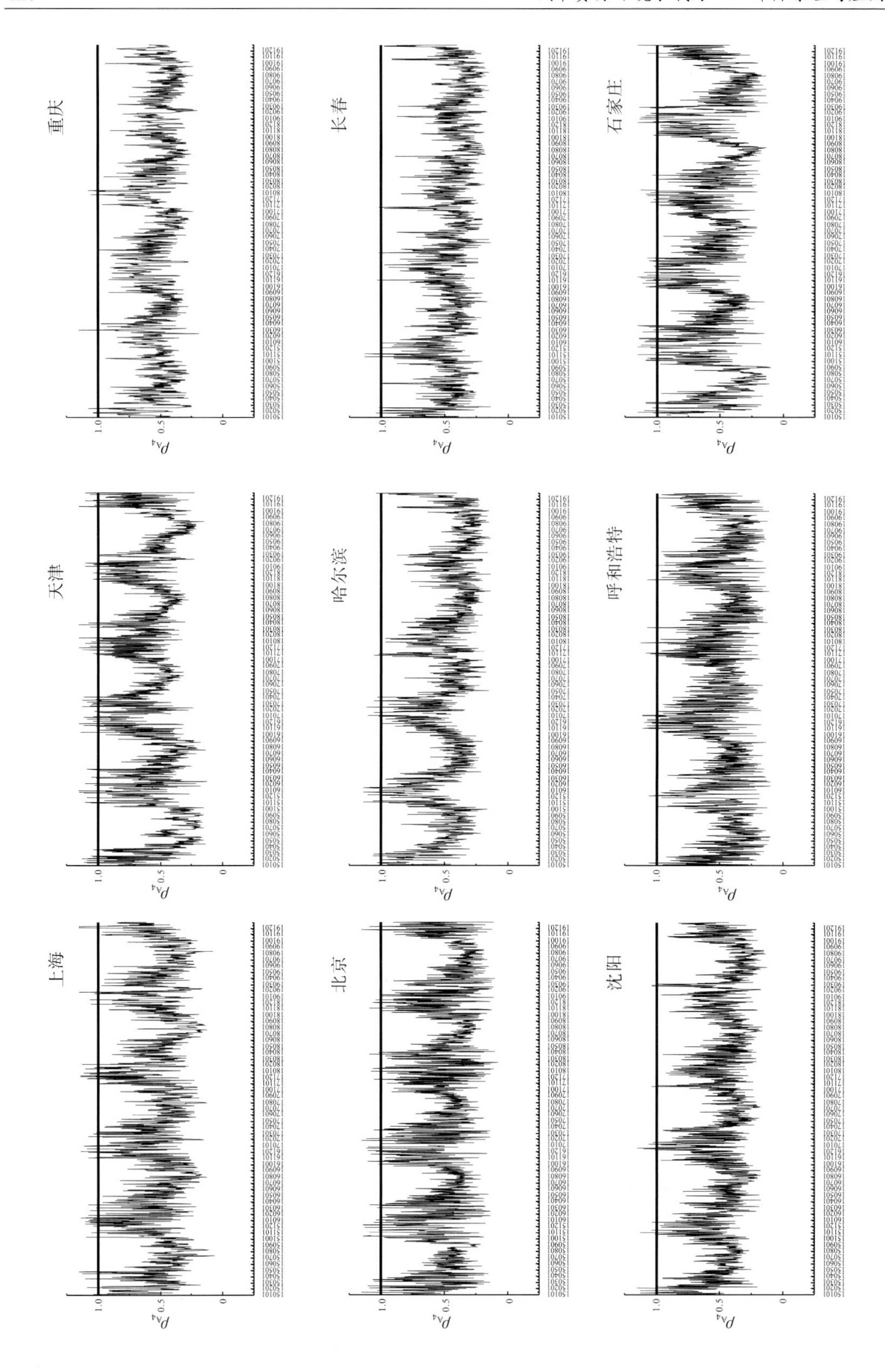
上海
天津
重庆
北京
哈尔滨
长春
沈阳
呼和浩特
石家庄

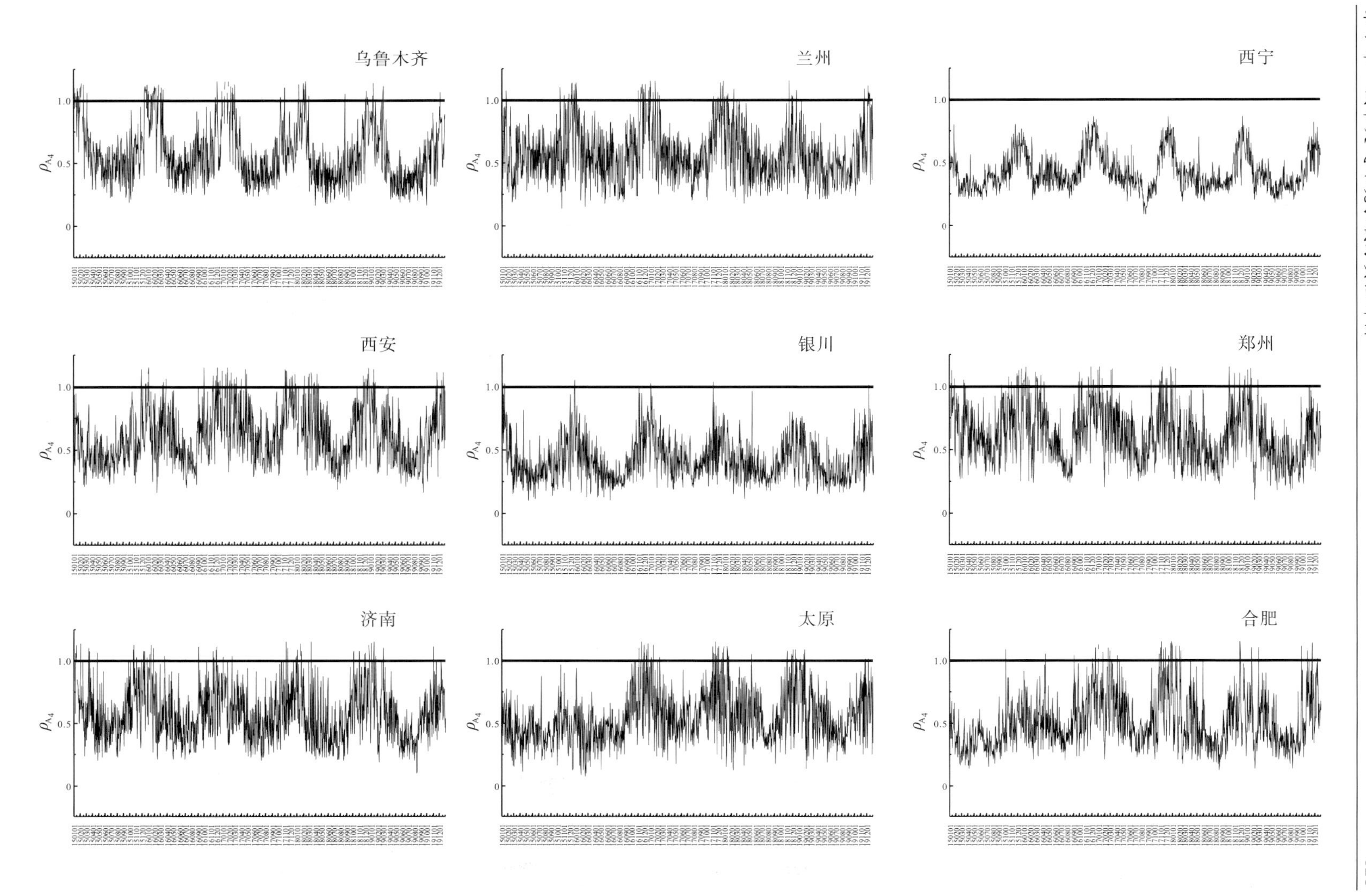

乌鲁木齐
兰州
西宁
西安
银川
郑州
济南
太原
合肥
ρ_{A4}
1.0
0.5
0

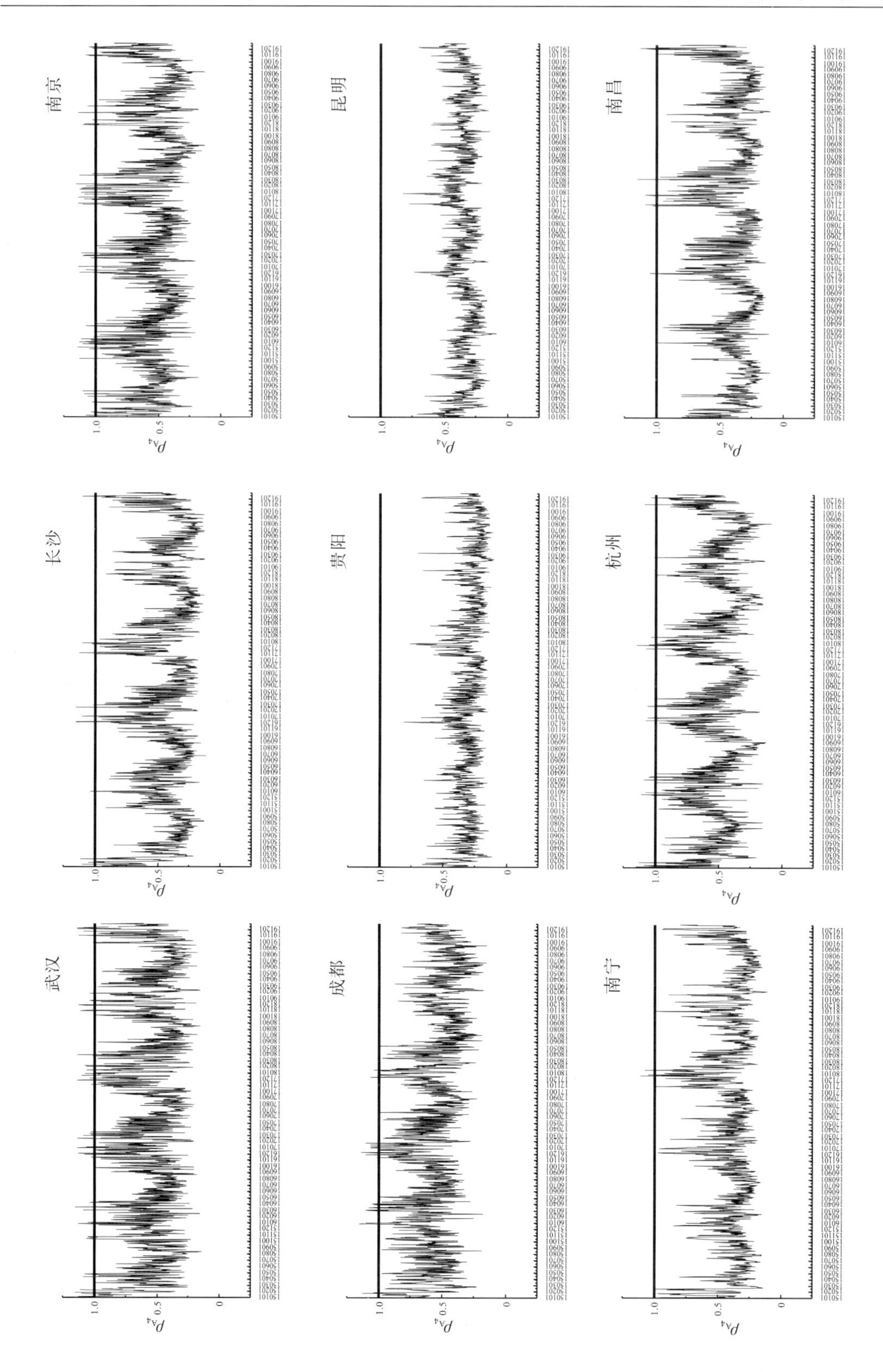

武汉
长沙
南京
成都
贵阳
昆明
南宁
杭州
南昌
ρ_{A_4}
1.0
0.5
0

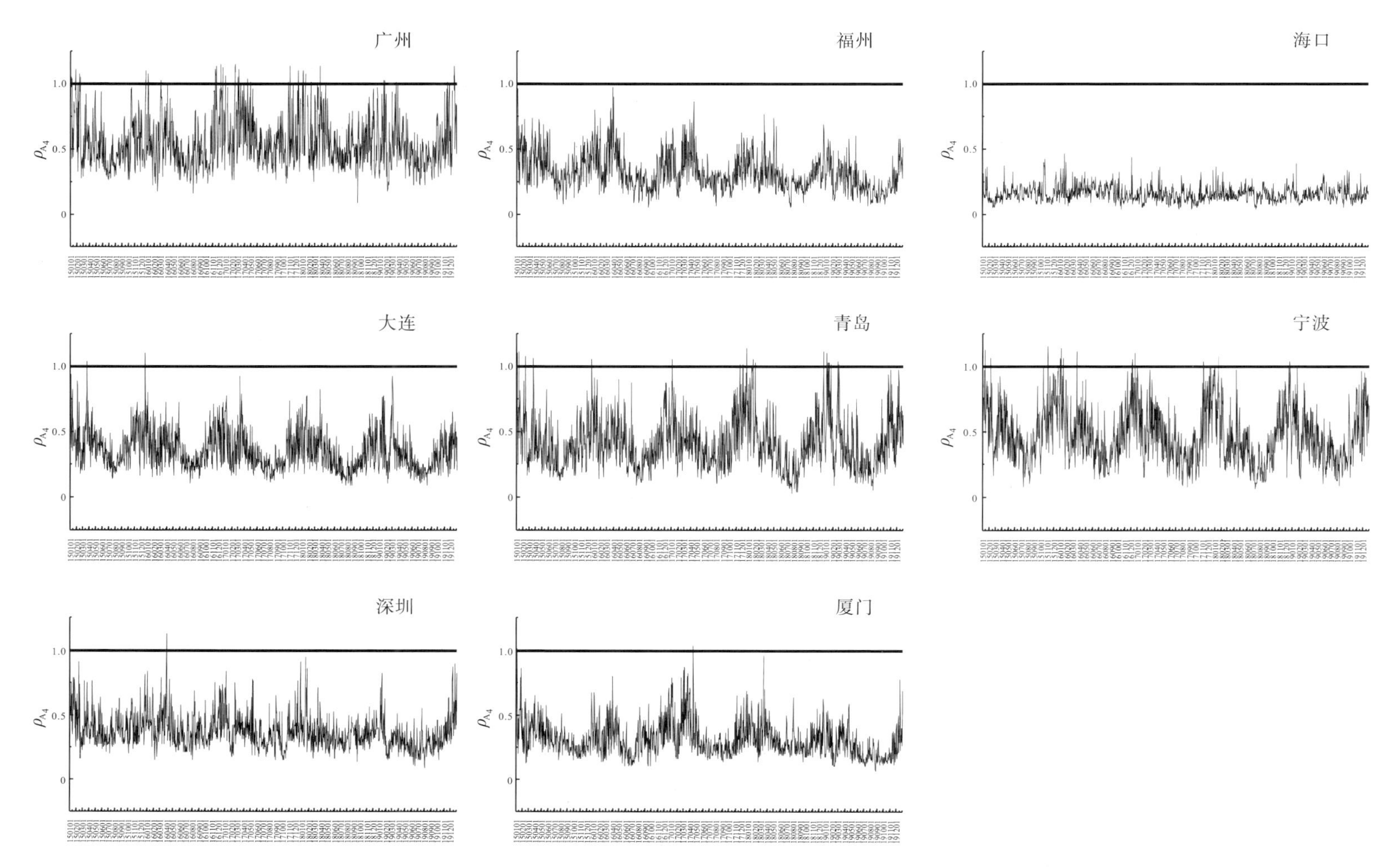

图7.5　2015~2019年35个样本城市NO_2的大气环境承载力分项指数（ρ_{A4}）日变化趋势图

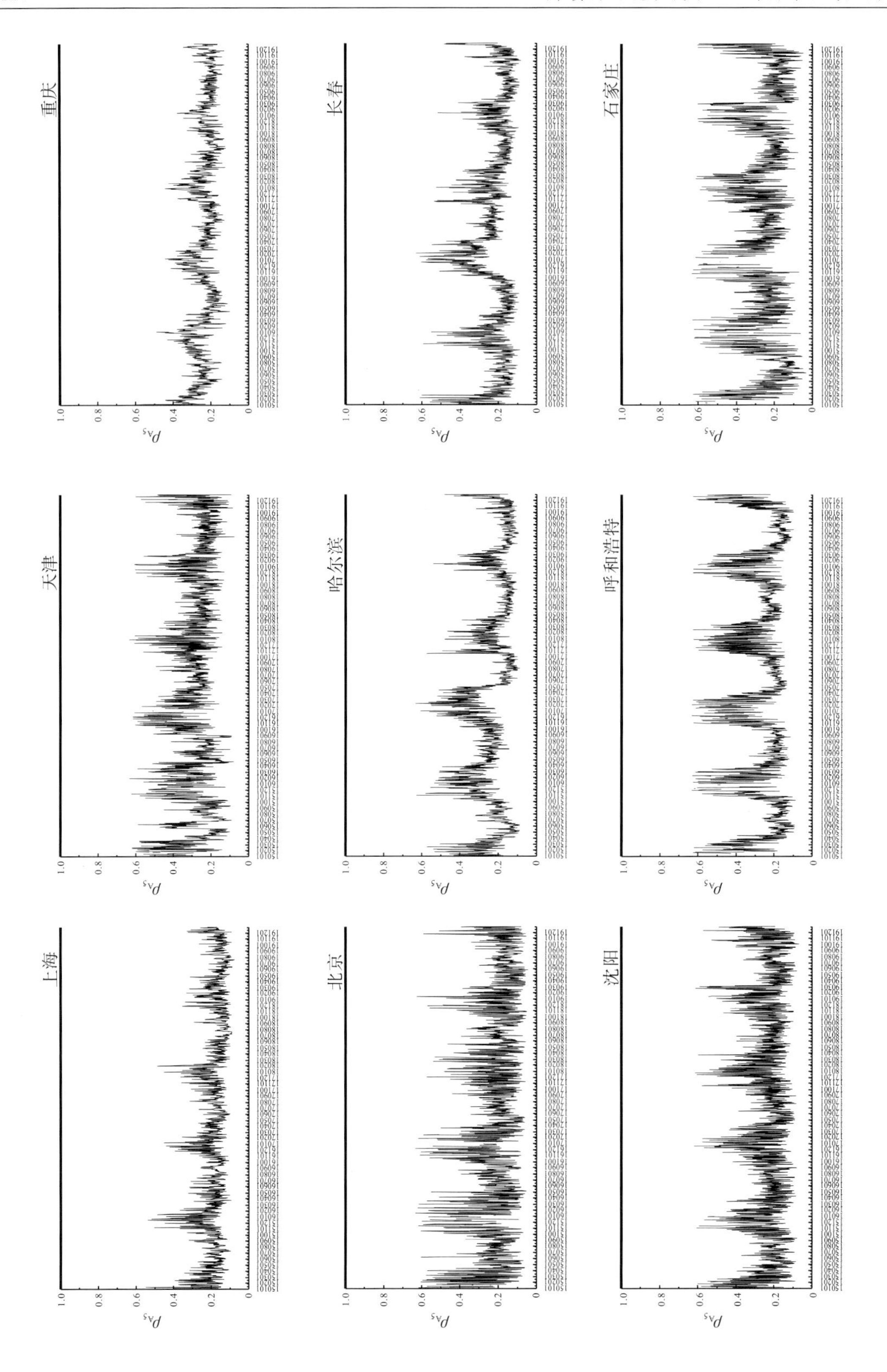
重庆
长春
石家庄
天津
哈尔滨
呼和浩特
上海
北京
沈阳
ρ_{A_5}
1.0
0.8
0.6
0.4
0.2
0

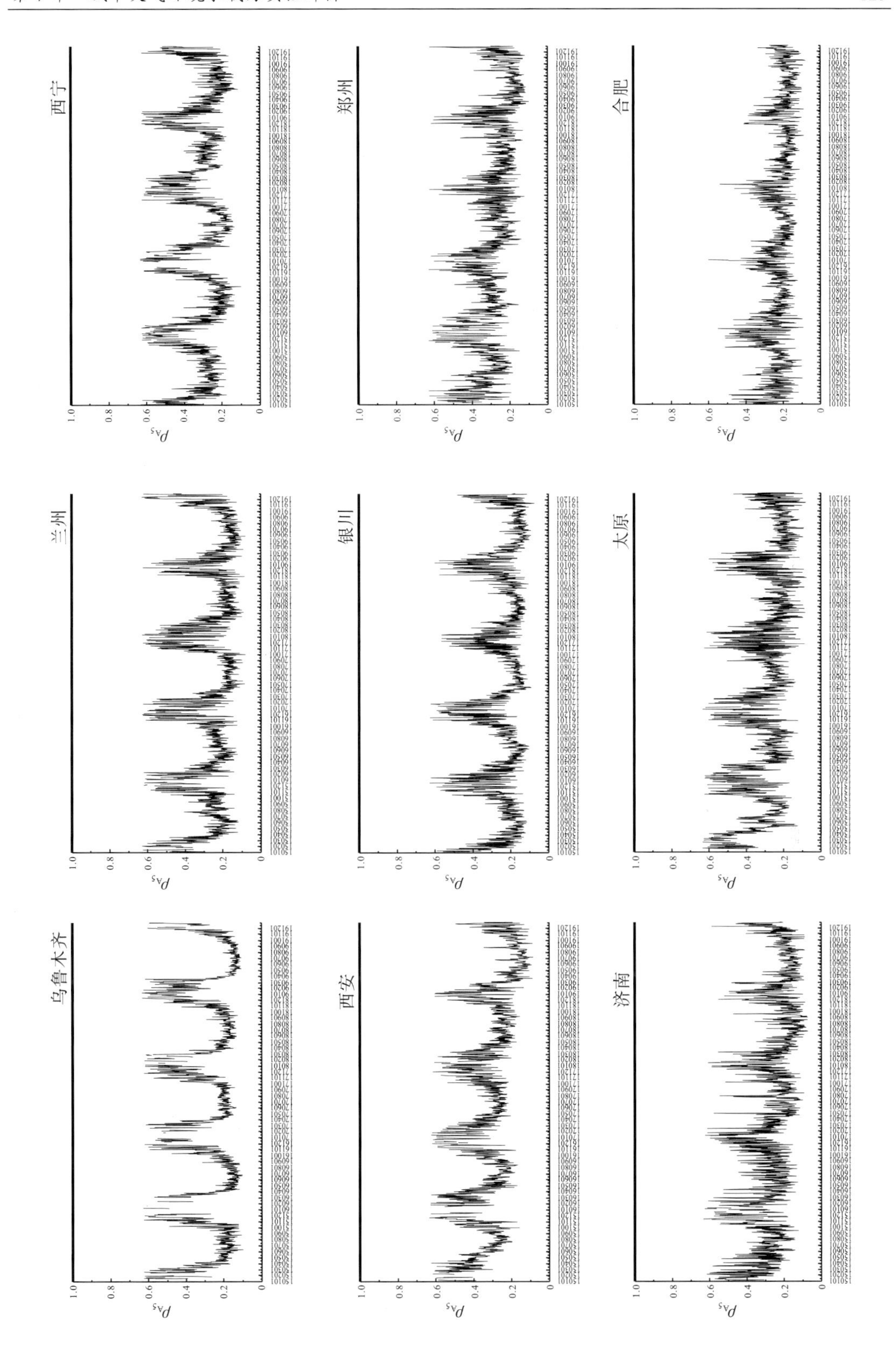
乌鲁木齐
兰州
西宁
西安
银川
郑州
济南
太原
合肥
P_{A_5}
1.0
0.8
0.6
0.4
0.2
0

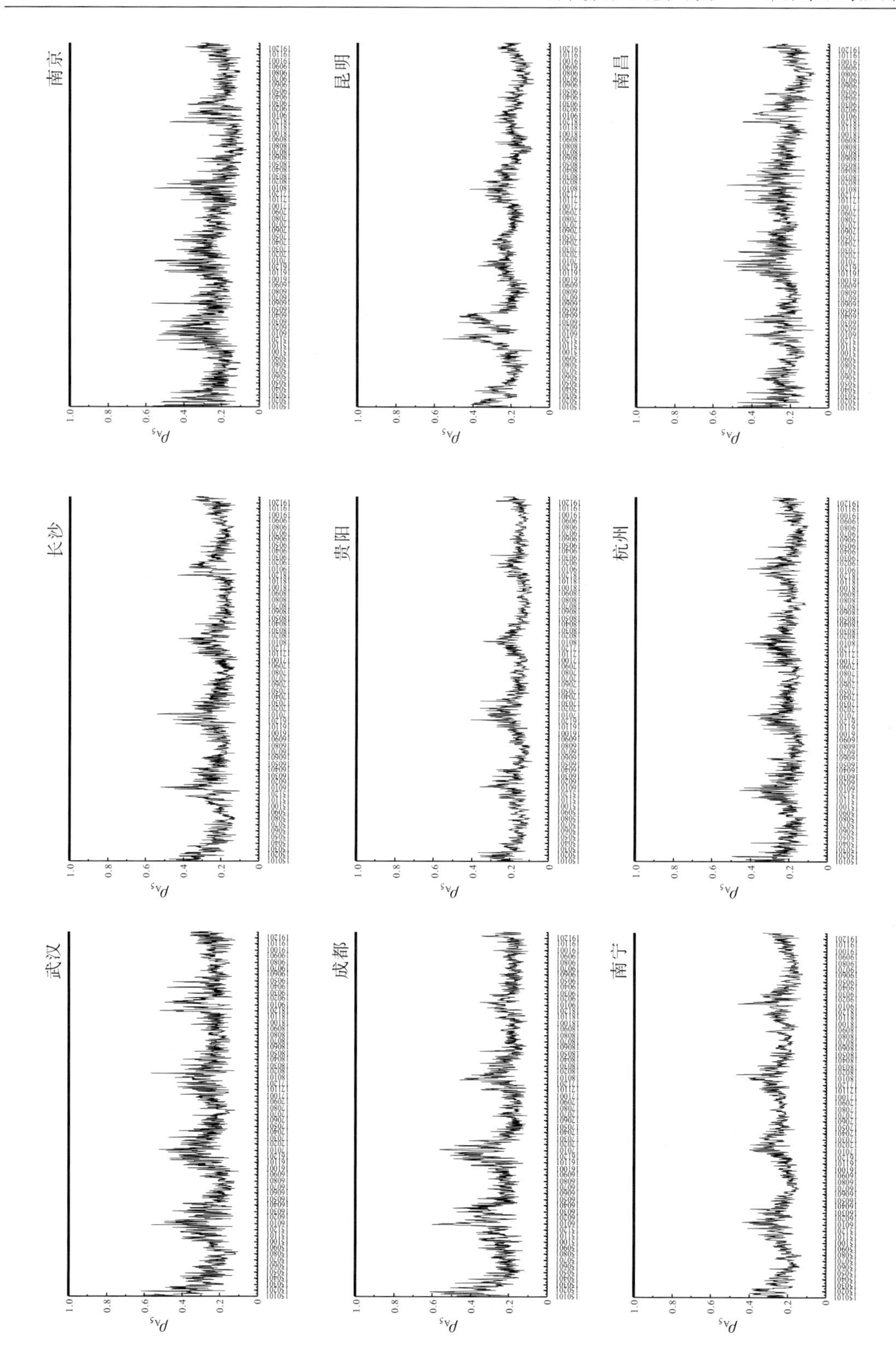
南京
昆明
南昌
长沙
贵阳
杭州
武汉
成都
南宁

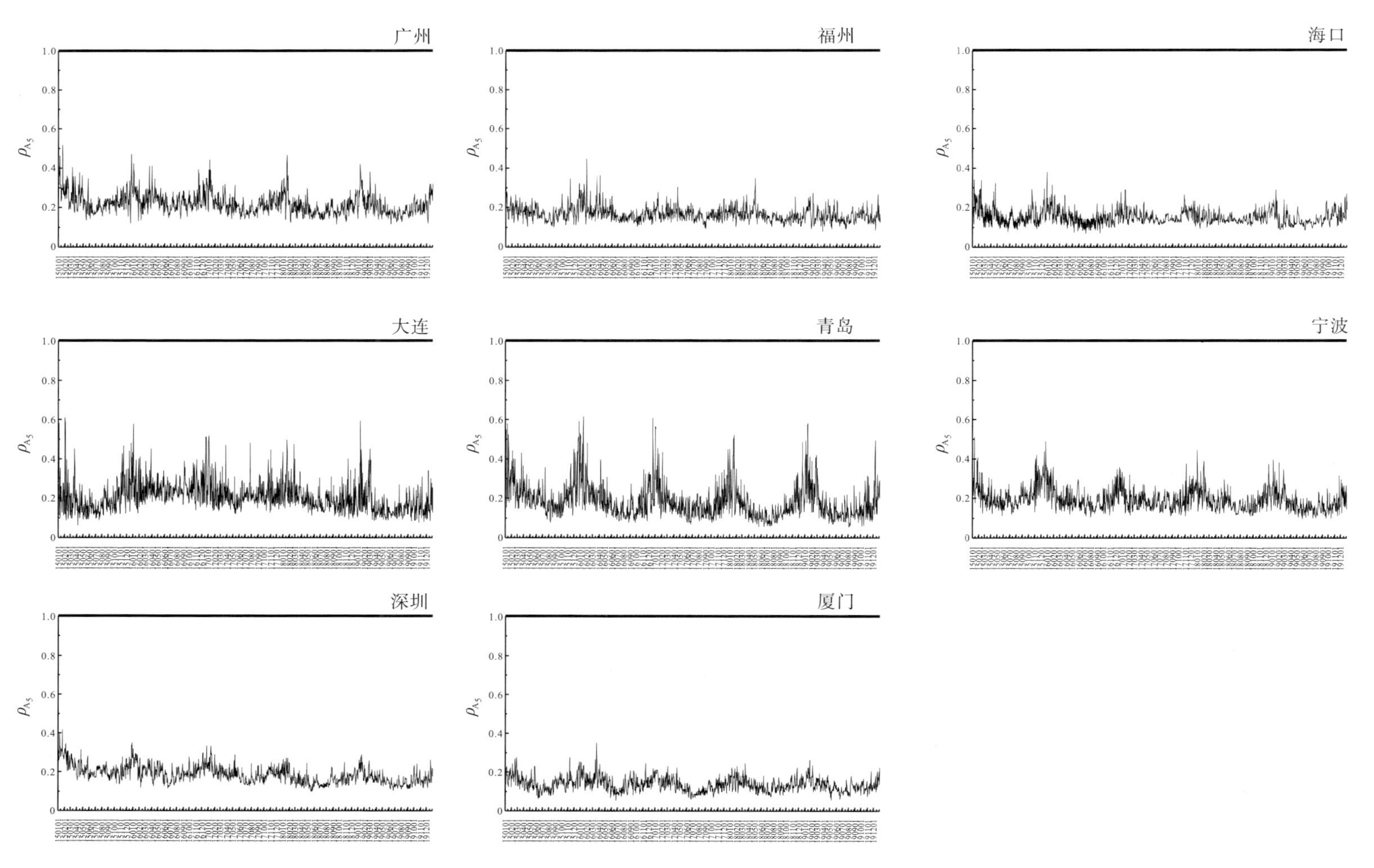

图7.6　2015~2019年35个样本城市CO的大气环境承载力分项指数（ρ_{A_5}）日变化趋势图

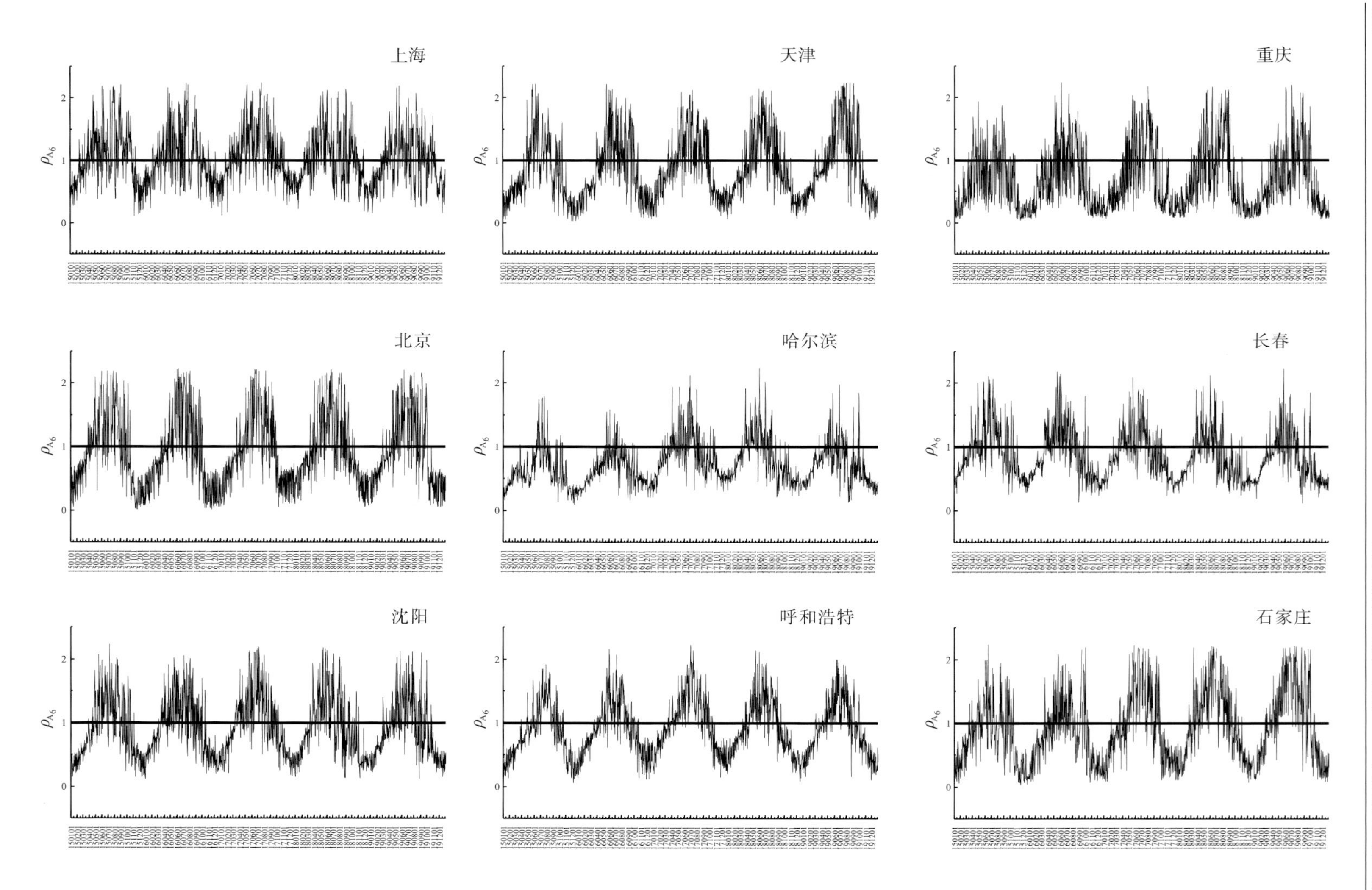
上海
天津
重庆
北京
哈尔滨
长春
沈阳
呼和浩特
石家庄
ρ_{A_6}

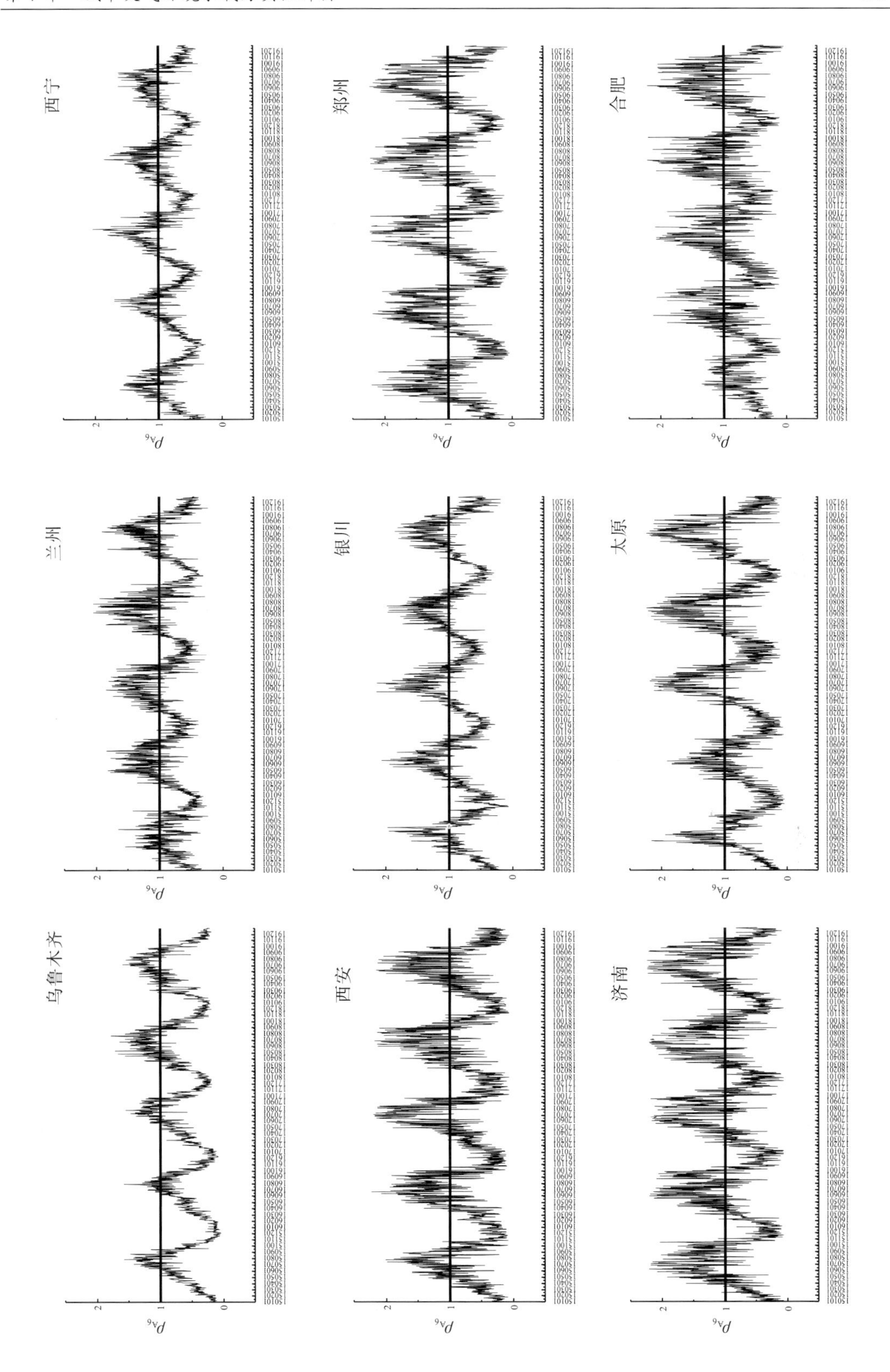
西宁
郑州
合肥
兰州
银川
太原
乌鲁木齐
西安
济南

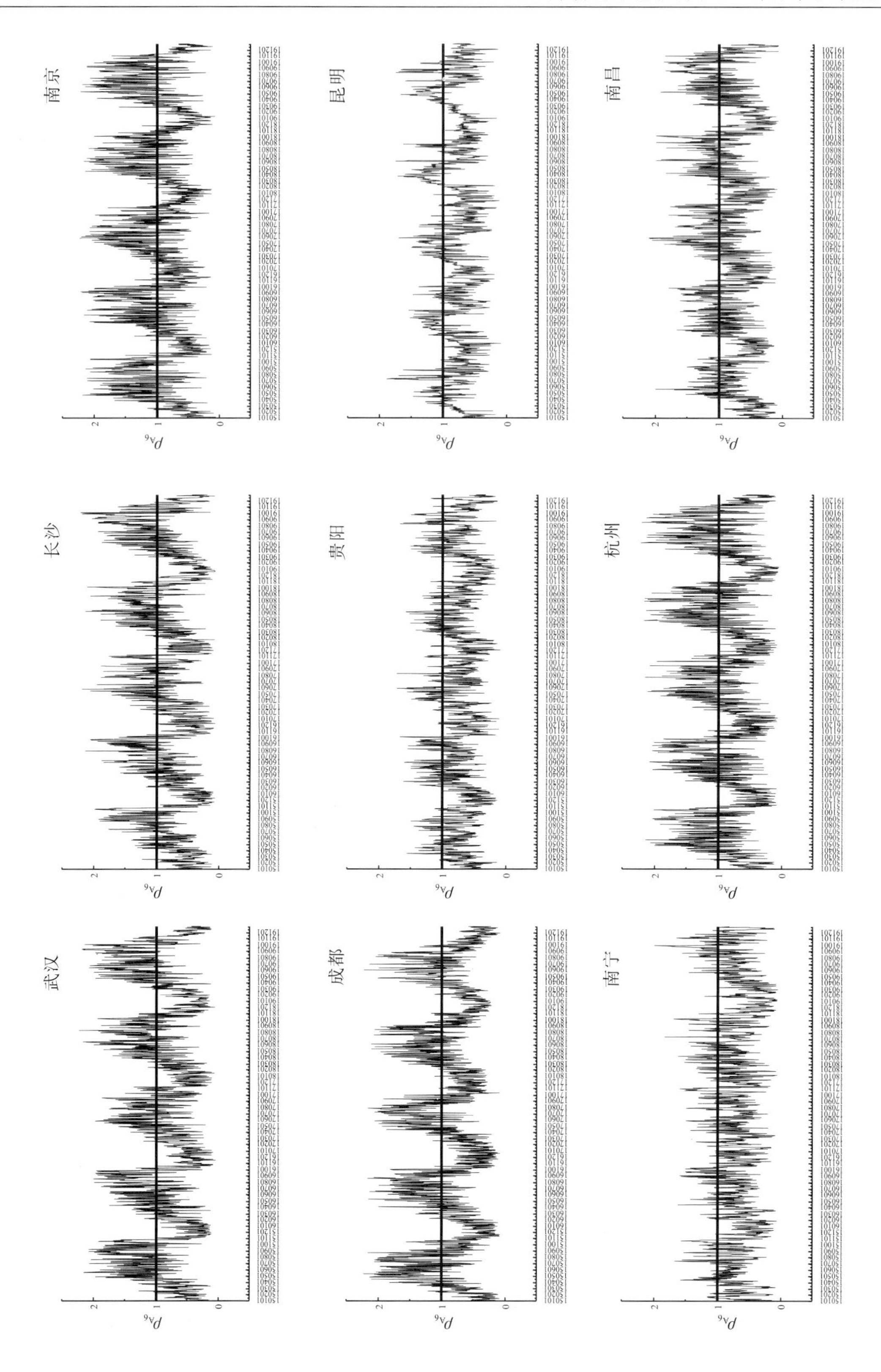
南京
昆明
南昌
长沙
贵阳
杭州
武汉
成都
南宁
ρ_{A_6}
0
1
2

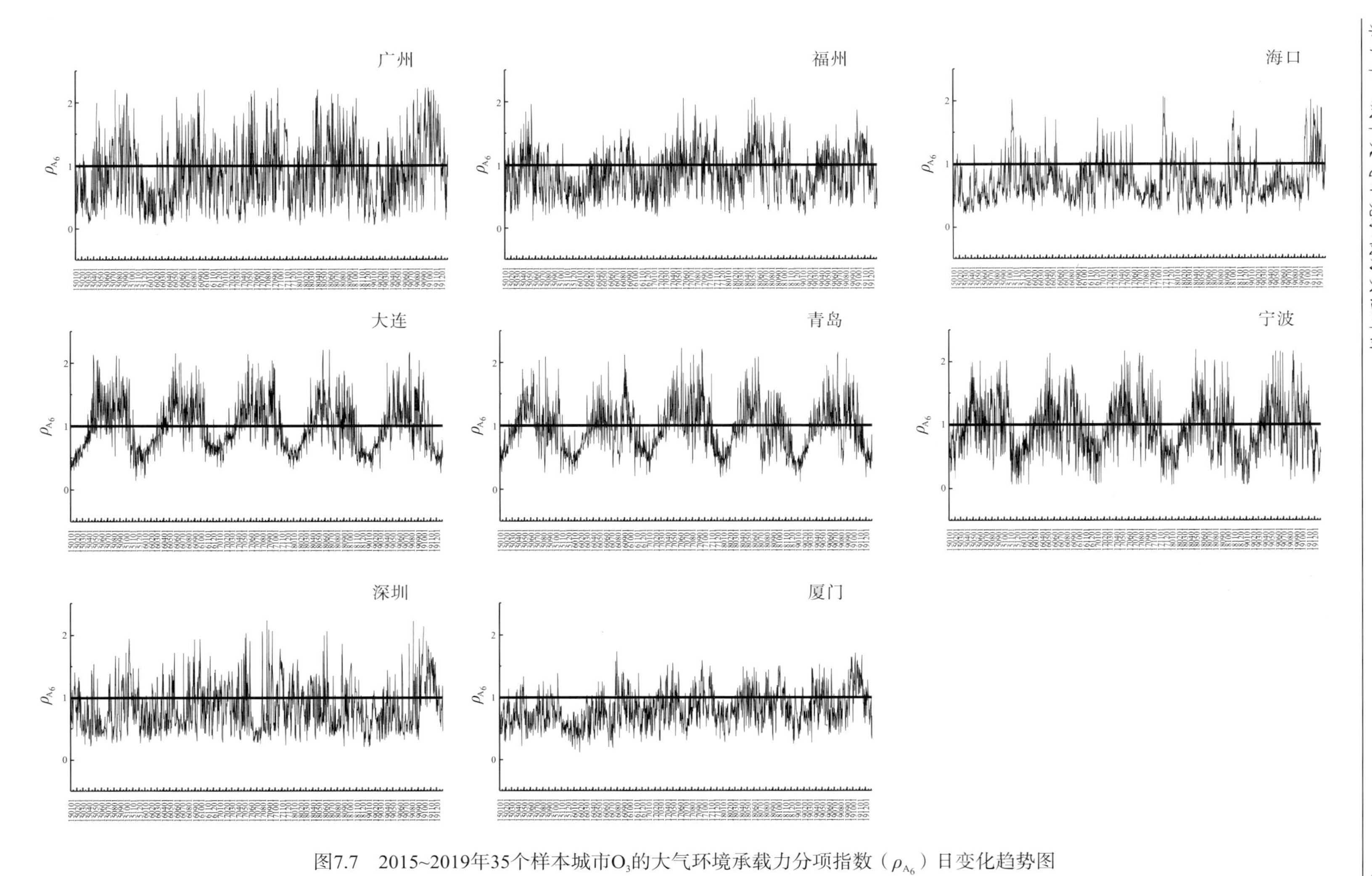

图7.7　2015~2019年35个样本城市O_3的大气环境承载力分项指数（ρ_{A_6}）日变化趋势图

在图 7.2～图 7.7 中，横直线代表大气环境承载力分项指数的临界值（$\rho_{A_i}=1$）；横直线以上表示 $\rho_{A_i}>1$，代表该大气污染物处于超载状态，属于超载污染物；横直线以下表示 $\rho_{A_i}<1$，代表该大气污染物处于未超载状态，属于未超载污染物。各大气环境承载力分项指数描述如下。

(1) 从图 7.2 和图 7.3 中可以发现，35 个样本城市的 ρ_{A_1} 和 ρ_{A_2} 总体上都大于 1，表明 35 个样本城市的 $PM_{2.5}$ 和 PM_{10} 总体上处于超载状态。虽然昆明、福州、海口、深圳和厦门这 5 个城市的 ρ_{A_1} 和 ρ_{A_2} ($PM_{2.5}$ 和 PM_{10} 的大气环境承载力分项指数) 在研究期内相较于其他城市偏低，但总体上也处于超载状态。

(2) 由图 7.4 可知，35 个样本城市的 ρ_{A_3} (SO_2 的大气环境承载力分项指数) 总体上较低，其中重庆、南宁、杭州、深圳、厦门、广州、福州、成都、昆明和海口这 10 个城市在整个研究期内其 SO_2 都处于未超载状态。

(3) 图 7.5 反映出 35 个样本城市的 ρ_{A_4} (NO_2 的大气环境承载力分项指数) 在研究期内总体上小于 1，表明 35 个样本城市的 NO_2 总体上处于未超载状态。其中，西宁、昆明、海口、福州和贵阳这 5 个城市的 ρ_{A_4} 在整个研究期内均小于 1，表明这 5 个城市在整个研究期内其 NO_2 一直处于未超载状态。

(4) 图 7.6 显示 35 个样本城市的 ρ_{A_5} (CO 的大气环境承载力分项指数) 在整个研究期内均小于 1，表明各样本城市的 CO 在整个研究期内均处于未超载状态。

(5) 从图 7.7 中可以发现，35 个样本城市的 ρ_{A_6} (O_3 的大气环境承载力分项指数) 均在临界值附近波动。

综合图 7.2～图 7.7，发现各大气环境承载力分项指数均存在一定的周期性变化特征。$PM_{2.5}$、PM_{10}、SO_2、NO_2 和 CO 这五类大气污染物的承载力分项指数都具有“冬季高、夏季低”的特点，而 O_3 的大气环境承载力分项指数具有“夏季高、冬季低”的特点。

利用基于日数据的大气环境承载力分项指数计算结果，可以计算出六类大气环境承载力分项指数在 2015～2019 年的年数据、年均值和排名，鉴于篇幅的限制，在此仅展示年均值和排名，如表 7.8～表 7.13 所示。

表 7.8 为 2015～2019 35 个样本城市 $PM_{2.5}$ 的大气环境承载力分项指数（ρ_{A_1}）实证计算结果。从表 7.8 中可以发现，ρ_{A_1} 平均值排名前三的城市分别是海口 (0.54)、福州 (0.72) 和厦门 (0.74)，排名靠后的三个城市分别是石家庄 (1.77)、济南 (1.76) 和郑州 (1.76)，处于超载状态 (＞1) 的城市有 27 个。

表 7.8　2015～2019 年 35 个样本城市 $PM_{2.5}$ 的大气环境承载力分项指数（ρ_{A_1}）年数据

城市	2015 年	2016 年	2017 年	2018 年	2019 年	年均值	年均值排名
北京	1.72	1.63	1.38	1.27	1.14	1.43	26
天津	1.78	1.68	1.53	1.37	1.43	1.56	31
石家庄	1.99	1.84	1.83	1.74	1.45	1.77	35

续表

城市	2015 年	2016 年	2017 年	2018 年	2019 年	年均值	年均值排名
太原	1.65	1.58	1.60	1.57	1.44	1.57	32
呼和浩特	1.10	1.12	1.20	1.04	1.05	1.10	12
沈阳	1.70	1.42	1.37	1.13	1.15	1.35	23
大连	1.27	1.06	0.96	0.83	0.95	1.01	9
长春	1.53	1.25	1.24	0.92	1.03	1.19	16
哈尔滨	1.48	1.32	1.22	1.04	0.98	1.21	18
上海	1.47	1.29	1.09	0.99	1.01	1.17	14
南京	1.55	1.33	1.13	1.13	1.14	1.26	20
杭州	1.53	1.33	1.22	1.07	1.04	1.24	19
宁波	1.24	1.09	1.03	0.91	0.82	1.02	10
合肥	1.75	1.59	1.53	1.32	1.24	1.49	29
福州	0.80	0.75	0.74	0.67	0.65	0.72	2
厦门	0.82	0.79	0.74	0.68	0.68	0.74	3
南昌	1.17	1.15	1.13	0.78	0.97	1.04	11
济南	2.25	1.96	1.70	1.42	1.49	1.76	33
青岛	1.34	1.19	1.04	0.93	1.06	1.11	13
郑州	2.28	1.81	1.70	1.60	1.43	1.76	33
武汉	1.84	1.57	1.45	1.31	1.26	1.49	28
长沙	1.66	1.49	1.39	1.25	1.28	1.41	25
广州	1.09	0.99	0.99	0.96	0.83	0.97	7
深圳	0.84	0.76	0.79	0.75	0.72	0.77	5
南宁	1.16	1.00	1.00	0.93	0.86	0.99	8
海口	0.60	0.57	0.56	0.49	0.47	0.54	1
重庆	1.47	1.50	1.25	1.08	1.08	1.28	22
成都	1.64	1.69	1.36	1.33	1.14	1.43	27
贵阳	1.09	0.98	0.90	0.88	0.76	0.92	6
昆明	0.80	0.74	0.77	0.77	0.70	0.76	4
西安	1.53	1.66	1.62	1.54	1.41	1.55	30
兰州	1.40	1.41	1.35	1.24	0.93	1.27	21
西宁	1.38	1.40	1.06	1.19	0.95	1.20	17
银川	1.33	1.39	1.25	1.07	0.87	1.18	15
乌鲁木齐	1.51	1.43	1.34	1.34	1.32	1.39	24
样本城市均值	1.42	1.31	1.21	1.10	1.05	1.22	—

注：表中年均值只取了小数点后两位，排名则按实际数值排列，因此没有并列排名。后表同。

表 7.9 为 2015～2019 年 35 个样本城市 PM_{10} 的大气环境承载力分项指数（ρ_{A_2}）实证计算结果。从表 7.9 中可以发现，ρ_{A_2} 平均值排名前三的城市分别是海口(0.71)、厦门(0.89)和深圳(0.89)，排名靠后的三个城市分别是济南(2.45)、郑州(2.41)和石家庄(2.40)，处于超载状态(＞1)的城市有 31 个。

表 7.9　2015～2019 年 35 个样本城市 PM_{10} 的大气环境承载力分项指数（ρ_{A_2}）年数据

城市	2015 年	2016 年	2017 年	2018 年	2019 年	年均值	年均值排名
北京	1.87	1.81	1.59	1.57	1.32	1.63	20
天津	2.12	1.96	1.83	1.68	1.61	1.84	27
石家庄	2.53	2.41	2.62	2.31	2.12	2.40	33
太原	2.16	2.17	2.37	2.43	2.00	2.23	32
呼和浩特	1.97	1.75	1.84	1.77	1.48	1.76	26
沈阳	2.00	1.75	1.67	1.44	1.51	1.67	23
大连	1.52	1.33	1.17	1.09	1.19	1.26	11
长春	1.90	1.50	1.54	1.24	1.30	1.50	17
哈尔滨	1.77	1.41	1.52	1.19	1.29	1.44	16
上海	1.51	1.29	1.16	1.05	0.96	1.19	10
南京	1.92	1.70	1.54	1.49	1.41	1.61	18
杭州	1.65	1.50	1.38	1.30	1.27	1.42	14
宁波	1.37	1.23	1.18	1.02	0.95	1.15	8
合肥	1.95	1.73	1.66	1.49	1.40	1.65	21
福州	1.09	1.01	1.02	0.92	0.82	0.97	4
厦门	0.96	0.94	0.91	0.86	0.78	0.89	2
南昌	1.45	1.49	1.49	1.22	1.31	1.39	12
济南	2.92	2.65	2.40	2.14	2.12	2.45	35
青岛	1.90	1.69	1.54	1.42	1.51	1.61	18
郑州	2.97	2.50	2.42	2.12	2.05	2.41	34
武汉	2.12	1.87	1.73	1.48	1.42	1.72	24
长沙	1.65	1.56	1.45	1.27	1.17	1.42	14
广州	1.19	1.10	1.11	1.06	1.03	1.10	7
深圳	0.99	0.85	0.89	0.88	0.86	0.89	3
南宁	1.42	1.22	1.14	1.13	1.05	1.19	9
海口	0.76	0.74	0.74	0.67	0.62	0.71	1
重庆	1.66	1.53	1.41	1.24	1.17	1.40	13
成都	1.98	1.96	1.57	1.55	1.28	1.67	22
贵阳	1.20	1.23	1.05	1.07	0.92	1.09	6
昆明	1.06	1.05	1.12	1.01	0.84	1.02	5
西安	2.27	2.37	2.17	2.11	1.92	2.17	31
兰州	2.19	2.26	2.14	1.96	1.5	2.01	29
西宁	1.98	2.16	1.66	1.73	1.25	1.76	25
银川	2.13	2.00	2.09	1.83	1.38	1.89	28
乌鲁木齐	2.35	2.03	2.07	1.98	1.78	2.04	30
样本城市均值	1.79	1.65	1.58	1.45	1.33	1.56	—

表 7.10 为 2015～2019 年 35 个样本城市 SO_2 的大气环境承载力分项指数（ρ_{A_3}）实证计算结果。从表 7.10 中可以发现，ρ_{A_3} 平均值排名前三的城市分别是海口(0.10)、福州(0.11)和深圳(0.14)，排名靠后的三个城市分别是银川(0.60)、太原(0.57)和石家庄(0.53)，没有处于超载状态(＞1)的城市。

表 7.10　2015～2019 年 35 个样本城市 SO_2 的大气环境承载力分项指数（ρ_{A_3}）年数据

城市	2015 年	2016 年	2017 年	2018 年	2019 年	年均值	年均值排名
北京	0.25	0.19	0.14	0.11	0.08	0.15	4
天津	0.49	0.41	0.36	0.29	0.24	0.36	24
石家庄	0.71	0.67	0.55	0.41	0.32	0.53	33
太原	0.71	0.66	0.62	0.45	0.40	0.57	34
呼和浩特	0.54	0.54	0.53	0.38	0.29	0.46	30
沈阳	0.52	0.58	0.54	0.47	0.41	0.50	31
大连	0.50	0.49	0.34	0.23	0.21	0.35	23
长春	0.50	0.50	0.47	0.29	0.20	0.39	26
哈尔滨	0.46	0.52	0.44	0.37	0.32	0.42	28
上海	0.33	0.28	0.22	0.19	0.13	0.23	14
南京	0.38	0.36	0.31	0.19	0.20	0.29	20
杭州	0.30	0.22	0.21	0.18	0.13	0.21	7
宁波	0.31	0.25	0.19	0.17	0.16	0.22	8
合肥	0.32	0.29	0.24	0.13	0.12	0.22	10
福州	0.11	0.11	0.12	0.12	0.09	0.11	2
厦门	0.17	0.18	0.18	0.15	0.10	0.16	5
南昌	0.47	0.31	0.27	0.19	0.16	0.28	18
济南	0.75	0.67	0.49	0.34	0.29	0.51	32
青岛	0.52	0.42	0.30	0.18	0.16	0.32	21
郑州	0.58	0.56	0.41	0.28	0.18	0.40	27
武汉	0.39	0.23	0.19	0.16	0.17	0.23	12
长沙	0.36	0.3	0.24	0.19	0.14	0.25	16
广州	0.24	0.22	0.22	0.18	0.13	0.20	6
深圳	0.16	0.16	0.15	0.14	0.10	0.14	3
南宁	0.25	0.24	0.22	0.2	0.18	0.22	9
海口	0.10	0.11	0.11	0.09	0.09	0.10	1
重庆	0.31	0.25	0.23	0.17	0.15	0.22	11
成都	0.30	0.29	0.23	0.18	0.14	0.23	12
贵阳	0.33	0.25	0.24	0.19	0.19	0.24	15
昆明	0.34	0.33	0.28	0.24	0.22	0.28	19
西安	0.46	0.39	0.36	0.28	0.17	0.33	22

续表

城市	2015 年	2016 年	2017 年	2018 年	2019 年	年均值	年均值排名
兰州	0.41	0.35	0.38	0.36	0.30	0.36	25
西宁	0.51	0.52	0.40	0.35	0.33	0.42	29
银川	0.53	0.66	0.80	0.65	0.38	0.60	35
乌鲁木齐	0.32	0.30	0.27	0.21	0.16	0.25	17
样本城市均值	0.40	0.37	0.32	0.25	0.20	0.31	—

表 7.11 为 2015～2019 年 35 个样本城市 NO_2 的大气环境承载力分项指数（ρ_{A_4}）实证计算结果。从表 7.11 中可以发现，ρ_{A_4} 平均值排名前三的城市分别是海口(0.16)、贵阳(0.30)和厦门(0.31)，排名靠后的三个城市分别是郑州(0.61)、西安(0.61)和济南(0.57)，没有处于超载状态(>1)的城市。

表 7.11　2015～2019 年 35 个样本城市 NO_2 的大气环境承载力分项指数（ρ_{A_4}）年数据

城市	2015 年	2016 年	2017 年	2018 年	2019 年	年均值	年均值排名
北京	0.54	0.52	0.52	0.48	0.44	0.50	18
天津	0.48	0.56	0.63	0.60	0.54	0.56	30
石家庄	0.53	0.61	0.60	0.54	0.51	0.56	28
太原	0.45	0.51	0.61	0.58	0.57	0.54	24
呼和浩特	0.48	0.51	0.56	0.49	0.49	0.51	20
沈阳	0.55	0.48	0.48	0.45	0.44	0.48	16
大连	0.41	0.37	0.34	0.32	0.33	0.35	6
长春	0.52	0.47	0.47	0.40	0.40	0.45	14
哈尔滨	0.55	0.52	0.51	0.43	0.39	0.48	17
上海	0.54	0.52	0.53	0.49	0.50	0.52	22
南京	0.60	0.53	0.57	0.51	0.52	0.55	26
杭州	0.56	0.51	0.53	0.48	0.48	0.51	21
宁波	0.52	0.48	0.47	0.42	0.44	0.47	15
合肥	0.40	0.53	0.59	0.49	0.50	0.50	19
福州	0.38	0.34	0.33	0.30	0.25	0.32	4
厦门	0.33	0.33	0.34	0.31	0.24	0.31	3
南昌	0.36	0.38	0.42	0.40	0.39	0.39	8
济南	0.60	0.57	0.58	0.56	0.54	0.57	33
青岛	0.41	0.41	0.44	0.39	0.41	0.41	10
郑州	0.65	0.64	0.64	0.58	0.54	0.61	35
武汉	0.58	0.54	0.57	0.53	0.52	0.55	27
长沙	0.45	0.44	0.47	0.40	0.40	0.43	13
广州	0.54	0.52	0.59	0.55	0.52	0.54	25

续表

城市	2015 年	2016 年	2017 年	2018 年	2019 年	年均值	年均值排名
深圳	0.41	0.40	0.37	0.35	0.32	0.37	7
南宁	0.39	0.38	0.42	0.42	0.36	0.39	9
海口	0.16	0.18	0.14	0.15	0.15	0.16	1
重庆	0.53	0.55	0.55	0.52	0.48	0.53	23
成都	0.61	0.62	0.59	0.51	0.47	0.56	29
贵阳	0.33	0.33	0.31	0.28	0.25	0.30	2
昆明	0.34	0.31	0.36	0.37	0.34	0.34	5
西安	0.53	0.62	0.68	0.63	0.59	0.61	34
兰州	0.58	0.57	0.59	0.57	0.53	0.57	31
西宁	0.41	0.46	0.43	0.41	0.41	0.42	12
银川	0.42	0.41	0.46	0.40	0.41	0.42	11
乌鲁木齐	0.59	0.60	0.57	0.55	0.53	0.57	31
样本城市均值	0.48	0.48	0.49	0.45	0.43	0.47	—

表 7.12 为 2015～2019 年 35 个样本城市 CO 的大气环境承载力分项指数（ρ_{A_5}）实证计算结果。从表 7.12 中可以发现，ρ_{A_5} 平均值排名前三的城市分别是厦门（0.14）、海口（0.15）和福州（0.17），排名靠后的三个城市分别是西安（0.32）、西宁（0.31）和太原（0.29），没有处于超载状态（>1）的城市。

表 7.12　2015～2019 年 35 个样本城市 CO 的大气环境承载力分项指数（ρ_{A_5}）年数据

城市	2015 年	2016 年	2017 年	2018 年	2019 年	年均值	年均值排名
北京	0.25	0.23	0.20	0.20	0.17	0.21	10
天津	0.30	0.31	0.30	0.28	0.25	0.29	31
石家庄	0.24	0.28	0.28	0.26	0.22	0.26	26
太原	0.36	0.32	0.30	0.25	0.24	0.29	33
呼和浩特	0.26	0.27	0.28	0.28	0.25	0.27	30
沈阳	0.24	0.23	0.23	0.24	0.23	0.23	21
大连	0.19	0.25	0.22	0.20	0.17	0.21	9
长春	0.22	0.22	0.28	0.20	0.18	0.22	13
哈尔滨	0.24	0.29	0.25	0.19	0.19	0.23	19
上海	0.21	0.20	0.19	0.16	0.16	0.18	5
南京	0.24	0.27	0.25	0.18	0.20	0.23	17
杭州	0.22	0.20	0.22	0.22	0.19	0.21	11
宁波	0.22	0.20	0.19	0.19	0.18	0.20	8
合肥	0.26	0.24	0.23	0.20	0.19	0.22	15
福州	0.18	0.17	0.17	0.16	0.16	0.17	3

续表

城市	2015年	2016年	2017年	2018年	2019年	年均值	年均值排名
厦门	0.15	0.15	0.13	0.14	0.13	0.14	1
南昌	0.23	0.24	0.26	0.24	0.19	0.23	19
济南	0.32	0.29	0.25	0.21	0.21	0.26	26
青岛	0.22	0.19	0.18	0.16	0.17	0.18	5
郑州	0.35	0.34	0.28	0.26	0.23	0.29	32
武汉	0.27	0.25	0.26	0.24	0.25	0.25	25
长沙	0.24	0.24	0.22	0.20	0.22	0.22	15
广州	0.24	0.24	0.22	0.20	0.20	0.22	13
深圳	0.22	0.20	0.19	0.16	0.16	0.19	7
南宁	0.24	0.22	0.26	0.24	0.21	0.23	21
海口	0.16	0.15	0.16	0.15	0.14	0.15	2
重庆	0.28	0.24	0.24	0.22	0.21	0.24	24
成都	0.26	0.27	0.22	0.21	0.19	0.23	18
贵阳	0.18	0.18	0.18	0.15	0.16	0.17	4
昆明	0.25	0.24	0.22	0.20	0.17	0.22	12
西安	0.37	0.35	0.34	0.30	0.22	0.32	35
兰州	0.30	0.29	0.25	0.24	0.22	0.26	28
西宁	0.33	0.29	0.31	0.34	0.28	0.31	34
银川	0.25	0.26	0.24	0.22	0.21	0.24	23
乌鲁木齐	0.27	0.25	0.28	0.26	0.24	0.26	28
样本城市均值	0.25	0.24	0.24	0.22	0.20	0.23	—

表7.13为2015～2019年35个样本城市O_3的大气环境承载力分项指数（ρ_{A_6}）实证计算结果。从表7.13中可以发现，ρ_{A_6}平均值排名前三的城市分别是重庆(0.68)、乌鲁木齐(0.69)、海口(0.73)和哈尔滨(0.73)，排名靠后的三个城市分别是济南(1.02)、南京(1.01)和上海(1.00)，处于超载状态(>1)的城市有3个。

表7.13　2015～2019年35个样本城市O_3的大气环境承载力分项指数（ρ_{A_6}）年数据

城市	2015年	2016年	2017年	2018年	2019年	年均值	年均值排名
北京	0.86	0.87	0.89	0.92	0.9	0.89	18
天津	0.76	0.84	0.88	0.89	0.91	0.86	11
石家庄	0.76	0.83	0.93	0.99	0.97	0.90	21
太原	0.68	0.75	0.92	0.99	0.97	0.86	13
呼和浩特	0.80	0.90	0.99	0.91	0.91	0.90	23
沈阳	0.85	0.92	0.95	0.88	0.87	0.89	19
大连	0.95	1.01	1.03	0.96	0.96	0.98	31

续表

城市	2015 年	2016 年	2017 年	2018 年	2019 年	年均值	年均值排名
长春	0.91	0.88	0.89	0.81	0.80	0.86	12
哈尔滨	0.61	0.63	0.86	0.81	0.72	0.73	3
上海	1.01	1.00	1.07	0.98	0.96	1.00	33
南京	0.96	1.01	1.02	1.01	1.03	1.01	34
杭州	0.91	0.93	0.93	0.93	0.96	0.93	28
宁波	0.95	0.93	0.98	0.90	0.94	0.94	30
合肥	0.64	0.90	0.98	1.00	1.00	0.90	24
福州	0.77	0.77	0.96	0.95	0.91	0.87	15
厦门	0.68	0.72	0.85	0.87	0.93	0.81	7
南昌	0.74	0.87	0.93	0.87	0.92	0.87	14
济南	0.95	0.99	1.03	1.06	1.07	1.02	35
青岛	0.92	0.91	1.01	0.92	0.93	0.94	29
郑州	0.88	0.99	1.00	1.04	1.06	0.99	32
武汉	0.93	0.88	0.86	0.93	0.98	0.92	25
长沙	0.78	0.83	0.88	0.94	0.94	0.87	16
广州	0.80	0.79	0.90	0.95	0.98	0.88	17
深圳	0.78	0.82	0.87	0.82	0.88	0.83	9
南宁	0.74	0.73	0.74	0.75	0.72	0.74	5
海口	0.67	0.73	0.77	0.68	0.81	0.73	4
重庆	0.63	0.69	0.70	0.72	0.67	0.68	1
成都	0.9	0.91	0.91	0.95	0.83	0.90	22
贵阳	0.72	0.80	0.75	0.74	0.74	0.75	6
昆明	0.79	0.81	0.78	0.84	0.87	0.82	8
西安	0.73	0.84	0.89	0.92	0.86	0.85	10
兰州	0.77	0.95	1.01	0.98	0.93	0.93	27
西宁	0.83	0.83	0.96	0.93	0.92	0.89	20
银川	0.76	0.94	0.99	0.98	0.96	0.93	26
乌鲁木齐	0.58	0.56	0.71	0.81	0.79	0.69	2
样本城市均值	0.80	0.85	0.91	0.90	0.90	0.87	—

2. 基于时点数据的大气环境承载力分项指数实证计算结果

根据 7.1.3 节中建立的城市大气环境承载力分项指数评价模型，应用 7.2.1 节中收集的六类大气污染物浓度时点数据，计算出 35 个样本城市时点大气环境承载力分项指数（ρ_{A_i}）。由于数据量过大，这里仅选取 2019 年 7 月 15 日 01:00～24:00 北京的数据进行展示，见表 7.14。其余样本城市的相关数据不在此处列出。

表 7.14 2019 年 7 月 15 日北京时点大气环境承载力分项指数（ρ_{A_i}）计算结果

时点	ρ_{A_1}	ρ_{A_2}	ρ_{A_3}	ρ_{A_4}	ρ_{A_5}	ρ_{A_6}
01:00	1.46	1.56	0.01	0.11	0.09	0.66
02:00	1.51	1.34	0.02	0.13	0.09	0.53
03:00	1.37	1.12	0.01	0.17	0.08	0.34
04:00	1.51	1.18	0.01	0.20	0.08	0.26
05:00	1.49	1.28	0.01	0.24	0.08	0.14
06:00	1.46	1.20	0.02	0.22	0.07	0.15
07:00	1.51	1.12	0.02	0.20	0.08	0.20
08:00	1.66	1.38	0.03	0.19	0.08	0.29
09:00	1.74	1.50	0.03	0.16	0.09	0.49
10:00	2.00	1.72	0.02	0.14	0.10	0.69
11:00	2.20	1.86	0.02	0.14	0.10	0.90
12:00	2.20	1.66	0.02	0.10	0.09	—
13:00	1.94	1.36	0.01	0.08	0.08	—
14:00	1.77	1.28	0.01	0.08	0.08	—
15:00	1.63	1.22	0.01	0.07	0.08	—
16:00	1.43	1.30	0.01	0.07	0.07	—
17:00	1.40	1.30	0.01	0.08	0.07	—
18:00	1.37	1.30	0.01	0.09	0.08	—
19:00	1.31	1.24	0.01	0.10	0.08	—
20:00	1.26	1.28	0.01	0.11	0.08	—
21:00	1.17	1.38	0.01	0.13	0.08	—
22:00	1.23	1.72	0.01	0.14	0.09	1.13
23:00	1.23	1.42	0.02	0.14	0.10	0.92
24:00	1.09	1.06	0.02	0.12	0.10	0.78

注：“—”代表空值。

由表 7.14 可以发现，北京在 2019 年 7 月 15 日各时点的 ρ_{A_1}、ρ_{A_2} 均出现了超载(即 $\rho_{A_i}>1$)情况；而各时点的 ρ_{A_3}、ρ_{A_4} 和 ρ_{A_5} 均未出现超载情况；ρ_{A_6} 出现较多空值，且在 22:00 出现了超载情况。进一步观察可以发现，ρ_{A_1} 在 11:00 和 12:00 达到了峰值 2.20，在 24:00 达到了谷值 1.09，表明 $PM_{2.5}$ 污染在日间较为严重；ρ_{A_2} 在 11:00 达到了峰值 1.86，在 24:00 达到了谷值 1.06，表明 PM_{10} 污染同样在日间较为严重。

3. 基于日数据和时点数据的大气环境承载力综合指数实证计算结果

根据 7.1.3 节中建立的城市大气环境承载力综合指数评价模型，利用 7.2.1 节中经过数据清洗的六类大气污染物浓度日数据，计算研究期内样本城市每日大气环境承载力综合指数（UAECCI）。由于数据量过大，这里仅选取 2019 年 1 月 1 日至 1 月 31 日北京的计算结果进行展示，见表 7.15。其余样本城市的相关数据不在此处列出。

表 7.15　2019 年 1 月北京大气环境承载力综合指数（UAECCI）计算结果

日期(年.月.日)	UAECCI	日期(年.月.日)	UAECCI
2019.01.01	0.36	2019.01.17	0.57
2019.01.02	0	2019.01.18	0.92
2019.01.03	1.28	2019.01.19	2.22
2019.01.04	5.12	2019.01.20	0
2019.01.05	0	2019.01.21	0
2019.01.06	0	2019.01.22	0.27
2019.01.07	2.01	2019.01.23	0.51
2019.01.08	0.05	2019.01.24	0.03
2019.01.09	0	2019.01.25	1.37
2019.01.10	0.53	2019.01.26	0
2019.01.11	2.91	2019.01.27	0
2019.01.12	4.39	2019.01.28	1.72
2019.01.13	—	2019.01.29	0.24
2019.01.14	6.02	2019.01.30	4.51
2019.01.15	4.36	2019.01.31	0.59
2019.01.16	0.16		

注：“—”代表空值。

为进一步直观展示 35 个样本城市大气环境承载力综合指数在研究期内的变化趋势并挖掘其潜在规律，根据 35 个样本城市大气环境承载力综合指数的日数据计算结果，绘制 35 个样本城市大气环境承载力综合指数在研究期内的日变化趋势图，见图 7.8。

在图 7.8 中，横直线代表大气环境承载力综合指数（UAECCI）为零，即城市大气环境承载力处于未超载状态；横直线以上代表 UAECCI 大于零，即城市大气环境承载力处于超载状态。从图 7.8 中可以发现，贵阳、昆明、福州、海口和厦门这 5 个城市的 UAECCI 在整个研究期内都较低，大部分时间处于未超载状态，且极端值较少。而其他城市的 UAECCI 在研究期内总体偏高，高低值交错出现，且极端值较多。进一步观察图 7.8 可以发现，35 个样本城市的 UAECCI 均具有一定的周期性变化规律。

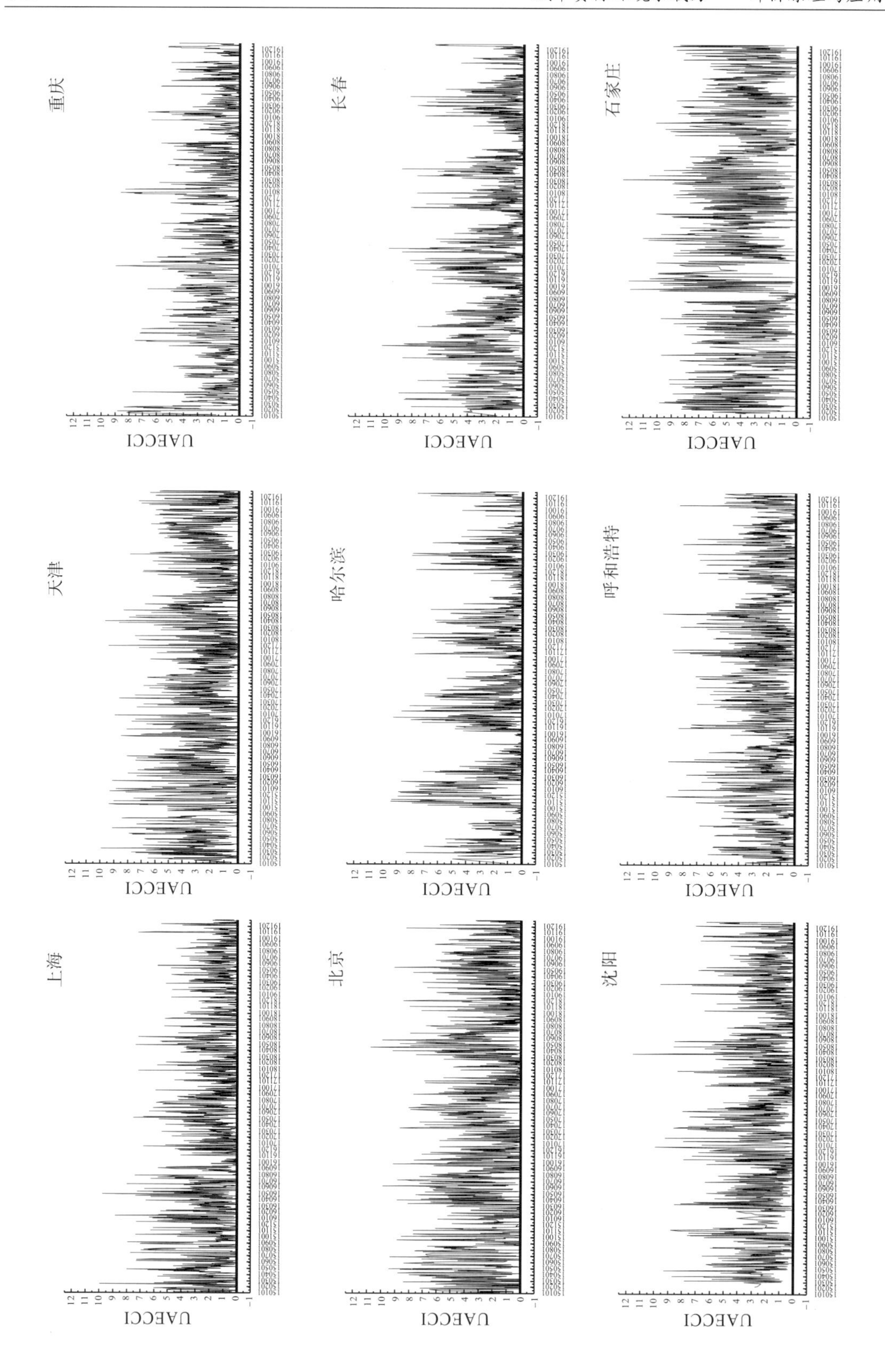
上海
天津
重庆
北京
哈尔滨
长春
沈阳
呼和浩特
石家庄
UAECCI

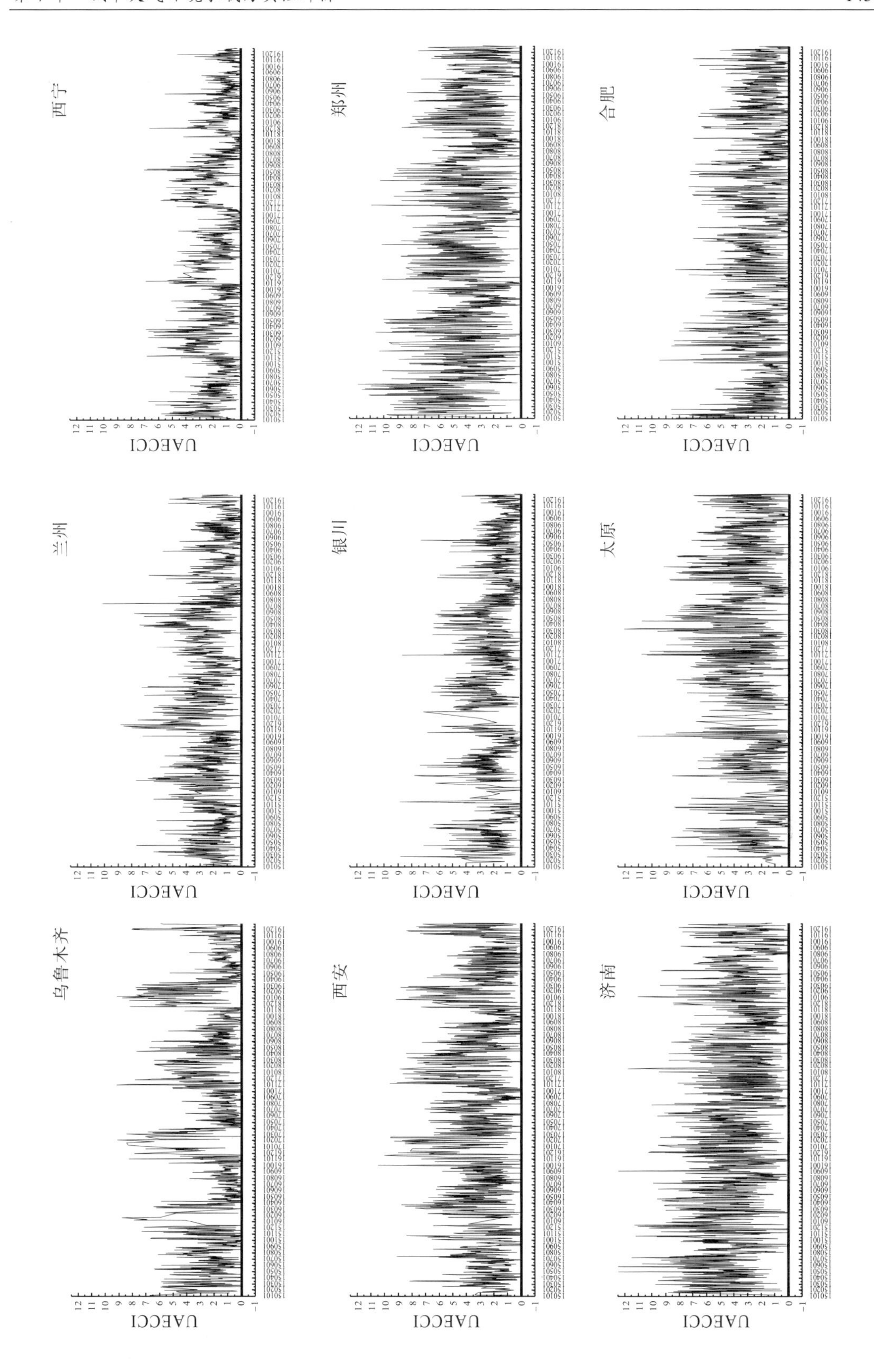

乌鲁木齐
兰州
西宁
西安
银川
郑州
济南
太原
合肥
UAECCI

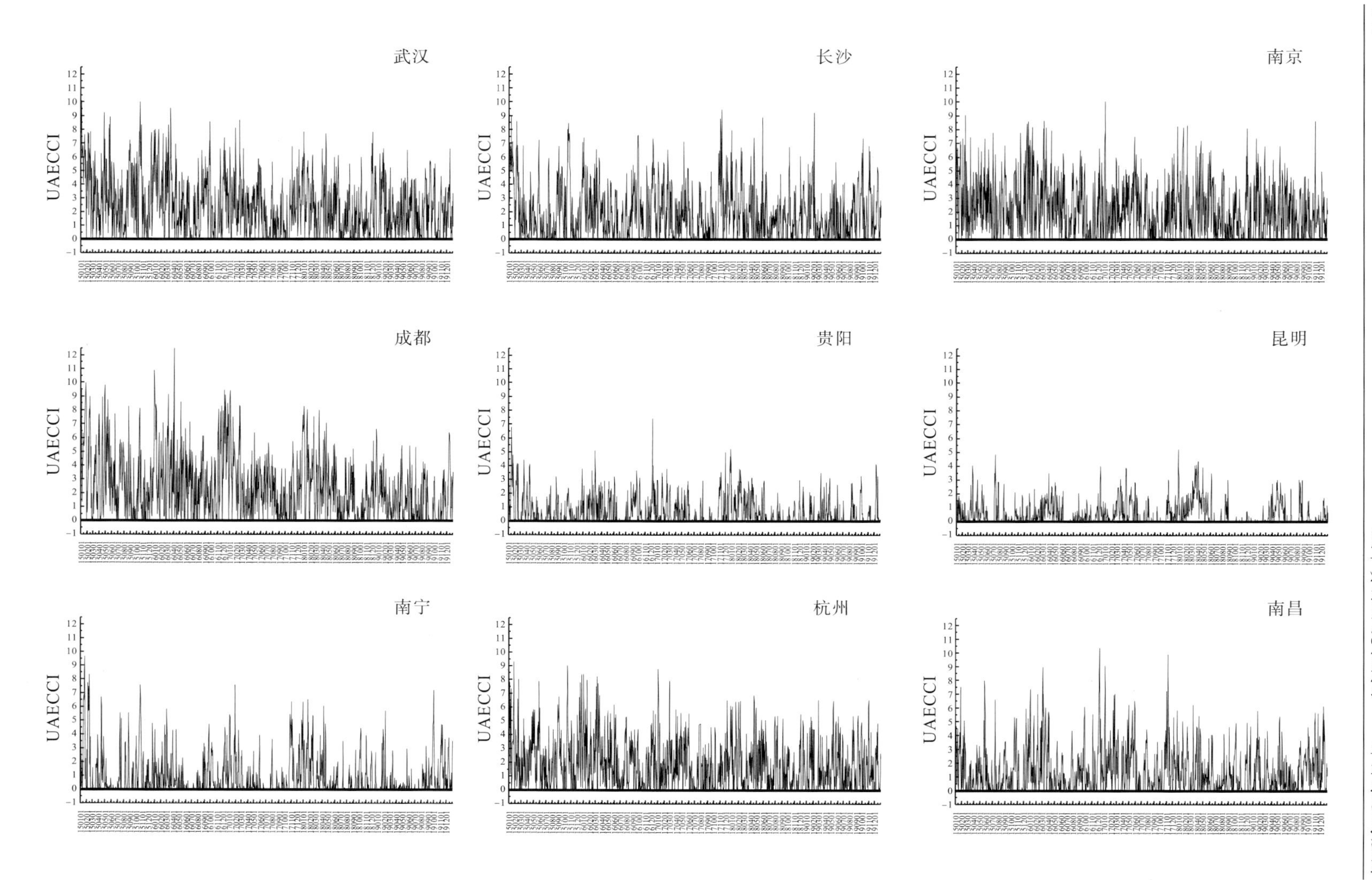
武汉
长沙
南京
成都
贵阳
昆明
南宁
杭州
南昌
UAECCI

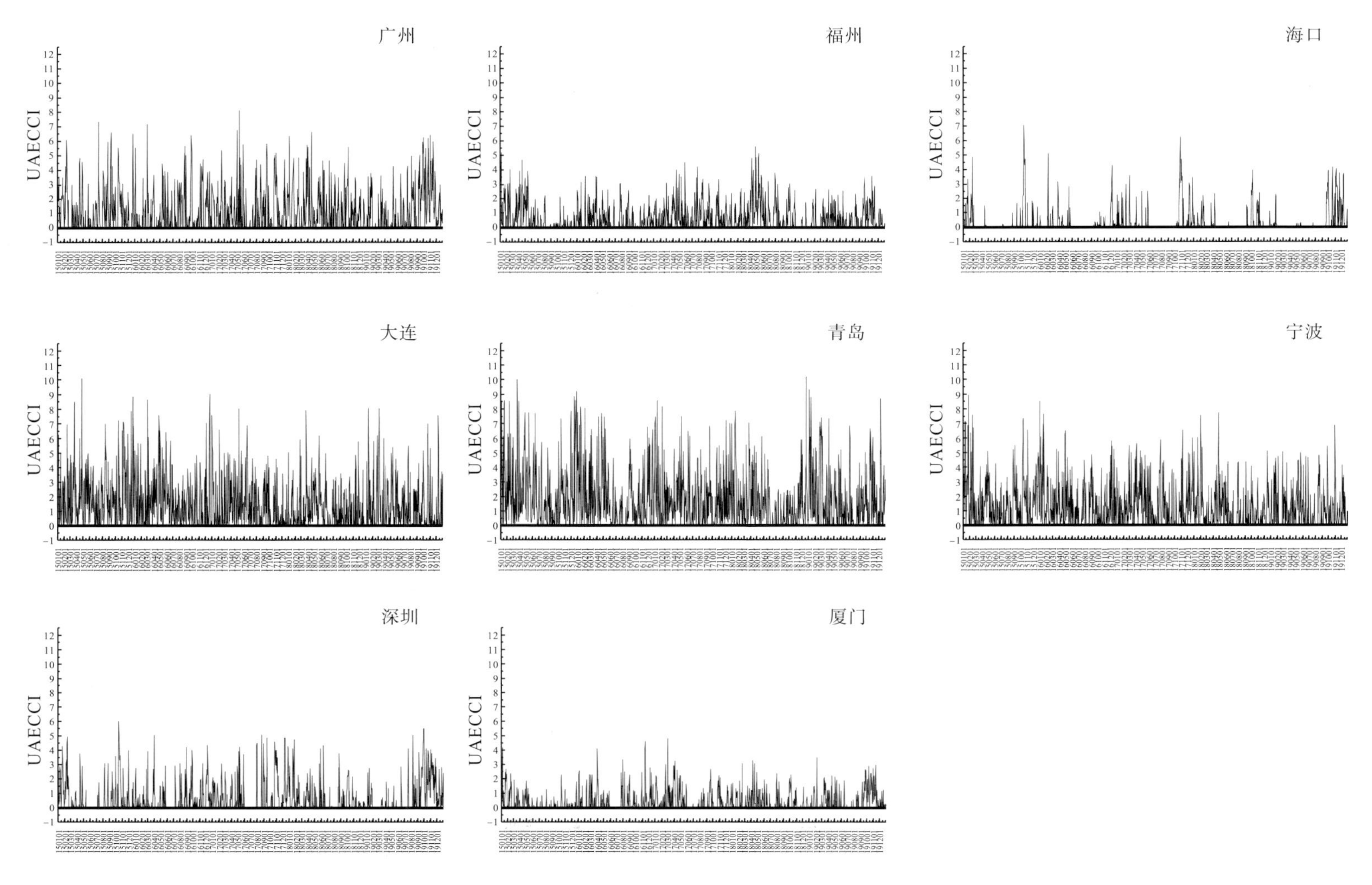

图7.8　2015~2019年35个样本城市大气环境承载力综合指数（UAECCI）日变化趋势图

基于表 7.15 中的大气环境承载力综合指数日数据(表 7.15 仅列出北京市的数据。受篇幅的局限，其余样本城市的相关数据没有具体列出来)，计算样本城市大气环境承载力综合指数年数据，并以年数据为基础，按照表 7.3 中的划分标准对样本城市进行划分，得到不同城市大气环境承载力的状态区间，计算结果如表 7.16 所示。

表 7.16　2015～2019 年 35 个样本城市大气环境承载力综合指数(UAECCI)年数据

城市	2015 年		2016 年		2017 年		2018 年		2019 年		2015～2019 年	
	UAECCI	状态区间	UAECCI	状态区间	UAECCI	状态区间	UAECCI	状态区间	UAECCI	状态区间	平均值	状态区间
北京	11.33	A_{5-A}	10.85	A_{5-A}	9.05	A_{4-A}	8.92	A_{4-A}	7.54	A_{4-A}	11.62	A_{5-A}
天津	11.98	A_{5-A}	11.10	A_{5-A}	9.58	A_{4-A}	9.12	A_{4-A}	9.43	A_{4-A}	12.55	A_{5-A}
石家庄	15.03	A_{5-A}	14.15	A_{5-A}	16.73	A_{5-A}	15.15	A_{5-A}	13.52	A_{5-A}	18.33	A_{5-A}
太原	10.26	A_{5-A}	10.31	A_{5-A}	14.42	A_{5-A}	15.05	A_{5-A}	12.33	A_{5-A}	15.48	A_{5-A}
呼和浩特	8.32	A_{4-A}	7.92	A_{4-A}	9.64	A_{4-A}	8.18	A_{4-A}	6.82	A_{3-A}	10.03	A_{5-A}
沈阳	10.51	A_{5-A}	9.08	A_{4-A}	8.69	A_{4-A}	6.98	A_{3-A}	7.08	A_{4-A}	10.21	A_{5-A}
大连	8.19	A_{4-A}	6.81	A_{3-A}	5.83	A_{3-A}	4.52	A_{3-A}	5.47	A_{3-A}	7.55	A_{4-A}
长春	10.00	A_{5-A}	7.56	A_{4-A}	7.57	A_{4-A}	4.49	A_{3-A}	5.22	A_{3-A}	8.46	A_{4-A}
哈尔滨	7.02	A_{4-A}	6.12	A_{3-A}	6.27	A_{3-A}	4.88	A_{3-A}	4.45	A_{3-A}	7.01	A_{4-A}
上海	8.73	A_{4-A}	7.14	A_{4-A}	6.42	A_{3-A}	4.98	A_{3-A}	4.56	A_{3-A}	7.81	A_{4-A}
南京	11.33	A_{5-A}	9.89	A_{4-A}	8.37	A_{4-A}	8.17	A_{4-A}	8.33	A_{4-A}	11.32	A_{5-A}
杭州	9.73	A_{4-A}	8.30	A_{4-A}	7.29	A_{4-A}	6.71	A_{3-A}	6.87	A_{3-A}	9.57	A_{4-A}
宁波	7.01	A_{4-A}	5.68	A_{3-A}	5.85	A_{3-A}	4.36	A_{3-A}	4.39	A_{3-A}	6.71	A_{3-A}
合肥	9.42	A_{4-A}	9.87	A_{4-A}	9.40	A_{4-A}	8.53	A_{4-A}	8.36	A_{4-A}	11.20	A_{5-A}
福州	2.81	A_{2-A}	2.14	A_{2-A}	3.24	A_{3-A}	3.42	A_{3-A}	2.26	A_{2-A}	3.41	A_{3-A}
厦门	1.31	A_{2-A}	1.73	A_{2-A}	2.04	A_{2-A}	1.59	A_{2-A}	2.10	A_{2-A}	2.16	A_{2-A}
南昌	5.78	A_{3-A}	6.60	A_{3-A}	7.54	A_{4-A}	4.73	A_{3-A}	5.78	A_{3-A}	7.48	A_{4-A}
济南	20.51	A_{5-A}	17.77	A_{5-A}	15.45	A_{5-A}	13.66	A_{5-A}	13.89	A_{5-A}	19.84	A_{5-A}
青岛	9.33	A_{4-A}	7.69	A_{4-A}	7.63	A_{4-A}	5.86	A_{3-A}	7.25	A_{4-A}	9.27	A_{4-A}
郑州	20.30	A_{5-A}	16.36	A_{5-A}	15.49	A_{5-A}	13.57	A_{5-A}	12.92	A_{5-A}	19.23	A_{5-A}
武汉	13.59	A_{5-A}	10.99	A_{5-A}	9.02	A_{4-A}	8.03	A_{4-A}	8.37	A_{4-A}	12.27	A_{5-A}
长沙	9.30	A_{4-A}	8.30	A_{4-A}	7.74	A_{4-A}	6.91	A_{3-A}	6.99	A_{3-A}	9.65	A_{4-A}
广州	4.64	A_{3-A}	3.86	A_{3-A}	4.68	A_{3-A}	4.81	A_{3-A}	5.06	A_{3-A}	5.67	A_{3-A}
深圳	2.71	A_{2-A}	2.23	A_{2-A}	3.34	A_{3-A}	1.89	A_{2-A}	2.99	A_{2-A}	3.23	A_{3-A}

续表

城市	2015 年		2016 年		2017 年		2018 年		2019 年		2015～2019 年	
	UAECCI	状态区间	UAECCI	状态区间	UAECCI	状态区间	UAECCI	状态区间	UAECCI	状态区间	平均值	状态区间
南宁	5.49	$A_{3\text{-}A}$	3.59	$A_{3\text{-}A}$	3.67	$A_{3\text{-}A}$	3.44	$A_{3\text{-}A}$	2.97	$A_{2\text{-}A}$	4.71	$A_{3\text{-}A}$
海口	1.33	$A_{2\text{-}A}$	0.81	$A_{2\text{-}A}$	1.61	$A_{2\text{-}A}$	0.82	$A_{2\text{-}A}$	1.51	$A_{2\text{-}A}$	1.49	$A_{2\text{-}A}$
重庆	7.44	$A_{4\text{-}A}$	7.69	$A_{4\text{-}A}$	7.16	$A_{4\text{-}A}$	5.39	$A_{3\text{-}A}$	4.72	$A_{3\text{-}A}$	7.97	$A_{4\text{-}A}$
成都	12.62	$A_{5\text{-}A}$	12.37	$A_{5\text{-}A}$	9.09	$A_{4\text{-}A}$	8.59	$A_{4\text{-}A}$	5.82	$A_{3\text{-}A}$	11.90	$A_{5\text{-}A}$
贵阳	3.59	$A_{3\text{-}A}$	3.64	$A_{3\text{-}A}$	2.96	$A_{2\text{-}A}$	2.61	$A_{2\text{-}A}$	1.91	$A_{2\text{-}A}$	3.62	$A_{3\text{-}A}$
昆明	2.08	$A_{2\text{-}A}$	2.19	$A_{2\text{-}A}$	2.57	$A_{2\text{-}A}$	2.76	$A_{2\text{-}A}$	1.82	$A_{2\text{-}A}$	2.81	$A_{2\text{-}A}$
西安	10.30	$A_{5\text{-}A}$	13.15	$A_{5\text{-}A}$	13.59	$A_{5\text{-}A}$	11.99	$A_{2\text{-}A}$	10.83	$A_{5\text{-}A}$	14.70	$A_{5\text{-}A}$
兰州	8.71	$A_{4\text{-}A}$	10.28	$A_{5\text{-}A}$	10.35	$A_{5\text{-}A}$	9.57	$A_{4\text{-}A}$	5.71	$A_{3\text{-}A}$	10.91	$A_{5\text{-}A}$
西宁	8.45	$A_{4\text{-}A}$	8.94	$A_{4\text{-}A}$	6.96	$A_{3\text{-}A}$	7.33	$A_{4\text{-}A}$	4.26	$A_{3\text{-}A}$	8.78	$A_{4\text{-}A}$
银川	8.50	$A_{4\text{-}A}$	8.80	$A_{4\text{-}A}$	10.15	$A_{5\text{-}A}$	8.29	$A_{4\text{-}A}$	5.49	$A_{3\text{-}A}$	9.97	$A_{4\text{-}A}$
乌鲁木齐	9.64	$A_{4\text{-}A}$	6.63	$A_{3\text{-}A}$	8.55	$A_{4\text{-}A}$	8.74	$A_{4\text{-}A}$	7.66	$A_{4\text{-}A}$	10.14	$A_{5\text{-}A}$
平均值	8.78	—	8.02	—	7.94	—	6.97	—	6.42	—	9.34	—

注：$A_{1\text{-}A}$ 代表未超载区间；$A_{2\text{-}A}$ 代表低超载区间；$A_{3\text{-}A}$ 代表中超载区间；$A_{4\text{-}A}$ 代表高超载区间；$A_{5\text{-}A}$ 代表严重超载区间。

从表 7.16 中可以发现，5 年内城市大气环境承载力综合指数平均值排名最高的三个样本城市分别是海口(1.49)、厦门(2.16)和昆明(2.81)，排名靠后的三个样本城市分别是济南(19.84)、郑州(19.23)和石家庄(18.33)，高于全国平均值(9.34)的样本城市有 17 个。其中，没有处于 $A_{1\text{-}A}$ 区间(未超载区间)的城市；有 3 个处于 $A_{2\text{-}A}$ 区间(低超载区间)的城市；有 6 个处于 $A_{3\text{-}A}$ 区间(中超载区间)的城市；有 11 个处于 $A_{4\text{-}A}$ 区间(高超载区间)的城市；有 15 个处于 $A_{5\text{-}A}$ 区间(严重超载区间)的城市。

根据 7.1.3 节中建立的城市大气环境承载力评价模型，利用 7.2.1 节中收集的六类大气污染物浓度时点数据，计算出样本城市时点大气环境承载力综合指数(UAECCI)。由于数据量过大，这里仅选取 2019 年 7 月 15 日 01:00～24:00 北京的数据进行展示，见表 7.17。

表 7.17　2019 年 7 月 15 日北京时点大气环境承载力综合指数(UAECCI)计算结果

时点	UAECCI	时点	UAECCI
01:00	7.07	13:00	—
02:00	5.77	14:00	—
03:00	3.22	15:00	—
04:00	4.57	16:00	—
05:00	5.14	17:00	—

续表

时点	UAECCI	时点	UAECCI
06:00	4.36	18:00	—
07:00	4.12	19:00	—
08:00	6.97	20:00	—
09:00	8.42	21:00	—
10:00	11.70	22:00	11.60
11:00	14.03	23:00	4.59
12:00	—	24:00	0.98

注：“—”代表空值。

由表 7.17 可以发现，2019 年 7 月 15 日北京时点大气环境承载力综合指数存在较多空值。通过查询原始数据，发现这是因为原始数据中存在较多异常值，而异常值被剔除后用空值替代。从已有的数据来看，北京在 2019 年 7 月 15 日的大气环境承载力处于超载状态。

7.3 城市大气环境承载力演变规律分析

基于 7.2 节的实证计算结果，从两个方面分析我国 35 个样本城市大气环境承载力的演变规律：①35 个样本城市大气环境承载力的时间演变规律；②35 个样本城市大气环境承载力的空间分布规律。图 7.9 展示了分析框架。

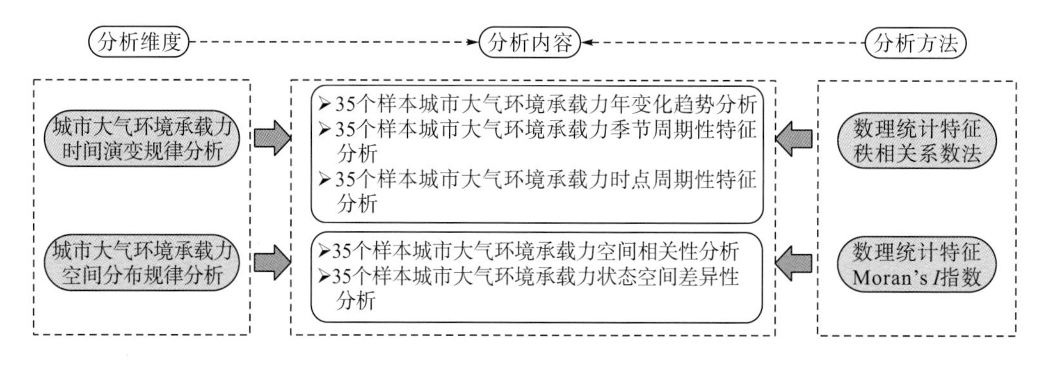

图 7.9 35 个样本城市大气环境承载力演变规律分析框架

7.3.1 城市大气环境承载力状态时间演变规律分析

图 7.2～图 7.8 展示了样本城市大气环境承载力分项指数和综合指数随时间变化的趋势，这些图中的信息初步表明城市大气环境承载力具有较显著的时间演变规律和周期性特征。因此，本节将从大气环境承载力的年变化趋势和周期性特征两个视角对样本城市大气环境承载力的时间演变规律进行分析。其中，周期性又分为季节周期性和时点周期性。

1. 城市大气环境承载力的年变化趋势

这里应用秩相关系数法定量刻画城市大气环境承载力的年变化趋势并分析形成该变化趋势的原因。根据表 7.8～表 7.13 以及表 7.16 中的数据，首先针对研究期内 35 个样本城市的大气环境承载力综合指数(UAECCI)和分项指数(ρ_{A_i})的年变化趋势用三种状态进行刻画：①上升状态，用符号“↑”表示；②波动状态，用符号“～”表示；③下降状态，用符号“↓”表示(表 7.18)。然后，将表 7.18 中呈现出不同变化趋势的城市的数量进行分类统计，得到我国 35 个样本城市的 UAECCI 和 ρ_{A_i} 年变化趋势分类统计表，见表 7.19。

表 7.18　35 个样本城市 UAECCI 和 ρ_{A_i} 年变化趋势

城市	UAECCI	ρ_{A_1}	ρ_{A_2}	ρ_{A_3}	ρ_{A_4}	ρ_{A_5}	ρ_{A_6}
上海	↓	↓	↓	↓	～	↓	～
天津	↓	↓	↓	↓	～	↓	↑
重庆	↓	↓	↓	↓	～	↓	～
北京	↓	↓	↓	↓	↓	↓	↑
哈尔滨	↓	↓	～	↓	↓	～	～
长春	～	↓	～	↓	↓	～	↓
沈阳	↓	↓	↓	～	↓	～	～
呼和浩特	～	～	～	↓	～	～	～
石家庄	～	↓	～	↓	～	～	↑
乌鲁木齐	～	↓	↓	↓	↓	～	～
兰州	～	↓	↓	～	～	↓	～
西宁	～	～	～	↓	～	～	～
西安	～	～	↓	↓	～	↓	～
银川	～	↓	↓	～	～	↓	～
郑州	↓	↓	↓	↓	↓	↓	↑
济南	↓	↓	↓	↓	↓	↓	↑
太原	～	↓	～	↓	～	↓	↑
合肥	↓	↓	↓	↓	～	↓	↑
武汉	↓	↓	↓	↓	↓	～	～
长沙	↓	↓	↓	↓	～	～	↑
南京	↓	～	↓	↓	～	～	↑
成都	↓	↓	↓	↓	↓	↓	～
贵阳	↓	↓	～	↓	↓	～	～
昆明	～	～	～	↓	～	↓	～
南宁	↓	↓	↓	↓	～	～	～
杭州	↓	↓	↓	↓	↓	～	↑
南昌	～	↓	～	↓	～	～	～

续表

城市	UAECCI	ρ_{A_1}	ρ_{A_2}	ρ_{A_3}	ρ_{A_4}	ρ_{A_5}	ρ_{A_6}
广州	↑	↓	↓	↓	～	↓	↑
福州	～	↓	↓	～	↓	↓	～
海口	～	↓	↓	～	～	～	～
大连	↓	↓	～	↓	↓	～	～
青岛	↓	～	↓	↓	～	↓	～
宁波	～	↓	↓	↓	↓	↓	～
深圳	～	↓	～	↓	↓	↓	↑
厦门	～	↓	↓	～	～	～	↑

表 7.19　35 个样本城市 UAECCI 和 ρ_{A_i} 年变化趋势分类统计结果　（单位：个）

变化趋势	UAECCI	ρ_{A_1}	ρ_{A_2}	ρ_{A_3}	ρ_{A_4}	ρ_{A_5}	ρ_{A_6}
上升	1	0	0	0	0	0	13
波动	16	6	11	6	20	17	21
下降	18	29	24	29	15	18	1

结合表 7.18 和表 7.19 可以看出，只有广州的大气环境承载力综合指数(UAECCI)上升，而约有 45.7%的样本城市的大气环境承载力综合指数是波动的，约有 51.4%的样本城市下降，表明 35 个样本城市的大气环境承载强度总体上在研究期内降低。进一步从 ρ_{A_i} 来看，ρ_{A_1}、ρ_{A_2}、ρ_{A_3}、ρ_{A_4} 和 ρ_{A_5} 五类大气环境承载力分项指数的变化情况较为相似，所有样本城市都处于波动或下降状态。其中，超过 2/3 的样本城市的 ρ_{A_1} ($PM_{2.5}$)、ρ_{A_2} (PM_{10}) 和 ρ_{A_3} (SO_2) 处于下降状态。但也发现大部分样本城市的 ρ_{A_6} (O_3) 处于波动或上升状态，其中超过 1/3 的样本城市的 ρ_{A_6} 处于上升状态。

通过上述对大气环境承载力年变化趋势的分析，可以发现样本城市的 $PM_{2.5}$、PM_{10}、SO_2、NO_2 以及 CO 五类大气环境污染物的大气环境承载力分项指数在降低，这五类大气污染物的排放受到了有力的控制。特别是 $PM_{2.5}$ 和 PM_{10} 导致的污染问题得到缓解，这主要是因为我国颁布并实施了《大气污染防治行动计划》《打赢蓝天保卫战三年行动计划》以及“十三五”规划等。这些计划和规划设置了颗粒物浓度和优良天数等约束性指标，促使城市进行产业结构升级、能源结构调整，加快燃煤电厂转型，以及加强非道路移动源污染防治等，使得大气颗粒物污染治理取得了明显的成效。然而，仍有许多样本城市的大气环境承载力综合指数处于波动状态。主要原因在于城市 O_3 污染严重，且没有得到有效控制，大气环境质量没有得到明显的改善。2013～2017 年许多样本城市的 O_3 浓度持续上升，O_3 污染越来越严重(Li et al.，2019)。O_3 污染加剧的主要原因有两方面：①发电厂、工业生产活动、喷刷油漆和餐饮油烟等产生的氮氧化物(NO_x)、挥发性有机物(VOCs)未得到有效控制，生成了大量的 O_3；②在全球气候变暖的背景下，强日照、高气温、少云量、弱风力和少降雨等气象条件加速了生成 O_3 的光化学反应，进而加剧了 O_3 污染。因此，样本城市在进行大气环境治理时不仅需要考虑针对颗粒物污染的防治措施，而且需要制定 O_3 污染防治举措。可以肯定的是，颗粒物和 O_3 的协同治理将会成为未来我国大气污染治理的重点。

2. 城市大气环境承载力的季节周期性特征

为了探究样本城市大气环境承载力随季节变化的周期性特征，这里定义春季为 3～5 月，夏季为 6～8 月，秋季为 9～11 月，冬季为 12 月至次年 2 月。根据表 7.15 中 35 个样本城市每日 UAECCI 计算结果，可进一步计算得到 2015～2019 年 35 个样本城市平均大气环境承载力综合指数(UAECCI)季节均值，见表 7.20。

表 7.20　2015～2019 年 35 个样本城市大气环境承载力综合指数(UAECCI)季节均值

季节	2015 年	2016 年	2017 年	2018 年	2019 年
春	6.51	6.49	6.22	6.71	4.51
夏	5.29	4.41	4.79	4.36	3.86
秋	5.10	4.90	4.73	3.17	4.34
冬	7.98	6.77	6.57	5.34	5.30

根据表 7.20 中的数据，可以绘制 UAECCI 值的季节性变化趋势图，如图 7.10 所示。

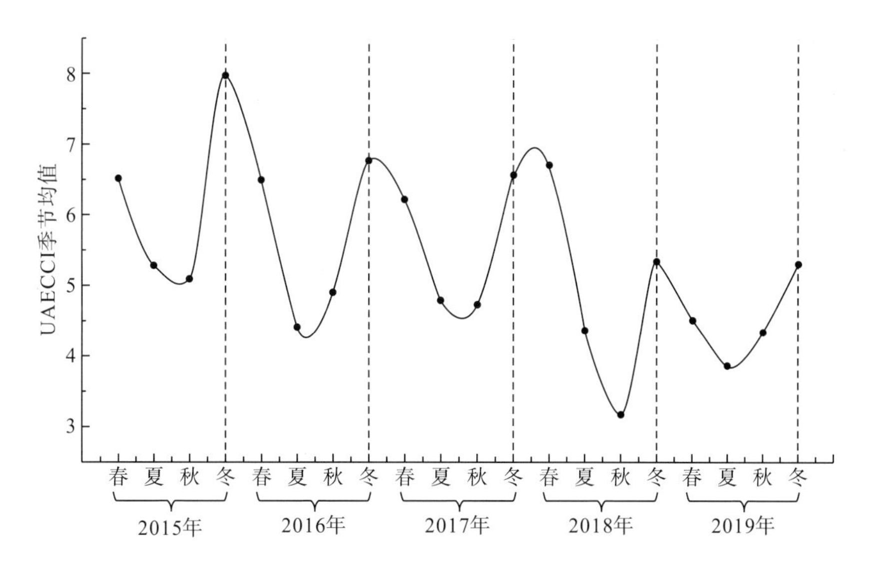

图 7.10　2015～2019 年 35 个样本城市大气环境承载力综合指数(UAECCI)季节均值周期性变化特征

从图 7.10 中可以发现，样本城市大气环境承载力综合指数(UAECCI)季节均值存在明显的季节性周期变化特征，2015～2019 年的 UAECCI 季节均值在冬季和春季较高，而在夏季和秋季较低，但 UAECCI 季节均值的峰值和谷值随时间推移呈现下降的趋势。

应用各样本城市每日大气环境承载力分项指数(ρ_{A_i})计算结果，计算出 2015～2019

年所有城市平均的大气环境承载力的季节性分项指数（ρ_{A_i}）平均值，见表 7.21。

表 7.21　2015～2019 年 35 个样本城市平均的大气环境承载力的季节性分项指数（ρ_{A_i}）平均值

年份	季节	ρ_{A_1} 平均值	ρ_{A_2} 平均值	ρ_{A_3} 平均值	ρ_{A_4} 平均值	ρ_{A_5} 平均值	ρ_{A_6} 平均值
2015	春	1.37	1.85	0.39	0.46	0.24	0.90
	夏	1.03	1.40	0.25	0.38	0.20	1.07
	秋	1.31	1.63	0.37	0.49	0.25	0.75
	冬	2.05	2.31	0.68	0.59	0.33	0.48
2016	春	1.33	1.83	0.36	0.48	0.23	0.97
	夏	0.87	1.16	0.22	0.36	0.20	1.11
	秋	1.26	1.60	0.34	0.51	0.25	0.75
	冬	1.83	2.07	0.58	0.57	0.31	0.57
2017	春	1.21	1.69	0.32	0.51	0.23	1.06
	夏	0.78	1.12	0.21	0.37	0.19	1.16
	秋	1.14	1.52	0.28	0.50	0.23	0.81
	冬	1.78	2.02	0.51	0.59	0.30	0.62
2018	春	1.20	1.75	0.25	0.47	0.21	1.10
	夏	0.73	1.03	0.16	0.34	0.18	1.16
	秋	0.98	1.27	0.21	0.47	0.20	0.78
	冬	1.54	1.78	0.37	0.53	0.27	0.57
2019	春	1.02	1.45	0.19	0.43	0.18	1.01
	夏	0.64	0.85	0.14	0.32	0.16	1.16
	秋	0.98	1.32	0.19	0.46	0.19	0.91
	冬	1.61	1.72	0.29	0.53	0.27	0.54

根据表 7.21 中样本城市平均大气环境承载力的季节性分项指数（ρ_{A_i}）平均值，可以绘制 ρ_{A_i} 值随季节的变化趋势图，如图 7.11 所示。

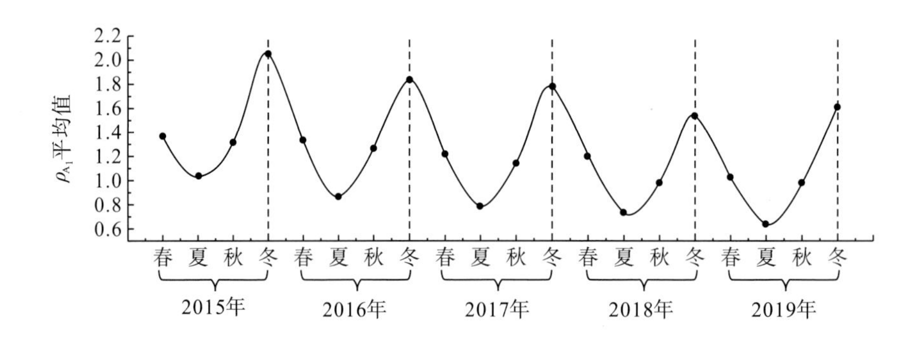

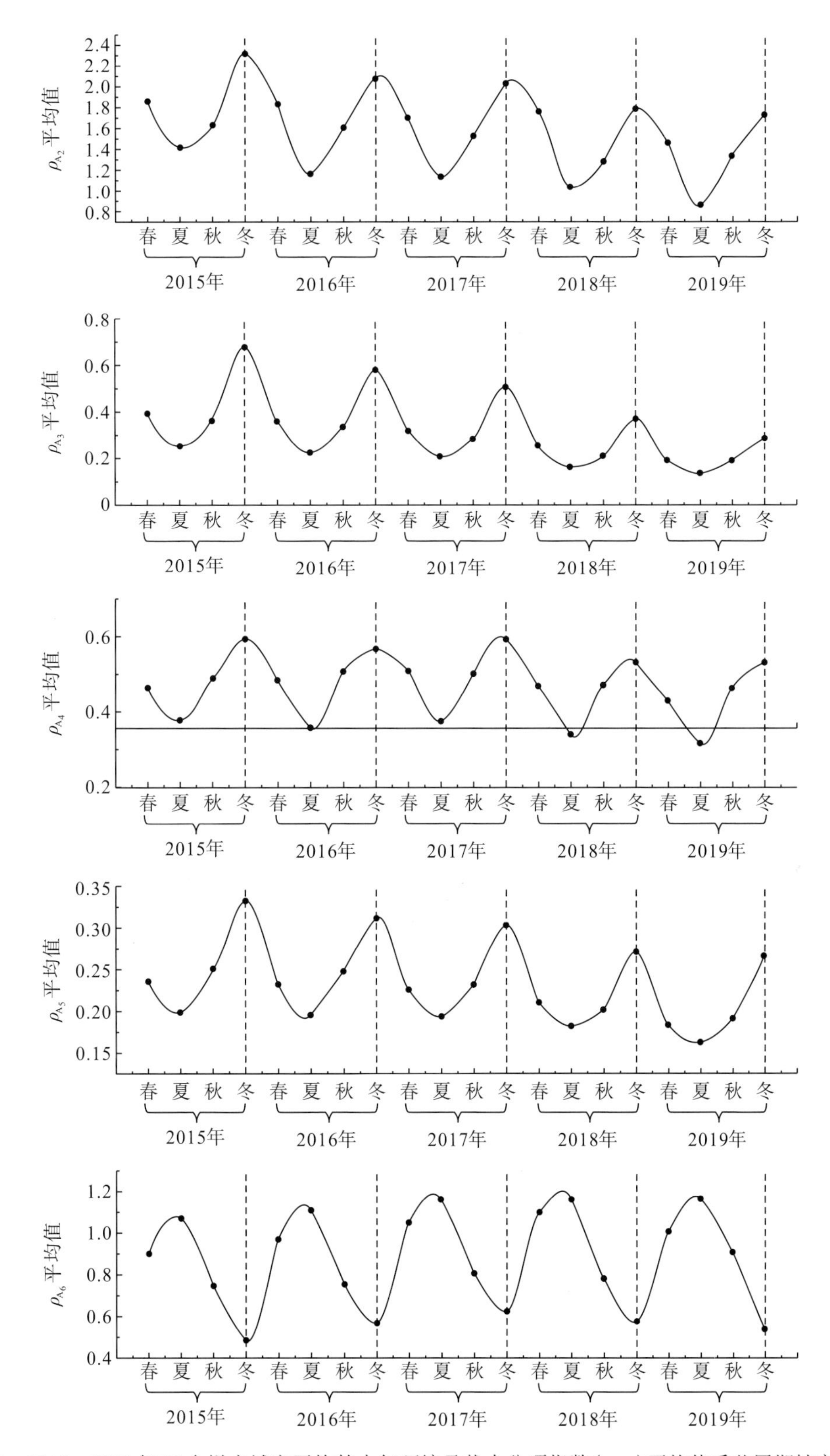

图 7.11　2015～2019 年 35 个样本城市平均的大气环境承载力分项指数（ρ_{A_i}）平均值季节周期性变化特征

由图 7.11 可知，2015～2019 年 ρ_{A_1}、ρ_{A_2}、ρ_{A_3}、ρ_{A_4} 和 ρ_{A_5} 具有相似的季节周期性变化特征，即冬季高、夏季低，且春季和秋季居中，其峰值和谷值在研究期内整体呈下降的趋势；但 ρ_{A_6} 却具有相反的季节周期性变化特征，即夏季高、冬季低，且春季和秋季居中，其峰值和谷值在研究期内整体呈上升的趋势。

前面已经分析出城市大气环境承载力综合指数(UAECCI)呈现“冬春高、夏秋低”的季节周期性变化特征，但从图 7.11 中可以发现六类大气环境承载力分项指数的季节周期性变化特征与 UAECCI 的季节周期性变化特征不同，表明我国城市大气污染的复合型特征明显，大气环境承载力综合指数受到多种污染物的大气环境承载力分项指数影响。UAECCI 值在冬季较高，说明冬季大气环境承载强度较高，这可能是由于 $PM_{2.5}$、PM_{10}、SO_2、NO_2 和 CO 五类污染物在冬季都存在污染严重的情况，并主导了城市大气环境质量的整体表现。另外，值得注意的是，六类大气环境承载力分项指数的值在春季居中，但 UAECCI 的值在春季较高，表明春季大气环境承载强度高，这可能是由 $PM_{2.5}$、PM_{10}、SO_2、NO_2、CO 和 O_3 六类污染物之间的复杂协同效应导致的。

城市出现大气环境承载力呈季节周期性变化的原因是各类大气污染物的排放强度存在明显的季节性变化，这与其他学者的研究结果相吻合(王振波等，2015)。就 $PM_{2.5}$ 和 PM_{10} 而言，一方面由于我国北方地区的城市在冬季有燃烧煤取暖的需求，因此会排放大量的大气污染物；另一方面冬季存在较多的逆温和静稳天气现象，从而削弱了大气环境系统本身消解大气污染物的能力。上述两方面因素的共同作用导致 $PM_{2.5}$ 和 PM_{10} 的大气环境承载力分项指数呈现出“冬高夏低、春秋居中”的季节周期性变化特征。而对 O_3 而言，一方面 CO、NO_x、VOCs 等污染物在夏季大量转化为 O_3，加剧了夏季 O_3 污染(包艳英等，2018；易睿等，2015)；另一方面，夏季低颗粒物浓度、强太阳辐照和高温提升了生成 O_3 的光化学反应的反应效率，产生了更多的 O_3(曹庭伟等，2018；段晓瞳等，2017)。上述两方面因素的共同作用使得 O_3 的大气环境承载力分项指数呈现出“夏高冬低、春秋居中”的季节周期性变化特征。

3. 城市大气环境承载力的时点周期性特征

根据 2019 年 7 月 15 日至 7 月 21 日各样本城市在各时点的 UAECCI 值，计算一周内每天各时点 35 个样本城市的 UAECCI 平均值，并通过抽取 3 天(2019 年 7 月 15 日、2019 年 7 月 18 日和 2019 年 7 月 21 日)的数据来探究样本城市大气环境承载力综合指数(UAECCI)在一日内的时点周期性变化特征，见表 7.22。根据表 7.22 中的数据，绘制时点大气环境承载力综合指数(UAECCI)平均值随时间的变化趋势图，如图 7.12 所示。

表 7.22 35 个样本城市时点大气环境承载力综合指数(UAECCI)平均值

时点	2019 年 7 月 15 日	2019 年 7 月 18 日	2019 年 7 月 21 日
01:00	2.41	1.86	2.06
02:00	2.48	2.05	2.03
03:00	2.42	2.13	2.29
04:00	2.17	2.22	2.32

续表

时点	2019 年 7 月 15 日	2019 年 7 月 18 日	2019 年 7 月 21 日
05:00	2.08	2.27	2.34
06:00	2.25	2.29	2.50
07:00	2.45	2.40	2.85
08:00	2.71	2.56	2.96
09:00	2.70	2.71	2.86
10:00	2.49	2.83	2.28
11:00	2.44	2.47	2.13
12:00	0.86	1.80	2.06
13:00	0.69	1.10	0.73
14:00	0.78	0.75	0.77
15:00	0.63	0.87	0.55
16:00	0.19	0.58	0.75
17:00	0.14	0.57	0.61
18:00	0.59	0.80	0.85
19:00	0.93	1.26	0.80
20:00	0.79	1.91	1.15
21:00	1.18	2.16	1.32
22:00	1.43	2.34	1.67
23:00	1.07	2.55	1.81
24:00	0.94	2.42	2.16

从图 7.12 中可以发现，时点 UAECCI 平均值在 8:00～11:00 达到峰值，而在 15:00～17:00 进入波谷。在 17:00 以后，时点 UAECCI 平均值开始逐渐回升，并在 24:00 达到第二个峰值，达到峰值之后有所回落，之后又开始上升，直至第二日 8:00 左右。总体上，我国 35 个样本城市时点大气环境承载力综合指数平均值在一日内呈现出具有“双峰”的时点周期性变化特征。

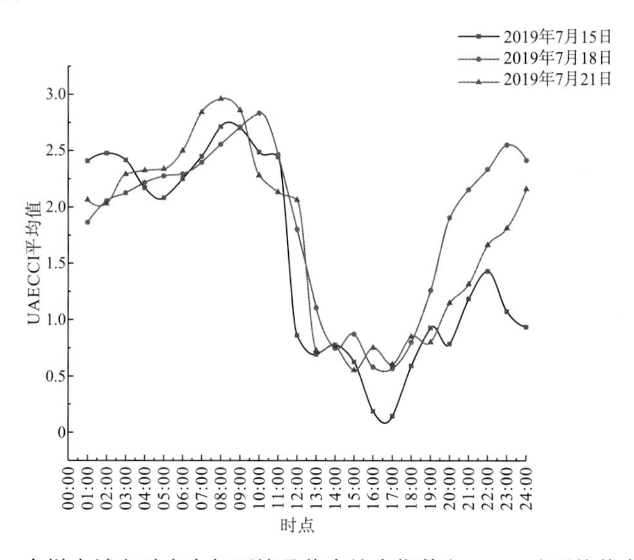

图 7.12　35 个样本城市时点大气环境承载力综合指数(UAECCI)平均值变化趋势图

进一步地，根据表 7.14 中时时点大气环境承载力分项指数（ρ_{A_i}）值[包括 2019 年 7 月 15 日至 7 月 21 日各样本城市在各时点的 ρ_{A_i} 值]，并同样选取 3 天（2019 年 7 月 15 日、2019 年 7 月 18 日和 2019 年 7 月 21 日）的相关数据，计算一周内每天各时点 35 个样本城市的 ρ_{A_i} 平均值，见表 7.23。应用该表中的数据可以进一步解析大气环境承载力综合指数（UAECCI）呈现时点周期性变化特征的原因。同时根据表 7.23 中的数据，绘制时点大气环境承载力分项指数随时间的变化趋势图，如图 7.13 所示。

表 7.23 各时点 35 个样本城市六类大气环境承载力分项指数（ρ_{A_i}）平均值

时点	ρ_{A_1} 平均值			ρ_{A_2} 平均值			ρ_{A_3} 平均值			ρ_{A_4} 平均值			ρ_{A_5} 平均值			ρ_{A_6} 平均值		
	T_1	T_2	T_3	T_1	T_2	T_3	T_1	T_2	T_3	T_1	T_2	T_3	T_1	T_2	T_3	T_1	T_2	T_3
01:00	0.79	0.77	0.81	0.99	0.89	0.98	0.04	0.04	0.04	0.16	0.13	0.18	0.07	0.07	0.07	0.36	0.29	0.26
02:00	0.80	0.78	0.81	1.02	0.90	0.98	0.04	0.04	0.04	0.16	0.13	0.17	0.07	0.07	0.07	0.34	0.26	0.24
03:00	0.82	0.79	0.84	1.01	0.91	1.02	0.04	0.04	0.04	0.15	0.13	0.17	0.07	0.07	0.07	0.31	0.24	0.22
04:00	0.82	0.79	0.86	1.00	0.91	1.01	0.04	0.04	0.04	0.14	0.13	0.16	0.07	0.07	0.07	0.29	0.23	0.21
05:00	0.82	0.80	0.87	0.98	0.90	1.01	0.04	0.05	0.04	0.15	0.13	0.16	0.07	0.07	0.07	0.26	0.22	0.20
06:00	0.83	0.81	0.89	1.01	0.92	1.03	0.04	0.05	0.04	0.15	0.13	0.16	0.08	0.07	0.08	0.23	0.22	0.18
07:00	0.86	0.82	0.92	1.04	0.94	1.06	0.04	0.05	0.05	0.16	0.14	0.16	0.08	0.07	0.08	0.24	0.22	0.18
08:00	0.84	0.83	0.94	1.06	0.97	1.06	0.05	0.05	0.05	0.17	0.14	0.16	0.08	0.07	0.08	0.29	0.22	0.23
09:00	0.84	0.85	0.88	1.05	1.00	1.04	0.05	0.05	0.05	0.16	0.14	0.14	0.09	0.08	0.08	0.39	0.28	0.32
10:00	0.82	0.86	0.86	1.05	1.02	0.96	0.06	0.05	0.05	0.14	0.13	0.13	0.09	0.08	0.08	0.51	0.37	0.44
11:00	0.83	0.85	0.80	1.04	0.98	0.94	0.06	0.05	0.05	0.12	0.11	0.12	0.08	0.07	0.08	0.59	0.49	0.58
12:00	0.82	0.81	0.78	0.99	0.93	0.90	0.05	0.04	0.04	0.11	0.09	0.10	0.08	0.07	0.07	0.63	0.58	0.68
13:00	0.80	0.80	0.75	0.96	0.91	0.85	0.05	0.04	0.04	0.09	0.07	0.08	0.07	0.07	0.07	0.68	0.61	0.66
14:00	0.79	0.77	0.70	0.91	0.87	0.81	0.05	0.04	0.04	0.08	0.07	0.08	0.07	0.07	0.07	0.74	0.63	0.67
15:00	0.73	0.74	0.66	0.87	0.85	0.77	0.04	0.04	0.04	0.08	0.07	0.08	0.07	0.06	0.07	0.75	0.63	0.66
16:00	0.68	0.71	0.63	0.82	0.81	0.76	0.04	0.04	0.04	0.08	0.07	0.08	0.06	0.06	0.06	0.70	0.63	0.68
17:00	0.68	0.74	0.62	0.80	0.82	0.76	0.04	0.04	0.04	0.09	0.08	0.09	0.06	0.06	0.06	0.66	0.60	0.65
18:00	0.66	0.73	0.59	0.81	0.85	0.74	0.04	0.04	0.04	0.10	0.10	0.10	0.06	0.06	0.06	0.67	0.58	0.64
19:00	0.67	0.74	0.60	0.82	0.88	0.77	0.04	0.04	0.04	0.11	0.11	0.11	0.06	0.06	0.07	0.63	0.56	0.60
20:00	0.67	0.75	0.62	0.84	0.91	0.81	0.04	0.04	0.04	0.13	0.13	0.13	0.07	0.07	0.07	0.57	0.52	0.56
21:00	0.68	0.78	0.64	0.88	0.96	0.85	0.04	0.03	0.04	0.15	0.14	0.15	0.07	0.07	0.07	0.52	0.47	0.49
22:00	0.68	0.80	0.67	0.91	0.97	0.89	0.04	0.04	0.04	0.15	0.14	0.16	0.07	0.07	0.07	0.48	0.41	0.44
23:00	0.68	0.82	0.68	0.91	0.96	0.93	0.04	0.04	0.04	0.15	0.15	0.16	0.07	0.07	0.07	0.43	0.37	0.40
24:00	0.68	0.81	0.71	0.90	0.96	0.97	0.04	0.03	0.04	0.15	0.15	0.16	0.07	0.07	0.07	0.40	0.34	0.38

注：T_1 代表 2019 年 7 月 15 日；T_2 代表 2019 年 7 月 18 日；T_3 代表 2019 年 7 月 21 日。

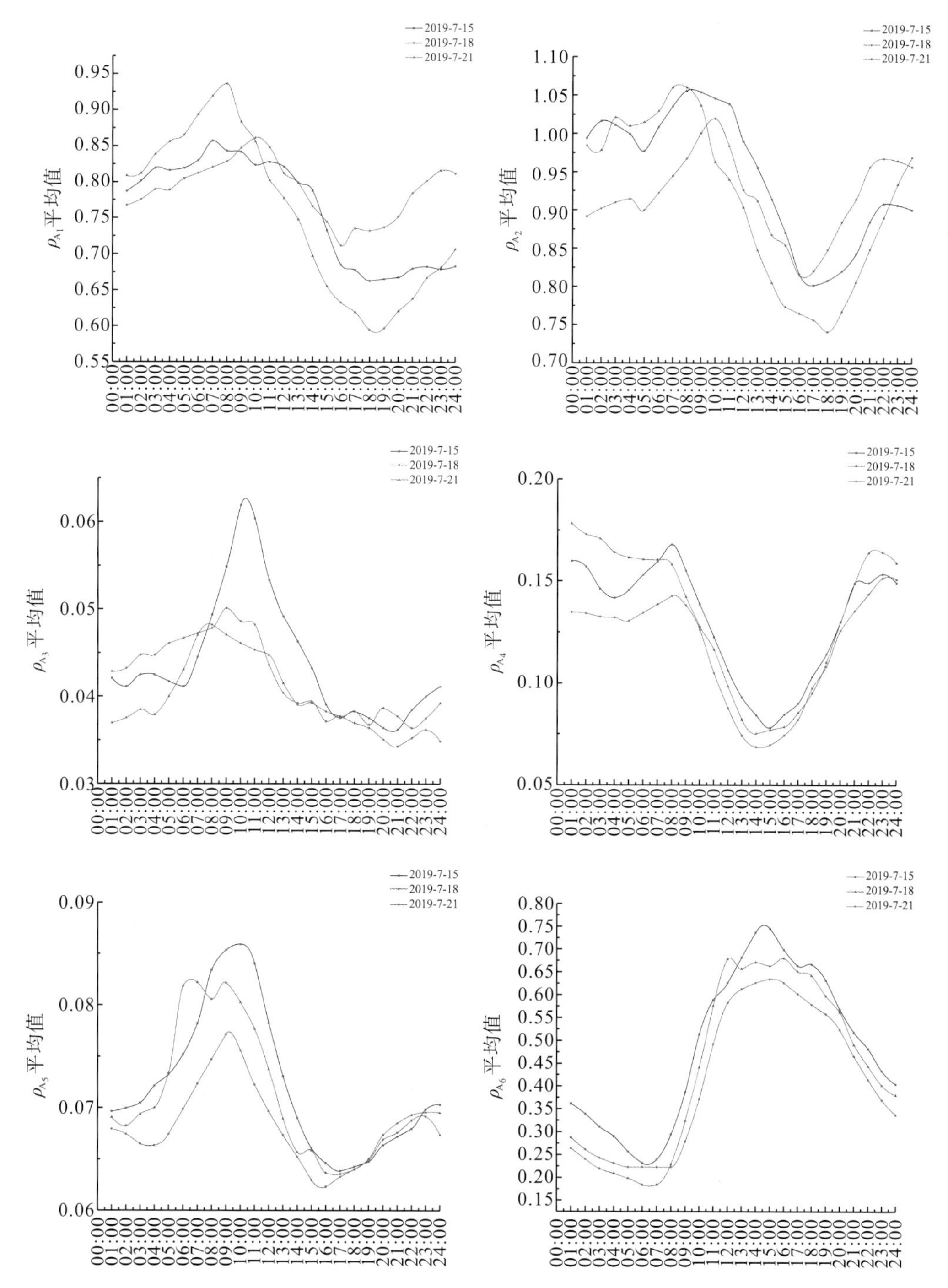

图 7.13　35 个样本城市时点大气环境承载力分项指数（ρ_{A_i}）平均值变化趋势图

注：图例为“年-月-日”。

由图 7.13 可知，我国城市六类大气污染物的时点大气环境承载力分项指数（ρ_{A_i}）也具有显著的周期性变化特征。从ρ_{A_1}、ρ_{A_2}、ρ_{A_4}和ρ_{A_5}来看，其峰值均出现在 7:00～10:00

以及 24:00 左右，谷值则出现在 14:00～18:00，表明 $PM_{2.5}$、PM_{10}、NO_2 和 CO 这四种大气污染物在一日内均具有存在“双峰”的时点周期性变化特征。另外，从 ρ_{A_3} 和 ρ_{A_6} 来看，SO_2 和 O_3 这两类大气污染物的大气环境承载力分项指数在一日内均具有存在“单峰”的时点周期性变化特征，但二者之间存在差异。其中，ρ_{A_3} 的峰值出现在 8:00～10:00，谷值出现在 21:00～22:00；而 ρ_{A_6} 的峰值出现在 14:00～16:00，谷值出现在 6:00～8:00。

结合前面对样本城市大气环境承载力综合指数(UAECCI)时点周期性变化特征的分析结果和图 7.13，可以发现 ρ_{A_1}、ρ_{A_2}、ρ_{A_4} 和 ρ_{A_5} 的时点周期性变化特征与 UAECCI 高度吻合，而 UAECCI 的时点的周期性变化特征与 ρ_{A_3} 相似，但与 ρ_{A_6} 相反。这表明在时点尺度下，$PM_{2.5}$、PM_{10}、SO_2、NO_2 和 CO 的共同作用使得样本城市大气环境承载力综合指数的时点值呈现出具有“双峰”的周期性变化特征，虽然 O_3 的大气环境承载力分项指数出现相反现象，但对城市的时点大气环境承载力综合指数影响不大。

从 ρ_{A_6} 的时点变化来看，图 7.13 表明 ρ_{A_6} 的峰值出现在 14:00～16:00，且变化趋势与 ρ_{A_1} 和 ρ_{A_2} 相反，表明城市臭氧污染同时受到颗粒物、太阳辐照和气温的影响。而 ρ_{A_1}、ρ_{A_2}、ρ_{A_4}、ρ_{A_5} 以及 UAECCI 在一日内呈现具有“双峰”的时点周期性变化特征，这与城市中各类社会经济活动具有早晚高峰高度相关。随着太阳逐渐升起，人们开始外出活动，大气污染物开始累积，其浓度也逐渐升高，导致 $PM_{2.5}$、PM_{10}、NO_2 和 CO 的大气环境承载力分项指数值在居民出行早高峰期间达到第一个峰值；午后，太阳辐照有所减弱，但大气及地面的温度继续升高，局部温度差异增大，空气流动性增强，从而导致这些污染物的浓度降低，大气环境承载力分项指数值减小。然而由于下午人们的活动增加、下班晚高峰到来以及城市夜生活对各种能源的消耗，这些污染物的浓度再次上升，其大气环境承载力分项指数值达到第二个峰值(赵晨曦等，2014)。进入午夜(24:00)后，城市中各类社会经济活动逐渐减少，$PM_{2.5}$、PM_{10}、NO_2 和 CO 的浓度再次降低，其大气环境承载力分项指数值也随之降低。如此反复，大气环境承载力综合指数便呈现出显著的具有“双峰”的时点周期性变化特征。

7.3.2 城市大气环境承载力状态空间差异分析

由于大气具有明显的扩散特征，区域内不同城市的大气环境承载力可能存在较强的相关性。但表 7.16 中各样本城市的大气环境承载力综合指数(UAECCI)年数据显示，不同样本城市的大气环境承载力存在较为明显的差异。因此，本节对样本城市大气环境承载力的空间差异分析将从两方面展开：大气环境承载力的空间相关性和大气环境承载力状态的空间差异性。

1. 城市大气环境承载力的空间相关性

城市大气环境承载力的空间相关性分析可以基于全局空间自相关性原理展开。全局空间自相关性是指在空间上越靠近的事物或现象越相似，这种空间相关性可用于反映城市大气环境承载力在区域空间内的集聚程度(Tobler，1970)，通常用 Moran's I(莫兰)指数度量(李丁等，2013)。根据表 7.8～表 7.13 和表 7.16 中的数据，利用 ArcMap 10.6 平台计算 2015～2019 年 35 个样本城市 UAECCI 和 ρ_{A_i} 的 Moran's I 指数，结果如表 7.24 所示，据此进行全局空间自相关性分析。

表 7.24　2015～2019 年 35 个样本城市 UAECCI 和 ρ_{A_i} 的 Moran's I 指数

Moran's I 指数	2015 年	2016 年	2017 年	2018 年	2019 年
UAECCI	0.275130	0.329483	0.351628	0.338444	0.292183
ρ_{A_1}	0.264865	0.301696	0.280092	0.267314	0.260966
ρ_{A_2}	0.372966	0.414939	0.374710	0.401944	0.319937
ρ_{A_3}	0.367203	0.375046	0.319579	0.268998	0.257245
ρ_{A_4}	0.080582*	0.158314	0.151780	0.119343	0.18242
ρ_{A_5}	0.231009	0.248488	0.225770	0.27349	0.227809
ρ_{A_6}	0.007939*	0.119263	0.217073	0.219928	0.208386

注：*表示 Moran' s I 指数未通过显著性检验。

由表 7.24 可以发现，2015 年 ρ_{A_4} 和 ρ_{A_6} 的全局空间自相关性不显著，说明在 35 个样本城市间这两类大气环境承载力分项指数在 2015 年不具备空间相关性，空间集聚特征不明显。其余 UAECCI 和 ρ_{A_i} 的 Moran's I 指数在各年均通过了显著性检验，且为正值，表明全局空间自相关性较强，各样本城市间呈现出显著的空间集聚特征。根据表 7.24，绘制 35 个样本城市在研究期内其 UAECCI 和 ρ_{A_i} 的 Moran's I 指数年变化趋势图，如图 7.14 所示。

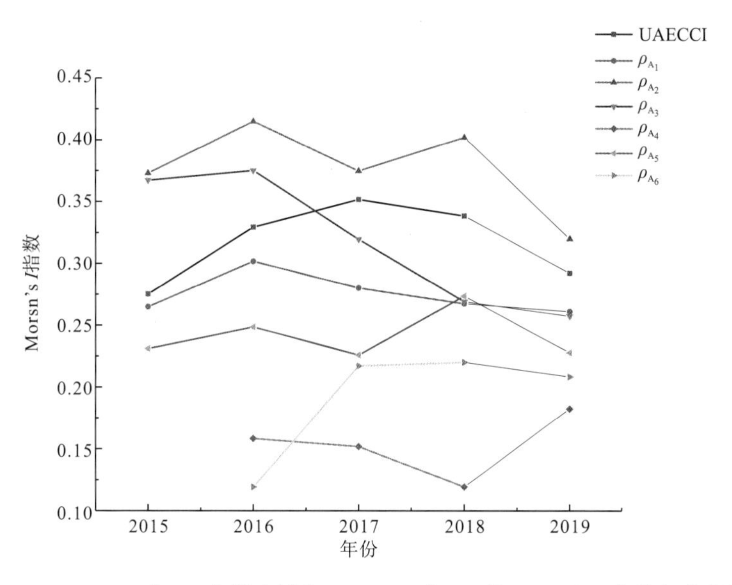

图 7.14　2015～2019 年 35 个样本城市 UAECCI 和 ρ_{A_i} 的 Moran's I 指数年变化趋势图

从图 7.14 中可以发现，样本城市的 UAECCI 和 ρ_{A_i} 空间相关性的变化趋势分为三类：①波动式变化，包括 ρ_{A_2}、ρ_{A_5}；②先上升再下降，包括 UAECCI、ρ_{A_1}、ρ_{A_3}、和 ρ_{A_6}，它们的 Moran's I 指数均呈现先上升后下降的趋势。其中，UAECCI 在 2017 年到达波峰，此时城市大气环境承载力综合指数的集聚程度最高；③先下降再上升，只有 ρ_{A_4}，其 Moran's I 指数呈现先下降后上升的趋势，并于 2018 年到达波谷，于 2019 年到达波峰，说明 ρ_{A_4} 集聚程度在 2019 年最高，在 2018 年最低。

以上研究结果表明我国城市大气环境承载力具有区域性、集聚性和复合型特征。任阵海等（2004）的研究指出，受到煤耗总量、大气输送网络、盆地地形等因素的影响，我国大气环境质量呈现区域性特征，主要表现为区域内部具有空间自相关集聚特征，即高污染城市与高污染城市、低污染城市与低污染城市集聚出现，不同城市的大气环境承载力存在高度的空间相关性。从 $PM_{2.5}$ 来看，范丹等（2020）指出我国地级市 $PM_{2.5}$ 浓度总体呈现出显著的高-高型、低-低型正相关关系。城市大气环境承载力呈现较强空间相关性的主要原因有：①城市规模扩大导致城际间距离缩小；②大气污染具有长距离扩散特征。城市大气环境承载力具有空间相关性表明其除受城市本身的污染源影响外，还受周边城市污染源不同程度的影响，导致区域内某一城市单靠自己的力量难以解决其大气环境承载力超载问题（李瑞等，2020）。为了应对我国城市大气环境质量恶化以及大气污染物扩散的问题，环境保护部（现生态环境部）在 2010 年和 2012 年分别出台了《关于推进大气污染联防联控工作改善区域空气质量的指导意见》和《重点区域大气污染防治“十二五”规划》，明确提出要改变传统的大气污染单因子监管及行政条块化监管模式，借鉴欧美国家及我国在奥运会举办期间进行大气污染治理时取得的成功经验，逐步建立我国大气污染联防联控机制。

2. 城市大气环境承载力状态的空间差异性

根据表 7.16 中的 UAECCI 年数据，绘制 2015～2019 年 35 个样本城市大气环境承载力状态区间分布图，见图 7.15。

从图 7.15 中可以发现，2015～2019 年 35 个样本城市都存在不同程度的大气环境承载力超载问题。其中，石家庄、太原、济南、郑州和西安五个城市 5 年均处于严重超载区间；昆明、海口和厦门三个城市 5 年均处于低超载区间。以济南为例，其大气环境承载力严重超载的主要原因包括三个方面：①受能源结构的影响。济南以煤炭为主要能源，社会经济的快速发展导致济南生产生活活动对煤炭的消费量大规模增长，由此产生了大量的大气污染物。②受产业结构的影响。济南重工业比例较高，高能耗、高污染行业对大气环境造成了严重的影响。③受地理气候条件的影响。济南主导风向常年为西南风，次主导风向为东北风，由此引起的山风和谷风对济南的局地环流有着重要影响，而局地环流导致济南东北部空气质量相对较差。此外，冬季采暖期济南大气污染物排放量大，且常遇静风、逆温及西南低气压等不利于污染物扩散的气象（姚青等，2018），从而进一步加剧了济南的大气污染。而厦门大气环境承载力综合指数处于低超载区间的主要原因为：厦门属于南方临海城市，气象条件优良，没有冬季采暖压力（蔺雪芹和王岱，2016），且产业结构合理，以文娱、金融、房地产等第三产业为主，大气污染物排放量较少，大气环境承载强度较低。

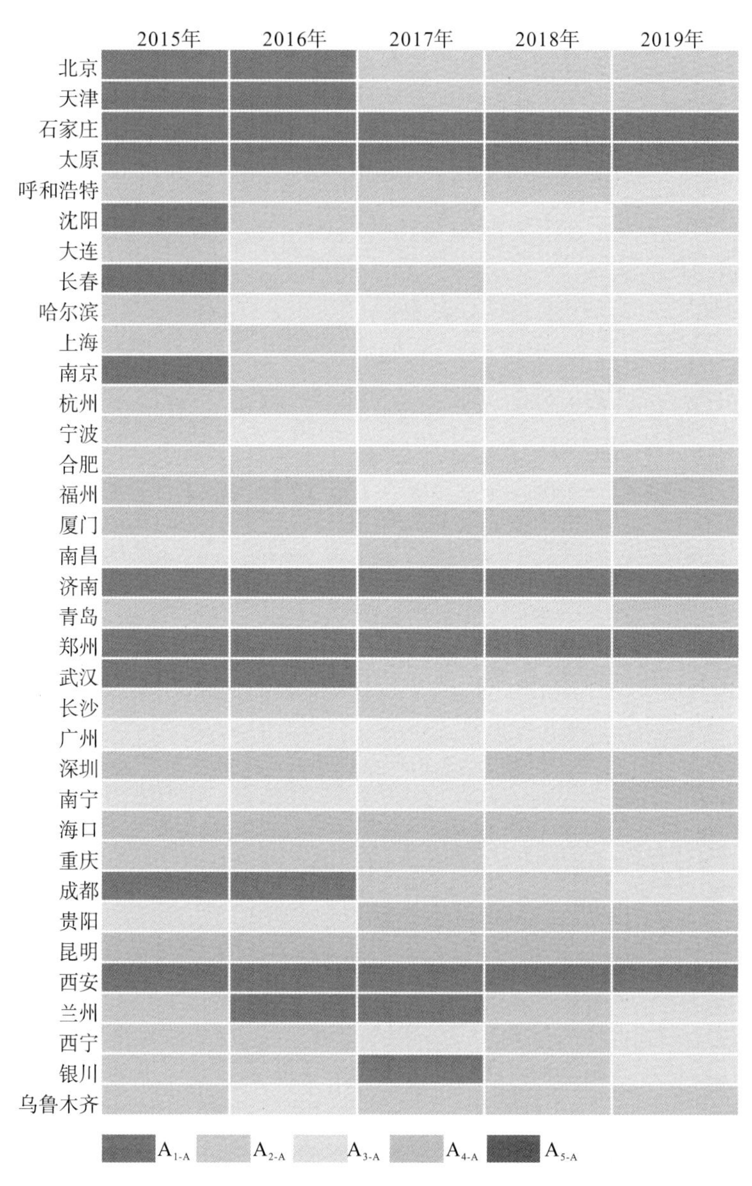

图7.15 2015～2019年35个样本城市大气环境承载力状态区间分布图

从时间上来看，不同样本城市的大气环境承载力状态呈现出转向低超载状态和中超载状态的趋势，表明我国大气污染治理取得了阶段性成效，有效地控制了城市各类大气污染物的排放强度。

根据表7.16中2015～2019年大气环境承载力综合指数(UAECCI)平均值，绘制35个样本城市大气环境承载力状态区间空间分布图，见图7.16。

由图7.16可以发现，35个样本城市的大气环境承载力综合指数(UAECCI)具有较为显著的地理分区特征。其中，位于秦岭淮河以北的样本城市，其UAECCI多处于$A_{4\text{-}A}$区间和$A_{5\text{-}A}$区间，如青岛、大连、西安、兰州、乌鲁木齐等。位于秦岭淮河以南的样本城市，其UAECCI则多处于$A_{2\text{-}A}$区间和$A_{3\text{-}A}$区间，如海口、昆明、厦门、南宁、广州和深圳等。

图 7.16　35 个样本城市状态区间空间分布

进一步地，由表 7.16 和图 7.16 可以看出，南方样本城市在研究期内的每日 UAECCI 平均值和状态区间级别普遍较低，说明南方样本城市的大气环境承载强度较低，城市大气环境质量相对较好，其大气污染对人类健康的影响程度相对较低。而北方样本城市在研究期内的每日 UAECCI 平均值和状态区间级别普遍较高，说明其大气环境承载强度较高，大气环境面临着严峻的挑战，如济南、郑州、石家庄和太原等城市的 UAECCI 值居高不下，长期处于严重超载区间，这些城市应在促进社会经济发展的同时格外关注大气污染问题。

造成南北方样本城市大气环境承载力出现差异的原因包括自然条件和社会经济发展情况两方面。就自然条件而言，北方城市尤其是西北和东北地区的城市，其地理位置导致大气污染物不易扩散消除，大气环境自净能力较弱(即减小大气环境荷载的能力较弱)，如位于西北地区的乌鲁木齐、西安和兰州，其降雨量少且沙暴频发，生态环境较为脆弱敏感，绿色植被覆盖率不高，因而对大气污染物的吸附、净化能力有限，大气环境承载强度偏高(马丽梅和张晓，2014)。而南方样本城市多位于山地，易形成较强的局部对流，降雨量丰富且森林覆盖率高，这增强了污染物的扩散和吸附能力，使得这些城市的大气环境自净能力增强。特别是东南部沿海城市(如厦门、福建)，它们处于温带季风气候区，温热多雨，所以大气环境质量较好(薛海和张帆，2020)。就社会经济发展情况而言，产业结构的不同会对大气环境承载强度造成较大影响(张红凤等，2009)。以石家庄为例，其产业结构中第二产业增加值占地区生产总值的比例始终维持在 45%左右，是我国典型的工业城市。石家庄的钢铁、焦化、水泥、建筑陶瓷平板玻璃炭素、钙镁、石材加工(含蛭石加工、云母加工)、铸造、煤化工八大行业长期以煤炭为能源，造成高能耗、高排放、高污染，大气环境系统承担较高的污染压力，大气环境承载强度较高。另外，南北地区的样本城市能源结构存在差异，如北方地区由于冬季需要供暖，其主要能源为煤炭、石油等，而南方地区则更多地使用水资源和天然气，这导致南北地区样本城市大气环境承载强度的差距进一步加大。更进一步地，环保投资力度不同也是导致南北地区样本城市的大气环境承载强度存在差异的主要因素之一。根据中国清洁空气联盟秘书处发布的研究报告《大气污染防治行动计划(2013—2017)实施的投融资需求及影响》，我国北方地区的样本城市大气污染问题严峻，用于污染防治的投资规模与实际需求相比严重不足，无法有效应对北方样本城市大气环境承载力超载的问题。与之相反，在大气环境承载力总体状况较好的情况下，许多南方样本城市仍然在加大环保投资力度，积极开展大气污染防治工作。以深圳为例，其 2007～2011 年的环保投资总额已超过 220 亿元，表明深圳对生态环保工作的重视程度很高，环保投资力度较大。其结果则是深圳的环境基础设施建设进展顺利，各项改善大气环境的措施得以实施，大气环境质量得到较大幅度的提升，大气环境承载强度进一步下降。

7.4　本章小结

城市大气环境承载力是城市资源环境承载力的一个重要维度。准确地对城市大气环境承载力进行评价，是城市以资源环境承载力为抓手实现城市可持续发展的一项重要基础性工作。本章基于“载体-荷载”视角下城市资源环境承载力的评价原理，建立了城市大气环境承载力评价方法和评价模型，然后应用评价方法对 35 个样本城市进行了实证研究。

本章构建的城市大气环境承载力评价模型由两部分组成：城市大气环境承载力分项指数和城市大气环境承载力综合指数。城市大气环境承载力分项指数以大气环境荷载指数与载体指数的比值反映大气环境承载污染物的强度；而城市大气环境承载力综合指数用来衡量城市的大气环境承载强度。

本章依托大数据背景，采用大气环境大数据，即大气污染物的实时浓度数据，对 35 个样本城市的城市大气环境承载力进行了实证研究，有关研究结果可以总结为以下几点。

(1) 从城市大气环境承载力的年变化趋势来看，2015～2019 年 35 个样本城市总体上的大气环境承载强度有所降低，大气环境质量逐步改善。但是 $PM_{2.5}$ 和 PM_{10} 的大气环境承载力仍处于较为严重的超载状态，$PM_{2.5}$ 和 PM_{10} 污染是我国城市所面临的主要大气污染问题。值得注意的是，在研究期内，O_3 的大气环境承载强度一直呈上升趋势，正逐渐成为影响我国城市大气质量的关键因素之一。

(2)城市大气环境承载力具有显著的季节周期性特征，表现为样本城市大气环境承载力综合指数呈现出“冬春高、夏秋低”的季节性变化特征，即冬季和春季样本城市的空气污染比较严重，夏秋时节空气质量良好。$PM_{2.5}$、PM_{10}、SO_2、NO_2、CO 五类大气污染物的大气环境承载力分项指数呈现出“冬高夏低、春秋居中”的季节性变化特征；而 O_3 的大气环境承载力分项指数则呈现出“夏高冬低、春秋居中”的季节性变化特征。

(3)城市大气环境承载力具有明显的时点周期性特征，表现为大气环境承载力综合指数在一日内呈现出具有“双峰”的时点周期性变化特征；$PM_{2.5}$、PM_{10}、NO_2、CO 四类大气污染物的大气环境承载力分项指数呈现出相似的时点周期性变化，涉及早高峰(9:00 左右)和晚高峰(24:00 左右)。样本城市在这两个高峰的空气质量较差，$PM_{2.5}$、PM_{10}、NO_2 和 CO 浓度较高。而 SO_2 和 O_3 两类大气污染物的大气环境承载力分项指数呈现出具有“单峰”的时点周期性变化特征，其中 SO_2 主要在早高峰(9:00 左右)出现峰值，O_3 则在 15:00 左右出现峰值。

(4)城市大气环境承载力具有明显的空间相关性和空间差异性。空间相关性表现为样本城市大气环境承载力具有区域性和集聚性特征。空间差异性主要体现为样本城市大气环境承载力存在明显的南北差异，北方样本城市的大气环境承载强度普遍高于南方样本城市。换句话说，北方样本城市的空气污染相对较严重，而南方样本城市的大气质量相对较好。

第8章 城市土地资源承载力实证评价

本章对我国城市土地资源承载力进行实证评价分析，其主要内容包括：①构建评价我国城市土地资源承载力的方法；②对35个样本城市在2012～2017年的土地资源承载力进行实证计算；③基于实证计算结果，对样本城市土地资源承载力的时空演变规律进行分析。

8.1 城市土地资源承载力评价方法

基于本书第3章提出的城市资源环境承载力评价原理，本章将剖析城市土地资源承载力的内涵，构建基于“载体-荷载”视角的城市土地资源承载力评价指标体系，建立“载体-荷载”视角下城市土地资源承载力的评价和计算方法。

8.1.1 城市土地资源承载力的内涵

土地资源系统是一个由耕地、林地、园地、牧草地、水域、居民点用地、工矿用地、旅游用地和特殊用地等子系统构成的生态系统，这些子系统都由生物成分（植物和微生物等）和非生物成分（光照、土壤、空气、温度等）共同组成（刘卫东和彭俊，2010）。充分合理地利用土地资源，可以创造更高的社会和经济效益，而过度利用土地资源可能会导致依赖土地资源的城市无法实现可持续发展。因此，从承载能力的视角对城市土地资源利用情况进行分析尤为重要。

对于城市土地资源承载力，有各种解释。例如，郭志伟（2008）认为城市土地资源承载力是指城市土地资源所能承载的人类活动的规模和强度。莫虹频等（2008）指出，城市土地资源承载力反映了城市对工业适宜发展规模的约束。张红等（2016）认为土地资源承载力是指在可以预见的技术、经济、社会发展水平条件下，不同国家和地区所拥有的土地资源能够持续、稳定供养的最大人口规模。

传统上，城市土地资源承载力的定义强调城市土地资源与人类社会经济活动的供需关系，旨在确定城市土地资源实际能够承载的人口数量或人类社会经济活动规模等。然而城市系统是一个开放和变化的系统，城市系统中社会经济发展所能获取的资源不仅取决于资源本身的规模和性质，还取决于资源承载的各种社会经济活动（荷载）的性质和规模以及人类利用这些资源的技术和对资源的管理手段。因此，城市土地资源承载力是动态变化的。依据本书第3章提出的基于“载体-荷载”视角的城市资源环境承载力评价原理，可知城市土地资源承载力不应只体现为阈值，而应展示城市土地资源承载力的状态。所以这里将城市土地资源承载力(ULRCC)定义为城市土地资源对人类社会经济活动的承载强度，这一概念的内涵可以用图 8.1 表示。

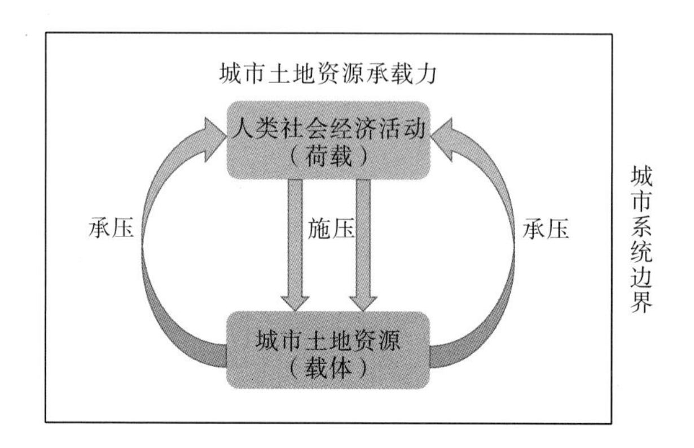

图 8.1 城市土地资源承载力内涵示意图

根据基于“载体-荷载”视角的城市土地资源承载力定义，可知城市土地资源载体指数(C_L)为各类土地资源；城市土地资源荷载指数(L_L)为各项社会经济活动；城市土地资源承载力指数(ρ_L)表征的是城市土地资源对人类社会经济活动的承载强度，其定义如下。

$$\rho_L = \frac{L_L}{C_L} \tag{8.1}$$

城市土地资源承载力过高意味着城市土地资源承载的荷载过大，面临着超载风险，而过低则意味着对城市土地资源的利用不足，存在潜在的浪费问题。

8.1.2 城市土地资源承载力评价指标

根据城市土地资源承载力的定义[式(8.1)]，将评估城市土地资源承载力的指标分为土地资源载体指标和土地资源荷载指标两类。其中土地资源载体指标为衡量各种类型土地资源性质和规模的指标，土地资源荷载指标由社会、经济和环境三个维度的指标构成。

1. 城市土地资源载体指标

反映土地资源性质和规模的载体指标分为绝对指标和相对指标两类。例如，建成区的土地面积是绝对指标，人均耕地面积和建成区建设用地的占比等是相对指标。反映土地资源载体规模的指标应当是各种利用类型的土地的面积，是绝对指标。

土地利用类型可以参考《土地利用现状分类(GB/T 21010—2017)》，即土地利用类型分为水利设施用地、工业用地、采矿和仓储用地、商服用地、交通运输用地、居住用地、教育用地、医疗卫生用地、文化设施用地、社会福利用地、机关团体用地、绿地和公园、公共管理和公共服务用地、特殊用地、公共设施用地、邮政设施用地、电信设施用地、风景名胜区设施用地、农用地、其他用地。其中，农用地包括耕地、园地、林地和草地。

关于城市土地利用类型，住房和城乡建设部在 2011 年发布了《城市用地分类与规划建设用地标准》(GB 50137—2011)，所划分的土地利用类型可用图 8.2 表示。

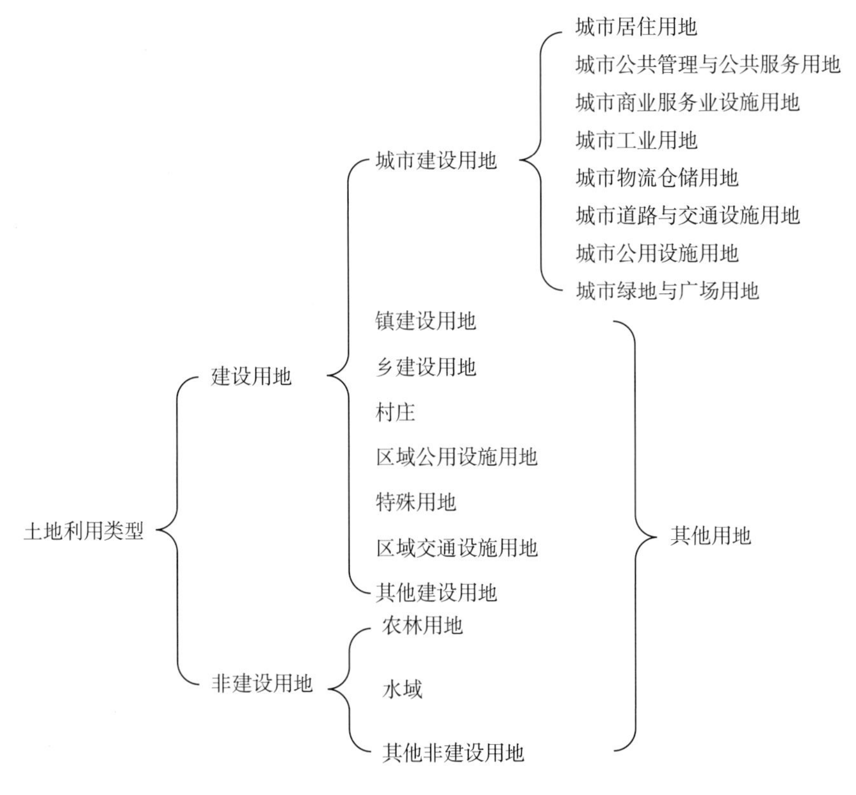

图 8.2　城市土地利用类型

基于图 8.2 所示的土地利用类型，构建城市土地资源载体指标，如表 8.1 所示。

表 8.1　城市土地资源载体指标

载体指标	
城市居住用地面积/km^2	C_{L_1}
城市公共管理与公共服务用地面积/km^2	C_{L_2}
城市商业服务业设施用地面积/km^2	C_{L_3}
城市工业用地面积/km^2	C_{L_4}
城市物流仓储用地面积/km^2	C_{L_5}
城市道路与交通设施用地面积/km^2	C_{L_6}
城市公用设施用地面积/km^2	C_{L_7}
城市绿地与广场用地面积/km^2	C_{L_8}
其他用地面积/km^2	C_{L_9}

城市是一个高度开放的系统，城市内部的社会经济活动不仅受到城市建设用地（$C_{L_1} \sim C_{L_8}$）的支撑，还受到其他用地（C_{L_9}）的支撑，如特殊用地、水域、乡镇建设用地等。城市土地资源载体承载了社会活动、经济活动和由社会经济活动产生的污染物等的荷载。

2. 城市土地资源荷载指标

城市土地资源承载的荷载来自社会活动、经济活动和由社会经济活动产生的污染物三个方面。在社会维度，城市土地资源荷载指标反映了人口数量，因此可以用城市常住人口数量作为城市土地资源社会荷载指标。在经济维度，城市土地资源荷载反映了经济发展水平与质量，因此可以用城市第一、第二和第三产业增加值作为土地资源经济荷载指标，这些指标不仅可以反映城市的经济发展水平，还可以反映经济结构。在环境维度，土地有调节气候、调节水资源、改善水质等功能，能吸收二氧化碳置换出氧气，故可以用二氧化碳排放量作为环境维度的土地资源荷载指标。基于上述讨论构建的城市土地资源荷载指标如表 8.2 所示。

表 8.2　城市土地资源荷载指标

荷载类别	荷载指标	
社会属性荷载	常住人口数量/万人	L_{L_1}
经济属性荷载	第一产业增加值/万元	L_{L_2}
	第二产业增加值/万元	L_{L_3}
	第三产业增加值/万元	L_{L_4}
环境属性荷载	二氧化碳排放量/t	L_{L_5}

8.1.3 城市土地资源承载力计算模型

基于城市土地资源承载力[式(8.1)]的定义，本书将城市土地资源承载力的计算分为单项承载力计算和综合承载力计算。

1. 城市土地资源单项承载力评价模型

土地资源载体指标与土地资源荷载指标间存在着对应关系，这种对应关系是计算城市土地资源单项承载力的基础。基于表 8.1 中的载体指标和表 8.2 中的荷载指标，载体指标和荷载指标的对应关系可以用城市土地资源载体-荷载指标关系矩阵来阐释，见表 8.3。

表 8.3　城市土地资源载体-荷载指标关系矩阵

	L_{L_1}	L_{L_2}	L_{L_3}	L_{L_4}	L_{L_5}
C_{L_1}	√			√	

续表

	L_{L_1}	L_{L_2}	L_{L_3}	L_{L_4}	L_{L_5}
C_{L_2}	√			√	
C_{L_3}	√			√	
C_{L_4}	√		√		
C_{L_5}	√			√	
C_{L_6}	√			√	
C_{L_7}	√		√		
C_{L_8}	√				√
C_{L_9}	√	√		√	√

在表 8.3 中，标记“√”的矩阵要素表示对应的土地资源载体与相应的土地资源荷载之间具有承载与被承载的关系，利用矩阵中标记“√”的载体和荷载要素可以计算出城市土地资源单项承载力。例如，载体“城市居住用地面积（C_{L_1}）”对应承载着荷载“城市常住人口数量（L_{L_1}）”，故在矩阵中 C_{L_1} 与 L_{L_1} 对应的矩阵要素被标记“√”，由此可以计算出土地资源单项承载力指数：$\rho_{1\text{-}1}^{L}=\dfrac{L_{L_1}}{C_{L_1}}$。

根据式(8.1)，表 8.3 中被标记“√”的矩阵要素可以转换为城市土地资源单项承载力计算公式，这些计算公式列在表 8.4 中。其中，除了 $\rho_{8\text{-}5}^{L}$ 和 $\rho_{9\text{-}5}^{L}$ 使用负向计算公式以外，其余都是正向计算公式。

表 8.4　城市土地资源单项承载力计算模型

	L_{L_1}	L_{L_2}	L_{L_3}	L_{L_4}	L_{L_5}
C_{L_1}	$\rho_{1\text{-}1}^{L}=\dfrac{L_{L_1}}{C_{L_1}}$			$\rho_{1\text{-}4}^{L}=\dfrac{L_{L_4}}{C_{L_1}}$	
C_{L_2}	$\rho_{2\text{-}1}^{L}=\dfrac{L_{L_1}}{C_{L_2}}$			$\rho_{2\text{-}4}^{L}=\dfrac{L_{L_4}}{C_{L_2}}$	
C_{L_3}	$\rho_{3\text{-}1}^{L}=\dfrac{L_{L_1}}{C_{L_3}}$			$\rho_{3\text{-}4}^{L}=\dfrac{L_{L_4}}{C_{L_3}}$	
C_{L_4}	$\rho_{4\text{-}1}^{L}=\dfrac{L_{L_1}}{C_{L_4}}$		$\rho_{4\text{-}3}^{L}=\dfrac{L_{L_3}}{C_{L_4}}$		
C_{L_5}	$\rho_{5\text{-}1}^{L}=\dfrac{L_{L_1}}{C_{L_5}}$			$\rho_{5\text{-}4}^{L}=\dfrac{L_{L_4}}{C_{L_5}}$	

续表

	L_{L_1}	L_{L_2}	L_{L_3}	L_{L_4}	L_{L_5}
C_{L_6}	$\rho_{6\text{-}1}^{L}=\frac{L_{L_1}}{C_{L_6}}$			$\rho_{6\text{-}4}^{L}=\frac{L_{L_4}}{C_{L_6}}$	
C_{L_7}	$\rho_{7\text{-}1}^{L}=\frac{L_{L_1}}{C_{L_7}}$		$\rho_{7\text{-}3}^{L}=\frac{L_{L_3}}{C_{L_7}}$		
C_{L_8}	$\rho_{8\text{-}1}^{L}=\frac{L_{L_1}}{C_{L_8}}$				$\rho_{8\text{-}5}^{L}=\frac{L_{L_5}}{C_{L_8}}$
C_{L_9}	$\rho_{9\text{-}1}^{L}=\frac{L_{L_1}}{C_{L_9}}$	$\rho_{9\text{-}2}^{L}=\frac{L_{L_2}}{C_{L_9}}$		$\rho_{9\text{-}4}^{L}=\frac{L_{L_4}}{C_{L_9}}$	$\rho_{9\text{-}5}^{L}=\frac{L_{L_5}}{C_{L_9}}$

表 8.4 中城市土地资源单项承载力（$\rho_{i\text{-}j}^{L}$）的内涵在表 8.5 中得到进一步的解释。

表 8.5 城市土地资源单项承载力（$\rho_{i\text{-}j}^{L}$）的内涵解释

土地资源单项承载力	内涵
$\rho_{1\text{-}1}^{L}$	城市居住用地为居民提供居住空间，承载常住人口的基本生活
$\rho_{1\text{-}4}^{L}$	城市居住用地为居民提供的居住空间是有偿的，交易过程中产生经济效益，承载着房地产业
$\rho_{2\text{-}1}^{L}$	城市公共管理与公共服务用地为居民提供服务性功能，承载常住人口的行政服务、文化服务、教育服务、体育服务和医疗服务等
$\rho_{2\text{-}4}^{L}$	城市公共管理与公共服务用地为居民提供服务时，居民需要支付费用，从而产生一定的经济效益，承载着城市的教育、文化、体育产业，公共管理、社会保障服务，以及社会组织活动等
$\rho_{3\text{-}1}^{L}$	城市商业服务业设施用地承载常住人口的各种商业服务活动
$\rho_{3\text{-}4}^{L}$	城市商业服务业设施用地为居民提供服务时，居民需要支付费用，从而产生一定的经济效益，承载着城市的批发和零售业、住宿和餐饮业、金融业以及娱乐业等产业
$\rho_{4\text{-}1}^{L}$	城市工业用地是承载工业产品生产的用地，这些工业产品流通至第三产业中后为常住人口提供服务，承载着常住人口各式各样的产品需求
$\rho_{4\text{-}3}^{L}$	城市工业用地承载工业
$\rho_{5\text{-}1}^{L}$	城市物流仓储用地为居民提供物流服务，承载常住人口的商品流通服务
$\rho_{5\text{-}4}^{L}$	城市居民需要向物流仓储服务支付费用，城市物流仓储用地承载部分交通运输服务、仓储服务和邮政业
$\rho_{6\text{-}1}^{L}$	城市道路与交通设施用地承载常住人口的出行服务
$\rho_{6\text{-}4}^{L}$	城市居民需要向出行服务支付费用，城市道路与交通设施用地承载部分交通运输服务、仓储服务和邮政业
$\rho_{7\text{-}1}^{L}$	城市公用设施用地为居民提供供水、供电和供热等服务，承载常住人口的供水、供电和供热等服务
$\rho_{7\text{-}3}^{L}$	城市居民需要向供水、供电和供热等服务支付费用，城市公用设施用地承载工业

续表

土地资源单项承载力	内涵
$\rho_{8\text{-}1}^{L}$	城市绿地与广场用地为居民提供生态服务，承载常住人口的绿色生活生产需求
$\rho_{8\text{-}5}^{L}$	城市绿地与广场用地的植物可以置换二氧化碳，承载二氧化碳的置换功能
$\rho_{9\text{-}1}^{L}$	其他用地可以向居民提供其他服务，承载常住人口的其他服务
$\rho_{9\text{-}2}^{L}$	其他用地中的农林用地和部分水域承载农林牧渔业
$\rho_{9\text{-}4}^{L}$	其他用地中的区域交通设施用地承载部分交通运输服务、仓储服务和邮政业
$\rho_{9\text{-}5}^{L}$	其他用地中的农林用地和水域中的植物可以置换二氧化碳，承载二氧化碳的置换功能

2. 城市土地资源综合承载力评价模型

基于表 8.4 中的城市土地资源单项承载力计算模型，将城市土地资源综合承载力计算模型表示如下：

$$\rho_{\mathrm{L}}=\sum_{j=1}^{5}\sum_{i=1}^{9}(\omega_{\mathrm{L}_{i\text{-}j}}\times\rho_{i\text{-}j}^{L^{*}}) \tag{8.2}$$

式中，ρ_{L} 表示城市土地资源综合承载力指数；$\rho_{i\text{-}j}^{L^{*}}$ 是表 8.4 中计算得到的 $\rho_{i\text{-}j}^{L}$ 的标准化值；$\omega_{L_{i\text{-}j}}$ 是 $\rho_{i\text{-}j}^{L^{*}}$ 的权重。

对于 $\rho_{i\text{-}j}^{L}$ 的标准化，可以通过下列公式实现：

$$\rho_{ijt}^{*}=\frac{\rho_{ijt}-\min_{it}\left\{\rho_{ijt}\right\}}{\max_{it}\left\{\rho_{ijt}\right\}-\min_{it}\left\{\rho_{ijt}\right\}} \tag{8.3}$$

$$\rho_{ijt}^{*}=\frac{\max_{it}\left\{\rho_{ijt}\right\}-\rho_{ijt}}{\max_{it}\left\{\rho_{ijt}\right\}-\min_{it}\left\{\rho_{ijt}\right\}} \tag{8.4}$$

式中，ρ_{ijt}^{*} 表示在第 t 年时，城市 j 的指标 i 的标准化值；ρ_{ijt} 代表在第 t 年时，城市 j 的指标 i 的计算值；$\max_{it}\left\{\rho_{ijt}\right\}$ 和 $\min_{it}\left\{\rho_{ijt}\right\}$ 分别代表指标 i 在所有参与分析的样本城市中在检验年中 (t) 的最大值和最小值。

其中，式 (8.3) 是应用于正向指标的标准化计算式，式 (8.4) 是应用于负向指标的标准化计算式。表 8.4 中的 $\rho_{8\text{-}5}^{L}$ 和 $\rho_{9\text{-}5}^{L}$ 为负向指标，其他都是正向指标。

关于权重 $\omega_{\mathrm{L}_{i\text{-}j}}$，考虑到在表 8.4 中所有单项承载力 ($\rho_{i\text{-}j}^{L}$) 同等重要，采用等权重公式计算：

$$\omega_{\mathrm{L}_{i\text{-}j}}=\frac{1}{M} \tag{8.5}$$

在表 8.4 中有 20 项单项承载力，因此 $M=20$，$\omega_{\mathrm{L}_{i\text{-}j}}=1/20$。

8.2 城市土地资源承载力实证计算

通过收集我国 35 个样本城市的土地资源承载力评价指标数据，并基于 8.1 节建立的城市土地资源承载力计算模型，可以计算样本城市土地资源承载力。

8.2.1 实证计算数据

对我国 35 个样本城市的土地资源承载力进行计算时，需要收集土地资源载体指标(表 8.1)和土地资源荷载指标(表 8.2)的数据。

在大数据背景下，土地资源载体指标数据可以通过遥感大数据和统计年鉴获取。其中，“第三次全国国土调查”规程利用遥感大数据对全国土地资源数量、性状、利用状况进行了详细调查。这些数据涉及全覆盖的高分辨率遥感影像、矢量地图、表格、文本等，具有数据量巨大以及全样本的特征，但属于国家保密数据，无法获取，因此本书采用统计年鉴中的数据。对于土地资源荷载指标，城市常住人口数据可以利用大数据工具进行采集。例如，“百度慧眼”能提供实时人口数据，“新浪微博”能提供人口空间坐标数据(王鑫，2013)。人口迁徙数据是实时更新的，时间以天为单位。然而，土地资源载体指标的数据都是年度数据，为了保证土地资源载体指标数据和荷载指标数据在时间上一致，本书使用统计年鉴中的数据。

基于上述背景，实证计算中采用的评价指标数据其来源包括《中国县城建设统计年鉴》《中国城市统计年鉴》《中国城市建设统计年鉴》和《中国统计年鉴》。35 个样本城市的数据收集时间为 2008～2017 年，但在收集了 9 个土地资源载体指标的数据后发现，2012 年我国土地利用类型数据发生统计口径方面的变化，导致 2008～2011 年和 2012～2017 年的土地利用类型存在差异[参照《城市用地分类与规划建设用地标准》(GBJ 137—90)和《城市用地分类与规划建设用地标准》(GB 50137—2011)。即，2008～2011 年和 2012～2017 年的土地利用类型数据统计口径不一致，故本书对城市土地资源承载力的实证计算时间调整为 2012～2017 年。另外，由于土地资源荷载指标“二氧化碳排放量(L_{L_5})”的数据无法获取，故在实证计算过程中不考虑该指标。关于第一产业增加值(L_{L_2})、第二产业增加值(L_{L_3})和第三产业增加值(L_{L_4})，《中国城市统计年鉴》给出的是名义值，因此需要将这些值调整为同一个参考基点下的实际值。根据程晓丽和王逢春(2014)总结的计算公式，第一产业、第二产业和第三产业增加的名义值换算为以 2012 年为基期的实际值的公式分别为

$$L_{\mathrm{L}_2}(t)=L_{\mathrm{L}_{2名义}}(t)\times L^*_{\mathrm{L}_2}(t)/L^*_{\mathrm{L}_2}(t_{2012}) \tag{8.6}$$

$$L_{\mathrm{L}_3}(t)=L_{\mathrm{L}_{3名义}}(t)\times L^*_{\mathrm{L}_3}(t)/L^*_{\mathrm{L}_3}(t_{2012}) \tag{8.7}$$

$$L_{\mathrm{L}_4}(t)=L_{\mathrm{L}_{4名义}}(t)\times L^*_{\mathrm{L}_4}(t)/L^*_{\mathrm{L}_4}(t_{2012}) \tag{8.8}$$

式(8.6)中，$L_{L_2}(t)$代表在 t 年第一产业增加的实际值；$L_{L_{2名义}}(t)$代表在 t 年第一产业增加的名义值；$L_{L_2}^*(t)$代表以 1978 年为基期，t 年的第一产业增加值；$L_{L_2}^*(t_{2012})$代表以 1978 年为基期，2012 年的第一产业增加值。

式(8.7)中，$L_{L_3}(t)$代表在 t 年第二产业增加的实际值；$L_{L_{3名义}}(t)$代表在 t 年第二产业增加的名义值；$L_{L_3}^*(t)$代表以 1978 年为基期，t 年的第二产业增加值；$L_{L_3}^*(t_{2012})$代表以 1978 年为基期，2012 年的第二产业增加值。

式(8.8)中，$L_{L_4}(t)$代表在 t 年第三产业增加的实际值；$L_{L_{4名义}}(t)$代表在 t 年第三产业增加的名义值；$L_{L_4}^*(t)$代表以 1978 年为基期，t 年的第三产业增加值；$L_{L_4}^*(t_{2012})$代表以 1978 年为基期，2012 年的第三产业增加值。

由于收集的 2012～2017 年 35 个样本城市的土地资源载体指标（$C_{L_1} \sim C_{L_9}$）及土地资源荷载指标（$L_{L_1} \sim L_{L_4}$）原始数据量过大，因此本书不展示原始数据。根据式(8.5)计算 $\rho_{i\text{-}j}^{L^*}$ 的权重，由于 L_{L_5} 的数据无法获取，故共有 18 项土地资源单项承载力（$\rho_{i\text{-}j}^{L^*}$），考虑到土地资源单项承载力同等重要，故 $\omega_{i\text{-}j} = \dfrac{1}{18}$。

8.2.2　实证计算结果

通过将土地资源承载力相关指标的原始数据应用到 8.1 节建立的城市土地资源承载力计算模型[式(8.2)～式(8.5)]中，可以计算得到 2012～2017 年 35 个样本城市的土地资源综合承载力指数，如表 8.6 所示。

表 8.6　2012～2017 年 35 个样本城市的土地资源综合承载力（ρ_L）

城市	2012 年	2013 年	2014 年	2015 年	2016 年	2017 年	年均值
北京	0.23	0.30	0.26	0.33	0.31	0.30	0.29
天津	0.16	0.22	0.21	0.26	0.22	0.22	0.22
石家庄	0.11	0.15	0.15	0.19	0.18	0.22	0.17
太原	0.24	0.27	0.17	0.20	0.16	0.16	0.20
呼和浩特	0.10	0.11	0.11	0.16	0.13	0.14	0.13
沈阳	0.15	0.20	0.18	0.23	0.16	0.14	0.18
大连	0.13	0.18	0.18	0.23	0.19	0.18	0.18
长春	0.10	0.12	0.13	0.17	0.13	0.15	0.13
哈尔滨	0.13	0.17	0.16	0.21	0.19	0.21	0.18
上海	0.13	0.16	0.17	0.22	0.34	0.35	0.23
南京	0.12	0.16	0.16	0.20	0.18	0.19	0.17
杭州	0.14	0.18	0.18	0.23	0.20	0.19	0.19
宁波	0.12	0.15	0.14	0.20	0.19	0.19	0.17

续表

城市	2012年	2013年	2014年	2015年	2016年	2017年	年均值
合肥	0.07	0.09	0.09	0.12	0.10	0.11	0.10
福州	0.12	0.18	0.16	0.21	0.19	0.20	0.18
厦门	0.29	0.32	0.24	0.16	0.13	0.15	0.22
南昌	0.13	0.18	0.16	0.20	0.19	0.19	0.18
济南	0.11	0.15	0.14	0.18	0.16	0.16	0.15
青岛	0.14	0.30	0.17	0.24	0.20	0.20	0.21
郑州	0.12	0.16	0.18	0.24	0.21	0.20	0.19
武汉	0.11	0.14	0.12	0.34	0.31	0.19	0.20
长沙	0.17	0.20	0.18	0.26	0.24	0.13	0.20
广州	0.22	0.26	0.27	0.45	0.41	0.38	0.33
深圳	0.25	0.32	0.31	0.42	0.43	0.43	0.36
南宁	0.10	0.11	0.12	0.15	0.13	0.15	0.13
海口	0.13	0.16	0.18	0.18	0.18	0.33	0.19
重庆	0.13	0.17	0.17	0.21	0.20	0.21	0.18
成都	0.11	0.14	0.14	0.17	0.17	0.18	0.15
贵阳	0.11	0.13	0.13	0.14	0.13	0.12	0.13
昆明	0.09	0.13	0.13	0.19	0.17	0.17	0.15
西安	0.18	0.16	0.18	0.23	0.21	0.18	0.19
兰州	0.12	0.16	0.11	0.15	0.13	0.14	0.14
西宁	0.18	0.25	0.25	0.32	0.30	0.29	0.27
银川	0.09	0.09	0.09	0.13	0.11	0.13	0.11
乌鲁木齐	0.09	0.11	0.10	0.13	0.11	0.10	0.11
城市均值	0.14	0.18	0.17	0.22	0.20	0.20	—

从表 8.6 中可以看出，2012～2017 年 35 个样本城市的 ρ_L 值变化很大，其中最大值为 2015 年广州的 0.45，最小值为 2012 年合肥的 0.07。因此，在研究期内 35 个样本城市的 ρ_L 值构成了城市土地资源综合承载力总体变化区间[0.07,0.45]，且不同城市的土地资源综合承载力的波动性有差异。例如，北京的变化区间是[0.23,0.33]，乌鲁木齐的变化区间是[0.09,0.13]。

表 8.6 显示 35 个样本城市在 2012～2017 年的城市土地资源综合承载力指数年均值差异明显，排名前三的城市分别是深圳(0.36)、广州(0.33)和北京(0.29)，排名靠后的三个城市分别是银川(0.11)、乌鲁木齐(0.10)和合肥(0.10)。

为了更直观地展示 35 个样本城市的土地资源承载力指数在 2012～2017 年随时间的变化趋势，将表 8.6 中的计算结果绘制成如图 8.3 所示的曲线，图中展示了纵坐标尺度差异化的 35 个样本城市的土地资源承载力指数，有助于详细了解样本城市的土地资源承载力演变情况。

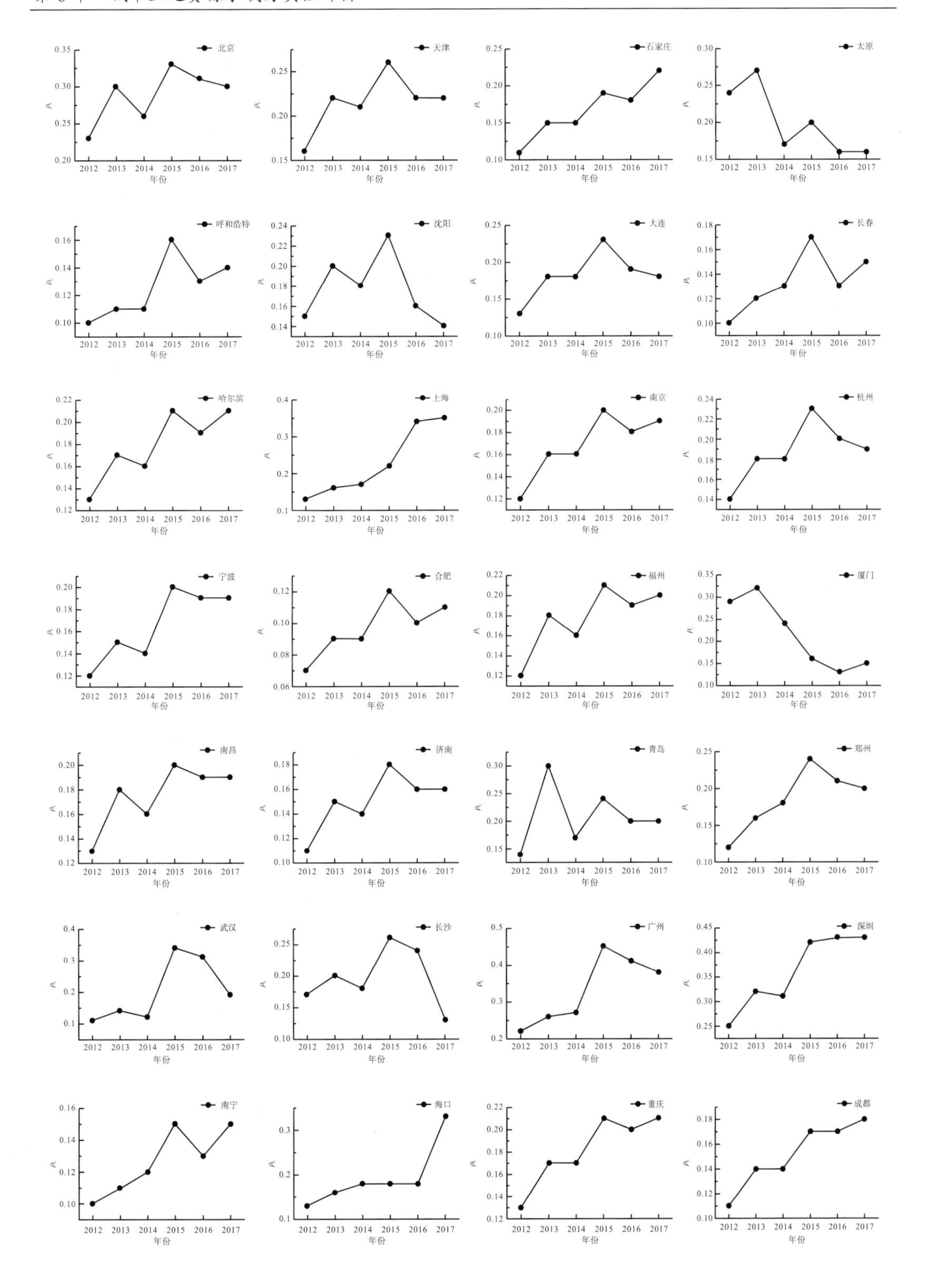
北京
天津
石家庄
太原
呼和浩特
沈阳
大连
长春
哈尔滨
上海
南京
杭州
宁波
合肥
福州
厦门
南昌
济南
青岛
郑州
武汉
长沙
广州
深圳
南宁
海口
重庆
成都
年份
2012
2013
2014
2015
2016
2017

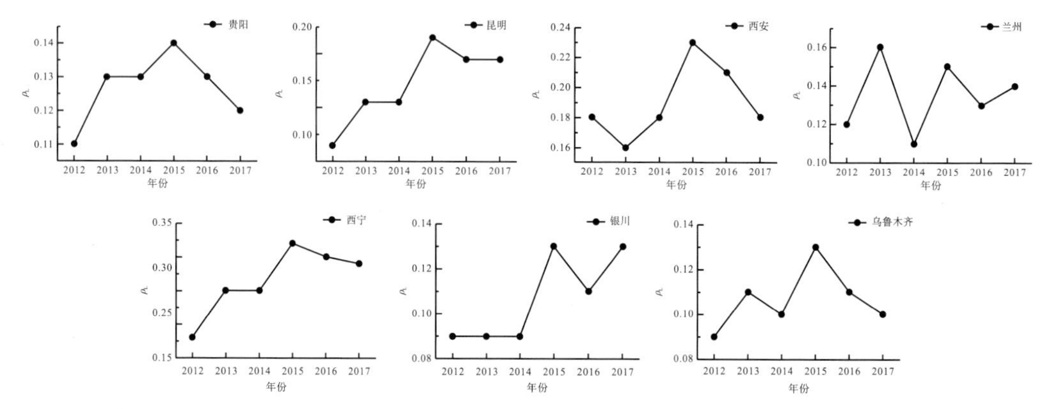

图 8.3 2012～2017 年 35 个样本城市土地资源综合承载力指数 ρ_L（基于差异化尺度）

8.3 城市土地资源承载力演变规律分析

本节将根据表 8.6 对我国 35 个样本城市的土地资源承载力演变规律进行分析，包括土地资源承载力状态区间划分、土地资源承载力状态时间演变规律分析以及土地资源承载力状态空间差异分析。

8.3.1 城市土地资源承载力状态分析

根据表 8.6，绘制 2012～2017 年 35 个样本城市土地资源综合承载力指数箱形图，如图 8.4 所示。

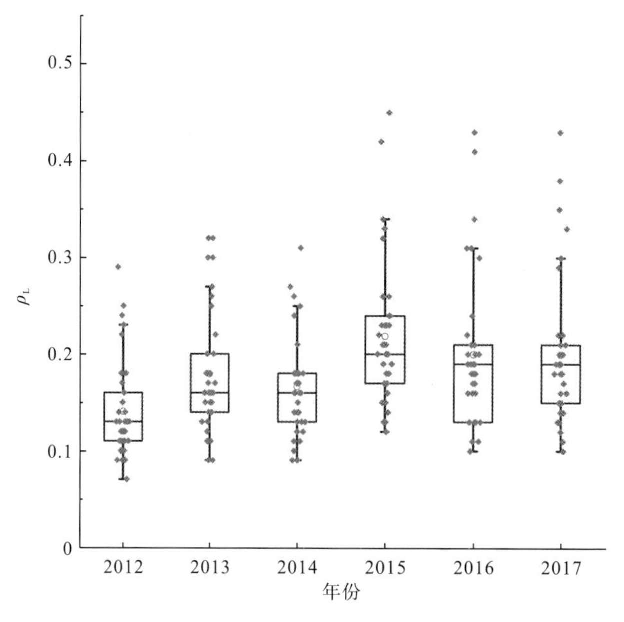

图 8.4 2012～2017 年 35 个样本城市土地资源综合承载力指数（ρ_L）箱形图

为了划分研究期内 35 个样本城市的土地资源承载力状态区间，应用箱形图原理得到 2012～2017 年城市土地资源承载力指数箱形图参数值：Q_{1L}（下四分位数）、Q_{2L}（中位数）、Q_{3L}（上四分位数），如表 8.7 所示。

表 8.7　2012～2017 年城市土地资源综合承载力指数箱形图参数值

	2012 年	2013 年	2014 年	2015 年	2016 年	2017 年
Q_{1L}	0.11	0.14	0.13	0.17	0.15	0.15
Q_{2L}	0.13	0.16	0.16	0.20	0.19	0.19
Q_{3L}	0.16	0.20	0.18	0.24	0.21	0.21

根据表 8.7，分别计算 2012～2017 年 Q_{1L}、Q_{2L} 和 Q_{3L} 的平均值，即 $\rho_{lu\text{-}L}$（基准值）、ρ_L^*（最优值）、$\rho_{vl\text{-}L}$（虚拟极限值），其结果分别为 0.14、0.17、0.20。根据这三个值可以将城市土地资源承载力划分成四个状态区间，即低利用区间 $A_{4\text{-}L}$（<0.14）、中度利用区间 $A_{3\text{-}L}$（0.14～0.17）、高利用区间 $A_{2\text{-}L}$（0.17～0.20）和高风险超载区间 $A_{1\text{-}L}$（≥0.20），具体见表 8.8。

表 8.8　城市土地资源承载力状态区间划分标准

区间	$A_{1\text{-}L}$（高风险超载区间）	$A_{2\text{-}L}$（高利用区间）	$A_{3\text{-}L}$（中度利用区间）	$A_{4\text{-}L}$（低利用区间）
划分标准	$\rho_L \geqslant 0.20$	$0.17 \leqslant \rho_L < 0.20$	$0.14 \leqslant \rho_L < 0.17$	$\rho_L < 0.14$

根据表 8.8 与表 8.6，可以绘制研究期内 35 个样本城市土地资源综合承载力指数区间分布图，见图 8.5。

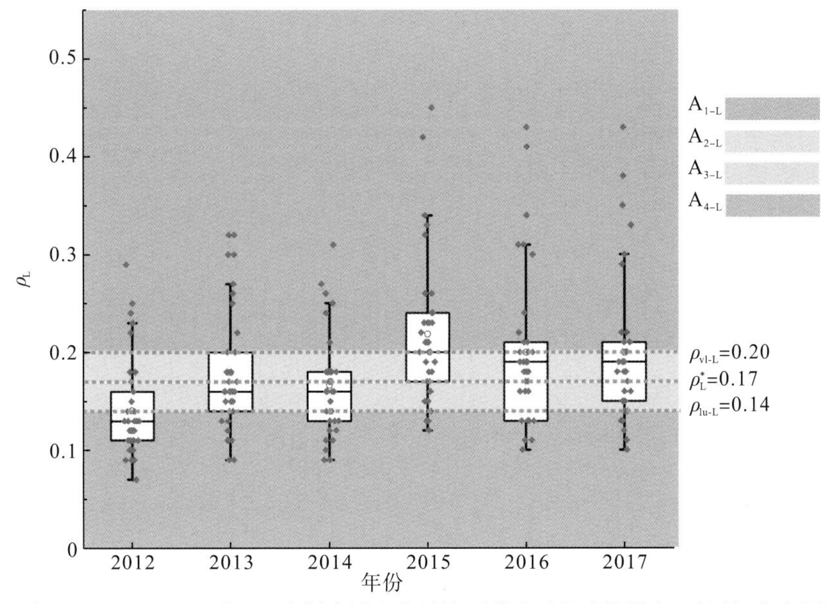

图 8.5　2012～2017 年 35 个样本城市土地资源综合承载力指数（ρ_L）区间分布图

为探究35个样本城市在2012～2017年的土地资源承载力时间演变规律与空间差异，结合表8.6和表8.8，绘制2012～2017年35个样本城市土地资源承载力状态区间分布图，如图8.6所示。

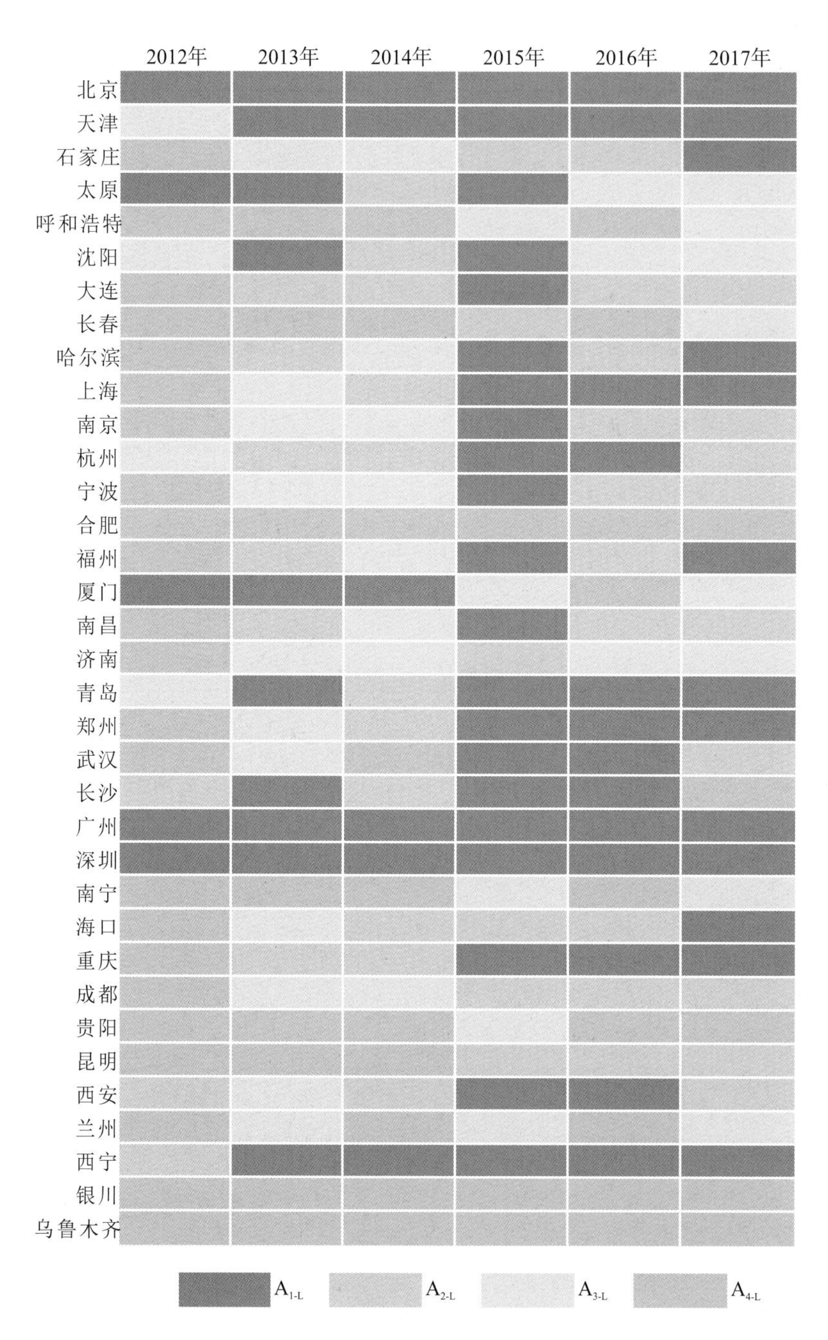

图8.6 2012～2017年35个样本城市土地资源承载力状态区间分布图

8.3.2　城市土地资源承载力状态时间演变规律及空间差异分析

从图 8.6 中可以看出，我国 35 个样本城市的土地资源承载力状态呈现出明显的随时间变化的规律。

1. 城市土地资源承载力状态总体变化趋势分析

为了进一步分析 35 个样本城市土地资源承载力状态的总体演变规律，将图 8.6 中 4 个土地资源承载力状态区间的城市数量随时间的变化用柱状图(图 8.7)表示。

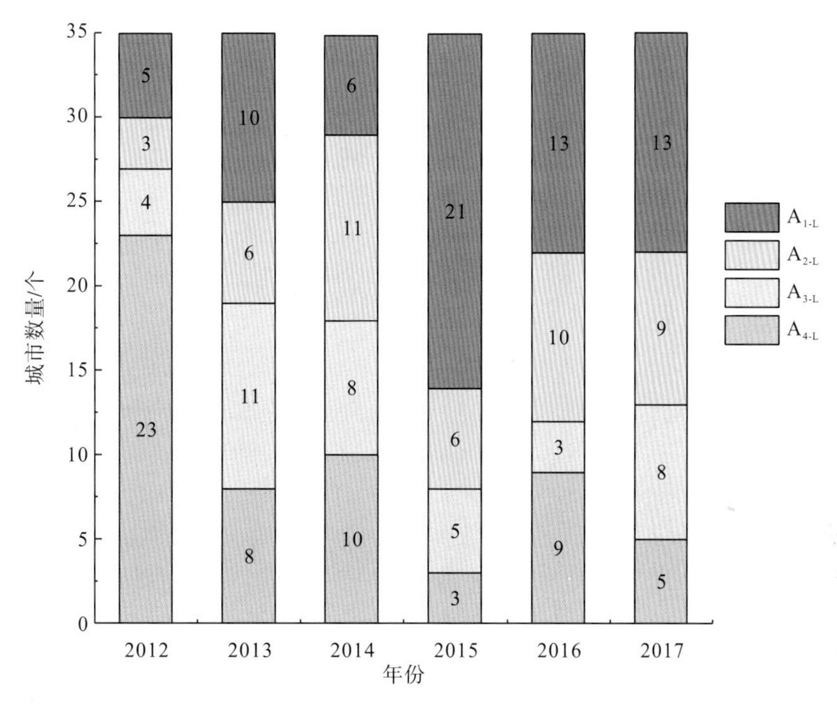

图 8.7　2012～2017 年城市土地资源承载力四个状态区间的城市数量分布图

从图 8.7 中可以看出，2012～2017 年四个状态区间的城市数量变化显著。处于 $A_{1\text{-}L}$、$A_{2\text{-}L}$、$A_{3\text{-}L}$ 区间的城市数量有所增加，而处于 $A_{4\text{-}L}$ 区间的城市数量大幅减少，表明我国 35 个样本城市在 2012～2017 年的土地资源荷载对土地资源载体的利用强度有所增加。这与国家大力推行土地节约集约利用有关，该举措有利于提高对土地资源载体的利用水平。例如，国土资源部(现自然资源部)在 2012 年发布的《关于严格执行土地使用标准大力促进节约集约用地的通知》指出，各地要严格遵照《限制用地项目目录》《禁止用地项目目录》和《工业项目建设用地控制指标》等，坚决贯彻执行公路、铁路、民用航空运输机场、电力、煤炭、石油和天然气工程项目建设用地等的控制指标，同时控制房地产开发用地的宗地规模和容积率，提升城市建设用地对社会经济活动的承载水平。

2. 城市土地资源承载力状态空间差异分析

样本城市的土地资源承载力状态在空间上的差异可以用样本城市土地资源承载力的综合状态来描述。本书中城市土地资源承载力的综合状态用研究期内的承载力指数平均值来判定，表 8.6 中最后一列展示了样本城市在研究期内的土地资源承载力指数平均值。通过将这些平均值应用于表 8.8 中的状态区间划分标准，可以得到各样本城市土地资源承载力所处的状态区间，并绘制样本城市土地资源承载力状态区间空间分布图，如图 8.8 所示。

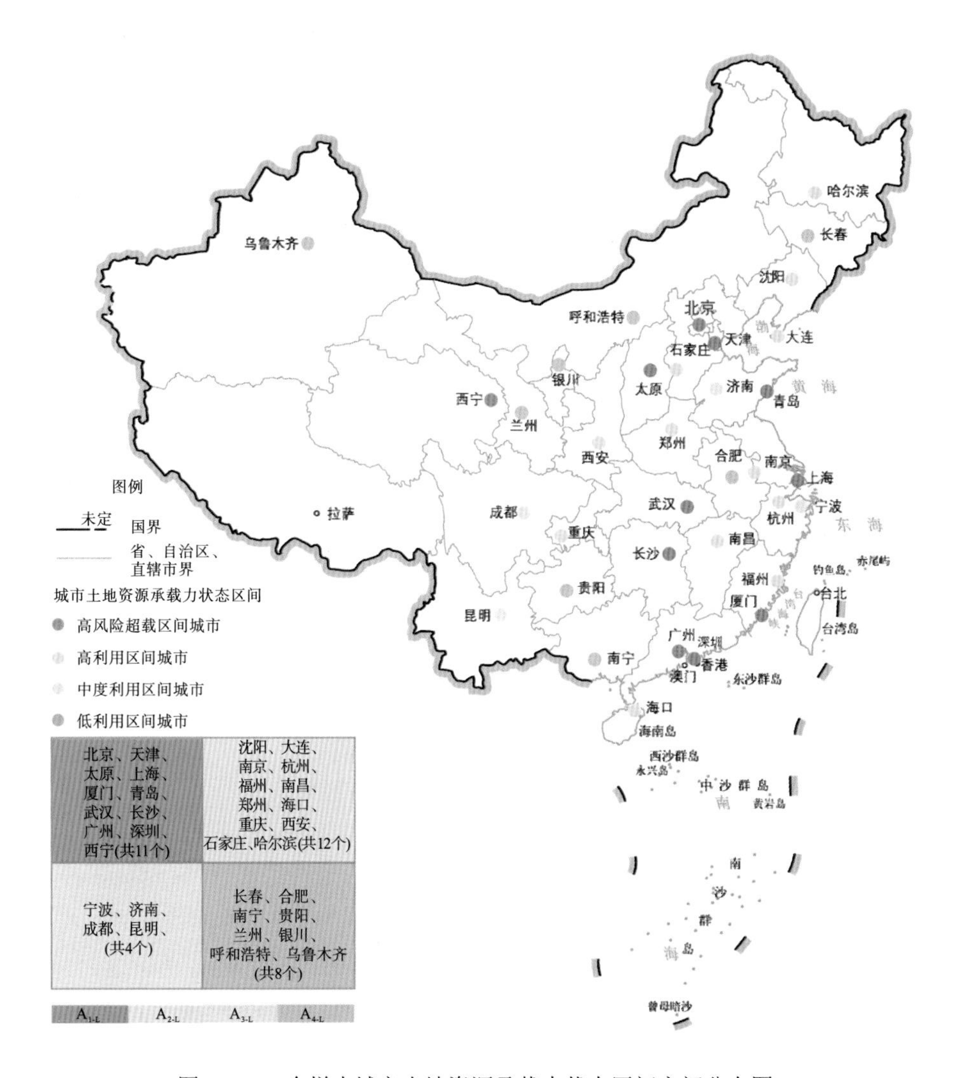

图 8.8　35 个样本城市土地资源承载力状态区间空间分布图

图 8.8 显示，我国 35 个样本城市中土地资源承载力综合状态处于 A_{2-L} 区间(高利用区间)的城市数量最多，包括石家庄、沈阳、大连、哈尔滨、南京、杭州、福州、南昌、郑州、海口、重庆和西安 12 个城市；处于 A_{1-L} 区间(高风险超载区间)的城市数量也较多，包括北京、天津、上海、广州和深圳等 11 个城市；处于 A_{3-L} 区间(中度利用区间)和 A_{4-L}

区间(低利用区间)的城市数量相对较少，分别为 4 个和 8 个。

从图 8.8 中城市分布的情况来看，处于高风险超载区间($A_{1\text{-}L}$ 区间)的城市主要分为两大类：①由于建设用地匮乏，导致载体能力过低，如西宁等处于我国西部的自然资源匮乏的城市；②由于社会经济活动强度高，导致荷载也高，如北京、上海、广州和深圳等。处于高利用区间($A_{2\text{-}L}$ 区间)的城市也分为两类：①南京、杭州和郑州等新一线城市，它们地处东部沿海地区或者中部地区，其社会经济活动强度明显低于处于高风险超载区间的北京、上海、广州、深圳；②沈阳和大连等位于东北地区的城市，这些城市属于老工业城市，产业曾经以重工业为主，因此城市工业用地的规模占比较大，城市积极探索产业结构转型，导致城市建设用地供应规模的增速减缓，同时城市人口规模和经济规模在研究期内呈现略下降的趋势。处于中度利用区间($A_{3\text{-}L}$ 区间)的城市有宁波、济南、成都和昆明，其共同的特征是各类城市建设用地的供应相对充足，同时城市社会经济活动的强度适中，土地资源载体水平和荷载水平较为匹配。处于低利用区间($A_{4\text{-}L}$ 区间)的城市，其土地资源载体承载的荷载远低于我国大部分城市，土地资源载体没有得到充分利用，还有较高的开发利用潜力。从低利用区间的城市分布特点来看，这些城市大都位于我国西部经济较落后的地区，如呼和浩特、南宁、贵阳、银川、兰州和乌鲁木齐等。其中，贵阳和乌鲁木齐的经济处于快速发展阶段，但城市人口数量较少。它们对各种类型城市建设用地的投入较大，体现为依靠增加城市土地供应的传统粗放型发展模式，土地利用较为粗放。

8.4　本章小结

本章利用基于“载体-荷载”视角的城市资源环境承载力评价原理，阐述了城市土地资源承载力的内涵，建立了城市土地资源承载力评价方法，并对城市土地资源承载力进行了实证计算。在建立的评价方法中，选取的土地资源载体指标包括八类城市建设用地类型的规模和其他土地类型的规模，共计 9 个指标；土地资源荷载指标涉及社会、经济和环境三个方面，共计 5 个指标。基于建立的评价方法，本章对我国 35 个样本城市的土地资源承载力进行了实证研究，计算出了这些样本城市的土地资源综合承载力指数。而基于实证计算结果，本章对我国样本城市土地资源承载力的演变规律进行了分析，得出了以下主要结论。

(1)在研究期(2012～2017 年)内，处于高风险超载区间、高利用区间和中度利用区间的城市数量有所增加，而处于低利用区间的城市数量大幅减少。可见，随着城市的发展，我国城市土地资源载体对社会经济活动的承载强度明显增加，土地资源承载力指数明显上升。

(2)样本城市的土地资源承载力状态呈现出明显的随时间变化的规律。处于高风险超载区间的城市，其土地资源综合承载力指数呈现波动上升趋势，说明这些城市的土地资源载体得到了高度利用，而且有些城市的土地资源载体还面临较高的超载风险。处于低利用区间的城市，其土地资源综合承载力指数也呈现波动上升趋势，反映出城市在改善利用土地资源承载力的方式，但仍有部分城市的土地资源承载力未得到充分利用。处于高利用区间和中度利用区间的城市，其土地资源综合承载力指数同样呈现波动上升趋势，表明城市的土地资源载体利用强度维持在合理水平。

(3)样本城市的土地资源承载力在空间上差异较大，土地资源承载力处于高风险超载状态的城市多位于我国东部沿海地区；处于高利用和中度利用状态的城市多为东北地区、中部地区和东部沿海地区的二线城市；而处于低利用状态的城市多位于我国西部社会经济发展水平相对落后的地区。这表明位于我国较为发达地区的样本城市土地资源承载强度过高，未来这些城市应注意控制人口规模和城市规模；而位于社会经济发展水平相对落后地区的样本城市土地资源承载水平不高，应考虑促进土地节约集约利用。

第9章　城市文化资源承载力实证评价

本章对我国城市文化资源承载力(UCRCC)进行实证评价分析，其主要内容包括：①构建评价城市文化资源承载力的方法；②对我国35个样本城市的文化资源承载力进行实证计算；③基于实证计算结果，对城市文化资源承载力的时空演变规律进行分析。

9.1　城市文化资源承载力评价方法

9.1.1　城市文化资源承载力的内涵

城市文化是指相对于经济、政治而言的人类全部的精神活动及其产品，它是城市的灵魂，在城市发展中起着中心角色的作用(黄鹤，2005)。城市文化资源是城市居民在从事文化生产或文化活动时所利用的各种有形及无形文化资源的总和，是历史遗留给城市的财富。城市文化资源体现了城市文化，特色鲜明的城市文化可以给人良好的感受和深刻的印象，不仅能提升城市的知名度，还能创造实实在在的经济效益。充分利用城市文化资源，可以更好地传播城市文化，为城市创造更高的社会经济效益。例如，大型实景剧《文成公主》宣传了拉萨的历史文化，2017年一共演出了186场，接待游客425万人，实现票房收入1.3亿元，在800多名演职人员中，有95%是当地群众，极大地帮助贫困群众增加了收入。不过，如果过度利用文化资源，则可能会对文化资源造成破坏。而有些城市的文化资源禀赋优异，但却未能得到有效、充分的利用，不能创造应有的价值，导致城市文化资源被浪费。例如，甘肃省旅游资源富集度位居全国前五，但其旅游收入却不及同处西部地区的贵州省和陕西省(王阳阳，2018)。可见，正确认识城市的文化资源承载力对发挥其价值十分重要。

城市文化资源可以分为多种类型。吕庆华(2006)认为按照文化资源的性质，可以把文化资源分为人文文化资源与自然文化资源；按照文化资源的历时性，可以把文化资源分为历史文化资源与现实文化资源。胡惠林(2005)认为从形式上可以把文化资源分为物质文化资源和精神文化资源，或者称为有形文化资源(如历史遗址、历史文化名城名镇等)和无形文化资源(如语言文字、神话传说、风俗习惯等)；从内容上，可以把文化资源分为历史文化资源、民族文化资源、宗教文化资源、地域文化资源(如都市文化、乡村文化)等；从文化产业发展角度，可以把文化资源分为可开发文化资源和不可开发文化资源。丹增(2006)认为，文化资源可依据其层次结构分为五个层面：技术层面(器物)、组织层面(制度)、行为层面(习俗)、心理层面(观念)、表达层面(语言)。徐桂菊和王丽梅(2008)认为文化资源包括科技资源(如科技人才、科研机构)、教育资源(如高等院校)、历史资源(如历史遗迹、古建筑)、民俗资源(如地方语言、特色服装)和环境资源(如环境景观)等。本书论及的城市文化资源紧扣城市可持续发展理论，包括体现城市自然资源禀赋和风土人情的旅游资源、推动城市文化创新的科技资源和传承城市精神的人文文化资源。

基于第 3 章界定的“载体-荷载”视角下的城市资源环境承载力内涵，本书认为城市文化资源承载力是指城市所拥有的各类文化资源载体能够承载城市社会经济活动的强度。因此，对城市文化资源承载力内涵的认识需要结合文化资源载体和荷载两个方面，图 9.1 展示了城市文化资源承载力概念的框架。

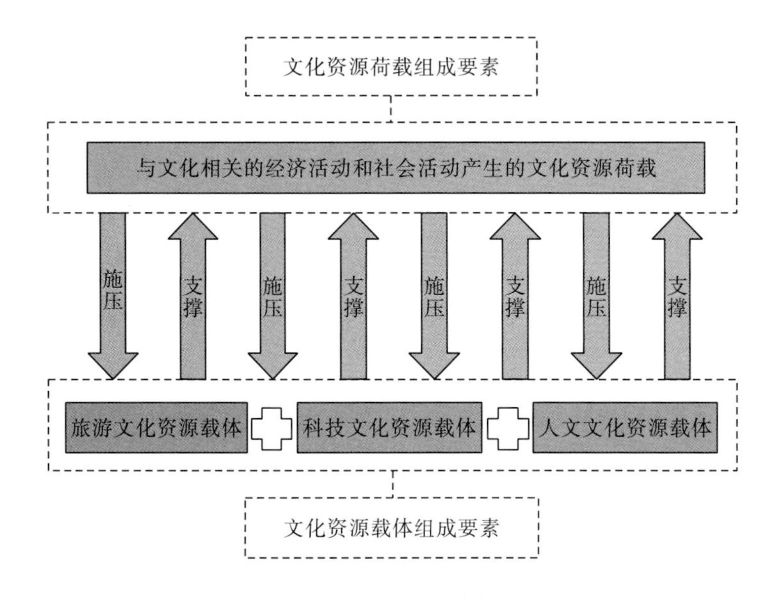

图 9.1 城市文化资源承载力概念的框架

在图 9.1 中，城市文化资源载体分为三类，即旅游文化资源载体、科技文化资源载体和人文文化资源载体，城市文化资源荷载由各种经济与社会活动产生。

在三类文化资源载体中，旅游文化资源载体承担来自游客和相关旅游活动的压力，各类旅游景点为游客提供游憩设施，游客在为旅游景点带来经济效益的同时，也给旅游景点造成了各种压力。科技文化资源载体和人文文化资源载体承载了与文化相关的城市社会经济活动，分别为城市社会经济发展提供技术和文化支撑。此外，人文文化资源载体还为城市居民提供文化馆、图书馆等设施。

城市文化资源承载力的状态可以用城市文化资源承载力指数(ρ_C)来表征，其表达式如下：

$$\rho_C = \frac{L_C}{C_C} \tag{9.1}$$

式中，ρ_C表示城市文化资源承载力指数；L_C表示城市各种社会经济活动对城市文化资源产生的荷载指数；C_C表示城市提供的文化资源载体指数。

式(9.1)中，ρ_C值越大，则表明城市文化资源载体承载相应荷载的强度越大，即城市文化资源载体被利用的程度越高。由于文化资源载体和荷载都是动态变化的，特别是荷载的动态性很强，因此城市文化资源承载力是一个动态变化的值，这个值并不是越大越好，也不是越小越好。这个值过大意味着城市文化资源载体的承载强度过大，面临着超载风险；而过低则意味着城市所提供的文化资源载体利用不足，存在浪费现象。

在大数据背景下，文化资源载体和荷载的内涵得到了极大的丰富。利用大数据技术，可以提升文化资源载体水平。例如，在旅游文化资源载体方面，通过利用大数据对旅游市场进行分析、对旅游营销进行诊断、对景区进行动态监测、对旅游舆情进行监测等，可以实现对旅游市场的精准定位、科学营销、精确监控，提升旅游文化资源载体的水平。在科技文化资源载体方面，通过对大数据进行识别、选择、过滤、存储、使用等，可以将大量新的不同形式的数字文化信息转换为科技文化资源，促进科技文化资源载体水平的提升。从城市文化资源荷载的视角来看，应用旅游大数据，可以对游客特征及旅游舆情进行分析，更加精准地刻画旅游荷载的状态，帮助城市管理者制定有效措施疏解荷载压力，优化城市旅游文化资源承载力状态。

9.1.2　城市文化资源承载力评价指标

根据 9.1.1 节中阐述的城市文化资源承载力定义[式(9.1)]，将城市文化资源承载力的评价指标分为两类：①反映城市文化资源载体的指标；②反映城市文化资源载体承载的荷载的指标。识别城市文化资源承载力评价指标时，首先应该识别其载体和荷载的组成要素。

1. 城市文化资源载体指标

前面讨论城市文化资源承载力的内涵时已经指出，城市文化资源载体包括旅游文化资源载体、科技文化资源载体和人文文化资源载体三部分。

1) 旅游文化资源载体指标

旅游文化资源是城市文化资源的重要组成部分。根据中华人民共和国国家质量监督检验检疫总局(现国家市场监督管理总局)2017 年发布的《旅游资源分类、调查与评价》(GBT 18972—2017)标准，旅游文化资源由八大要素组成，包括地文景观、水域景观、生物景观、天象与气候景观、建筑与设施、历史遗迹、旅游购品、人文活动。这些要素可以归为物质文化旅游资源(或称实体文化旅游资源)、制度文化旅游资源和精神文化旅游资源三类。通常旅游文化资源主要指物质文化旅游资源，涉及文物保护单位、国家级旅游景点，以及博物馆、文化馆等。

2) 科技文化资源载体指标

科技文化资源是以科学技术为基础的文化资源，是科学技术及其应用的产物。科技文化资源是城市文化资源的重要组成部分，能提升城市文化创新能力的科技文化资源更是城市社会经济发展中不可或缺的资源。因此，体现城市科技文化资源载体的指标主要反映科技创新能力，包括专利申请数和专利授权数。

3) 人文文化资源载体指标

人文文化的核心是以人为本，旨在满足人的精神世界和需要。人文文化资源是指能满足人类生存发展需要的以一切文化产品和精神现象为指向的精神要素(吴圣刚，2002)。人文文化资源是城市文化资源的重要组成部分，城市人文文化资源承载了城市居民的精神需求，集中体现为城市居民在风俗习惯、精神传承等方面的需求。因此，人文文化资源载体指标是能够刻画城市人文文化资源特点、体现城市文化和氛围的指标，包括公共图书馆藏书量以及剧场、影剧院、文化馆和文化站总数等。

根据上述对城市文化资源载体的讨论，将城市文化资源载体指标总结在表 9.1 中。

表 9.1　城市文化资源载体指标

载体类别	载体指标	指标属性
旅游文化资源载体	C_{C_1}（全国重点文物保护单位总数）/个	正向
	C_{C_2}（2A 级以上旅游景区总数）/个	正向
	C_{C_3}（博物馆和文化馆总数）/个	正向
科技文化资源载体	C_{C_4}（专利申请数）/项	正向
	C_{C_5}（专利授权数）/项	正向
	C_{C_6}（新增专利数）/项	正向
人文文化资源载体	C_{C_7}（群艺馆、文化馆和文化站总数）/个	正向
	C_{C_8}（公共图书馆藏书量）/万册	正向
	C_{C_9}（剧场、影剧院总数）/个	正向

2. 城市文化资源荷载指标

如前所述，城市文化资源荷载是与文化相关的各种城市社会经济活动，因此文化资源荷载可以分为社会属性文化资源荷载和经济属性文化资源荷载两大类。

1) 城市社会属性文化资源荷载

城市文化资源的社会属性荷载主要是人口和与文化相关的社会活动。对于旅游文化资源来说，主要的社会属性荷载是游客和各类旅游活动，因此，游客是衡量旅游文化资源社会属性荷载的主要要素。而科技文化资源载体和人文文化资源载体主要承载城市居民对科技和人文文化的需求，因此，城市人口是衡量科技与人文文化资源社会属性荷载的要素。

2) 城市经济属性文化资源荷载

城市文化资源的经济属性荷载主要是与文化相关的经济活动。对于旅游文化资源来说，主要的经济属性荷载是可以产生经济效益的各类旅游活动，因此，游客的消费活动是衡量旅游文化资源经济属性荷载的主要要素。而科技文化资源载体和人文文化资源载体主要承载城市居民对科技和人文文化消费的需求，因此，城市文化活动的产出是衡量科技与人文文化资源经济属性荷载的要素。

基于上述讨论，将城市文化资源荷载指标归纳在表 9.2 中。

表 9.2　城市文化资源荷载指标

荷载类别	荷载指标	指标属性
社会属性荷载	L_{C_2}（年游客总人数）/人次	正向
	L_{C_3}（常住人口）/万人	正向
经济属性荷载	L_{C_1}（年旅游总收入）/万元	正向
	L_{C_4}（第三产业总产值）/万元	正向

9.1.3　城市文化资源承载力计算模型

根据城市文化资源承载力的定义[式(9.1)]，可知城市文化资源承载力指数（ρ_C）可通过分别计算城市文化资源载体指数（C_C）和荷载指数（L_C）来求得。具体计算方法如下。

1. 文化资源载体指数的计算

对于文化资源载体指数的计算，需要按照本书第 4 章建立的标准化处理方法和权重计算方法，对表 9.1 中 9 个载体指标的取值进行标准化处理并计算其权重，由此可得到第 i 个城市第 j 个载体指标在第 t 年的标准化值为 $x_{i,j,t}^{*c}$，第 j 个载体指标的平均权重为 $\overline{W}_{c,j}^{C}$。

基于上述数据处理，可以求得第 i 个城市在第 t 年的文化资源载体指数 $C_{C_{i,t}}$：

$$C_{C_{i,t}} = \sum_{j=1}^{9} \overline{W}_{c,j}^{C} \cdot x_{i,j,t}^{*C} \tag{9.2}$$

2. 文化资源荷载指数的计算

同理，第 i 个城市在第 t 年的文化资源荷载指数 $L_{C_{i,t}}$ 的计算公式如下：

$$L_{C_{i,t}} = \sum_{k=1}^{4} \overline{W}_{L,k}^{C} \cdot x_{i,k,t}^{*C} \tag{9.3}$$

式中，$\overline{W}_{L,k}^{C}$ 是第 k 个荷载指标的平均权重；$x_{i,k,t}^{*C}$ 是第 i 个城市第 k 个荷载指标在第 t 年的标准化值。

3. 文化资源承载力指数的计算

结合式(9.1)～式(9.3)，城市文化资源承载力指数的计算模型可以表示如下：

$$\rho_{C_{i,t}} = \frac{\sum_{j=1}^{9} \overline{W}_{C,j}^{C} \cdot x_{i,j,t}^{*C}}{\sum_{k=1}^{4} \overline{W}_{L,k}^{C} \cdot x_{i,k,t}^{*C}} \tag{9.4}$$

式中，$\rho_{C_{i,t}}$ 为城市 i 在第 t 年的文化资源承载力指数。

9.2 城市文化资源承载力实证计算

本节通过收集与处理我国 35 个样本城市文化资源承载力评价指标的数据，并结合 9.1 节中建立的城市文化资源承载力计算模型，对我国 35 个样本城市的文化资源承载力进行实证计算。

9.2.1 实证计算数据

1. 城市文化资源承载力评价指标数据的收集

城市文化资源承载力评价指标数据的来源包括各城市统计年鉴、国民经济和社会发展统计公报，具体见表 9.3。对于缺失的数据，通过申请政府公开信息、电话咨询、实地调研等方式获取。对于通过以上渠道均无法获取的数据，采用线性插值法补齐。

表 9.3 城市文化资源承载力评价指标数据来源

指标		数据来源
载体指标	荷载指标	
C_{c_1}（全国重点文物保护单位总数）/个 C_{c_2}（2A 级以上旅游景区总数）/个 C_{c_3}（博物馆、文化馆总数）/个 C_{c_4}（专利申请数）/项 C_{c_5}（专利授权数）/项 C_{c_6}（新增专利数）/项	L_{c_1}（第三产业增加值）/亿元 L_{c_2}（年旅游总收入）/亿元 L_{c_3}（年游客总人数）/万人 L_{c_4}（常住人口）/万人	各城市统计年鉴
C_{c_7}（群艺馆、文化馆、文化站总数）/个 C_{c_8}（公共图书馆藏书量）/万册 C_{c_9}（剧场、影剧院总数）/个		国民经济和社会发展统计公报

2. 城市文化资源承载力评价指标数据的处理

根据 9.1 节建立的城市文化资源承载力计算模型，以及我国 35 个样本城市文化资源承载力评价指标的相关数据，计算 2008～2017 年各个指标的年度权重以及权重均值。由于篇幅有限，这里仅展示 2008～2017 年北京文化资源承载力评价指标的年度权重以及权重均值，如表 9.4 所示。

表 9.4　2008～2017 年北京文化资源承载力评价指标权重

指标	2008 年	2009 年	2010 年	2011 年	2012 年	2013 年	2014 年	2015 年	2016 年	2017 年	平均权重
C_{C_1}	0.0781	0.0765	0.0818	0.0787	0.0802	0.0790	0.0793	0.0792	0.0786	0.0780	0.0789
C_{C_2}	0.0923	0.0903	0.0966	0.0930	0.0947	0.0934	0.0937	0.0936	0.0929	0.0922	0.0933
C_{C_3}	0.0649	0.0635	0.0680	0.0654	0.0666	0.0657	0.0659	0.0658	0.0653	0.0648	0.0656
C_{C_4}	0.0904	0.0861	0.0854	0.0813	0.0746	0.0788	0.0775	0.0768	0.0786	0.0772	0.0807
C_{C_5}	0.2294	0.3320	0.3061	0.3349	0.3441	0.3354	0.3481	0.3509	0.3574	0.3633	0.3302
C_{C_6}	0.1719	0.0871	0.0875	0.0827	0.0766	0.0712	0.0727	0.0726	0.0679	0.0742	0.0864
C_{C_7}	0.1115	0.1111	0.1125	0.1129	0.1147	0.1132	0.1134	0.1132	0.1150	0.1134	0.1131
C_{C_8}	0.0799	0.0813	0.0800	0.0759	0.0759	0.0748	0.0770	0.0769	0.0721	0.0664	0.0760
C_{C_9}	0.0815	0.0721	0.0821	0.0752	0.0725	0.0886	0.0723	0.0709	0.0722	0.0705	0.0758
L_{C_1}	0.2835	0.2831	0.2754	0.2810	0.2749	0.2855	0.2942	0.3033	0.3138	0.3179	0.2913
L_{C_2}	0.3064	0.2981	0.2881	0.2752	0.2652	0.2462	0.2333	0.2214	0.2077	0.1927	0.2534
L_{C_3}	0.2140	0.2200	0.2372	0.2361	0.2482	0.2486	0.2384	0.2311	0.2348	0.2373	0.2346
L_{C_4}	0.1961	0.1988	0.1993	0.2076	0.2118	0.2197	0.2341	0.2442	0.2437	0.2520	0.2207

9.2.2　实证计算结果

将 35 个样本城市的指标数据进行标准化处理后，结合计算出的权重，并应用式(9.2)～式(9.4)，可以计算出 2008～2017 年 35 个样本城市的文化资源载体指数(C_C)、文化资源荷载指数(L_C)和文化资源承载力指数(ρ_C)，其计算结果分别见表 9.5～表 9.7。

表 9.5　2008～2017 年 35 个样本城市文化资源载体指数(C_C)

城市	2008 年	2009 年	2010 年	2011 年	2012 年	2013 年	2014 年	2015 年	2016 年	2017 年	年均值	排名
北京	0.4749	0.6270	0.6740	0.6603	0.5778	0.6984	0.6986	0.6100	0.6988	0.6882	0.6408	1
天津	0.1534	0.1937	0.2019	0.2188	0.2376	0.2432	0.2309	0.2674	0.2548	0.2397	0.2241	8
石家庄	0.0368	0.0441	0.0480	0.0468	0.0490	0.0474	0.0464	0.0502	0.0498	0.0500	0.0469	28
太原	0.0355	0.0515	0.0599	0.0601	0.0717	0.0698	0.0525	0.0530	0.0609	0.0486	0.0564	26
呼和浩特	0.0112	0.0120	0.0134	0.0144	0.0143	0.0133	0.0117	0.0125	0.0123	0.0120	0.0127	34
沈阳	0.1016	0.1218	0.1151	0.1136	0.1156	0.1111	0.1080	0.1108	0.1060	0.1045	0.1108	15
大连	0.0626	0.0890	0.0986	0.0976	0.0937	0.0869	0.0706	0.0718	0.0648	0.1519	0.0888	17
长春	0.0642	0.0709	0.0944	0.0706	0.0721	0.0706	0.0703	0.0701	0.0668	0.0674	0.0717	23
哈尔滨	0.0962	0.1123	0.1373	0.1263	0.1389	0.1374	0.1265	0.1344	0.1221	0.2164	0.1348	14

续表

城市	2008年	2009年	2010年	2011年	2012年	2013年	2014年	2015年	2016年	2017年	年均值	排名
上海	0.3166	0.5136	0.5510	0.5084	0.4796	0.4191	0.3804	0.4133	0.3720	0.3853	0.4339	2
南京	0.1164	0.1581	0.1642	0.1819	0.2152	0.2062	0.2009	0.2125	0.1914	0.1995	0.1846	12
杭州	0.1895	0.2786	0.3332	0.3113	0.3461	0.3199	0.2635	0.2918	0.2608	0.2584	0.2853	5
宁波	0.0946	0.1814	0.2177	0.2614	0.3407	0.2780	0.2044	0.2065	0.1694	0.1507	0.2105	10
合肥	0.0337	0.0466	0.0669	0.0876	0.0818	0.0829	0.0844	0.0980	0.1004	0.1137	0.0796	21
福州	0.0412	0.0556	0.0588	0.0596	0.0631	0.0586	0.0569	0.0657	0.0655	0.0669	0.0592	25
厦门	0.1533	0.0594	0.0778	0.0785	0.0827	0.0789	0.0765	0.0839	0.0763	0.0794	0.0847	19
南昌	0.0173	0.0230	0.0259	0.0266	0.0292	0.0292	0.0300	0.0341	0.0374	0.0371	0.0290	31
济南	0.0565	0.0833	0.1041	0.0882	0.0908	0.0860	0.0847	0.0892	0.0875	0.0934	0.0864	18
青岛	0.0650	0.0844	0.1127	0.0910	0.0967	0.0961	0.0993	0.1067	0.1030	0.1022	0.0957	16
郑州	0.0398	0.0565	0.0601	0.0633	0.0752	0.0723	0.0736	0.0815	0.0787	0.0924	0.0693	24
武汉	0.1489	0.1881	0.2123	0.1946	0.1977	0.1922	0.1856	0.1984	0.1913	0.1966	0.1906	11
长沙	0.1904	0.2088	0.3644	0.2198	0.2298	0.2218	0.2182	0.2262	0.2210	0.2285	0.2329	7
广州	0.0947	0.1521	0.1550	0.1681	0.1743	0.1733	0.1663	0.1994	0.2090	0.2371	0.1729	13
深圳	0.2793	0.3068	0.3009	0.3125	0.3341	0.2970	0.2743	0.3220	0.2963	0.3432	0.3066	4
南宁	0.0675	0.0696	0.1183	0.0715	0.0758	0.0773	0.0806	0.0857	0.0921	0.0932	0.0832	20
海口	0.0242	0.0261	0.0439	0.0247	0.0342	0.0334	0.0326	0.0328	0.0322	0.0327	0.0317	30
重庆	0.2397	0.2840	0.3052	0.3223	0.3371	0.3362	0.3225	0.3732	0.3383	0.3210	0.3180	3
成都	0.1664	0.2564	0.2977	0.2526	0.2926	0.2757	0.2539	0.2871	0.2610	0.2636	0.2607	6
贵阳	0.0402	0.0455	0.0680	0.0477	0.0506	0.0518	0.0519	0.0532	0.0493	0.0520	0.0510	27
昆明	0.0609	0.0698	0.0978	0.0687	0.0725	0.0718	0.0740	0.0774	0.0736	0.0744	0.0741	22
西安	0.1659	0.1939	0.2349	0.2198	0.2350	0.2356	0.2246	0.2533	0.2411	0.2309	0.2235	9
兰州	0.0174	0.0203	0.0218	0.0216	0.0238	0.0228	0.0222	0.0241	0.0234	0.0238	0.0221	32
西宁	0.0079	0.0076	0.0080	0.0082	0.0082	0.0079	0.0083	0.0091	0.0089	0.0086	0.0083	35
银川	0.0240	0.0191	0.0249	0.0177	0.0178	0.0178	0.0181	0.0179	0.0178	0.0186	0.0194	33
乌鲁木齐	0.0278	0.0304	0.0454	0.0350	0.0361	0.0368	0.0363	0.0389	0.0354	0.0359	0.0358	29
样本城市均值	0.1062	0.1355	0.1575	0.1472	0.1540	0.1502	0.1411	0.1503	0.1448	0.1519	0.1439	—

表 9.6　2008～2017 年 35 个样本城市文化资源荷载指数（L_C）

城市	2008年	2009年	2010年	2011年	2012年	2013年	2014年	2015年	2016年	2017年	年均值	排名
北京	0.9118	0.9180	0.8824	0.9019	0.8807	0.8804	0.8728	0.8607	0.8434	0.8212	0.8773	1
天津	0.4725	0.4838	0.4738	0.4761	0.4697	0.4765	0.4973	0.4986	0.4951	0.4930	0.4836	4
石家庄	0.1309	0.1281	0.1285	0.1389	0.1424	0.1458	0.1557	0.1639	0.1664	0.1769	0.1478	20
太原	0.0740	0.0745	0.0731	0.0749	0.0767	0.0795	0.0843	0.0886	0.0891	0.0936	0.0808	29
呼和浩特	0.0427	0.0529	0.0496	0.0559	0.0551	0.0589	0.0656	0.0698	0.0687	0.0653	0.0585	30
沈阳	0.2338	0.2244	0.2097	0.2125	0.2117	0.2077	0.2100	0.2111	0.1373	0.1347	0.1993	14

续表

城市	2008 年	2009 年	2010 年	2011 年	2012 年	2013 年	2014 年	2015 年	2016 年	2017 年	年均值	排名
大连	0.1830	0.1907	0.1802	0.1812	0.1807	0.1817	0.1826	0.1825	0.1679	0.1683	0.1799	18
长春	0.1297	0.1329	0.1300	0.1339	0.1359	0.1392	0.1489	0.1584	0.1657	0.1757	0.1450	21
哈尔滨	0.1825	0.1923	0.1827	0.1804	0.1794	0.1806	0.1844	0.1833	0.1801	0.1795	0.1825	17
上海	0.8066	0.8304	0.9080	0.8897	0.8678	0.8166	0.7999	0.7753	0.7781	0.7796	0.8252	2
南京	0.2685	0.2719	0.2673	0.2728	0.2728	0.2671	0.2763	0.2776	0.2748	0.2827	0.2732	10
杭州	0.2699	0.2718	0.2736	0.2830	0.2841	0.2965	0.3156	0.3302	0.3423	0.3686	0.3036	9
宁波	0.1864	0.1889	0.1848	0.1859	0.1825	0.1795	0.1835	0.1878	0.1901	0.2013	0.1871	16
合肥	0.0770	0.0845	0.0987	0.1383	0.1393	0.1395	0.1550	0.1677	0.1755	0.1911	0.1367	22
福州	0.1224	0.1214	0.1274	0.1250	0.1183	0.1171	0.1233	0.1267	0.1308	0.1436	0.1256	25
厦门	0.0966	0.0974	0.0946	0.0975	0.0984	0.0991	0.1072	0.1097	0.1116	0.1189	0.1031	27
南昌	0.0628	0.0614	0.0610	0.0648	0.0674	0.0741	0.0858	0.1011	0.1181	0.1456	0.0842	28
济南	0.1438	0.1490	0.1481	0.1504	0.1499	0.1489	0.1567	0.1565	0.1542	0.1561	0.1514	19
青岛	0.2183	0.2259	0.2150	0.2197	0.2095	0.2213	0.2276	0.2331	0.2316	0.2360	0.2238	11
郑州	0.1764	0.1804	0.1852	0.1885	0.1895	0.1921	0.2027	0.2071	0.2011	0.2052	0.1928	15
武汉	0.2374	0.2692	0.2954	0.3304	0.3476	0.3672	0.3853	0.3888	0.3920	0.3979	0.3411	8
长沙	0.1610	0.1730	0.1730	0.1862	0.2010	0.2152	0.2261	0.2329	0.2330	0.2415	0.2043	13
广州	0.3839	0.3981	0.4226	0.4321	0.4331	0.4404	0.4539	0.4653	0.4674	0.4871	0.4384	5
深圳	0.3507	0.3510	0.3302	0.3393	0.3423	0.3444	0.3557	0.3632	0.3636	0.3662	0.3507	7
南宁	0.1056	0.1118	0.1108	0.1184	0.1210	0.1230	0.1336	0.1420	0.1470	0.1534	0.1267	24
海口	0.0162	0.0136	0.0118	0.0112	0.0099	0.0095	0.0131	0.0125	0.0106	0.0164	0.0125	33
重庆	0.5148	0.5364	0.5443	0.6156	0.6594	0.6716	0.6828	0.6902	0.7017	0.7360	0.6353	3
成都	0.2633	0.2903	0.2911	0.3246	0.3450	0.3693	0.4005	0.4046	0.4169	0.4303	0.3536	6
贵阳	0.0864	0.1012	0.1031	0.1221	0.1164	0.1147	0.1285	0.1378	0.1563	0.1854	0.1252	26
昆明	0.1192	0.1191	0.1147	0.1197	0.1193	0.1252	0.1331	0.1355	0.1600	0.1908	0.1337	23
西安	0.1624	0.1754	0.1801	0.1936	0.1968	0.2105	0.2281	0.2326	0.2300	0.2592	0.2069	12
兰州	0.0274	0.0279	0.0277	0.0343	0.0396	0.0439	0.0487	0.0527	0.0637	0.0582	0.0424	32
西宁	0.0126	0.0120	0.0087	0.0076	0.0064	0.0070	0.0092	0.0099	0.0098	0.0098	0.0093	34
银川	0.0020	0.0009	0.0017	0.0020	0.0022	0.0023	0.0016	0.0017	0.0018	0.0022	0.0018	35
乌鲁木齐	0.0377	0.0305	0.0299	0.0410	0.0440	0.0497	0.0505	0.0520	0.0463	0.0500	0.0432	31
样本城市均值	0.2077	0.2140	0.2148	0.2243	0.2256	0.2285	0.2367	0.2403	0.2406	0.2492	0.2282	—

表 9.7　2008～2017 年 35 个样本城市文化资源承载力指数（ρ_C）

城市	2008 年	2009 年	2010 年	2011 年	2012 年	2013 年	2014 年	2015 年	2016 年	2017 年	年均值	排名
北京	1.9199	1.4642	1.3092	1.3659	1.5241	1.2606	1.2494	1.4109	1.2069	1.1932	1.3904	24
天津	3.0792	2.4977	2.3470	2.1758	1.9768	1.9597	2.1536	1.8650	1.9427	2.0567	2.2054	8
石家庄	3.5541	2.9052	2.6751	2.9679	2.9054	3.0758	3.3589	3.2638	3.3376	3.5412	3.1585	2

续表

城市	2008年	2009年	2010年	2011年	2012年	2013年	2014年	2015年	2016年	2017年	年均值	排名
太原	2.0826	1.4467	1.2201	1.2461	1.0685	1.1399	1.6055	1.6730	1.4627	1.9260	1.4871	22
呼和浩特	3.8012	4.4202	3.7122	3.8956	3.8601	4.4344	5.6075	5.5904	5.5708	5.4271	4.6320	1
沈阳	2.3008	1.8415	1.8222	1.8709	1.8309	1.8695	1.9441	1.9044	1.2946	1.2886	1.7968	16
大连	2.9236	2.1419	1.8285	1.8574	1.9284	2.0917	2.5851	2.5417	2.5904	1.1079	2.1597	9
长春	2.0201	1.8741	1.3773	1.8976	1.8845	1.9718	2.1174	2.2601	2.4808	2.6061	2.0490	11
哈尔滨	1.8967	1.7124	1.3306	1.4285	1.2916	1.3137	1.4585	1.3645	1.4750	0.8295	1.4101	23
上海	2.5477	1.6168	1.6478	1.7500	1.8095	1.9485	2.1027	1.8758	2.0919	2.0232	1.9414	13
南京	2.3073	1.7195	1.6286	1.4997	1.2680	1.2956	1.3758	1.3060	1.4358	1.4169	1.5253	21
杭州	1.4243	0.9754	0.8212	0.9091	0.8210	0.9268	1.1976	1.1316	1.3125	1.4263	1.0946	30
宁波	1.9696	1.0414	0.8491	0.7113	0.5356	0.6455	0.8977	0.9093	1.1224	1.3361	1.0018	31
合肥	2.2836	1.8138	1.4743	1.5794	1.7022	1.6822	1.8364	1.7105	1.7477	1.6817	1.7512	19
福州	2.9688	2.1818	2.1674	2.0951	1.8755	1.9971	2.1678	1.9292	1.9957	2.1462	2.1525	10
厦门	0.6300	1.6405	1.2149	1.2410	1.1898	1.2564	1.4011	1.3072	1.4613	1.4980	1.2840	26
南昌	3.6228	2.6697	2.3590	2.4408	2.3106	2.5392	2.8652	2.9635	3.1597	3.9251	2.8856	4
济南	2.5430	1.7895	1.4224	1.7048	1.6519	1.7314	1.8505	1.7541	1.7622	1.6709	1.7881	18
青岛	3.3562	2.6773	1.9067	2.4126	2.1672	2.3034	2.2933	2.1843	2.2492	2.3097	2.3860	7
郑州	4.4275	3.1929	3.0792	2.9764	2.5181	2.6561	2.7557	2.5411	2.5558	2.2209	2.8924	3
武汉	1.5945	1.4312	1.3914	1.6977	1.7584	1.9103	2.0758	1.9595	2.0493	2.0245	1.7893	17
长沙	0.8457	0.8283	0.4748	0.8473	0.8748	0.9700	1.0363	1.0298	1.0542	1.0566	0.9018	33
广州	4.0544	2.6166	2.7261	2.5709	2.4853	2.5408	2.7291	2.3342	2.2360	2.0544	2.6348	5
深圳	1.2557	1.1443	1.0975	1.0859	1.0245	1.1599	1.2971	1.1279	1.2272	1.0672	1.1487	28
南宁	1.5634	1.6058	0.9363	1.6552	1.5957	1.5912	1.6583	1.6571	1.5956	1.6463	1.5505	20
海口	0.6679	0.5190	0.2695	0.4530	0.2893	0.2834	0.4002	0.3815	0.3288	0.5026	0.4095	34
重庆	2.1481	1.8890	1.7834	1.9099	1.9562	1.9976	2.1171	1.8493	2.0743	2.2928	2.0018	12
成都	1.5819	1.1321	0.9779	1.2848	1.1789	1.3396	1.5778	1.4090	1.5974	1.6327	1.3712	25
贵阳	2.1510	2.2269	1.5162	2.5607	2.2991	2.2161	2.4766	2.5912	3.1691	3.5688	2.4776	6
昆明	1.9561	1.7058	1.1732	1.7416	1.6463	1.7441	1.7996	1.7504	2.1743	2.5639	1.8255	15
西安	0.9788	0.9046	0.7670	0.8807	0.8376	0.8937	1.0155	0.9185	0.9539	1.1226	0.9273	32
兰州	1.5729	1.3736	1.2698	1.5879	1.6683	1.9213	2.1975	2.1838	2.7189	2.4447	1.8939	14
西宁	1.5822	1.5857	1.0919	0.9274	0.7795	0.8868	1.1163	1.0897	1.0997	1.1420	1.1301	29
银川	0.0852	0.0468	0.0686	0.1125	0.1239	0.1286	0.0876	0.0952	0.0982	0.1182	0.0965	35
乌鲁木齐	1.3560	1.0042	0.6575	1.1728	1.2166	1.3493	1.3902	1.3357	1.3083	1.3926	1.2183	27

续表

城市	2008 年	2009 年	2010 年	2011 年	2012 年	2013 年	2014 年	2015 年	2016 年	2017 年	年均值	排名
样本城市均值	2.1444	1.7610	1.4970	1.6718	1.5958	1.6866	1.8800	1.8057	1.8840	1.8932	1.7820	—

从表 9.5 中可以看出，2008～2017 年 35 个样本城市文化资源载体指数 10 年均值的平均值为 0.1439，其中有 13 个城市的 10 年均值大于该平均值，分别为长沙、西安、成都、深圳、广州、宁波、武汉、杭州、南京、北京、上海、重庆、天津。载体指数 10 年均值排在后 5 位的城市分别为兰州、西宁、银川、呼和浩特、南昌。另外，35 个样本城市的载体指数均值在 10 年间呈现平缓波动趋势，其中最小值为 2008 年的 0.1062，最大值为 2010 年的 0.1575。

从表 9.6 中可以看出，35 个样本城市文化资源荷载指数 10 年均值的平均值为 0.2282，其中有 10 个城市的 10 年均值大于该平均值，分别为成都、深圳、广州、武汉、杭州、南京、北京、天津、上海、重庆。剩下 25 个城市的 10 年均值小于该平均值。荷载指数均值排在后 5 位的城市分别为兰州、乌鲁木齐、海口、西宁和银川。另外，35 个样本城市的荷载指数均值在 10 年间呈现波动上升趋势，其中最小值为 2008 年的 0.2077，最大值为 2017 年的 0.2492。

从表 9.7 中可以看出，35 个样本城市文化资源承载力指数 10 年均值的平均值为 1.7820，其中有 18 个城市的 10 年均值大于该平均值，分别为兰州、昆明、贵阳、郑州、南昌、福州、呼和浩特、石家庄、广州、武汉、青岛、济南、长春、大连、沈阳、重庆、上海、天津。其余城市的文化资源承载力指数 10 年均值小于该平均值，排在后 5 位的城市分别为银川、海口、宁波、长沙、西安。另外，35 个样本城市的承载力指数均值在 10 年间波动变化，其中最小值为 2010 年的 1.4970，最大值为 2008 年的 2.1444，波动幅度较大。

为了直观地展示 35 个样本城市的文化资源承载力指数在 2008～2017 年随时间的变化趋势，将表 9.7 中的数据绘制成如图 9.2 所示的曲线。

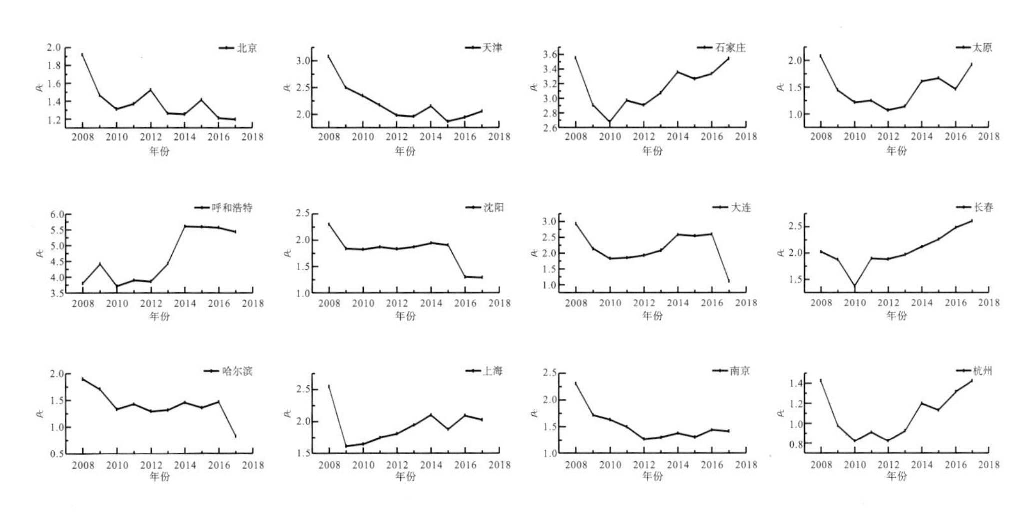

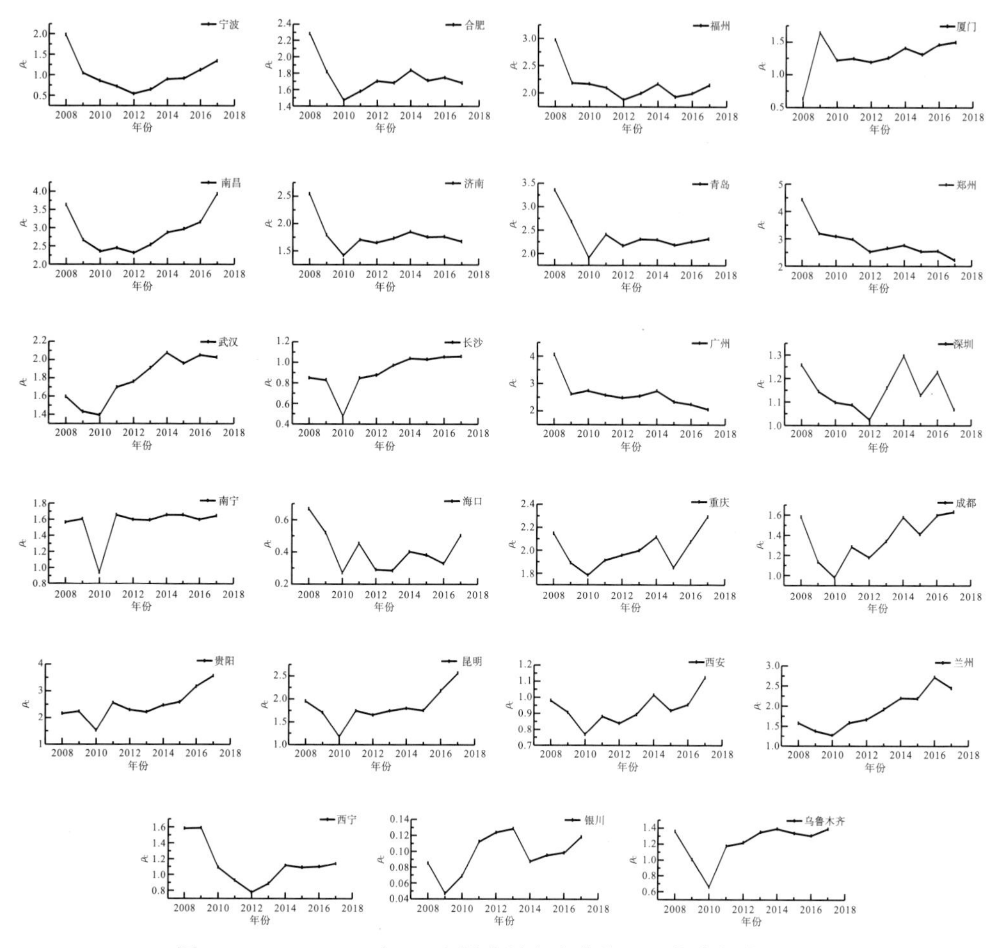

图 9.2 2008～2017 年 35 个样本城市文化资源承载力指数（ρ_C）

9.3 城市文化资源承载力演变规律分析

根据 9.2 节对样本城市文化资源承载力的计算结果，本节将分析文化资源承载力的状态特征以及文化资源承载力的演变规律。其中，对文化资源承载力状态特征的讨论将在分析文化资源载体状态特征和文化资源荷载状态特征的基础上展开。

9.3.1 城市文化资源承载力状态分析

1. 城市文化资源载体状态

基于表 9.5 中的数据，可以绘制 2008～2017 年 35 个样本城市的文化资源载体指数箱形图，如图 9.3 所示。

2008～2017 年我国 35 个样本城市的文化资源载体指数大部分都在 0～0.25 内，平均值在 0.14 上下浮动。为了进一步识别城市文化资源载体状态，将图 9.3 中的三个箱形图特征值计算出来，分别为Q_{3C_C}（上四分位数）、Q_{2C_C}（中位数）和Q_{1C_C}（下四分位数），进而可以得到每一年的Q_{3C_C}、Q_{2C_C}、Q_{1C_C}，然后进一步求出三个箱形图特征值在研究期内的均值，分别为$\bar{Q}_{3C_C}$、$\bar{Q}_{2C_C}$、$\bar{Q}_{1C_C}$，见表 9.8。

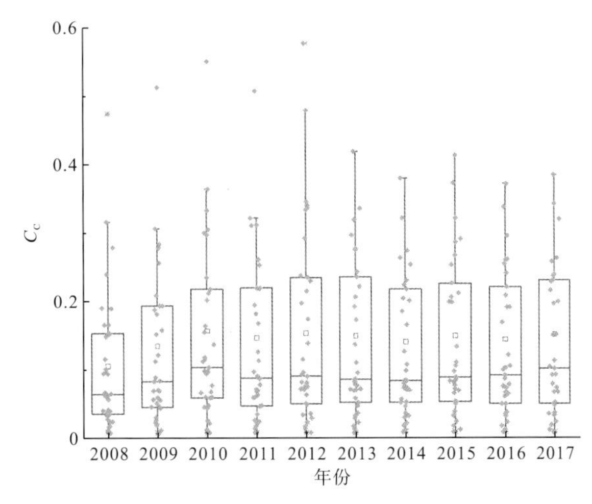

图 9.3　2008～2017 年 35 个样本城市文化资源载体指数（C_C）箱形图

表 9.8　文化资源载体指数箱形图特征值计算结果

年份	Q_{1C_C}	Q_{2C_C}	Q_{3C_C}
2008	0.0355	0.0650	0.1534
2009	0.0455	0.0833	0.1937
2010	0.0588	0.1042	0.2177
2011	0.0477	0.0883	0.2198
2012	0.0506	0.0908	0.2350
2013	0.0518	0.0860	0.2356
2014	0.0519	0.0844	0.2182
2015	0.0530	0.0892	0.2262
2016	0.1295	0.1748	0.2249
2017	0.1193	0.1671	0.2293
均值	0.0644 ($\bar{Q}_{1C_C}$)	0.1033 ($\bar{Q}_{2C_C}$)	0.2154 ($\bar{Q}_{3C_C}$)

根据表 9.8 中的$\bar{Q}_{3C_C}$、$\bar{Q}_{2C_C}$、$\bar{Q}_{1C_C}$，可针对城市文化资源载体状态划分出四个状态区间：高载体区间、中-高载体区间、中-低载体区间和低载体区间，见表 9.9。其中，处于高载体区间的城市文化资源较为充裕，文化资源支撑规模大；处于中-高载体区间的城市文化资源比较充足，文化资源支撑规模较大；处于中-低载体区间的城市其文化资源在承载荷载方面有一定的局限性，需要继续提升文化资源载体水平；处于低载体区间的城市文化资源较少，难以满足城市社会经济发展对文化资源的需求，需要增加文化资源载体。

表 9.9　样本城市文化资源载体状态区间划分标准

区间	高载体区间	中-高载体区间	中-低载体区间	低载体区间
划分标准	$C_C > 0.2154(\bar{Q}_{3C_C})$	$0.1033(\bar{Q}_{2C_C}) < C_C \leqslant 0.2154(\bar{Q}_{3C_C})$	$0.0644(\bar{Q}_{1C_C}) < C_C \leqslant 0.1033(\bar{Q}_{2C_C})$	$C_C \leqslant 0.0644(\bar{Q}_{1C_C})$

将表 9.5 与表 9.9 相结合，可以得到不同样本城市文化资源载体所处的状态区间，见表 9.10。

从表 9.10 中可以看出，处于高载体和中-高载体区间的城市均属于一二线经济发达城市，如北京、天津、上海、重庆、杭州、深圳、成都、西安等，这些城市拥有丰富的文化资源，其中北京在旅游文化资源方面拥有尤为明显的优势。而处于低载体区间的城市有石家庄、呼和浩特、南昌、海口、兰州、西宁、银川、乌鲁木齐，这些城市主要位于我国西北地区，文化资源相对薄弱。

表 9.10　样本城市文化资源载体状态区间分布情况

状态区间	样本城市
高载体区间	北京、天津、上海、重庆、杭州、深圳、成都、西安
中-高载体区间	沈阳、大连、哈尔滨、南京、宁波、青岛、武汉、广州、合肥、长沙
中-低载体区间	长春、厦门、济南、太原、福州、郑州、南宁、贵阳、昆明
低载体区间	石家庄、呼和浩特、南昌、海口、兰州、西宁、银川、乌鲁木齐

2008～2017 年 35 个样本城市文化资源载体状态区间空间分布图，见图 9.4。

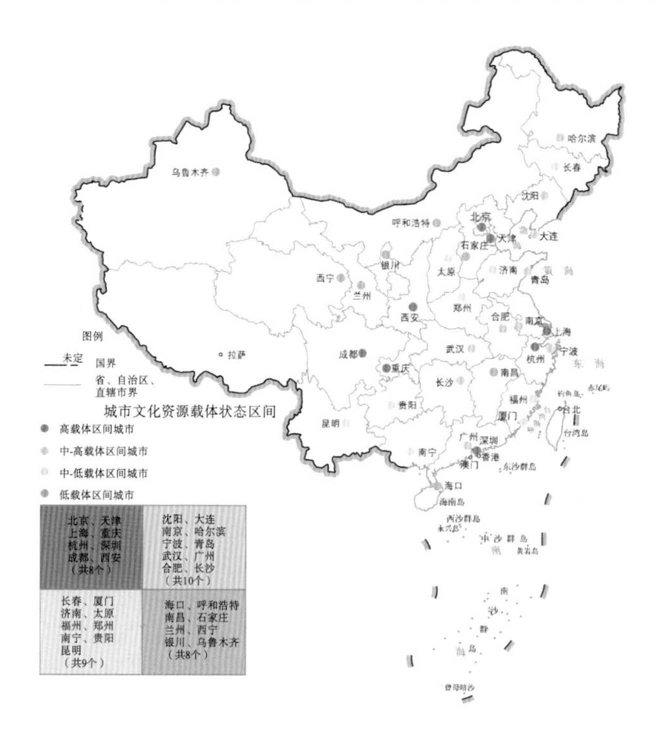

图 9.4　2008～2017 年 35 个样本城市文化资源载体状态区间空间分布图

如图 9.4 所示，从全国来看，西南、华东地区城市文化资源载体水平整体上优于西北地区，这与文化资源储备及文化氛围有着密切的关系。西南地区地形以平原、盆地为主，水网纵横交错，植被繁茂，自然资源丰富。华东地区多沿海城市，交通发达，气候宜人，产业基础较为厚实，经济发展较快，旅游和科技文化资源均得到较充分的开发和利用，人才吸引力强，人文文化氛围浓厚。而西北地区降水少，气候干旱，自然资源较薄弱，尽管有许多人文资源，但由于历史及地理原因，其社会经济发展较缓慢，人文资源配套设施不足，人文资源没有得到充分开发和利用，同时缺乏人才导致科技文化资源匮乏(刘晶晶，2015)。

2. 城市文化资源荷载状态

通过应用表 9.6 中的数据，可以绘制 2008～2017 年样本城市文化资源荷载指数箱形图，如图 9.5 所示。

由图 9.5 可以看出，2008～2017 年我国 35 个样本城市文化资源荷载指数大部分在 0～0.4 范围内。同时根据图 9.5，可以得到文化资源荷载指数箱形图的三个特征参数值：Q_{1L_C}、Q_{2L_C}、Q_{3L_C}，见表 9.11。

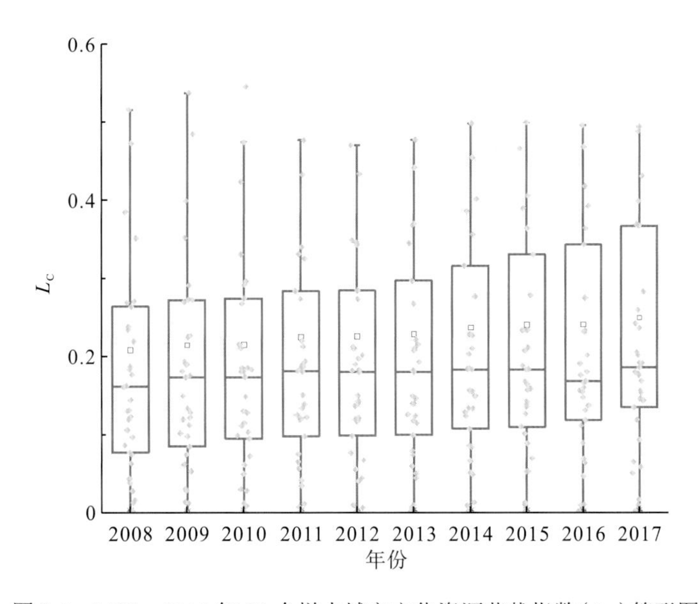

图 9.5　2008～2017 年 35 个样本城市文化资源荷载指数(L_C)箱形图

表 9.11　2008～2017 年 35 个样本城市文化资源荷载指数箱形图特征参数值

年份	Q_{1L_C}	Q_{2L_C}	Q_{3L_C}
2008	0.0770	0.1610	0.2633
2009	0.0845	0.1730	0.2718
2010	0.0946	0.1730	0.2736
2011	0.0975	0.1804	0.2830

续表

年份	Q_{1L_C}	Q_{2L_C}	Q_{3L_C}
2012	0.0984	0.1794	0.2841
2013	0.0991	0.1795	0.2965
2014	0.1072	0.1826	0.3156
2015	0.1097	0.1825	0.3302
2016	0.1181	0.1679	0.3423
2017	0.1347	0.1854	0.3662
均值	0.1021（$\bar{Q}_{1L_C}$）	0.1765（$\bar{Q}_{2L_C}$）	0.3027（$\bar{Q}_{3L_C}$）

根据表 9.11 中的$\bar{Q}_{1L_C}$、$\bar{Q}_{2L_C}$、$\bar{Q}_{3L_C}$三个参数值，可针对城市文化资源荷载状态划分出四个状态区间：高荷载区间、中-高荷载区间、中-低荷载区间和低荷载区间，见表 9.12。当城市文化资源荷载指数平均值大于$\bar{Q}_{3L_C}$时，城市文化资源荷载对文化资源载体施加的压力很大，应积极发展文化资源载体。城市文化资源荷载指数平均值介于$\bar{Q}_{2L_C}$和$\bar{Q}_{3L_C}$之间时，城市处于中-高荷载水平，意味着城市文化资源荷载对文化资源载体施加的压力较大。城市文化资源荷载指数平均值介于$\bar{Q}_{1L_C}$和$\bar{Q}_{2L_C}$之间时，城市处于中-低荷载水平，城市文化资源荷载对文化资源载体没有造成明显的压力。而城市文化资源荷载指数平均值小于$\bar{Q}_{1L_C}$时，城市的文化资源荷载很低，城市文化资源荷载没有得到充分利用。

表 9.12　样本城市文化资源荷载状态区间划分标准

区间	高荷载区间	中-高荷载区间	中-低荷载区间	低荷载区间
划分标准	$L_C > 0.3027(\bar{Q}_{3L_C})$	$0.1765(\bar{Q}_{2L_C}) < L_C \leqslant 0.3027(\bar{Q}_{3L_C})$	$0.1021(\bar{Q}_{1L_C}) < L_C \leqslant 0.1765(\bar{Q}_{2L_C})$	$L_C \leqslant 0.1021(\bar{Q}_{1L_C})$

将表 9.12 中的划分标准与表 9.6 中文化资源荷载指数的计算结果相结合，可以得到不同样本城市的文化资源荷载状态，见表 9.13。

表 9.13　样本城市文化资源荷载状态区间分布情况

状态区间	样本城市
高荷载区间	北京、天津、上海、重庆、杭州、武汉、广州、深圳、成都
中-高荷载区间	沈阳、大连、哈尔滨、南京、宁波、青岛、西安、郑州、长沙
中-低荷载区间	长春、厦门、济南、石家庄、合肥、福州、南宁、贵阳、昆明
低荷载区间	太原、呼和浩特、南昌、海口、兰州、西宁、银川、乌鲁木齐

从表 9.13 中可以看出，文化资源荷载处于高荷载状态的城市有北京、天津、上海、重庆、杭州、武汉、广州、深圳、成都，这些城市主要位于我国西南、华南、华东等地区。太原、呼和浩特、南昌、海口、兰州、西宁、银川、乌鲁木齐的文化资源荷载处于低荷载状态。2008～2017 年 35 个样本城市文化资源荷载状态区间空间分布图见图 9.6。

图 9.6　2008～2017 年 35 个样本城市文化资源荷载状态区间空间分布图

如图 9.6 所示，从全国来看，华南、华东地区城市文化资源荷载水平整体上优于西北地区。对图 9.6 进行进一步观察可知，我国 35 个样本城市的文化资源荷载指数以黄河为界具有南北差异。黄河以南的城市文化资源丰富，文化吸引力比黄河以北的城市高，但这些城市没有考虑如何降低文化资源荷载，导致这些城市的文化资源荷载指数一直很高。另外，这些城市的社会经济发展水平相对较高，随着生活水平的提高，人们对文化资源的需求不断增加，对生活品质的要求也日益提高，因而进一步加大了文化资源荷载。

3. 城市文化资源承载力状态

文化资源承载力状态是载体指数和荷载指数共同作用的结果，反映了城市文化资源载体对荷载的承载能力及状态。城市文化资源承载力是用于衡量城市文化资源利用状态与未来城市发展适宜性的重要指标。

基于本书第 4 章阐述的原理，通过应用箱形图划分区间以对状态进行描述的方法，将表 9.7 中 35 个样本城市在 2008～2017 年的文化资源承载力指数（ρ_C）计算结果绘制成箱形图，如图 9.7 所示。

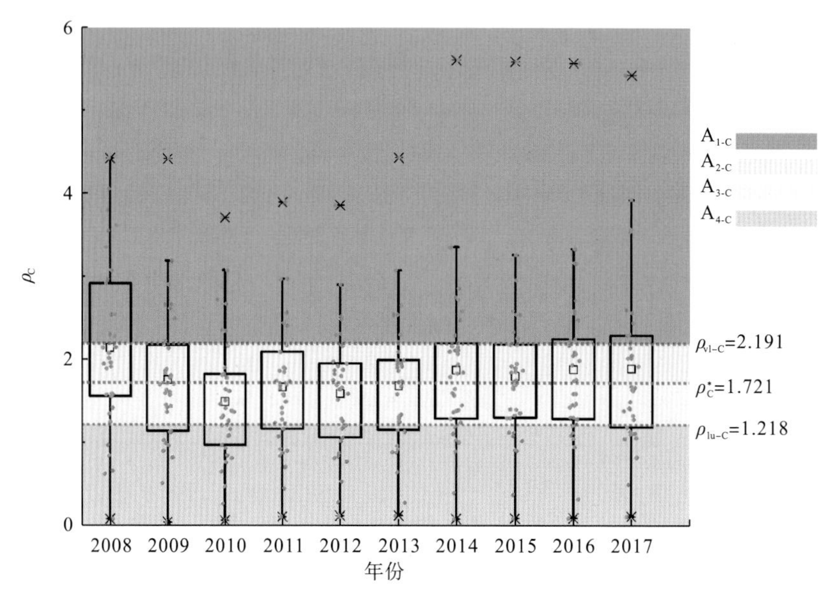

图 9.7 2008～2017 年 35 个样本城市文化资源承载力指数（ρ_C）箱形图

由图 9.7 可以看出，2008～2017 年文化资源承载力指数大部分在 0.9～2.9 内。基于箱形图的原理，可以得到 35 个样本城市各年的文化资源承载力指数箱形图特征参数值 Q_{1C}（下四分位数）、Q_{2C}（中位数）和 Q_{3C}（上四分位数），并可进一步求出这三个特征参数值在研究期内的平均值，见表 9.14。

表 9.14 2008～2017 年 35 个样本城市文化资源承载力指数箱形图特征参数值计算结果

年份	Q_{1C}	Q_{2C}	Q_{3C}
2008	1.563	2.083	2.924
2009	1.144	1.706	2.182
2010	0.978	1.377	1.829
2011	1.173	1.655	2.095
2012	1.068	1.652	1.956
2013	1.160	1.731	1.998
2014	1.297	1.836	2.198
2015	1.306	1.750	2.184
2016	1.295	1.748	2.249
2017	1.193	1.671	2.293
均值	1.218	1.721	2.191

根据本书第 4 章阐释的箱形图原理，利用表 9.14 可得到文化资源承载力的虚拟极限值 $\rho_{vl\text{-}C}$=2.191，最优值 ρ^*_C=1.721，以及基准值 $\rho_{lu\text{-}C}$=1.218。基于这三个特征值，可划分出四个文化资源承载力状态区间：高风险超载区间（$A_{1\text{-}C}$ 区间 $\rho_C>2.191$）、高利用区间（$A_{2\text{-}C}$ 区间 $1.721\leqslant\rho_C<2.191$）、中度利用区间（$A_{3\text{-}C}$ 区间 $1.218\leqslant\rho_C<1.721$）、低利用区间（$A_{4\text{-}C}$ 区间 $\rho_C<1.218$），见表 9.15 和图 9.7。

表 9.15　城市文化资源承载力状态区间划分标准

区间	$A_{1\text{-}C}$ （高风险超载区间）	$A_{2\text{-}C}$ （高利用区间）	$A_{3\text{-}C}$ （中度利用区间）	$A_{4\text{-}C}$ （低利用区间）
划分标准	$\rho_C > 2.191(\overline{Q}_{3\rho_C})$	$1.721(\overline{Q}_{2\rho_C}) < \rho_C \leqslant 2.191(\overline{Q}_{3\rho_C})$	$1.218(\overline{Q}_{1\rho_C}) < \rho_C \leqslant 1.721(\overline{Q}_{2\rho_C})$	$\rho_C \leqslant 1.218(\overline{Q}_{1\rho_C})$

根据表 9.15 中的状态区间划分标准与表 9.7 中 35 个样本城市的文化资源承载力指数计算结果，可以得到 2008～2017 年 35 个样本城市文化资源承载力状态区间分布图，见图 9.8。

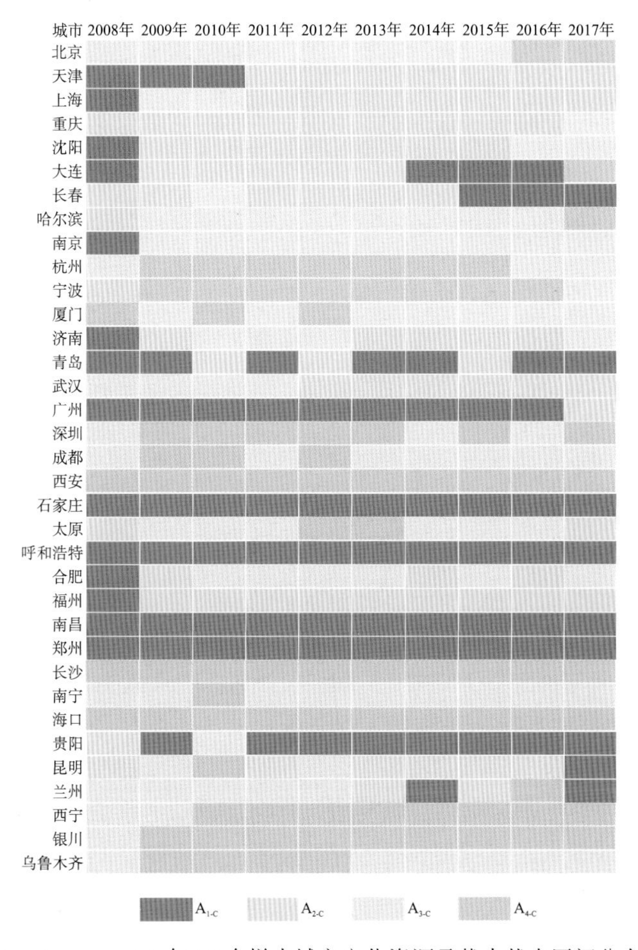

图 9.8　2008～2017 年 35 个样本城市文化资源承载力状态区间分布图

9.3.2　城市文化资源承载力状态时间演变规律及空间差异分析

1. 城市文化资源承载力状态的总体变化趋势

为分析 2008～2017 年我国 35 个样本城市文化资源承载力状态总体上随时间演变的规律，对图 9.8 中每一年四个承载力状态区间的城市数量进行统计，得到 2008～2017 年处于不同状态区间的城市的数量变化情况，并绘制成图 9.9。

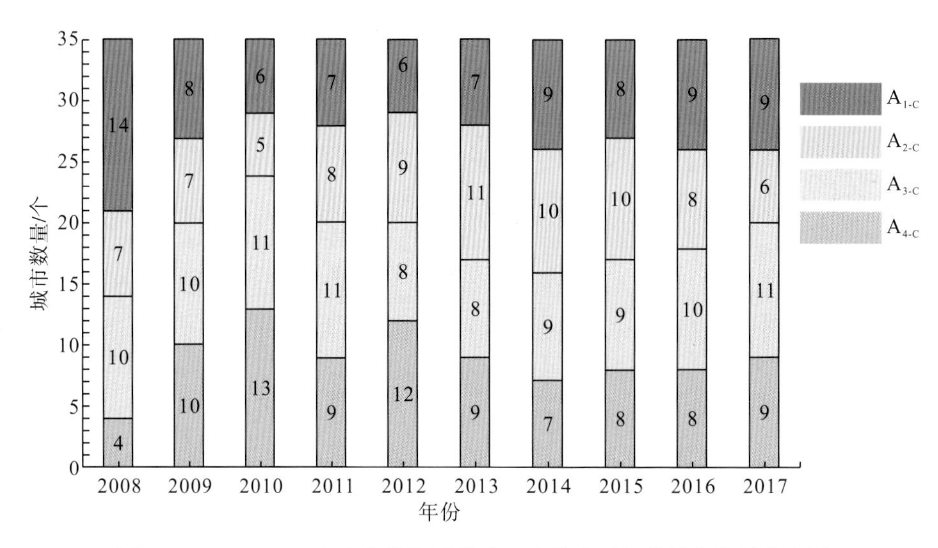

图 9.9 2008～2017 年文化资源承载力 4 个状态区间的城市数量分布图

从图 9.9 中可以看出，2008～2017 年除了处于 $A_{3\text{-}C}$ 区间的城市数量变化不大，处于 $A_{1\text{-}C}$、$A_{2\text{-}C}$ 和 $A_{4\text{-}C}$ 区间的城市数量均明显发生变化。这四个区间的城市数量在研究期内呈现 3 种变化趋势。其中，处于 $A_{1\text{-}C}$ 区间的城市数量在研究期内呈先下降后上升趋势，表明文化资源承载力有超载风险的城市先减少后增多。究其原因，2008～2013 年中国经济高速发展，政府相关部门加大了文化资源投入力度，文化资源载体迅速增加，城市文化资源载体承载强度过高的问题得到缓解。而之后的几年里，由于文化资源荷载呈上升趋势，文化资源承载力面临超载风险的城市数量开始逐渐增多(中国社会经济统计公报，2017)。处于 $A_{2\text{-}C}$ 和 $A_{3\text{-}C}$ 区间的城市数量均呈韧性波动趋势，约有 1/2 的样本城市的文化资源承载力一直处于中度利用或高利用状态，其载体水平与荷载水平基本适配。处于 $A_{4\text{-}C}$ 区间的城市数量呈先上升后下降趋势，表明样本城市文化资源承载力利用率在研究期内有所提高。在我国近 10 年来的城镇化进程中，尽管居民对城市文化资源的需求急剧增加，文化资源荷载明显上升，但处于 $A_{4\text{-}C}$ 区间的城市能够依靠自身的资源优势提供相匹配的文化资源载体，以适应逐步升高的文化资源荷载，这也意味着这些城市对其文化资源的利用率有所提升。另外，处于 $A_{4\text{-}C}$ 区间的城市仍有不少(占样本城市的 1/4)，说明我国仍有相当一部分城市的文化资源有较大利用空间。

2. 城市文化资源承载力状态空间差异分析

不同城市的文化资源承载力状态在空间上的差异可以用城市的文化资源承载力综合状态来分析。本章实证分析的 35 个样本城市的文化资源承载力综合状态可以用其在 10 年研究期内的平均状态值来判定。表 9.7 中列出了各样本城市在 2008～2011 年的文化资源承载力指数平均值，将这些平均值与表 9.15 中的区间划分标准相结合，可以识别每个样本城市的文化资源承载力综合状态所处的区间，据此可以绘制 2008～2017 年 35 个样本城市的文化资源承载力综合状态空间分布图，如图 9.10 所示。

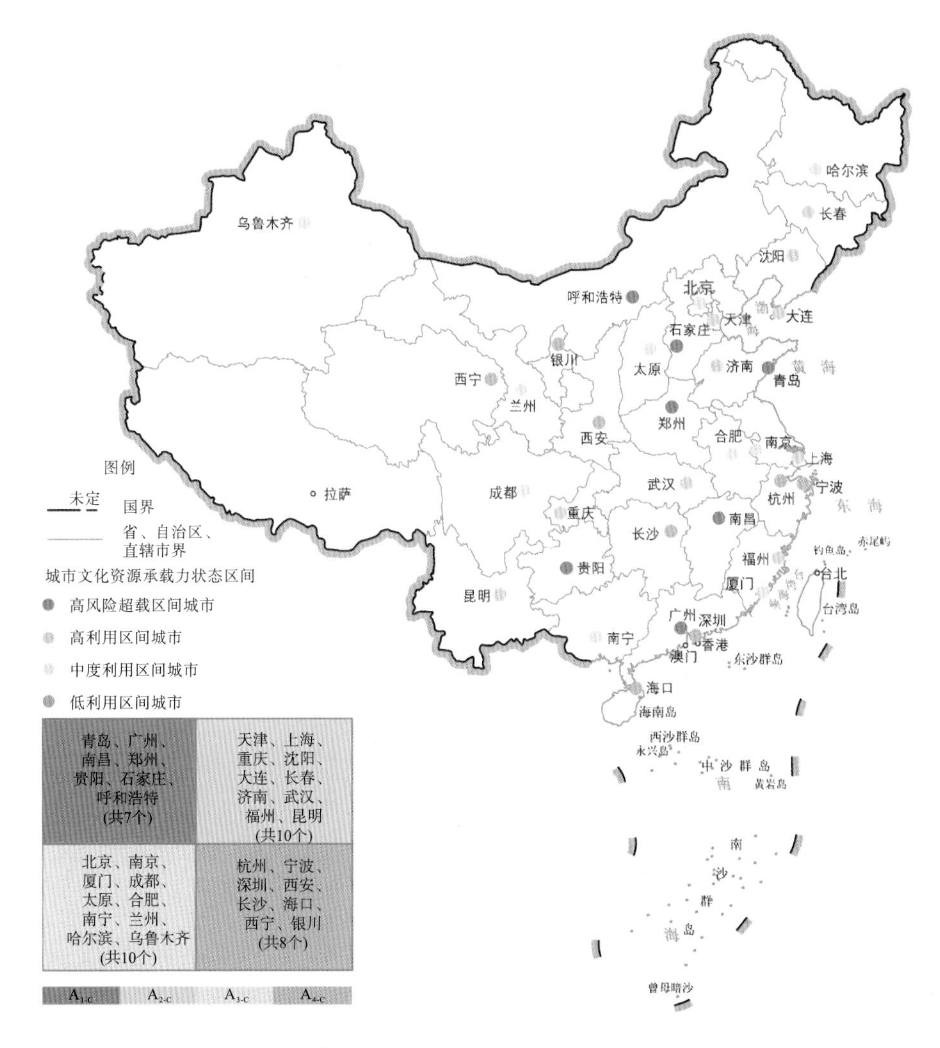

图 9.10　2008～2017 年 35 个样本城市文化资源承载力综合状态空间分布图

如图 9.10 所示，从城市文化资源承载力的综合状态来看，我国 35 个样本城市中处于高风险超载区间（$A_{1\text{-}C}$ 区间）和低利用区间（$A_{4\text{-}C}$ 区间）的城市数量较少，而处于高利用区间（$A_{2\text{-}C}$ 区间）和中度利用区间（$A_{3\text{-}C}$ 区间）的城市数量较多。从空间分布上看，除了呼和浩特以外，处于高风险超载区间（$A_{1\text{-}C}$ 区间）和高利用区间（$A_{2\text{-}C}$ 区间）的城市主要分布在胡焕庸线（人口地理分界线）东南面。位于该线东南面的地区约占全国 94%的居住人口，这些地区的城市由于具有人口基数大、经济繁荣、旅游业兴旺及科学技术领先等优势，其文化资源承载力大多处于高利用状态，甚至有超载风险。其中，高强度的社会经济活动带来高荷载是导致文化资源承载力面临超载风险的主要原因。处于中度利用区间（$A_{3\text{-}C}$ 区间）和低利用区间（$A_{4\text{-}C}$ 区间）的城市包括乌鲁木齐、西宁、银川、兰州、太原、西安、成都、北京和哈尔滨等。这些城市中有的人口基数小，科学技术发展相对滞后，城市文化资源因没有被有效挖掘和充分利用而处于中度利用或低利用状态。以乌鲁木齐为例，该城市旅游、人文资源丰富，但由于其社会经济发展较缓慢，旅游、人文资源配套设施单一，不能满足游客“体验文化，愉悦身心”的深层次需求，整体文化资源荷载较小，城市文化资源的价值被严重削弱。而北京、西安、成都等城市，之所以它们的文化资源承载力处于中度或低利用区间，最主要的原因在于这几个城市的文化资源载体规模很大，特别是北京，其文化资源载体规模远大于其他城市，能很好地承载现有的荷载。

9.4 本 章 小 结

城市文化资源是城市综合实力的体现，也是城市保持魅力和发展的不竭动力。提升和有效利用城市文化资源承载力，可提高城市居民对生活的满意度，增强城市对外来人员的吸引力。本章利用基于“载体-荷载”视角的城市资源环境承载力评价原理，建立了城市文化资源承载力评价方法，并进行了实证研究。在建立的评价方法中，文化资源载体指标共有 9 个，分为旅游文化资源载体指标、科技文化资源载体指标和人文文化资源载体指标三类。城市文化资源荷载指标涉及社会、经济两个方面，共计 4 个指标。同时通过应用建立的评价方法，本章对我国 35 个样本城市的文化资源承载力进行了实证分析，计算出了这些样本城市的文化资源载体指数、荷载指数和承载力指数。实证计算结果显示，我国城市文化资源承载力有以下主要规律。

(1) 从变化趋势上看，在实证研究期(2008～2017 年)内，处于高风险超载区间的城市数量总体上呈上升趋势；处于高利用区间和中度利用区间的城市数量没有发生明显的变化，而处于低利用区间的城市数量呈先上升后下降趋势。总体上，文化资源承载力尚未得到充分利用的城市数量占比较大，有相当一部分城市的文化资源的价值未被充分挖掘，文化资源仍有较大利用空间。

(2) 尽管不同的城市其文化资源承载力处于不同的状态区间，但文化资源承载力指数在某一状态区间内存在上升型、下降型和波动型三种这表明，由于文化资源载体和荷载均具有很强的变化性，文化资源承载力的变化也会很明显。

(3) 城市文化资源承载力状态具有明显的空间差异性，除呼和浩特外，处于高风险超载区间和高利用区间的城市均分布在胡焕庸线(人口地理分界线)东南面，而处于胡焕庸线西北面的城市处于中度利用区间或低利用区间。对于承载强度高的样本城市，未来应注意提高文化资源载体承载能力。处于低利用区间的城市应考虑加强对文化资源的宣传并提高服务水平，以此提高文化吸引力，提升文化资源的利用率。

(4) 文化资源承载力能够充分支撑社会经济发展的城市主要表现出人口基数大、经济繁荣、旅游业兴旺以及科学技术发展领先等特征，这些城市的文化资源承载力处于高利用状态。而文化资源承载力利用程度不高的城市则主要具有人口基数小、文化资源储备不足、科学技术发展相对滞后、城市文化特色不鲜明等特征，因此，这些城市的文化资源仍有较大的开发和利用空间。

第 10 章　城市人力资源承载力实证评价

本章对我国城市人力资源承载力进行实证评价分析，其主要内容包括：①构建评价城市人力资源承载力的方法；②对我国 35 个样本城市的人力资源承载力进行实证计算；③基于实证计算结果，对我国城市人力资源承载力的时空演变规律进行分析。

10.1　城市人力资源承载力评价方法

人力资源是城市的重要资源。本节应用本书第 3 章构建的“载体-荷载”视角下的城市资源环境承载力评价原理，梳理城市人力资源承载力的相关概念，认识城市人力资源承载力的内涵,在此基础上建立“载体-荷载”视角下的城市人力资源承载力评价指标体系，并构建城市人力资源承载力的计算模型。

10.1.1　城市人力资源承载力的概念及内涵

城市是人类活动聚集的产物，城源于人并服务于人，其兴衰取决于人。人是城市的灵魂，也是城市社会经济在发展中最为重要的战略资源(蔡宁，2014)。因此，人力资源是城市资源的重要组成部分。在数字化时代，人力资源在城市的可持续发展中扮演愈来愈重要的角色。

关于人力资源，有多种阐释，但一般认为人力资源是指在一个国家或地区中具有劳动能力的人口之和。根据边际效用理论，人力资源与社会经济活动水平呈“U”形关系。在人力资源不能满足城市的社会经济发展需要时，有限的人力资源将承受过大的社会经济活动压力，表现为人力资源承载的社会经济活动强度(或荷载压力)很大，出现人力资源短缺现象，从而影响城市的可持续发展。人才流失和短缺在短期内会导致人力资源承载强度增加，其长期效应则是会造成社会经济活动减少，进而导致就业机会减少，城市的社会经济发展受到限制。在我国东北和西北地区，人才流失和短缺影响社会经济发展的现象明显，特别是长期的人才流失严重影响了东北经济发展的稳定性和可持续性(李雪欣和宋嘉良，2018)。而当人力资源能够充分满足城市的社会经济发展需要时，若继续增加人力资源，将造成人力资源不能被充分有效利用的现象，导致人力资源的能动性难以被有效地发挥，人力资源的潜力不能被充分挖掘。

人力资源承载力应反映人力资源与其承载的社会经济活动之间的关系，本书依据第 3 章提出的“载体-荷载”视角下的城市资源环境承载力评价原理，将城市人力资源承载力

(UHRCC)定义为人力资源载体对社会经济活动产生的荷载的承载强度。其中，人力资源载体是指人力资源结构以及人力资源所处的社会经济环境[或者称为人力发展环境(human development environment)]；而人力资源荷载是指与人相关的城市的经济活动和社会活动。基于上述讨论，城市人力资源承载力定义的内涵可用图 10.1 表示。

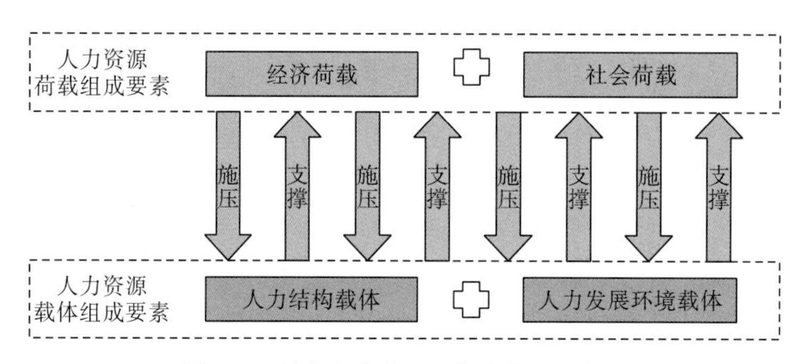

图 10.1 城市人力资源承载力内涵示意图

如图 10.1 所示，城市人力资源承载力体现的是人力资源载体与荷载相互作用的状态。人力资源载体分为人力结构载体和人力发展环境载体，人力资源荷载包括经济荷载与社会荷载。人力资源承载力水平反映的是人力资源承载强度，可以用人力资源承载力指数(ρ_{H})来表征：

$$\rho_{\mathrm{H}}=\frac{L_{\mathrm{H}}}{C_{\mathrm{H}}} \tag{10.1}$$

式中，ρ_{H} 表示城市人力资源承载力指数；L_{H} 表示人力资源荷载指数；C_{H} 表示人力资源载体指数。在式(10.1)中，ρ_{H} 值越大，表明人力资源载体承载相应荷载的强度越大，即人力资源载体被相关荷载利用的程度越高。但它的值并非越大越好，也不是越小越好。ρ_{H} 值是在城市特定发展条件下动态变化的，其值过高意味着人力资源载体的承载强度过大，面临着超载风险；过低则意味着城市对人力资源的利用不足，存在人力资源被浪费的现象。

在大数据背景下，人力资源载体和荷载的内涵更加丰富。利用大数据可以更准确地刻画人力资源载体和荷载的状态，使得城市的人力资源承载力状态能够更加实时、准确地得到评价和反映。例如，可以借助移动互联网数据、人口热力图等，统计城市人力资源的实时信息，从而有效识别人力资源载体的承载强度，采取措施使人力资源载体的运作更有效。

10.1.2 城市人力资源承载力评价指标

城市人力资源承载力的评价指标分为两类：①能够反映城市人力资源载体特征的指标；②能够反映城市人力资源载体所承载的荷载的水平的指标。

1. 城市人力资源载体指标

基于前面对城市人力资源承载力的定义，可知人力资源载体指标需要反映城市人力资源载体特征，涉及人力结构与人力发展环境两方面，具体见表 10.1。

表 10.1　城市人力资源载体指标

载体指标类别	载体指标	指标属性
人力结构载体指标	C_{HS_1}（第一产业就业人口）/万人	正向
	C_{HS_2}（第二产业就业人口）/万人	正向
	C_{HS_3}（第三产业就业人口）/万人	正向
	C_{HS_4}（常住人口总数）/万人	正向
	C_{HS_5}（普通本专科学生数量）/万人	正向
人力发展环境载体指标	C_{HE_1}（教育财政支出）/万元	正向
	C_{HE_2}（在岗职工平均工资）/元	正向
	C_{HE_3}（卫生机构床位数量）/个	正向
	C_{HE_4}（卫生技术人员数量）/人	正向
	C_{HE_5}（公园绿地面积）/hm^2	正向
	C_{HE_6}（移动电话年末用户数）/万户	正向
	C_{HE_7}（互联网宽带用户数）/万户	正向
	C_{HE_8}（道路面积）/万 m^2	正向
	C_{HE_9}（居民消费价格指数）/%	正向

表 10.1 包括 5 个人力结构载体指标：三类产业就业人口数量（C_{HS_1}，C_{HS_2}，C_{HS_3}）表征相对应的劳动力资源；常住人口总数（C_{HS_4}）表征城市的人力资源基础情况；普通本专科学生数量（C_{HS_5}）表征人力资源的受教育程度，用以反映人力资源的素质水平。

表 10.1 中列出了 9 个人力发展环境载体指标：教育财政支出（C_{HE_1}）是城市发展的驱动力；在岗职工平均工资（C_{HE_2}）反映了城市人力资源的收入情况；卫生机构床位数量（C_{HE_3}）、卫生技术人员数量（C_{HE_4}）、公园绿地面积（C_{HE_5}）、移动电话年末用户数（C_{HE_6}）、互联网宽带用户数（C_{HE_7}）、道路面积（C_{HE_8}）、居民消费价格指数（C_{HE_9}）反映了城市人力资源的发展环境，体现了城市对人力资源的吸引力，这种吸引力决定了城市人力资源的发展潜力。

2. 城市人力资源荷载指标

城市人力资源荷载是指与人相关的城市的经济活动和社会活动，因此人力资源荷载指标需要能够衡量与人相关的城市经济活动和社会活动的强度，具体见表 10.2。

表 10.2 城市人力资源荷载指标

荷载指标类别	荷载指标	指标属性
人力结构荷载指标	L_{HS_1}（第一产业生产总值）/亿元	正向
	L_{HS_2}（第二产业生产总值）/亿元	正向
	L_{HS_3}（第三产业生产总值）/亿元	正向
人力发展环境荷载指标	L_{HE_1}（就业人数）/万人	正向
	L_{HE_2}（城镇失业登记人数）/万人	正向

10.1.3 城市人力资源承载力计算模型

在表 10.1 和表 10.2 的基础上，可以根据城市人力资源承载力的定义[式(10.1)]，建立城市人力资源承载力计算模型。由于城市人力资源载体分为人力结构载体与人力发展环境载体，因此城市人力资源承载力指数值等于人力结构和人力发展环境承载力指数值之和，即

$$\rho_{H} = \rho_{HS} + \rho_{HE} \tag{10.2}$$

式中，ρ_H 代表城市人力资源承载力指数；ρ_{HS} 和 ρ_{HE} 分别代表人力结构和人力发展环境承载力指数。

ρ_{HS} 和 ρ_{HE} 的表达式分别为

$$\rho_{HS} = \frac{L_{HS}}{C_{HS}} \tag{10.3}$$

$$\rho_{HE} = \frac{L_{HE}}{C_{HE}} \tag{10.4}$$

式中，C_{HS} 和 C_{HE} 分别表示城市人力结构和人力发展环境载体指数；L_{HS} 和 L_{HE} 分别表示城市人力结构和人力发展环境荷载指数。因此，计算城市人力资源承载力指数 ρ_H 时需要先计算出两个载体指数 C_{HS}、C_{HE} 和两个荷载指数 L_{HS}、L_{HE} 的值。在对这些指数进行计算时，要对相对应的指标进行标准化处理和加权计算，指标的标准化处理方法及权重的确定方法见本书第 4 章。载体指数以及荷载指数的计算公式如下：

$$C_{HS_{i,t}} = \sum_{j=1}^{5} \overline{W}_{C_{HS_j}} \cdot c'_{i,C_{HS_j},t} \tag{10.5}$$

$$C_{HE_{i,t}} = \sum_{j=1}^{9} \overline{W}_{C_{HE_j}} \cdot c'_{i,C_{HE_j},t} \tag{10.6}$$

$$L_{HS_{i,t}} = \sum_{k=1}^{3} \overline{W}_{L_{HS_k}} l'_{i,L_{HS_k},t} \tag{10.7}$$

$$L_{HE_{i,t}} = \sum_{k=1}^{2} \overline{W}_{L_{HE_k}} \cdot l'_{i,L_{HE_k},t} \tag{10.8}$$

式中，$C_{HS_{i,t}}$、$C_{HE_{i,t}}$ 分别是城市 i 在第 t 年的人力结构和人力发展环境载体指数；$L_{HS_{i,t}}$、$L_{HE_{i,t}}$ 分别是城市 i 在第 t 年的人力结构和人力发展环境荷载指数；$\overline{W}_{C_{HS_j}}$、$\overline{W}_{C_{HE_j}}$ 和 $\overline{W}_{L_{HS_k}}$、$\overline{W}_{L_{HE_k}}$

分别为载体指标 j 和荷载指标 k 在研究期内的平均权重；$c'_{i,C_{\mathrm{HS}_j},t}$ 和 $c'_{i,C_{\mathrm{HE}_j},t}$ 分别表示城市 i 的人力结构和人力发展环境载体指标 C_{HS_j} 和 C_{HE_j} 在第 t 年的标准化值；$l'_{i,L_{\mathrm{HS}_k},t}$ 和 $l'_{i,L_{\mathrm{HE}_k},t}$ 分别表示城市 i 的人力结构和人力发展环境荷载指标 L_{HS_k} 和 L_{HE_k} 在第 t 年的标准化值。

结合式(10.3)～式(10.8)，可以得到城市 i 在第 t 年的人力结构和人力发展环境承载力指数：

$$\rho_{\mathrm{HS}_{i,t}}=\frac{\sum_{k=1}^{3}\overline{W}_{L_{\mathrm{HS}_k}}\cdot l^*_{i,L_{\mathrm{HS}_k},t}}{\sum_{j=1}^{5}\overline{W}_{C_{\mathrm{HS}_j}}\cdot c^*_{i,C_{\mathrm{HS}_j},t}} \tag{10.9}$$

$$\rho_{\mathrm{HE}_{i,t}}=\frac{\sum_{k=1}^{2}\overline{W}_{L_{\mathrm{HE}_k}}\cdot l^*_{i,L_{\mathrm{HE}_k},t}}{\sum_{j=1}^{9}\overline{W}_{C_{\mathrm{HE}_j}}\cdot c^*_{i,C_{\mathrm{HE}_j},t}} \tag{10.10}$$

式中，$\rho_{\mathrm{HS}_{i,t}}$ 和 $\rho_{\mathrm{HE}_{i,t}}$ 分别表示城市 i 在第 t 年的人力结构和人力发展环境承载力指数。

结合式(10.2)、式(10.9)和式(10.10)，可以得到城市 i 在第 t 年的人力资源承载力指数：

$$\rho_{\mathrm{H}_{i,t}}=\frac{\sum_{k=1}^{3}\overline{W}_{L_{\mathrm{HS}_k}}\cdot l^*_{i,L_{\mathrm{HS}_k},t}}{\sum_{j=1}^{5}\overline{W}_{C_{\mathrm{HS}_j}}\cdot c^*_{i,C_{\mathrm{HS}_j},t}}+\frac{\sum_{k=1}^{2}\overline{W}_{L_{\mathrm{HS}_k}}l^*_{i,L_{\mathrm{HE}_k},t}}{\sum_{j=1}^{9}\overline{W}_{C_{\mathrm{HE}_j}}\cdot c^*_{i,C_{\mathrm{HE}_j},t}} \tag{10.11}$$

10.2　城市人力资源承载力实证计算

本节以我国 35 个样本城市作为实证对象，通过收集与处理人力资源承载力评价指标数据，并基于 10.1 节建立的人力资源承载力计算模型，对我国 35 个样本城市的人力资源承载力进行实证计算。

10.2.1　实证计算数据

1. 人力资源承载力评价指标数据的收集

表 10.1 和表 10.2 中各人力资源承载力评价指标的数据主要来源于各城市统计年鉴与各城市国民经济和社会发展统计公报(表 10.3)，数据统计时间为 2008～2017 年。对于缺失的数据，通过申请政府公开信息和实地调研的方式获取。对于通过以上渠道均无法获取的数据，采用线性插值法补齐。

表 10.3　城市人力资源承载力评价指标的数据来源

指标	数据来源
C_{HS_1}，C_{HS_2}，C_{HS_3}，C_{HE_1}，C_{HE_3}，C_{HE_4}，C_{HE_5}，C_{HE_6}，C_{HE_7}，C_{HE_8}，C_{HE_9}，L_{HS_1}，L_{HS_2}，L_{HS_3}，L_{HE_1}	各城市统计年鉴
C_{HS_4}，L_{HE_2}	各城市国民经济和社会发展统计公报
C_{HS_5}，C_{HE_2}	国家统计局官方数据库

2. 人力资源承载力评价指标数据的处理

基于收集的指标数据，应用 10.1 节建立的人力资源承载力计算模型，对载体指标数据和荷载指标数据进行标准化处理并对指标的权重进行计算。由于 35 个样本城市 10 年的数据量过大，因此本节仅以北京为例，展示人力结构和人力发展环境承载力相关评价指标的权重，见表 10.4 和表 10.5。

表 10.4　2008～2017 年北京人力结构承载力评价指标的权重

指标	2008 年	2009 年	2010 年	2011 年	2012 年	2013 年	2014 年	2015 年	2016 年	2017 年	平均权重
C_{HS_1}	0.0267	0.0271	0.0281	0.0272	0.0268	0.0268	0.0263	0.0258	0.0255	0.0262	0.0267
C_{HS_2}	0.0505	0.0473	0.0461	0.0471	0.0442	0.0422	0.0419	0.0407	0.0390	0.0394	0.0438
C_{HS_3}	0.1318	0.1307	0.1269	0.1246	0.1281	0.1227	0.1209	0.1223	0.1222	0.1207	0.1251
C_{HS_4}	0.0738	0.0766	0.0774	0.0781	0.0794	0.0804	0.0812	0.0810	0.0797	0.0785	0.0786
C_{HS_5}	0.0485	0.0473	0.0453	0.0436	0.0424	0.0401	0.0398	0.0381	0.0373	0.0380	0.0420
L_{HS_1}	0.0215	0.0214	0.0199	0.0189	0.0189	0.0194	0.0184	0.0154	0.0134	0.0116	0.0179
L_{HS_2}	0.0489	0.0490	0.0483	0.0444	0.0438	0.0439	0.0436	0.0426	0.0441	0.0438	0.0452
L_{HS_3}	0.1489	0.1437	0.1425	0.1405	0.1364	0.1350	0.1324	0.1309	0.1285	0.1256	0.1364

表 10.5　2008～2017 年北京人力发展环境承载力评价指标的权重

指标	2008 年	2009 年	2010 年	2011 年	2012 年	2013 年	2014 年	2015 年	2016 年	2017 年	平均权重
C_{HE_1}	0.1600	0.1603	0.1652	0.1448	0.1319	0.1373	0.1413	0.1394	0.1394	0.1390	0.1459
C_{HE_2}	0.0951	0.0985	0.1022	0.0966	0.0988	0.1011	0.1112	0.1109	0.1025	0.1063	0.1023
C_{HE_3}	0.0891	0.0843	0.0811	0.0782	0.0750	0.0669	0.0725	0.0697	0.0686	0.0655	0.0751

续表

指标	2008 年	2009 年	2010 年	2011 年	2012 年	2013 年	2014 年	2015 年	2016 年	2017 年	平均权重
C_{HE_4}	0.1204	0.1216	0.1196	0.1133	0.1352	0.1302	0.1313	0.1301	0.1251	0.1223	0.1249
C_{HE_5}	0.0900	0.1279	0.1247	0.1080	0.1114	0.1120	0.1287	0.1421	0.1331	0.1298	0.1208
C_{HE_6}	0.0759	0.0728	0.0771	0.0841	0.0925	0.0906	0.1038	0.1042	0.1003	0.1087	0.0910
C_{HE_7}	0.0872	0.0873	0.0477	0.0682	0.0890	0.0804	0.0663	0.0559	0.0525	0.0638	0.0698
C_{HE_8}	0.0681	0.0637	0.0620	0.0562	0.0520	0.0515	0.0495	0.0475	0.0652	0.0433	0.0559
C_{HE_9}	0.0170	0.0152	0.0075	0.0357	0.0366	0.0405	0.0126	0.0366	0.0196	0.0309	0.0252
L_{HE_1}	0.0135	0.0134	0.0131	0.0130	0.0130	0.0131	0.0130	0.0123	0.0118	0.0112	0.0127
L_{HE_2}	0.0287	0.0339	0.0341	0.0340	0.0370	0.0376	0.0357	0.0356	0.0357	0.0349	0.0347

10.2.2　实证计算结果

将处理后的指标数据和表 10.4 及表 10.5 中的权重数据应用于式(10.2)～式(10.11)，可以计算出 2008～2017 年 35 个样本城市的人力结构和人力发展环境载体指数（C_{HS}、C_{HE}）、荷载指数（L_{HS}、L_{HE}），最终得到人力结构和人力发展环境承载力指数（ρ_{HS}、ρ_{HE}）以及人力资源承载力指数（ρ_H）。表 10.6～表 10.8 分别展示了 35 个样本城市的 ρ_{HS}、ρ_{HE}、ρ_H 计算结果。

表 10.6 显示，2008～2017 年 35 个样本城市人力结构承载力指数的平均值为 1.7083。年均值排名前三的城市分别是银川(10.6393)、厦门(4.7662)和大连(4.0339)，排名靠后的三个城市分别是海口(0.4865)、兰州(0.4171)和西宁(0.3750)，高于全国平均水平(1.7083)的城市有 9 个。

从表 10.7 中可以看出，人力发展环境承载力指数年均值排名前三的城市分别是合肥(3.0778)、南昌(2.5819)和呼和浩特(2.3515)，排名靠后的三个城市分别是石家庄(0.3282)、大连(0.3167)和银川(0.0025)，高于全国平均水平(1.2832)的城市有 16 个。

表 10.8 显示，2008～2017 年 35 个样本城市人力资源承载力指数的平均值为 2.9266，其中有 12 个城市的年均值大于该平均值，分别为大连、长春、哈尔滨、厦门、青岛、石家庄、呼和浩特、合肥、福州、郑州、南宁和银川。其余 23 个城市的年均值均小于该平均值，其中排在后 5 位的城市分别为海口、西宁、乌鲁木齐、南昌和兰州。另外，35 个样本城市的人力资源承载力指数年均值在 10 年间处于波动上升状态，其中最小值为 2008 年的 2.6868，最大值为 2014 年的 3.1644。

为了更有效地展示 35 个样本城市的人力资源承载力指数在 2008～2017 年随时间的变化趋势，将表 10.8 中的计算结果绘制成如图 10.2 所示的曲线。

表 10.6 2008～2017 年 35 个样本城市人力结构承载力指数（ρ_{HS}）

城市	2008 年	2009 年	2010 年	2011 年	2012 年	2013 年	2014 年	2015 年	2016 年	2017 年	年均值	排名
北京	1.1531	1.1891	1.1826	1.1564	1.1829	1.2270	1.2320	1.2316	1.2417	1.2177	1.2014	11
天津	0.9731	1.0195	1.0199	1.0441	1.0884	1.1464	1.1566	1.1699	1.1528	1.1051	1.0876	17
石家庄	3.3063	3.2556	3.3669	3.2711	3.3335	3.4045	3.4068	3.2671	3.0233	2.9238	3.2559	5
太原	0.8055	0.6600	0.6191	0.6302	0.6015	0.6135	0.5614	0.5561	0.5425	0.5280	0.6118	30
呼和浩特	0.9905	1.1429	1.1340	1.1289	1.1703	1.2413	1.1899	1.1531	1.0098	0.9194	1.1080	16
沈阳	1.0302	1.1569	1.1496	1.1318	1.1878	1.1796	1.1659	1.1549	0.8150	0.7626	1.0734	19
大连	3.7874	4.4305	4.4517	4.1009	4.3872	3.8753	4.0413	4.1190	3.6336	3.5122	4.0339	3
长春	2.9014	3.1830	3.2816	3.3189	3.6433	3.5441	3.5898	3.5689	3.3892	3.1836	3.3604	4
哈尔滨	3.1080	3.3855	3.1420	3.0170	3.1206	3.3627	3.3977	2.9409	2.8734	2.8735	3.1221	6
上海	1.2171	1.2473	1.2175	1.1971	1.1909	1.0998	1.1241	1.1476	1.1894	1.1779	1.1809	13
南京	0.8303	0.8467	0.8304	0.8609	1.0129	1.0555	1.0990	1.1644	1.1837	1.2158	1.0100	22
杭州	0.9238	0.9222	0.9010	0.9048	0.9383	0.9688	1.0018	1.0331	1.0836	1.0661	0.9744	23
宁波	1.0578	1.1341	1.1633	1.1523	1.1652	1.2465	1.2443	1.2631	1.2787	1.2665	1.1972	12
合肥	0.6566	0.7206	0.7377	0.6798	0.7223	0.7588	0.7651	0.7783	0.7916	0.7706	0.7381	27
福州	2.4032	2.6420	2.6881	2.3614	2.3600	2.5837	2.6715	2.6246	2.7207	2.6835	2.5739	8
厦门	4.2019	4.9653	4.3932	4.5366	4.6486	4.4699	4.5643	5.1450	5.3315	5.4057	4.7662	2
南昌	0.6180	0.6775	0.6719	0.6707	0.6655	0.7029	0.7083	0.7240	0.7173	0.6899	0.6846	29
济南	0.8504	0.9019	0.9447	0.9113	0.9117	0.9393	0.9773	0.9663	0.9283	0.9664	0.9298	24
青岛	1.0484	1.0935	1.1309	1.0997	1.1161	1.1679	1.1538	1.1541	1.1207	1.0833	1.1168	15
郑州	1.7214	1.8098	1.7959	1.8660	1.9222	1.9631	1.9821	1.9841	1.9449	1.8761	1.8866	9
武汉	0.7789	0.8175	0.8317	0.8510	1.0105	1.1098	1.1555	1.1704	1.1939	1.1929	1.0112	21
长沙	0.9004	0.9615	0.9754	1.0137	1.0848	1.1493	1.1916	1.2203	1.1499	1.0937	1.0741	18
广州	1.1462	1.1523	1.1426	1.1039	1.1154	1.2154	1.1952	1.1967	1.1802	1.1465	1.1594	14
深圳	1.0913	1.1097	1.1535	1.1361	1.2356	1.2097	1.2613	1.3350	1.4113	1.3975	1.2341	10
南宁	2.3691	2.8668	3.0902	3.1408	3.0405	2.5305	3.0784	3.9236	2.8449	2.7283	2.9613	7
海口	0.5087	0.6389	0.6676	0.5462	0.4991	0.4689	0.4145	0.3903	0.4011	0.3300	0.4865	33
重庆	0.6468	0.6662	0.6738	0.6925	0.7069	0.7317	0.7471	0.7703	0.7965	0.7923	0.7224	28
成都	0.7178	0.7402	0.7360	0.7551	0.7924	0.8253	0.8431	0.8461	0.8576	0.8621	0.7976	25
贵阳	0.7304	0.9170	0.9255	0.9010	0.8181	1.0133	1.1652	1.3254	1.2532	1.4395	1.0489	20
昆明	0.5909	0.6164	0.5555	0.5217	0.5909	0.6388	0.6461	0.6261	0.6042	0.5906	0.5981	31
西安	0.4895	0.5401	0.5486	0.5723	0.5925	0.6227	0.6524	0.6368	0.6313	0.6658	0.5952	32
兰州	0.3818	0.4096	0.3920	0.4198	0.4614	0.4308	0.4654	0.4502	0.3563	0.4039	0.4171	34
西宁	0.1641	0.2908	0.3426	0.3528	0.3735	0.4837	0.4937	0.4648	0.4564	0.3273	0.3750	35
银川	2.0750	9.2775	17.5877	11.1876	11.6462	9.8764	11.0418	11.1934	11.4082	11.0992	10.6393	1
乌鲁木齐	0.5609	0.6628	0.7155	0.7843	0.8894	0.9173	0.8503	0.7911	0.7309	0.6689	0.7571	26
样本城市均值	1.3353	1.6586	1.8903	1.6862	1.7493	1.7078	1.7781	1.8139	1.7499	1.7133	1.7083	—

表 10.7　2008～2017 年 35 个样本城市人力发展环境承载力指数（ρ_{HE}）

年份	2008 年	2009 年	2010 年	2011 年	2012 年	2013 年	2014 年	2015 年	2016 年	2017 年	年均值	排名
北京	0.6251	0.5401	0.5585	0.5343	0.4777	0.4693	0.5774	0.6064	0.5808	0.6384	0.5608	31
天津	1.3906	1.1008	1.2549	1.4075	1.4188	1.3818	1.3037	1.4320	1.8146	2.0778	1.4582	12
石家庄	0.2851	0.3192	0.3121	0.3013	0.3223	0.3014	0.3894	0.4079	0.2994	0.3442	0.3282	33
太原	1.1034	0.8240	0.7770	0.7460	0.8184	0.6963	0.8965	1.2741	0.9980	1.0270	0.9161	26
呼和浩特	2.2176	1.6482	2.2629	2.1388	1.4195	1.4889	4.2735	2.5824	3.2656	2.2175	2.3515	3
沈阳	1.1622	0.9202	0.9235	0.9359	0.9120	0.9585	1.2878	1.4484	1.3548	1.6647	1.1568	21
大连	0.2211	0.2420	0.2509	0.3164	0.2811	0.3586	0.4079	0.4414	0.3669	0.2808	0.3167	34
长春	2.4101	1.7179	1.7444	1.7860	1.9136	1.8958	2.6704	2.6276	2.4657	2.9195	2.2151	5
哈尔滨	1.4683	1.2563	1.2866	1.1077	1.4824	1.4953	1.6074	1.6835	1.4931	1.7837	1.4664	11
上海	0.8099	0.9329	0.8866	0.9963	0.9714	1.0587	1.2085	1.2283	1.0995	1.4555	1.0648	22
南京	0.8812	1.0003	1.0543	1.0802	1.0820	1.0204	1.1530	0.9948	0.8203	0.9870	1.0074	24
杭州	1.3406	1.7795	1.4335	1.3202	1.1624	1.2451	1.4167	1.3032	1.0460	1.0086	1.3056	14
宁波	1.1654	1.1603	1.2209	1.2282	1.3495	1.1173	1.2669	1.2668	1.0653	1.2658	1.2106	19
合肥	5.0860	1.2918	1.3237	2.0516	3.4489	2.9855	3.8998	3.8119	3.3755	3.5033	3.0778	1
福州	3.2932	2.5054	2.1772	2.1544	2.0106	1.7668	2.4124	2.6492	2.1661	2.3568	2.3492	4
厦门	0.6194	0.8829	0.7559	0.8561	0.8996	0.7510	0.8271	0.4812	0.4932	0.5065	0.7073	28
南昌	2.7356	2.5092	2.5726	2.8667	2.6285	2.4105	2.6324	2.1641	2.5380	2.7611	2.5819	2
济南	0.6905	0.9283	1.0982	0.9264	0.9126	0.5929	0.6323	0.6239	0.5561	0.7185	0.7680	27
青岛	2.0630	1.7814	2.1021	1.8537	1.7131	1.6213	1.5119	2.2996	1.6859	2.2213	1.8853	6
郑州	2.3079	1.8906	1.6804	1.6657	1.6490	1.0985	1.5056	1.8446	1.6944	2.3267	1.7663	8
武汉	1.5132	1.7638	1.7139	1.5962	1.3947	1.3141	1.5387	1.5488	1.2178	1.5535	1.5155	10
长沙	0.9618	1.0052	1.0172	1.0573	1.1224	1.0073	1.0384	1.0151	0.7896	0.9523	0.9967	25
广州	1.1682	1.4782	1.5574	1.2993	1.0979	1.0505	1.2617	1.3799	1.1461	1.4202	1.2859	16
深圳	1.2255	1.1882	1.2074	1.0572	1.1185	1.1038	1.3768	1.4275	1.2623	1.7902	1.2757	17
南宁	2.3138	0.8861	0.7863	0.5143	1.4657	2.2528	2.9967	2.5607	2.4182	2.3456	1.8540	7
海口	1.4444	0.6853	0.5396	1.0152	1.2053	2.5125	2.6385	1.0081	0.6618	0.8383	1.2549	18
重庆	1.4763	1.4245	1.1950	0.9057	1.0009	0.9530	1.1531	1.1535	1.0097	1.3940	1.1666	20
成都	1.8025	1.1363	1.1427	0.8854	0.8204	1.1263	1.3710	1.4920	1.2639	1.8523	1.2893	15
贵阳	0.611	0.6971	0.5424	0.4311	0.3737	0.4364	0.5096	0.5139	0.5503	0.6280	0.5294	32
昆明	1.9331	1.2210	1.6470	1.5902	1.5822	1.3853	1.3943	1.9372	1.8366	1.1753	1.5702	9
西安	1.2593	1.3541	1.2901	1.2530	1.1611	1.0114	1.4963	1.5430	1.3624	1.7110	1.3442	13
兰州	0.5886	0.7136	0.7154	0.8770	0.7339	0.4841	0.6662	0.7364	0.8043	0.3560	0.6676	29
西宁	0.7208	1.0524	1.0730	2.1851	1.9322	0.7292	0.7968	1.0395	0.6208	0.2022	1.0352	23
银川	0	0	0	0	0	0	0	0.0245	0	0	0.0025	35
乌鲁木齐	0.7931	0.5386	0.7329	0.3933	0.6892	0.4032	0.6679	0.6983	0.7991	0.5717	0.6287	30
样本城市均值	1.4197	1.1536	1.1668	1.1810	1.2163	1.1567	1.4510	1.4071	1.2835	1.3959	1.2832	—

表 10.8　2008～2017 年 35 个样本城市人力资源承载力指数（ρ_H）

城市	2008 年	2009 年	2010 年	2011 年	2012 年	2013 年	2014 年	2015 年	2016 年	2017 年	年均值	排名
北京	1.7863	1.7163	1.7254	1.6755	1.6469	1.6813	1.7973	1.8257	1.8093	1.8404	1.7504	27
天津	2.3836	2.1254	2.2779	2.4621	2.5218	2.5411	2.4789	2.6255	2.9954	3.2127	2.5624	13
石家庄	3.3897	3.3389	3.4544	3.3567	3.4163	3.4866	3.5008	3.3733	3.1041	3.0245	3.3445	11
太原	1.9127	1.4897	1.3972	1.3788	1.4233	1.3127	1.4646	1.8387	1.5450	1.5586	1.5321	30
呼和浩特	3.2523	2.8212	3.4375	3.3029	2.6169	2.7573	5.5557	3.7912	4.3451	3.1811	3.5061	10
沈阳	2.2017	2.0771	2.0697	2.0635	2.0992	2.1389	2.4658	2.6205	2.1827	2.4405	2.2360	20
大连	4.0096	4.6744	4.7035	4.4196	4.6703	4.2363	4.4538	4.5666	4.0053	3.7944	4.3534	7
长春	5.3572	4.9348	5.0541	5.1315	5.5958	5.4747	6.3222	6.2561	5.9061	6.1584	5.6191	2
哈尔滨	4.5749	4.6338	4.4215	4.1143	4.6005	4.8531	5.0066	4.6329	4.3685	4.6555	4.5862	6
上海	2.0255	2.1891	2.1100	2.1993	2.1713	2.1602	2.3398	2.3825	2.2920	2.6308	2.2501	19
南京	1.7115	1.8569	1.8919	1.9490	2.1074	2.0863	2.2671	2.1642	2.0065	2.2028	2.0244	24
杭州	2.2629	2.7247	2.3374	2.2212	2.0974	2.2135	2.4250	2.3403	2.1306	2.0735	2.2827	18
宁波	2.2100	2.2805	2.3626	2.3624	2.5101	2.3521	2.5025	2.5233	2.3359	2.5179	2.3957	17
合肥	5.8864	2.0103	2.0456	2.7433	4.2556	3.8142	4.7733	4.6993	4.2636	4.3729	3.8865	8
福州	5.7257	5.1859	4.8916	4.5240	4.3865	4.3634	5.1134	5.3069	4.9102	5.0613	4.9469	4
厦门	4.8209	5.8387	5.1320	5.3693	5.5312	5.2037	5.3701	5.6236	5.8231	5.9119	5.4625	3
南昌	1.3844	1.4039	1.4591	1.5484	1.3914	1.3897	1.3627	0.7240	1.3770	1.4635	1.3504	34
济南	1.5206	1.8243	2.0331	1.8273	1.8169	1.5178	1.5939	1.5738	1.4698	1.6637	1.6841	28
青岛	3.1414	2.8968	3.2550	2.9724	2.8538	2.8106	2.6929	3.4983	2.8362	3.3369	3.0294	12
郑州	4.0531	3.7213	3.4747	3.5300	3.5808	3.0504	3.4876	3.8389	3.6552	4.2267	3.6619	9
武汉	2.3127	2.6189	2.5782	2.4758	2.4338	2.4470	2.7237	2.7481	2.4311	2.7675	2.5537	14
长沙	1.8366	1.9487	1.9675	2.0534	2.1946	2.1443	2.2215	2.2067	1.9207	2.0205	2.0515	23
广州	2.3256	2.6611	2.7313	2.4288	2.2354	2.2875	2.4807	2.6027	2.3437	2.5804	2.4677	16
深圳	2.3252	2.3083	2.3675	2.1958	2.3641	2.3212	2.6529	2.7794	2.6864	3.2001	2.5201	15
南宁	4.7092	3.7500	3.8709	3.6486	4.5225	4.7975	6.1187	6.5240	5.2942	5.1006	4.8336	5
海口	1.4133	1.1627	1.0771	1.2782	1.3082	2.0275	2.6433	1.2421	0.9556	0.8550	1.3963	31
重庆	2.0929	2.0611	1.8400	1.5756	1.6845	1.6599	1.8785	1.9042	1.7898	2.1578	1.8644	26
成都	2.5283	1.8666	1.8660	1.6179	1.5933	1.9487	2.2215	2.3506	2.1307	2.7227	2.0846	22
贵阳	1.3508	1.6299	1.4787	1.3404	1.1987	1.4564	1.6849	1.8491	1.8135	2.0772	1.5880	29
昆明	2.5529	1.8404	2.2034	2.1103	2.1855	2.0380	2.0557	2.5975	2.4710	1.7835	2.1838	21
西安	1.7520	1.8991	1.8410	1.8257	1.7545	1.6345	2.1596	2.1911	2.0026	2.3812	1.9441	25
兰州	0.9414	1.1071	1.0917	1.2724	1.1598	0.8905	1.0990	1.1486	1.1267	0.7425	1.0580	35
西宁	0.8597	1.3326	1.4075	2.5202	2.2848	1.1980	1.2774	1.4719	1.0575	0.5224	1.3932	32
银川	2.0750	9.2775	17.5877	11.1876	11.6462	9.8764	11.0418	11.2164	11.4082	11.0992	10.6416	1
乌鲁木齐	1.3537	1.1998	1.4464	1.1779	1.5808	1.3214	1.5214	1.4762	1.5291	1.2403	1.3847	33
样本城市均值	2.6868	2.7545	5.7397	2.7960	2.8983	2.7855	3.1644	3.1575	2.9806	3.0451	2.9266	—

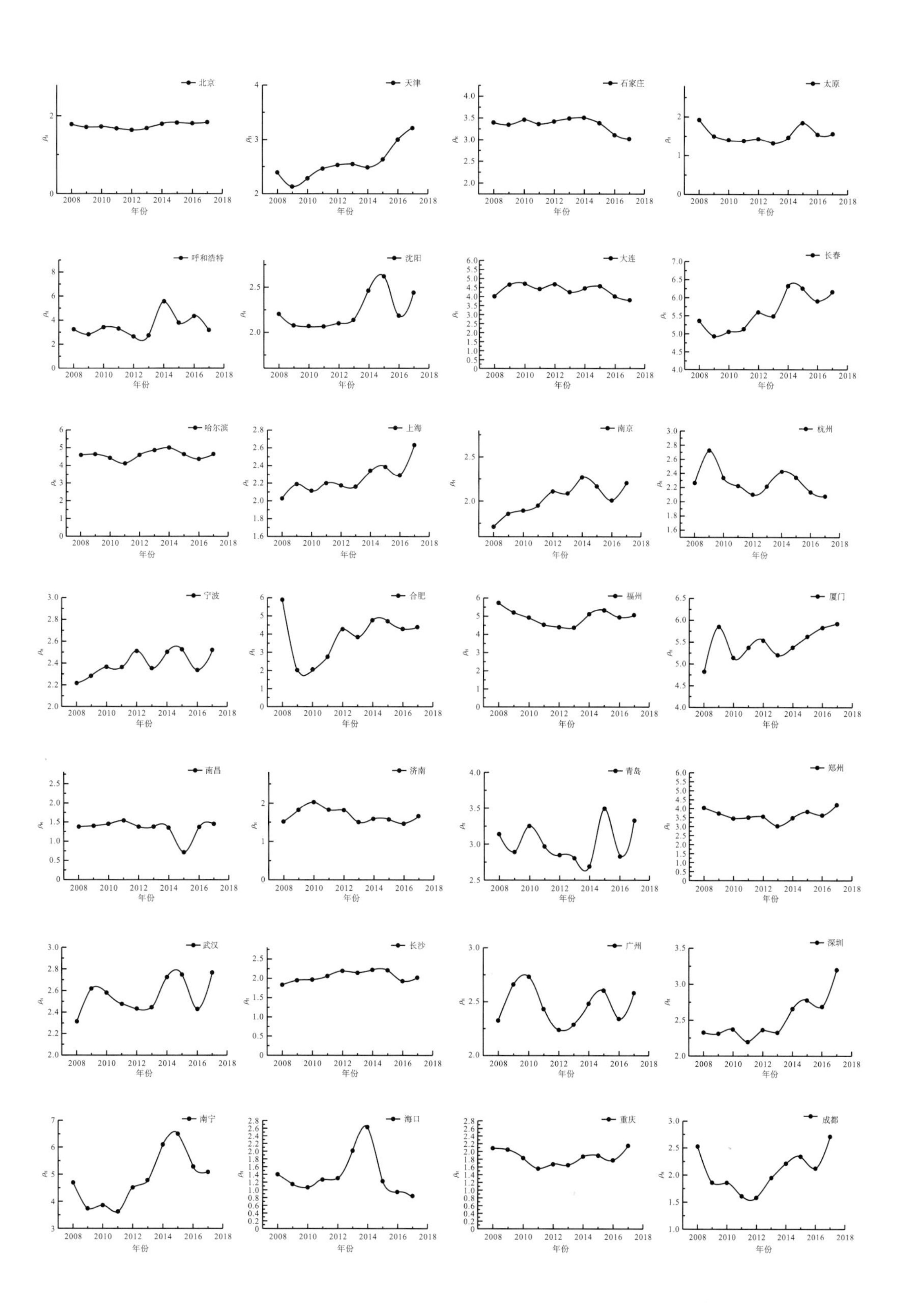
北京
天津
石家庄
太原
呼和浩特
沈阳
大连
长春
哈尔滨
上海
南京
杭州
宁波
合肥
福州
厦门
南昌
济南
青岛
郑州
武汉
长沙
广州
深圳
南宁
海口
重庆
成都
年份

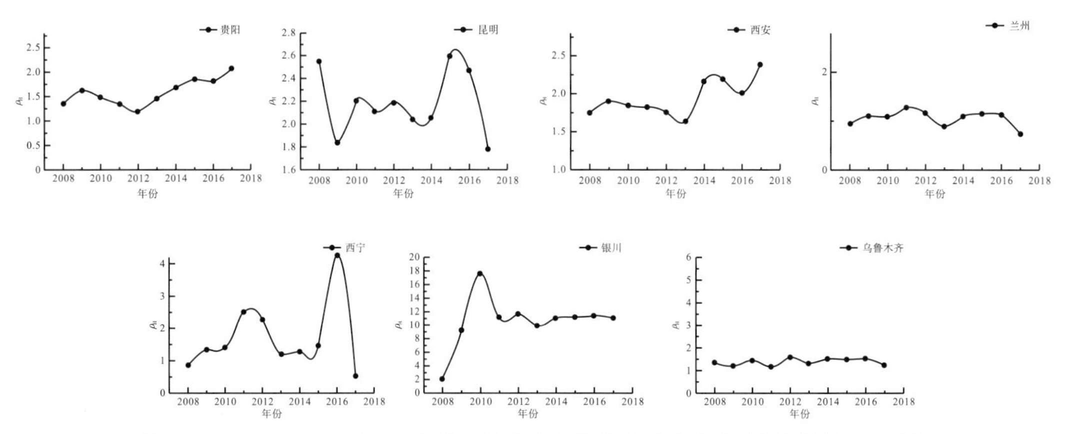

图 10.2　2008～2017 年 35 个样本城市人力资源承载力指数(基于差异化尺度)

10.3　城市人力资源承载力演变规律分析

基于 10.2 节的计算结果，本节将分析我国城市人力资源承载力状态时间演变规律和空间差异。

10.3.1　城市人力资源承载力状态分析

1. 城市人力资源承载力状态特征

为了深入分析城市人力资源承载力[分为人力结构承载力(ρ_{HS})和人力发展环境承载力(ρ_{HE})]的规律，根据表 10.6 和表 10.7 中的计算结果，绘制 2008～2017 年我国 35 个样本城市人才资源承载力柱状图，如图 10.3 所示。

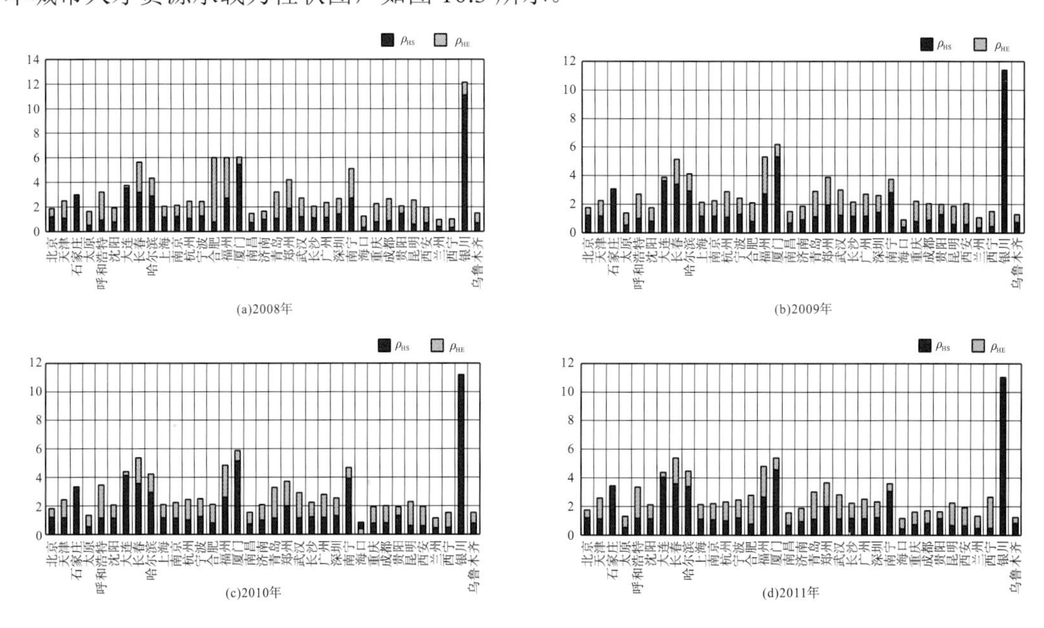

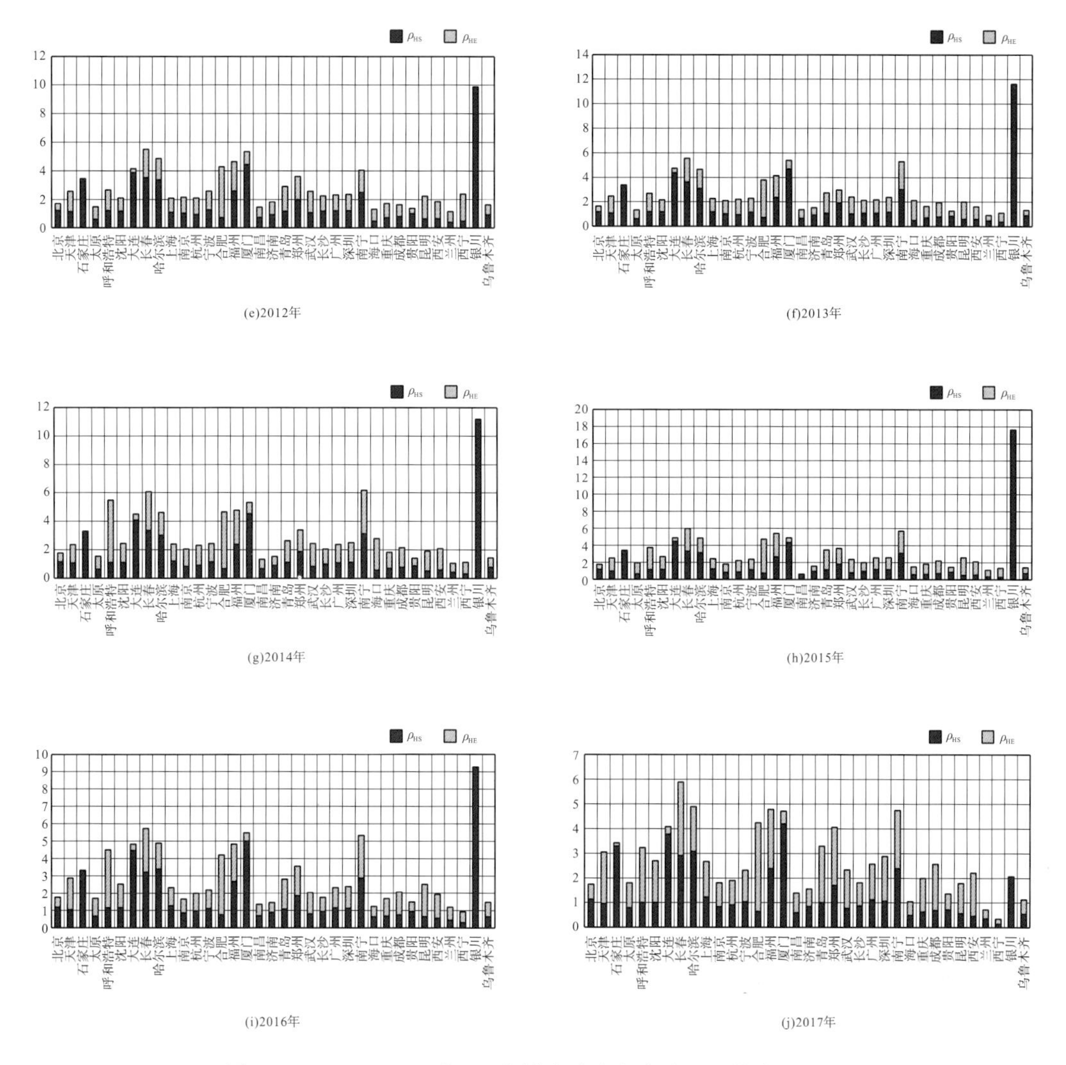

图 10.3　2008～2017 年 35 个样本城市人力资源承载力柱状图

由图 10.3 可以看出，ρ_{HS} 和 ρ_{HE} 的特点主要有三种类型：①以 ρ_{HS} 为主导，即 ρ_{HS} 占比显著高于 ρ_{HE}；②以 ρ_{HE} 为主导，即 ρ_{HE} 占比显著高于 ρ_{HS}；③ ρ_{HS} 和 ρ_{HE} 占比相当，即 ρ_{HS} 和 ρ_{HE} 的占比相差不大。

(1) 以 ρ_{HS} 为主导的典型样本城市有大连、长春、哈尔滨，这些城市的人力结构承载力指数占比显著大于人力发展环境承载力指数，说明在这些城市中人力结构对人力资源承载力的影响大于由人力发展环境产生的影响。因此，这些城市在改善人力资源承载力的过程中，应当注重对人力结构载体和荷载水平的调节。以大连为例，其 2008～2017 年的人力结构承载力指数在人力资源承载力指数中的平均占比为 92.66%，远远超过人力发展环境承载力指数的占比，这主要是由于大连的人口不断流失，尤其是高端人才资源短缺，导致人力结构承载能力显著下降。

(2) 以 ρ_{HE} 为主导的城市有合肥、呼和浩特、昆明，这些城市的人力发展环境承载力指数占比显著大于人力结构承载力指数，说明人力发展环境对这些城市的人力资源承载力指数的影响较大。因此，这些城市在改善人力资源承载力的过程中，应当从人力发展环境载体和荷载的角度切入。以合肥为例，其 2008～2017 年的人力发展环境承载力指数在人力资源承载力指数中的平均占比为 81.01%，远远超过人力结构承载力指数的占比。这主要是由于合肥需要得到社会保障的人口多，城市人力发展环境荷载大，且城市建设投入较低，导致人力发展环境承载能力显著不足。

(3) ρ_{HS} 和 ρ_{HE} 占比相当的城市有南京、宁波、深圳，这些城市的人力结构承载力指数占比与人力发展环境承载力指数相近，说明人力结构与人力发展环境对人力资源承载力指数有同等重要的影响。以南京为例，其 2008～2017 年的人力结构承载力指数在人力资源承载力指数中的平均占比为 49.89%，人力发展环境承载力指数的占比为 50.11%，二者的占比相近。这些城市在改善人力资源承载力的过程中，应当综合考虑人力结构与人力发展环境的水平。

2. 城市人力资源承载力状态区间

城市人力资源承载力指数是载体指数和荷载指数共同作用的结果，反映了城市人力资源载体对荷载的能力及承载状态。城市人力资源承载力是用于衡量人力资源与其承载的社会经济活动之间关系的重要指标，因此分析人力资源承载力的状态十分重要。

城市人力资源承载力状态区间根据本书第 4 章提出的城市资源环境承载力状态区间划分方法进行划分。同时基于这一方法，将表 10.8 中人力资源承载力指数(ρ_H)的计算结果绘制成如图 10.4 所示的箱形图。

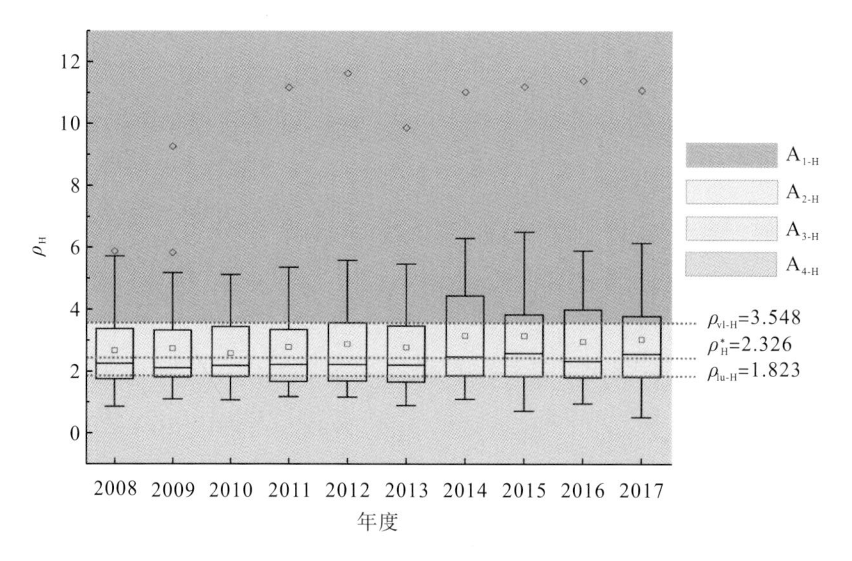

图 10.4 2008～2017 年 35 个样本城市人力资源承载力指数(ρ_H)箱形图

根据图 10.4 可以得到 35 个样本城市在研究期内(2008～2017 年)各年的人力资源承载力指数箱形图特征参数值：Q_{1H}(下四分位数)、Q_{2H}(中位数)和 Q_{3H}(上四分位数)。然后求出这些特征参数值在研究期内的均值，分别为$\overline{Q}_{1H}$、$\overline{Q}_{2H}$、$\overline{Q}_{3H}$，并对其求取 10 年的平均值，这些特征参数值及其平均值见表 10.9。

表 10.9　城市人力资源承载力箱形图特征参数值

年份	Q_{1H}	Q_{2H}	Q_{3H}
2008	1.769	2.263	3.321
2009	1.832	2.125	3.118
2010	1.841	2.203	3.446
2011	1.751	2.221	3.330
2012	1.720	2.235	3.499
2013	1.671	2.214	3.269
2014	1.967	2.479	3.977
2015	1.877	2.598	3.815
2016	1.867	2.344	4.134
2017	1.931	2.580	3.566
平均值	1.823($\overline{Q}_{1H}$)	2.326($\overline{Q}_{2H}$))	3.547($\overline{Q}_{3H}$)

基于本书第 4 章提出的箱形图原理，将表 10.9 中城市人力资源承载力的三个箱形图特征值作为分析人力资源承载力时的特征值：虚拟极限值 $\rho_{vl\text{-}H}$=3.548($\overline{Q}_{3H}$)、最优值 ρ_{H}^{*}=2.326($\overline{Q}_{2H}$)、基准值 $\rho_{lu\text{-}H}$=1.823($\overline{Q}_{1H}$)。然后根据这三个特征值，将城市人力资源承载力划分为四个不同的状态区间，见表 10.10 和图 10.4。

表 10.10　城市人力资源承载力状态区间划分标准

区间	$A_{1\text{-}H}$ (高风险超载区间)	$A_{2\text{-}H}$ (高利用区间)	$A_{3\text{-}H}$ (中度利用区间)	$A_{4\text{-}H}$ (低利用区间)
划分标准	$\rho_H \geqslant 3.548$	$2.326 \leqslant \rho_H < 3.548$	$1.822 \leqslant \rho_H < 2.326$	$\rho_H < 1.823$

根据表 10.8 中 35 个样本城市的人力资源承载力指数值与表 10.10 中的状态区间划分标准，可以得到 2008～2017 年 35 个样本城市人力资源承载力指数状态区间分布图，如图 10.5 所示。

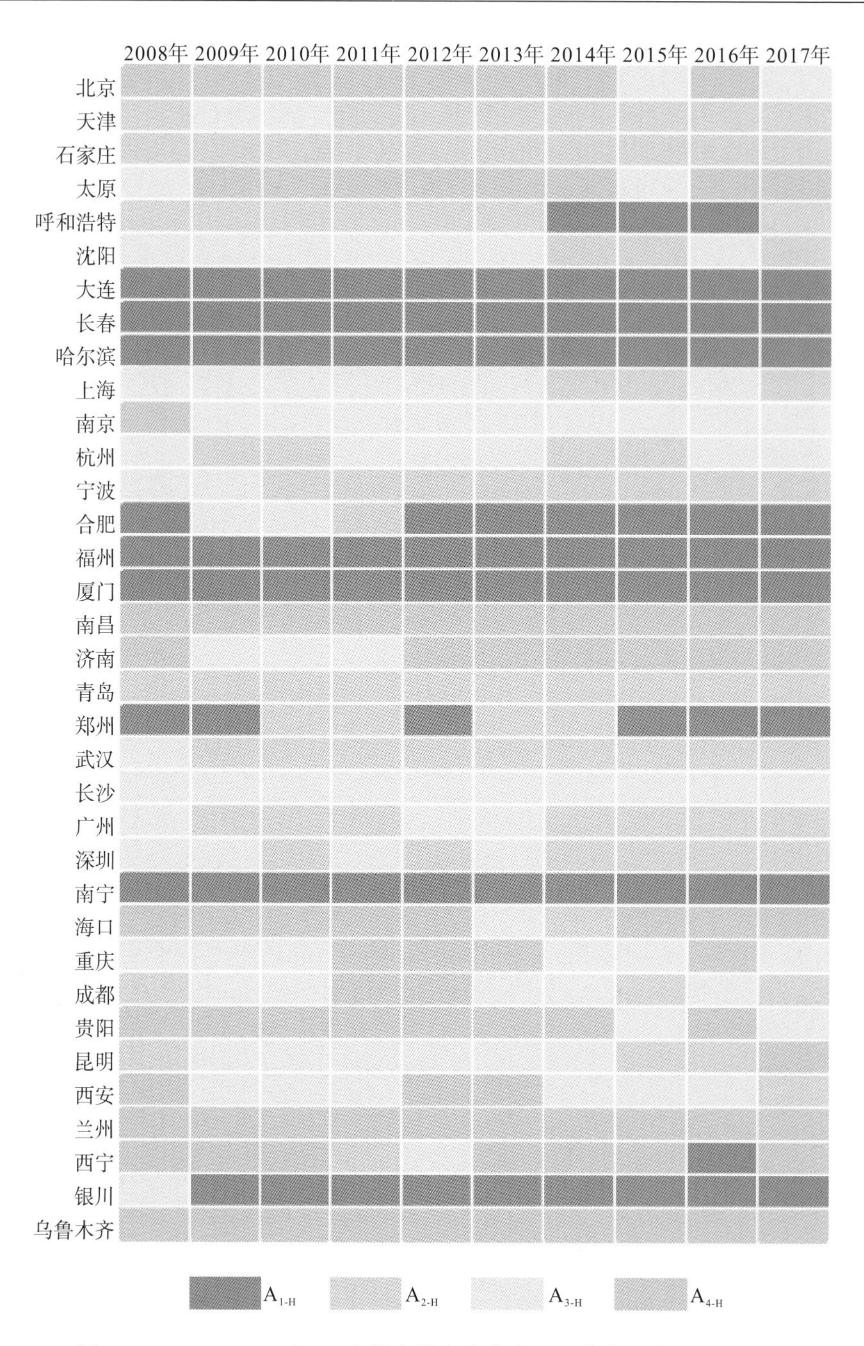

图 10.5　2008～2017 年 35 个样本城市人力资源承载力状态区间分布图

10.3.2　城市人力资源承载力状态时间演变规律及空间差异分析

从图 10.5 中可以看出，我国 35 个样本城市的人力资源承载力状态呈现明显的随时间变化的规律。本节将从人力资源承载力状态的总体变化趋势和不同城市的人力资源承载力状态两个角度进行时间演变规律分析。

1. 人力资源承载力状态的总体变化趋势分析

图 10.5 显示人力资源承载力不同状态区间的城市数量是随时间变化的，这种变化可用图 10.6 表示。基于此，可以进一步分析研究期内我国 35 个样本城市人力资源承载力状态的总体变化规律。

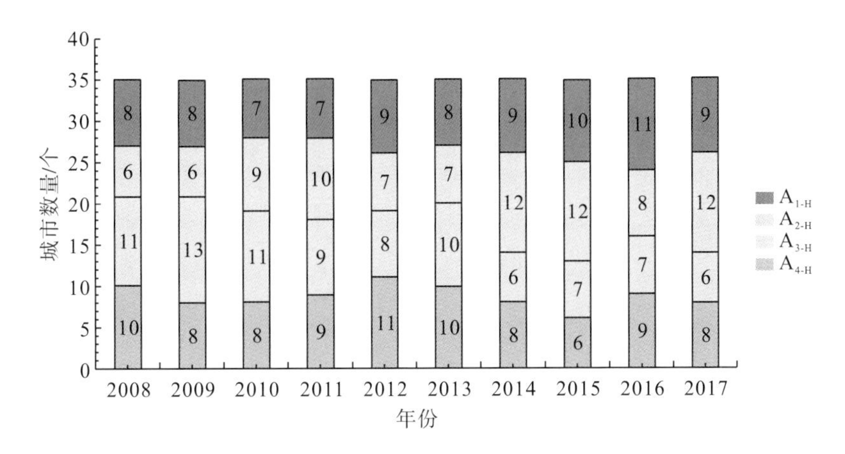

图 10.6　2008～2017 年人力资源承载力 4 个状态区间的城市数量分布图

图 10.6 表明，2008～2017 年人力资源承载力四个状态区间的城市数量均呈现波动趋势。这四个状态区间的城市数量呈现出上升和下降两种趋势，处于 $A_{1\text{-}H}$ 和 $A_{2\text{-}H}$ 区间的城市数量呈上升趋势，而处于 $A_{3\text{-}H}$ 和 $A_{4\text{-}H}$ 区间的城市数量呈下降趋势。$A_{1\text{-}H}$ 区间的城市数量呈现小幅上升趋势，$A_{2\text{-}H}$ 区间的城市数量上升得尤为明显，出现这种变化趋势可能是由于这 10 年我国经济发展迅速，对人力资源的需求增加。2008～2017 年，我国的经济规模增加了 2.5 倍，是全世界经济规模增长速度最快的国家（中华人民共和国国家统计局，2008，2017）。经济的高速发展不仅增大了对人力资源的需要，而且也对人力资源的利用率提出了更高的要求，因此这 10 年城市人力资源承载强度增加，人力资源承载力超载风险有所上升。而处于 $A_{3\text{-}H}$ 和 $A_{4\text{-}H}$ 区间的城市数量下降，表明这 10 年我国城市人力资源的利用程度整体上有所提高。这与我国大力推行人才发展计划，重视人才培养，以及施行更加积极、更加开放、更加有效的人才政策密切相关。

2. 城市人力资源承载力状态空间差异分析

我国城市之间的人力资源承载力综合状态存在差异，这种综合状态可以用人力资源承载力指数的平均值来判定。表 10.10 展示了各样本城市 10 年的人力资源承载力指数平均值，将这些平均值与表 10.12 中的区间划分标准相结合，可以识别每个城市的人力资源承载力综合状态，进而得到 35 个样本城市的人力资源承载力综合状态区间分布图，如图 10.7 所示。

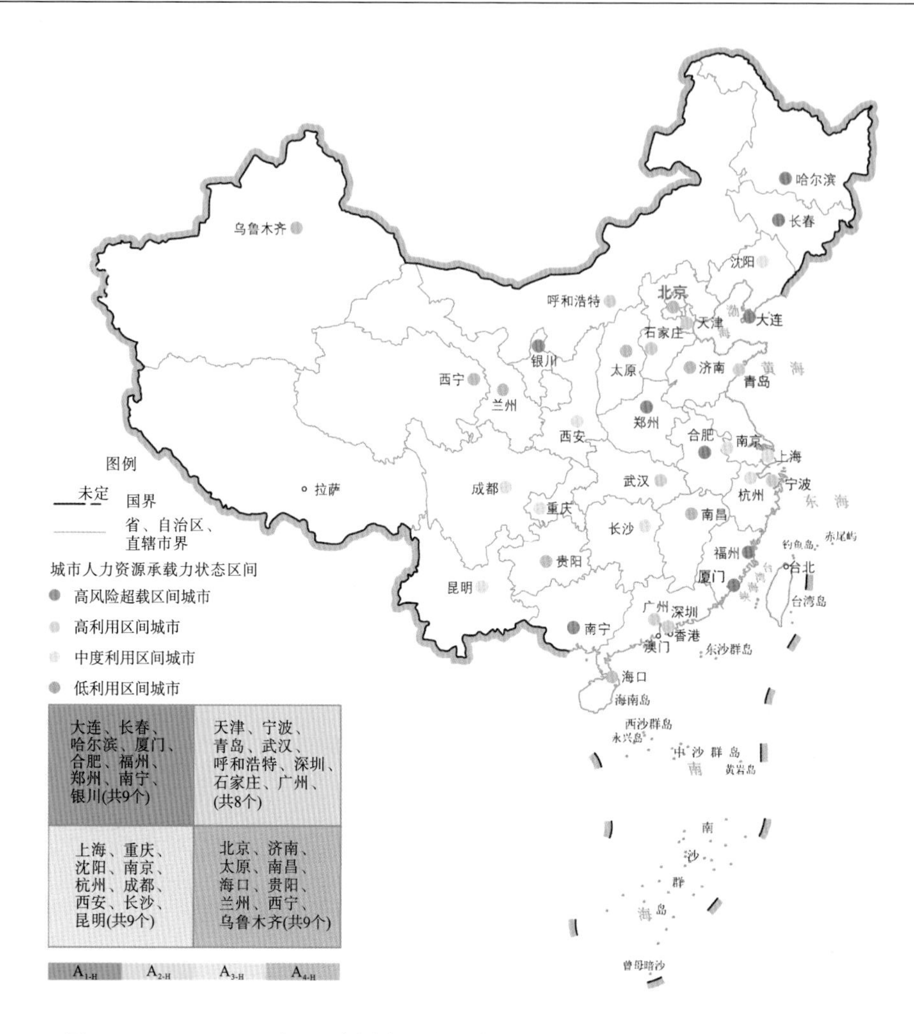

图 10.7 2008～2017 年 35 个样本城市人力资源承载力综合状态区间空间分布图

从图 10.7 中可以看出，大连、长春、哈尔滨、厦门、福州、合肥、郑州、南宁和银川的人力资源承载力综合状态处于高风险超载区间($A_{1\text{-}H}$)，表明这些城市其人力资源载体承载荷载的强度极大。进一步分析可以发现，这些城市主要位于我国的东北、东南和中部地区。处于这一区间的东北城市，由于经济发展逐渐放缓，城市产业结构也在转型过渡，城市人才就业环境没有竞争力，致使人才流失严重，城市的人力资源载体承载强度很高。人力资源承载力综合状态处于高利用区间($A_{2\text{-}H}$)的城市有天津、石家庄、青岛、呼和浩特、宁波、广州、深圳和武汉。这些城市的人力资源荷载水平与人力资源载体水平比较适配，资源利用率高，但仍然需要警惕超载风险。人力资源承载力处于高利用区间的城市集中分布在我国的华北和沿海地区，其中沿海地区的广州、深圳等是典型的社会经济活动强度高且人力资源载体水平也很高的城市；而华北地区的石家庄、呼和浩特等城市，其社会经济发展水平相对一般，但人力资源载体得到了充分的利用。上海、南京、杭州、重庆、成都、长沙、沈阳、西安和昆明 9 个城市的人力资源承载力综合状态处于中度利用区间($A_{3\text{-}H}$区间)，表明这些城市的人力资源载体水平与荷载水平基本匹配，但人力资源未被充分利用，利用率存在提升空间。处于这一区间的城市有一半以上分布在我国长江流域，受长江经济带、“一带一路”倡议等影响，这些城市产业集聚、设施连通、技术先进，吸引并聚集了大量高端人才，人力资源比较丰富。但这些城市大多为我国的一线或新一线城市，社会经济活动强度很高，人力资源载体的承载能力和各类荷载的水平较为匹配。人力资源承载力综合状态处于低利用区间($A_{4\text{-}H}$)的城市有北京、西宁、乌鲁木齐、兰州、贵阳、太原、海口、济南和南昌，总体上这些城市的人力资源还未得到充分的利用。这些城市主要分为两大类：①以北京为典型代表的城市，其人力资源非常丰富，有充裕的人力资源储备，社会经济发展水平高；②位于西北和西南等地区的经济水平较低的城市，如西宁、贵阳、乌鲁木齐等，这类城市的人力资源一般，社会经济发展水平也相对落后，社会经济活动强度较低，能提供给人力资源发展的环境和平台有限，人力资源没有得到充分有效的利用。

10.4　本 章 小 结

在我国快速推进城镇化的过程中，人力资源是支撑城市经济发展和保障社会稳定运行的重要基础，但其承载的社会经济活动强度在逐渐增大。本章利用基于“载体-荷载”视角的城市资源环境承载力评价原理，界定了城市人力资源承载力的内涵，建立了城市人力资源承载力评价方法，并进行了实证研究。在建立的评价方法中，选取的人力资源载体指标涉及人力结构和人力发展环境两个方面，共计 14 个指标；人力资源荷载指标也涉及人力结构和人力发展环境两个方面，共计 5 个指标。基于建立的评价方法，本章对我国 35 个样本城市的人力资源承载力进行了实证研究，计算出了这些样本城市的人力结构承载力指数、人力发展环境承载力指数和人力资源承载力指数。基于实证计算结果，我国城市人力资源承载力的演变规律可以总结为以下几点。

(1) 我国城市对人力资源的需求水平呈现上升趋势，人力资源承载强度较高的城市数量日益增长，表明我国城市在推动城市建设过程中对人力资源的需求不断增加，这是城市经济高速增长的必然结果。同时可以发现人力资源严重不足的城市较少，这是因为城市本身对人才有较强的吸引力，并能够采取有效的人才政策。

(2) 城市的人力资源承载力状态是随时间动态变化的。一些城市的人力资源承载力指数上升或出现波动，人力资源承载强度高，存在人力资源超载现象，人力资源短缺，特别是长春、厦门等城市。另一些城市的人力资源承载强度呈现下降趋势，如杭州等，这些城市的人力发展环境载体承载能力很高，能充分承载荷载，人力资源承载强度减小，体现为有盈余的人力资源，有进一步发挥人力资源价值的空间。

(3) 在空间上，我国东北城市(如哈尔滨、长春、大连等)面临着严重的人才流失问题，因此这些城市的人力资源承载强度在增加，存在人力资源承载力超载风险。长江流域的城市，如上海、南京、杭州、重庆、成都等，由于具有地域优势，人力资源丰富，人力资源载体水平与社会经济活动强度较为匹配，人力资源能被充分有效地利用。而对于首都北京而言，由于其在政治、文化、科技、教育方面具有核心地位，对人才的吸引力大，尽管拥有较高的社会经济活动强度，但仍存在人力资源承载强度低、人才价值没有得到充分发挥的现象。位于西北和西南等地区的经济水平较低的城市，如西宁、乌鲁木齐、兰州、贵阳和太原等，社会经济发展水平相对落后，社会经济活动强度较低，能提供给人才发展的环境和平台有限，人力资源没有得到充分有效的利用，体现为这些城市的人力资源承载强度相对较低。

(4) 总体上，我国城市的人力资源承载强度在上升，尤其是东北地区的城市。这些城市应注重加强经济发展，调整产业结构，健全完善城市人才机制，创造更多的就业机会，从而减少人才流失，避免出现人力资源承载力超载风险。

第 11 章　城市交通承载力实证评价

本章针对城市交通承载力进行实证评价分析，主要内容包括：①构建城市交通承载力的评价方法；②分别使用传统数据和大数据对我国 35 个样本城市在 2008～2017 年的交通承载力开展实证评价分析；③基于实证分析结果，对城市交通承载力的时空演变规律进行讨论。

11.1　城市交通承载力评价方法

本节将根据本书第 3 章提出的城市资源环境承载力评价原理，界定城市交通承载力的内涵，并通过选取城市交通承载力的评价指标，构建计算模型。在大数据背景下，交通信息的采集和处理手段得到了巨大的发展，基于此，本章将在 11.4 节中展示大数据在城市交通承载力评价分析中的应用。

11.1.1　城市交通承载力的内涵

狭义的城市交通只考虑城市的内部交通，涉及城市内部的交通基础设施、交通工具和从事交通工作的相关人员等，而广义的城市交通同时考虑了城市内部交通和城市内外部交通的联系。不论是从狭义角度还是从广义角度出发，城市交通的作用都是实现人员和物资的运输，均需要投入和消耗大量资源，并会排放废气、废物，对城市内部和外部环境造成负面影响。因此，合理配置城市交通资源是城市可持续发展的重要保障。

已有的研究中，城市交通承载力主要被界定为交通资源对人口、环境污染承载能力的阈值。卫振林等(1997)将交通承载力定义为在交通系统发展过程中，环境对交通系统产生的污染物的承载能力。王曾珍(2017)认为城市交通承载力是指在一定时间、一定土地利用条件下，城市交通环境在能够支撑城市功能和生态功能正常运作的前提下所能够承载的交通活动强度的阈值。这两种基于阈值定义的承载力实际上是无法通过计算得到的。城市是一个高度开放的复杂巨系统，其交通承载力是动态变化的，受人类社会经济活动的影响很大，具有很强的波动性，其阈值难以确定。

基于本书第 3 章提出的“载体-荷载”视角下的城市资源环境承载力定义，这里将城市交通承载力(UTCC)阐释为城市的交通资源载体承载荷载的强度。因此，要想科学认识城市交通承载力的内涵，需要厘清城市交通载体和交通荷载的内涵及二者间的相互作用关系。基于载体与荷载相互作用关系的城市交通承载力的内涵可用图 11.1 表示。

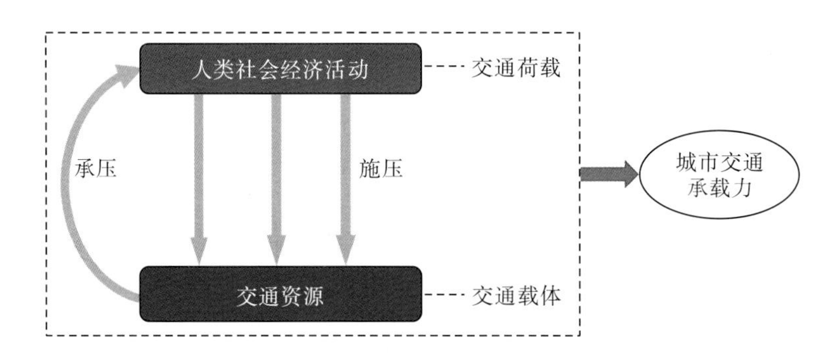

图 11.1 城市交通承载力内涵示意图

图 11.1 表明城市交通承载力是由作为载体的城市交通资源和人类社会经济活动产生的荷载决定的。一方面，人类社会经济活动产生的交通荷载会对交通载体施加压力，如经济增长会带来汽车数量的增长，进而增加城市路网系统的负担；另一方面，交通载体为人类社会经济活动提供支撑，如轨道交通、航空运输等交通载体为人们的出行带来便利(罗湘蓉，2011)。因此，从“载体-荷载”视角评价城市交通承载力实际上就是评估交通载体承载交通荷载的强度，可以表示为

$$\rho_{\mathrm{T}}=\frac{L_{\mathrm{T}}}{C_{\mathrm{T}}} \tag{11.1}$$

式中，ρ_{T} 表示城市交通承载力指数；L_{T} 表示交通荷载指数；C_{T} 表示交通载体指数。

在式(11.1)中，城市交通承载力指数 ρ_{T} 反映的是作为载体的城市交通资源对交通荷载的承载强度，ρ_{T} 值越大，表示城市的交通载体承载交通荷载的强度越大，交通载体的利用率越高，但交通资源面临的超载风险也越高。ρ_{T} 值越小，意味着承载强度越低，但 ρ_{T} 值过小则意味着城市所提供的交通载体的利用水平较低，存在交通资源浪费现象。因此 ρ_{T} 值并不是越大越好，也非越小越好，其应是在城市交通系统发展过程中的一个动态变化的值。

11.1.2 城市交通承载力评价指标

为了准确评价城市交通承载力，需要建立科学合理的城市交通承载力评价指标体系。基于前面讨论的城市交通承载力内涵，可知城市交通承载力反映的是城市交通资源的承载状态，取决于城市交通载体和荷载的表现。城市交通载体是指城市交通系统中的各种交通设施和交通环境，交通载体指标必须能够衡量城市交通系统的规模和种类；城市交通荷载是城市的各种社会经济活动，因此，交通荷载指标必须能够反映与交通相关的社会经济活动的水平。已有的文献提出了不少城市交通承载力评价指标，例如，齐喆和张贵祥(2016)建立了区域交通、城市交通、公共交通、交通资源环境 4 个一级指标，以及铁路客运量、道路网密度、轨道交通客运量、道路交通干线噪声等 49 个二级指标。本书基于“载体-荷载”视角构建了下列交通载体指标和荷载指标。

1. 基于传统数据的城市交通载体指标

城市交通载体指标可以从交通设施和交通环境两个方面考虑。其中交通设施载体是指各种运输方式，主要包括公路运输、轨道交通运输、铁路运输、航空运输和水路运输，每一种运输方式的特征和规模可以通过一系列具体的载体指标来反映。需要说明的是，许多城市的水路运输在交通系统中占比较低，很难获取这些城市的水路运输数据，因此本书在实证分析城市交通承载力时没有考虑水路运输。本书最终确定的城市交通载体指标见表 11.1。

表 11.1　城市交通载体指标

指标维度	载体指标
公路运输	C_{T_1}（公路道路总长度）/km C_{T_2}（公路道路总面积）/km^2
轨道交通运输	C_{T_3}（轨道运营线路长度）/km C_{T_4}（轨道运营车辆数目）/辆 C_{T_5}（轨道交通站点数）/个
铁路运输	C_{T_6}（铁路营业里程）/km C_{T_7}（铁路路网密度）/(km/万 km^2)
航空运输	C_{T_8}（航站楼面积）/(万 km^2)
交通环境	C_{T_9}（道路噪声国家标准值）/dB $C_{T_{10}}$（二氧化氮年均浓度国家二级标准值）/(μg/m^3) $C_{T_{11}}$（可吸入颗粒物年均浓度国家二级标准值）/(μg/m^3)

2. 城市交通荷载指标

城市交通荷载是城市居民利用交通载体从事的各种与社会、经济和环境相关的活动。因此，交通荷载指标涉及社会、经济、环境三个维度，见表 11.2。

表 11.2　城市交通荷载指标

指标维度	荷载指标
社会	L_{T_1}（常住人口）/万人 L_{T_2}（公路客运量）/万人 L_{T_3}（轨道交通客运量）/万人 L_{T_4}（铁路客运量）/万人

续表

指标维度	荷载指标
社会	L_{T_5}（民航客运量）/万人
	L_{T_6}（机动车拥有量）/万辆
	L_{T_7}（出租车数量）/辆
	L_{T_8}（公共汽车数量）/辆
经济	L_{T_9}（GDP）/万元
	$L_{T_{10}}$（公路货运量）/万 t
	$L_{T_{11}}$（铁路货运量）/万 t
	$L_{T_{12}}$（民航货运量）/万 t
环境	$L_{T_{13}}$（道路交通产生的噪声）/dB
	$L_{T_{14}}$（空气中的二氧化氮年均浓度）/(μg/m^3)
	$L_{T_{15}}$（空气中的可吸入颗粒物年均浓度/(μg/m^3)

11.1.3　城市交通承载力计算模型

在应用城市交通承载力的定义[式(11.1)]来计算城市交通承载力指数（ρ_T）时，需要计算出城市交通载体指数（C_T）和荷载指数（L_T）。C_T 和 L_T 的值通过对这两个指数相对应的指标的取值进行标准化处理和加权求和计算得到。根据本书第 4 章建立的权重计算方法，以及表 11.1 和表 11.2 中的评价指标，可以得到交通载体指标 j 和交通荷载指标 k 的平均权重，分别记为$\overline{W}_{T,j}^{C}$和$\overline{W}_{T,k}^{L}$，由此可以计算城市 i 在第 t 年的载体指数$C_{T,i,t}$和荷载指数$L_{T,i,t}$：

$$C_{T,i,t} = \sum_{j=1}^{J} \overline{W}_{T,j}^{C} \cdot c'_{T,i,j,t} \tag{11.2}$$

$$L_{T,i,t} = \sum_{k=1}^{K} \overline{W}_{T,k}^{L} \cdot l'_{T,i,k,t} \tag{11.3}$$

式中，$c'_{T,i,j,t}$和$l'_{T,i,k,t}$分别表示城市 i 的交通载体指标 j 和交通荷载指标 k 在第 t 年的标准化值。

结合式(11.2)和式(11.3)，城市 i 在第 t 年的交通承载力指数可以表示如下：

$$\rho_T = \frac{\sum_{k=1}^{K} \overline{W}_{T,k}^{L} \cdot l'_{T,i,k,t}}{\sum_{j=1}^{J} \overline{W}_{T,j}^{L} \cdot c'_{T,i,j,t}} \tag{11.4}$$

11.2　城市交通承载力实证计算

通过收集与处理我国 35 个样本城市的交通承载力评价指标数据，并根据式(11.2)～式(11.4)建立的城市交通承载力计算模型，可以计算得到样本城市交通承载力。

11.2.1　实证计算数据

本书对 35 个样本城市交通承载力的实证研究时间为 2008~2017 年，需要收集的指标包括表 11.1 中的 11 个载体指标和表 11.2 中的 15 个荷载指标。这些指标的数据来源见表 11.3 和表 11.4。针对缺失的数据，通过向政府申请公开数据、电话咨询、实地调研等途径获取。对于通过以上渠道均无法获取的数据，采用差值法和线性外推法补齐。

表 11.3　交通载体指标数据来源

指标维度	载体指标	数据来源
公路运输	C_{T_1} (公路道路总长度)/km	《中国城市建设统计年鉴》
	C_{T_2} (公路道路总面积)/km^2	
轨道交通运输	C_{T_3} (轨道运营线路长度)/km	《中国城市统计年鉴》 各城市国民经济和社会发展统计公报
	C_{T_4} (轨道运营车辆数目)/辆	
	C_{T_5} (轨道交通站点数)/个	
铁路运输	C_{T_6} (铁路营业里程)/km	《中国城市统计年鉴》 各城市国民经济和社会发展统计公报
	C_{T_7} (铁路路网密度)/(km/万 km^2)	
航空运输	C_{T_8} (航站楼面积)/(万 m^2)	各城市机场的百度百科资料
交通环境运输	C_{T_9} (道路噪声国家标准值)/dB	《中华人民共和国城市区域噪声标准》
	$C_{T_{10}}$ (二氧化氮年均浓度国家二级标准值)/($\mu g/m^3$)	《中国环境统计年鉴》
	$C_{T_{11}}$ (可吸入颗粒物年均浓度国家二级标准值)/($\mu g/m^3$)	

表 11.4　交通荷载指标数据来源

指标维度	荷载指标	数据来源
社会	L_{T_1} (常住人口)/万人	各城市统计年鉴 各城市国民经济和社会发展统计公报
	L_{T_2} (公路客运量)/万人	
	L_{T_3} (轨道交通客运量)/万人	

续表

指标维度	荷载指标	数据来源
社会	L_{T_4}（铁路客运量）/万人 L_{T_5}（民航客运量）/万人 L_{T_6}（机动车拥有量）/万辆 L_{T_7}（出租车数量）/辆 L_{T_8}（公共汽车数量）/辆	各城市统计年鉴 各城市国民经济和社会发展统计公报
经济	L_{T_9}（GDP）/万元 $L_{T_{10}}$（公路货运量）/万 t $L_{T_{11}}$（铁路货运量）/万 t $L_{T_{12}}$（民航货运量）/万 t	各城市统计年鉴 各城市国民经济和社会发展统计公报
环境	$L_{T_{13}}$（道路交通产生的噪声）/dB $L_{T_{14}}$（空气中的二氧化氮年均浓度）/（μg/m^3） $L_{T_{15}}$（空气中的可吸入颗粒物年均浓度/（μg/m^3）	《中国统计年鉴》 《中国环境统计年鉴》

根据本书第 4 章确定的方法对交通指标数据进行无量纲标准化处理，并应用熵权法确定指标权重。由于样本城市中有个别城市在研究期内未开通轨道交通，这些城市的轨道交通指标（C_{T3}、C_{T4}、C_{T5}和L_{T3}）没有统计数据，因此针对这些无轨道交通指标数据的城市，将其轨道交通指标的权重按照比例分配到其他指标的权重中。表 11.5 展示了已开通轨道交通城市和未开通轨道交通城市的交通载体指标权重和交通荷载指标权重。

表 11.5　2008～2017 年 35 个样本城市的交通载体和荷载指标权重

指标	已开通轨道交通城市的交通载体和荷载指标权重	未开通轨道交通城市的交通载体和荷载指标权重
C_{T1}	0.018	0.047
C_{T2}	0.017	0.046
C_{T3}	0.075	—
C_{T4}	0.093	—
C_{T5}	0.066	—
C_{T6}	0.015	0.044
C_{T7}	0.065	0.094
C_{T8}	0.036	0.065
C_{T9}	0.205	0.234

续表

指标	已开通轨道交通城市的交通载体和荷载指标权重	未开通轨道交通城市的交通载体和荷载指标权重
C_{T10}	0.205	0.234
C_{T11}	0.205	0.234
L_{T1}	0.042	0.055
L_{T2}	0.081	0.091
L_{T3}	0.210	—
L_{T4}	0.068	0.077
L_{T5}	0.081	0.093
L_{T6}	0.013	0.024
L_{T7}	0.015	0.025
L_{T8}	0.049	0.060
L_{T9}	0.046	0.058
L_{T10}	0.048	0.077
L_{T11}	0.101	0.129
L_{T12}	0.197	0.221
L_{T13}	0.019	0.033
L_{T14}	0.013	0.028
L_{T15}	0.016	0.028

11.2.2 实证计算结果

将交通承载力评价指标相关数据代入式(11.2)和式(11.3)中，可以得到各样本城市的交通载体指数和交通荷载指数，见表 11.6 和表 11.7。

表 11.6 2008～2017 年 35 个样本城市交通载体指数

城市	2008 年	2009 年	2010 年	2011 年	2012 年	2013 年	2014 年	2015 年	2016 年	2017 年	年均值	排名
北京	0.917	0.917	0.913	0.928	0.958	0.952	0.855	0.956	0.953	1.005	0.935	2
天津	0.670	0.670	0.687	0.722	0.757	0.773	0.683	0.791	0.805	0.832	0.739	7
石家庄	0.709	0.709	0.739	0.741	0.761	0.803	0.746	0.801	0.791	0.815	0.762	3
太原	0.697	0.697	0.709	0.726	0.733	0.751	0.699	0.764	0.773	0.786	0.734	10
呼和浩特	0.703	0.703	0.731	0.735	0.743	0.762	0.710	0.774	0.780	0.794	0.744	6
沈阳	0.695	0.689	0.619	0.660	0.668	0.690	0.644	0.704	0.712	0.734	0.682	34

续表

城市	2008年	2009年	2010年	2011年	2012年	2013年	2014年	2015年	2016年	2017年	年均值	排名
大连	0.619	0.619	0.637	0.658	0.666	0.678	0.631	0.691	0.699	0.742	0.664	32
长春	0.574	0.574	0.615	0.649	0.652	0.676	0.629	0.692	0.708	0.733	0.650	35
哈尔滨	0.693	0.689	0.607	0.728	0.735	0.757	0.632	0.690	0.706	0.723	0.696	20
上海	0.941	0.940	0.981	0.962	0.950	0.951	0.830	0.935	0.938	1.012	0.944	1
南京	0.587	0.586	0.638	0.665	0.675	0.694	0.678	0.748	0.759	0.808	0.684	31
杭州	0.688	0.684	0.601	0.721	0.654	0.679	0.637	0.702	0.732	0.769	0.687	27
宁波	0.706	0.690	0.598	0.718	0.724	0.739	0.614	0.684	0.703	0.716	0.689	21
合肥	0.696	0.681	0.598	0.712	0.719	0.737	0.685	0.749	0.689	0.723	0.699	19
福州	0.680	0.676	0.590	0.711	0.718	0.731	0.680	0.742	0.678	0.704	0.691	23
厦门	0.688	0.688	0.709	0.720	0.729	0.744	0.695	0.756	0.759	0.773	0.726	13
南昌	0.673	0.672	0.587	0.710	0.717	0.730	0.679	0.744	0.681	0.704	0.690	25
济南	0.711	0.712	0.746	0.749	0.757	0.780	0.729	0.787	0.793	0.810	0.757	4
青岛	0.682	0.677	0.598	0.720	0.729	0.745	0.694	0.675	0.696	0.713	0.693	22
郑州	0.678	0.676	0.593	0.714	0.721	0.741	0.743	0.711	0.728	0.763	0.707	16
武汉	0.587	0.587	0.631	0.661	0.679	0.712	0.672	0.740	0.769	0.822	0.688	28
长沙	0.683	0.679	0.594	0.722	0.728	0.743	0.618	0.683	0.706	0.719	0.687	26
广州	0.627	0.627	0.745	0.740	0.753	0.739	0.688	0.746	0.764	0.806	0.724	15
深圳	0.587	0.587	0.624	0.733	0.733	0.735	0.688	0.752	0.792	0.831	0.706	17
南宁	0.673	0.672	0.587	0.708	0.714	0.729	0.683	0.746	0.685	0.707	0.690	24
海口	0.687	0.687	0.713	0.731	0.738	0.756	0.684	0.754	0.757	0.769	0.728	12
重庆	0.585	0.585	0.637	0.691	0.731	0.759	0.696	0.769	0.781	0.818	0.705	18
成都	0.684	0.680	0.599	0.632	0.645	0.679	0.645	0.711	0.731	0.778	0.678	33
贵阳	0.683	0.683	0.701	0.714	0.721	0.745	0.693	0.757	0.763	0.776	0.724	14
昆明	0.688	0.682	0.594	0.717	0.733	0.680	0.636	0.688	0.700	0.724	0.684	29
西安	0.689	0.684	0.605	0.724	0.731	0.671	0.630	0.690	0.698	0.718	0.684	30
兰州	0.692	0.692	0.716	0.729	0.732	0.752	0.704	0.764	0.762	0.778	0.732	11
西宁	0.699	0.699	0.722	0.735	0.737	0.750	0.700	0.762	0.769	0.781	0.735	9
银川	0.689	0.690	0.723	0.732	0.740	0.755	0.702	0.766	0.779	0.788	0.736	8
乌鲁木齐	0.713	0.714	0.730	0.738	0.744	0.760	0.711	0.770	0.773	0.783	0.744	5
城市均值	0.685	0.683	0.669	0.725	0.732	0.745	0.687	0.748	0.752	0.779	0.720	—

从表 11.6 中可以发现，35 个样本城市的交通载体状况总体上都较好，特别是上海、北京其交通载体指数年均值最高，分别为 0.944 和 0.935，表明其交通资源充足。

表 11.7　2008～2017 年 35 个样本城市交通荷载指数

城市	2008 年	2009 年	2010 年	2011 年	2012 年	2013 年	2014 年	2015 年	2016 年	2017 年	年均值	排名
北京	0.624	0.569	0.605	0.629	0.635	0.498	0.597	0.498	0.494	0.911	0.606	2
天津	0.240	0.225	0.198	0.230	0.250	0.216	0.228	0.170	0.172	0.591	0.252	7
石家庄	0.175	0.176	0.164	0.169	0.183	0.154	0.132	0.127	0.117	0.172	0.157	23
太原	0.204	0.179	0.177	0.210	0.209	0.153	0.148	0.114	0.102	0.077	0.157	22
呼和浩特	0.123	0.113	0.139	0.105	0.138	0.143	0.149	0.118	0.116	0.056	0.120	30
沈阳	0.189	0.172	0.133	0.130	0.135	0.119	0.129	0.263	0.264	0.161	0.170	18
大连	0.163	0.144	0.148	0.149	0.156	0.136	0.137	0.113	0.112	0.145	0.140	27
长春	0.103	0.102	0.105	0.107	0.105	0.092	0.095	0.094	0.091	0.184	0.108	33
哈尔滨	0.176	0.171	0.173	0.195	0.192	0.109	0.101	0.093	0.094	0.175	0.148	25
上海	0.669	0.685	0.714	0.699	0.680	0.444	0.662	0.452	0.438	1.000	0.644	1
南京	0.165	0.161	0.164	0.184	0.186	0.167	0.151	0.159	0.162	0.359	0.186	15
杭州	0.193	0.180	0.201	0.206	0.154	0.134	0.154	0.142	0.142	0.389	0.190	14
宁波	0.210	0.198	0.208	0.208	0.184	0.177	0.132	0.106	0.106	0.175	0.170	17
合肥	0.138	0.143	0.146	0.184	0.191	0.189	0.179	0.152	0.095	0.200	0.162	20
福州	0.151	0.140	0.166	0.154	0.153	0.150	0.162	0.162	0.104	0.203	0.155	24
厦门	0.161	0.156	0.189	0.190	0.199	0.184	0.192	0.163	0.165	0.110	0.171	16
南昌	0.128	0.120	0.144	0.142	0.159	0.149	0.139	0.142	0.087	0.126	0.134	29
济南	0.245	0.236	0.242	0.283	0.269	0.277	0.271	0.140	0.138	0.207	0.231	9
青岛	0.259	0.208	0.225	0.256	0.274	0.227	0.227	0.115	0.121	0.250	0.216	11
郑州	0.206	0.205	0.193	0.249	0.220	0.201	0.140	0.300	0.277	0.274	0.227	10
武汉	0.223	0.217	0.223	0.276	0.264	0.209	0.217	0.171	0.178	0.417	0.240	8
长沙	0.159	0.155	0.183	0.165	0.167	0.170	0.111	0.107	0.102	0.308	0.163	19
广州	0.489	0.446	0.497	0.567	0.560	0.613	0.571	0.452	0.381	0.691	0.527	3
深圳	0.215	0.260	0.316	0.328	0.378	0.314	0.292	0.252	0.259	0.724	0.334	4
南宁	0.129	0.146	0.160	0.161	0.152	0.144	0.149	0.136	0.088	0.102	0.137	28
海口	0.234	0.170	0.156	0.192	0.195	0.174	0.163	0.153	0.154	0.010	0.160	21
重庆	0.252	0.237	0.261	0.275	0.307	0.293	0.303	0.241	0.266	0.563	0.300	6
成都	0.442	0.407	0.344	0.251	0.268	0.216	0.235	0.223	0.252	0.433	0.307	5
贵阳	0.170	0.242	0.175	0.183	0.200	0.195	0.232	0.200	0.219	0.082	0.190	13
昆明	0.178	0.158	0.173	0.197	0.184	0.115	0.120	0.105	0.107	0.127	0.146	26
西安	0.207	0.213	0.210	0.230	0.266	0.165	0.181	0.170	0.141	0.216	0.200	12
兰州	0.106	0.101	0.088	0.123	0.116	0.123	0.109	0.100	0.097	0.048	0.101	34
西宁	0.092	0.085	0.094	0.090	0.097	0.092	0.083	0.093	0.089	0.006	0.082	35
银川	0.128	0.131	0.132	0.114	0.118	0.124	0.107	0.105	0.104	0.035	0.110	32
乌鲁木齐	0.107	0.104	0.111	0.146	0.145	0.142	0.129	0.114	0.111	0.055	0.116	31
城市均值	0.219	0.210	0.216	0.228	0.231	0.200	0.204	0.178	0.170	0.274	0.213	—

由表 11.7 可知，上海、北京、广州三个城市的交通荷载指数年均值最高，这些城市面临的交通压力较大；而西宁、兰州和长春三个城市的交通荷载指数年均值最低，其交通系统承受的压力相对较小。

将表 11.6 中的交通载体指数和表 11.7 中的交通荷载指数代入式(11.4)中，可以得到 2008～2017 年 35 个样本城市的交通承载力指数，见表 11.8。

表 11.8 2008～2017 年 35 个样本城市交通承载力指数

城市	2008 年	2009 年	2010 年	2011 年	2012 年	2013 年	2014 年	2015 年	2016 年	2017 年	年均值	排名
北京	0.680	0.621	0.662	0.678	0.663	0.523	0.698	0.521	0.518	0.907	0.647	3
天津	0.358	0.336	0.288	0.319	0.330	0.279	0.334	0.214	0.214	0.710	0.338	8
石家庄	0.247	0.247	0.221	0.228	0.241	0.191	0.176	0.159	0.148	0.211	0.207	27
太原	0.292	0.257	0.249	0.290	0.285	0.204	0.211	0.149	0.131	0.098	0.217	23
呼和浩特	0.174	0.161	0.191	0.143	0.186	0.187	0.210	0.152	0.148	0.070	0.162	31
沈阳	0.272	0.250	0.215	0.197	0.202	0.173	0.201	0.374	0.371	0.220	0.248	16
大连	0.263	0.233	0.233	0.227	0.234	0.201	0.218	0.163	0.161	0.196	0.213	25
长春	0.179	0.179	0.171	0.164	0.161	0.136	0.151	0.136	0.129	0.251	0.166	30
哈尔滨	0.255	0.248	0.285	0.268	0.261	0.144	0.160	0.134	0.133	0.241	0.213	26
上海	0.710	0.728	0.727	0.727	0.715	0.467	0.798	0.484	0.467	0.988	0.681	2
南京	0.281	0.274	0.257	0.277	0.276	0.241	0.222	0.213	0.214	0.445	0.270	14
杭州	0.281	0.263	0.334	0.285	0.236	0.198	0.242	0.202	0.193	0.507	0.274	13
宁波	0.297	0.287	0.348	0.289	0.254	0.239	0.216	0.155	0.151	0.245	0.248	17
合肥	0.198	0.210	0.244	0.259	0.265	0.256	0.262	0.203	0.137	0.276	0.231	20
福州	0.223	0.207	0.281	0.217	0.214	0.205	0.238	0.219	0.154	0.288	0.225	21
厦门	0.234	0.227	0.267	0.263	0.273	0.248	0.276	0.215	0.217	0.142	0.236	18
南昌	0.190	0.179	0.245	0.200	0.222	0.203	0.204	0.192	0.127	0.179	0.194	29
济南	0.344	0.332	0.324	0.379	0.356	0.356	0.373	0.178	0.174	0.255	0.307	11
青岛	0.380	0.307	0.377	0.355	0.376	0.304	0.327	0.171	0.174	0.351	0.312	10
郑州	0.304	0.303	0.326	0.349	0.305	0.271	0.188	0.423	0.380	0.359	0.321	9
武汉	0.379	0.369	0.354	0.417	0.388	0.293	0.324	0.231	0.232	0.507	0.349	7
长沙	0.232	0.228	0.307	0.228	0.229	0.228	0.179	0.156	0.145	0.429	0.236	19
广州	0.779	0.712	0.667	0.765	0.743	0.829	0.830	0.606	0.499	0.858	0.729	1
深圳	0.366	0.444	0.507	0.447	0.516	0.428	0.424	0.335	0.327	0.872	0.467	4
南宁	0.192	0.217	0.273	0.228	0.213	0.197	0.219	0.182	0.129	0.144	0.199	28
海口	0.340	0.247	0.219	0.263	0.264	0.230	0.238	0.203	0.203	0.013	0.222	22
重庆	0.430	0.406	0.410	0.398	0.420	0.385	0.435	0.313	0.340	0.689	0.423	6
成都	0.646	0.598	0.574	0.397	0.416	0.318	0.365	0.313	0.345	0.557	0.453	5
贵阳	0.249	0.354	0.249	0.256	0.277	0.262	0.335	0.264	0.288	0.106	0.264	15
昆明	0.259	0.232	0.291	0.275	0.251	0.170	0.189	0.152	0.153	0.176	0.215	24

续表

城市	2008 年	2009 年	2010 年	2011 年	2012 年	2013 年	2014 年	2015 年	2016 年	2017 年	年均值	排名
西安	0.301	0.311	0.348	0.318	0.364	0.245	0.288	0.247	0.202	0.300	0.292	12
兰州	0.153	0.146	0.123	0.169	0.159	0.163	0.155	0.130	0.127	0.062	0.139	34
西宁	0.131	0.121	0.130	0.123	0.132	0.122	0.119	0.122	0.116	0.008	0.112	35
银川	0.186	0.190	0.182	0.156	0.160	0.165	0.153	0.137	0.134	0.044	0.151	33
乌鲁木齐	0.150	0.145	0.152	0.197	0.195	0.186	0.181	0.148	0.144	0.070	0.157	32
城市均值	0.313	0.302	0.315	0.307	0.308	0.264	0.290	0.234	0.221	0.336	0.289	—

由表 11.8 可知，广州、上海、北京三个城市的交通承载力指数最高，说明这些城市的交通资源承载强度很高。尽管这些城市的交通载体很丰富，但面临的交通荷载很高，所以交通资源的利用强度很高。而西宁的交通承载力指数最低，表明这个城市的交通载体承载交通荷载的强度最小。图 11.2 直观地展示了我国 35 个样本城市的交通承载力指数在 2008～2017 年随时间的变化趋势。

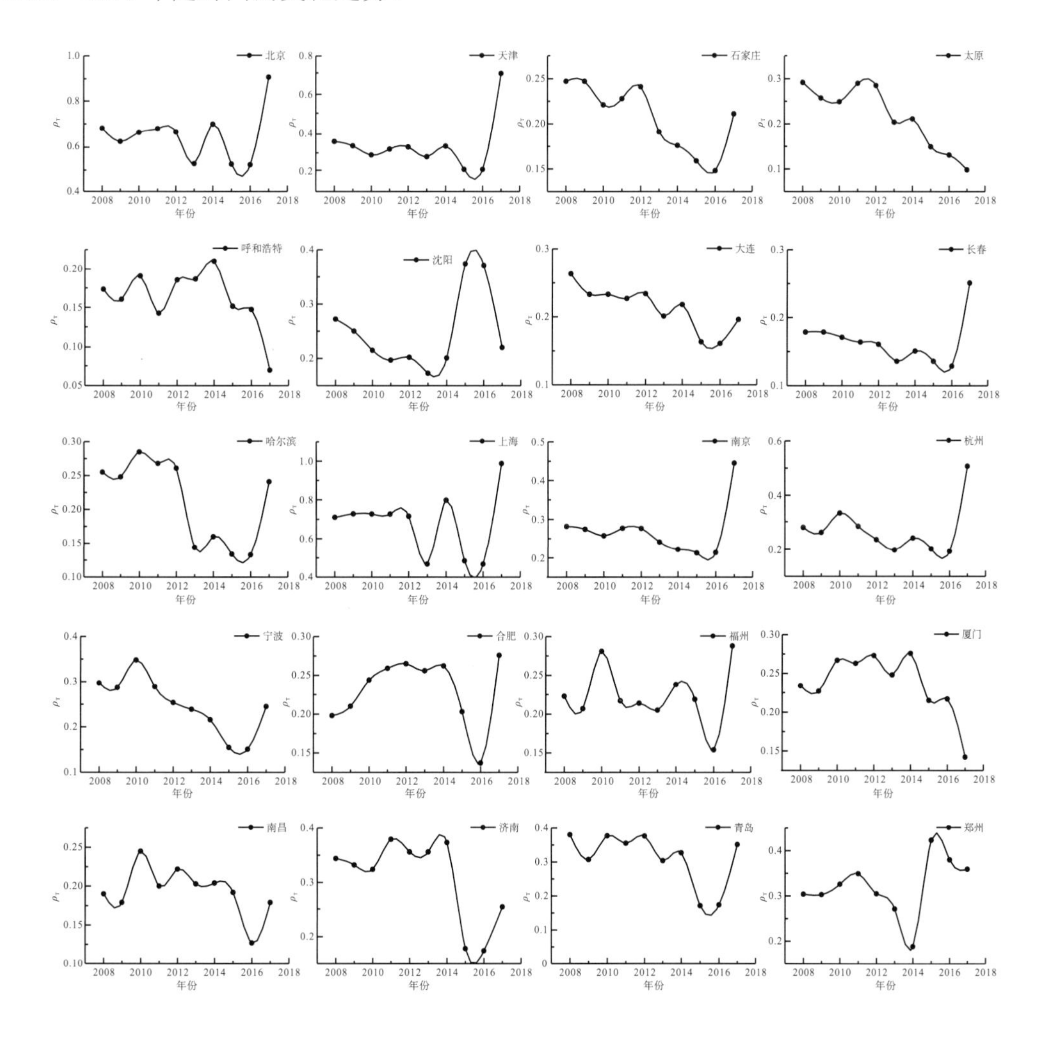

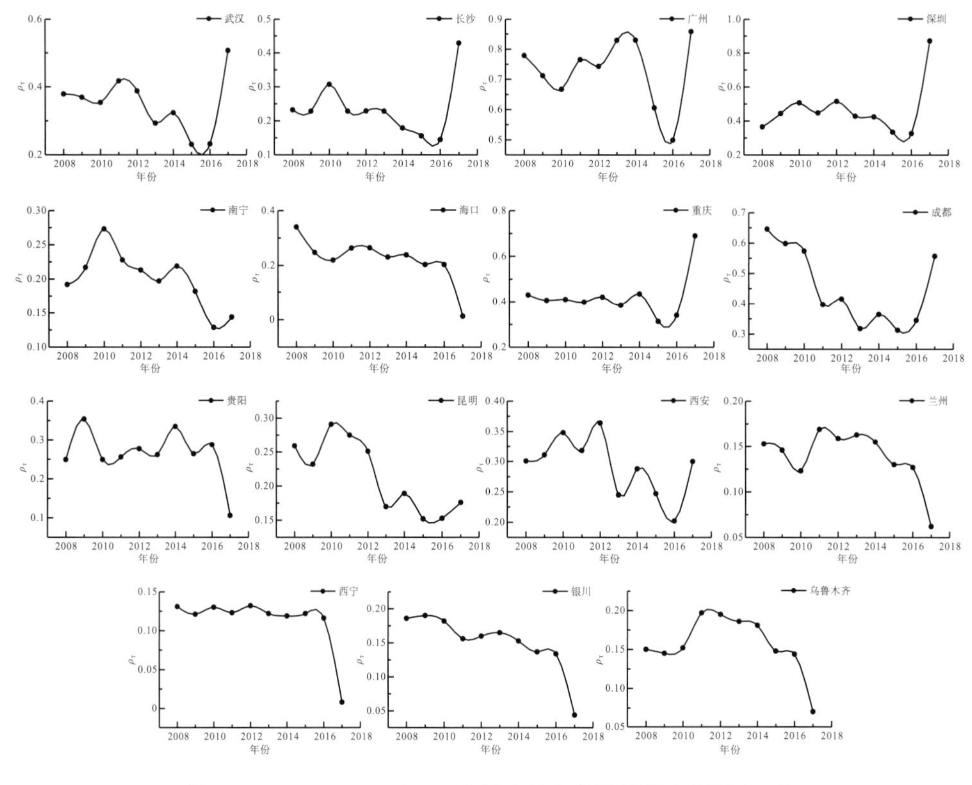

图 11.2　2008～2017 年 35 个样本城市交通承载力指数（ρ_T）

11.3　城市交通承载力时间演变规律及空间差异分析

11.3.1　城市交通承载力状态分析

1. 交通载体状态

交通载体指数反映了城市交通系统的供给水平，其值越大，说明城市的交通供给规模越大，交通系统能够承受较大的交通压力，在交通荷载增加时具有较好的韧性和恢复能力。反之，其值越小，表明交通供给规模越小，交通系统能够承受的交通压力越小，交通承载力超载风险越高。

从表 11.6 中可以看出，上海、北京、石家庄、济南、呼和浩特、乌鲁木齐、天津等城市属于高交通载体城市。其中北京、上海两个城市的交通载体指数整体上远高于其他城市，交通资源充足。北京是我国第一个建设轨道交通的城市，也是我国地铁规划运营线路最长的城市，在公共交通设施建设方面处于领先地位。上海是华东地区的交通枢纽城市，同时也是我国大陆地区第一个拥有两大机场的城市，交通资源丰富。因此，这两个城市的交通载体指数相对较高。石家庄、济南、呼和浩特、乌鲁木齐这几个城市，截至 2017 年均未建设轨道交通，但其公路、铁路设施等方面的建设水平位列前位，所以这些城市也属于高交通载体城市。其中呼和浩特在 2017 年的铁路运营里程为 2111km，是同年北京铁路运营里程(1103km)的近 2 倍。广州是一个特殊的例子，虽然其白云机场是中国三大复合枢纽机场之一，2018 年旅客吞吐量达到 6972.04 万人次，位居全国第三，对外交通设施建设比较完善，但其道路资源增长缓慢，2016 年其公路道路总长度较 2015 年仅增长 0.16%(36km)。同时，广州中心城区土地资源紧缺，存在大量的城中村，严重制约了中心城区交通基础设施的建设，所以广州的交通载体指数并不高。另外，表 11.6 反映出武汉、昆明、西安、南京、沈阳、成都、大连、长春等城市属于较低交通载体城市，城市的交通资源规模相对较小。

2. 交通荷载状态

交通荷载指数值越大，说明城市的交通需求越高，交通系统面临的压力越大；反之，交通荷载指数值越小，表明交通需求越低，交通系统承受的压力越小。

表 11.7 显示上海、北京、广州、深圳、成都、重庆、天津、武汉这几个城市属于高交通荷载城市，交通系统面临的压力很大。其中，北京、上海、广州三个城市的交通荷载指数年均值远高于其他城市，承受着极高的交通压力。这三个城市均为一线城市，经济水平在我国城市中位列前位，大量人口集聚到这三个城市中，给城市的交通系统带来很大压力。比如，北京的常住人口逐年增加(从 2008 年的 1771 万人增加到 2017 年的 2170.7 万人)，对交通的需求逐年增长；而北京的机动车保有量在 2008 年就达到了 350.4 万辆，为全国机动车保有量最高的城市，这给交通系统带来了很大压力。深圳、成都、重庆、天津、武汉这几个城市的交通荷载指数虽然低于北京、上海、广州，但其交通需求高，也属于高交通荷载城市。比如，天津轨道交通客运量、铁路客运量、民航客运量在我国 35 个样本城市中均相对较高，机动车需求量近些年来明显增加。另外，表 11.7 也反映出呼和浩特、乌鲁木齐、银川、兰州、长春、西宁等城市属于低交通荷载城市，其承受的交通压力较小。以西宁为例，其常住人口、机动车数量都较少，因此西宁的交通荷载相对较小。其他样本城市中交通荷载水平适中的城市最多，如大连、福州、哈尔滨、长沙等，这些城市的交通系统承受的荷载压力适中。

3. 交通承载力状态

根据本书第 4 章阐释的箱形图原理和表 11.8 中我国 35 个样本城市在 2008～2017 年的交通承载力指数(ρ_T)计算结果，可以得到样本城市交通承载力指数在每一年的上四分位数(Q_{3T})、中位数(Q_{2T})和下四分位数(Q_{1T})，见表 11.9。

表 11.9 样本城市交通承载力指数箱形图特征参数值

年份	Q_{1T}	Q_{2T}	Q_{3T}
2008	0.2105	0.2765	0.3510
2009	0.2135	0.2535	0.3340
2010	0.2270	0.2830	0.3480

续表

年份	Q_{1T}	Q_{2T}	Q_{3T}
2011	0.2220	0.2715	0.3520
2012	0.2180	0.2645	0.3600
2013	0.1890	0.2345	0.2860
2014	0.1885	0.2300	0.3305
2015	0.1535	0.2025	0.2555
2016	0.1405	0.1740	0.2600
2017	0.1430	0.2530	0.4760
平均值	0.1906	0.2414	0.3352

基于 Q_{1T}、Q_{2T} 和 Q_{3T} 三个参数的平均值，设定城市交通承载力的三个特征值，即虚拟极限值 $\rho_{vl\text{-}T}$ =0.3352、最优值 ρ_T^* =0.2414、基准值 $\rho_{lu\text{-}T}$ =0.1906，进而可以划分出四个不同的城市交通承载力状态区间，划分标准见表 11.10，研究期内 35 个样本城市的交通承载力状态区间分布图见图 11.3。

表 11.10 样本城市交通承载力状态区间划分标准

区间	$A_{1\text{-}T}$（高风险超载区间）	$A_{2\text{-}T}$（高利用区间）	$A_{3\text{-}T}$（中度利用区间）	$A_{4\text{-}T}$（低利用区间）
划分标准	$\rho_T \geqslant 0.3352$	$0.2414 \leqslant \rho_T < 0.3352$	$0.1906 \leqslant \rho_T < 0.2414$	$\rho_T < 0.1906$

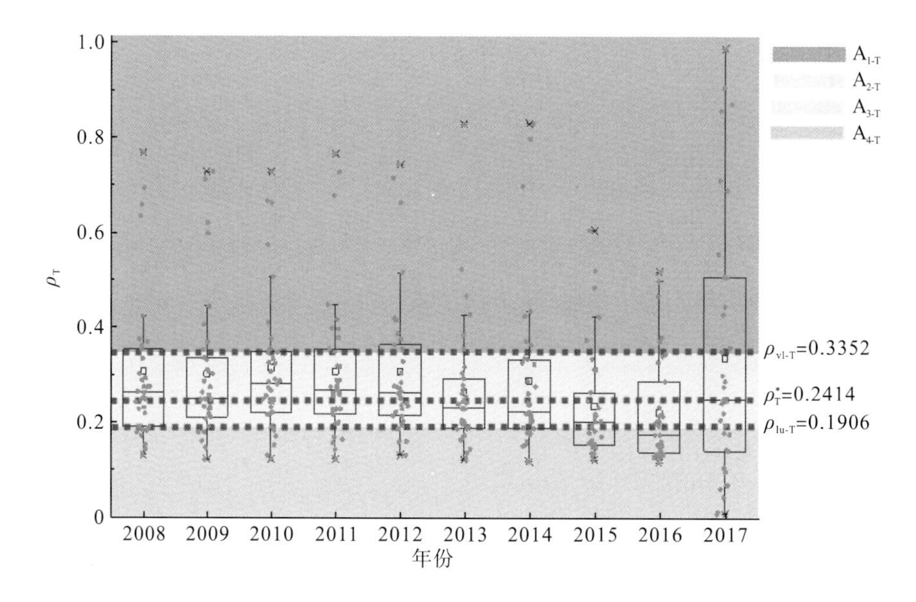

图 11.3 2008～2017 年 35 个样本城市交通承载力状态区间分布图

11.3.2　城市交通承载力状态时间演变规律分析

1. 交通承载力状态总体变化趋势分析

为进一步分析研究期内 35 个样本城市交通承载力状态整体上的时间演变规律，将图 11.3 中四个状态区间的城市数量随时间的演变情况用图 11.4 表示。

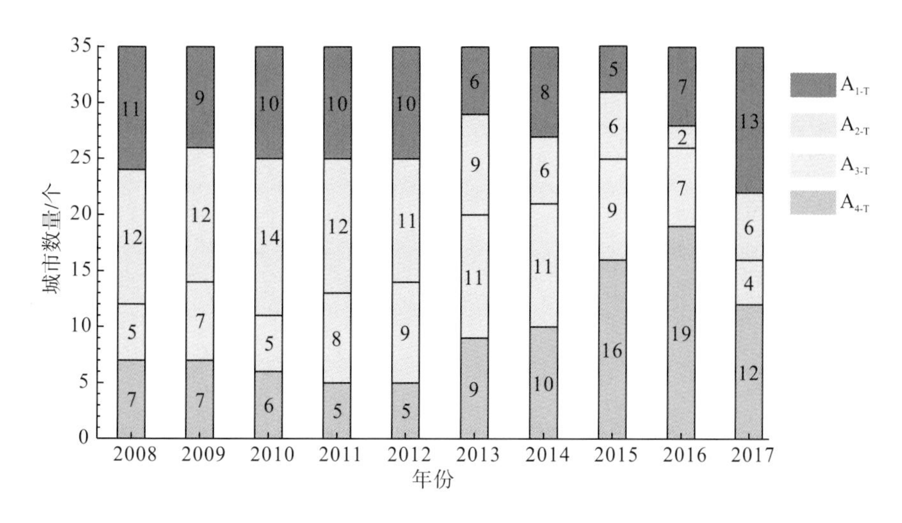

图 11.4　2008～2017 年 35 个样本城市交通承载力 4 个状态区间的城市数量分布图

从图 11.4 中可以看出，2008～2017 年四个状态区间的城市数量变化显著。整体来看，处于 A_{1-T} 和 A_{2-T} 区间的城市数量有所减少，说明交通承载力超载风险在样本城市中逐渐降低，这与我国大力推行公共交通出行、宣传绿色交通理念有关，这些举措的实施对降低交通荷载水平起到了有效作用。同时，我国“十二五”规划和“十三五”规划要求发展现代综合交通运输体系，完善交通设施，广泛应用交通智能技术，这有助于扩大城市交通载体规模，降低城市交通承载力超载风险。处于 A_{3-T} 区间的城市数量在 2013～2014 年略微增加，但相对来讲变化不大。处于 A_{4-T} 区间的城市数量呈现增加趋势，表明城市的交通资源承载强度在下降，城市交通载体水平有所提高。

2. 城市交通承载力状态空间差异分析

城市交通承载力状态的差异可用城市交通承载力的综合状态来反映。表 11.8 展示了各样本城市在 2008～2017 年的交通承载力指数平均值，结合该平均值与表 11.10 中的区间划分标准，可以识别样本城市交通承载力状态区间分布情况，并据此得到交通承载力状态区间空间分布图，如图 11.5 所示。

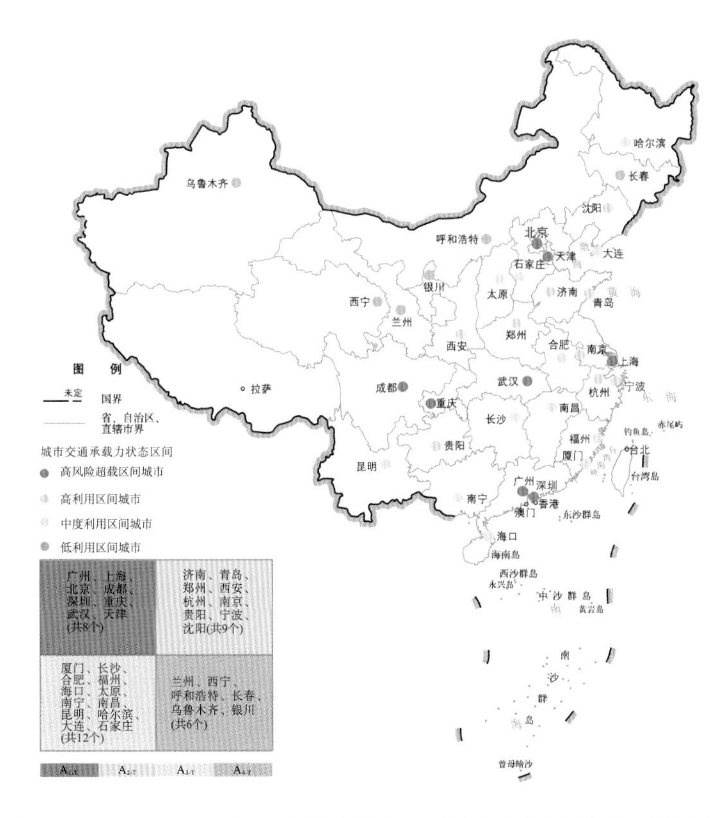

图 11.5　2008～2017 年 35 个样本城市交通承载力状态区间空间分布图

图 11.5 表明处于不同状态区间的城市在空间分布上差异显著。处于 $A_{1\text{-}T}$ 区间的城市地理位置较分散，但多数城市分布在我国经济较发达的区域，如长江三角洲地区、京津冀地区。这些城市虽然在地理位置上差异显著，但社会经济水平处于我国领先地位，交通载体承载的荷载一直较高，导致交通承载力超载风险较高，这也进一步说明交通资源承载强度高多与社会经济发展因素有关。总体上看，处于 $A_{1\text{-}T}$ 区间的城市可分为两类，一类是广州、上海、北京、成都、深圳、武汉、天津，这些城市的交通设施建设水平处于领先地位，但同时大量人口的集聚造成机动车数量增长过快，因此其交通资源承载强度一直很高。以上海为例，其是我国大陆地区首个也是唯一一个(2017 年以前)建设了两个国际机场的城市，是集航空、铁路、公路、水路运输于一体的综合性国际交通枢纽城市，其交通载体指数极高，但由于其是我国人口规模最大的城市之一，机动车数量全国领先，且在航空、铁路运输等方面都承担了极高的客运量和货运量，交通荷载极高，从而导致其交通承载力超载风险很高。另一类城市如重庆，地形复杂，交通载体规模的提升存在较大难度，且作为直辖市，重庆是长江中上游经济中心，经济水平较高，吸引了西南地区大量的人口集聚，交通载体承载的荷载大，因此重庆也处于高风险超载区间。处于 $A_{2\text{-}T}$ 区间的城市集中分布在我国华中地区和华东地区，如郑州、西安、宁波、南京和杭州等，这些城市城区地势平坦，城市交通基础设施发达，但经济水平较高，交通荷载带来的压力较大，因此其交通承载力处于高利用状态。处于 $A_{3\text{-}T}$ 区间的城市包括厦门、长沙、合肥、福州、昆明等 12 个城市，这些城市多分布在我国南方地区，属于所在省份的经济中心，交通载体的建设水平

较高，但交通荷载也较高，因此交通资源承载强度适中，交通载体水平和荷载水平较为匹配。处于 $A_{4\text{-}T}$ 区间的城市包括呼和浩特、乌鲁木齐、银川、兰州、西宁和长春，这些城市的空间分布特征明显，即除长春外都位于我国西北地区。可以看出，这些城市的经济水平较低，交通荷载较小，但交通载体水平很高。比如，呼和浩特的铁路建设里程居全国第一，但该城市地广人稀，旅游资源未得到充分利用，外来客流量较小，因此城市的交通资源承载强度较低，其交通承载力处于低利用状态，交通载体未得到充分利用。

11.4　大数据在城市交通承载力评价中的应用

在大数据背景下，交通信息的采集和处理手段得到了巨大的发展，这有助于为分析城市交通承载力提供更加全面的数据。例如，手机信令、射频识别(一种无线通信技术，应用于汽车自动识别等领域)、车辆 GPS、公交 IC 卡、轨道刷卡等可以提供多源异构的第一手交通大数据。另外，百度地图、高德地图、滴滴出行等大数据平台发布的交通出行数据也提供了海量的交通信息。因此，依托大数据能够更精准地对城市的交通承载力进行评价。本节将展示利用交通大数据对城市交通承载力进行评价的方法及其在城市交通承载力评价中的应用。

11.4.1　基于大数据的城市交通承载力评价指标

在大数据背景下，百度地图、高德地图等大数据平台发布的交通大数据和各城市交通信息中心发布的交通大数据为构建我国城市交通承载力评价指标提供了重要的参考依据，现有的交通大数据主要指标见表 11.11。

表 11.11　交通大数据主要指标

指标名称	指标内涵	指标取值范围	指标值划分等级	指标来源
交通指数	道路网拥堵里程占道路里程的比例	0～10	畅通[0,2) 基本畅通[2,4) 轻度拥堵[4,6) 中度拥堵[6,8) 严重拥堵[8,10)	北京市交通委员会发布的交通指数(http://jtw.beijing.gov.cn/bmfw/jtzs)
道路交通指数	以一定范围内各个路段实时采集的平均车速为基本参数，按不同等级道路设施要素和通行能力，加权集成并经过标准化处理后计算生成	0～100	畅通[0,30) 较畅通[30,50) 拥堵[50,70) 堵塞[70,100]	上海交通出行网
交通拥堵延时指数	城市居民平均出行一次的实际旅行时间与自由流状态下旅行时间的比值	不设限	畅通[1.0,1.5) 缓行[1.5,2.0) 拥堵[2.0,4.0) 严重拥堵[4.0,∞)	高德地图
实时拥堵指数	实际行程时间与畅通行程时间的比值	不设限	畅通[1.0,1.5) 缓行[1.5,1.8) 拥堵[1.8,2.0) 严重拥堵[2.0,∞)	百度地图

续表

指标名称	指标内涵	指标取值范围	指标值划分等级	指标来源
四维交通指数	某条道路的实际车速与该道路上驾驶员自由选择的行驶速度的比值	不设限	畅通[0,2) 基本畅通[2,4) 轻度拥堵[4,7) 拥堵[7,10) 严重拥堵[10,18) 路网瘫痪[18,∞)	四维图新

由表 11.11 可见，交通大数据主要是城市路网交通运行方面的动态数据。城市路网是指城市范围内的道路网络，决定了城市对机动车出行量的承载能力。城市路网交通承载力决定着路网可承载的机动车数量和路网交通运行质量的好坏，同时也是治理城市交通拥堵时的重要参考依据，是大数据背景下对路网进行规划与优化设计时的决策指标。因此，这里将路网交通大数据用于展示大数据在城市交通承载力评价中的应用。

鉴于高德地图的交通拥堵延时指数是由交通行业浮动车和多达 7 亿的高德地图用户的使用数据结合后经算法计算而得，数据量大且可靠，本书选取高德地图发布的交通拥堵延时指数(congestion delay index，CDI)作为衡量城市路网交通承载力的指标，以反映我国城市路网交通承载力，实现基于大数据的城市交通承载力评价。其中，CDI 是城市居民平均出行一次的实际旅行时间与自由流状态下旅行时间的比值。CDI 值越大表明城市交通越拥堵，城市路网交通资源的承载强度越大；反之，CDI 值越小表明城市交通越畅通，城市路网交通资源的承载强度越小。

11.4.2 基于大数据的城市路网交通承载力实证计算

1. 路网交通承载力指标 CDI 数据

本书利用 Python 工具，通过调用高德地图的 API，并基于高德大数据平台发布的 2019 年 8 月 27 日至 9 月 27 日的 CDI 实时数据，在 00:00～23:00 时间范围内每小时采集一次数据，共采集到 26880 条数据，这些数据用于实证评价我国 35 个样本城市的路网交通承载力。

由于收集的 CDI 实时数据可能存在数据缺失、数据有噪声、数据不一致、数据出现冗余、数据集不均衡等问题，在应用这些数据进行计算分析之前，需要先对收集的 CDI 数据进行数据清洗：①对异常值进行处理。由于 CDI 的取值一定大于或等于 1，因此在进行数据分析前，将 CDI 值小于 1 的指标重新赋值为 1。②对缺失值进行处理，即利用拉格朗日插值法对缺失值进行填补。

2. 路网交通承载力计算结果

经过异常值处理和缺失值填补后，得到 35 个样本城市路网交通承载力(2019 年 8 月 27 日至 9 月 27 日)的计算结果。由于数据量过大，在此仅选取一日(2019 年 8 月 27 日 00:00～23:00)的计算结果作为样本展示，见表 11.12。

表 11.12　2019 年 8 月 27 日 0:00～23:00　35 个样本城市的 CDI 值

城市	00:00	01:00	02:00	03:00	04:00	05:00	06:00	07:00	08:00	09:00	10:00	11:00	12:00	13:00	14:00	15:00	16:00	17:00	18:00	19:00	20:00	21:00	22:00	23:00
北京	1.12	1.09	1.08	1.07	1.06	1.05	1.16	1.54	1.85	1.72	1.58	1.40	1.30	1.35	1.42	1.46	1.51	1.75	1.90	1.63	1.45	1.36	1.26	1.17
天津	1.07	1.06	1.06	1.06	1.07	1.06	1.19	1.69	1.64	1.40	1.34	1.31	1.27	1.23	1.27	1.29	1.32	1.54	1.57	1.41	1.28	1.26	1.19	1.12
石家庄	1.09	1.09	1.11	1.11	1.11	1.08	1.13	1.36	1.51	1.44	1.42	1.36	1.28	1.23	1.29	1.31	1.33	1.40	1.58	1.42	1.33	1.25	1.18	1.13
太原	1.08	1.08	1.07	1.08	1.08	1.06	1.08	1.29	1.49	1.38	1.33	1.28	1.24	1.18	1.23	1.29	1.28	1.38	1.58	1.55	1.37	1.26	1.20	1.13
呼和浩特	1.12	1.08	1.07	1.05	1.08	1.06	1.14	1.39	1.72	1.57	1.52	1.50	1.45	1.28	1.38	1.42	1.44	1.65	1.81	1.63	1.43	1.35	1.26	1.17
沈阳	1.13	1.11	1.09	1.10	1.11	1.11	1.23	1.62	1.81	1.63	1.54	1.44	1.39	1.41	1.44	1.44	1.52	1.74	1.68	1.43	1.30	1.23	1.18	1.13
大连	1.11	1.08	1.08	1.06	1.07	1.08	1.15	1.49	1.67	1.51	1.43	1.34	1.26	1.26	1.36	1.37	1.41	1.65	2.03	1.70	1.39	1.29	1.24	1.17
长春	1.16	1.11	1.10	1.10	1.10	1.08	1.39	2.08	1.86	1.57	1.48	1.41	1.35	1.39	1.43	1.49	1.63	1.91	1.67	1.41	1.30	1.23	1.16	1.12
哈尔滨	1.14	1.09	1.08	1.10	1.09	1.12	1.30	1.82	1.94	1.74	1.66	1.55	1.47	1.53	1.57	1.57	1.67	1.95	1.80	1.51	1.35	1.27	1.18	1.12
上海	1.18	1.16	1.14	1.13	1.12	1.08	1.17	1.47	1.82	1.67	1.51	1.39	1.34	1.40	1.42	1.40	1.43	1.65	1.73	1.47	1.33	1.32	1.31	1.17
南京	1.08	1.07	1.06	1.07	1.12	1.10	1.14	1.44	1.75	1.56	1.44	1.33	1.29	1.33	1.38	1.38	1.41	1.62	1.72	1.43	1.31	1.25	1.17	1.11
杭州	1.11	1.10	1.09	1.09	1.09	1.09	1.16	1.38	1.58	1.55	1.47	1.36	1.30	1.33	1.38	1.40	1.39	1.46	1.55	1.48	1.32	1.26	1.18	1.13
宁波	1.11	1.11	1.11	1.12	1.12	1.12	1.18	1.38	1.51	1.40	1.31	1.27	1.24	1.25	1.28	1.29	1.33	1.54	1.54	1.36	1.28	1.24	1.18	1.13
合肥	1.11	1.08	1.08	1.06	1.07	1.08	1.15	1.49	1.67	1.51	1.43	1.34	1.26	1.26	1.36	1.37	1.41	1.65	2.03	1.70	1.39	1.29	1.24	1.17
福州	1.12	1.10	1.08	1.09	1.12	1.11	1.15	1.34	1.61	1.54	1.44	1.36	1.29	1.26	1.34	1.39	1.39	1.53	1.81	1.61	1.40	1.35	1.28	1.18
厦门	1.10	1.09	1.11	1.08	1.07	1.06	1.11	1.40	1.62	1.49	1.42	1.30	1.22	1.21	1.32	1.44	1.43	1.60	1.99	1.71	1.41	1.30	1.23	1.13
南昌	1.09	1.08	1.07	1.08	1.10	1.09	1.13	1.35	1.64	1.50	1.39	1.31	1.23	1.21	1.28	1.33	1.33	1.50	1.69	1.53	1.34	1.29	1.20	1.14
济南	1.11	1.09	1.09	1.11	1.11	1.10	1.22	1.64	1.84	1.63	1.59	1.50	1.39	1.38	1.47	1.50	1.56	1.82	1.86	1.53	1.36	1.28	1.19	1.12
青岛	1.11	1.12	1.13	1.15	1.13	1.13	1.20	1.55	1.73	1.59	1.46	1.39	1.33	1.34	1.37	1.37	1.43	1.66	1.79	1.47	1.30	1.24	1.16	1.12
郑州	1.09	1.08	1.09	1.06	1.06	1.06	1.11	1.38	1.58	1.49	1.44	1.36	1.28	1.26	1.34	1.36	1.37	1.42	1.57	1.51	1.33	1.28	1.22	1.14
武汉	1.07	1.06	1.05	1.06	1.07	1.07	1.09	1.38	1.61	1.55	1.45	1.31	1.21	1.22	1.28	1.32	1.33	1.41	1.58	1.41	1.28	1.24	1.17	1.10
长沙	1.14	1.11	1.10	1.10	1.09	1.09	1.12	1.41	1.72	1.59	1.53	1.41	1.30	1.30	1.37	1.42	1.48	1.61	1.91	1.63	1.47	1.40	1.34	1.20
广州	1.13	1.10	1.08	1.08	1.10	1.11	1.12	1.30	1.58	1.62	1.63	1.56	1.42	1.38	1.56	1.70	1.70	1.79	2.02	1.80	1.54	1.44	1.40	1.28

续表

城市	00:00	01:00	02:00	03:00	04:00	05:00	06:00	07:00	08:00	09:00	10:00	11:00	12:00	13:00	14:00	15:00	16:00	17:00	18:00	19:00	20:00	21:00	22:00	23:00
深圳	1.11	1.08	1.07	1.06	1.06	1.08	1.10	1.33	1.62	1.66	1.67	1.52	1.37	1.36	1.53	1.65	1.68	1.67	1.82	1.73	1.64	1.50	1.39	1.22
南宁	1.17	1.11	1.07	1.07	1.07	1.07	1.08	1.26	1.58	1.44	1.41	1.38	1.35	1.32	1.38	1.49	1.46	1.46	1.65	1.50	1.34	1.31	1.27	1.19
海口	1.16	1.12	1.09	1.08	1.06	1.04	1.11	1.32	1.62	1.52	1.51	1.46	1.42	1.29	1.35	1.51	1.57	1.68	2.01	1.70	1.45	1.43	1.36	1.25
重庆	1.12	1.09	1.08	1.07	1.06	1.05	1.16	1.54	1.85	1.72	1.58	1.40	1.30	1.35	1.42	1.46	1.51	1.75	1.90	1.63	1.45	1.36	1.26	1.17
成都	1.11	1.09	1.07	1.06	1.05	1.07	1.12	1.31	1.67	1.60	1.51	1.41	1.32	1.33	1.41	1.43	1.42	1.56	1.77	1.55	1.44	1.36	1.26	1.19
贵阳	1.11	1.10	1.11	1.08	1.05	1.08	1.13	1.57	2.17	1.73	1.62	1.51	1.41	1.37	1.45	1.50	1.68	2.04	2.16	1.68	1.49	1.36	1.25	1.15
昆明	1.14	1.10	1.14	1.11	1.07	1.06	1.12	1.41	1.81	1.64	1.56	1.47	1.35	1.36	1.52	1.53	1.65	1.81	2.10	1.66	1.43	1.41	1.33	1.21
西安	1.14	1.09	1.09	1.08	1.09	1.12	1.19	1.51	1.92	1.72	1.58	1.47	1.42	1.39	1.44	1.48	1.48	1.54	1.77	1.62	1.55	1.43	1.32	1.21
兰州	1.15	1.12	1.05	1.04	1.04	1.05	1.14	1.67	1.84	1.64	1.58	1.48	1.44	1.38	1.50	1.51	1.56	1.66	1.88	1.67	1.58	1.45	1.32	1.20
西宁	1.17	1.11	1.07	1.07	1.07	1.07	1.08	1.26	1.58	1.44	1.41	1.38	1.35	1.32	1.38	1.49	1.46	1.46	1.65	1.50	1.34	1.31	1.27	1.19
银川	1.22	1.18	1.15	1.12	1.13	1.15	1.20	1.49	1.82	1.65	1.59	1.53	1.49	1.39	1.48	1.52	1.53	1.60	1.90	1.86	1.57	1.40	1.31	1.23
乌鲁木齐	1.18	1.11	1.08	1.06	1.04	1.04	1.10	1.12	1.33	1.96	1.76	1.57	1.48	1.39	1.31	1.33	1.40	1.43	1.46	1.69	1.80	1.49	1.33	1.24

基于获取的 CDI 值，可以得到研究期内(2019 年 8 月 27 日至 9 月 27 日)35 个样本城市的 CDI 均值、标准差、最小值和最大值，见表 11.13。

表 11.13　35 个样本城市在研究期内的 CDI 数理统计结果

城市	标准差	最小值	最大值	均值	排名
北京	0.29	1.02	2.80	1.36	17
天津	0.18	1.04	2.05	1.27	2
石家庄	0.21	1.03	2.71	1.30	7
太原	0.20	1.04	2.79	1.27	3
呼和浩特	0.34	1.02	4.46	1.38	24
沈阳	0.26	1.02	2.54	1.36	18
大连	0.25	1.03	2.60	1.33	13
长春	0.29	1.03	2.55	1.37	20
哈尔滨	0.33	1.03	2.63	1.45	35
上海	0.26	1.04	2.75	1.37	21
南京	0.22	1.05	2.51	1.32	11
杭州	0.19	1.06	2.24	1.31	9
宁波	0.16	1.07	2.35	1.27	4
合肥	0.23	1.03	3.03	1.32	12
福州	0.20	1.05	2.65	1.33	14
厦门	0.24	1.04	3.04	1.31	10
南昌	0.19	1.04	2.55	1.28	5
济南	0.28	1.03	3.09	1.37	22
青岛	0.23	1.05	2.80	1.33	15
郑州	0.23	1.01	2.96	1.30	8
武汉	0.19	1.04	2.46	1.25	1
长沙	0.25	1.05	3.01	1.36	19
广州	0.29	1.03	3.00	1.43	33
深圳	0.30	1.03	2.72	1.42	32
南宁	0.19	1.03	2.44	1.29	6
海口	0.30	1.00	3.46	1.41	30
重庆	0.32	1.04	2.80	1.41	31
成都	0.27	1.04	2.70	1.38	25
贵阳	0.31	1.02	3.43	1.39	26
昆明	0.29	1.02	3.20	1.39	27
西安	0.31	1.02	3.52	1.44	34
兰州	0.26	1.00	2.75	1.39	28
西宁	0.23	0.99	2.44	1.34	16
银川	0.22	1.07	2.90	1.39	29
乌鲁木齐	0.27	1.01	2.96	1.37	23

由表 11.13 可知，武汉的 CDI 均值最低，说明其路网交通资源承载强度最低。而哈尔滨的 CDI 均值最高，表明其路网交通资源承载强度最高。宁波的 CDI 标准差最小，意味着其 CDI 的离散程度最小，且其 CDI 均值在 35 个样本城市中较小，表明宁波的路网交通较为畅通，在居民出行高峰未出现严重的交通拥堵情况，路网交通运行平稳。呼和浩特的 CDI 标准差最大，表明该城市具有明显的高峰期交通拥堵现象，路网交通荷载大，路网交通载体承载水平低。

11.4.3 基于大数据的城市路网交通承载力演变规律分析

1. 样本城市工作日路网交通承载力聚类分析

基于 11.4.2 节中获取的 35 个样本城市 CDI 数据，对样本城市工作日(周一至周五)CDI 数据以 1 小时为单位求平均值后，借助 SPSS 22.0 软件进行聚类分析，可以得到基于工作日路网交通承载力的样本城市聚类分析图，见图 11.6。

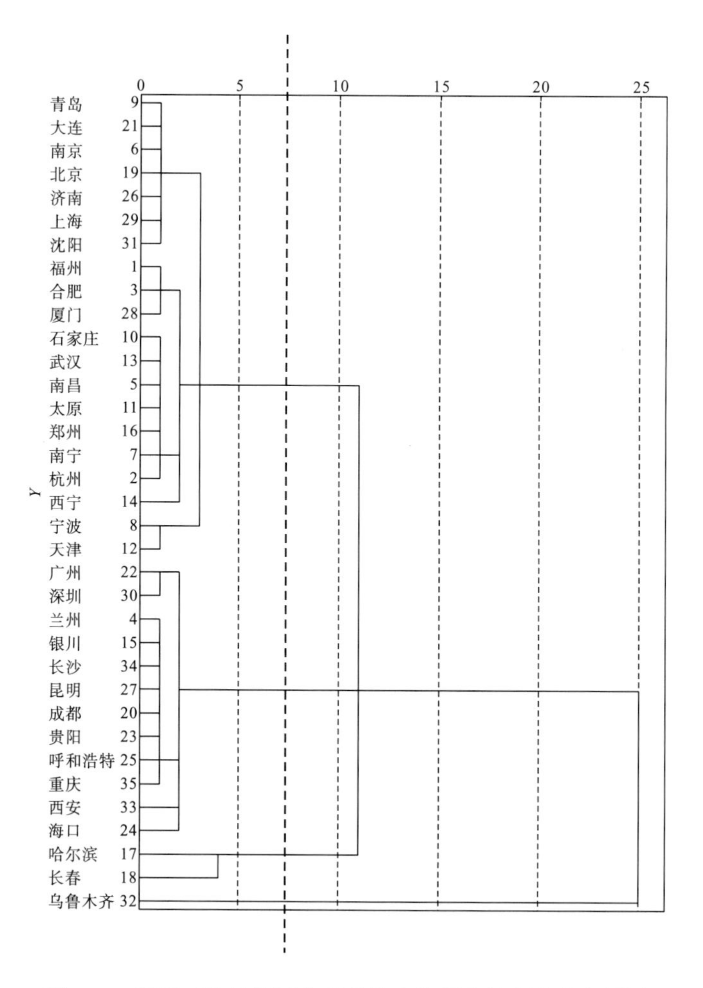

图 11.6 基于工作日路网交通承载力的样本城市聚类分析图

根据图 11.6，按照“类内差异最小、类间差异最大”的聚类原则，将 35 个样本城市按工作日路网交通承载力状况聚为四类，聚类结果见表 11.14 和图 11.7。

表 11.14　35 个样本城市工作日路网交通承载力聚类结果

类别	城市
类别一	青岛、大连、南京、北京、济南、上海、沈阳、福州、合肥、厦门、石家庄、武汉、南昌、太原、郑州、南宁、杭州、西宁、宁波、天津
类别二	广州、深圳、兰州、银川、长沙、昆明、成都、贵阳、呼和浩特、重庆、西安、海口
类别三	哈尔滨、长春
类别四	乌鲁木齐

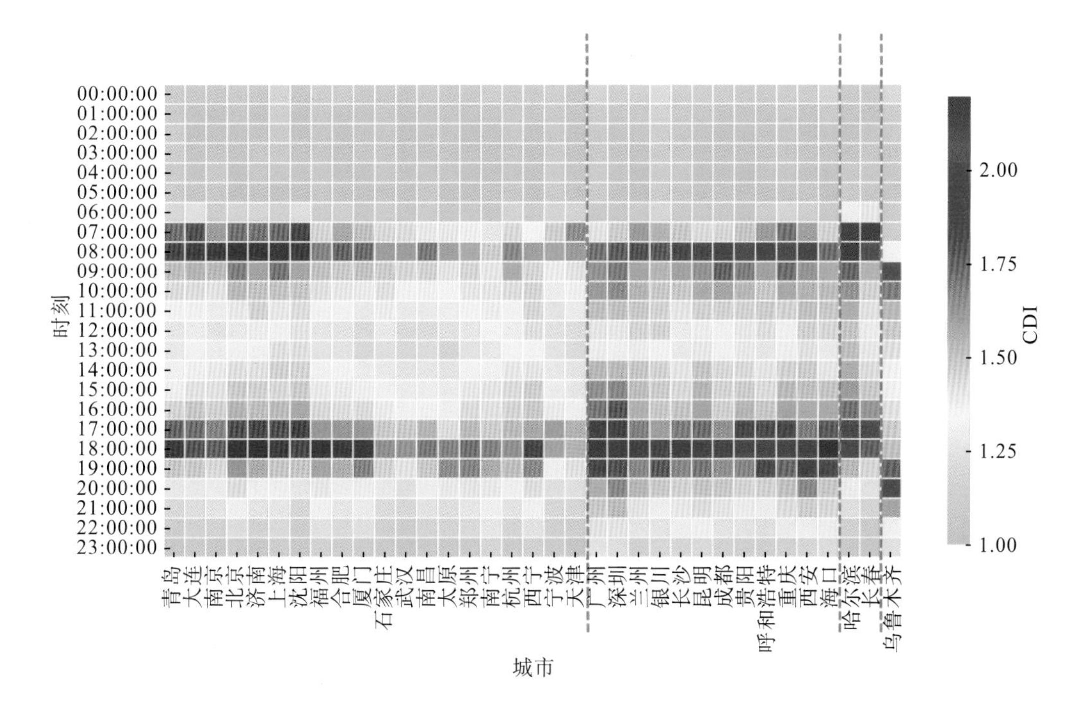

图 11.7　35 个样本城市工作日 24h 路网交通承载力聚类结果

由表 11.14 和图 11.7 可知，基于工作日路网交通承载力划分的四个类别的城市有不同的城市特征。为了进一步对各个类别城市的特征进行分析，基于各个类别城市的 CDI 均值，绘制各个类别城市的 24h CDI 均值图，见图 11.8。

图 11.8 显示，所有的样本城市在工作日内都有明显的早晚出行高峰，在高峰期交通路网承载的荷载很大。然而，四个类别城市的路网交通承载力存在差异。

从图 11.7 和图 11.8 中可以看出，第一类城市的 CDI 均值最小，除了早晚高峰时段路网交通处于拥堵状态，其他时段的路网交通处于畅通状态，表明这个类别城市的路网交通资源承载能力较好，交通承载力较高。其原因在于这个类别城市的经济发展水平较高，路网交通规划合理，道路基础设施建设资金充裕，公共交通发达，能够合理且快速分流早晚

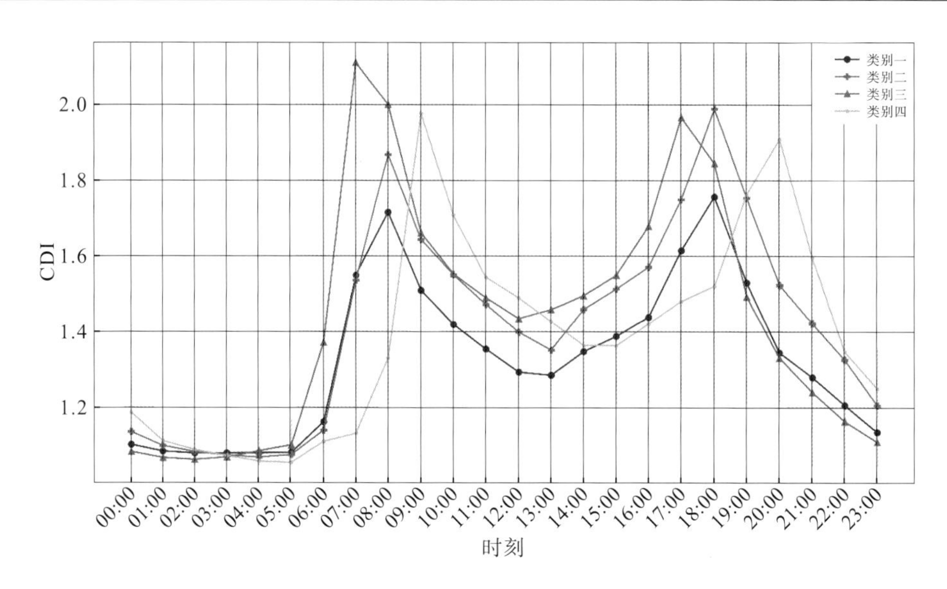

图 11.8 各个类别城市的工作日 24hCDI 均值图

高峰通勤人口。虽然其交通荷载较大，但其路网交通承载规模大，因此其交通载体的承载能力强。第二类城市的 CDI 均值相比第一类城市的 CDI 均值明显偏高，路网交通资源承载强度较大，其晚高峰的 CDI 值高于早高峰。这个类别城市的夜生活比较丰富，在晚高峰期间，通勤出行和娱乐休闲出行同时出现，不同出行目的的叠加加大了晚高峰的路网交通荷载。例如，广州、深圳、重庆等，其路网交通资源承载强度高是因为其人口数量和私家车数量过多，造成路网交通荷载过大，交通拥堵严重。而兰州、昆明等位于西部地区的城市出现交通拥堵是因为这些城市的道路基础设施在建工程较多，道路围挡面积较大，妨碍了路网交通的运行。第三类城市有哈尔滨和长春，这两个城市早高峰的拥堵情况比晚高峰严重。单博文(2017)在研究后指出，由于学生有上学的刚性需求，学校附近的道路出行荷载较大，加上接送学生多为长距离交通，导致哈尔滨早高峰的交通拥堵现象尤为突出。但学生放学时间不在晚高峰范围内，因此晚高峰的拥堵现象相比早高峰有所减弱。在聚类分析结果中，乌鲁木齐单独归为第四类城市，这主要是因为乌鲁木齐与北京相差两个时区，居民的出行时间与北京时间相比晚两个小时，因此其早晚高峰比其余类别的城市晚两个小时。

2. 样本城市非工作日路网交通承载力聚类分析

根据 11.4.2 节获取的非工作日(周六、周日)样本城市以小时为单位的 CDI 均值，对样本城市进行聚类分析，得到非工作日路网交通承载力聚类结果，见图 11.9。

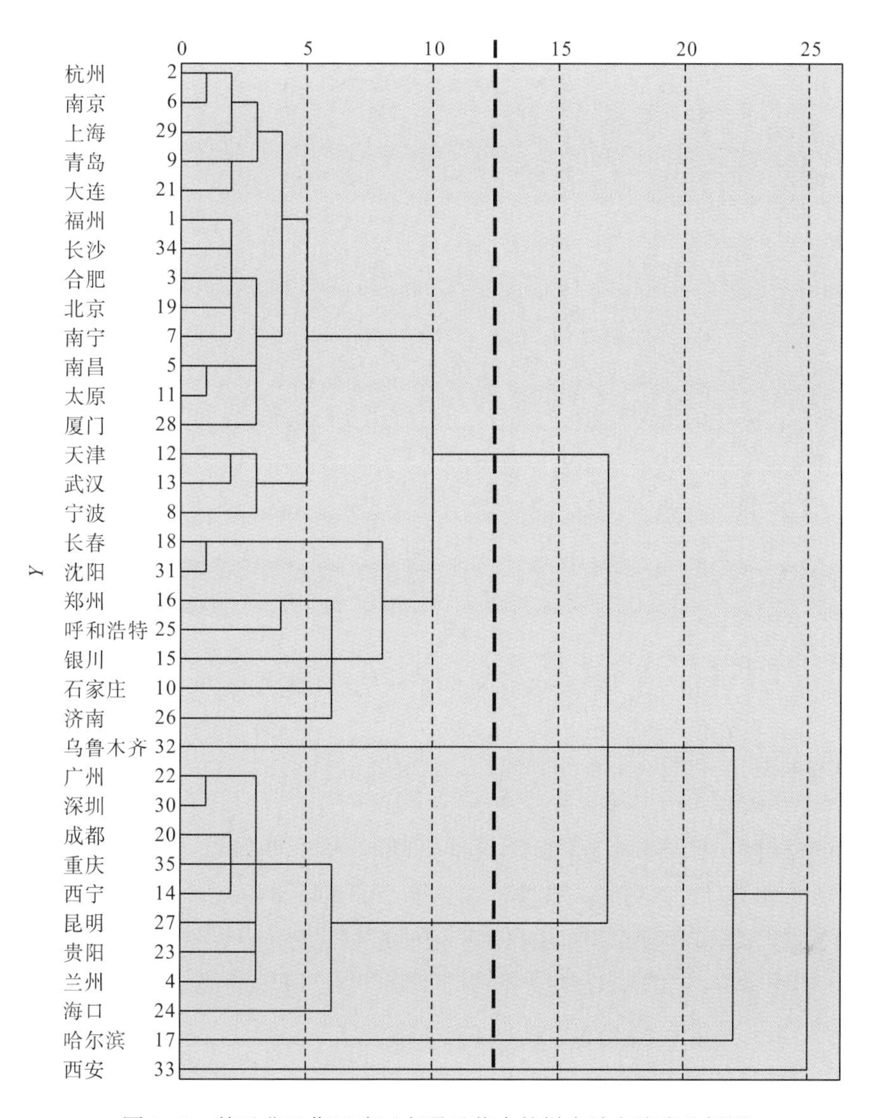

图 11.9 基于非工作日路网交通承载力的样本城市聚类分析图

根据图 11.9，可将 35 个样本城市按非工作日路网交通承载力的情况聚为五类，聚类结果见表 11.15 和图 11.10。

表 11.15 35 个样本城市非工作日路网交通承载力聚类结果

类别	城市
类别一	杭州、南京、上海、青岛、大连、福州、长沙、合肥、北京、南宁、南昌、太原、厦门、天津、武汉、宁波、长春、沈阳、郑州、呼和浩特、银川、石家庄、济南
类别二	乌鲁木齐
类别三	广州、深圳、成都、重庆、西宁、昆明、贵阳、兰州、海口
类别四	哈尔滨
类别五	西安

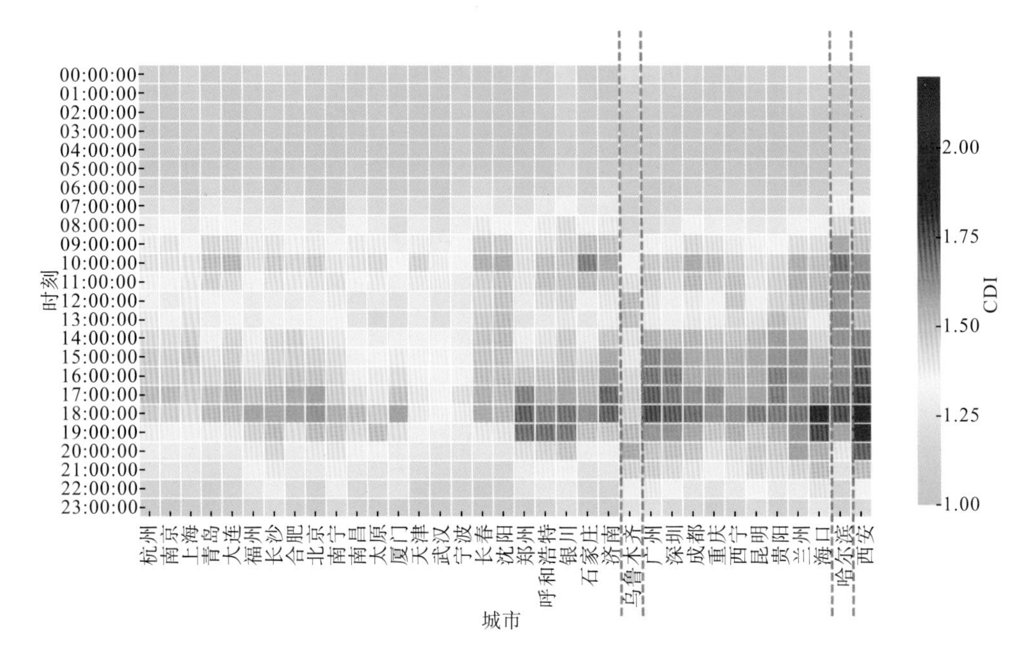

图 11.10 35 个样本城市非工作日 24h 路网交通承载力聚类结果

通过对比图 11.7 和图 11.10 可以看出，城市非工作日的 CDI 值明显低于工作日，表明城市非工作日的路网交通资源承载强度明显小于工作日的路网交通资源承载强度。显然，这是由于在非工作日没有上下班对交通的刚性需求，路网交通处于相对平稳的状态。

由表 11.15 和图 11.10 可知，在非工作日五个类别城市的路网交通承载力状态不同。为了对各个类别的城市在非工作日的路网交通承载力进行进一步分析，基于各个类别城市的非工作日 CDI 均值，绘制各个类别城市的非工作日 24h CDI 均值图，见图 11.11。

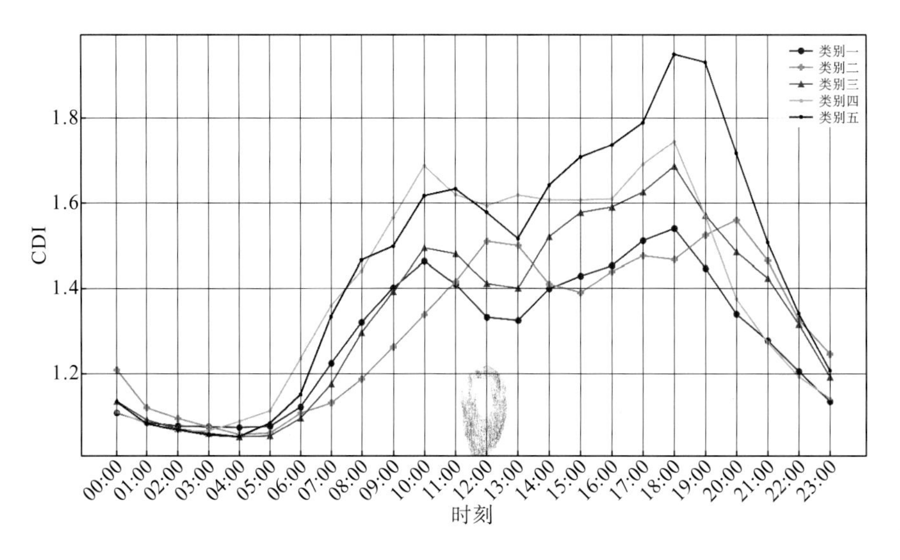

图 11.11 各个类别城市的非工作日 24h CDI 均值图

由图 11.11 可知，非工作日居民出行时间主要为 09:00～21:00，且下午的 CDI 值普遍高于上午，即城市下午的路网交通拥堵程度明显高于上午。不过，不同类别城市的路网交通承载力在非工作日存在差异。

从图 11.10 和图 11.11 中可以看出，第一类城市的路网交通在非工作日的 24h 内总体保持畅通，仅在 18:00 左右处于拥堵状态，表明这个类别城市的居民在非工作日的出行时间较为分散。第三类城市的夜间消费现象普遍，这些城市在周末晚高峰时段的路网交通运行压力大。例如，重庆非工作日的夜间交通运行压力较大，在“中国十大夜经济影响力城市”排行榜中位居榜首。第四类城市即哈尔滨，在非工作日其早晚的 CDI 值差别不大且均偏高。第五类城市即西安，其非工作日的 CDI 值在所有样本城市中最高，尤其是在 18:00～19:00，其 CDI 值大于 1.5，路网交通资源承载强度极大。王芹等(2017)指出，这可能是由于西安停车位严重不足，导致车辆违章占道停放现象严重，周末商圈附近交通拥堵，交通承载能力不足。

总体上讲，为缓解路网交通压力，应在早晚高峰加强对交通的疏导，优化公共交通设施，实行交通分流，以及完善商圈停车设施和提高停车效率。

11.5 本章小结

城市交通是城市正常运行中必不可少的一种资源环境要素，承载了城市的社会经济发展。本章基于“载体-荷载”视角下的城市资源环境承载力评价原理，界定了城市交通承载力的内涵。在基于传统数据的城市交通承载力实证评价中，本章基于公路运输、轨道交通运输、铁路运输、航空运输和交通环境五个维度选取了 11 个载体指标，同时基于经济、社会、环境三个维度选取了 15 个荷载指标，构建了城市交通承载力的计算模型，并对我国 35 个样本城市的交通承载力进行了实证研究。此外，在大数据背景下本章选取高德地图发布的交通拥堵延时指数作为衡量我国城市路网交通承载力的指标，并利用聚类算法对我国 35 个样本城市的路网交通承载力进行了分析。本章得出的结论如下。

(1)城市交通资源承载强度高主要是因为其交通需求很高，但交通资源供给能力不足；而交通资源承载强度较低的城市，其对交通资源的供给能力相对于交通荷载高，一些城市还存在交通资源供给过剩的现象。

(2)实证研究期间(2008～2017 年)的数据表明，我国交通资源承载强度较高的城市数量整体上有所减少，表明我国城市交通资源供给紧张的现象得到缓解；而交通资源承载强度较低的城市数量有所增加，表明城市的交通资源供给水平提高。总体上，我国城市交通载体的规模有所提升。

(3)城市交通资源的承载强度是动态变化的。小部分城市的交通承载力指数在实证研究期间一直较高且呈上升趋势，表明这些城市的交通资源承载强度在进一步加大，交通拥堵、环境污染等问题仍在加剧，这些城市面临着很大的交通压力。但大部分城市的交通承载力指数处于适中水平且呈下降趋势，表明这些城市的交通资源承载强度在降低。也有部分城市的交通承载力指数在实证研究期间一直较低且呈下降趋势，如兰州、西宁等，这些城市的交通资源利用水平较低。

(4) 由于城市间社会经济发展背景不同，样本城市的交通承载力状态在空间上具有显著差异。交通资源利用程度较高的城市主要分布在我国经济较发达的区域，如长江三角洲、珠江三角洲地区；而交通资源利用程度较低的城市，主要位于我国西北地区。

(5) 35 个样本城市的路网交通承载力评价结果表明：①样本城市非工作日的路网交通资源承载强度明显小于工作日的承载强度。②经济发展水平较高、道路基础设施建设资金充裕和公共交通发达的城市，其路网交通载体规模较大，交通载体利用率较高。③位于我国西部地区的大多数城市，由于道路基础设施在建工程较多，道路围挡面积较大，妨碍了路网交通的畅通运行，其路网交通承载力较低，交通拥堵现象严重。④夜生活比较丰富的样本城市由于通勤出行和休闲娱乐出行的叠加效应，其在晚高峰的交通压力较大，路网交通荷载较高。⑤停车设施落后和停车效率低的样本城市在非工作日的路网交通承载力普遍较低，交通载体承载强度很大。

第 12 章　城市市政设施承载力实证评价

本章对城市市政设施承载力(UMICC)进行实证评价分析，其主要内容包括：①构建评价城市市政设施承载力的方法；②对我国 35 个样本城市在 2008～2017 年的市政设施承载力进行实证评价；③基于样本城市的实证评价结果，对城市市政设施承载力的时空演变规律进行分析。

12.1　城市市政设施承载力评价方法

12.1.1　城市市政设施承载力的内涵

市政设施是支撑城市经济发展和保障社会稳定运行的重要基础设施，与城市的社会经济活动以及居民的生活息息相关，是实现城市可持续发展的重要前提。在快速推进城镇化的过程中，城市对市政设施的需求尤为迫切。

城市市政设施目前没有统一的定义。例如，基于城市的不同特点和背景，《广州市市政设施管理条例》将城市市政设施定义为城市道路(含桥梁、隧道)和排水设施(含城市防洪、污水处理设施)及其附属设施；《长春市市政设施管理条例》将城市市政设施定义为城市道路、桥涵、公共停车场、照明和排水设施及其相关设施。邹昱昙(2009)认为城市市政设施是政府、公民或者法人组织共同出资建造的用于服务城市居民生活的基础性公共设施；张忠贵(2014)将城市市政设施定义为涉及城市道路、桥梁、供水、排水、燃气、照明、供热等方面的用于保障城市可持续发展的关键性功能设施；唐媛(2016)认为城市市政设施是一个具有城市能源供应、供水排水、交通运输、邮电通信、环保环卫和防危防灾功能的系统工程；赵连璧(2016)将城市市政设施定义为涉及城市道路、桥梁、路灯、排水管网、河洪道以及污水处理等方面的用于保障城市正常运作的重要设施。

本书从城市可持续发展的角度出发，将城市市政设施定义为支撑城市社会经济发展和保护环境的设施，包括供水设施、供气设施、供电设施、通信设施、排水设施、污水处理设施和垃圾处理设施。其中，供水、供气、供电和通信四个方面的市政设施用于支撑城市社会经济的发展，排水、污水处理和垃圾处理三个方面的市政设施用于保障城市环境质量。这七个方面的城市市政设施的内涵见表 12.1。

表 12.1 城市市政设施类型及其内涵

类型	内涵
供水设施	为城市提供供水服务的物质设施，主要包括水生产设施、水输送设施、水供应设施等
供气设施	为城市提供天然气或液化石油气等供应服务的物质设施，主要包括燃气生产设施、燃气输送设施、燃气供应设施等
供电设施	为城市提供电力服务的物质设施，主要包括电力生产设施、电力输送设施、电力供应设施等
通信设施	为城市提供通话和网络等通信服务的物质设施，主要包括信号发射设施、信号输送设施、信号终端接收设施等
排水设施	为城市提供排水服务的物质设施，主要包括雨水收集设施、雨水输送设施、雨水排放设施等
污水处理设施	为城市提供污水处理服务的物质设施，主要包括污水收集设施、污水净化设施、污水排放设施等
垃圾处理设施	为城市提供生活垃圾和工业垃圾等处理服务的物质设施，主要包括垃圾收集设施、垃圾处理设施、垃圾排放设施等

随着社会经济的发展，城市出现了社会经济发展对市政设施的需求与市政设施供给不协调的现象。一方面，在推进城镇化的过程中，人口的不断增加和市政设施的老化受损导致城市供水、供气、供电、供热、通信等市政设施的承载能力下降。另一方面，不合理的城市规划或对社会需求没有进行准确认识，导致市政设施被盲目拓建，不少城市的市政设施有被浪费的现象。所以，识别城市社会经济发展水平与市政设施承载力是否匹配对城市的可持续发展至关重要。

以往的研究对城市市政设施承载力有不同的阐释，但都主要强调市政设施对城市发展的保障和支撑能力。例如，吴晨阳和王婉莹(2020)认为，城市市政设施承载力是指各类市政设施在一定的时空条件下对社会、经济及居民需求的支撑能力；王树强和张贵(2014)将城市市政设施承载力定义为在特定的技术、经济、社会和法律环境下，地区功能完全发挥时其市政设施对经济、社会和民众活动的最大保障能力。

根据本书第 3 章对城市资源环境承载力内涵的剖析，城市资源环境承载力能够度量城市资源环境与社会经济发展水平之间的匹配程度，而市政设施是城市资源的重要组成部分，因此城市市政设施承载力是衡量城市社会经济发展水平与市政设施承载力匹配程度的指标。基于此，本书将城市市政设施承载力定义为城市市政设施载体(城市供水设施、供气设施、供电设施、通信设施、排水设施、污水处理设施和垃圾处理设施)对城市生产生活活动产生的荷载的承载强度。城市市政设施承载力的内涵可用图 12.1 表示。

在图 12.1 中，城市生产生活活动依赖城市各类市政设施，形成市政设施荷载。城市市政设施载体为城市生产生活活动提供支撑。载体和荷载两者之间的相互作用决定了城市的市政设施承载力状态。若用 C_{I} 表示城市市政设施载体指数，L_{I} 表示城市市政设施承载的荷载指数，则根据本书第 3 章构建的基于“载体-荷载”视角的城市资源环境承载力评价原理，城市市政设施承载力指数 ρ_{I} 可以用以下公式表示。

$$\rho_{\mathrm{I}} = \frac{L_{\mathrm{I}}}{C_{\mathrm{I}}} \tag{12.1}$$

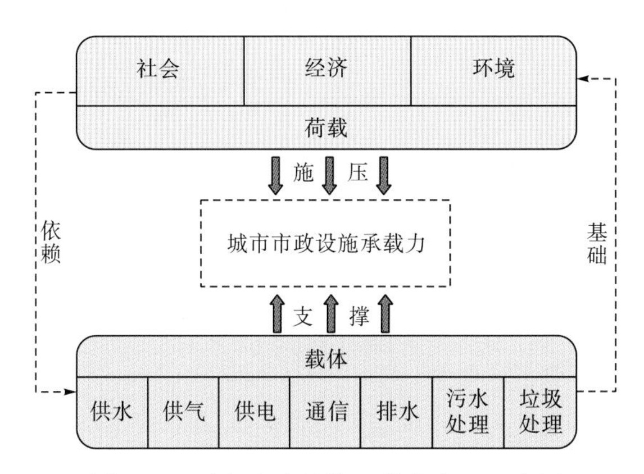

图 12.1　城市市政设施承载力内涵示意图

在式(12.1)中，ρ_{I}值越大，表明城市市政设施载体承载相应荷载的强度越大，即城市市政设施载体被相应荷载利用的程度越高。然而，ρ_{I}值并非越大越好，也非越小越好。ρ_{I}值过大意味着城市市政设施载体所承载的荷载过大，面临着超载风险，而过低则意味着城市所提供的市政设施载体的利用程度不够，存在市政设施被浪费的现象。

12.1.2　城市市政设施承载力评价指标

根据 12.1.1 节对城市市政设施承载力内涵的剖析，可知测度城市市政设施承载力时首先需要建立能够反映城市市政设施载体和荷载的指标体系。为此，本节将基于“载体-荷载”视角构建城市市政设施承载力评价指标体系。

1. 城市市政设施载体指标

城市市政设施一般分为供水设施、供气设施、供电设施、通信设施、排水设施、污水处理设施和垃圾处理设施七种类型，即城市市政设施载体有七类，这些市政设施载体的内涵和评价指标在已有的文献中已得到详细阐释。以供水设施为例，Wang 和 Xu(2015)选择水生产量、水运输量、水供应量和水消耗量来评价城市供水系统承载力；Tian 和 Sun(2018a，b)用供水量、污水处理量和生活用水量这三个指标刻画城市市政设施的承载能力。根据第 4 章建立的指标筛选流程和指标筛选的科学性、整体性和可操作性等原则，并结合专家的建议和实地调研结果，本书构建了城市市政设施载体指标，如表 12.2 所示。指标涉及供水设施、供气设施、供电设施、通信设施、排水设施、污水处理设施和垃圾处理设施七个方面的载体。

表 12.2　城市市政设施载体指标

载体类型	载体指标
供水设施	C_{11}(水生产量)/($10^4 m^3/d$)
	C_{12}(水输送管道长度)/($10^2 km$)
	C_{13}(水供应量)/($10^6 m^3$)

续表

载体类型	载体指标
供气设施	C_{14}（天然气存储总量）/（10^4m^3）
	C_{15}（天然气输送管道长度）/km
	C_{16}（天然气供应总量）/（10^7m^3）
	C_{17}（液化石油气存储总量）/（10^5m^3）
	C_{18}（液化石油气供应总量）/（10^4t）
供电设施	C_{19}（居民家庭供电总量）/（$10^7kW \cdot h$）
通信设施	C_{110}（移动电话用户数）/（10^4 人）
	C_{111}（互联网宽带接入用户数）/（10^4 人）
排水设施	C_{112}（建成区排水管道长度）/km
污水处理设施	C_{113}（污水集中处理量）/（10^4m^3）
	C_{114}（污水处理总量）/（10^4m^3）
垃圾处理设施	C_{115}（一般工业固体废物综合利用量）/（10^4t）
	C_{116}（生活垃圾无害化处理量）/（10^4t）
	C_{117}（环卫车辆配置总数）/辆

2. 城市市政设施荷载指标

城市市政设施荷载由城市的各项社会经济活动产生。根据城市可持续发展理论，城市社会经济活动主要包括社会、经济和环境三个维度。

在社会维度，城市居民的基本生活需要涉及市政设施。因此，城市人口规模和城市面积可以反映城市市政设施承载的社会荷载。

在经济维度，不同的城市有不同的经济活动和经济结构，它们会对城市市政设施产生不同的荷载。一般来说，经济发达城市的经济活动具有更大的活力，给城市市政设施带来的荷载也较多。另外，随着城市经济的发展，城市居民的生活质量不断提高，生活节奏不断加快，城市居民对城市市政设施的需求增加，这也会导致产生城市市政设施荷载。

在环境维度，城市生产生活产生的各种污染物和垃圾需要相应的城市市政设施进行处理，从而对市政设施产生相应的荷载。

基于上述讨论，可以总结得到城市市政设施荷载指标，如表 12.3 所示。

表 12.3 城市市政设施荷载指标

荷载类型	荷载指标
社会属性荷载	L_1（常住人口）/（10^4 人）
	L_2（城市建成区面积）/km^2
	L_3（水消耗总量）/（10^4L）
	L_4（居民家庭的天然气用量）/（10^6m^3）
	L_5（居民家庭液化石油气用量）/（10^4t）

续表

荷载类型	荷载指标
经济属性荷载	L_6(GDP)/(10^8元)
	L_7(城镇居民家庭人均可支配收入)/(元/人)
环境属性荷载	L_8(污水排放总量)/(10^4m^3)
	L_9(一般工业固体废物产生量)/(10^4t)
	L_{10}(生活垃圾产生量)/(10^4t)

12.1.3　城市市政设施承载力计算模型

根据城市市政设施承载力的定义[式(12.1)]，可知对城市市政设施承载力指数(ρ_{I})的计算应基于对市政设施载体指数(C_{I})和荷载指数(L_{I})的计算。

1. 市政设施载体指数的计算

对市政设施载体指数(C_{I})进行计算时，需要先将载体指标的数据进行标准化处理以及对指标的权重进行计算。有关指标数据的标准化处理方法和权重计算方法，本书已经在第 4 章中进行了阐释。通过对表 12.2 中载体指标 j 的取值进行标准化处理，可得到第 i 个城市第 j 个载体指标在第 t 年的标准化值为 $x_{i,j,t}^{*\mathrm{I}}$，然后计算在研究期内载体指标 j 的平均权重 $\overline{W}_{C,j}^{\mathrm{I}}$。

基于上述计算过程，第 i 个城市在第 t 年的市政设施载体指数 $C_{\mathrm{I}_{i,t}}$ 的计算公式如下：

$$C_{\mathrm{I}_{i,t}} = \sum_{j=1}^{J} \overline{W}_{C,j}^{\mathrm{I}} \cdot x_{i,j,t}^{*I} \tag{12.2}$$

2. 市政设施荷载指数的计算

同理，参照表 12.3 中的荷载指标，第 i 个城市在第 t 年的市政设施荷载指数 $L_{\mathrm{I}_{i,t}}$ 的计算公式如下：

$$L_{\mathrm{I}_{i,t}} = \sum_{k=1}^{K} \overline{W}_{L,k}^{\mathrm{I}} \cdot x_{i,k,t}^{*I} \tag{12.3}$$

式中，$\overline{W}_{L,k}^{\mathrm{I}}$ 是第 k 个荷载指标的平均权重；$x_{i,k,t}^{*I}$ 是第 i 个城市第 k 个荷载指标在第 t 年的标准化值。

3. 市政设施承载力指数的计算

结合式(12.1)～式(12.3)，城市市政设施承载力指数的计算公式可表示如下：

$$\rho_{\mathrm{I}_{i,t}} = \frac{\sum_{k=1}^{K} \overline{W}_{L,k}^{\mathrm{I}} \cdot x_{i,k,t}^{*I}}{\sum_{j=1}^{J} \overline{W}_{C,j}^{\mathrm{I}} \cdot x_{i,j,t}^{*I}} \tag{12.4}$$

式中，$\rho_{\mathrm{I}_{i,t}}$ 为城市 i 在第 t 年的市政设施承载力指数。

12.2 城市市政设施承载力实证计算

通过收集与处理我国 35 个样本城市市政设施承载力评价指标的数据，并运用 12.1 节中建立的计算模型，可以计算出这些样本城市的市政设施载体指数、荷载指数和承载力指数。

12.2.1 实证计算数据

本书展示的实证分析基于 35 个样本城市在 2008～2017 年的城市市政设施载体指标和荷载指标数据，这些指标数据的来源见表 12.4。对于少数缺失的数据，采用临近插值法补齐。

表 12.4 城市市政设施载体指标和荷载指标的数据来源

指标	数据来源
$C_{\mathrm{I}1}$, $C_{\mathrm{I}2}$, $C_{\mathrm{I}4}$, $C_{\mathrm{I}5}$, $C_{\mathrm{I}12}$, $C_{\mathrm{I}14}$, L_2, L_3, L_4, L_8, L_{10}	《中国城市建设统计年鉴》
$C_{\mathrm{I}3}$, $C_{\mathrm{I}6}$, $C_{\mathrm{I}7}$, $C_{\mathrm{I}8}$, $C_{\mathrm{I}9}$, $C_{\mathrm{I}10}$, $C_{\mathrm{I}11}$, $C_{\mathrm{I}13}$, $C_{\mathrm{I}16}$, $C_{\mathrm{I}17}$, L_5, L_7	《中国城市统计年鉴》
$C_{\mathrm{I}15}$, L_9	《中国统计年鉴》
L_1	《中国城市国民经济和社会发展统计公报》
L_6	国家统计局官方数据库

根据本书第 4 章论述的数据标准化处理方法对指标原始数据进行标准化处理，并应用熵权法对载体指标和荷载指标的权重进行计算，得到 2008～2017 年各个指标的平均权重，具体见表 12.5。

表 12.5 城市市政设施载体指标及荷载指标平均权重

指标	权重	指标	权重	指标	权重
$C_{\mathrm{I}1}$	0.052	$C_{\mathrm{I}10}$	0.029	L_2	0.100
$C_{\mathrm{I}2}$	0.054	$C_{\mathrm{I}11}$	0.044	L_3	0.162
$C_{\mathrm{I}3}$	0.042	$C_{\mathrm{I}12}$	0.037	L_4	0.148
$C_{\mathrm{I}4}$	0.230	$C_{\mathrm{I}13}$	0.039	L_5	0.032
$C_{\mathrm{I}5}$	0.043	$C_{\mathrm{I}14}$	0.036	L_6	0.088
$C_{\mathrm{I}6}$	0.068	$C_{\mathrm{I}15}$	0.024	L_7	0.121
$C_{\mathrm{I}7}$	0.121	$C_{\mathrm{I}16}$	0.033	L_8	0.111
$C_{\mathrm{I}8}$	0.069	$C_{\mathrm{I}17}$	0.045	L_9	0.072
$C_{\mathrm{I}9}$	0.033	L_1	0.079	L_{10}	0.088

12.2.2　实证计算结果

将经标准化处理后的指标数据及表 12.5 中的指标权重代入式(12.2)～式(12.4)，可以得到 2008～2017 年 35 个样本城市的市政设施载体指数、荷载指数以及承载力指数，其均值和排名见表 12.6。

表 12.6　2008～2017 年 35 个样本城市市政设施载体指数、荷载指数和承载力指数均值和排名

城市	载体指数均值	载体指数排名	荷载指数均值	荷载指数排名	承载力指数均值	承载力指数排名
北京	0.492	2	0.745	2	1.515	29
天津	0.230	6	0.346	7	1.511	30
石家庄	0.066	24	0.176	18	2.741	5
太原	0.061	25	0.155	22	2.589	7
呼和浩特	0.020	34	0.082	33	4.126	2
沈阳	0.105	12	0.201	12	1.936	23
大连	0.075	16	0.174	19	2.368	14
长春	0.069	23	0.145	24	2.122	19
哈尔滨	0.075	16	0.168	20	2.274	15
上海	0.744	1	0.826	1	1.111	34
南京	0.171	9	0.312	8	1.828	27
杭州	0.140	11	0.263	10	1.906	24
宁波	0.213	7	0.210	11	0.986	35
合肥	0.073	21	0.156	21	2.184	18
福州	0.056	28	0.138	25	2.514	8
厦门	0.053	29	0.099	30	1.879	26
南昌	0.043	31	0.106	29	2.497	9
济南	0.075	16	0.155	22	2.104	21
青岛	0.102	14	0.195	17	1.940	22
郑州	0.090	15	0.201	12	2.257	16
武汉	0.208	8	0.301	9	1.466	31
长沙	0.074	20	0.197	16	2.749	4
广州	0.333	4	0.571	3	1.719	28
深圳	0.365	3	0.530	5	1.460	32
南宁	0.058	27	0.134	26	2.430	11
海口	0.024	32	0.055	34	2.440	10
重庆	0.254	5	0.551	4	2.196	17
成都	0.169	10	0.405	6	2.427	13
贵阳	0.049	30	0.117	28	2.427	12
昆明	0.075	16	0.198	15	2.650	6

续表

城市	载体指数均值	载体指数排名	荷载指数均值	荷载指数排名	承载力指数均值	承载力指数排名
西安	0.105	12	0.199	14	1.894	25
兰州	0.073	21	0.089	32	1.250	33
西宁	0.014	35	0.038	35	2.750	3
银川	0.022	33	0.090	31	4.161	1
乌鲁木齐	0.060	26	0.125	27	2.110	20
样本城市均值	0.138	—	0.242	—	2.186	—

由表 12.6 可以看出，在统计期间样本城市市政设施载体指数平均值排名前三的城市分别是上海、北京和深圳；排名靠后的城市分别是西宁、呼和浩特和银川。综合来看，我国 35 个样本城市的市政设施载体指数差距悬殊，其中最大值超出了平均值 5 倍，是最小值的 50 多倍。荷载指数方面，统计期间城市市政设施荷载指数平均值排名前三的城市分别是上海、北京和广州；排名靠后的城市分别是西宁、海口和呼和浩特。类似地，我国 35 个样本城市的市政设施荷载指数具有很大的差距，最大值是最小值的 31 倍。在样本城市市政设施承载力指数方面，平均值排名前三的城市分别是银川、呼和浩特和西宁，排名靠后的三个城市分别是宁波、上海和兰州。排名越靠前表明市政设施的承载强度越高。

从表 12.6 中可以观察到两个现象：①总体上，城市市政设施载体指数和荷载指数排名相近，特别是北京、沈阳、上海等城市的载体指数和荷载指数排名完全一致。②城市市政设施承载力指数的排名与载体指数或荷载指数的排名差异较大。例如，银川的载体指数和荷载指数排名均靠后，但承载力指数排名却为第一；上海的载体指数和荷载指数排名均为第一，但承载力指数排名却很靠后。这两个现象说明城市市政设施的供给水平与其承担的需求压力有一定关系，同时因为承载力体现的是载体和荷载的相互作用关系，因此载体指数或荷载指数高，并不表示承载力指数高。

为直观地观察 35 个样本城市的市政设施承载力指数在 2008～2017 年的变化趋势，将各城市的市政设施承载力指数计算结果绘制成如图 12.2 所示的曲线。图中纵坐标采用差异化尺度，以更详细地了解样本城市的市政设施承载力演变情况。

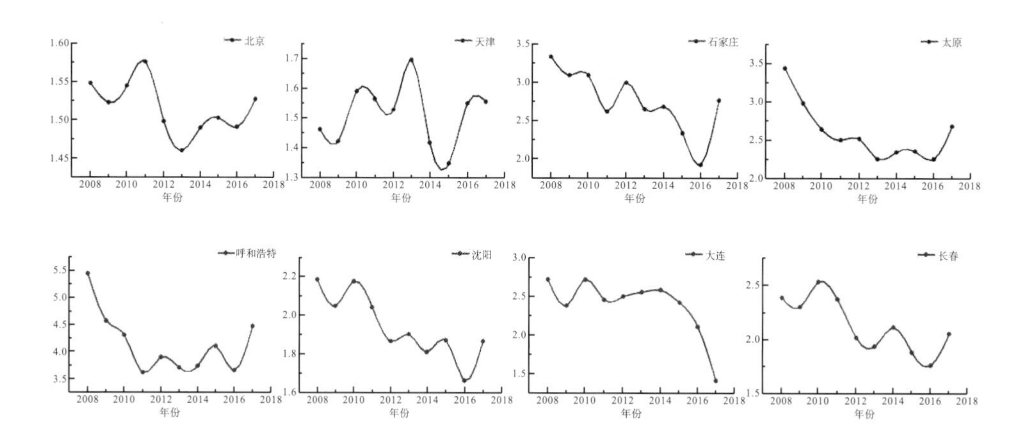

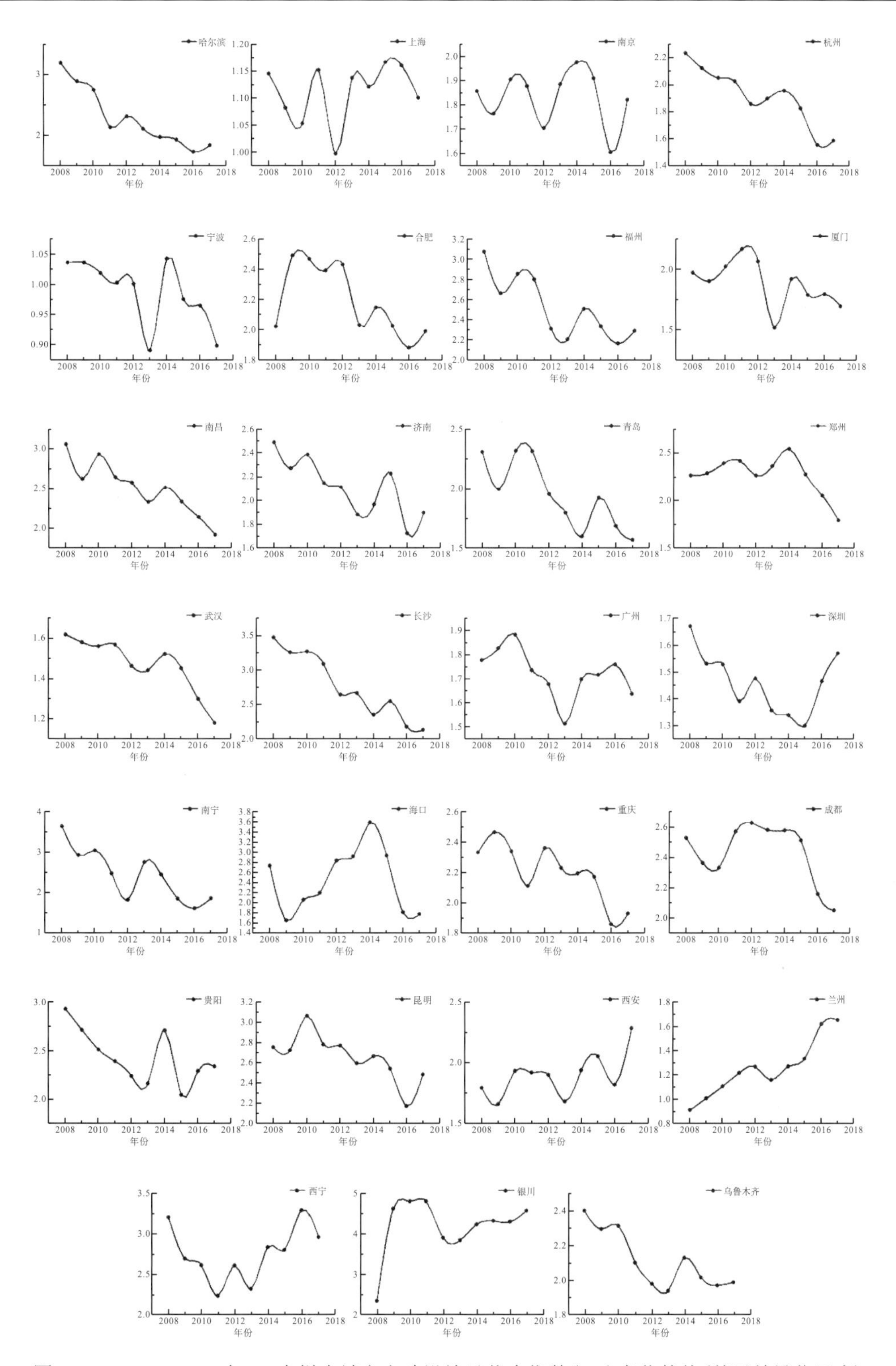

图 12.2　2008～2017 年 35 个样本城市市政设施承载力指数（ρ_1）变化趋势（基于差异化尺度）

注：所有纵坐标都为城市市政设施承载力指数 ρ_1 。

12.3 城市市政设施承载力演变规律分析

基于 12.2 节的实证计算结果，本节将对样本城市的市政设施承载力状态进行分析，并从时间和空间差异两方面对其演变规律进行分析。

12.3.1 城市市政设施承载力状态分析

城市市政设施承载力指数是市政设施载体指数和荷载指数共同作用的结果，反映了城市市政设施对城市经济发展、社会生活和环境保护的承载状态，是衡量城市市政设施能否支撑城市持续发展的重要指标。基于第 4 章构建的城市资源环境承载力计算方法，城市市政设施承载力状态可依据箱形图原理进行分类。首先，计算每一年 35 个样本城市市政设施承载力指数的三个特征值，即 $Q_{3\rho_{\mathrm{I}}}$（上四分位数）、$Q_{2\rho_{\mathrm{I}}}$（中位数）和 $Q_{1\rho_{\mathrm{I}}}$（下四分位数）。其次，计算特征值在研究期内的平均值，分别记为 $\bar{Q}_{3\rho_{\mathrm{I}}}$、$\bar{Q}_{2\rho_{\mathrm{I}}}$、$\bar{Q}_{1\rho_{\mathrm{I}}}$。计算结果见表 12.7。

表 12.7 2008～2017 年 35 个样本城市市政设施承载力指数箱形图特征值

年份	$Q_{3\rho_{\mathrm{I}}}$	$Q_{2\rho_{\mathrm{I}}}$	$Q_{1\rho_{\mathrm{I}}}$
2008	2.986	2.328	1.822
2009	2.697	2.288	1.707
2010	2.719	2.337	1.915
2011	2.480	2.187	1.895
2012	2.537	2.105	1.756
2013	2.447	2.026	1.685
2014	2.549	2.126	1.749
2015	2.335	2.021	1.802
2016	2.145	1.802	1.610
2017	2.202	1.859	1.608
均值	2.510（$\bar{Q}_{3\rho_{\mathrm{I}}}$）	2.108（$\bar{Q}_{2\rho_{\mathrm{I}}}$）	1.755（$\bar{Q}_{1\rho_{\mathrm{I}}}$）

表 12.7 展示的均值便是用于城市市政设施承载力状态分类的三个特征值，即虚拟极限值 $\rho_{\text{vl-I}}=\bar{Q}_{3\rho_{\mathrm{I}}}=2.510$、最优值 $\rho_{\mathrm{I}}^{*}=\bar{Q}_{2\rho_{\mathrm{I}}}=2.108$ 和基准值 $\rho_{\text{lu-I}}=\bar{Q}_{1\rho_{\mathrm{I}}}=1.755$。基于这三个特征值，可划分出四个不同的状态区间，分别是高风险超载区间（$A_{1\text{-I}}$ 区间）、高利用区间($A_{2\text{-I}}$ 区间)、中度利用区间($A_{3\text{-I}}$ 区间)、低利用区间（$A_{4\text{-I}}$ 区间），见表 12.8。

表 12.8　样本城市市政设施承载力状态区间划分标准

区间	$A_{1\text{-}I}$	$A_{2\text{-}I}$	$A_{3\text{-}I}$	$A_{4\text{-}I}$
划分标准	$\rho_I > 2.510$	$2.108 < \rho_I \leqslant 2.510$	$1.755 < \rho_I \leqslant 2.108$	$\rho_I \leqslant 1.755$
区间名称	高风险超载区间	高利用区间	中度利用区间	低利用区间

基于城市市政设施承载力状态区间的划分标准，可进行承载力状态分析。图 12.3 为 2008～2017 年我国 35 个样本城市的市政设施承载力指数箱形图。

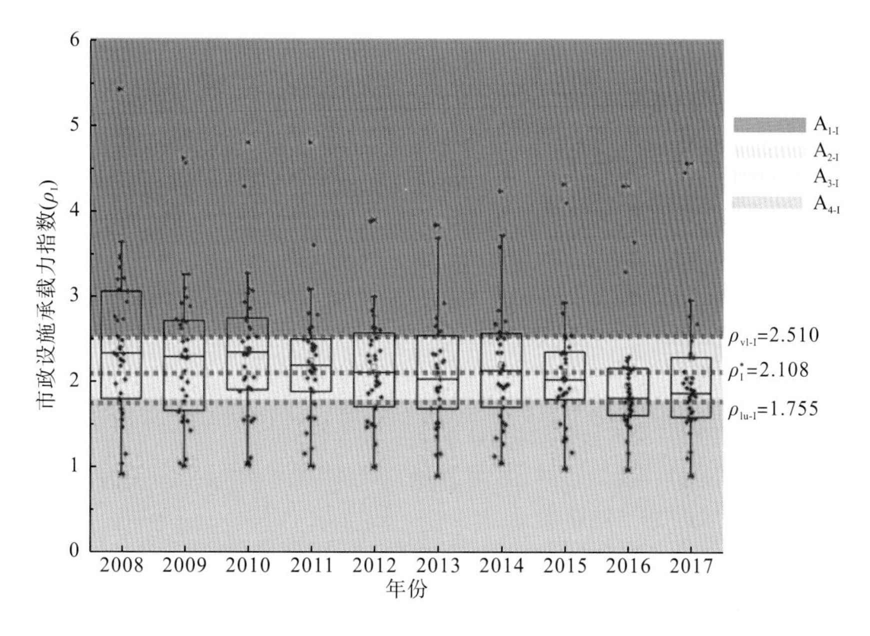

图 12.3　2008～2017 年 35 个样本城市市政设施承载力指数箱形图

由图 12.3 可知，2008～2017 年样本城市的市政设施承载力指数逐年下降，表明城市市政设施承载力整体上呈现出收缩趋势。这将导致处于高风险超载区间的城市逐渐减少，而处于低利用区间的城市逐渐增多。

为进一步了解各样本城市市政设施承载力状态的变化，绘制我国 35 个样本城市在研究期内的承载力状态区间分布图，如图 12.4 所示。

由图 12.4 可以看出，长期处于 $A_{1\text{-}I}$ 区间的典型城市有石家庄、呼和浩特、南昌、长沙、海口、昆明、西宁和银川等。长期处于 $A_{2\text{-}I}$ 区间的城市包括太原、大连、合肥、福州、济南、郑州、重庆、成都和贵阳等。除此之外，西安、青岛、杭州、南京、长春和沈阳等城市在大部分年份处于 $A_{3\text{-}I}$ 区间，北京、天津、上海、宁波、武汉、深圳、兰州和广州等城市则多处于 $A_{4\text{-}I}$ 区间。

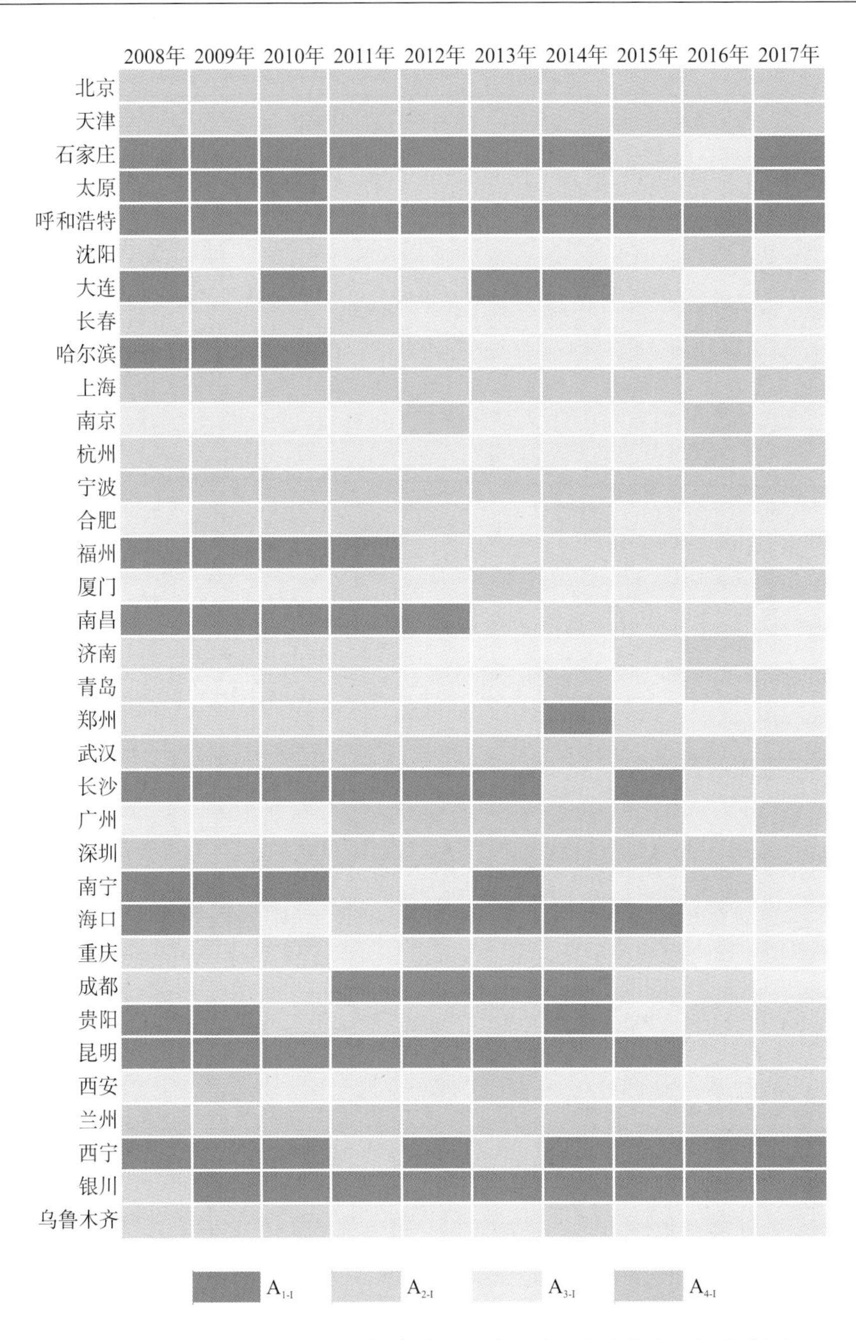

图 12.4 2008～2017 年 35 个样本城市市政设施承载力状态区间分布图

12.3.2 城市市政设施承载力状态时间演变规律及空间差异分析

在城市的发展历程中，城市经济发展、社会生活和环境保护所产生的市政设施荷载强度是随时间变化的，而城市市政设施载体的规模和水平也随着科学技术的进步和城市社会经济发展需求不断变化。由于城市市政设施载体的规模和水平及其所承载的荷载强度都是动态变化的，因此城市市政设施承载力会不断发生变化。

1. 市政设施承载力状态的变化趋势

通过对图 12.4 中的信息进行统计，可以得到研究期内各年不同承载力状态区间的城市数量，并可绘制出相应的各状态区间的城市数量变化图，如图 12.5 所示。

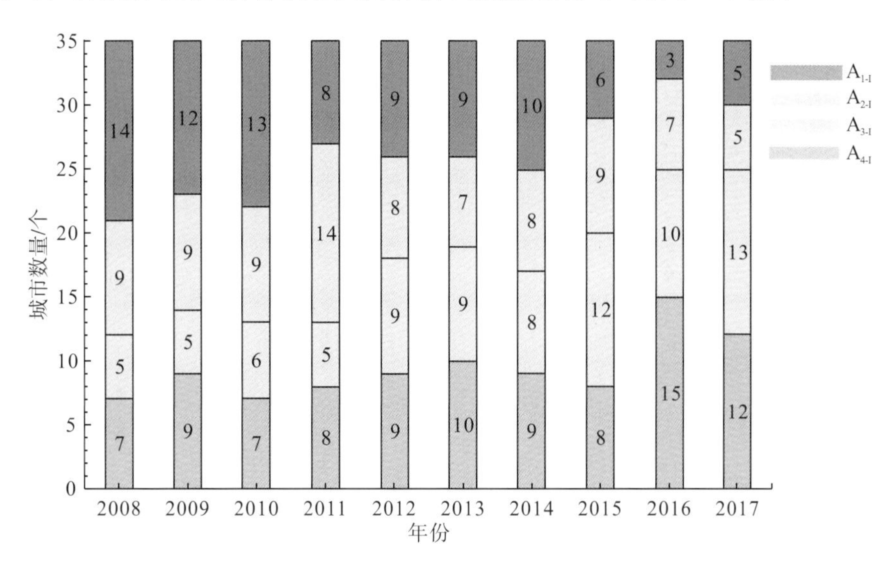

图 12.5 2008～2017 年市政设施承载力 4 个状态区间的城市数量分布图

图 12.5 显示，处于高风险超载区间(A_{1-I}区间)和高利用区间(A_{2-I}区间)的城市数量在研究期内呈下降趋势，表明我国 35 个样本城市在 2008～2017 年的市政设施承载力逐步降低，承载压力逐渐得到缓解，城市对市政设施的投入逐步加大，社会经济活动对市政设施的需求逐渐得到满足。另外，图 12.5 也表明在研究期内，处于中度利用区间(A_{3-I}区间)的城市数量总体上呈现明显的上升趋势，处于低利用区间(A_{4-I}区间)的城市数量呈缓慢上升趋势。这说明越来越多的城市有充裕的市政设施，随着城市生产生活需求的提升，样本城市持续加大了对市政设施的规划和建设力度，从而全面提高了城市市政设施载体水平。然而，也有一些样本城市市政设施的承载强度很低，利用率不高，这些城市应避免盲目建设市政设施，加大对市政设施的管理力度和利用强度。

2. 城市市政设施承载力状态空间差异分析

将表 12.6 中样本城市的市政设施承载力指数平均值与表 12.7 中的承载力状态区间划分标准相结合，可以得到 2008～2017 年 35 个样本城市市政设施承载力状态区间空间分布图，见图 12.6。

由图 12.6 可以看出，处于高风险超载区间(A_{1-I}区间)的城市有银川、西宁、长沙、昆明、太原、福州、石家庄和呼和浩特，表明这些城市的市政设施建设不足以满足城市发展需求。尽管表 12.6 显示银川、呼和浩特、西宁、石家庄和太原的市政设施荷载较低，但这些城市的市政设施载体规模非常小，不能完全承载市政设施荷载，因此这些城市的市政设施承载力处于高风险超载状态。这些城市面临的情况与其经济发展水平较低以及对市政

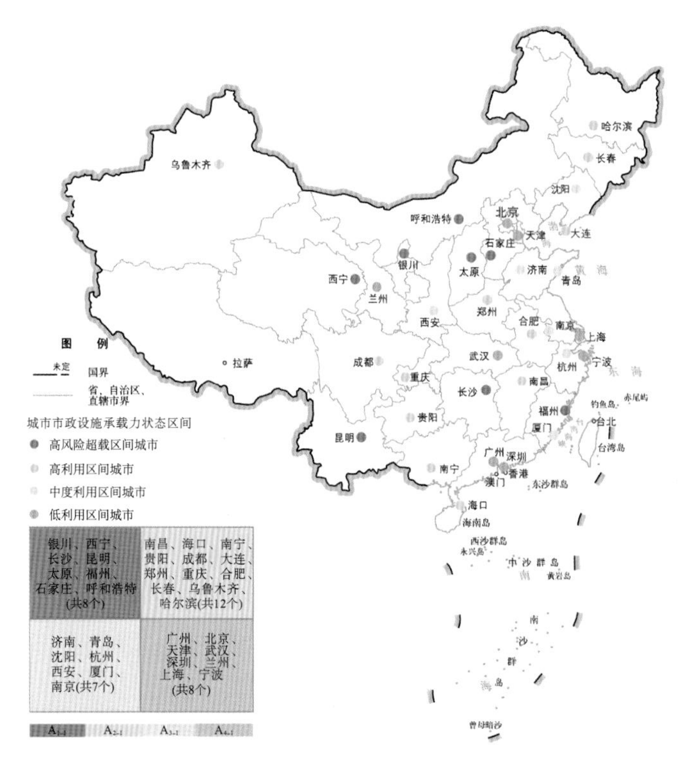

图 12.6　2008～2017 年 35 个样本城市市政设施承载力状态区间空间分布图

设施的规划、投资和建设不足有关，应适当扩大城市市政设施建设规模，避免或减少对市政设施产生不必要的荷载。处于高利用区间（$A_{2\text{-}I}$区间）的城市有南昌、海口、南宁、贵阳、成都、大连、郑州、重庆、合肥、长春、乌鲁木齐和哈尔滨，这些城市的市政设施荷载与市政设施供给水平基本匹配。这些城市多位于我国的西南地区和东北地区，其中重庆属于经济较发达的城市，处于高载体和高荷载状态，虽然其荷载较大，但良好的市政设施建设较好地满足了城市社会经济发展的需求，所以其市政设施承载力没有出现超载风险。其他处于该状态区间的城市经济水平不高，市政设施载体水平也不高，但这些城市对市政设施的利用率较高。处于中度利用区间（$A_{3\text{-}I}$ 区间）和低利用区间（$A_{4\text{-}I}$ 区间）的城市多位于我国的东部沿海和京津冀地区，如厦门、广州、北京、天津、武汉、深圳、兰州、上海和宁波。有趣的是，本书的分析评价结果与传统上的理解和认识有所不同。传统上，北京、上海、广州、深圳 4 个一线城市的市政设施建设需要进一步加强。但根据图 12.6，这些城市的市政设施承载力均属于低利用状态。北京、上海、广州和深圳这 4 个城市具有较高的经济水平和重要的地位，其市政设施载体规模远超过其所承载的荷载规模，因而存在“低利用”现象。北京、上海、广州、深圳凭借其自身的经济和政治优势，在市政设施建设上有着相对较好的投融资条件并享受着国家有利的市政设施规划政策。这些城市的技术水平高，人力资源好，因此市政管理更为精细，居民素质和环保意识相对较高，使得这类城市具有较高的市政设施载体水平。当然，作为我国的超大型城市，北上广深承担着巨大的流动人口压力和政治经济任务，它们需要站在一个更高、更远、更广的角度对城市市政设施进行规划、建设和管理，其市政设施承载力需要具有较大的弹性和韧性。因此，尽管实证研究结果表明这些城市的市政设施承载强度不高，但由于其独特的政治经济地位，它们必须具备有充分的城市市政设施承载力盈余性，才能去承载未来城市和国家发展的巨大荷载需求。同处于低利用区间的其他城市都具有良好的市政设施载体，有利于吸引更多的优势资源发展社会经济。这些样本城市未来应注重提升市政设施的质量，充分发挥市政设施对社会经济发展的带动作用，提升对市政设施的利用水平。

12.4　本 章 小 结

在我国城镇化率不断提升的背景下，城市对市政设施的供给水平提出了更高的要求。市政设施是支撑城市经济发展和保障社会稳定运行的重要基础设施，正确认识各种社会经济活动产生的荷载十分重要。本章利用基于“载体-荷载”视角的城市资源环境承载力评价原理，界定了城市市政设施承载力的内涵，建立了城市市政设施承载力评价方法，并进行了实证研究。在建立的评价方法中，选取的市政设施载体指标涉及供水设施、供气设施、供电设施、通信设施、排水设施、污水处理设施和垃圾处理设施七个方面，共计 17 个指标；荷载指标则涉及社会、经济和环境三个方面，共计 10 个指标。基于建立的评价方法，本章对我国 35 个样本城市的市政设施承载力进行了实证研究，计算出了这些样本城市的市政设施载体指数、荷载指数和承载力指数。基于实证计算结果，针对样本城市市政设施承载力得出如下主要结论。

(1) 城市市政设施的供给水平与其承担的需求压力有一定联系。整体上看，市政设施载体指数排名越高的城市，其市政设施荷载指数排名通常也越高。

(2) 2008～2017 年的数据表明，样本城市市政设施的承载强度整体上呈现出下降趋势。处于高风险超载区间和高利用区间的城市数量呈下降趋势；处于中度利用区间和低利用区间的城市数量呈现上升趋势。随着城镇化进程的推进，样本城市对市政设施建设的重视程度不断提升，城市市政设施荷载逐步降低，荷载压力明显得到缓解。部分城市甚至出现市政设施利用不充分的问题，市政设施承载强度较低，利用率也较低。也有一些城市的市政设施承载力一直处于中度利用或低利用状态，但市政设施承载强度有所提升，说明这些城市在提高市政设施的利用率。

(3) 虽然样本城市市政设施的承载压力整体上得到了缓解，但是个别城市的市政设施承载强度仍提升，甚至存在市政设施承载力超载风险，这些城市的市政设施建设未满足社会经济发展需求，社会经济发展受到一定的抑制。

(4) 从空间上来看，处于中度利用和低利用区间的城市多位于我国的东部沿海和京津冀地区，而处于高风险超载区间和高利用区间的城市多位于经济水平相对落后的地区。这表明我国经济发达地区城市的市政设施承载强度不高，未来应注意提高市政设施管理水平和利用率。而处于经济欠发达地区的城市市政设施承载强度过高，具有明显的超载风险，应考虑加大市政设施的投资和建设规模。

第 13 章　城市公共服务资源承载力实证评价

本章对城市公共服务资源承载力(UPRSCC)进行实证评价分析，其主要内容包括：①构建评价城市公共服务资源承载力的方法；②对我国 35 个样本城市在 2008～2017 年的公共服务资源承载力进行实证计算；③基于实证计算结果，对城市公共服务资源承载力的演变规律进行分析。

13.1　城市公共服务资源承载力评价方法

13.1.1　城市公共服务资源承载力的内涵

公共服务是政府、机构、组织等公共部门为满足居民的公共需求提供各类公共产品的行为。2017 年国务院发布的《“十三五”推进基本公共服务均等化规划》对基本公共服务的范围作出了明确的阐释，即政府应当提供公共教育、劳动就业创业、社会保险、医疗卫生、社会服务、住房保障、公共文化体育、残疾人服务等领域的公共服务资源，保障全体居民在生活方面的基本需要。公共服务资源的有效供给是城市社会经济发展的重要支撑。

随着城镇化进程的推进，人口和社会经济活动在城市集聚，城市公共服务需求快速增长，“上学难”“看病难”等现象在许多城市都比较突出，出现了居民对公共服务资源的需求日益增长和公共服务资源供给不充分或不平衡之间的矛盾，公共服务资源承载力存在缺口或未得到充分有效的利用。中央和地方政府对优化提升公共服务资源承载力高度关注，2014 年国务院发布的《国家新型城镇化规划(2014—2020 年)》强调要增强公共服务对人口的承载能力，有效预防和治理城市病。2015 年北京市规划和自然资源委员会在议案审批意见中指出要增强新城公共服务资源承载力，推动中心城区优质资源向新城疏解。《广州市供给侧结构性改革总体方案(2016—2018 年)》指出要加快建设特色小镇，提升城镇公共服务资源承载力。《厦门市人口发展规划(2016—2030 年)》指出人口与公共服务资源承载力不匹配的问题，尤其是流动人口的教育供给压力大，强调提升公共服务资源承载力的重要性。

以往的文献针对公共服务资源承载力的内涵从不同的角度进行了分析和讨论。王郁(2016)认为，城市公共服务资源承载力是指为了满足城市可持续发展需求，在一定的时间范围内，城市能够为城市居民提供的医疗、教育、保障性住房、交通、环境治理等方面的公共服务的最大限度。尹凡和刘明(2017)指出，公共服务资源承载力是管理者向公众提供就业、教育、医疗卫生、科技研发、社会保障等公共服务的能力和强度阈值。上述对公共服务资源承载力的阐释强调的是公共服务资源承载力的阈值。

与自然资源不同，公共服务资源是一种社会资源，是为了提高居民生活水平和满足社会经济发展需求而被创造出来的资源。这种资源的承载能力受资源供给水平和人口及社会经济活动共同影响。基于本书第 3 章提出的“载体-荷载”视角下的资源环境承载力评价原理，可知公共服务资源是形成公共服务资源承载力的载体，而人口及社会经济活动是公共服务资源荷载。城市是一个开放系统，城市公共服务资源载体和荷载都是动态变化的，所以城市公共服务资源承载力也是动态变化的，其阈值不会固定不变。对公共服务资源承载力进行评价实质上是对公共服务资源承载状态进行评价，而不是计算承载力的阈值。因此，本书将城市公共服务资源承载力定义为城市教育、医疗卫生、社会保障与就业、住房保障、环保绿化、公共文化体育等方面的公共服务资源对人口和社会经济活动的承载强度，其内涵可用图 13.1 表示。

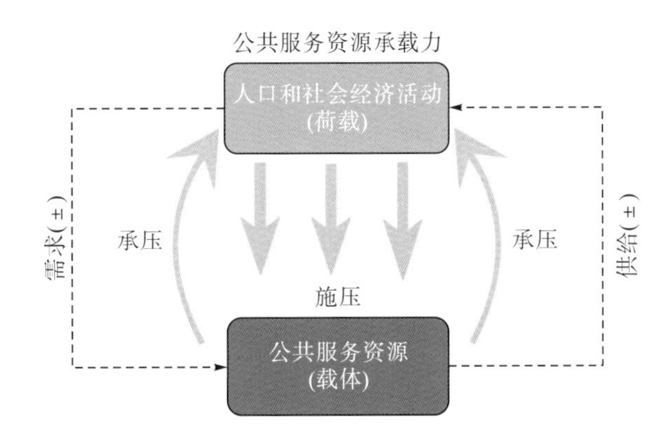

图 13.1　城市公共服务资源承载力内涵示意图

如图 13.1 所示，城市人口和社会经济活动的正常进行离不开公共服务资源，它们会对公共服务资源产生荷载。而各种公共服务资源承载了人口和社会经济活动需求，只有不断地提供各种公共服务资源，才能满足城市人口的需要和保障社会经济活动正常进行。

基于上述讨论，公共服务资源承载力的水平可以用公共服务资源承载力指数(ρ_{P})来表征，其表达式如下：

$$\rho_{\mathrm{P}}=\frac{L_{\mathrm{P}}}{C_{\mathrm{P}}} \tag{13.1}$$

式中，ρ_{P}表示城市公共服务资源承载力指数；L_{P}表示城市人口和社会经济活动对公共服务资源构成的荷载指数；C_{P}表示公共服务资源载体指数。

在式(13.1)中，ρ_{P}值越大，表明公共服务资源载体承载相应荷载的强度越大，即公共服务资源载体被相应荷载利用的程度越高。ρ_{P}值是动态变化的，并非越大越好，也非越小越好，应该结合城市特定发展条件合理确定。ρ_{P}值过大意味着公共服务资源载体的承载强度过大，面临着超载风险；而过小则意味着城市提供的公共服务资源载体利用不足，存在公共服务资源浪费现象。

在大数据背景下，能更充分有效地识别公共服务资源和人口及社会经济活动之间的相互作用关系。一方面，公众可以在政府网站和社交平台上方便快捷地表达对各类公共服务资源的需求和意见，表达渠道更加多元化。例如，国务院办公厅开通了“国家政务服务投诉与建议”小程序，公众可以随时随地对政务服务提出意见和建议，有利于政府提升公共服务水平。另一方面，政府通过应用各类大数据工具，可以更及时、准确地识别公众的需求，不断调整公共服务的供给量和提升公共服务质量，使公共服务资源能更好地承载人口及社会经济活动的需求。例如，上海于 2018 年建立了“一网通办”政务服务，将政府数据归集到一个功能性平台上，旨在面向企业和居民提供所有线上线下服务事项，逐步做到“一网受理、只跑一次、一次办成”，实现涵盖户籍办理、生育收养、就业创业、住房保障、社会保障、交通出行、旅游观光等 30 类 1339 个事项的“一网通办”(谭必勇和刘芮，2020)。上线一年，上海“一网通办”实名用户注册数量已突破 1008 万，平台累计办件量超过 2489 万件。

13.1.2 城市公共服务资源承载力评价指标

前面的论述指出，城市公共服务资源承载力反映的是公共服务资源对人口及社会经济活动的承载状态，为了评价这种状态，需要构建基于“载体-荷载”视角的城市公共服务资源承载力评价指标。

公共服务资源载体指标是用于衡量公共服务资源规模和性能的指标，而公共服务资源荷载指标是用于度量与公共服务相关的人口及社会经济活动状况的指标。根据《国家新型城镇化规划(2014—2020 年)》，我国的公共服务主要涉及公共教育、劳动就业创业、社会保障、医疗卫生、社会服务、住房保障、公共文化体育、残疾人服务等领域。基于此，本书从义务教育、医疗卫生服务、社会保障与就业、住房保障、环保绿化、公共文化体育服务六个方面分别建立公共服务资源载体指标和荷载指标，如表 13.1 所示。

表 13.1 城市公共服务资源载体指标和荷载指标

公共服务资源类别	载体指标	荷载指标
义务教育资源	C_{P_1} (小学数量)/所	L_{P_1} (小学生数量)/人
	C_{P_2} (小学老师数量)/人	
	C_{P_3} (中学数量)/所	L_{P_2} (中学生数量)/人
	C_{P_4} (中学老师数量)/人	
医疗卫生服务资源	C_{P_5} (卫生机构数量)/个	L_{P_3} (医疗卫生机构诊疗人次)/万人
	C_{P_6} (卫生机构床位数量)/个	
	C_{P_7} (卫生机构医师数量)/人	
	C_{P_8} (医疗卫生财政投入)/万元	

续表

公共服务资源类别	载体指标	荷载指标
社会保障与就业资源	C_{P_9}（基本养老保险参保人数）/万人 $C_{P_{10}}$（基本医疗保险参保人数）/万人 $C_{P_{11}}$（基本失业保险参保人数）/万人 $C_{P_{12}}$（城镇从业人员年末人数）/万人	L_{P_4}（城镇居民最低生活保障人数）/万人 L_{P_5}（城镇登记失业人数）/万人
住房保障资源	$C_{P_{13}}$（城镇居民家庭年人均可支配收入）/(元/人) $C_{P_{14}}$（在岗职工年平均工资）/(元/人)	L_{P_6}（城镇居民家庭年人均居住消费支出）/(元/人) L_{P_7}（商品房平均销售价格）/(元/m^2)
环保绿化资源	$C_{P_{15}}$（污水处理量）/万 m^3 $C_{P_{16}}$（生活垃圾无害化处理量）/万 t $C_{P_{17}}$（公园绿地面积）/hm^2	L_{P_8}（污水排放量）/万 m^3 L_{P_9}（生活垃圾产生量）/万 t $L_{P_{10}}$（城市建成区面积）/km^2
公共文化体育资源	$C_{P_{18}}$（公共图书馆藏书量）/册 $C_{P_{19}}$（群艺馆、文化馆、文化站数量）/个 $C_{P_{20}}$（体育场地数量）/个	$L_{P_{11}}$（常住人口）/万人

13.1.3　城市公共服务资源承载力计算模型

根据城市公共服务资源承载力的定义［式(13.1)］，可知对城市公共服务资源承载力指数(ρ_P)的计算需要基于对公共服务资源载体指数(C_P)和荷载指数(L_P)的计算。

1. 公共服务资源载体指数的计算

在计算公共服务资源载体指数时，需要将载体指标的原始数据按照本书第 4 章建立的方法进行标准化处理和求取权重。针对表 13.1 中列出的指标，第 i 个城市第 j 个载体指标在第 t 年的标准化值表示为 $x_{i,j,t}^{*P}$，第 j 个载体指标在研究期内的平均权重表示为 $\overline{W}_{C,j}^{P}$，进而可以计算出第 i 个城市在第 t 年的公共服务资源载体指数 $C_{P_{i,t}}$：

$$C_{P_{i,t}} = \sum_{j=1}^{20} \overline{W}_{C,j}^{P} \cdot x_{i,j,t}^{*P} \tag{13.2}$$

2. 公共服务资源荷载指数的计算

同理，参照表 13.1 中的荷载指标，第 i 个城市在第 t 年的公共服务资源荷载指数 $L_{P_{i,t}}$ 的计算公式如下：

$$L_{P_{i,t}} = \sum_{k=1}^{11} \overline{W}_{L,k}^{P} \cdot x_{i,k,t}^{*P} \tag{13.3}$$

式中，$\overline{W}_{L,k}^{P}$ 是第 k 个荷载指标的平均权重；$x_{i,k,t}^{*P}$ 是第 i 个城市第 k 个荷载指标在第 t 年的标准化值。

3. 公共服务资源承载力指数的计算

结合式(13.1)～式(13.3)，城市公共服务资源承载力指数的计算公式如下：

$$\rho_{\mathrm{P}_{i,t}} = \frac{\sum_{j=1}^{20} \overline{W}_{C,j}^{\mathrm{P}} \cdot x_{i,j,t}^{*P}}{\sum_{k=1}^{11} \overline{W}_{L,k}^{\mathrm{P}} \cdot x_{i,k,t}^{*P}} \tag{13.4}$$

式中，$\rho_{\mathrm{P}_{i,t}}$为城市i在第t年的公共服务资源承载力指数。

13.2 城市公共服务资源承载力实证计算

本节基于收集与处理的我国35个样本城市的相关数据对城市公共服务资源承载力进行实证计算，并运用13.1节构建的计算城市公共服务资源承载力的方法，分析计算我国样本城市公共服务资源承载力。

13.2.1 实证计算数据

1. 数据收集

公共服务资源承载力评价指标的数据来源见表13.2。其中，大部分数据来源于《中国城市统计年鉴》《中国城市建设统计年鉴》《中国卫生健康统计年鉴》《中国房地产统计年鉴》、各个城市的统计年鉴以及各个城市的国民经济和社会发展统计公报。对于缺失的数据，通过申请政府公开信息、电话咨询、实地调研等方式获取。对于通过以上渠道均无法获取的数据，采用线性插值法补齐。

表13.2 实证计算研究数据来源

指标	数据来源
C_{P_1}，C_{P_2}，C_{P_3}，C_{P_4}，$C_{\mathrm{P}_{12}}$，$C_{\mathrm{P}_{14}}$，$C_{\mathrm{P}_{18}}$，L_{P_1}，L_{P_2}	《中国城市统计年鉴》
C_{P_5}，C_{P_6}，C_{P_7}，C_{P_8}，C_{P_9}，$C_{\mathrm{P}_{10}}$，$C_{\mathrm{P}_{11}}$，$C_{\mathrm{P}_{12}}$，$C_{\mathrm{P}_{13}}$，$C_{\mathrm{P}_{19}}$，$C_{\mathrm{P}_{20}}$，L_{P_4}，L_{P_5}，L_{P_6}，$L_{\mathrm{P}_{11}}$	各城市统计年鉴以及各城市国民经济和社会发展统计公报
$C_{\mathrm{P}_{15}}$，$C_{\mathrm{P}_{16}}$，$C_{\mathrm{P}_{17}}$，L_{P_8}，L_{P_9}，$L_{\mathrm{P}_{10}}$	《中国城市建设统计年鉴》
L_{P_3}	《中国卫生健康统计年鉴》
L_{P_7}	《中国房地产统计年鉴》

2. 评价指标数据处理

在原始数据的基础上，对指标数据进行无量纲标准化处理，然后应用熵权法计算出各评价指标的平均权重，见表13.3。

表 13.3　样本城市公共服务资源载体指标和荷载指标平均权重

指标	平均权重	指标	平均权重
C_{P_1}	0.047	$C_{P_{17}}$	0.057
C_{P_2}	0.040	$C_{P_{18}}$	0.062
C_{P_3}	0.031	$C_{P_{19}}$	0.092
C_{P_4}	0.038	$C_{P_{20}}$	0.096
C_{P_5}	0.040	L_{P_1}	0.082
C_{P_6}	0.036	L_{P_2}	0.090
C_{P_7}	0.042	L_{P_3}	0.117
C_{P_8}	0.063	L_{P_4}	0.127
C_{P_9}	0.059	L_{P_5}	0.089
$C_{P_{10}}$	0.048	L_{P_6}	0.029
$C_{P_{11}}$	0.057	L_{P_7}	0.107
$C_{P_{12}}$	0.047	L_{P_8}	0.111
$C_{P_{13}}$	0.016	L_{P_9}	0.102
$C_{P_{14}}$	0.036	$L_{P_{10}}$	0.066
$C_{P_{15}}$	0.050	$L_{P_{11}}$	0.080
$C_{P_{16}}$	0.045	—	—

13.2.2　实证计算结果

将35个样本城市在2008～2017年的载体指标数据和荷载指标数据进行标准化处理和确立权重后应用于式(13.2)～式(13.4)，可以计算出2008～2017年35个样本城市的公共服务资源承载力指数，如表13.4所示。从表13.4中可以看出，2008～2017年公共服务资源承载力指数平均值最高的三个城市分别是合肥、厦门和长沙，表明这些城市的公共服务资源承载强度很高。排名靠后的三个城市分别是南宁、西宁和成都，这些城市的公共服务资源承载强度相对较低。总体上，样本城市公共服务资源的承载强度较高，且承载强度在城市间的差异比较明显。

为了可以更详细地了解样本城市的公共服务资源承载力演变情况，用图13.2展示纵坐标尺度差异化下35个样本城市的公共服务资源承载力指数。

表 13.4 2008～2017 年 35 个样本城市公共服务资源承载力指数（ρ_P）及排名

城市	2008 年		2009 年		2010 年		2011 年		2012 年		2013 年		2014 年		2015 年		2016 年		2017 年		年均值	
	ρ_P	排名	ρ_P	排名	ρ_P	排名	ρ_P	排名	ρ_P	排名	ρ_P	排名	ρ_P	排名	ρ_P	排名	ρ_P	排名	ρ_P	排名	ρ_P	排名
北京	0.857	23	0.809	31	0.787	31	0.818	28	0.841	27	0.731	32	0.749	34	0.797	31	0.774	32	0.810	28	0.797	30
天津	1.027	13	1.230	9	1.253	6	1.327	3	1.403	4	1.384	5	1.469	3	1.534	3	1.433	3	1.489	3	1.355	4
石家庄	0.787	27	0.904	26	0.875	27	0.852	26	1.126	16	0.873	23	0.971	27	1.059	18	0.941	25	0.894	25	0.928	24
太原	0.648	35	1.090	19	1.037	18	1.029	19	0.948	26	0.892	22	1.075	20	1.048	19	0.985	22	0.988	17	0.974	22
呼和浩特	0.941	20	1.352	5	1.127	12	1.201	7	0.981	23	1.416	4	1.388	5	1.292	9	1.259	7	1.107	10	1.206	9
沈阳	0.975	18	1.039	20	1.083	15	1.100	18	1.060	20	1.090	13	1.199	10	1.297	8	1.203	8	1.212	7	1.126	12
大连	0.941	20	0.934	25	0.946	22	0.959	23	1.115	17	1.029	18	1.111	17	1.093	15	1.018	18	0.863	26	1.001	20
长春	1.025	14	1.097	18	0.980	20	0.916	25	1.064	19	1.031	17	1.029	23	0.978	24	1.041	13	1.077	12	1.024	19
哈尔滨	1.031	12	1.134	14	1.157	9	1.204	6	1.301	8	1.284	6	1.267	9	1.298	7	1.277	6	1.258	6	1.221	7
上海	1.020	16	1.131	15	1.141	11	1.146	11	1.081	18	1.121	11	1.099	18	1.129	14	1.016	19	0.975	20	1.086	16
南京	1.071	10	1.185	12	1.204	7	1.193	8	1.394	5	1.179	10	1.292	8	1.229	10	1.160	10	1.156	8	1.206	9
杭州	0.735	31	0.833	30	0.765	33	0.731	34	0.766	31	0.799	28	0.766	32	0.758	34	0.758	33	0.781	30	0.769	32
宁波	1.339	3	1.238	8	1.198	8	1.185	9	1.322	7	1.076	14	1.184	14	1.184	12	1.161	9	1.081	11	1.197	11
合肥	2.626	1	2.791	1	2.508	1	1.104	17	1.129	15	1.224	8	1.383	6	1.421	4	1.759	2	1.768	1	1.771	1
福州	1.069	11	1.103	17	1.082	16	1.132	15	1.175	12	1.024	19	1.125	16	0.841	29	0.939	26	0.977	19	1.047	18
厦门	1.189	8	1.668	2	1.427	4	1.426	2	1.756	2	1.955	1	2.210	1	1.947	1	1.935	1	1.726	2	1.724	2
南昌	0.790	26	1.005	21	0.929	25	0.961	22	0.974	24	0.763	29	0.973	26	0.984	23	0.966	23	0.954	23	0.930	23
济南	0.937	22	0.896	27	0.900	26	0.966	21	1.009	22	0.818	27	0.839	30	0.801	30	0.822	30	0.792	29	0.878	26
青岛	0.979	17	1.153	13	1.110	13	1.135	14	1.209	10	1.100	12	1.195	12	1.193	11	1.037	15	0.978	18	1.109	13
郑州	1.286	7	1.205	11	1.153	10	1.142	13	1.213	9	1.209	9	1.341	7	1.301	6	1.126	11	1.113	9	1.209	8

续表

城市	2008 年		2009 年		2010 年		2011 年		2012 年		2013 年		2014 年		2015 年		2016 年		2017 年		年均值	
	ρ_p	排名	ρ_p	排名	ρ_p	排名	ρ_p	排名	ρ_p	排名	ρ_p	排名	ρ_p	排名	ρ_p	排名	ρ_p	排名	ρ_p	排名	ρ_p	排名
武汉	1.383	2	1.366	3	1.260	5	1.277	4	1.378	6	1.265	7	1.392	4	1.362	5	1.352	5	1.388	4	1.342	5
长沙	1.299	5	1.332	6	1.432	3	1.522	1	1.589	3	1.624	3	1.705	2	1.552	2	1.360	4	1.364	5	1.478	3
广州	1.144	9	1.117	16	1.082	16	1.150	10	1.157	14	1.049	16	1.092	19	1.068	17	1.025	17	1.011	15	1.089	15
深圳	1.292	6	1.208	10	1.095	14	1.145	12	1.181	11	0.982	20	1.050	21	1.073	16	1.076	12	0.969	21	1.107	14
南宁	0.737	30	0.845	29	0.766	32	0.807	30	0.803	30	0.752	30	0.723	35	0.769	33	0.699	34	0.739	33	0.764	33
海口	1.339	3	1.359	4	1.487	2	1.230	5	2.186	1	1.627	2	1.199	10	0.845	28	0.987	21	1.025	14	1.328	6
重庆	1.024	15	0.966	24	0.992	19	0.957	24	0.953	25	0.923	21	0.974	25	1.011	22	0.989	20	0.956	22	0.975	21
成都	0.833	25	0.792	33	0.712	35	0.744	32	0.741	32	0.663	33	0.752	33	0.772	32	0.635	35	0.768	32	0.741	35
贵阳	0.845	24	0.991	22	0.939	23	1.014	20	0.720	33	0.751	31	1.162	15	0.918	26	0.856	28	0.850	27	0.905	25
昆明	0.700	32	0.782	34	0.765	33	0.761	31	0.805	29	0.830	25	0.997	24	1.039	20	0.944	24	0.927	24	0.855	28
西安	0.948	19	0.989	23	0.971	21	1.108	16	1.168	13	1.059	15	1.190	13	1.139	13	1.030	16	1.007	16	1.061	17
兰州	0.764	28	0.798	32	0.801	29	0.845	27	1.024	21	0.851	24	0.864	29	0.904	27	0.804	31	0.708	34	0.836	29
西宁	0.664	33	0.894	28	0.827	28	0.692	35	0.679	34	0.554	34	0.899	28	1.029	21	0.830	29	0.560	35	0.763	34
银川	0.758	29	1.257	7	0.936	24	0.734	33	0.579	35	0.525	35	0.781	31	0.491	35	0.907	27	0.772	31	0.774	31
乌鲁木齐	0.654	34	0.728	35	0.789	30	0.812	29	0.819	28	0.825	26	1.030	22	0.977	25	1.039	14	1.058	13	0.873	27
样本城市均值	1.019	—	1.121	—	1.072	—	1.038	—	1.104	—	1.037	—	1.128	—	1.090	—	1.061	—	1.031	—	1.070	—

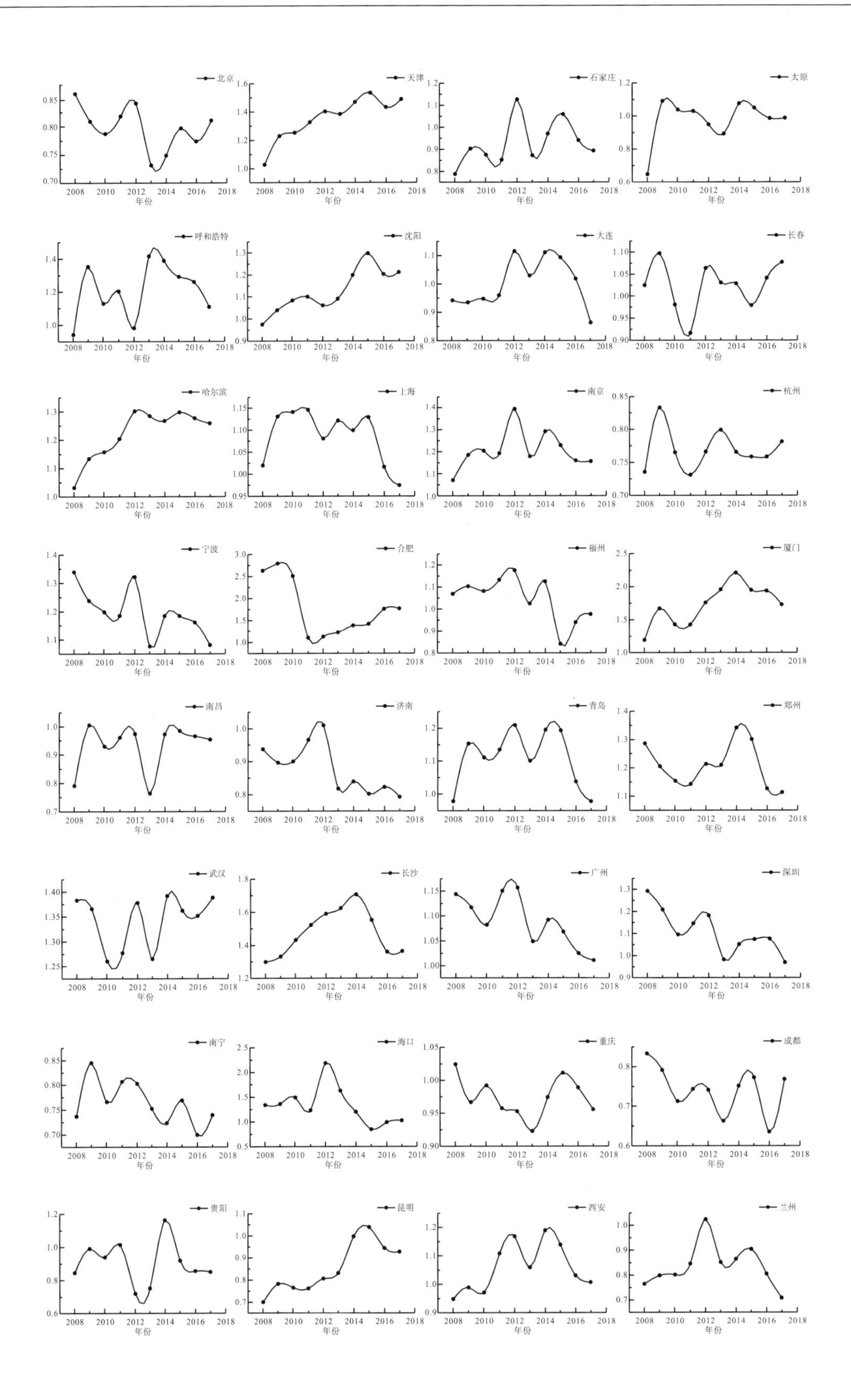
北京
天津
石家庄
太原
呼和浩特
沈阳
大连
长春
哈尔滨
上海
南京
杭州
宁波
合肥
福州
厦门
南昌
济南
青岛
郑州
武汉
长沙
广州
深圳
南宁
海口
重庆
成都
贵阳
昆明
西安
兰州
年份

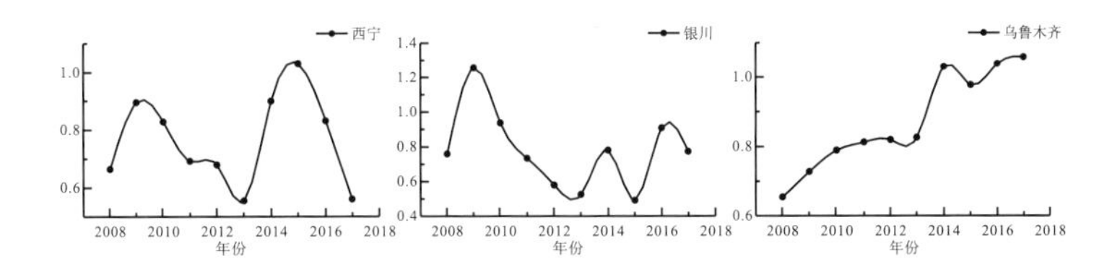

图 13.2　2008～2017 年 35 个样本城市公共服务资源承载力指数(基于差异化尺度)

注：纵坐标均为城市公共服务资源承载力指数(ρ_P)。

13.3　城市公共服务资源承载力演变规律分析

基于本章 13.2 节的实证计算结果，可以从公共服务资源承载力状态特征和公共服务资源承载力的时空演变规律两方面展开对我国城市公共服务资源承载力演变规律的分析。

13.3.1　城市公共服务资源承载力状态分析

基于本书第 4 章关于资源环境承载力状态区间的分析原理，根据表 13.4 中的数据可得到城市公共服务资源承载力的三个特征值：虚拟极限值 $\rho_{vl\text{-}P}$=1.182、相对理想状态值 ρ_P^*=1.047、低利用状态基准值 $\rho_{lu\text{-}P}$=0.880。基于这三个特征值，可划分出四个不同的城市公共服务资源承载力状态区间，即 $A_{1\text{-}P}$ 高风险超载区间($\rho_P \geqslant 1.182$)、$A_{2\text{-}P}$ 高利用区间($1.047 \leqslant \rho_P < 1.182$)、$A_{3\text{-}P}$ 中度利用区间($0.880 \leqslant \rho_P < 1.047$)和 $A_{4\text{-}P}$ 低利用区间($\rho_P < 0.880$)。样本城市 2008～2017 年的公共服务资源承载力指数(ρ_P)分布和承载力状态区间划分如图 13.3 所示。

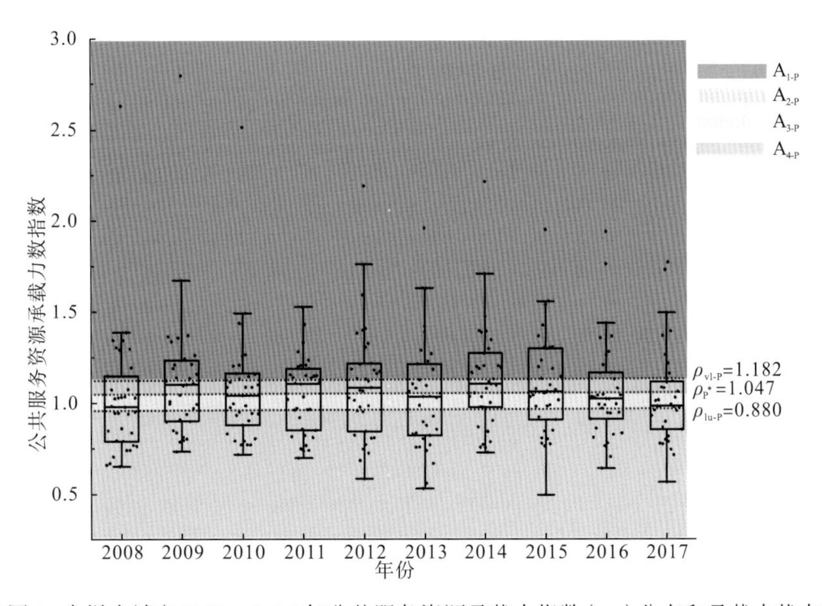

图 13.3　我国 35 个样本城市 2008～2017 年公共服务资源承载力指数(ρ_P)分布和承载力状态区间划分图

根据区间划分标准与表 13.4 中 35 个样本城市公共服务资源承载力指数的实证计算结果，可以得到实证研究期内 35 个样本城市公共服务资源承载力指数状态区间分布图，见图 13.4。

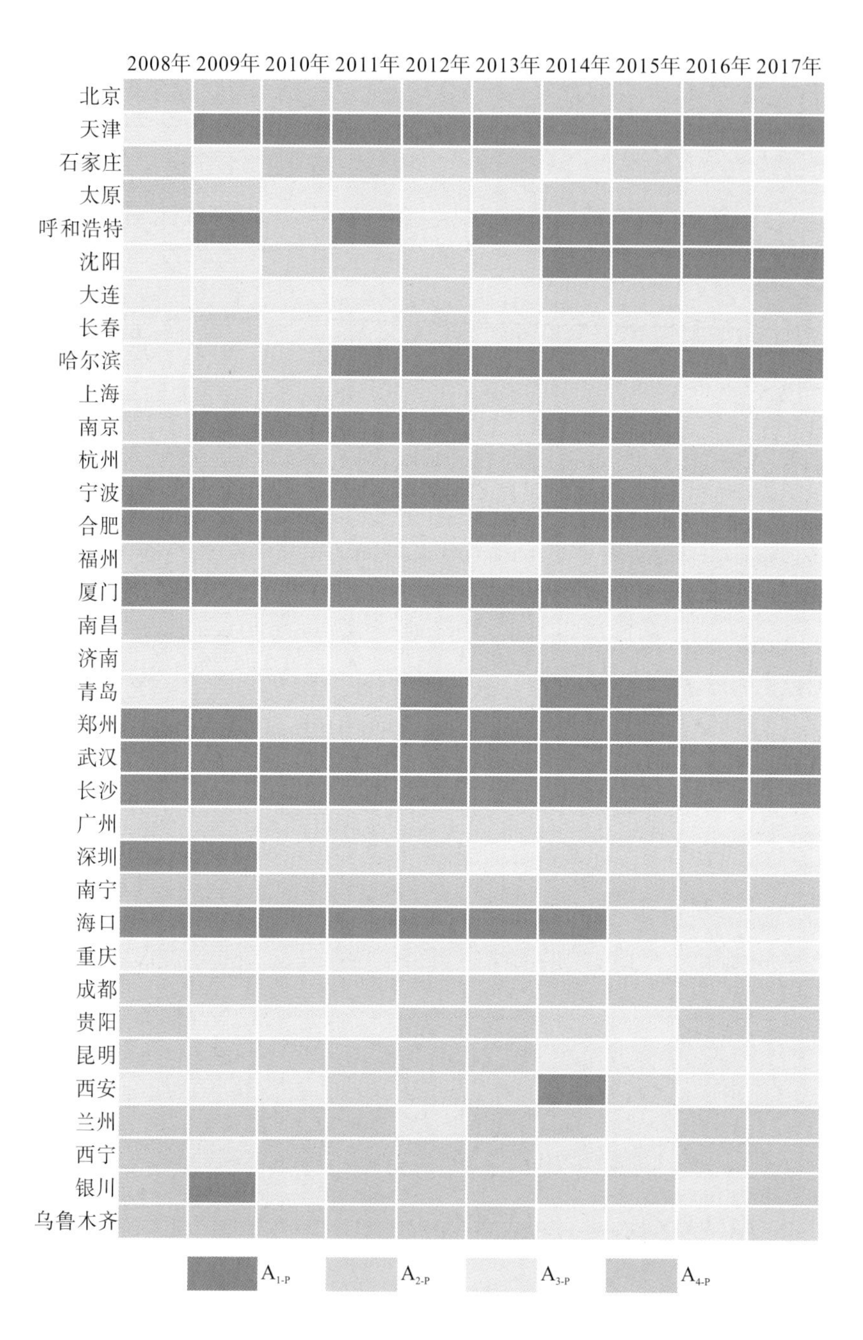

图 13.4 2008～2017 年 35 个样本城市公共服务资源承载力状态区间分布图

13.3.2 城市公共服务资源承载力状态时间演变规律及空间差异分析

从图 13.4 中可以看出，我国 35 个样本城市的公共服务资源承载力状态呈现出明显的时间变化规律和空间差异。

1. 公共服务资源承载力状态的变化趋势分析

通过对图 13.4 中每一年不同承载力状态区间的城市数量进行统计，可以掌握在实证研究期内不同状态区间城市数量的变化情况，如图 13.5 所示。

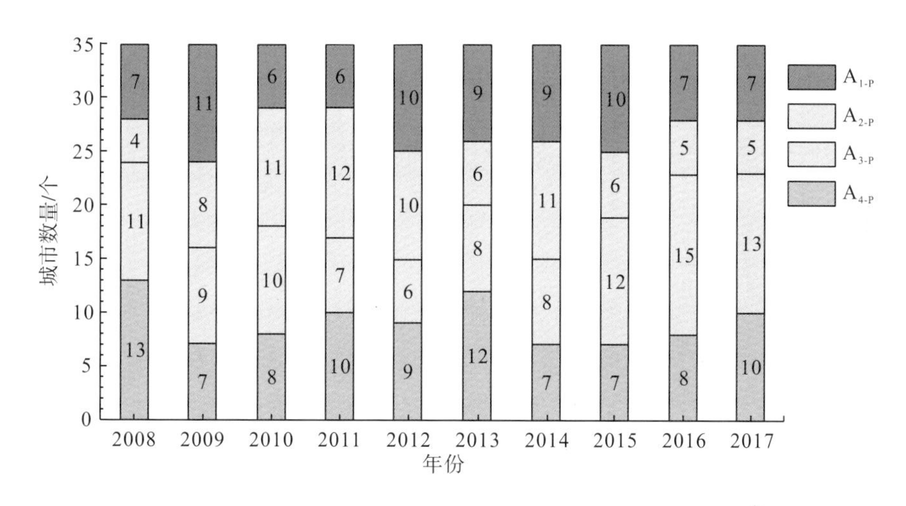

图 13.5 2008～2017 年不同公共服务资源承载力状态区间的城市数量分布图

从图 13.5 中可以看出，公共服务资源承载力处于 $A_{1\text{-}P}$(高风险超载)区间的城市数量总体上没有太大的变化，处于 $A_{2\text{-}P}$ 区间和 $A_{3\text{-}P}$(中度利用)区间的城市数量则有所上升。其中，处于 $A_{2\text{-}P}$(高利用)区间的城市数量前期上升较快，后期又有所下降，总体呈上升趋势。处于 $A_{3\text{-}P}$ 区间的城市数量在 2008～2014 年波动下降，2014 年之后又有较大幅度的上升。处于 $A_{4\text{-}P}$(低利用)区间的城市数量则呈下降趋势。这些变化趋势说明我国城市的公共服务资源得到了越来越有效的利用。但同时，处于高风险超载区间的城市数量没有明显变化，随着人口和社会经济活动向城市集聚，这些城市的公共服务资源载体将会持续面临较大的荷载压力。

2. 城市公共服务资源承载力状态空间差异分析

表 13.4 展示了 35 个样本城市 10 年的平均公共服务资源承载力指数值，这个平均值有助于判定各样本城市公共服务资源承载力的综合状态，综合状态的分布情况可依据承载力状态区间划分标准来获得，据此可识别出每个城市的公共服务资源承载力综合状态区间，并展示样本城市公共服务资源承载力综合状态的空间差异，见图 13.6。

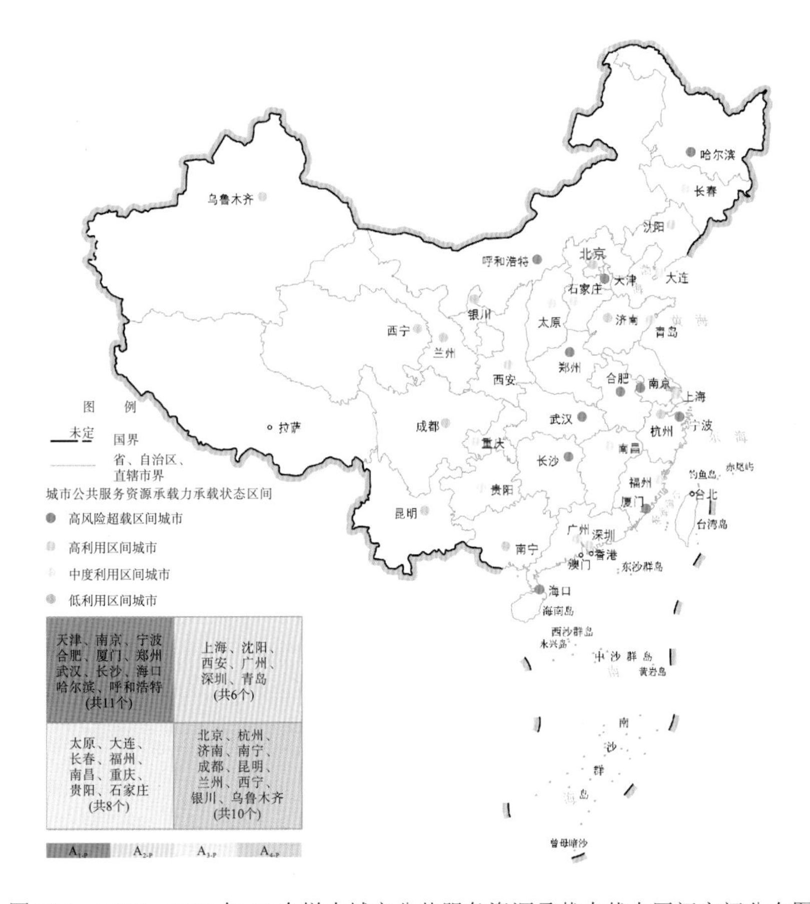

图 13.6　2008～2017 年 35 个样本城市公共服务资源承载力状态区间空间分布图

从图 13.6 中可以看出，在研究期内处于高风险超载区间（$A_{1\text{-}P}$ 区间）的城市数量最多，而处于高利用区间（$A_{2\text{-}P}$ 区间）的城市数量最少。处于高风险超载区间的城市有天津、南京、宁波、合肥、厦门、郑州、武汉、长沙、海口、哈尔滨和呼和浩特，这些城市主要分布在我国中部和东部沿海地区，公共服务资源载体承载荷载的强度极大，公共服务资源超载风险极高。处于高风险超载区间的城市主要分为两大类：①受限于地理位置和气候条件，公共服务资源载体水平低造成承载强度大，如哈尔滨、呼和浩特、厦门和海口；②具有庞大的人口规模和高强度的社会经济活动，公共服务资源荷载水平高造成承载强度大，如宁波、青岛、武汉和合肥。处于高利用区间的城市有沈阳、上海、青岛、广州、深圳和西安，这些城市主要分布在经济发达的沿海地区，具有较大的公共服务资源载体规模，同时其人口和社会经济活动集聚，荷载规模较大，从而使得公共服务资源载体得到了充分利用。处于中度利用区间（$A_{3\text{-}P}$ 区间）的城市有太原、大连、长春、福州、南昌、重庆、贵阳和石家庄，这些城市分布得较为分散。处于中度利用区间的城市可以分为两类：①重庆、石家庄等具有较大公共服务资源供给规模的城市，其丰富的公共服务资源能够充分满足人口和社会经济活动需求，因而公共服务资源承载强度较小；②太原、贵阳等人口规模较小和社会经济发展水平相对较低的城市，这些城市的荷载较小，对公共服务资源的利用强度也相对较低。处于低利用区间（$A_{4\text{-}P}$ 区间）的城市有北京、杭州、济南、南宁、成都、昆明、兰州、西宁、银川和乌鲁木齐。处于这一区间的城市也可以分为两类：①公共服务资源载体规模极大的城市，如北京、杭州和成都。这些城市不仅经济水平较高，而且拥有丰富的公共服务资源和良好的社会环境。其中，北京是我国的政治和文化中心，而杭州和成都不仅拥有丰富的文化和旅游资源，而且城市智慧化水平高，这些城市的公共服务资源利用率仍有很大的提升空间。②乌鲁木齐、兰州、银川、西宁等西北城市，受地理位置和气候条件的限制，这些城市的社会经济发展水平和人口规模一般，人口和社会经济活动对公共服务资源产生的荷载小，因而公共服务资源的利用率较低。

13.4　本 章 小 结

公共服务资源的有效供给是城市社会经济发展的重要支撑。随着城镇化水平的提升，人口和社会经济活动不断向城市集聚，城市公共服务资源承受的压力与日俱增。公共服务资源是城市资源环境的重要组成部分，对公共服务资源承载力进行科学有效的评价是科学制定政策措施和保障城市可持续发展的基础。本章基于“载体-荷载”视角下的城市资源环境承载力评价原理，界定了城市公共服务资源承载力的内涵，并在此基础上构建了评价指标体系和计算模型。其中，公共服务资源载体指标涉及义务教育、医疗卫生服务、社会保障与就业、住房保障、环保绿化和公共文化体育六个方面，共计 20 个指标；荷载指标也涉及以上六个方面，共计 11 个指标。根据公共服务资源承载力的内涵，以及建立的评价方法和收集处理的数据，本章对我国 35 个样本城市的公共服务资源承载力进行了实证研究，计算出了 35 个样本城市的公共服务资源载体指数、荷载指数和承载力指数。基于实证计算结果，本章进一步对样本城市公共服务资源承载力的演变规律进行了分析，得出的主要结论如下。

(1) 在研究期(2008～2017 年) 内，处于高风险超载区间的城市数量总体上没有发生太大的变化；处于高利用区间和中度利用区间的城市数量总体上呈上升趋势；而处于低利用区间的城市数量则呈下降趋势。这说明样本城市的公共服务资源得到了越来越有效的利用。但随着人口和社会经济活动向城市集聚，处于高风险超载区间的城市的公共服务资源载体将会面临较大的荷载压力。

(2) 公共服务资源载体水平高的样本城市其经济也较为发达，同时这些城市的人口和社会经济活动对公共服务资源的需求较高，如北京、上海、广州、深圳等。而公共服务资源载体水平低的城市其经济发展在样本城市中处于较低水平，并且这些城市的人口和社会经济活动对公共服务资源的需求较低，如兰州、西宁、银川等。这说明城市公共服务资源的供需水平与经济发展水平具有一定的联系。

(3) 不同城市的公共服务资源承载强度随时间变化，如厦门、天津等的公共服务资源承载强度一直较高，承载力指数不断上升，意味着这些城市的公共服务资源有超载风险；但有些城市如南宁、兰州等，其公共服务资源的承载强度一直较低，这些城市的公共服务资源未得到充分有效的利用。也有一些城市其公共服务资源的供给水平与需求较为适配，公共服务资源承载力保持较高的利用水平，如广州、上海等。因此，为了实现公共服务资源的有效供给，城市需要根据人口和社会经济活动的需求动态调整公共服务资源的供给量。

(4)样本城市公共服务资源承载力在空间上的差异较大，处于高风险超载区间和高利用区间的城市主要分布在我国中部和东部沿海地区，这些地区的城市一方面应继续加大对公共服务资源的投入，另一方面要注意合理控制人口和社会经济活动规模。处于低利用区间的城市则主要位于我国西北地区，该地区的城市要加强城市建设，集聚更多的人口和社会经济活动。而北京、杭州和成都的公共服务资源非常丰富，应将重心转移到提升公共服务资源的利用率上。

第 14 章　基于居民满意度的城市资源环境承载力分析

本书对城市资源环境承载力的评价结合了客观数据评价和城市居民满意度评价两个方面。第 5～13 章基于各种客观数据对我国 35 个样本城市进行了资源环境承载力实证评价分析，在此基础上本章基于对城市居民满意度的问卷调查，收集样本城市居民对城市资源环境的满意度信息，进行基于居民满意度的城市资源环境承载力分析。

居民满意度调查是反映居民对相关问题的看法的一种重要而有效的方法。柴彦威(2014)认为，基于人们对周围空间环境的满意度，往往可以进一步解释统计模型得到的结果。参考以往的研究，可知居民满意度可有效反映城市资源环境状况。事实上，城市居民是城市活动的主要参与者，他们的生活体验和观点会以一种互动方式影响城市发展，反过来又会受到城市发展的影响(Shen et al.，2013；Chu et al.，2022)。在日常生活中，城市居民会动态地体验整个城市内资源环境的状态和表现，他们的体验将决定他们对资源环境的满意度(Zhan et al.，2018)。此外，居民还会积极支持或不支持城市活动，这取决于他们对城市社会经济发展和资源环境持积极看法还是消极看法(Anarfi et al.，2022)。因此，居民对城市资源环境状况有所认知不但有助于他们了解城市资源环境的优势和劣势，还能帮助城市有针对性地设计和实施适当的措施来优化资源环境承载力，进而提升居民满意度并支撑城市发展。基于这一观点，本书认为考察居民对城市资源环境的认知程度和满意度，对于构建提升城市资源环境承载力的政策体系非常重要。

14.1　数据调查及处理

关于居民满意度的数据通常以问卷调查的方式获取。问卷调查是指通过向受访者提问题来搜集有关调查内容的感知资料，然后对资料进行分析。问卷调查具有很好的匿名性和灵活性，是收集人们的知识、看法、感觉、价值观、喜好和行为等感知数据的有效途径。本章阐述的问卷调查是指为了了解城市居民对所在城市的资源环境现状的满意程度，采用网络问卷调查方式，形成无纸化问卷，在全国范围内获取城市居民对资源环境现状的感知数据。问卷调查得到的居民满意度数据可以在相当程度上反映不同城市的资源环境承载力状况，帮助城市管理者设计有地域针对性的政策措施，为全面优化提升城市资源环境承载力提供参考依据。

14.1.1 问卷调查实施路径设计

问卷调查的实施路径包括问卷设计、问卷发放与收集、问卷数据处理等环节，如图 14.1 所示。

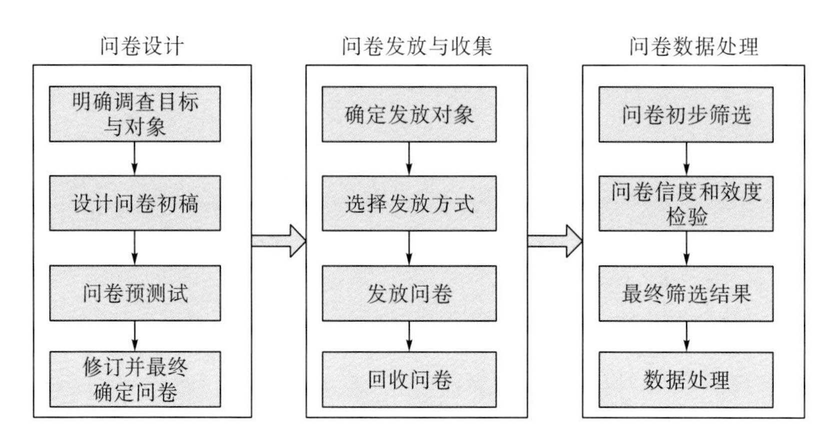

图 14.1 问卷调查实施路径

1. 问卷设计

本章陈述的调查问题聚焦于样本城市居民对其所在城市的资源环境的满意度。基于城市资源环境承载力的概念和内涵，在问卷调查表中设计了易于大众理解的问题，遵循内容合适、措辞用字清楚、一次问一件事情、客观公正的原则，并借助“问卷星”平台进行问卷设计及测试。在问卷设计中，利用“问卷星”平台的模板具有智能共享性、选项智能化设计的特点，对提出的问题使用同一句式，建立统一的“非常满意”“比较满意”“一般”“不太满意”“不满意”“不了解”六个答案选项。在问卷最后设计有开放式问题，以收集问卷填写人对所在城市的资源环境的其他意见。

设置初始问卷后，于 2019 年 12 月 6～18 日发放测试问卷，共回收测试问卷 155 份。根据调查问卷反馈的情况，对问卷进行修订，并形成正式问卷：“中国城市资源环境现状满意度问卷调查表”。

正式问卷包括四个部分：①调研单位介绍，调查研究目的，保密承诺，对有意参与问卷调查的人发出诚挚邀请。②问卷调查对象(城市居民)的基本信息，包括性别、年龄、职业、学历、所在城市等。③居民对所居住城市的资源环境的满意度及其选项。④受访者对所在城市的资源环境现状的其他建议。表 14.1 展示了“中国城市资源环境现状满意度问卷调查表”的全部内容。

表 14.1 中国城市资源环境现状满意度问卷调查表

第一部分 引言

尊敬的居民朋友您好：

为了对我国城市资源环境承载力现状有准确和充分的了解，推动城市建设的可持续发展，重庆大学国家社科重大项目“大数据背景下我国大型城市资源环境承载力评价与政策研究”研究小组成员设计了本问卷，旨在对中国城市资源环境现状满意度进行调查，诚邀您参与本次问卷调查，期盼您的帮助！本次调查只用于研究分析，研究小组保证不会泄露您的个人信息！真诚感谢您的积极参与！

第二部分 受访者基本信息

编号	问题及选项
1	性别： •男 •女
2	请填写您目前居住的城市： •我国所有地级及以上城市
3	您目前从事的职业： •学生 •商业服务业从业人员 •公务员 •专业技术人员 •事业单位人员 •农、林、牧、渔等生产人员 •教师、科研人员 •其他人员
4	您的年龄： •18 岁以下(含 18 岁) •18～30 岁(含 30 岁) •31～40 岁(含 40 岁) •41～50 岁(含 50 岁) •51～60 岁(含 60 岁) •60 岁以上
5	您的学历： •研究生及以上 •本科 •大专 •高中及以下(含职高、中专、中技等)
6	您的月收入： •3000 元以内 •3000～5000 元 •5000～10000 元 •10000～20000 元 •20000 元以上
7	您的日常出行方式： •步行 •公共交通(公交车、地铁等) •自行车 •私家车 •其他方式

第三部分 城市居民对所居住城市的资源环境现状的满意度

以下问题有如下 6 个选项：
•非常满意 •比较满意 •一般 •不太满意 •不满意 •不了解

编号	问题
8	对现居城市供水系统水质的满意度
9	对现居城市供水保障的满意度
10	对现居城市中河流湖泊等水域水质的满意度
11	对现居城市供电保障的满意度
12	对现居城市供气保障的满意度
13	对现居城市供热保障的满意度
14	对现居城市机动车燃油供应保障的满意度
15	对现居城市利用清洁能源(太阳能、风能、地热等)的满意度
16	对现居城市空气质量的满意度
17	对现居城市生活空间舒适性的满意度
18	对现居城市办公空间舒适性的满意度
19	对现居城市公园绿地配置的满意度

续表

编号	问题
20	对现居城市旅游景点的满意度
21	对现居城市旅游配套设施的满意度
22	对现居城市体育设施的满意度
23	对现居城市文化设施(博物馆、图书馆等)的满意度
24	对现居城市文物保护的满意度
25	对现居城市文化宣传(民俗、景区、科技文化等)的满意度
26	对现居城市居民文化素质的满意度
27	对自身工作发挥自身专长和能力的满意度
28	作为管理者，对聘用的人才的满意度
29	对现居城市提供就业机会的满意度
30	对现居城市公共交通出行的满意度
31	对现居城市交通运行的满意度
32	对现居城市对外交通(航空、铁路)的满意度
33	对现居城市交通路况实时信息发布的满意度
34	对现居城市执行垃圾分类的满意度
35	对现居城市网络通信信号的满意度
36	对现居城市线上生活缴费的满意度
37	对现居城市排解积存雨水的满意度
38	对现居城市公共厕所的满意度
39	对现居城市医疗服务(等待时间、医疗费用、医院分布等)的满意度
40	对现居城市义务教育服务(入学公平度、是否乱收费等)的满意度
41	对现居城市政府线下行政服务(服务效率、服务态度等)的满意度
42	对现居城市政府电子政务(互动性、便捷性等)的满意度
43	对现居城市社会福利保障(弱势群体救助、就业、养老等)的满意度
44	对现居城市公共安全(社会治安、食品安全、应急管理等)的满意度
45	对现居城市体育设施的满意度
	第四部分　开放式问题
46	对所居住城市的资源环境状况的其他意见：
47	如果您对本研究感兴趣，欢迎留下您的联系方式：

2. 问卷发放与收集

“中国城市资源环境现状满意度问卷调查表”的调查对象为城市居民。通过联系在实证调研过程中建立的研究网络，以及应用“问卷星”平台，以网页链接、微信链接等线上形式发放问卷给城市居民。数据收集在问卷填写者填写完问卷时自动完成。在录入数据的过程中，“问卷星”平台可记录填写者的填写时间和地点，并把原始调查数据同步汇总形成统计报表。

3. 问卷数据处理

为保证每一份回收的问卷的有效性，按照如下标准进行问卷有效性筛查：①当填写时间少于 100s 时，判定为无效问卷；②对于问卷第三部分的问题，如果漏填，视为无效问卷；③对于问卷第三部分的问题，若受访者对所有题目的选择一致(如对所有问题都选择“满意”)，则判定为无效问卷；④在平台上预先设置单一 IP 填写次数限制和账号登录填限制，实现智能筛选，规避重复填写的情况；⑤居住地为海外地区的问卷无参考价值，判定为无效问卷；⑥对于居住地为“空”的问卷，因无法判断受访者所处城市的信息，故判定为无效问卷。在剔除无效问卷之后，还需要对保留的问卷进行信度检验和效度检验。

1) 信度检验方法

信度是指可靠性或一致性，意味着在完全一样或同等条件下，相同结果反复出现。信度检验主要用来判断资源环境满意度调查题目之间的一致性程度，以及检验问卷题目的设置是否合理，从而确定回收的问卷的可靠性。对问卷进行预测试的主要目的是提高信度。

本书采用 Cronbach’s(克隆巴赫) α 系数来判断回收的问卷其填写的内容在整体上的可靠性。Cronbach’s α 系数的判别标准如下：若 Cronbach’s α 系数 $\leqslant 0.6$，则认为信度不足；若 $0.6<$ Cronbach’s α 系数 $\leqslant 0.7$，则认为信度符合要求；若 Cronbach’s α 系数 >0.7，则认为信度较好。

2) 效度检验方法

效度指真实性。效度检验是指判断问卷反馈的结果与问卷考察的内容的吻合程度，检验所设计的问卷对目标人群是否具备效度。

本章采用 KMO(Kaiser-Meyer-Olkin)检验和 Bartlett(巴特利特)球形检验来判断回收的问卷其填写的内容在整体上的有效性。KMO 检验用于检验变量间的相关性和偏相关性；Bartlett 球形检验主要检验数据的分布，以及各个变量的独立情况。若数据能够通过 KMO 检验和 Bartlett 球形检验，则说明有效问卷整体效度较高，符合统计学对有效性的要求。对于 KMO 检验而言，若 KMO 值大于 0.7，则判定为通过 KMO 检验，反之则认为观测样本不能满足 KMO 检验要求；对于 Bartlett 球形检验而言，若计算结果显著($p\leqslant 0.05$)，则可判定为通过 Bartlett 球形检验，若计算结果不显著($p>0.05$)，则认为观测样本不满足 Bartlett 球形检验要求。

4. 问卷满意度统计计算方法

本章实证研究的是如何通过计算居民对所在城市的资源环境的满意度来反映居民对城市资源环境承载力的满意度。调查问卷中有六个满意度选项：非常满意(A，5 分)、比较满意(B，4 分)、一般(C，3 分)、不太满意(D，2 分)、不满意(E，1 分)、不了解(F，不参与计算)。调查结果经过赋值量化后，可用于计算居民对城市各维度资源环境的满意度评分，具体的计算模型如下：

$$S_j = \frac{1}{mn}\sum_{k=1}^{n}\sum_{i=1}^{m} I_{i,j,k} \tag{14.1}$$

式中，S_j为居民对某一城市资源环境维度 j 的满意度评分；I_{ijk}为在问卷问题 i 中居民 k 对资源环境维度 j 的满意度评分；m 为问卷调查各维度下的问题个数；n 为某一城市有效参与问卷调查的人数。

为了分析居民对城市资源环境各维度的满意度，将居民的满意度评分转换为满意度等级。设 5 个满意度等级，其详细标准见表 14.2。

表 14.2 满意度评分区间与等级

满意度评分区间	满意度等级
4.2～5.0	满意度高(⊕)
3.4～4.2	满意度较高(○)
2.6～3.4	满意度一般(+)
1.8～2.6	满意度较低(-)
1.0～1.8	满意度低(×)

14.1.2 问卷调查简报

按照图 14.1 中的问卷调查实施路径，研究小组从 2020 年 1 月 14 日开始发放问卷，截至 2020 年 5 月 31 日，在全国范围内回收了 7006 份问卷。通过筛选处理后，最终得到 6148 份有效问卷，问卷有效回收率为 87.75%。就 35 个样本城市而言，共回收 5523 份问卷，其中有效问卷为 4792 份，有效回收率为 86.76%，保障了问卷分析结果的有效性。35 个样本城市的问卷回收情况见表 14.3。

表 14.3 35 个样本城市问卷回收情况

序号	城市	回收总份数/份	有效问卷份数/份	有效回收率/%
1	北京	192	164	85.42
2	天津	107	93	86.92
3	石家庄	146	119	81.51
4	太原	134	110	82.09
5	呼和浩特	86	77	89.53
6	沈阳	228	183	80.26
7	大连	246	182	73.98
8	长春	297	243	81.82
9	哈尔滨	89	80	89.89
10	上海	174	155	89.08
11	南京	114	99	86.84
12	杭州	107	95	88.79

续表

序号	城市	回收总份数/份	有效问卷份数/份	有效回收率/%
13	宁波	126	107	84.92
14	合肥	153	140	91.50
15	福州	151	127	84.11
16	厦门	164	150	91.46
17	南昌	296	261	88.18
18	济南	122	111	90.98
19	青岛	126	117	92.86
20	郑州	141	128	90.78
21	武汉	88	79	89.77
22	长沙	163	148	90.80
23	广州	160	143	89.38
24	深圳	147	135	91.84
25	南宁	108	94	87.04
26	海口	105	80	76.19
27	重庆	424	392	92.45
28	成都	177	158	89.27
29	贵阳	143	126	88.11
30	昆明	115	101	87.83
31	西安	134	116	86.57
32	兰州	176	145	82.39
33	西宁	242	204	84.30
34	银川	68	63	92.65
35	乌鲁木齐	74	67	90.54
总计		5523	4792	86.76

回收的问卷通过信度和效度检验，所回收的有效问卷符合信度检验要求，问卷问题设计合理。问卷问题的有效性检验结果也符合 KMO 检验和 Bartlett 球形检验要求，说明回收的问卷效度较好。

14.2　基于居民满意度的城市水资源承载力分析

在调查问卷中，共设计了三个关于城市水资源满意度的问题：W_1，对现居城市供水系统水质的满意度；W_2，对现居城市供水保障的满意度；W_3，对现居城市中河流湖泊等水域水质的满意度。

表 14.4 统计了全国和 35 个样本城市的居民对水资源的分项和综合满意度评分，表 14.5 展示了居民对城市水资源的满意度等级。

表 14.4 全国和 35 个样本城市的居民对水资源的分项和综合满意度评分

	城市水资源分项满意度评分			城市水资源综合满意度评分
	W_1	W_2	W_3	
全国	3.518	3.905	3.288	3.570
北京	3.138	4.087	3.167	3.464
天津	3.272	3.879	2.791	3.314
石家庄	3.170	3.695	3.071	3.312
太原	3.321	3.927	3.222	3.490
呼和浩特	2.908	3.446	2.819	3.058
沈阳	3.298	3.703	3.159	3.387
大连	3.826	3.994	3.643	3.821
长春	3.034	3.572	2.935	3.180
哈尔滨	3.519	3.684	3.051	3.418
上海	3.757	4.325	3.527	3.870
南京	3.763	4.184	3.367	3.771
杭州	3.851	4.163	3.689	3.901
宁波	3.972	4.208	3.495	3.892
合肥	3.558	4.110	3.133	3.601
福州	3.732	3.919	3.426	3.692
厦门	3.851	4.120	3.555	3.842
南昌	3.667	3.954	3.427	3.682
济南	3.157	3.737	3.424	3.439
青岛	3.334	3.695	3.075	3.368
郑州	3.309	3.819	2.944	3.357
武汉	3.645	3.907	3.347	3.633
长沙	3.500	3.993	3.261	3.585
广州	3.576	4.094	3.044	3.571
深圳	3.654	4.133	3.392	3.726
南宁	3.490	3.926	3.239	3.552
海口	3.570	3.805	3.487	3.621
重庆	3.397	3.916	3.194	3.502
成都	3.449	3.987	3.058	3.498
贵阳	3.556	3.870	3.552	3.659
昆明	3.727	4.010	2.969	3.569
西安	3.673	3.940	3.254	3.622
兰州	3.257	3.657	3.233	3.382
西宁	3.468	3.810	3.555	3.611
银川	3.318	3.746	3.597	3.554
乌鲁木齐	3.222	3.578	3.079	3.293

表 14.5　全国和 35 个样本城市的居民对水资源的分项和综合满意度等级

	城市水资源分项满意度等级			城市水资源综合满意度等级
	W_1	W_2	W_3	
全国	○	○	+	○
北京	+	○	+	○
天津	+	○	+	+
石家庄	+	○	+	+
太原	+	○	+	○
呼和浩特	+	○	+	+
沈阳	+	○	+	+
大连	○	○	○	○
长春	+	○	+	+
哈尔滨	○	○	+	○
上海	○	⊕	○	○
南京	○	○	+	○
杭州	○	○	○	○
宁波	○	⊕	○	○
合肥	○	○	+	○
福州	○	○	○	○
厦门	○	○	○	○
南昌	○	○	○	○
济南	+	○	○	○
青岛	+	○	+	+
郑州	+	○	+	+
武汉	○	○	+	○
长沙	○	○	+	○
广州	○	○	+	○
深圳	○	○	+	○
南宁	○	○	+	○
海口	○	○	○	○
重庆	+	○	+	○
成都	○	○	+	○
贵阳	○	○	○	○
昆明	○	○	+	○
西安	○	○	+	○
兰州	+	○	+	+
西宁	○	○	○	○
银川	+	○	○	○
乌鲁木齐	+	○	+	+

由表 14.5 可知，大多数城市的居民对水资源的综合满意度较高。以综合满意度排名靠前的重庆为例，重庆是我国西部唯一的直辖市，是长江上游地区的经济中心，也是我国重要的中心城市之一，城市社会经济发展水平高，水资源相关基础设施完善。同时重庆地处我国西南地区东部，水资源丰富，气候湿润，水资源的供应能力高，所以城市居民对水资源的满意度也很高。而排名比较靠后的有海口、乌鲁木齐和银川等城市，这些城市的社会经济发展水平大多较低，部分城市地处北方，气候干旱，缺乏自然水资源。比如，银川就属于典型的缺乏自然水资源的城市，而海口和乌鲁木齐的自然水资源匮乏程度并不非常严重，但由于城市建设水平较低，城市供水、污水处理等设施相对落后，导致这两个城市的居民对水资源的综合满意度偏低。

关于问题 W_1“对现居城市供水系统水质的满意度”，处于满意度较高等级的有 21 个城市，没有城市处于满意度较低等级和满意度低等级，表明样本城市的居民对供水系统水质的满意度整体较高。关于问题 W_2“对现居城市供水保障的满意度”，35 个样本城市的居民满意度都较高，表明样本城市的居民对供水保障的满意度整体较高。关于问题 W_3“对现居城市中河流湖泊等水域水质的满意度”，满意度较高的有 12 个城市，其余 23 个城市的满意度为一般，表明样本城市的居民对所居住城市的河流湖泊等水域水质的满意度总体上不高。

从上述讨论可以看出，样本城市在供水水质和供水保障等方面的表现较好，这主要是由于样本城市的社会经济发展水平较高，城市基础设施建设也相对完善。但城市居民对河流湖泊等水域水质的满意度明显较低，这在很大程度上是由于城市在社会经济发展过程中忽视了对水环境的保护，造成城市出现水污染和水环境退化。这意味着通过改善城市水域水质来优化提升城市水资源承载力，是提升居民对水环境满意度的关键。

14.3 基于居民满意度的城市能源资源承载力分析

在调查问卷中，共设计了五个关于城市能源资源满意度的问题：E_1，对现居城市供电保障的满意度；E_2，对现居城市供气保障的满意度；E_3，对现居城市供热保障的满意度；E_4，对现居城市机动车燃油供应保障的满意度；E_5，对现居城市利用清洁能源(太阳能、风能、地热等)的满意度。其中对于 E_3，由于南方城市不供热，故统一用“—”(不适用)表示。

表 14.6 展示了全国和 35 个样本城市的居民对能源资源的分项和综合满意度评分，表 14.7 展示了居民对城市能源资源承载力的满意度等级。

表 14.6 全国和 35 个样本城市的居民对能源资源的分项和综合满意度评分

	城市能源资源分项满意度评分					城市能源资源综合满意度评分
	E_1	E_2	E_3	E_4	E_5	
全国	4.121	4.072	3.564	3.896	3.367	3.804
北京	4.448	4.452	4.049	4.143	3.393	4.097

续表

	城市能源资源分项满意度评分					城市能源资源综合满意度评分
	E_1	E_2	E_3	E_4	E_5	
天津	4.272	4.163	3.860	3.909	3.164	3.874
石家庄	4.092	4.017	3.689	3.761	3.305	3.773
太原	4.136	3.981	3.660	3.787	3.307	3.774
呼和浩特	3.773	3.930	3.267	3.754	3.130	3.571
沈阳	4.186	4.057	3.500	4.013	3.228	3.797
大连	4.110	3.936	3.736	3.935	3.580	3.859
长春	4.079	4.056	3.339	3.920	3.096	3.698
哈尔滨	4.075	4.000	3.671	3.700	2.842	3.658
上海	4.519	4.377	—	4.150	3.802	4.212
南京	4.273	4.274	—	4.048	3.403	4.000
杭州	4.309	4.282	—	4.013	3.491	4.024
宁波	4.355	4.206	—	4.145	3.612	4.080
合肥	4.189	4.168	—	3.922	3.117	3.849
福州	4.192	4.085	—	3.860	3.523	3.915
厦门	4.270	4.268	—	4.082	3.677	4.074
南昌	4.115	4.135	—	3.823	3.130	3.801
济南	3.676	3.644	3.475	3.650	3.378	3.565
青岛	3.796	3.733	3.664	3.692	3.379	3.653
郑州	4.008	4.095	3.640	3.802	3.170	3.743
武汉	4.090	4.042	—	3.881	3.212	3.806
长沙	4.062	4.104	—	3.883	3.271	3.830
广州	4.329	4.328	—	4.103	3.375	4.034
深圳	4.282	4.336	—	4.137	3.533	4.072
南宁	4.129	4.000	—	3.740	3.138	3.752
海口	4.000	3.970	—	3.515	3.164	3.662
重庆	4.120	4.120	—	3.782	2.898	3.730
成都	4.147	4.145	—	3.891	3.252	3.859
贵阳	4.064	3.949	—	3.726	3.222	3.740
昆明	4.180	3.989	—	3.864	3.634	3.917
西安	4.000	4.018	3.905	3.861	3.475	3.852
兰州	3.951	4.007	3.628	3.819	3.356	3.752
西宁	3.990	4.005	4.050	3.899	3.614	3.912
银川	4.302	4.262	3.714	4.000	3.528	3.961
乌鲁木齐	4.015	4.152	3.636	3.864	3.436	3.821

表 14.7　全国和 35 个样本城市的居民对能源资源的分项和综合满意度等级

	城市能源资源分项满意度等级					城市能源资源综合满意度等级
	E_1	E_2	E_3	E_4	E_5	
全国	○	○	○	○	+	○
北京	⊕	⊕	○	○	+	○
天津	⊕	○	○	○	+	○
石家庄	○	○	○	○	+	○
太原	○	○	○	○	+	○
呼和浩特	○	○	+	○	+	○
沈阳	○	○	○	○	+	○
大连	○	○	○	○	○	○
长春	○	○	+	○	+	○
哈尔滨	○	○	○	○	+	○
上海	⊕	⊕	—	○	○	⊕
南京	⊕	⊕	—	○	○	○
杭州	⊕	⊕	—	○	○	○
宁波	⊕	⊕	—	○	○	○
合肥	○	○	—	○	+	○
福州	○	○	—	○	○	○
厦门	⊕	⊕	—	○	○	○
南昌	○	○	—	○	+	○
济南	○	+	○	○	+	○
青岛	○	+	○	○	+	○
郑州	○	○	○	○	+	○
武汉	○	○	—	○	+	○
长沙	○	○	—	○	+	○
广州	⊕	⊕	—	○	+	○
深圳	⊕	⊕	—	○	○	○
南宁	○	○	—	○	+	○
海口	○	+	—	○	+	○
重庆	○	○	—	○	+	○
成都	○	○	—	○	+	○
贵阳	○	○	—	○	+	○
昆明	○	○	—	○	○	○
西安	○	○	○	○	○	○
兰州	○	○	○	○	+	○
西宁	○	○	○	○	○	○
银川	⊕	⊕	○	○	○	○
乌鲁木齐	○	○	○	○	○	○

注：—表示不存在这个问题。

从表 14.7 中可以看出，我国 35 个样本城市的居民对能源资源的综合满意度处于满意度高或较高等级，满意度很高，其中上海处于满意度高等级，其他城市均处于满意度较高等级。上海是我国四大直辖市之一，城市社会经济发展水平非常高，是我国重要的中心城市和超大城市，在经济、金融、贸易、航运、科技创新等方面具有重要的战略地位，有完善的能源基础设施和强有力的供应保障体系。因此，上海的能源资源供应能力非常高，城市居民对城市能源资源的满意度也很高。

关于问题 E_1“对现居城市供电保障的满意度”，处于满意度高等级的有 10 个城市，处于满意度较高等级的有 25 个城市，表明样本城市的居民对供电保障的满意度很高。关于问题 E_2“对现居城市供气保障的满意度”，处于满意度高等级的有 9 个城市，处于满意度较高等级的有 23 个城市，仅 3 个城市的满意度为一般，表明样本城市的居民对供气保障的满意度也普遍较高。关于问题 E_3“对现居城市供热保障的满意度”，我国只有北方城市享受集中供热，北方的样本城市中处于满意度较高等级的有 15 个城市，2 个城市的满意度为一般，没有对供热保障满意度高的城市，说明随着物质生活质量的大幅提升，我国居民对生活质量的要求越来越高，城市的供热能力还需进一步提升。关于问题 E_4“对现居城市机动车燃油供应保障的满意度”，35 个样本城市都处于满意度较高等级，说明样本城市的居民对机动车燃油供应保障的满意度整体较高。关于问题 E_5“对现居城市利用清洁能源(太阳能、风能、地热等)的满意度”，处于满意度较高等级的有 13 个城市，满意度为一般的城市有 22 个，可以看出样本城市对清洁能源的利用状况不佳，清洁能源的开发技术和应用技术亟须改进和提升。

从上述讨论可以看出，样本城市在能源资源供应方面获得的居民满意度整体很高，这主要是因为样本城市具有较高的社会经济发展水平，城市能源资源基础建设和供应系统都相对完善。但是，调查发现样本城市的清洁能源利用程度不高，随着在“双碳”目标下能源结构调整战略的推进，城市清洁能源的利用和推广将会成为进一步优化提升城市能源资源承载力的关键，有助于提升居民对城市能源资源的满意度。

14.4　基于居民满意度的城市大气环境承载力分析

在调查问卷中，设计了一个关于大气环境满意度的问题：A_1，对现居城市空气质量的满意度。表 14.8 展示了全国和 35 个样本城市的居民对大气环境的分项和综合满意度评分，表 14.9 展示了居民对城市大气环境的满意度等级。

表 14.8　全国和 35 个样本城市的居民对大气环境的分项和综合满意度评分

	城市大气环境分项满意度评分	城市大气环境综合满意度评分		城市大气环境分项满意度评分	城市大气环境综合满意度评分
	A_1			A_1	
全国	3.249	3.249	济南	2.970	2.970
北京	2.646	2.646	青岛	3.477	3.477

续表

	城市大气环境分项满意度评分	城市大气环境综合满意度评分		城市大气环境分项满意度评分	城市大气环境综合满意度评分
	A_1			A_1	
天津	2.344	2.344	郑州	2.297	2.297
石家庄	2.244	2.244	武汉	2.782	2.782
太原	2.954	2.954	长沙	2.952	2.952
呼和浩特	2.760	2.760	广州	3.273	3.273
沈阳	2.814	2.814	深圳	3.896	3.896
大连	3.753	3.753	南宁	3.691	3.691
长春	2.769	2.769	海口	4.392	4.392
哈尔滨	2.475	2.475	重庆	3.005	3.005
上海	3.344	3.344	成都	2.478	2.478
南京	2.960	2.960	贵阳	4.072	4.072
杭州	3.147	3.147	昆明	4.069	4.069
宁波	3.234	3.234	西安	2.461	2.461
合肥	2.757	2.757	兰州	3.257	3.257
福州	3.992	3.992	西宁	3.856	3.856
厦门	4.235	4.235	银川	3.508	3.508
南昌	3.281	3.281	乌鲁木齐	2.591	2.591

表 14.9 全国和 35 个样本城市的居民对大气环境的综合满意度等级

	城市大气环境综合满意度等级		城市大气环境综合满意度等级
全国	+	济南	+
北京	+	青岛	○
天津	-	郑州	-
石家庄	-	武汉	+
太原	+	长沙	+
呼和浩特	+	广州	+
沈阳	+	深圳	○
大连	○	南宁	○
长春	+	海口	⊕
哈尔滨	-	重庆	+
上海	+	成都	-
南京	+	贵阳	○

续表

	城市大气环境综合满意度等级		城市大气环境综合满意度等级
杭州	+	昆明	○
宁波	+	西安	−
合肥	+	兰州	+
福州	○	西宁	○
厦门	⊕	银川	○
南昌	+	乌鲁木齐	−

由表 14.9 可知，处于满意度高等级的城市有 2 个，满意度较高的城市有 9 个，满意度为一般的城市有 17 个，满意度较低的城市有 7 个，没有处于满意度低等级的城市。在 35 个样本城市中，海口的大气环境综合满意度评分最高，石家庄的综合满意度评分最低。

调查发现，在 35 个样本城市中，海口和厦门两个城市的居民对大气环境的满意度高，这主要是由于海口和厦门属于南方临海城市，气象条件优良，冬季没有采暖压力，空气污染小，第三产业对 GDP 的贡献率较高，第二产业对 GDP 的贡献率较低。以海口为例，其是旅游城市，第二产业对 GDP 的贡献率较低，2018 年仅为 14.4%，其中工业的贡献率为 10.5%，而第三产业对 GDP 的贡献率较高，达到了 83.0%。

居民对城市大气环境的满意度排名靠后的主要有石家庄、郑州和天津等城市，处于满意度较低等级。这三个城市都属于京津冀地区城市大气污染防治重点区域，这是由于该地区不仅是全国人口高集聚区，还是重化工业的重点集聚区，高污染、高能耗产业发展迅速，空气污染较严重。从综合满意度评分来看，大气环境质量较差的城市存在的主要问题是能源消费结构和产业结构不合理。

整体来看，样本城市的居民对大气环境较不满意。这一结论基于城市居民的主观感知，与本书第 7 章的实证研究中大多数样本城市大气环境承载力超载风险高的结论较为一致。而城市能源消费结构和产业结构的调整将会对城市大气环境承载力的优化提升有所帮助，进而改善居民对大气环境的满意度。

14.5　基于居民满意度的城市土地资源承载力分析

在调查问卷中，设计了三个关于土地资源满意度的问题：L_1，对现居城市生活空间舒适性的满意度；L_2，对现居城市办公空间舒适性的满意度；L_3，对现居城市公园绿地配置的满意度。

表 14.10 展示了全国和 35 个样本城市的居民对土地资源的分项和综合满意度评分，表 14.11 展示了居民对城市土地资源的满意度等级。

表 14.10 全国和 35 个样本城市的居民对土地资源的分项和综合满意度评分

	城市土地资源分项满意度评分			城市土地资源综合满意度评分
	L_1	L_2	L_3	
全国	3.492	3.490	3.627	3.537
北京	2.926	3.373	3.423	3.241
天津	3.087	3.330	3.152	3.190
石家庄	3.126	3.224	3.235	3.195
太原	3.505	3.410	3.556	3.490
呼和浩特	2.987	3.228	3.293	3.169
沈阳	3.448	3.488	3.434	3.457
大连	3.808	3.782	3.972	3.854
长春	3.330	3.476	3.597	3.468
哈尔滨	3.063	3.143	2.937	3.048
上海	3.406	3.513	3.781	3.567
南京	3.495	3.596	3.818	3.636
杭州	3.569	3.532	3.947	3.683
宁波	3.785	3.731	4.056	3.857
合肥	3.216	3.418	3.443	3.359
福州	3.730	3.678	3.936	3.781
厦门	3.973	3.922	4.300	4.065
南昌	3.406	3.463	3.649	3.506
济南	3.200	3.133	3.370	3.234
青岛	3.464	3.500	3.545	3.503
郑州	2.922	3.186	3.236	3.115
武汉	3.299	3.447	3.462	3.403
长沙	3.483	3.428	3.538	3.483
广州	3.315	3.514	3.585	3.471
深圳	3.504	3.664	4.037	3.735
南宁	3.667	3.548	3.892	3.702
海口	3.888	3.589	3.744	3.740
重庆	3.268	3.283	3.368	3.306
成都	3.643	3.540	3.652	3.612
贵阳	3.648	3.512	3.871	3.677
昆明	3.782	3.768	3.871	3.807
西安	3.224	3.339	3.362	3.308
兰州	3.159	3.234	3.118	3.170
西宁	3.579	3.219	3.600	3.466
银川	3.841	3.525	3.852	3.739
乌鲁木齐	2.954	3.200	2.833	2.996

表 14.11　全国和 35 个样本城市的居民对土地资源的分项和综合满意度等级

	城市土地资源分项满意度等级			城市土地资源综合满意度等级
	L_1	L_2	L_3	
全国	○	○	○	○
北京	+	+	○	+
天津	+	+	+	+
石家庄	+	+	+	+
太原	○	○	○	○
呼和浩特	+	+	+	+
沈阳	○	○	○	○
大连	○	○	○	○
长春	+	○	○	○
哈尔滨	+	+	+	+
上海	○	○	○	○
南京	○	○	○	○
杭州	○	○	○	○
宁波	○	○	○	○
合肥	+	○	○	+
福州	○	○	○	○
厦门	○	○	⊕	○
南昌	○	○	○	○
济南	+	+	+	+
青岛	○	○	○	○
郑州	+	+	+	+
武汉	+	○	○	○
长沙	○	○	○	○
广州	+	○	○	○
深圳	○	○	○	○
南宁	○	○	○	○
海口	○	○	○	○
重庆	+	+	+	+
成都	○	○	○	○
贵阳	○	○	○	○
昆明	○	○	○	○
西安	+	+	+	+
兰州	+	+	+	+
西宁	○	+	○	○
银川	○	○	○	○
乌鲁木齐	+	+	+	+

由表 14.11 可知，参与问卷调查的居民对城市土地资源的综合满意度处于满意度较高或满意度为一般两个等级。35 个样本城市中有 23 个城市处于满意度较高等级，有 12 个城市处于满意度为一般等级。综合满意度评分排名靠前的有厦门、宁波、大连、昆明和福州，这些城市的居民对城市土地资源的满意度很高，尤其是对现居城市公园绿地配置的满意度很高。这几个城市的建成区绿化覆盖率高，分别为 42.89%、39.77%、44.89%、39.70%和 43.92%(国家统计局城市社会经济调查司，2018)。综合满意度排名靠后的城市有乌鲁木齐、哈尔滨、郑州、呼和浩特、兰州和天津。对于乌鲁木齐和哈尔滨来说，居民对城市公园绿地配置的满意度较低，从而拉低了综合满意度评分；对于郑州和呼和浩特来说，居民对城市生活空间舒适性的满意度较低，从而拉低了综合满意度评分。

关于问题 L_1“对现居城市生活空间舒适性的满意度”，有 20 个样本城市的居民满意度较高，15 个城市的满意度为一般，总体上居民对所在城市生活空间舒适性的满意度较高。关于问题 L_2“对现居城市办公空间舒适性的满意度”，23 个城市的满意度较高，12 个城市的满意度为一般，表明样本城市的居民对办公空间舒适性的满意度整体上较高。关于问题 L_3“对现居城市公园绿地配置的满意度”，满意度高的城市有 1 个，满意度较高的城市有 24 个，满意度为一般的城市有 10 个，表明居民对所在城市公园绿地配置的满意度整体上较高。

从上述讨论可以看出，样本城市在生活空间舒适性、办公空间舒适性和公园绿地配置这三个方面均表现得较好，这主要是由于样本城市的土地资源在开发利用过程中多用于开发商业、休闲娱乐、公园绿地和居住等空间，同时注重多重空间功能混合，实现了城市中居民多元活动的共生性，秉承“以人为本”的理念，注重提升生活品质。总体上看，样本城市的土地资源载体水平较高，可针对性地提升某一方面的空间舒适性，并通过适当优化荷载，优化提升土地资源承载力，提高居民对土地资源的满意度。

14.6 基于居民满意度的城市文化资源承载力分析

在调查问卷中，设计了五个关于城市文化资源满意度的问题：C_1，对现居城市旅游景点的满意度；C_2，对现居城市旅游配套设施的满意度；C_3，对现居城市文化设施(博物馆、图书馆等)的满意度；C_4，对现居城市文物保护的满意度；C_5，对现居城市文化宣传(民俗、景区、科技文化等)的满意度。

表 14.12 展示了全国和 35 个样本城市的居民对文化资源的分项和综合满意度评分，表 14.13 展示了居民对城市文化资源的满意度等级。

表 14.12 全国和 35 个样本城市的居民对文化资源的分项和综合满意度评分

	文化资源分项满意度评分					文化资源综合满意度评分
	C_1	C_2	C_3	C_4	C_5	
全国	3.449	3.376	3.453	3.551	3.497	3.465
北京	3.871	3.822	4.093	4.083	3.981	3.970

续表

	文化资源分项满意度评分					文化资源综合满意度评分
	C_1	C_2	C_3	C_4	C_5	
天津	2.837	2.924	3.356	3.419	3.307	3.168
石家庄	3.026	3.000	3.391	3.510	3.270	3.239
太原	3.269	3.236	3.546	3.525	3.371	3.389
呼和浩特	2.930	2.851	3.092	3.076	3.100	3.010
沈阳	3.161	3.183	3.528	3.497	3.257	3.325
大连	3.835	3.689	3.626	3.660	3.550	3.672
长春	2.966	2.859	3.251	3.431	3.154	3.132
哈尔滨	3.190	2.987	2.870	3.070	2.867	2.997
上海	3.612	3.830	4.152	4.015	3.889	3.900
南京	3.939	3.949	4.172	4.108	4.031	4.040
杭州	4.213	4.106	3.933	3.940	4.087	4.056
宁波	3.641	3.613	3.767	3.750	3.766	3.707
合肥	2.920	2.884	3.254	3.345	3.275	3.136
福州	3.528	3.475	3.378	3.575	3.417	3.475
厦门	4.000	4.034	3.869	3.867	3.979	3.950
南昌	3.291	3.189	3.196	3.439	3.195	3.262
济南	3.410	3.449	3.313	3.330	3.460	3.392
青岛	3.657	3.628	3.264	3.259	3.324	3.426
郑州	2.865	2.865	3.049	3.204	3.090	3.015
武汉	3.454	3.454	3.706	3.714	3.479	3.561
长沙	3.607	3.507	3.699	3.711	3.725	3.650
广州	3.514	3.650	3.914	3.738	3.597	3.683
深圳	3.463	3.481	3.699	3.500	3.568	3.542
南宁	3.495	3.337	3.395	3.429	3.405	3.412
海口	3.480	3.333	3.122	3.136	3.247	3.264
重庆	3.311	3.216	3.161	3.279	3.396	3.273
成都	3.681	3.716	3.684	3.742	3.815	3.728
贵阳	3.784	3.488	3.252	3.413	3.542	3.496
昆明	3.687	3.541	3.298	3.202	3.526	3.451
西安	3.785	3.535	3.681	3.921	3.757	3.736
兰州	2.979	2.903	3.092	3.303	3.190	3.093
西宁	3.330	3.116	3.278	3.449	3.472	3.329
银川	3.484	3.344	3.574	3.746	3.450	3.520
乌鲁木齐	3.077	2.844	3.000	3.278	3.349	3.110

表 14.13 全国和 35 个样本城市的居民对文化资源的分项和综合满意度等级

	城市文化资源分项满意度等级					城市文化资源综合满意度等级
	C_1	C_2	C_3	C_4	C_5	
全国	○	+	○	○	○	○
北京	○	○	○	○	○	○
天津	+	+	+	○	+	+
石家庄	+	+	+	○	+	+
太原	+	+	○	○	+	+
呼和浩特	+	−	+	+	+	+
沈阳	+	+	○	○	+	+
大连	○	○	○	○	○	○
长春	+	+	+	○	+	+
哈尔滨	+	+	+	+	+	+
上海	○	○	○	○	○	○
南京	○	○	○	○	○	○
杭州	⊕	○	○	○	○	○
宁波	○	○	○	○	○	○
合肥	+	+	+	+	+	+
福州	○	○	+	○	○	○
厦门	○	○	○	○	○	○
南昌	+	+	+	○	+	+
济南	○	○	+	+	○	+
青岛	○	○	+	+	+	○
郑州	+	+	+	+	+	+
武汉	○	○	○	○	○	○
长沙	○	○	○	○	○	○
广州	○	○	○	○	○	○
深圳	○	○	○	○	○	○
南宁	○	+	−	○	○	○
海口	○	+	−	+	+	+
重庆	+	+	+	+	+	+
成都	○	○	○	○	○	○
贵阳	○	○	+	○	○	○
昆明	○	○	+	+	○	○
西安	○	○	○	○	○	○
兰州	+	+	+	+	+	+
西宁	+	+	+	○	○	+
银川	○	+	○	○	○	○
乌鲁木齐	+	+	+	+	+	+

由表 14.13 可知，有 19 个样本城市的居民对文化资源的满意度处于满意度较高等级，其余城市均处于满意度为一般等级。整体来看，样本城市的居民对文化资源的满意度为一般，满意度较高的城市均为一线城市，包括杭州、南京、北京、厦门、上海、西安、成都、宁波、广州、大连等。其中，北京是世界闻名的历史古城与文化名城，是我国的政治、经济、交通、文化中心，云集了我国灿烂的文化艺术，有大量的名胜古迹和人文景观。杭州、南京、宁波、厦门和上海均属于我国经济发达且具有深厚文化底蕴的城市，居民对文化资源的满意度很高。而成都历史悠久，有“天府之国”“蜀中苏杭”之称。成都的文化产业经过改革开放以来的发展，在产业规模、发展形态、体制环境、市场基础等方面均已形成了良好的条件，居民及外来人员对其文化资源的满意度大大提升。广州作为有 2000 多年历史的文化名城，积淀了十分丰富的历史文化，在改革开放中融汇了中西方具有鲜明地域特色和时代风貌的城市文化，社会经济发展水平高，充分挖掘与开发了经济文化资源以及城市的主题与个性文化，得到了居民的高度认可。大连位于辽东半岛，环境好，冬无严寒，夏无酷暑，有“服装之城”和“足球之城”之称，服饰文化和足球文化是大连文化不可缺少的部分。在文化产业的带动下，大连居民的文化生活日益丰富。文化资源综合满意度评分排名比较靠后的城市有哈尔滨、呼和浩特、郑州、兰州、乌鲁木齐等。这些城市有非常丰富的文化资源，特别是文化旅游资源，但由于文化旅游资源的软硬件配套设施不足，居民对文化资源的体验感很低。

关于问题 C_1“对现居城市旅游景点的满意度”，总体上居民的满意度较高。关于问题 C_2“对现居城市旅游配套设施的满意度”，处于满意度较高等级的有 18 个城市，有 8 个城市的综合满意度评分在 3 分以下，表明居民对城市旅游配套设施的满意度呈分化状态，反映出部分样本城市的旅游配套设施较好，但有的还很不完善。关于问题 C_3“对现居城市文化设施(博物馆、图书馆等)的满意度”，处于满意度较高等级的有 16 个城市，如南京、上海、北京、杭州、广州、厦门、银川等。除银川外，其余城市的社会经济发展一直处于全国较高水平，文化设施建设也在全国各城市中处于领先水平，但银川近几年来也在加大力度推进公共文化基础设施建设。随着《银川市加快构建现代公共文化服务体系实施方案》发布，银川的文化设施在建项目日益增多，文化设施满意度得到很大提升。关于问题 C_4“对现居城市文物保护的满意度”，处于满意度较高等级的有 24 个城市，包括南京、北京、上海、杭州、西安等，这些城市的社会经济发展一直处于全国较高水平，文物保护制度完善，保护措施及保护力度充足。例如，北京在 2000～2003 年投资 3.3 亿元用于全市重要文物的抢险修缮；2003～2008 年，制定了《人文奥运文物保护计划》，每年投入 1.2 亿元，实行“整治两线景观、恢复五区风貌、再现京郊六景”的方案。关于问题 C_5“对现居城市文化宣传(民俗、景区、科技文化等)的满意度”，处于满意度较高等级的有 20 个城市，综合满意度评分排名前五位的城市分别是杭州、南京、北京、厦门、上海，这五个城市的社会经济发展一直处于全国较高水平，文化设施建设也在全国各城市中处于领先水平。处于满意度为一般等级的有 15 个城市，其中哈尔滨的满意度最低。哈尔滨作为黑龙江省的省会，拥有众多独特的旅游资源，但其气候寒冷，配备的文化设施不足，文化资源宣传特点不够突出，文化宣传总体水平差强人意，有进一步提升的空间。

从上述讨论可以看出，样本城市在旅游景点、文物保护和文化宣传等方面的表现较好，这主要是由于大多数样本城市的旅游资源丰富，承担了维护文物历史价值、文化价值、科学价值及保护自然生态的责任，同时借助网络媒介更加有效地宣传了当地的文化与旅游特色。但居民对旅游配套设施、文化设施的满意度明显较低，这在很大程度上是由于城市忽视了居民在日常生活中对文化的需求。可以通过修建博物馆、图书馆等文化设施和完善旅游配套设施来优化提升城市文化资源承载力，进而有效提升居民对文化资源的满意度。

14.7 基于居民满意度的城市人力资源承载力分析

在调查问卷中，设计了四个关于人力资源满意度的问题：H_1，对现居城市居民文化素质的满意度；H_2，对自身工作发挥自身专长和能力的满意度；H_3，作为管理者，对聘用的人才的满意度；H_4，对现居城市提供就业机会的满意度。

表 14.14 展示了全国和 35 个样本城市的居民对文化资源的分项和综合满意度评分，表 14.15 展示了居民对城市文化资源满意度的等级。

表 14.14 全国和 35 个样本城市的居民对人力资源的分项和综合满意度评分

	城市人力资源分项满意度评分				城市人力资源综合满意度评分
	H_1	H_2	H_3	H_4	
全国	3.338	3.564	3.508	3.204	3.404
北京	3.712	3.801	3.667	3.781	3.740
天津	3.099	3.453	3.347	2.885	3.196
石家庄	3.308	3.597	3.584	3.264	3.438
太原	3.237	3.472	3.360	2.856	3.231
呼和浩特	2.829	3.319	3.185	2.866	3.050
沈阳	3.160	3.559	3.500	3.000	3.305
大连	3.648	3.685	3.708	3.134	3.544
长春	3.237	3.572	3.508	2.926	3.311
哈尔滨	2.705	3.436	3.172	2.411	2.931
上海	3.882	3.567	3.633	3.888	3.743
南京	3.670	3.778	3.732	3.527	3.677
杭州	3.923	3.670	3.569	3.692	3.714
宁波	3.645	3.66	3.590	3.495	3.598
合肥	3.100	3.581	3.451	3.218	3.338
福州	3.312	3.500	3.522	3.289	3.406
厦门	3.973	3.603	3.567	3.015	3.540
南昌	2.841	3.555	3.431	3.081	3.227
济南	3.500	3.396	3.347	3.313	3.389
青岛	3.330	3.467	3.265	3.217	3.320

续表

	城市人力资源分项满意度评分				城市人力资源综合满意度评分
	H_1	H_2	H_3	H_4	
郑州	3.040	3.331	3.442	3.048	3.215
武汉	3.116	3.684	3.603	3.359	3.441
长沙	3.279	3.549	3.583	3.213	3.406
广州	3.711	3.698	3.608	3.721	3.685
深圳	3.815	3.744	3.641	3.797	3.749
南宁	3.319	3.457	3.254	2.874	3.226
海口	3.051	3.658	3.558	2.800	3.267
重庆	3.000	3.464	3.415	3.064	3.236
成都	3.461	3.490	3.394	3.390	3.434
贵阳	3.129	3.588	3.531	3.241	3.372
昆明	3.090	3.464	3.438	2.939	3.233
西安	3.362	3.609	3.543	3.073	3.397
兰州	3.179	3.401	3.410	2.955	3.236
西宁	3.095	3.351	3.228	2.860	3.134
银川	3.476	3.774	3.574	3.203	3.507
乌鲁木齐	3.091	3.556	3.250	3.081	3.245

表 14.15　全国和 35 个样本城市的居民对人力资源的分项和综合满意度等级

	城市人力资源分项满意度等级				城市人力资源综合满意度等级
	H_1	H_2	H_3	H_4	
全国	+	○	○	+	○
北京	○	○	○	○	○
天津	+	○	+	+	+
石家庄	+	○	○	+	+
太原	+	○	+	+	+
呼和浩特	+	+	+	+	+
沈阳	+	○	○	+	+
大连	○	○	○	+	○
长春	+	○	○	+	+
哈尔滨	+	○	+	-	+
上海	○	○	○	○	○
南京	○	○	○	○	○
杭州	○	○	○	○	○
宁波	○	○	○	○	○
合肥	+	○	○	+	+
福州	+	○	○	+	+

续表

	城市人力资源分项满意度等级				城市人力资源综合满意度等级
	H_1	H_2	H_3	H_4	
厦门	○	○	○	+	○
南昌	+	○	○	+	+
济南	○	+	+	+	○
青岛	+	○	+	+	+
郑州	+	+	○	+	+
武汉	+	○	○	+	○
长沙	+	○	○	+	○
广州	○	○	○	○	○
深圳	○	○	○	○	○
南宁	+	○	+	+	+
海口	+	○	○	+	+
重庆	+	○	○	+	+
成都	○	○	+	+	○
贵阳	+	○	○	+	+
昆明	+	○	○	+	+
西安	+	○	○	+	○
兰州	+	○	○	+	+
西宁	+	+	+	+	+
银川	○	○	○	+	○
乌鲁木齐	+	○	+	+	+

由表 14.15 可知，样本城市中有 15 个城市的居民对人力资源的满意度处于满意度较高等级，占样本城市的 42.86%，特别是深圳、上海、北京、杭州和广州等城市，其居民对人力资源的满意度较高，这主要是因为这些城市的社会经济发展状况较好，市场较活跃，能够为居民提供更多的发展机会。其余城市的居民对人力资源的满意度均为一般，综合满意度评分排名靠后的三个城市分别是西宁、呼和浩特和哈尔滨，这些城市的居民对居民文化素质的满意度较低，并且对提供就业机会的满意度也较低。

关于问题 H_1“对现居城市居民文化素质的满意度”，总体上样本城市的居民对居民文化素质的满意度并不高。关于问题 H_2“对自身工作发挥自身专长和能力的满意度”，有 31 个城市的居民满意度较高，表明绝大多数样本城市的居民对自身工作发挥自身专长和能力比较满意，样本城市的工作契合度较好。关于问题 H_3“作为管理者，对聘用的人才的满意度”，绝大多数样本城市的管理者对所招聘的人才满意度较高。关于问题 H_4“对现居城市提供就业机会的满意度”，上海、深圳、北京、广州、杭州、南京、宁波等城市的居民满意度较高，这些城市的社会经济发展水平高，产业发展状况好，劳动密集型产业较多，能提供的工作岗位种类丰富、数量充足，因此居民的满意度较高。但满意度较低的城市也有不少，如哈尔滨等，这主要是由于这些城市的经济萎缩，人口外流，导致产业活力下降，就业选择面减小。所以，样本城市间居民对城市提供就业机会的满意度差异很大。

从上述讨论可以看出，样本城市的居民在自身工作发挥自身专长和能力方面比较满意，这主要是由于样本城市社会经济发展水平较高，且有长效人才培养机制，能够有效地激发人才的潜能。但在提供就业机会方面，样本城市间居民的满意度存在较大的差异，这在很大程度上是由城市间社会经济发展水平尤其是产业发展水平的差异所致。因此，提供就业保障、提升居民文化素质对于优化城市人力资源承载力至关重要，其有利于提升居民对城市提供就业机会的满意度，营造社会文明风尚。

14.8　基于居民满意度的城市交通承载力分析

在调查问卷中，设计了四个关于交通满意度的问题：T_1，对现居城市公共交通出行的满意度；T_2，对现居城市交通运行的满意度；T_3，对现居城市对外交通(航空、铁路)的满意度；T_4，对现居城市交通路况实时信息发布的满意度。

表 14.16 展示了全国和 35 个样本城市的居民对交通的分项和综合满意度评分，表 14.17 展示了居民对城市交通的满意度等级。

表 14.16　全国和 35 个样本城市的居民对交通的分项和综合满意度评分

	城市交通分项满意度评分				城市交通综合满意度评分
	T_1	T_2	T_3	T_4	
全国	3.650	3.209	3.710	3.619	3.547
北京	3.951	2.724	4.258	3.955	3.722
天津	3.591	3.185	3.782	3.529	3.522
石家庄	3.737	3.144	3.871	3.690	3.611
太原	3.764	3.336	3.583	3.619	3.576
呼和浩特	3.507	2.247	3.447	2.945	3.037
沈阳	3.754	3.388	3.878	3.637	3.664
大连	3.822	3.525	3.955	3.861	3.791
长春	3.282	2.967	3.650	3.545	3.361
哈尔滨	3.038	2.346	3.278	2.960	2.906
上海	4.193	3.529	4.415	4.193	4.083
南京	4.092	3.475	4.061	3.821	3.862
杭州	3.819	3.181	3.893	3.978	3.718
宁波	4.066	3.710	3.925	3.863	3.891
合肥	3.602	2.971	3.699	3.539	3.453
福州	3.559	3.189	3.621	3.610	3.495
厦门	3.947	3.420	4.034	4.007	3.852

续表

	城市交通分项满意度评分				城市交通综合满意度评分
	T_1	T_2	T_3	T_4	
南昌	3.486	3.077	3.601	3.480	3.411
济南	3.376	3.108	3.430	3.500	3.354
青岛	3.482	3.351	3.664	3.495	3.498
郑州	3.675	3.055	3.936	3.648	3.579
武汉	3.861	3.266	4.013	3.587	3.682
长沙	3.721	3.272	3.945	3.770	3.677
广州	4.141	3.196	4.217	3.889	3.861
深圳	4.067	3.304	4.052	3.961	3.846
南宁	3.511	3.021	3.528	3.558	3.405
海口	3.224	3.025	3.456	3.554	3.315
重庆	3.585	2.745	3.647	3.453	3.357
成都	3.968	3.154	3.968	3.735	3.706
贵阳	3.184	2.699	3.740	3.471	3.274
昆明	3.386	2.911	3.610	3.375	3.321
西安	3.696	3.104	3.783	3.637	3.555
兰州	3.486	2.835	3.430	3.436	3.297
西宁	3.510	3.152	3.360	3.443	3.366
银川	3.762	3.436	3.619	3.586	3.601
乌鲁木齐	3.440	2.894	3.431	3.452	3.304

表 14.17 全国和 35 个样本城市的居民对交通的分项和综合满意度等级

	城市交通分项满意度等级				城市交通综合满意度等级
	T_1	T_2	T_3	T_4	
全国	○	+	○	○	○
北京	○	+	⊕	○	○
天津	○	+	○	○	○
石家庄	○	+	○	○	○
太原	○	+	○	○	○
呼和浩特	○	−	○	+	+
沈阳	○	+	○	○	○
大连	○	○	○	○	○
长春	+	+	○	○	+
哈尔滨	+	−	+	+	+
上海	○	○	⊕	○	○

续表

	城市交通分项满意度等级				城市交通综合满意度等级
	T_1	T_2	T_3	T_4	
南京	○	○	○	○	○
杭州	○	+	○	○	○
宁波	○	○	○	○	○
合肥	○	+	○	○	○
福州	○	+	○	○	○
厦门	○	○	○	○	○
南昌	○	+	○	○	○
济南	+	+	○	○	+
青岛	○	+	○	○	○
郑州	○	+	○	○	○
武汉	○	+	○	○	○
长沙	○	+	○	○	○
广州	○	+	⊕	○	○
深圳	○	+	○	○	○
南宁	○	+	○	○	○
海口	+	+	○	○	+
重庆	○	+	○	○	+
成都	○	+	○	○	○
贵阳	+	+	○	○	+
昆明	+	+	○	+	+
西安	○	+	○	○	○
兰州	○	+	○	○	+
西宁	○	+	+	○	+
银川	○	○	○	○	○
乌鲁木齐	+	+	○	○	+

从表 14.17 中可以看出，大多数样本城市的居民对交通的满意度较高，特别是上海、宁波、南京和广州。这些城市的经济水平高，对交通建设投入的资金、人力、物力等都较充裕，所以交通资源较为丰富。根据高德地图等发布的《2019 年度中国主要城市交通分析报告》，宁波的居民对公共交通出行的满意度很高。而对交通满意度较低的城市有贵阳、呼和浩特和哈尔滨，根据 2019 年高德地图监测到的交通大数据，这三个城市的年度高峰拥堵延时指数在样本城市中的排名均在前 10 位，其中哈尔滨的高峰拥堵延时指数最高。有研究指出，哈尔滨中心城区开发过分集中，城市道路容量严重不足，且公交系统发展缓慢，每年城建路桥项目集中选择拆迁难度小、建设周期短的道路，导致哈尔滨交通拥堵现象严重(裴玉龙等，2020)，降低了居民对交通的满意度。贵阳地处山区，城市面积小，中心城区人口密度很大，交通常常出现大面积拥堵现象，导致居民对交通

的满意度较低。呼和浩特的道路网在中心城区受铁路、河流的影响分成两部分，连接这两部分的道路不足，且对支路的利用不够，导致出现严重的交通堵塞现象，因此居民对交通的满意度较低。

关于问题 T_1“对现居城市公共交通出行的满意度”，在 35 个样本城市中有 28 个城市有较高的满意度，绝大多数样本城市的居民认为交通出行较便利，特别是上海有完善的公共交通系统。根据《2019 年度中国主要城市交通分析报告》，上海高峰期平均候车时间少于 10min，公交换乘系数低于 1.6，说明公交服务可靠，居民对公交服务感到非常满意。关于问题 T_2“对现居城市交通运行的满意度”，整体上样本城市的居民满意度都偏低，宁波、上海、南京、大连和厦门相对较高。关于问题 T_3“对现居城市对外交通(航空、铁路)的满意度”，基本上所有样本城市都有较高的满意度，特别是上海、北京、广州的居民感到非常满意。关于问题 T_4“对现居城市交通路况实时信息发布的满意度”，整体上样本城市有较高的满意度，特别是上海、厦门两个城市的满意度最高，说明这两个城市在交通大数据建设方面比较积极，交通路况实时信息发布及时且准确，居民很满意。但在这方面，哈尔滨和呼和浩特的居民满意度较低。

从上述讨论可以看出，样本城市在公共交通便利性、对外交通便利度和交通路况实时信息发布等方面的表现较好，这是由于这些城市的社会经济发展水平较高，交通基础设施建设相对完善。但居民对城市交通运行的满意度明显较低，这是由于样本城市社会经济发展较快，交通需求持续增长，道路交通流量大，导致道路交通拥堵现象严重。事实上，我国城市的交通载体水平已经较高，如何缓解持续增长的交通荷载压力是改善城市交通拥堵现象和优化城市交通承载力的关键，也是提高居民对交通满意度的主要着手点。

14.9 基于居民满意度的城市市政设施承载力分析

在调查问卷中，设计了五个关于市政设施满意度的问题：I_1，对现居城市执行垃圾分类的满意度；I_2，对现居城市网络通信信号的满意度；I_3，对现居城市线上生活缴费的满意度；I_4，对现居城市排解积存雨水的满意度；I_5，对现居城市公共厕所的满意度。

表 14.18 展示了全国和 35 个样本城市的居民对城市市政设施的分项和综合满意度评分，表 14.19 展示了居民对城市市政设施的满意度等级。

表 14.18 全国和 35 个样本城市的居民对市政设施的分项和综合满意度评分

	城市市政设施分项满意度评分					城市市政设施综合满意度评分
	I_1	I_2	I_3	I_4	I_5	
全国	2.952	3.478	3.860	3.193	3.303	3.357
北京	2.968	3.785	4.196	3.392	3.587	3.586
天津	2.670	3.380	3.708	2.793	2.975	3.105
石家庄	3.057	3.471	3.812	2.845	3.000	3.237

续表

	城市市政设施分项满意度评分					城市市政设施综合满意度评分
	I_1	I_2	I_3	I_4	I_5	
太原	2.857	3.491	3.679	3.078	2.991	3.219
呼和浩特	2.176	3.143	3.270	2.320	4.156	3.013
沈阳	2.831	3.511	4.011	2.768	3.155	3.255
大连	3.113	3.590	3.923	3.503	3.299	3.486
长春	2.832	3.206	3.767	2.878	3.101	3.157
哈尔滨	2.208	3.100	3.701	2.554	2.595	2.832
上海	3.948	4.039	4.426	3.841	3.828	4.016
南京	3.202	3.674	4.082	3.417	3.639	3.603
杭州	3.362	3.787	4.484	3.598	4.034	3.853
宁波	3.467	3.748	4.152	3.529	3.667	3.713
合肥	2.770	3.474	3.978	3.197	2.961	3.276
福州	3.177	3.559	3.927	3.174	3.459	3.459
厦门	3.644	3.820	4.179	3.746	3.914	3.861
南昌	2.657	3.345	3.853	2.692	3.084	3.126
济南	3.165	3.301	3.481	3.309	3.294	3.310
青岛	2.991	3.349	3.583	3.367	3.560	3.370
郑州	2.672	3.236	3.707	2.780	3.105	3.100
武汉	2.900	3.436	3.885	2.856	3.200	3.255
长沙	2.864	3.541	3.930	3.290	3.169	3.359
广州	2.913	3.584	4.098	3.094	3.110	3.360
深圳	3.200	3.600	4.311	3.457	3.630	3.640
南宁	2.730	3.170	3.567	2.733	3.080	3.056
海口	2.843	3.436	3.671	2.641	3.104	3.139
重庆	2.606	3.389	3.912	3.250	3.077	3.247
成都	2.883	3.316	3.891	3.336	3.442	3.374
贵阳	2.669	3.254	3.803	3.205	3.182	3.223
昆明	2.816	3.208	3.781	2.531	3.388	3.145
西安	2.982	3.465	3.678	3.193	3.325	3.329
兰州	2.768	3.228	3.511	2.757	3.210	3.095
西宁	2.753	3.323	3.418	3.073	3.139	3.141
银川	3.121	3.492	4.000	3.367	3.623	3.521
乌鲁木齐	2.397	2.909	3.250	3.098	2.735	2.878

表 14.19　全国和 35 个样本城市的居民对市政设施的分项和综合满意度等级

	城市市政设施分项满意度等级					城市市政设施综合满意度等级
	I_1	I_2	I_3	I_4	I_5	
全国	+	○	○	+	+	+
北京	+	○	○	+	○	○
天津	−	+	○	+	+	+
石家庄	+	○	○	+	+	+
太原	+	○	○	+	+	+
呼和浩特	−	+	○	-	○	+
沈阳	−	○	○	+	+	+
大连	+	○	○	○	+	○
长春	−	+	○	+	+	+
哈尔滨	−	+	○	−	−	+
上海	○	○	⊕	○	○	○
南京	+	○	○	○	○	○
杭州	+	○	⊕	○	○	○
宁波	○	○	○	○	○	○
合肥	−	○	○	+	+	+
福州	+	○	○	+	○	○
厦门	○	○	○	○	○	○
南昌	−	+	○	+	+	+
济南	+	+	○	+	+	+
青岛	+	+	○	+	○	+
郑州	−	+	○	+	+	+
武汉	−	○	○	+	+	+
长沙	−	○	○	+	+	+
广州	+	○	○	+	+	+
深圳	+	○	⊕	○	○	○
南宁	−	+	○	+	+	+
海口	−	○	○	+	+	+
重庆	−	+	○	+	+	+
成都	+	+	○	+	○	+
贵阳	−	+	○	+	+	+
昆明	−	+	○	−	+	+
西安	+	○	○	+	+	+
兰州	+	+	○	+	+	+
西宁	−	+	○	+	+	+
银川	+	○	○	+	○	○
乌鲁木齐	−	+	+	+	+	+

从表 14.19 中可以看出，在 35 个样本城市中有 25 个城市的居民对市政设施的满意度为一般，其余城市的居民对市政设施的满意度较高。上海、厦门和杭州的居民对市政设施的满意度较高，哈尔滨、乌鲁木齐和南宁的居民满意度较低。上海作为我国的经济中心，建设有完善的市政设施体系，同时上海是旅游热点城市，流动人口多，政府在市政设施供给和服务质量上要求严格，将大量资源投入市政设施的建设，市政设施的规划和管理水平都较高，因此居民对市政设施的满意度高。居民对市政设施满意度较低的城市，主要受到经济发展水平较低的制约，城市的市政设施建设缺乏资金，市政设施载体水平较低。

关于问题 I_1“对现居城市执行垃圾分类的满意度”，35 个样本城市中只有 3 个城市的居民满意度较高，15 个城市的满意度为一般，其余 17 个城市的满意度较低，反映出样本城市现阶段的垃圾分类效果并不显著。关于问题 I_2“对现居城市网络通信信号的满意度”，有 19 个城市的居民有较高的满意度，其余城市的满意度为一般。整体上，样本城市的居民对城市网络通信信号的满意度较高。关于问题 I_3“对现居城市线上生活缴费的满意度”，有 3 个城市的满意度高，有 31 个城市的满意度较高。整体上，居民对城市线上生活缴费有较高的满意度。关于问题 I_4“对现居城市排解积存雨水的满意度”，有 7 个城市的满意度较高，有 25 个城市的满意度为一般，其余 3 个城市的满意度较低，表明居民对城市排解积存雨水的满意度总体上较低，城市积水深、每逢暴雨会出现内涝等问题困扰着许多城市。关于问题 I_5“对现居城市公共厕所的满意度”，有 12 个城市的居民有较高的满意度，有 22 个城市的满意度为一般，表明样本城市的居民对公共厕所的满意度总体上不高。

上述讨论表明，从居民的角度来看，样本城市在网络通信信号和线上生活缴费等方面的表现较好，这是由于样本城市的社会经济发展水平较高，对互联网和通信设施的建设水平和使用程度较高。但总体上居民对城市执行垃圾分类、排解积存雨水和公共厕所的满意度并不高，表明样本城市需要进一步推动垃圾分类和对老城区市政设施的改造更新，以进一步优化城市市政设施承载力，全面提升居民对市政设施的满意度。

14.10　基于居民满意度的城市公共服务资源承载力分析

在调查问卷中，设计了七个关于公共服务资源满意度的问题：P_1，对现居城市医疗服务（等待时间、医疗费用、医院分布等）的满意度；P_2，对现居城市义务教育服务（入学公平度、是否乱收费等）的满意度；P_3，对现居城市政府线下行政服务（服务效率、服务态度等）的满意度；P_4，对现居城市政府电子政务（互动性、便捷性等）的满意度；P_5，对现居城市社会福利保障（弱势群体救助、就业、养老等）的满意度；P_6，对现居城市公共安全（社会治安、食品安全、应急管理等）的满意度；P_7，对现居城市体育设施的满意度。

表 14.20 展示了全国和 35 个样本城市的居民对城市公共服务资源的分项和综合满意度评分，表 14.21 展示了居民对城市公共服务资源的满意度等级。

表 14.20 全国和 35 个样本城市的居民对公共服务资源的分项和综合满意度评分

	城市公共服务资源分项满意度评分							城市公共服务资源综合满意度评分
	P_1	P_2	P_3	P_4	P_5	P_6	P_7	
全国	3.241	3.413	3.367	3.475	3.404	3.638	3.242	3.397
北京	3.450	3.511	3.566	3.746	3.764	4.046	3.559	3.663
天津	3.122	3.203	3.012	3.222	3.233	3.566	2.912	3.181
石家庄	3.272	3.215	3.198	3.347	3.421	3.518	3.061	3.290
太原	3.189	3.154	3.175	3.298	3.106	3.386	3.058	3.195
呼和浩特	2.787	2.862	2.831	2.968	3.085	3.247	2.903	2.955
沈阳	3.282	3.414	3.258	3.272	3.299	3.618	3.247	3.341
大连	3.422	3.636	3.553	3.580	3.528	3.747	3.533	3.571
长春	3.052	2.940	3.112	3.254	3.283	3.527	3.035	3.172
哈尔滨	2.587	2.681	2.542	2.803	2.850	3.027	2.646	2.734
上海	3.682	3.807	3.936	3.978	3.939	4.185	3.700	3.890
南京	3.412	3.626	3.656	3.831	3.747	3.958	3.625	3.694
杭州	3.736	3.662	4.033	4.198	3.942	4.055	3.560	3.884
宁波	3.589	3.711	3.790	3.835	3.745	3.912	3.680	3.752
合肥	3.038	3.324	3.317	3.322	3.216	3.460	2.932	3.230
福州	3.192	3.487	3.544	3.655	3.495	3.612	3.235	3.460
厦门	3.648	3.760	3.865	3.920	3.811	4.052	3.738	3.828
南昌	2.921	3.153	3.103	3.277	3.110	3.348	3.063	3.139
济南	3.238	3.424	3.200	3.459	3.287	3.539	3.116	3.323
青岛	3.383	3.213	3.176	3.151	3.357	3.543	3.333	3.308
郑州	3.065	3.195	3.060	3.309	3.194	3.562	2.868	3.179
武汉	3.333	3.475	3.435	3.397	3.351	3.520	3.292	3.400
长沙	3.317	3.471	3.454	3.496	3.500	3.672	3.309	3.460
广州	3.478	3.459	3.598	3.802	3.515	3.864	3.467	3.598
深圳	3.203	3.302	3.891	4.124	3.638	3.962	3.455	3.654
南宁	2.921	3.210	3.060	3.091	3.028	3.438	3.287	3.148
海口	3.000	3.286	3.233	3.338	3.000	3.319	3.137	3.188
重庆	2.941	3.137	3.044	3.156	3.165	3.463	3.019	3.132
成都	3.242	3.431	3.482	3.540	3.492	3.693	3.291	3.453
贵阳	2.983	3.312	3.312	3.415	3.283	3.514	3.120	3.277
昆明	3.135	3.395	3.200	3.230	3.076	3.511	3.063	3.230
西安	3.070	3.174	3.237	3.400	3.354	3.500	3.296	3.290
兰州	3.084	3.307	3.169	3.197	3.111	3.399	2.797	3.152
西宁	2.975	3.378	3.118	3.270	3.339	3.445	3.107	3.233
银川	3.333	3.436	3.410	3.491	3.421	3.695	3.328	3.445
乌鲁木齐	2.825	3.386	3.079	3.200	3.245	3.635	2.778	3.164

表 14.21　全国和 35 个样本城市的居民对公共服务资源的分项和综合满意度等级

	城市公共服务资源分项满意度等级							城市公共服务资源综合满意度等级
	P_1	P_2	P_3	P_4	P_5	P_6	P_7	
全国	+	○	+	○	○	○	+	+
北京	○	○	○	○	○	○	○	○
天津	+	+	+	+	+	○	+	+
石家庄	+	+	+	+	○	○	+	+
太原	+	+	+	+	+	+	+	+
呼和浩特	+	+	+	+	+	+	+	+
沈阳	+	○	+	+	+	○	+	+
大连	○	○	○	○	○	○	○	○
长春	+	+	+	+	+	○	+	+
哈尔滨	−	+	−	+	+	+	+	+
上海	○	○	○	○	○	○	○	○
南京	○	○	○	○	○	○	○	○
杭州	○	○	○	○	○	○	○	○
宁波	○	○	○	○	○	○	○	○
合肥	+	+	+	+	+	○	+	+
福州	+	○	○	○	○	○	+	○
厦门	○	○	○	○	○	○	○	○
南昌	+	+	+	+	+	+	+	+
济南	+	○	+	○	+	○	+	+
青岛	+	+	+	+	+	○	+	+
郑州	+	+	+	+	+	○	+	+
武汉	+	○	○	+	+	○	+	○
长沙	+	○	○	○	○	○	+	○
广州	○	○	○	○	○	○	○	○
深圳	+	+	○	○	○	○	○	○
南宁	+	+	+	+	+	○	+	+
海口	+	+	+	+	+	+	+	+
重庆	+	+	+	+	+	○	+	+
成都	+	○	○	○	○	○	+	○
贵阳	+	+	+	○	+	○	+	+
昆明	+	+	+	+	+	○	+	+
西安	+	+	+	+	+	○	+	+
兰州	+	+	+	+	+	+	+	+
西宁	+	+	+	+	+	○	+	+
银川	+	○	○	○	○	○	+	○
乌鲁木齐	+	+	+	+	+	○	+	+

由表 14.21 可知，样本城市的居民对公共服务资源的满意度为一般或较高。

关于问题 P_1“对现居城市医疗服务(等待时间、医疗费用、医院分布等)的满意度”，有 8 个城市的居民有较高的满意度，其余城市为一般。总体上，样本城市的居民对医疗服务的满意度为一般。关于问题 P_2“对现居城市义务教育服务(入学公平度、是否乱收费等)的满意度”，有 15 个城市的居民有较高的满意度，其余城市的居民满意度为一般。从全国层面来看，居民对现居城市的义务教育服务比较满意。关于问题 P_3“对现居城市政府线下行政服务(服务效率、服务态度等)的满意度”，整体上居民的满意度较高或为一般。关于问题 P_4“对现居城市政府电子政务(互动性、便捷性等)的满意度”，35 个样本城市中有 15 个城市的满意度较高，其余为一般。可见，样本城市的政府电子政务整体上表现较好。关于问题 P_5“对现居城市社会福利保障(弱势群体救助、就业、养老等)的满意度”，有 14 个城市的满意度较高，其余城市的满意度为一般，表明样本城市的社会福利保障整体上表现较好。关于问题 P_6“对现居城市公共安全(社会治安、食品安全、应急管理等)的满意度”，有 29 个城市的居民满意度较高，其余城市为一般，表明居民普遍对城市公共安全保障比较满意，样本城市在公共安全保障方面的表现很好。关于问题 P_7“对现居城市体育设施的满意度”，有 9 个城市的满意度较高，其余城市的满意度为一般。

上述对问卷调查的分析结果表明，样本城市在保障城市公共安全方面的表现很好，这在很大程度上是由于这些城市的社会经济发展水平较高，“电子眼”等安全监摄管理系统以及公安系统的建设比较完善。同时这些城市在政府电子政务、政府线下行政服务、社会福利保障等方面的表现也较好，但样本城市的居民对医疗服务和体育设施的满意度较低。整体上看，样本城市的居民对公共服务资源的满意度较高，但仍有很大的改善空间。样本城市需要进一步开展公共服务建设，特别要加强对医疗服务、义务教育、体育设施等的建设，持续改进和完善线上线下行政服务，继续保障公共安全，实现公共服务资源承载力的优化，并提高居民对公共服务资源的满意度。

政策篇

第 15 章　城市资源环境承载力问题分析

准确认识城市资源环境承载力存在的问题是研究优化提升城市资源环境承载力政策的前提。基于本书前面的实证评价分析结果、实地调研资料、问卷调查数据、相关文献和报告，本章对样本城市九个维度的资源环境承载力存在的问题进行剖析。其中，实证评价分析结果能够反映各维度下城市资源环境承载力的演变规律，以及各阶段存在的问题与短板；实地调研资料是能反映城市资源环境承载力现状的第一手资料，通过同当地政府相关部门工作人员以及相关领域的专家学者进行交流，可以从水资源、能源资源、大气环境、土地资源、文化资源、人力资源、交通、市政设施、公共服务资源九个维度对城市资源环境承载力进行调研，了解其现状以及所面临的问题；问卷调查可以通过了解城市居民对资源环境的感知情况识别城市资源环境承载力存在的问题；而通过对相关文献和报告的梳理可以进一步认识城市资源环境承载力存在的问题。

本章所论述的城市资源环境承载力问题，既包括城市资源环境承载力存在的综合性问题，又包括单个维度下城市资源环境承载力存在的问题。在讨论城市各维度的资源环境承载力问题时，既分析核心问题，也分析一般问题。

在认识城市资源环境承载力的综合性问题时，主要考虑不同维度的城市资源环境承载力之间是否协调与平衡。城市是一个综合动态的复杂系统，实现城市的可持续发展需要城市资源环境承载力在九大维度下实现协调与平衡。

对于单个维度的城市资源环境承载力而言，其存在的问题反映在荷载、载体、承载力指数上。例如，荷载过大、荷载结构不合理、载体不足、载体质量不高、载体分布不均、承载力指数过高、承载力指数过低都是阻碍城市资源环境承载力提升的不利因素。更进一步地，为了体现问题之间的层次性，将各维度的承载力问题划分为核心问题和一般性问题。核心问题是指样本城市普遍面临、影响程度大、长期存在但并未得到解决的问题；一般性问题指的是个别城市存在的具有特殊发生环境和特征的问题。

15.1　城市资源环境承载力综合性问题

城市资源环境承载力综合性问题主要是指城市各维度的资源环境承载力之间不协调。根据本书第 5～13 章对样本城市各维度资源环境承载力状态的实证分析，将各样本城市各维度的承载力状态总结在表 15.1 中。其中在第 7 章的大气环境承载力实证研究中，承载力状态的含义和其他维度的含义不同，即 $A_{1\text{-}A}$ 区间为无超载状态区间，$A_{2\text{-}A}$ 区间为低超载状态区间，$A_{3\text{-}A}$ 区间为中超载状态区间，$A_{4\text{-}A}$ 区间为高超载状态区间，$A_{5\text{-}A}$ 区间为严重超载状态区间。从划分结果来看，没有处于 $A_{1\text{-}A}$ 区间的城市。为了便于分析，这里将大气环境承载力的 $A_{5\text{-}A}$、$A_{4\text{-}A}$、$A_{3\text{-}A}$、$A_{2\text{-}A}$ 区间分别调整为其他维度通用的 A_1、A_2、A_3、A_4 区间。

表 15.1 35 个样本城市九大维度的资源环境承载力状态划分结果

城市	水资源	能源资源	大气环境	土地资源	文化资源	人力资源	交通	市政设施	公共服务资源	A_1区间个数	A_2区间个数	A_3区间个数	A_4区间个数
北京	A_1	A_1	A_1	A_1	A_3	A_4	A_1	A_4	A_4	5	0	1	3
天津	A_1	A_3	A_1	A_1	A_2	A_2	A_1	A_4	A_1	5	2	1	1
石家庄	A_2	A_2	A_1	A_2	A_1	A_2	A_3	A_1	A_3	3	4	2	0
太原	A_2	A_4	A_1	A_1	A_3	A_4	A_3	A_1	A_3	3	1	3	2
呼和浩特	A_1	A_4	A_1	A_4	A_1	A_2	A_4	A_1	A_1	5	1	0	3
沈阳	A_3	A_2	A_1	A_2	A_2	A_3	A_2	A_3	A_2	1	5	3	0
大连	A_3	A_2	A_2	A_2	A_2	A_1	A_3	A_2	A_3	1	5	3	0
长春	A_3	A_2	A_2	A_4	A_2	A_1	A_4	A_2	A_3	1	4	2	2
哈尔滨	A_3	A_3	A_2	A_2	A_3	A_1	A_3	A_2	A_1	2	3	4	0
上海	A_1	A_1	A_2	A_1	A_2	A_3	A_1	A_4	A_2	4	3	1	1
南京	A_2	A_1	A_1	A_2	A_3	A_3	A_2	A_3	A_1	3	3	3	0
杭州	A_4	A_1	A_2	A_2	A_4	A_3	A_2	A_3	A_4	1	3	2	3
宁波	A_4	A_1	A_3	A_3	A_4	A_2	A_2	A_4	A_1	2	2	2	3
合肥	A_3	A_3	A_1	A_4	A_3	A_1	A_3	A_2	A_1	3	1	4	1
福州	A_3	A_2	A_3	A_2	A_2	A_1	A_3	A_1	A_3	2	3	4	0
厦门	A_4	A_2	A_4	A_1	A_3	A_1	A_3	A_3	A_1	3	1	3	2
南昌	A_4	A_2	A_2	A_2	A_1	A_4	A_3	A_2	A_3	1	4	2	2
济南	A_2	A_2	A_1	A_3	A_2	A_4	A_2	A_3	A_4	1	4	2	2
青岛	A_3	A_3	A_2	A_1	A_1	A_2	A_2	A_3	A_2	2	4	3	0
郑州	A_2	A_3	A_1	A_2	A_1	A_1	A_2	A_2	A_1	4	4	1	0
武汉	A_3	A_3	A_1	A_1	A_2	A_2	A_1	A_4	A_1	4	2	2	1
长沙	A_4	A_3	A_2	A_1	A_4	A_3	A_3	A_1	A_1	3	1	3	2
广州	A_2	A_1	A_3	A_1	A_1	A_2	A_1	A_4	A_2	4	3	1	1
深圳	A_2	A_1	A_3	A_1	A_4	A_2	A_1	A_4	A_2	3	3	1	2
南宁	A_2	A_1	A_3	A_4	A_3	A_1	A_3	A_2	A_4	2	2	3	2
海口	A_4	A_1	A_4	A_2	A_4	A_4	A_3	A_2	A_1	2	2	1	4
重庆	A_3	A_4	A_2	A_2	A_2	A_3	A_1	A_2	A_3	1	4	3	1
成都	A_3	A_4	A_1	A_3	A_3	A_3	A_1	A_2	A_4	2	1	4	2
贵阳	A_3	A_4	A_3	A_4	A_1	A_4	A_2	A_2	A_3	1	2	3	3
昆明	A_3	A_3	A_4	A_3	A_2	A_3	A_3	A_1	A_4	1	1	5	2
西安	A_2	A_4	A_1	A_2	A_4	A_3	A_2	A_3	A_2	1	4	2	2
兰州	A_1	A_3	A_1	A_4	A_3	A_4	A_4	A_4	A_4	2	0	2	5
西宁	A_1	A_4	A_2	A_1	A_4	A_4	A_4	A_1	A_4	3	1	0	5
银川	A_1	A_4	A_2	A_4	A_4	A_1	A_4	A_1	A_4	3	1	0	5
乌鲁木齐	A_1	A_4	A_1	A_4	A_3	A_4	A_4	A_2	A_4	2	1	1	5

注：A_1 区间为高风险超载区间；A_2 区间为高利用区间；A_3 区间为中度利用区间；A_4 区间为低利用区间。

从表 15.1 中可以看出，所有样本城市各维度的资源环境承载力状态之间都存在一定程度的不协调，有的甚至很不协调。例如，北京有 5 个维度(水资源、能源资源、大气环境、土地资源、交通)的承载力状态处于 A_1 区间，有 3 个维度(人力资源、市政设施、公共服务资源)的承载力状态处于 A_4 区间；呼和浩特有 5 个维度(水资源、大气环境、文化资源、市政设施、公共服务资源)的承载力状态处于 A_1 区间，有 3 个维度(能源资源、土地资源、交通)的承载力状态处于 A_4 区间。兰州、西宁、银川和乌鲁木齐均有 5 个维度处于 A_4 区间，大部分维度的资源环境承载力呈低利用状态。

总的来说，如果城市各维度的资源环境承载力状态和利用率有很大差异，城市的资源环境承载力就会受到严重影响，进而影响城市的可持续发展。

15.2　城市水资源承载力问题

我国城市中水资源趋紧、水环境污染比较严重、水生态退化加剧等问题仍然存在，地下水超采、雨污混流等问题在许多城市中也仍未得到根本解决，部分城市甚至还存在由供水设施不足造成的工程性缺水问题。这些问题不同程度地制约着城市社会经济的发展，针对性地解决这些问题，进而优化城市水资源承载力，是实现城市可持续发展的重要保障。

15.2.1　水资源承载力面临的核心问题

城市水资源承载力面临的核心问题是指长期存在、解决难度大且后果严重的顽固性问题，以及严重影响居民的美好生活、亟待解决的关键性问题，具体包括以下 7 个方面：①水资源匮乏，资源型缺水长期存在；②水生态环境脆弱，水体自净能力差；③水资源供需矛盾突出；④城市黑臭水体“久治不愈”；⑤地下水严重超采，“祸地殃城”；⑥城市的不合理建设破坏自然水系；⑦降水年际年内分布不均。

1. 水资源匮乏，资源型缺水长期存在

资源型缺水是指某一地区由于地表水、地下水、降水等水资源匮乏而不能满足其生产、生活和生态等用水需求。我国北方地区气候干旱、降水量小，水资源南北分布极其不均。依据《2017 年中国水资源公报》的相关数据，长江流域及其以南地区的人口占全国人口的 54%，但是水资源却占 81%；北方地区的人口占 46%，水资源却只占 19%。因此，“水资源匮乏，资源型缺水长期存在”这一问题在我国北方城市凸显。从本书第 5 章对我国 35 个样本城市水资源承载力的实证评价结果来看，石家庄、青岛和乌鲁木齐等北方城市的水资源明显匮乏，降雨量少，水资源的承载强度很高。其中针对乌鲁木齐，专家提到当前的冰川缩小现象会造成该城市的可利用水资源进一步缩减。北方城市水源载体水平本来就低，但为追求经济增长，采取粗放式生产方式，导致水资源荷载较高，城市水资源的承载强度较大。水资源短缺与承载强度大已成为制约我国许多北方城市持续发展的突出问题。

2. 水生态环境脆弱，水体自净能力差

水生态系统退化、河流生态空间不足、水体循环能力差等水生态环境问题在样本城市中不同程度地存在，很多城市其水生态系统的平衡已无法依靠水体的自我净化能力来保持。而水体生态功能失衡又会导致水质急剧下降，可利用水资源减少，降低城市的水源载体水平。我国城市普遍存在水生态退化问题，实地调研结果显示合肥的水生态环境十分脆弱，尤其是巢湖；京杭大运河杭州段的水生态环境问题还需得到不断治理；昆明滇池的水体自我净化能力十分低下，难以维持水体的良性循环。

3. 水资源供需矛盾突出

随着城市经济的快速发展、居民生活水平的提高和城市人口的增长，城市水资源需求量不断增加。而受自然条件和供水设施的限制，许多城市有供水紧张的问题，甚至部分城市在某些特定时段实行限量供水，城市水资源供需矛盾尖锐，这主要由两个方面的原因导致：①高强度的社会经济活动导致用水需求过大，特别是北京、上海和广州等超一线城市；②城市自身的水资源匮乏、中水回用效果差、污水处理设施能力不足。这两个方面的原因导致部分城市的水资源载体承载的荷载很大，难以承受城市发展对水资源日益增长的需求压力。所以，样本城市面临着越来越高的水资源承载力超载风险。

4. 城市黑臭水体“久治不愈”

城市黑臭水体是城市建成区内呈黑色或泛黑色并散发臭味或恶臭味的水体的统称，是我国城市面临的最突出的水环境问题之一。根据原住建部和原环保部联合发布的全国黑臭水体摸底排查结果，截至 2016 年 2 月 18 日，在全国 295 个地级及以上城市中，有 218 个城市被排查出有黑臭水体，已认定的黑臭水体总数达到 1861 个，主要集中在长江三角洲、珠江三角洲、京津冀等产业发达的地区。本书在调研过程中发现许多城市存在黑臭水体主要是由于我国逐渐加快城镇化、工业化进程导致城市污水排放量不断增加，而污水处理设施的处理能力不足。再加上垃圾入河、底泥污染严重等，我国多个城市的水体出现季节性黑臭现象，甚至个别水体存在终年黑臭的情况。

城市出现黑臭水体是水资源的荷载太大且与载体能力不匹配的结果，不仅破坏了河流生态系统，导致水资源各类载体的承载能力变差，而且损害了城市人居环境和人的健康，降低了居民幸福感。城市黑臭水体是城市居民强烈反映的环境问题，引起了政府的高度重视，政府制定了与黑臭水体治理相关的法律法规和政策。不过，在实践中仍存在诸多问题，如部分城市主要关注黑臭水体整治工程的完成情况而忽视了长效机制的构建，以及对河道两侧工业排污、蔬菜种植、生活污水等的管理，导致完成整治的河道经过一段时间后又重新返黑返臭，造成城市的黑臭水体“久治不愈”。

5. 地下水严重超采，“祸地殃城”

地下水超采是指在一定区域内地下水开采量超过了该地区地下水容许开采量，这一问题在我国北方地区的许多城市凸显。地下水超采的直接后果是地下水位下降、地下水源载

体被严重破坏、地下水资源承载力严重超载，进而带来一系列严重的生态后果，如湿地变干、河流枯竭、地面沉降、海水入侵等。本书的实地调研结果显示我国北方地区的多个城市存在严重的地下水过量开采问题，地下水位在快速下降，甚至部分城市的地下水已经枯竭。特别是作为我国大粮仓的华北地区，该地区水资源拥有量远低于全国平均水平，但由于农作物对水资源的需求量大，该地区一直在持续地开采利用地下水资源。

6. 城市的不合理建设破坏自然水系

我国许多城市在发展过程中进行的各类建设活动对城市自然水系造成了影响和破坏，主要表现在：①大规模的城市建设活动随意拦截河道，改变水面形态，导致河道连通受阻；②城市盖高楼，深挖基础，破坏了地下水系；③生产生活用水挤占了生态环境用水，导致生态环境用水需求得不到满足，城市湿地面积锐减。武汉水务局的调查数据显示，被誉为“百湖之市”的武汉湖泊退化严重，50 年来近 100 个湖泊消失，特别是中心城区湖泊锐减，且仍在面临市区湖泊继续被侵占的问题。而城市水系承担着蓄积雨洪、分流下渗、调节行洪、增补地下水资源、提高水蒸发量和缓解热岛效应等功能，但是在我国过去快速的城镇化建设过程中，城市自然水系遭到破坏，水系功能不可挽回地衰退，许多城市水源载体的承载能力不断降低。

7. 降水年际年内分布不均

降水年际分布不均是指不同年份的年降水量差异大，出现或连年多雨或连年少雨等现象，而降水年内分布不均是指降水季节降水量分布不均。随着城镇化进程的加快，人类活动对气候的影响越来越明显，降水的时空分布更加不均衡，而降水年际年内分布不均造成水资源分布不均，进而导致水资源载体水平忽高忽低，水资源承载状态不稳定。而降水不均给我国许多城市的水资源管理带来了挑战，比如，银川位于黄河流域，该流域降水年内分布不均，且年际变化大，降水量不充沛，天然河川径流量也不稳定，黄河在这里频繁出现断流，导致银川水资源载体水平波动较大。又如，苏州虽雨量丰沛，但汛期(5～9 月)雨量占全年雨量的 60%，城市的雨洪管理难度较大。

15.2.2　水资源承载力面临的一般问题

城市水资源承载力面临的一般问题是指在样本城市中普遍存在或在部分城市中存在的问题，具体包括以下 12 个方面：①供水管网渗漏现象普遍存在；②雨污混流“顽疾难治”；③中水回用“举步维艰”；④污水处理存在技术瓶颈；⑤降水“留不住”；⑥客水占比高，外部依赖性强；⑦水资源承载力、供水能力和污水处理能力不协调；⑧供水设施“集、储、净”能力不足，出现工程性缺水；⑨供水能力分布不均，设施覆盖不全面；⑩水源达标率低，水质性缺水愈发严重；⑪供水不稳定，高峰用水难以保障；⑫污水处理设施覆盖不全面，布局不均衡。

1. 供水管网渗漏现象普遍存在

城市普遍存在供水管网渗漏问题，管网漏损率高，不仅造成水资源严重损失，也给水质水压的达标带来压力，严重的甚至会造成区域供水事故，影响城市的供水能力，降低城市的水资源载体水平。据住房和城乡建设部统计，我国城市供水管网渗漏导致每年流失自来水 70 多亿 m^3，相当于一年流失一个太湖，这些流失的水足够城市 1 亿人口使用。特别是对于水资源本来就十分匮乏的城市，供水管网渗漏带来的水资源浪费无疑是雪上加霜。造成供水管网渗漏的原因有很多，如消火栓、阀门及管道内外防腐处理不合格，管网老化严重，供水设施维护不到位，受城市中建设施工活动影响，以及没有对公众反馈的管网渗漏信息进行及时处理等，这些都会造成供水管网出现各种形式的“明漏”和“暗漏”现象。

2. 雨污混流“顽疾难治”

雨污混流是指雨水和污水由一套管网输送，这不利于污水处理和对雨水的利用。我国部分城市尤其是城市的老城区，雨污混流现象仍然比较普遍，雨污分离不彻底，大量的降雨径流被导入排污管网并和污水一起被送往污水处理厂当作污水处理，导致庞大的污水排放量超出了城市污水处理厂的处理能力，污水处理载体的承载强度过大，而雨水不能被有效利用。另外，部分污水未经处理就直接排入河道，造成水污染，降低了水源载体的质量。而雨污分流工程的建设难度较大，不仅需要大量的资金支持，还会带来大面积的路面被开挖等问题，且需要多个部门进行协调，会给城市居民的日常出行带来不便，因此，长期来看雨污混流问题仍是我国许多城市难以治愈的“顽疾”。

3. 中水回用“举步维艰”

中水回用是解决城市水资源短缺问题的重要措施，但该措施推行难度很大，主要原因在于：①存在意识问题。在水资源相对丰富的城市，中水回用意识比较淡薄。不过在严重缺水的城市，政府、企业和居民已经意识到了中水回用的重要性，并展开了富有成效的实践。②存在工程技术问题。中水回用在实践中还存在着一定的技术限制，中水管线修建困难，回收的中水水质无法达到日常用水标准，有的甚至达不到冲洗厕所的标准，难以普及利用。③存在成本问题。技术复杂和回收规模大导致中水回用的成本较高，相比自来水没有明显的竞争优势。④管理不到位。大部分城市没有针对中水回用建立起一套科学、有效、完善的管理体系，导致其难以在城市中得到推广普及。

4. 污水处理存在技术瓶颈

污水处理作为一个技术性较强的水处理环节，存在一些技术瓶颈，制约着污水处理载体水平的提高。特别是对于难降解的工业废水(如制药、化工、电镀、印染等重污染工业产生的废水中有机污染物浓度高、结构稳定、可生化性差)，常规污水处理工艺难以进行有效处理。例如，由于存在技术瓶颈，昆明滇池附近的种植养殖业产生了大量含磷污水，再加上滇池流域是天然的磷矿聚集地，自然地理条件和人类活动的双重影响导致滇池水体磷含量长期超标，现有的污水处理技术和设施很难处理污水中的磷，进而导致了一系列水污染和水环境问题。

5. 降水“留不住”

很多城市面临缺水问题，但是降水这一最直接的水资源却并未很好地融入水循环系统中，一部分降水未加利用便已蒸发，“雨来排水忙，雨中把水淌，雨水存不住，雨后闹水荒”是很多城市存在的现象。造成降水留不住的原因主要有：①集雨设施不完善。例如，在调查访问中专家表示呼和浩特的降水量小于蒸发量，加上城市建设对自然水系的影响，因此建造集雨设施缓解缺水现象十分必要。②地面不透水。城市大规模建房、修路等造成地面不透水面积增大、城市水系与流域水系不协调，地面水分迅速蒸发。③盲目建设城市景观。专家提到成都的一些景观需要靠补水来进行维护保养，雨后蒸发量很大。可见，降水资源化利用程度低主要是由人类活动造成的，不能融入水循环的降水被浪费导致该部分水资源不能得到利用，并间接加大了常规水资源的消耗量，给常规水源载体带来了不必要的荷载压力。

6. 客水占比高，外部依赖性强

我国部分城市的水资源拥有量无法有效满足其生活、生产、生态等用水需求，需要引入城市客水加以补充，城市水资源的外部依赖性强，该问题在我国北方城市中尤为突出。根据调研结果，青岛、合肥、厦门等城市的供水大部分依赖于外调的客水。尽管客水能缓解城市的用水紧张问题，但水资源的外部依赖性强会带来一系列问题：①引调客水的成本较高，给政府的财政带来压力，一些财政能力不足的城市很难获取足够的客水；②水资源的外部依赖性强和城市供水结构单一会导致城市水资源脆弱和敏感，影响城市自身的供水安全，长远来讲，会影响城市的可持续发展。

7. 水源承载力、供水能力和污水处理能力不协调

本书第 5 章针对我国 35 个样本城市水资源承载力的实证研究表明，部分城市存在水源承载力、供水能力和污水处理能力不协调的问题，导致城市水资源承载力不高。有的城市水源承载强度很高，但供水设施承载强度不高；有的城市污水处理设施承载强度较高，而水源承载强度不高。一般城市的供水设施承载强度不会很高，这或许是因为供水是城市生产生活活动的基本保障，而污水处理的成本和技术要求都相对较高，但效益不明显，因此在经济相对不发达的城市，“重供水、轻排污”的不协调现象特别严重。

8. 供水设施“集、储、净”能力不足，出现工程性缺水

供水设施“集、储、净”能力是指城市供水设施收集、存储和净化水资源的能力。尽管我国城市近几年来对包括供水设施在内的基础设施的建设力度较大，但部分城市仍然存在供水设施“集、储、净”能力不足的问题，影响了供水载体的数量和质量，造成供水载体承载能力偏低，出现工程性缺水现象。对于水资源较为丰富但供水设施能力不足的城市，工程性缺水是一个规划管理问题。例如，海口独特的海岛型雨情水情造成水资源蓄存能力

弱，需要蓄水工程对河流丰枯进行调节。但由于水利设施建设速度较慢，城市供水设施能力不足，造成海口存在有水但留不住水、有水但用不了水的问题，属于典型的供水设施能力不足导致工程性缺水的城市。

9. 供水能力分布不均，设施覆盖不全面

一般城市的供水能力不低，但在许多城市供水设施分布不均，甚至一些离市中心较远的区(县)没有实现供水设施的全覆盖，由此导致的供水能力失衡降低了供水载体的整体水平。因此，解决城市供水能力的均衡分布问题是未来优化城市水资源承载力的重要内容。

10. 水源质量达标率低，水质性缺水愈发严重

水质性缺水指的是水环境发生“质”的恶化，水源因水质达不到规定的标准而无法使用，进而造成缺水现象，降低水资源载体水平，这种现象在我国多个城市中存在。如果说资源性缺水是无水可用，水质性缺水则是有水不能用。近几十年来，我国经济高速增长，城市人口不断增加，很长一段时期内地方政府将经济增长作为主要的目标，罔顾环境质量，导致水环境遭受破坏、水质难以改善。另外，城市人口集中，而工业也主要布局在城市和城市周边，因此生活污水、工业废水排放强度大，水质性缺水导致水源载体水平低，这个问题在实证调查的样本城市中尤为突出。

11. 供水不稳定，高峰用水难以保障

有个别城市供水设施建设不足，存在供水不稳定的问题，特别是在夏季用水高峰，会出现水压不稳定甚至部分区域直接断水的现象。实证调研结果显示，兰州一直存在夏季用水高峰净水规模不足，城市供水系统满负荷运行，以及季节性缺水现象严重等问题。另外，区域的供水压力不足往往会导致水厂提高出水压力，而这又会加剧管网渗漏和造成爆管事故频发，导致供水载体水平进一步降低，使供水问题陷入“恶性循环”。

12. 污水处理设施覆盖不全面，布局不均衡

有些城市特别是经济水平相对落后地区的城市，存在污水处理设施覆盖不全面、布局不均衡的问题，污水处理载体的承载能力不足，无法对所有污水进行有效及时的集中处理。一些城市的城镇面积及人口经济总量近年来快速增长，污水排放量急剧增加，而污水处理设施的布局建设却没有跟上步伐。这一问题体现在以下三个方面：①一些扶贫搬迁地区，由于缺乏充足资金，污水处理设施未完全完成配套建设；②绝大部分老旧城区的污水管网更新建设不到位、覆盖不全面；③部分工业园区的污水处理厂存在管网不配套、规模及工艺设计不合理、管理运营不规范等问题，导致污水处理设施无法正常运行。

15.3 城市能源资源承载力问题

我国城市能源资源承载力面临的问题可以总结归纳为城市在能源供给、能源利用、能

源消费等方面面临的问题。为了更好地把握问题的层次性，这些问题被进一步归纳为核心问题和一般问题。

15.3.1　能源资源承载力面临的核心问题

能源资源承载力面临的核心问题主要体现在能源消费总量控制、能源供需矛盾及能源消费引起的污染上。

1. 能源资源禀赋先天不足，外部依赖性强

城市能源资源禀赋先天不足是指城市的能源资源禀赋差，自身生产的能源不能满足城市生产生活需求。在这种情况下，城市能源资源在供给端缺乏保障，城市的能源资源载体水平不足以支撑城市的能源消费，需要通过调用其他地区的能源来满足城市社会经济活动对能源的消费需求，对城市的可持续发展构成潜在的威胁，这一问题几乎在所有样本城市中都存在。随着我国城镇化进程的加快，各城市的生产生活活动对能源的消费需求迅速增长，经济发达城市表现得尤为突出，如上海、宁波、南京、苏州、广州、深圳等。其中，苏州是能源资源匮乏的城市，原煤、原油等的自给率很低，依靠从华东地区和西北地区调入能源。

2. 能源结构单一

城市能源结构单一是指城市能源供给主要以煤炭资源供给为主，而其他类型的能源供给占比较低，能源的替代性差，导致城市能源资源载体的质量不高，这一问题在我国很多城市中都存在，如济南的煤炭资源供给占比超过 60%。

由于以煤炭为主的能源消费模式会造成严重的环境污染问题，煤炭资源的供给利用与环境保护的矛盾凸显。随着国家大力推行节能减排政策，能源结构调整进入“油气替代煤炭、燃气替代煤炭和电能替代其他能源”的多重更迭期，而对城市能源结构进行深度改革和调整，导致严重依赖煤炭资源的城市的煤炭生产规模在一定程度上受限，这给能源结构单一的城市的可持续发展带来很大的挑战。

3. 能源供需矛盾加剧

我国很多城市的能源供给难以满足快速增长的能源消费需求，能源资源承载强度很高，快速增长的能源消费需求与能源短缺之间的矛盾日益加剧，尤其是我国能源资源本来就比较匮乏的东部城市。以杭州和宁波为例，这两个城市的能源资源匮乏，但城镇化速度不断加快，对能源的需求也一直在增加，能源危机越来越严重。北方许多城市（如哈尔滨、沈阳等）在推进“煤改气”政策的实施，这些城市在冬季对天然气的需求急剧增加，但这些城市的供气储气设施建设不足，供给能力不能满足城市用气需求，因此能源供不应求的现象突出，存在着严重的季节性能源供需矛盾。

4. 可再生能源的发展面临多重瓶颈

发展可再生能源是提升城市能源资源承载力的重要措施。然而，城市可再生能源的发展面临诸多问题：①可再生能源的勘探、开发、利用等技术的水平依然较为落后，可再生能源的基础研究薄弱，缺乏大规模发展可再生能源所需的理论与技术。②现有的不成熟的可再生能源开发技术对城市居民的生活和生态环境造成不利影响。例如，有些城市开发的可再生能源主要是太阳能，但因其技术手段还不成熟，存在转化率低和噪声大的问题，因而居民的使用意愿较低。③可再生能源的市场不成熟。一方面，由于没有长效、完善的可再生能源市场机制，有意愿参与可再生能源市场竞争的企业很少；另一方面，由于成本较高以及可再生能源产品自身不稳定等，可再生能源缺乏市场需求。④有关发展和应用可再生能源的政策措施和制度不完善，尚未形成明确的规划目标和引导机制，缺乏协调生产可再生能源与保护自然生态环境的机制和政策，如在发展水电、生物质能等可再生能源时需要制定能对土地和生态进行保护的配套政策。

5. 清洁能源开发利用程度低

开发清洁能源也是优化提升城市能源资源承载力的主要措施之一。然而我国城市普遍存在清洁能源开发利用程度低的问题，主要表现为清洁能源核心技术能力不足，技术的市场化应用和产业化发展不成熟，以及以清洁能源为基础的城市能源资源载体能力弱，这限制了城市能源供应中清洁能源的高效利用。同时清洁能源的开发利用技术水平落后致使清洁能源的使用成本通常高于煤炭等化石能源，导致清洁能源在价格方面没有竞争力，影响了其使用和推广。以我国传统的工业城市哈尔滨为例，其拥有丰富的石油、煤炭和天然气等传统能源，但在国家能源结构改革战略下，这些一次能源的产量急剧下降，开发清洁能源成为其能源发展的重要方向。然而，受技术瓶颈的限制，哈尔滨的清洁能源生产量有限，造成其面临一次能源储量不足和很难在短期内生产大量清洁能源的双重困境。

6. 传统化石能源产生的污染严重

传统的化石能源是指长期以来已经大规模生产和广泛利用的化石能源，主要包括煤炭、石油、天然气等，这些能源在燃烧时会生成大量的二氧化碳、二氧化硫、二氧化氮、一氧化碳、可吸入颗粒物等大气污染物，而硫氧化物和氮氧化物在大气中经过复杂的化学反应后会造成酸雨，对城市环境造成严重的破坏。这些问题在我国许多城市中都存在，尤其是我国大型城市经济发展迅速，对能源的需求不断增加，是我国能源消耗的“主力军”。另外，由于我国绝大部分城市的能源消费仍以传统化石能源消费为主，导致温室气体的排放量难以降低，这是造成大气污染和气候变化的重要原因。

15.3.2 能源资源承载力面临的一般问题

1. 用电用气调峰压力大

用电用气调峰压力是指在电力和天然气使用高峰，城市能源系统难以对其进行及时的调节，导致城市的电力和天然气供给难以满足城市社会经济活动的需求，这一现象在我国许多城市中都存在。调峰压力大的主要原因是城市能源调峰设施建设不足及调峰辅助服务市场不成熟。一方面，由于储能技术不成熟、建设成本高、运行存在安全性问题等，城市能源调峰设施(如燃气调峰电站、抽水蓄能、新型储能电站、光热发电、火电厂调峰改造等项目)建设滞后，导致调峰能力不足。另一方面，电力和燃气调峰辅助服务市场尚未完善，且对其采取的支持政策措施不足，峰谷差价等价格政策未完全落实，市场化、合同化的调峰机制尚未形成，各类企业和用户缺乏参与储气调峰的积极性。需要注意的是，能源调峰压力大对城市的能源资源承载力有很大影响。

2. 能源利用率低

我国城市总体上单位 GDP 能耗较高，能源利用率较低，从而增加了能源资源的荷载。尽管近年来我国大力推动节能减排，能源利用率提升，但是仍低于发达国家的城市对能源的利用率。一些能源密集型工业城市(如沈阳、大连、太原等)，能源利用率较低，主要原因在于这些城市的工业发展和经济增长依靠大量传统的高污染能源——煤炭。另外，城市能源利用率与污染物的排放密切相关，能源利用率低会导致在消耗能源的过程中产生较多的污染物。

3. 供给安全问题突出

城市能源供给安全问题主要体现在短期的能源供给中断、供应不足、价格暴涨、运输受阻以及受国家政策调整的影响等方面，这会造成城市能源资源载体水平不稳定，而这一现象在我国许多城市中不同程度地存在。我国能源资源在空间上 的分布极不均衡，许多城市能源自给率很低，部分区域和城市的能源供给主要依赖区域外调入和进口，而对外依赖度越高，能源供给安全风险越高。

4. 能源基础设施建设不健全

能源基础设施建设不健全主要反映在城市间能源输送设施和城市内部能源供给设施的建设不完善，城市的老旧居民区能源基础设施建设落后、更新缓慢，电网的承载能力不足，这会影响城市对能源的供给能力，导致城市能源资源载体的承载能力受限，进而对城市能源利用率造成负面影响，而这一现象在许多样本城市中都存在。能源基础设施是保障能源产品能够有效生产并输送到需求地的“大动脉”，若能源基础设施建设水平不足，能源总量调控就是一句空话，会导致能源资源富集地区有劲使不上，而能源稀缺地区只能“望能止渴”。总体上，我国不同地区之间能源基础设施建设存在着严重的不均衡现象。

5. 能源输送过程中的漏损及安全隐患问题

能源输送过程中的漏损及安全隐患问题是指在能源跨区域运输或供给过程中，由于各种原因，导致能源损耗和泄漏，并存在一定的安全隐患。一方面，由于能源的输送管网和储存设施存在质量不合格、操作管理不规范等问题，造成能源在储存、运输过程中泄漏，导致能源被浪费，甚至燃烧、爆炸、大面积污染环境等。例如，在 2013 年的“11·22”

青岛输油管道爆炸事件中，由于中石化管道分公司、潍坊输油处、青岛站等直接责任单位对输油管道隐患排查整治不彻底，管道保护工作不力，以及未能及时处理输油管道腐蚀减薄、破裂等重大安全隐患，导致管道破裂，原油泄漏并发生爆燃，大面积路面被原油污染，造成 62 人死亡、136 人受伤，直接经济损失达 7.5 亿元（人民网，2014）。另一方面，我国城市跨区域的能源运输运量大、运距长，导致能源在运输过程中有极大的损耗。以电能为例，我国城市的电能输送调配呈“跨区域、远距离”的格局，输电线长、电阻大导致部分电压损失。再如，成品油在长距离运输过程中会不断晃动，而成品油具有一定的油料呼吸现象，极易导致成品油挥发，增加成品油的损耗。

6. 能源结构转型变革与管理体制滞后的矛盾

我国城市正处在能源结构转型变革时期，而能适应能源结构转型变革的管理机制还不完善，现有的能源管理机制不能完全适应和满足城市的能源结构变革要求，主要表现在能源价格、税收、财政、环保等政策的衔接协调性不足，能源市场体系建设滞后，市场配置资源的功能没有得到充分发挥，天然气、电力的调峰成本补偿机制不完善，科学灵活的价格调节机制尚未完全形成，这些都影响了城市能源资源载体能力的持续提升。以能源价格为例，哈尔滨的电费较低，但其供暖等其他费用较高，这主要是由于其能源销售及供应链机制不完善，导致能源消费成本很高，影响了城市能源资源载体的质量，对发展城市的经济极为不利，制约了城市社会经济的发展。

7. 高能耗行业比重大

高能耗行业是指对能源消费量大、能源成本在产值中所占比重较高的行业。在我国部分工业城市中，存在高能耗行业比重过大的问题。这种“高投入、高消耗、高污染”的发展模式会造成资源被过度开发、能源供给不足和破坏环境等后果，导致城市能源资源荷载规模增大。例如，长春、大连等城市的重工业比重较高，能源资源荷载较大，能源资源承载力处于高利用状态，能源资源供给紧张，严重阻碍了城市的经济结构转型升级。另外，济南的高能耗行业带来的问题也很突出，其高能耗行业的能耗总量占全市工业行业能耗总量的 80%以上，能源在济南成为比土地、资金更为紧张的资源。

8. 部分能源产能过剩，承载能力利用不足

有些样本城市出现能源产能结构性过剩的问题，主要是煤炭和电力的产能。随着我国一系列节能减排政策的实施，一些城市对部分种类的能源特别是煤炭的需求量急剧降低，这些城市对相关的能源资源载体的利用不足，造成一定程度的浪费。例如，位于我国中西部的呼和浩特、乌鲁木齐、西宁、银川、太原、重庆、成都和贵阳等都属于能源资源丰富的城市，这些城市的能源资源载体能够承载城市的能源资源荷载，其能源资源承载力有较大的利用空间。

15.4　城市大气环境承载力问题

我国城市大气环境承载力面临的问题可以总结归纳为移动空气污染源排放量大、城市扬尘严重、城市郊区秸秆焚烧未得到有效控制、能源结构和产业结构不合理等。这些问题导致我国的雾霾污染和氮氧化物污染严重，冬季重污染天气频频出现且臭氧污染问题逐渐变得严峻。为厘清问题的轻重缓急，帮助政府采取有序且有针对性的措施治理城市大气污染、提升大气环境承载力，将大气环境承载力面临的问题分为核心问题和一般问题。

15.4.1　大气环境承载力面临的核心问题

城市大气环境承载力面临的核心问题是制度性和结构性问题，包括煤炭占比高的能源结构导致雾霾污染、氮氧化物污染严重，以及重化工业占比高的产业结构造成严重的雾霾污染、臭氧污染等。

1. 煤炭占比高的能源结构导致雾霾污染、氮氧化物污染严重

我国许多城市的能源结构仍然以煤炭为主。燃煤排放的有机物、硫酸盐、黑炭等物质是 $PM_{2.5}$ 的主要组成部分，而未经脱硝处理的燃煤排放物中含有大量的 NOx，它们是大气环境中雾霾污染和氮氧化物污染的重要影响因素。因此，煤炭占比高的能源结构会加剧大气污染，引起严重的雾霾污染和氮氧化物污染。这类问题主要出现在我国北方地区的城市，如哈尔滨、大连、兰州、石家庄、太原和呼和浩特等。这些城市在应对重工业发展和冬季供暖时对煤炭的需求量大，这些城市中有的对煤炭的消费量占能源消费量的近 90%，燃煤排放物成为其大气污染物的主要来源。

2. 重化工业占比高的产业结构造成严重的雾霾污染、臭氧污染

产业结构是指农业、轻工业、重化工业、建筑业、商业服务业等行业其产值之间的比例关系。其中，重化工业包括电力、石化、冶炼、重型机械和建材等行业，是国民经济的支柱产业，在我国许多城市中重化工业在产业结构中的占比很高。但重化工业是高能耗和高污染行业，会产生大量的烟粉尘、SO_2、NO_x 以及挥发性有机物（VOCs）等大气污染物，导致城市大气环境承载力降低。该问题在我国许多重工业城市中尤为严重，如沈阳、大连、哈尔滨、天津和南京等，这些城市的工业废弃物排放量大，导致城市出现严重的雾霾污染。

15.4.2　大气环境承载力面临的一般问题

大气环境承载力面临的一般问题是指在改善大气环境过程中所面临的一些具有较强技术性或个体性的问题，主要包括以下几个方面。

1. 移动空气污染源排放量大，加剧雾霾污染、臭氧污染和氮氧化物污染

移动空气污染源是指排放大气污染物的交通工具和机械设备，包括道路移动源(载客汽车、载货汽车和摩托车等)和非道路移动源(农业机械、建筑机械、火车、船舶和飞机等)。在社会经济快速发展的背景下，城市的各类道路和非道路移动空气污染源迅速增加，其排放的$PM_{2.5}$、CO、NO*x*以及挥发性有机物(VOCs)等大气污染物剧增，进而增加了城市大气环境荷载，导致大气环境承载力超载，造成雾霾污染、臭氧污染和氮氧化物污染等城市大气环境污染问题。这种由移动空气污染源导致的城市空气污染问题在我国经济发达的城市中尤为突出。由于这些城市的居民收入水平较高，各种交通工具快速增加，交通水平不断提高，同时也造成大量污染物被排放。交通工具已成为最大的大气污染排放源，对城市空气质量的影响非常突出。根据生态环境部发布的《中国机动车环境管理年报(2018)》，2017 年北京、上海、杭州、济南、广州和深圳的移动空气污染源为大气污染物的首要来源，占比分别达到 45.0%、29.2%、28.0%、32.6%、21.7%和 52.1%。其中，北京在 2017 年排放的$PM_{2.5}$中，移动空气污染源的贡献率高达 45%，是北京雾霾防治的主要对象。

2. 扬尘造成的雾霾污染现象严重

扬尘是地面上的尘土在风力或人为等因素影响下进入大气的开放性污染源，是环境空气中总悬浮颗粒物的重要组成部分，会增加城市大气环境荷载，是降低城市大气环境承载力的主要因素之一。城市扬尘源主要分为四类：土壤扬尘源、施工扬尘源、道路扬尘源和堆场扬尘源。扬尘中的二氧化硅、碳酸钙、氧化铁、氧化铝等有害物质易与其他污染源产生的二氧化硫、氮氧化物等污染物发生化学反应，进而导致颗粒物污染，造成城市大气环境的雾霾污染问题。由于城市扬尘具有排放随机和来源类型多样等特点，对其进行监测与控制难度大。扬尘造成的雾霾污染问题在我国许多北方城市中尤为严重，如北京、太原、哈尔滨、乌鲁木齐、天津、济南和石家庄等。这些城市裸露地面多，而北方地区冬春季节气候干燥，常伴随大风天气，因此这些城市的扬尘污染特别严重。

3. 城市郊区秸秆焚烧造成雾霾污染的现象严重

秸秆焚烧是指对收割庄稼时留下的高茬、乱草等不做回收处理，直接就地焚烧。秸秆在焚烧过程中会释放大量的气态污染物和颗粒物，导致空气中SO_2、NO_x、$PM_{2.5}$和PM_{10}的浓度增高。大量秸秆的焚烧会对大气环境造成破坏，引起城市出现雾霾污染，同时其释放的有害物质会给人和其他生物的健康安全带来极大的威胁，降低城市大气环境承载力。秸秆焚烧造成的雾霾污染现象在我国东北地区的城市中较为严重，由于我国东北地区是粮食主要的生产基地，有大量的庄稼地，在收割粮食后，会留下大量的秸秆，这些秸秆必须在春天开耕之前进行清理。由于秸秆回收利用的成本高，农民倾向于就地焚烧秸秆，再加上针对焚烧秸秆行为的管控措施不完善或不到位，导致秸秆焚烧现象仍然存在。

4. 雾霾污染与臭氧污染出现季节性恶化

我国许多城市的雾霾污染在冬季特别严重，但在夏季有所缓解；而臭氧污染则在夏季

较严重，在冬季有所缓解。出现这种季节性恶主要有两方面的原因：①气象条件本身具有季节性变化特征，导致大气环境对雾霾和臭氧的自净能力存在季节性变化。②冬季会燃放烟花爆竹而夏季气温较高会加剧臭氧排放等，由此给大气环境带来较大的消解压力。这两方面的因素导致雾霾污染和臭氧污染在许多样本城市中呈现季节性恶化，降低了城市大气环境承载力。

5. 受地理气候条件制约，城市大气环境自净能力差

大气环境的自净能力指的是大气环境通过大气的扩散、氧化作用以及微生物的分解作用，将污染物转化为无害物质，从而恢复原来的状态的能力。在我国许多城市，因受到地理气候条件的制约，大气环境自净能力差，有些城市处于山麓、山地或盆地等地形条件下，易产生局部环流，不利于大气污染物的扩散。有些城市降雨量和风速较小，易导致大气污染物在城市大气环境中持续累积，从而降低大气环境的自净能力。一些位于山地、盆地或气候干燥的城市，如成都、太原、兰州、济南及乌鲁木齐等，就有大气环境自净能力差的问题。

15.5　城市土地资源承载力问题

我国城市土地资源承载力面临各种挑战和问题，这些问题可以分为核心问题和一般问题。

15.5.1　土地资源承载力面临的核心问题

城市土地资源承载力所面临的核心问题是指在土地资源利用过程中，与土地资源利用粗放、存量土地资源未得到有效利用、土地资源利用结构不合理、地下空间利用未得到重视等相关的问题。

1. 受城市建设用地指标分配制度的限制，陷入“有地无指标”的窘境

我国城市建设用地指标分配流程为中央政府通过制定全国土地利用总体规划，并逐级审批地方政府土地利用规划，分配和调控各城市的建设用地指标，然后再进一步对各市级行政区的城市建设用地指标进行定量分配。

一些城市尽管有地，但在这种城市建设用地指标分配制度下，其分配到的建设用地指标无法满足城市社会经济的快速发展，陷入“有地无指标”的窘境。而有些城市追求社会经济的快速发展，政府批复了大量建设项目，导致城市的建设用地指标使用得过快，虽然城市还有不少后备土地资源可供城市建设项目使用，但在城市建设用地指标分配制度下，已无建设用地指标可用，从而阻碍了新的建设项目落地，造成后备土地资源被浪费，现有建设用地载体的承载强度过大。

2. 在城镇开发红线内，老城区新增建设用地有限

根据划定的生态保护红线、永久基本农田保护红线和城镇开发红线，将各市级行政区的国土空间划分为生态保护极重要区域、农业生产适宜区和城镇建设适宜区。

在城镇开发红线内，老城区新增建设用地极为有限，老城区在可进行城镇开发建设的空间中几乎没有可供开发利用的增量建设用地，只能对现有建设用地进行再开发利用，导致城市现有建设用地载体承载的荷载过大，而这类问题普遍存在于样本城市中。

3. 闲置土地未得到有效利用

许多城市存在闲置土地未得到有效利用的现象，主要表现为城中村的集体建设用地闲置、出现烂尾楼、厂房闲置、农村宅基地闲置、公共设施用地闲置和城市产业用地闲置等。这些土地被闲置降低了城市土地资源载体的承载能力，浪费了土地资源，增加了建设用地的超载风险。

4. 对废地的再开发利用不够重视

有些城市存在煤矿塌陷地、挖损地和压占地(因各种固体废弃物、生活垃圾和废弃建筑物压占而废弃的土地)等废弃的工矿用地，但没有对这些废地进行有效的整治、开发和利用。事实上，利用这些废地可以提升城市的土地资源载体规模，可以将废地复垦为耕地、林地或园地等农用地；或将验收合格的复垦地用于置换城市新增建设用地指标。然而，一些资源型城市往往忽视了对废地的再开发利用，没有把握增加城市土地资源的机会。这个问题在一些矿产资源型城市中非常突出，如大连存在大量的废弃工矿用地，然而这些废地的复垦效果却较差，许多废地没有进行复垦，因此无法置换为新增建设用地指标。

5. 土地利用类型与实际需求不匹配

每一种类型的土地都能提供某种特定功能，然而几乎所有城市都不同程度地存在土地功能与社会经济活动的需求不匹配的现象，导致土地资源承载力出现超载或未得到充分利用的问题。许多城市的工业化进程加快，在发展能源、交通、水利、电力、城市基础设施和生态建设等方面凸显出对建设用地的需求，但是规划的建设用地供给无法满足需求。而一些样本城市又存在土地资源承载力未得到充分利用的问题，该问题主要存在于样本城市建设的部分新城区，如兰州新区和昆明的呈贡新区。这些城市在社会经济不断发展的过程中，由于其老城区的可持续发展遇到瓶颈，需要发展结合本地特色的新城区。然而，在开发过程中，新城区规划的人口和社会经济活动与实际入住人口和落地产业相差悬殊，致使新城区建设的基础设施未得到充分利用，住房空置率高，人口入住率低，土地资源被浪费。

6. 政府过度依赖土地财政，高新产业、公共服务等的土地资源供给被挤占

我国地方政府对土地出让金的依赖一直比较严重，政府过度依赖土地财政的直接后果是高新产业和公共服务等的土地资源供给被挤占。许多城市被征用或腾出的土地绝大部分用于房地产开发，而教育、医疗和公园等公共服务项目的建设用地很难落地，城市土地资

源分配不均，降低了城市土地资源载体的承载能力。这类问题在社会经济水平相对落后的城市特别突出，如兰州、呼和浩特和乌鲁木齐等，这些城市通过旧城改造，以及将单位、企业的闲置土地和低效利用土地进行流转等方式，置换出了不少用于建设的土地。然而，这些腾出来的土地主要用于房地产开发，挤占了高新产业和公共服务等的土地资源供给，影响了土地资源承载力。

7. 土地的集约化程度低，降低了土地功能的协同承载能力

几乎所有城市的同一种类型的土地在空间布局上较为分散，土地的集约化程度低，从而限制了土地功能的集约化发挥，降低了土地资源载体的承载能力。例如，北京的门头沟区、平谷区、怀柔区、密云区、延庆区、房山区和昌平区有许多森林，发挥着生态保护、水源保护功能。然而这些森林的分布分散，削弱了森林在生态保护方面的功能。太原是老工业城市，由于采矿、冶金、能源、化工和机械等重型产业用地比例大、分布广，工矿企业多，形成了城乡居住用地与工矿企业用地相互穿插、相邻布局的局面，进而形成了不少“城中村”“棚户区”和“城市褐地”，降低了土地功能的协同承载能力。

8. 城市地下空间受开发难度大的影响未能被有效利用

城市地下空间是城市重要的土地资源载体。然而，受开发难度大和施工技术的影响，样本城市的地下空间没有被有效地开发和利用，城市未能通过开发地下空间来缓解城市土地资源承载强度大的现象。以上海为例，其地下空间的开发利用主要面临技术难题。上海位于长江三角洲沉积平原，空间开发深度范围内的地质层主要由滨海相、浅海相的黏性土和砂性土组成，在地下空间开发利用过程中容易引发地面沉降、地质土壤液化等问题。

15.5.2　土地资源承载力面临的一般问题

土地资源承载力所面临的一般问题是指在土地资源利用过程中，由地形地貌因素导致的与社会经济发展情况有关的技术性问题。

1. 人口高度集聚导致城市建设用地供应紧张

我国许多城市的人口高度集聚，导致城市建设用地的供应相对不足。样本城市的社会经济发展水平高，对人口的虹吸效应强，因而导致土地资源荷载不断增大。但城市建设用地有限，由此导致城市土地资源承载强度过大，城市的建设用地无法满足社会经济活动的需求，甚至许多城市的土地资源承载力处于高风险超载状态，其中北京、上海、广州和深圳等一线城市表现得尤为突出。

2. 土地资源受规划变动的影响不能实现效益最大化

土地利用规划是影响土地资源效益的最重要因素，在我国许多城市土地利用规划的变动比较典型，即新一轮土地利用规划未有效承接上一轮规划，由此导致土地效益降低，进而降低了城市建设用地的承载能力。这个问题在社会经济水平相对落后的城市比较突出。

例如，兰州在 2000 年提出了“向东发展”的城市发展战略，基于这一战略在榆中县规划了一批工业用地和公共服务用地。按照规划，榆中县建设了工业园区和高校校区。然而在榆中县的城市发展项目还未全面铺开时，兰州在 2005 年提出了“兰州-白银经济一体化”战略，之后在 2012 年又提出了“兰州新区”发展规划，兰州按照新的规划，转而发展北部的永登县、皋兰县和西部的红古区。这些城市发展规划的变动导致前期榆中县批复的土地资源未得到充分利用，造成榆中县未能聚集人口，影响了城市建设用地的效益最大化。

15.6 城市文化资源承载力问题

合理的城市文化资源承载力是指保证用好用足文化资源，让不同人群走进各种类型城市的文化栖息地，实现文化产业提档升级，让文化在城市持续发展的过程中发挥强效作用。然而在实践中，我国许多城市的文化资源承载力仍然面临一系列有待改善的问题。

15.6.1 文化资源承载力面临的核心问题

城市文化资源承载力面临的核心问题是指在提升文化资源承载力的过程中文化资源所面临的典型问题，表现为文化资源保护不到位，旅游景点参与性不强、旅游资源淡季空置率高、旅游产品同质化现象严重，科技文化创新能力不强，以及人文文化设施供给不足等。

1. 城市文化资源保护不到位，导致文化资源承载力不足

许多城市的一些极具文化特色、历史底蕴的古建筑、传统街区等有形和无形的文化遗产遭到毁弃，历史记忆断裂与消失，城市文化精神衰落，城市文化资源载体供给能力不足，这主要是由城市文化资源保护不到位引起的。而有些城市的居民对城市的文物保护现状满意度不高，表明这些城市的文物保护举措不够完善，得不到部分居民的认可。另外，许多城市在开发建设中重经济发展、轻人文精神，存在对文化传统认知肤浅、对城市精神理解错位的问题，导致文化资源的保护不到位；在组织和实施文化资源普查、挖掘和保护，以及规范旅游市场秩序、对外文化交流、科技文化输出、人文文化氛围创建等方面，工作不到位，缺乏城市文化资源储备意识，导致城市的文化资源承载力不足。

2. 旅游景点以参观性为主，参与性不强

我国许多城市的旅游景点基本上都以参观性观光型为主，游客主要参观城市观光型旅游景点，旅游产品单一，体验性旅游产品不足，民俗类体验景区较少，缺乏休闲度假等深度参与体验型活动，度假景区形式单一，度假内容不丰富，加上旅游服务质量不高，导致城市的旅游资源承载力较差，此类问题普遍存在于各类城市。

3. 城市旅游资源淡季空置率高，旺季超载现象严重

许多城市的旅游资源具有季节性特征，即淡季游客量少，空置率高，许多酒店陷入空置状态，而旺季游客量多，一房难求，超载情况严重，游客抱怨没地方吃、没地方住、花费过高等问题，全年呈现旅游资源载体与荷载不匹配的现象。

4. 城市旅游产品同质化现象严重

许多城市的旅游产品同质化现象严重，旅游产品千篇一律、个性化特点不突出，无法满足游客多元化的需求。在旅游产品策划(项目设计)阶段，许多城市主题定位不清晰，个性化资源挖掘不充分，旅游产品缺失城市文化内涵。在旅游产品市场建设方面，有效旅游产品供给不足，产品同质化现象严重。以北京为例，绝大部分旅游产品与历史文化相关。

5. 文化资源成果少，创新能力不强

科技文化资源是城市重要的文化资源载体。我国许多城市的科技文化资源少，城市的专利申请数、专利授权数也都较少，科技对城市社会经济的支撑能力不足，对城市经济的贡献率较低，科技文化资源载体能力较弱。另外，在我国城市之间，科技文化资源的差异很大，社会经济发展相对落后的城市其科技文化资源尤为贫乏。

6. 人文文化设施供给不足

城市的人文文化设施供给不足主要表现为图书馆、文化站等人文文化基础设施较少，文化创意产品少，演艺原创作品出品率较低，无法充分满足城市居民对人文文化资源的需求。此类问题普遍存在于我国各类城市。

15.6.2　文化资源承载力面临的一般问题

城市文化资源承载力面临的一般问题是指在提升文化资源承载力的过程中所面临的文化资源宣传力度不够、旅游和人文文化设施质量欠佳、旅游服务人员素质不高等问题。

1. 对历史积淀的文化资源挖掘不充分

我国城市或多或少都积淀了一定的历史文化资源，但这些资源在许多城市未得到充分的挖掘和利用，无法形成城市文化资源载体。政府有关部门以及城市居民对城市历史文化资源的价值缺乏认识，与历史相关的文化资源严重缺乏保护。从客观上讲，由于历史文化产品创造的效益低，文化资源承载的荷载也较低，因此历史文化资源难以引起重视。以茶文化为例，传统的茶文化资源基于社会大众对茶叶生产和茶叶发展历史的认知，而在城市文化资源中，无论是对茶文化历史，还是对由此衍生出来的茶道、茶艺、茶诗、茶文等都尚未进行充分挖掘。

2. 城市文化资源因宣传力度不够而未能有效发挥其承载能力

许多城市的文化资源宣传力度不够，宣传内容不深入、不全面，时效性差，导致文化资源无法有效发挥其承载能力。

对于城市旅游资源的宣传，大多数城市是以消息、随笔、短评、花絮的形式实现，或者仅聚焦于少数典型的旅游资源，或者以科普性的旅游常识进行宣传，而从一个行业的视角宣传旅游业的很少。尽管携程、同程、途牛、腾讯、去哪儿等旅游网站具有资讯传播量大而快的优势，但多局限于市场和产品资讯，除了具有传播上的快速性和及时性特点，并没有带来宣传内容上的提升。

在人文文化资源方面，大多数城市存在传播网络覆盖面小，文化活动的传播效能弱，传播力不足，人文文化活动参与者较少，以及扩散效应较低等问题。

在科技文化资源方面，科技文化宣传工作通常没有硬性的考核指标，尚未形成有效的科技文化宣传机制，无法调动科技文化宣传人员的积极性，导致科技文化资源无法有效发挥其承载能力。

3. 城市旅游服务人员素质不高，导致游客量减少

由于旅游服务行业从业门槛较低，技术含量小，吸纳了许多技术文化水平相对较低的从业人员，导致旅游服务人员素质参差不齐，整体上服务意识和水平不高。然而，旅游服务人员的素质是城市旅游产业综合竞争力的重要标志，是能否展现地方历史文化内涵、宣传地方文化、增强景区景点吸引力的重要影响因素，直接影响着游客的体验和观感，进而影响游客的数量。有些旅游服务人员在为游客提供服务的过程中，注重从自身的利益出发，未优先考虑游客的利益，服务质量、服务水平和服务效率都较低，导致游客游玩意愿降低，最终造成游客逐渐减少。所以，服务质量较差是我国城市旅游资源承载力较低的主要因素之一。

4. 城市旅游设施质量欠佳，承载能力低

我国许多城市普遍存在旅游设施质量欠佳的现象，例如，生态旅游景区未建设服务中心，导致旅游资源载体水平不高；旅游设施维护不力，旅游设施设备陈旧、维护保养不到位，未能及时替换已损坏和已淘汰的旅游设施设备，致使旅游资源载体水平下降，游客权益不能得到充分保障，游客体验感不佳；在一些生态保护景区，由于日常巡护和执法不到位，管护水平低，无法坚持开展长期有效的环境保护工作，由此严重影响了城市旅游资源的承载能力。

15.7 城市人力资源承载力问题

我国城市人力资源承载力面临的问题主要反映在有关人才发展的各个方面。这些问题中有的是结构性和制度性问题，影响人力资源的有效开发和合理配置，制约人力资源承载

力的提升，进而制约城市社会经济的发展，是人力资源承载力优化提升过程中亟须解决的核心问题，包括人力资源总量不足、劳动力规模萎缩，人力资源出现结构性缺陷，人力资源的集聚两极化明显，以及引进人才后忽视“造血”机制、人才能力的发挥受限等。另外还存在制约城市人力资源承载力优化提升的一般问题，这些问题是由地域、经济水平等衍生出来的各种具体问题，需要因地制宜地采取具体措施进行应对，包括城市失业人口的不断增长给社会造成负担、经济发展水平较低的城市面临人才“输血”困难、人才流失现象加剧等。

15.7.1　人力资源承载力面临的核心问题

1. 人力资源总量不足，劳动力规模萎缩

有些样本城市存在人力资源总量不足的问题，城市的劳动力数量少、供不应求，导致城市人力资源载体供给水平降低，人力资源承载强度增大。这种问题在西北、中部和华南地区的样本城市尤为突出，这些城市迫切希望迅速发展社会经济，但人才相对短缺，劳动力规模萎缩，人力资源载体规模较小，特别是在新一代信息技术、新能源、智能制造等方面其人力资源载体规模无法与社会经济的发展需求相匹配。

在许多城市，具有劳动能力的人口数量在下降，这不仅会造成城市未来的劳动人口不断减少，老龄化程度持续加深，也会导致用于社会保障的支出增加，政府财政负担加重，阻碍城市的经济增长。样本城市的“老龄社会”现象明显，老龄化将导致城市人力资源载体的供给减少和城市人力资源荷载增加，进而增加城市人力资源的承载强度。

2. 人力资源出现结构性缺陷

人力资源结构缺陷主要体现为性别、学历专业、年龄等的分布不均衡，这种结构性不均衡长期发展下去将会导致城市人力资源载体和荷载失调，降低城市人力资源载体供给能力。在样本城市中，人力资源性别结构的不均衡主要表现为部分行业男女比例失调。城镇化建设的迅速发展吸引了大量外来人口迁入，但有些行业对男性劳动力的需求高于对女性劳动力的需求，或呈相反的情况，从而造成常住人口性别比例不均衡。人力资源年龄结构的不均衡主要表现为人口老龄化现象较严重，青年劳动力的供给相对不足，这是所有样本城市面临的问题。人力资源结构在学历专业方面的不均衡主要表现为城市人力资源中高学历人才、专业技术人才和创新型人才缺乏，无法满足城市发展需要。有的城市其各行业的高端人才分布不均，例如，北京有很多人才，但专业技术人才和生产工人缺口大。很多城市的第三产业和电子软件信息类行业中高端人才不足的问题尤为突出，许多城市缺乏熟悉市场经济的人才、熟悉国际经济的人才、高级管理人才、复合型人才，特别缺乏创新型人才与技术骨干人员。

另外，城市的人力资源在新老城区的分布普遍不均衡。城市功能、地理区位和产业配套等在新老城区不同，老城区城市功能丰富，配套齐全，就业机会多，人力资源集聚；而新城区配套不完善，职住分离，出现“夜间空城”现象。城市开发区或者新城区一般白天

生产繁忙，商务活动频繁，但夜晚人去楼空。而老城区正好与新城区相反，主要提供食宿功能。具有劳动能力的人才奔波于新老城区，出行成本高，生活幸福感差，严重影响了城市人力资源的承载能力。

3. 人力资源的集聚两极化明显

在大城市中心区域，一般聚集了高学历、高素质、高技能的人才，而城市边缘地带聚集的往往是低学历、低素质、低技能的劳动力。这种人才集聚的两极化反映出人力资源载体的供给不均衡，导致城市人力资源载体规模和水平在不同行业和不同区域之间存在差异。例如，在调研中发现，兰州的高端人才主要聚集于经济相对发达的城关区；而在其他区(县)，集聚的是教育程度和技术水平较低的务工人员，呈现出明显的人力资源集聚两极化局面。

4. 引进人才后忽视“造血”机制，人才能力的发挥受限

有些城市具有人才引进机制，引进了不少人才，但引进人才后缺乏“造血”机制，导致人才能力的发挥受限。这些城市对于人才培养、利用、评价、奖惩、待遇等各个环节和人才长远发展缺乏有效的机制和措施，因此出现城市“造血”功能不足的问题。这不仅会影响人才队伍的稳定和长远发展，还会导致城市高水平的人力资源载体不能长效维持，人才的能力不能得到有效的发挥，减弱了人才对城市社会经济发展的贡献和增值作用。这个问题在样本城市中普遍存在，有不少城市对人才的引进力度很大，但维护和支持人才的机制和措施不完善，从而导致许多引进的人才流失，城市人才资源承载力降低。

15.7.2 人力资源承载力面临的一般问题

1. 城市失业人口的不断增长给社会造成负担

城市人口失业非常普遍，尤其是在经济发展相对落后的城市。失业人口增长意味着有更多拥有劳动能力但无法找到工作、发挥自己能力的居民，造成人力资源被浪费。由于这部分被浪费的劳动力资源在日常生活中也会消耗城市资源，因此增加了人力发展环境荷载和人力资源荷载，导致有效的人力资源载体的承载强度增加。城市人口失业问题是一个严重的人力资源问题：一方面，加重了失业者的家庭负担，引发家庭贫困，进而加重整个城市的经济负担，影响城市的经济增长；另一方面，城市就业人员的承载强度增加。这两方面都严重影响了城市的可持续发展。

2. 经济发展水平较低的城市面临人才“输血”困难

人才“输血”困难是指引进人才困难，这在经济水平较低的城市非常明显，这些城市由于综合实力不强、产业结构单一、就业机会有限、基础设施薄弱、交通欠发达等原因，较难吸引人才，无法提升城市人力资源载体的规模。而有些城市对人才的吸引力不足是由

于城市的地理区位和政治、经济地位优势不明显，人才引进政策、基础设施配置得不合理。例如，南昌周边有合肥、武汉、长沙、杭州、广州等较为强势的城市，相比之下南昌的地理区位和政治、经济地位不具优势，且在房价等方面也不具有吸引力，所以很难吸引人才。

3. 人才流失现象加剧

人才流失现象在经济水平相对落后的城市最为明显，特别是许多关键性科技人才大量外流，造成这些城市的人力资源载体供给能力不足，无法满足城市社会经济发展需要，加剧了城市的相对落后状况。这一问题集中出现在我国东北和西部地区的城市，以及一线城市周边的城市。例如，北京周边的石家庄、济南、太原等城市，其人才大量外流到北京和天津。东北地区各样本城市的人才流失现象特别严重，这对城市的社会经济发展有很大影响。

城市人才流失现象集中出现在高校毕业生和农民工两大特殊群体中。经济落后的城市很难留住培养出来的优质毕业生，尤其是来自外地的毕业生。农民工的流失主要是季节性流失，城市中的农民工经常随季节在城乡之间来回奔波，农忙返乡，农闲外出，在春节期间返乡潮更为突出，造成城市的这些“特殊人才”流失。这种外来务工人员返乡过年的现象会引起城市人力资源出现季节性骤减，这对外来务工人员依赖性较强的餐饮服务业、制造业等行业影响很大。由于外来务工人员在春节后的返工率一般较低，不少行业面临春节后招工难的问题，对城市的正常运行造成不利影响。

15.8　城市交通承载力问题

我国城市的交通承载力近年来得到有效改善，但仍然面临一系列问题，如存在“潮汐式”交通拥堵、交通通勤压力大、航空通达性不足、优质公共服务设施周边易出现交通拥堵等。特别是有些城市存在严重的职住分离、通勤半径过大等问题，造成这些城市的交通系统在上下班高峰承受极大的交通压力。而不同城市由于其社会经济背景及城市发展模式不同，面临的城市交通问题存在差异性。

要想有序提升各城市的交通承载力，应对城市交通承载力问题进行层级划分，明晰重点问题及解决问题的顺序，帮助政策执行者采取不同的政策解决相应问题。我国城市交通承载力面临的问题可以分为核心问题和一般问题。

15.8.1　交通承载力面临的核心问题

城市交通承载力面临的核心问题是指城市普遍面临的制度性、影响深远、紧迫性强、形成原因复杂的问题，这些问题通常与城市规划布局、土地利用模式的协调性有关。

1. “宽马路、大路网”，道路连通性差

样本城市普遍采用“宽马路、大路网”的新型道路交通建设模式。采用这种建设模式的结果是城市道路修建得过宽，造成城市被严重分割，城市道路网密度低，道路间的连通性很差，道路的通行能力下降，交通载体水平降低，交通资源被浪费。其中，深圳的深南大道就是道路修建得过宽导致城市被严重分割、交通资源被浪费的典型例子。规划该道路最初是为了提升交通运行效率，但实际上并没有达到提升交通运行效率的目的，反而由于道路间的距离过大，城市被严重分割，导致行人的可达性降低，道路连通性变差。另外，许多城市的新建道路路网结构不合理，缺乏支路，主干道承受了几乎所有的交通压力，导致城市路网承受交通压力的能力大幅降低。

2. 交通规划缺乏考虑道路的“微循环”

城市道路微循环系统是指部分次干路、支路及更低级别的道路(包括窄巷、小街以及便道等)组成的区域道路网络。许多城市的交通规划缺乏合理性，忽略了道路的“微循环”，交通规划在设计及实施时只重视城市主干道，对城市“毛细血管”的建设投入不足，由此产生了大量的断头路、丁字路、单行道等不合理路段，造成城市局部路网承载水平降低，当交通流量剧增时，道路“微循环”立即受阻，从而影响城市的交通承载力。事实上，只有完善城市道路微循环系统，才能合理分配交通流量，缓解交通拥堵，提高城市路网的承载能力。昆明等几个样本城市的道路“微循环”规划缺乏合理性，造成很多断头路、丁字路等，不少交通严重拥堵的路段的道路等级和实际的交通流量不匹配，有些高架下辅道路的设计不合理，道路宽度时而变窄、时而变宽，极易引发交通拥堵，降低城市路网的运行效率，导致整个城市的交通承载力降低。

3. 交通系统运行中存在“潮汐现象”

城市交通系统运行中的“潮汐现象”是指早高峰期间“居住区→工作区”方向以及晚高峰期间“工作区→居住区”方向的交通流量大，出现交通拥堵现象。潮汐式车流会导致同一路段两个方向上的交通流量严重不对称，降低道路空间的使用效率。交通系统运行中的“潮汐现象”普遍存在于各样本城市，调研发现许多城市在上下班期间和上下学期间，其居民活动较为集中的地方会出现交通拥堵。而在非高峰时段，有些道路的承载能力充足，存在被闲置的现象。

4. 城市居民职住分离，通勤半径过大

城市的发展改变了城市功能的布局，将居民工作区与居住区分离，两者间的距离很大。在许多城市，居民职住分离、通勤半径过大的现象非常明显。在这种情况下，居民会过于依赖私家车或公共交通出行，从而导致城市交通载体承载的通勤荷载增大，交通拥堵现象加剧。这一问题在样本城市中普遍存在，典型的如乌鲁木齐和济南等城市。这些城市新建设的很多住宅区远离工作区，造成严重的职住分离现象，居民通勤时间长，交通荷载水平较高，加上公共交通的线路设计不太合理，尽管道路新，但路网的交通载体水平不高。

5. 优质公共服务资源过度集中导致交通拥堵

大量的城市交通拥堵问题源于城市的优质公共服务资源过于集中，典型的城市优质公

共服务资源包括三甲医院、优质教育资源、博物馆、图书馆、公园及其他文化体育设施等，在长期的城市发展过程中，这些资源一般主要集聚在城市老城区。这种集聚导致了两方面的交通问题：①优质公共服务资源周边人流集中，交通通行需求大，路网的承载能力常常不足，导致交通拥堵；②优质公共服务资源周边停车设施供不应求，使用这些公共服务资源的居民常常将车停在路边挤占道路通行空间，引发交通拥堵。由优质公共服务资源集聚导致的交通拥堵问题普遍存在于样本城市中，如北京三环以内的重点小学数量占全市重点小学数量的 70%左右，而优质小学集聚的结果是大量小学生跨学区就学，并且通常小学生在上下学时由家长接送，从而增加了大量社会车辆，交通荷载大幅增加。

6. “三网融合”不足

在许多城市，轨道交通、公共交通和慢行交通的基础设施或运营服务时间衔接不畅，公共交通路网连通性差，居民换乘效率不高，“三网融合”不足，这严重降低了城市公共交通的吸引力和城市交通承载力。本书的实证研究显示，样本城市的公共交通系统普遍存在这种“三网不融”的问题，导致公共交通竞争力不足，私家车出行次数上升，交通荷载增加，交通拥堵现象得不到缓解。以深圳为例，2015 年其公共交通“门到门”出行时间为私家车的 2.3 倍，而新加坡公共交通“门到门”出行时间为私家车的 1.7 倍。由于轨道交通、公共交通与慢行交通接驳不畅，深圳公共交通的吸引力与私家车之间仍存在较大差距，居民更倾向于选择乘坐私家车出行，导致交通荷载增加。

7. 慢行交通系统的道路“遭排挤”

行走、骑自行车等慢速出行方式是大力推行的绿色交通的重要组成部分。然而，慢行交通系统的道路在整个交通道路系统中“遭排挤”。随着城市的发展，机动车保有量不断增加，要扩展机动车道路系统就不得不挤占慢行交通系统的建设空间。几乎所有样本城市的慢行交通系统都无法满足非机动车和行人的需求，常常出现行人、非机动车和机动车一起使用城市道路的现象，这不仅增加了居民出行风险，而且易引起交通拥堵，降低城市道路通行效率。杭州慢行交通道路“遭排挤”的现象最为典型，“不顾路人、不在乎逆行、不减速”可以说是杭州电瓶车普遍存在的问题。

8. 城市公共交通网络连通性不佳

城市公共交通网络的连通性是指公共交通网络中两个节点或两条线路的连通程度。当城市公共交通网络连通性不佳时，会导致城市公共交通系统成网效果变差，出行便捷程度降低，出行者从公共交通网络的任意一点出发所能直接到达的区域减小，交通运行效率降低，进而降低公共交通承载力。例如，大连在 2018 年开通 4 条轨道交通线路，但这 4 条轨道交通线路的设置相对独立且覆盖范围小，换乘站点少，轨道交通连通性差，乘客数量不多，其舒缓交通拥堵和提升城市交通承载力的作用受到限制。

9. 城市路网结构比例失调

在许多城市，快速路、主干路、次干路和支路组成的城市路网结构比例失调，这几类道路的比例不合理，城市路网功能级配失衡，从而降低了路网运行效率，导致路网的功能不能得到充分发挥，降低了交通载体的供给水平。例如，大连次干路和支路的比例过高，快速路和主干路的比例过低，路网结构失调，从而降低了城市交通的承载能力。兰州在城市路网的建设过程中，未充分考虑立体交通需求，城市路网结构中快速路的比例太低，从而无法有效缓解地面道路的拥堵现象，降低了城市交通承载力。

10. 城市组团间连接道路及跨区域的交通设施匮乏

我国许多城市使用多中心组团式城市发展模式，城市在空间上被分为若干个相对独立的组团，需要建立各类交通基础设施来推动各组团间的均衡发展。城市组团间的联系主要通过组团连接道路来实现。但实证调研显示，不少多中心组团城市之间连接道路供给不足，交通载体与交通荷载不匹配，导致组团间的道路出现严重的交通拥堵问题，典型的有大连、深圳和重庆。有些城市对对外通道的建设需求高，但区域对外交通规划滞后，国家级、省域公路干线与市域、城区交通网络的衔接不畅，缺乏跨区域的集散性连接道路，导致各区域间的联系不够紧密，跨区域交通供给能力低，对外交通载体难以承受交通荷载带来的压力，整体上降低了城市的交通承载力。

11. 公共交通系统建设投资不足

公共交通系统的建设投资不足是指对除公交车以外的公共交通方式如有轨电车、无轨电车等的投资不足，公共交通服务设施结构单一，公共交通服务集中于公交车及出租车运营服务，公共交通系统的运行难以为继，且由于整体上投入的资金不足，导致公共交通系统建设缓慢，从而限制了城市交通载体的规模，降低了交通承载力。城市公共交通是一项民生工程，它不以营利为主要目的，但是如果长期处于亏损状态，则不利于城市交通系统的持续发展，不能有效缓解交通拥堵，会阻碍城市发展。公共交通系统建设投资不足的现象在我国许多城市普遍存在，在经济相对不发达的城市尤为突出，由于政府对公共交通的补贴不足，投入的资金少，导致公交场站建设缓慢，公交班次较少，公共交通载体水平较低，居民出行以骑电瓶车居多，造成城市路网运行缓慢，交通系统承载水平低。

12. 公共停车设施建设“入不敷出”

公共停车设施建设成本较高而回报偏低，社会力量投资的积极性不高，因此公共停车设施的建设大部分由政府出资承担。但许多城市由于政府财政压力较大，其公共停车设施建设“入不敷出”，导致许多停车设施建设缓慢甚至被搁置，出现严重的“停车难”现象。也有不少城市由于已建成的公共停车场停车费用较高，导致居民倾向于在路边停车，造成停车设施利用率不高，大量停车设施被闲置。更进一步地，路边违规停车行为给道路增加了交通荷载。“停车难”是我国城市普遍存在的问题。

13. 航空通达性不足

城市航空通达性不足主要与航空运输网络有关。航空干线运输指的是航空运输网络中起骨干作用的线路运输，一般是跨越省(区、市)运输线所完成的客货运输；支线运输是指省(区、市)运输线上的客货运输。航空通达性不足主要表现在两个方面：①航空干线、支线运输发展不平衡，支线运输发展滞后，且部分支线机场利用率偏低，导致只有支线运输的城市的航空资源被浪费，制约了这些城市交通承载力的提升；②航空干线和支线缺乏有效衔接，支线的中转通达能力难以提升，从而降低了支线运输的供给能力。航空通达性不足的问题在经济相对欠发达的城市非常突出，各城市间航空运输发展不平衡、不协调是制约我国提升航空运输水平的突出问题。

15.8.2　交通承载力面临的一般问题

城市交通承载力面临的一般问题是指技术性、局部性的或仅在个别城市存在的问题，体现为城市局部交通设计不合理以及地理因素造成出现交通拥堵现象等。

1. 断头路“痛点难除”，降低路网交通承载力

断头路是指有必要继续向前延伸却由于某种原因被阻断的道路，这种道路无法通行，造成道路交通资源被浪费，交通载体供给质量降低。一方面，断头路的存在加大了邻近道路的交通压力，降低了城市道路的通达性；另一方面，断头路形成的错位路口导致交通路况复杂，易造成交通拥堵，降低了路网交通承载力。断头路在许多城市普遍存在，特别是在老城区的小巷里，断头路的存在影响了道路的通达性，造成机动车无法通行，交通出现拥堵且道路交通资源被浪费。

2. 道路“断崖式”限速

道路“断崖式”限速是指在道路上进行突然限速，限速前后速率的差异较大，有的甚至相差 60km/h 以上，导致城市交通载体的质量下降。该现象在我国许多城市中普遍存在，这种不合理的“断崖式”限速会严重影响道路的出行安全、通行效率，易造成交通事故，导致交通拥堵，降低道路的通行能力。

3. 交通信号灯“富余化”，配时设计不智能

交通信号灯“富余化”是指城市道路系统中，交通信号灯配置数量供大于求，影响交通运行，导致交通资源被浪费。交通信号灯配时设计不智能是指红绿灯的时长不能根据实际的交通情况自动进行调整，导致城市道路的通行效率不能得到有效提升。这类问题在许多城市中都存在，如成都、深圳、海口等。以成都为例，实证研究发现不少无车、无人的路段也都设置了红绿灯，造成交通资源被浪费。在深圳许多交通信号灯设置的时长不科学，红灯时间过长或绿灯时间过短，在某主干道的十字交叉路口，控制车辆通行的红灯时长达 2min 15s，而该道路车流量较大，在上下班高峰更甚，红灯时长过长经常造成大塞车。

4. 轨道交通施工导致路网压力骤增，交通拥堵“阵痛”明显

轨道交通的线路及站点一般沿城市客流密集地段来布置，因此轨道交通施工对客流密集地段的交通影响较大，会导致这些地段的路网压力骤增。在轨道交通施工期间，主干道

上的部分机动车道及非机动车道被围挡占用，造成施工区域交叉口及路段变窄，从而在施工路段形成交通瓶颈，导致交通拥堵。但与其他原因造成的交通拥堵不同，轨道交通施工引起的交通拥堵属于“阵痛”，是所有处于轨道交通施工阶段的城市都会面临的，典型城市如兰州。兰州在 2016 年建设第一条轨道交通线路期间，主城区的盘旋路、庆阳路、南滨河路、西津路、东岗立交桥等同时开工建设，施工期间占用多条车道。其路网交通载体承载水平降低但交通荷载没有发生变化，因此路网的交通资源承载强度骤增，造成施工道路严重拥堵。

5. 城市更新过程中老旧建筑物退界不足，道路缺乏扩建空间

许多城市在更新过程中，其道路扩建受到老旧建筑物影响，距离老旧建筑物过近，导致道路无法扩建或者扩建空间有限，进而导致交通载体的规模和水平不能得到有效提升。特别是在一些城市的老城区，由于老旧建筑物退界不足，道路缺乏扩建空间的现象非常明显，加上拆迁成本较高，导致形成较多的断头路和畸形交叉口，降低了城市道路的通达性。

6. 道路使用者交通素养低、规则意识淡薄

造成城市交通拥堵的一个很重要的原因是道路使用者(包括行人、非机动车驾驶员和机动车驾驶员)的交通素养低或规则意识淡薄，主要表现为：①机动车驾驶员在驾驶过程中随意掉头、违法停车、不按车道行驶，以及在遇到交通拥堵时强行穿插，甚至逆向行驶等；②非机动车驾驶员在驾驶过程中不遵守交通规则，挤占机动车车道、逆行、闯红灯、不礼让行人等；③行人交通素养低，不按交通信号灯通行，不走人行横道，随意翻越隔离护栏等。

7. 电瓶车出行“我行我素”，缺乏有效管理

电瓶车在我国许多城市都是比较流行的交通工具。但电瓶车使用者“我行我素”、不遵守交通规则的行为非常普遍，很多电瓶车驾驶员不遵守交通规则，和机动车抢道，不礼让行人，闯红灯，引发交通事故和交通拥堵。而城市管理者对电瓶车严重缺乏有效的管理，导致道路交通出行安全风险增大，城市交通载体承载的荷载剧增，道路的通行效率受到明显影响。另外，由于电瓶车购置成本低、出行便捷，导致城市电瓶车数量过多，如在南宁市区数量就超过 180 万辆。其他电瓶车数量较多的典型城市如海口、杭州等也存在类似的问题。

8. 铁路横穿城市，路网交通衔接不畅

随着城市的扩张，在一些城市，许多原来处于城市边缘的铁路干线逐渐被圈进城市腹地，导致城市路网被铁路割裂，道路网络连接不畅，影响了交通载体承载荷载能力的发挥。这类问题在我国部分交通枢纽城市尤为突出，如济南、郑州、成都和武汉。实证研究发现，济南受京沪铁路“穿城”的影响，城市沿“经十路”东西向发展。济南路网被分割为多个相对独立的组团单元，各组团间缺乏“穿铁”道路进行连接，由于在连接道路处交通载体的建设不足，造成“穿铁”道路段拥挤。同时，许多道路在铁路两侧终止，形成断头路、

瓶颈路，不仅限制了铁路两侧的联系程度，而且降低了城市交通承载力水平。

9. 受城市地理气候条件的影响，路网交通的服务能力被限制

城市特有的地理环境和气候条件会对城市交通的运行产生影响，有可能制约路网交通的服务能力，降低交通载体的供给水平。这类问题在我国北方有极端天气的城市特别突出，如哈尔滨、长春和沈阳等。冬季下雪时，机动车出行能见度低，路面积雪、结冰现象严重，路网交通的承载能力受到制约，从而加剧了城市的交通堵塞。

15.9　城市市政设施承载力问题

随着我国城市加强对市政设施的建设，城市市政设施的承载压力得到缓解。然而，我国城市仍然普遍存在市政设施建设水平不高与提高城市生产生活水平间的矛盾，也仍然存在市政管网连通性低、各功能市政设施建设不同步、“重建设轻管理”、市政设施老旧等问题。

15.9.1　市政设施承载力面临的核心问题

城市市政设施承载力面临的核心问题是指在城市市政设施规划、建设和管理方面存在的结构性和制度性问题，包括市政管网连通性差，市政设施分布不均、覆盖不全，以及有限的投融资渠道限制了市政设施的建设等。

1. 市政管网连通性低

城市市政管网的连通性低是指由于主支管道衔接不畅，导致市政管网不互联、不互通，这在我国城市中普遍存在。随着城市市域面积的不断扩大，市政管网越来越复杂，很多城市其郊区的市政管道未被纳入城市市政管网的统一规划当中，造成了严重的市政管网连通性低问题。市政管网的连通性关乎城市市政设施的服务效率和质量，影响着城市对水、气和电等的输送能力和调度效率，进而影响城市市政设施载体水平。以乌鲁木齐为例，由于其郊区和老城区的污水处理管道未能较好地与城市污水处理主管道联通，城市生活污水存在直接排放到自然沟洼地或河流、水库、湖泊等水系中的问题，造成水污染。

2. 市政设施分布不均、覆盖不全

许多城市的各类市政设施在城区范围内的不合理分布降低了市政设施的承载能力。一般来说，由于城市区域间的发展水平和功能规划不同，导致各区域对市政设施的需求不同。城市在繁华地段的市政设施建设力度较大，而在非主城区市政设施建设力度则明显较小，影响了城市整体上的市政设施载体水平。以通信设施为例，在有些城市的郊区，网络通信设施建设滞后，加上复杂的地理环境，存在信号覆盖不全的现象。

3. 有限的投融资渠道限制了市政设施建设

传统上，城市中市政设施建设的投融资主要以政府投资为主。单一的融资模式导致市政设施建设的融资受限、融资能力不强、财力基础薄弱，从而降低了城市市政设施载体的建设和服务水平。受融资渠道的限制，不少城市的市政设施投资体量不足，从而限制了城市市政设施承载力的提升。尽管政府为了推进城市市政设施建设，推广并使用了一些吸引民间资金的创新性融资模式［如 PPP(public private partnership，公共私营合作制)模式］，但是在融资统筹规划、控制融资建设和管理的过程中，仍存在信用环境较差、投资成本较高等问题，影响了民间社会资本进入市政设施建设领域的积极性和信心。

4. 建设资金配置不合理导致各功能市政设施的建设不协调

我国很多城市存在各功能市政设施能力不协调、不匹配的问题，如“重供水轻排水”“重地上轻地下”等，各功能设施之间缺乏总体协调，配套能力差。政府在城市市政设施宏观发展上缺乏统筹规划，一方面重复建设，另一方面许多功能设施不足，没有将有限的资金合理分配，使其发挥最大效用。本书的实证研究显示，我国很多城市在供水、供气、供电、通信、排水、污水处理、垃圾处理等城市功能市政设施的建设上存在内部不协调、规划不统一和整体布局不合理的问题。例如，兰州供气设施的承载能力远高于其他市政设施；长沙垃圾处理设施的承载能力远低于其他市政设施。各功能市政设施能力不协调主要是由资金配置不合理导致的，其结果是部分市政设施建设全面、发展较快，而其他市政设施却存在规模较小、发展受限的问题，整体上降低了城市市政设施的承载能力。

5. “政出多门、各自为政”降低了市政设施的利用率

城市的各类市政设施运营监管机构权责大多分散，不同职能部门之间权责存在较多交叉重叠，部门之间的协调性差，“政出多门、各自为政”的现象普遍存在，严重影响了城市市政设施的规划、建设、监管效率与效果，降低了市政设施载体的服务水平，整体上减小了城市市政设施的承载能力。由于市政设施涵盖多类设施，市政设施的管理涉及多个部门，而在许多城市这些部门的职责分工不明确，无法形成规范的监管平台，导致对这些功能设施进行管控十分困难。对于一些公众需要的市政设施，甚至出现“谁需要、谁建设、谁管理”“多头管理”等现象，导致市政设施承载力无法优化提升，满足不了城市社会经济活动的新需求。

6. 市政设施“高承载”和“低利用”的两极化现象严重

本书的实证研究发现我国一些城市的市政设施处于高承载状态，而另一些城市的市政设施处于低利用状态，整体上呈现出城市市政设施的“高承载”和“低利用”两极化现象，反映出我国城市市政设施载体的承载能力未能与城市社会经济的发展需求相匹配。例如，银川、呼和浩特、长沙、西宁和石家庄等城市的市政设施承载强度很高，出现市政设施“高承载”现象；而北京、上海、广州和深圳等城市的市政设施承载能力很强，出现一定程度的“低利用”现象。

7. “拍脑袋”式地规划市政设施的建设

许多样本城市的各类市政设施之间存在漏项、重复、矛盾等问题，出现这些问题在一定程度上是由于城市市政设施是通过简单的“拍脑袋”式规划进行建设的，城市市政设施规划建设缺乏科学性和规范性，未能很好地结合城市总体发展目标和城市基础设施现状。这种“拍脑袋”式规划在各城市中屡见不鲜，一般是指城市依据对人口规模和城市发展相关指标的预测，对市政设施的规模进行预测，然后围绕设施的规模和布局以及管线走向三个方面展开具体规划。这样的规划质量极易受到指标误差的干扰，从而导致市政设施出现盲目建设。例如，武汉高度重视对市政设施的建设，投入了大量的建设资源，但由于规划不合理，导致工地“遍地开花”和工期“遥遥无期”，不仅影响了居民的生活和城市社会经济活力，而且导致出现一些设施不协调、不匹配的问题，整体上未能有效地优化和提升城市市政设施的承载能力。

8. “拍胸脯”式地执行市政设施的建设项目

许多城市在执行市政设施建设项目时，其政府有关部门缺乏监管，对项目建设单位的执行行为不控制，从而造成项目建设单位只关注项目的承接，“拍胸脯”保证能完成项目的建设，但接手后就“不闻不问”、草率执行，不严格遵循标准和规范，导致建成的市政设施服务水平不达标，市政设施在后期运行时需要重修重建。这种“拍胸脯”式的执行极易导致建成的城市市政设施的实际功能与设计的功能不一致或有其他缺陷，从而降低城市市政设施的承载能力。这类问题普遍存在于我国各大城市，不少管网、道路、立交桥等市政设施成了典型的“拆了建，建了拆”的“短命工程”，降低了市政设施的经济效益和服务效率，浪费了本来就有限的政府财力，整体上降低了市政设施的承载能力。

9. 市政设施“重建设轻管理”

许多城市主要关注市政设施的建设规模和建设速度，只看短期效益，大搞政绩工程，而忽视了对市政设施的管理和养护，造成市政设施寿命急剧缩短、市政设施服务水平低下等问题。市政设施“重建设轻管理”的问题在样本城市中普遍存在。根据实证研究，一般城市投在市政设施养护上的资金只够用于小修小补，对老旧基础设施的改造而言，可谓杯水车薪，从而导致老旧的市政设施大多都超负荷运行、故障频生，影响了市政设施的使用效果。个别城市还存在市政设施建成后产权不清、各部门对运行中出现的问题“互相踢皮球”的现象。尤其是在城乡接合地段，市政设施建成后常常未及时移交给相关部门管理，导致市政设施被破坏、被盗的情况频繁发生。这些问题都是由“重建设轻管理”的落后管理模式引起的，不仅造成对市政设施投资的浪费，而且直接降低了市政设施的承载能力。

15.9.2　市政设施承载力面临的一般问题

城市市政设施承载力面临的一般问题是指受城市发展和技术革新的影响，有碍城市市政设施承载力优化提升的技术性和特殊性问题，包括市政设施老旧、市政设施应急调节能力弱、设施地下管线资料不全等。

1. 市政设施老旧，更新难度大

不少城市的老城区出现市政设施老旧、漏损严重的现象，这类设施的更新难度较大。一方面，老旧的市政设施数量庞大且分布范围广；另一方面，老旧设施多集中在生活区，且埋藏地点较为隐蔽。城市老旧市政设施缺乏维修和更新严重影响了市政设施的承载能力和居民的生活质量，制约了城市的更新和发展，整体上影响了城市的市政设施承载力。例如，实证研究发现，哈尔滨、海口、呼和浩特、济南等城市存在市政管网严重老化的问题，特别是供水设施管道严重老化，常常出现水管爆管、供水压力不足等问题。

2. 市政设施应急调节能力弱

城市市政设施的应急调节能力是指市政设施在城市突发事件、自然灾害以及需求高峰下的调节能力。市政设施在支撑城市社会经济发展和环境保护的同时，也承受着来自城市突发事故的冲击。在有些城市，当面对“突发荷载”，即突然遭受不可预见的城市突发事件和自然灾害的压力时，城市市政设施不能及时地承担并消解这些压力，城市市政设施陷入瘫痪状态。例如，2015 年“8·12 天津滨海新区爆炸事故”的化学液体污染物排放量远远超出当地污水处理设施的处理能力。在排水方面，许多城市在面对强降雨、突发洪水、海水倒灌时，其排水设施能力不足，常常造成严重的城市内涝问题。另外，天然气调峰能力不足几乎是所有样本城市面临的突出问题，这主要是由天然气储气设施严重不足、管网建设不健全以及管理模式不合理等导致的。

3. 市政设施地下管线资料不全，影响管线的更新和性能提升

地下供水、供气、供电管线资料不全是我国城市普遍存在的问题，管理部门间管线信息沟通不畅的问题也较为突出。市政设施地下管线资料不全与城市市政设施建设年代久远、管线资料未及时得到记录或遗失、政府对市政设施的普查工作不到位等因素有关。随着城市建设的推进，城市市政设施地下管线的种类和数量剧增，管网结构也日趋复杂，城市市政设施地下管线资料不准确、不全面的问题日益突出，严重影响了管线的新建、更新和维护，制约了城市市政设施承载力的优化提升，阻碍了城市的进一步发展和建设的顺利推进。

4. 市政管网布局与城市建设活动存在冲突

我国许多城市的市政管网与城市的各种建设活动存在冲突，错综复杂的市政管网影响了城市土地的开发利用，对城市建设活动造成干扰，时常出现开挖地基时遇到地下市政管网的情况，严重影响了市政设施载体对城市社会经济活动的服务水平。出现这类问题的主要原因是城市市政设施未得到优化配置、城市市政管网的规划跟不上城市发展步伐、市政管网规划人员专业水平不高等。

5. 垃圾分类不彻底，回收处理设施负荷大

许多城市的居民其垃圾分类知识很匮乏、垃圾分类意识较为淡薄，导致垃圾分类不彻底，这加大了城市进行垃圾分类和回收利用的难度，增加了垃圾回收处理设施的负荷。

6. 供气设施能力不足影响“煤改气”的推广

“煤改气”政策旨在通过改善能源结构提升大气质量，但是在许多城市，由于对供气设施的建设能力不足，“煤改气”政策的推广受到影响。①供气管道不足制约了城市对天然气的普及推广，影响了“煤改气”在城市中的推进速度；②城市储气设施能力不足导致城市出现用气调峰难、供气不稳定等现象，对城市居民的日常生活和社会经济活动的正常进行造成影响。这两方面的问题共同导致许多城市的供气设施在性能和质量方面欠佳，降低了城市的市政设施承载力，特别是在北方城市，供气管道和储气设施欠缺已成为“煤改气”政策在推进过程中的主要障碍。

15.10　城市公共服务资源承载力问题

本节从城市公共服务供给、公共服务设施建设、公共服务相关人员的配置等方面分析我国城市公共服务资源承载力面临的问题。

15.10.1　公共服务资源承载力面临的核心问题

我国城市公共服务资源承载力面临的核心问题体现在制度性和结构性两方面，这些问题普遍存在于各城市，且影响重大，亟须得到有效解决。

1. 优质公共服务资源“总量不足、分布不均”

本书的实证研究结果表明，城市的优质公共服务资源“总量不足、分布不均”。尽管许多城市的公共服务资源总量不少，但是优质资源并不多。据 2019 年的统计结果，深圳拥有 4513 个医疗机构，数量居全国城市前列，但优质的三甲医院仅有 18 家。

在分布上，公共服务资源过度集中在中心城区，而在城市新区，往往缺乏居民所需要的公共服务资源，如教育、医疗、休闲娱乐等基础性公共服务资源。这不仅造成公共服务资源承载力出现超载和未充分利用的两极化现象，加大了政府在管理协调上的难度，还带来了在优质资源集中的地方交通出现严重拥堵等问题。例如，合肥、南京、深圳等城市的新城区虽然有高新技术产业和绿化环境优势，但教育、医疗、公共文化与体育等公共服务资源严重不足，大量的公共服务资源仍然集聚在老城区。另外，城市中的不同公共服务资源间配置不均衡。例如，有些城市的义务教育和医疗卫生资源较好，但社会保障与就业、公共文化与体育等公共服务资源较差，有的城市又刚好相反。

2. 公共服务设施建设用地指标“落地难”

为了提升公共服务资源承载力，一般城市需要积极改建、扩建公共服务设施。但在许多城市，公共服务设施的建设用地指标面临“落地难”的问题，从而限制了公共服务的供给，无法提升公共服务资源载体水平。出现这一问题主要有两方面的原因：①用地指标不足。我国城市人口基数普遍较大，分配到公共服务设施建设上的用地指标有限，难以满足大规模人口所需的公共服务设施的建设用地需求，因而无法提升城市公共服务资源承载力。②即使得到用于建设城市公共服务设施的用地指标，但在老城区征地拆迁过程中面临的补偿、安置等往往会耽误大量时间，土地整理难度极大，造成项目建设被延迟或搁置，而这基本上是很多城市都面临的问题，严重影响了城市公共服务设施承载力的提升。

3. 公共服务设施的建设缺乏资金，过度依赖政府投资

许多城市都面临着缺乏公共服务设施建设资金的困境，导致难以提升公共服务资源载体水平。我国城市的公共服务设施建设资金筹集模式通常有政府直接投资、专项债、PPP模式等，其中政府直接投资是公共服务设施建设的主要资金来源，意味着城市公共服务设施的建设过度依赖政府投资，其结果是加大了政府的财政压力。由于公共服务设施建设项目的投资成本一般很高但投资回报率较低，政府承担的投资亏损风险很大，因此公共服务设施的投资建设容易受制于政府有限的财政能力，从而导致公共服务设施的承载能力无法得到有效提升。

4. 教育资源阶层固化日益严重，“寒门难出贵子”

教育是居民实现从社会底层跃升到高层的关键渠道，但由于教育成本上升和优质教育资源分配不均等原因，家境贫寒的学生通过教育向社会高层跃升变得越来越困难，“寒门难出贵子”的现象凸显。在我国许多城市，优质的教育资源集中在少数学校，上层阶层的居民凭借“学区房”“择校费”“赞助费”等获取了这些优质学校的入学资格。一些公立学校的优秀教师被私立学校用重金挖走，而这些私立学校入学门槛高、学费昂贵，导致普通家庭望而却步。实证调研发现，如今推行的旨在降低学业负担的“减负”政策并没有达到较好的效果，反而因为课堂教学内容减少催生了庞大的课外补习市场，导致经济拮据的家庭因难以承担昂贵的补习费而无法让子女得到补习机会。事实上，“寒门难出贵子”的现象反映了城市整体上的公共服务资源承载力在下降。

5.“重事后治疗，轻事前预防”的医疗资源配置模式

我国城市医疗资源的配置模式基本上为“重事后治疗，轻事前预防”。从成本效益来看，医疗资源应按照保健—预防—治疗—康复的顺序来配置，因为保健和预防是保证城市居民处于健康状态的关键，投入较少的医疗资源便可取得较好的效果。患病后才到医院治疗是一种事后补救方法，其成本较高，但效果有限。然而，我国城市的医疗机构多为事后治疗型，事前预防型的医疗机构占比很低，居民和政府部门对预防型的公共卫生不够重视，相关医疗资源的配置比较欠缺。一旦公共卫生出现问题，就是大问题(如非典、新冠肺炎

等公共传染性疾病），会给整个国家乃至全球带来灾难性的后果。因此，城市公共卫生资源承载力亟需优化提升。

6. 对流动人口和弱势群体的社会保障能力低

我国城市的社会保障能力在城市不同群体间存在不平衡现象，对流动人口和弱势群体的社会保障能力有待提升。流动人口与具有固定单位和固定职业的人口相比，可以享受到的社会保障非常有限，一些从事临时性工作的就业者被排除在社会保障制度之外。另外，面向残疾人、老年人等特殊弱势群体的无障碍环境建设、生活照料和精神慰藉等公共服务不足，对这些群体的社会保障能力也有待提升，而经济欠发达地区的城市社会保障能力更差。

15.10.2 公共服务资源承载力面临的一般问题

城市公共服务资源承载力面临的一般问题指在教育、医疗、住房保障等方面存在的典型问题。

1. 不同层级的医疗机构间设备水平差异大

我国城市有各种层级的医疗机构，这些不同层级的医疗机构设备水平差异很大，包括用于疾病预防、诊断、治疗、监护和康复全过程的各类设施、仪器、器具、材料和其他物品。医疗设备是城市公共医疗服务的重要载体，直接反映了医疗服务的承载能力。但我国城市普遍存在不同层级医疗机构的医疗设备质量参差不齐的问题，三甲医院等大型综合医疗机构拥有大量高精尖医疗设备，而一些基层医疗机构的各类医疗设备无论数量还是质量都相对不足和落后，从而影响了城市的医疗服务承载力。

2. 基层医疗机构“招人难，留人更难”

我国从 2015 年开始推行分级诊疗制度，提出建立“基层首诊、双向转诊、急慢分治、上下联动”的诊疗模式。其中，“基层首诊”旨在通过鼓励居民前往附近的基层医疗机构就医，减轻大型医院的诊疗负担。但在实证调研过程中发现，基层医疗机构普遍面临着“招人难，留人更难”的局面，人才的缺失导致基层医疗机构的承载能力难以得到本质上的提升，“基层首诊”难以落地。究其原因，基层医疗机构的人才队伍面临着薪资待遇低、工作环境艰苦、晋升平台少、职业认可度低、通勤不便、社会地位较低等一系列现实问题。

3. “看大病难，看大病贵”的问题依旧严峻

近年来，我国就医困难得到了极大的疏解，但“看大病难，看大病贵”的问题依旧严峻。重大疾病和疑难杂症的诊疗仍高度集中在拥有优质医疗资源的大型城市，如北京、上海、广州等。居民为了诊疗重大疾病，一般都尽量去北京、上海、广州等地，这就导致来自全国各地的大病患者聚集在少数大型医院，就诊时间增加。顾又祺等(2017)调查发现，上海公立三甲医院的初诊患者就诊时间平均为 177.43min，其中排队时间占就诊时间的

95%，诊疗时间不超过 10min。另外，现阶段，我国大病医疗报销范围窄、报销比例不高，很多药品和医疗项目无法报销，需要患者自费。大病医保涉及恶性肿瘤、白血病等 44 种疾病，政策范围内报销比例为 60%，相对于庞大的就医费用可谓杯水车薪。这些问题反映出我国城市医疗资源的承载能力较弱。

4. 消费医疗的供给能力未能满足日益增加的需求

随着社会经济的高速发展，公众的健康意识大大提高，其对医疗的需求开始从传统的寻医求药转向消费型医疗服务(如营养保健、医疗美容等)，这驱动了我国健康医疗产业的发展。消费医疗的发展对公民的健康和减少疾病都有十分重要的意义，应加强消费医疗载体建设，从而从整体上提升城市的医疗服务承载力。目前，我国城市消费医疗的发展未能满足日益增长的消费需求。以家庭健康服务为例，这一服务通常由专业的家庭医生提供，其负责对每一个家庭成员进行包括健康与疾病在内的全方位管理。一旦家庭成员出现症状，家庭医生会通过问诊、辅助医学指标分析并综合家庭成员之前的健康状况以进行大致的疾病判断。在平日里，家庭医生也会为每个家庭成员制定具体的健康计划，如饮食计划、运动计划等。这一服务模式正受到越来越多居民的青睐和认可，但消费医疗服务体系尚不完善，基层医疗机构受限于医师资质、药品种类、机构等级等因素，开展服务时难以取得居民的信任。

5. 从医意愿降低的现象对医疗服务载体建设产生影响

医患纠纷和伤医辱医事件的频繁发生造成了恶劣的社会影响，导致公众特别是青年人选择医生作为职业的意愿降低，医护人员的子女学医比例很低。这将会严重降低医疗资源的承载能力，不利于城市医疗资源承载力的持续发展。据有关新闻报道，尽管我国每年培养了 60 万医学生，但真正穿上白大褂的只有约 10 万人，中国医师协会在 2016～2017 年的统计结果显示，超过 45%的医师不希望子女从医(中国医师协会，2018)。

6. 社保基金缺口的扩大降低了养老保障能力

社保基金缺口是指当年征收的保费不足以覆盖当年的养老保障支出。随着我国社会老龄化的加剧，社保基金缺口持续扩大，社会保障能力面临着严峻的挑战，这一问题在我国经济发展相对滞后的城市和地区尤其严重。我国的社保基金自 2013 年起就已经出现缺口，需要依赖财政收入填补缺口，但这个缺口还在逐年扩大，社保缴费不足以覆盖养老保障支出的现象将越来越严重，这将导致城市社会保障资源的承载能力下降。

7. “房价如金”带来的购房压力大

样本城市的房价相对于居民的收入普遍过高，“房价如金”带来的购房压力严重影响了城市居民的生活质量。高昂的房价不仅降低了城市对居民的住房保障能力，而且也导致众多买不起房的“漂族”无奈地选择离开城市。城市的住房保障能力差是造成城市公共服务资源载体水平低的重要原因，这几乎在所有样本城市中都很显著。

8.“点缀”式的保障性住房难以保障弱势群体的住房需求

城市的公租房、经济适用房等保障性住房存在供应量小、覆盖面窄以及供给对象错位等问题，这在经济较发达的城市尤为突出，保障性住房沦为“点缀”，难以保障弱势群体的住房需求，体现出城市住房保障能力低下。有研究表明，2019 年北京总共筹建 13.84 万间保障性住房，而当年常住外来人口有 764.6 万人，意味着每 55 个常住外来人口只能享受 1 间保障性住房，保障性住房的供应严重不足(刘帅等，2020)。另外，保障性住房的供给错位导致一些不具有申购资格的人获得保障性住房，而那些真正需要保障性住房的人却往往无法获得。上述这些问题影响了城市公共服务资源承载力。

9. 行政层级间的低效率沟通降低了公共服务资源承载力

实证调研发现，政府不同行政层级的沟通效率是影响城市公共服务资源承载力的重要因素之一。有些城市的政府行政层级较多，存在职能交叉、机构重叠的现象，居民要办完一件事往往需要经过许多环节。而这些环节之间往往缺乏有效的沟通机制，衔接性差，高层级的要求标准与低层级的执行情况有差距，影响了公共服务的质量，整体上降低了公共服务资源承载力。

第 16 章　城市资源环境承载力政策分析

分析我国已有的城市资源环境承载力政策是优化提升城市资源环境承载力的重要基础。本章将对我国城市资源环境承载力的相关政策进行系统梳理，并进行政策变迁分析、政策类型分析以及政策焦点分析，阐释我国城市资源环境承载力政策环境。

16.1　城市资源环境承载力政策分析框架

对已有的政策资料进行系统梳理是研究政策环境的前提，有助于了解政策的实施情况，以及对成功的政策实践进行经验提取，对薄弱环节进行剖析和完善。本书从北大法宝数据库(https://www.pkulaw.com)采集已有的资源环境承载力相关政策，每项政策采集的具体信息包括条目名称、发布单位、发布时间、正文内容等。政策分析内容包括政策变迁分析、政策类型分析、政策焦点分析。

进行政策变迁分析是为了认识资源环境承载力相关政策的演变情况。政策变迁不仅包括政策数量的变迁，还包括政策内容的变迁。政策数量变迁分析是指将研究期内与城市资源环境承载力相关的政策按照政策发布时间进行可视化呈现，从数量的角度分析已有的政策在时间轴上的变化趋势。政策内容变迁分析是指对研究期内与城市资源环境承载力相关的典型政策的内容进行分析，从而总结出不同阶段的政策焦点或施政重点，从内容的角度分析现有政策的变化情况。

分析政策类型旨在认识现有公共管理策略和政策的范畴和实施方式。由于目前尚无统一的公共政策类别划分标准，本书按照政策的实施方式，将城市资源环境承载力相关政策划分为强制型、自愿型和激励型三种类型。强制型政策是政府通过法律法规、行政命令和直接行动的方式，明确国家机关、企业、公民等在城市活动中的责任和义务，并以政府强制力来保障实现既定目标的政策，如税收政策、住房公积金政策等。自愿型政策是政府通过理念引导、宣传教育、公开信息等方式，促使公民或团体自愿采取积极行动的政策，如信息公开、公众参与、自愿协议、能效标识等。激励型政策是政府通过对市场进行宏观调控，传导市场经济信号，并借助利益驱动机理来影响公民或团体行为的政策。激励型政策分为基于建立市场和利用市场两种形式，如创建排污权交易市场、创建碳排放交易市场等就是建立市场的激励型政策，利用市场的激励型政策有补贴、政府返售、税金返还等。

关于政策焦点分析，本书运用 Python 编程语言编写词云分析程序，并对现有政策条目的主题词进行词云分析和可视化呈现，以展示现有政策的焦点。对政策焦点进行分析有助于认识已有的公共政策所重点关注的领域和问题，是认识我国城市资源环境承载力政策现状的重要环节。

16.2　我国城市资源环境承载力政策现状

为了识别我国已有的资源环境承载力政策，本书按照第 3 章对城市资源环境承载力的维度划分，从水资源承载力、能源资源承载力、大气环境承载力、土地资源承载力、文化资源承载力、人力资源承载力、交通承载力、市政设施承载力和公共服务资源承载力九个维度进行相应政策关键词的检索，并采集相关的政策条目，数据来源为北大法宝数据库，检索的政策发布时间为 2008～2019 年，检索采用的关键词以及最终检索到的条目数量见表 16.1。检索到的政策条目类别包括国家法律、行政法规、司法解释、部门规章、地方性法规和地方政府规章等，部分具有代表性的政策条目如表 16.2 所示。

表 16.1　城市资源环境承载力政策搜索关键词（2008～2019 年）

维度	检索关键词	条目数量/条
水资源承载力	水源、供水、用水、水污染	681
能源资源承载力	煤、石油、天然气、清洁能源（太阳能、风能、核能、地热能、潮汐能）	76
大气环境承载力	二氧化碳排放、雾霾、酸雨、臭氧空洞、光化学烟雾、一氧化碳排放	447
土地资源承载力	耕地、园地、林地、草地、水利设施用地、采矿用地、工业用地、商服用地、风景名胜设施用地、交通运输用地、住宅用地、公共管理与公共服务用地、盐碱地、沙地、裸土地	339
文化资源承载力	旅游、科技、人文	433
人力资源承载力	人力结构、人力质量、人力发展	436
交通承载力	公共交通、交通环境、交通设施、航空、铁路、水运、公路	1076
市政设施承载力	供水设施、供气设施、供电设施、供热设施、通信设施、雨水处理设施、污水处理设施、垃圾处理设施	976
公共服务资源承载力	义务教育、医疗卫生服务、社会保障与就业、住房保障、环保绿化、公共文化体育	405

表 16.2　城市资源环境承载力政策检索政策条目数（2008～2019 年）

维度	政策条目名称	颁布时间
水资源承载力	《重庆市水资源管理条例》	2018 年
	《北京市人民政府办公厅关于推进海绵城市建设的实施意见》	2017 年
	《深圳市节约用水条例（2019 修正）》	2019 年
	《长春市城市排水与污水处理管理办法》	2014 年
	《郑州市城市供水管理条例（2020 修正）》	2020 年
	《武汉市湖泊整治管理办法》	2010 年
	《吉林省辽河流域水环境保护条例》	2019 年
	《宁波市城市供水和节约用水管理条例（2010 修正）》	2010 年
	《济南市打好黑臭水体治理攻坚战作战方案》	2019 年
	《西宁市河长制湖长制规定》	2019 年

续表

维度	政策条目名称	颁布时间
能源资源承载力	《国务院关于印发“十三五”节能减排综合工作方案的通知》	2016 年
	《关于推进供给侧结构性改革　防范化解煤电产能过剩风险的意见》	2017 年
	《中华人民共和国煤炭法(2016 修正)》	2016 年
	《陕西省人民政府办公厅关于印发四大保卫战 2019 年工作方案的通知》	2019 年
	《中华人民共和国节约能源法(2018 修正)》	2018 年
	《国家能源局关于建立可再生能源开发利用目标引导制度的指导意见》	2016 年
	《清洁能源消纳行动计划(2018—2020 年)》	2018 年
	《国务院关于煤炭行业化解过剩产能实现脱困发展的意见》	2016 年
	《发展改革委、能源局关于改善电力运行　调节促进清洁能源多发满发的指导意见》	2015 年
大气环境承载力	《国务院关于印发大气污染防治行动计划的通知》	2013 年
	《国务院关于印发打赢蓝天保卫战三年行动计划的通知》	2018 年
	《福建省打赢蓝天保卫战三年行动计划实施方案》	2018 年
	《江苏省打赢蓝天保卫战三年行动计划实施方案》	2018 年
	《安徽省打赢蓝天保卫战三年行动计划实施方案》	2018 年
	《北京市打赢蓝天保卫战三年行动计划》	2018 年
	《河北省打赢蓝天保卫战三年行动方案》	2018 年
	《山西省打赢蓝天保卫战三年行动计划》	2018 年
	《哈尔滨市打赢蓝天保卫战三年行动计划实施方案》	2019 年
	《贵阳市打赢蓝天保卫战三年行动计划》	2018 年
土地资源承载力	《自然资源部办公厅关于加强国土空间规划监督管理的通知》	2020 年
	《国家发展和改革委员会、国土资源部、环境保护部、住房和城乡建设部关于开展市县“多规合一”试点工作的通知》	2014 年
	《宁波市政府关于调整工业用地结构促进土地节约集约利用的意见(试行)》	2010 年
	《杭州市政府关于切实推进节约集约利用土地的实施意见》	2008 年
	《沈阳市闲置土地处置办法》	2016 年
	《重庆市规划和自然资源局关于强化用地保障支持产业发展的意见》	2020 年
	《上海市崇明县人民政府办公室关于转发县规划土地局制定的本县新增耕地与建设用地指标管理实施办法(试行)的通知》	2015 年
	《河北省工矿废弃地复垦利用试点管理暂行办法》	2013 年
	《海南省人民政府关于在省级园区实行飞地经济政策的实施意见(试行)》	2015 年
文化资源承载力	《海南省旅游景区管理规定》	2016 年
	《重庆市旅游条例(2016 修订)》	2016 年
	《贵州省关于加快旅游业发展的意见》	2002 年
	《呼和浩特市旅游管理办法》	2003 年
	《成都市旅游业促进条例(2015 修订)》	2015 年
	《辽宁省旅游条例(2015 修订)》	2015 年
	《西安市旅游条例(2019 修订)》	2019 年

续表

维度	政策条目名称	颁布时间
文化资源承载力	《郑州市旅游业管理条例(2020 修正)》	2020 年
	《内蒙古自治区科学技术厅关于推进科技人才评价机制改革的实施意见》	2018 年
人力资源承载力	《宁波市人民政府办公厅关于印发新材料科技城引进人才及家属落户实施意见的通知》	2014 年
	《青岛市人力资源和社会保障局、青岛市财政局关于进一步简化流程优化服务加快落实就业创业政策有关问题的通知》	2019 年
	《天津：十项职称新政激发人才活力》	2019 年
	《天津市教委关于做好我市引进人才“绿卡 A 卡”持有人随迁子女入园入学工作的通知》	2018 年
	《天津市人力资源和社会保障局关于印发促进大学生就业创业扶持政策的通知》	2018 年
	《武汉市高技能人才引进工作实施办法》	2016 年
	《关于促进人才优先发展的若干措施》	2016 年
	《长沙市引进紧缺急需和战略型人才计划》	2014 年
交通承载力	《国务院关于加强城市基础设施建设的意见》	2013 年
	《住房和城乡建设部关于开展人行道净化和自行车专用道建设工作的意见》	2020 年
	《关于印发青岛市国土空间总体规划(2019—2035 年)编制工作方案的通知》	2020 年
	《厦门市人民政府办公厅关于印发岛内大提升岛外大发展交通提升三年行动方案的通知》	2020 年
	《广州市综合交通发展第十三个五年规划》	2016 年
	《2017 年北京市缓解交通拥堵行动计划》	2017 年
	《大连市人民政府关于进一步推进城市公共交通优先发展的实施意见》	2017 年
	《郑州市城市公共交通条例》	2008 年
	《石家庄市人民政府办公室印发关于缓解“停车难”的实施意见的通知》	2019 年
	《天津市人民政府办公厅关于印发天津市加快推进智能科技产业发展总体行动计划和十大专项行动计划的通知》	2017 年
市政设施承载力	《深圳市排水条例(2019 修正)》	2019 年
	《国务院办公厅关于保持基础设施领域补短板力度的指导意见》	2018 年
	《国务院办公厅关于推进城市地下综合管廊建设的指导意见》	2015 年
	《国务院办公厅转发发展改革委关于建立保障天然气稳定供应长效机制若干意见的通知》	2014 年
	《城镇燃气管理条例(2016 修订)》	2016 年
	《太原市城市地下管网条例》	2016 年
	《沈阳市老旧燃气供水管网改造实施方案》	2020 年
	《重庆市人民政府办公厅关于印发重庆市乡镇污水处理设施建设运营实施方案的通知》	2015 年
	《河北省人民政府办公厅印发关于支持省会市政设施和公共服务设施等规划建设的若干措施的通知》	2019 年
	《济南市人民政府办公厅关于加强市政设施综合配套与管理的意见》	2014 年
公共服务资源承载力	《广州市人民政府办公厅转发市教育局关于推进优质教育资源均衡发展做大做强两个新城区三个副中心基础教育实施意见的通知》	2014 年

续表

维度	政策条目名称	颁布时间
公共服务资源承载力	《国务院办公厅关于部分地方优化营商环境典型做法的通报》	2018 年
	《国务院办公厅关于对国务院第四次大督查发现的典型经验做法给予表扬的通报》	2017 年
	《北京市人民政府关于创新重点领域投融资机制鼓励社会投资的实施意见》	2015 年
	《杭州市城市低收入群体增收实施意见》	2019 年
	《山西省人民政府办公厅关于缓解群众看病难看病贵问题的若干意见》	2007 年
	《福建省财政厅、福建省卫生和计划生育委员会、福建省社会管理综合治理委员会办公室、福建省人力资源和社会保障厅、福建省民政厅关于推进流动人口基本公共卫生计生服务均等化工作的实施意见》	2015 年
	《宁波市医疗纠纷预防与处置条例(2020 修正)》	2020 年
	《宁波市政府关于进一步贯彻落实国务院坚决遏制房价过快上涨文件精神的通知》	2010 年
	《江苏省物价局关于加强低收入家庭政策性保障住房价格与租金管理的意见》	2008 年

16.3 城市资源环境承载力政策变迁分析

为支持城镇化进程的不断推进、保障城镇化的健康发展，中央和地方政府颁布和实施了一系列政策，以优化和提升城市资源环境承载力。为应对城镇化过程中的不确定性问题，有关城市资源环境承载力的政策不断地进行更新和动态调整。在识别政策的基础上，本节将对我国城市资源环境承载力政策的变迁进行分析。

16.3.1 城市资源环境承载力政策数量变迁分析

基于表 16.2 中检索到的政策条目及其发布时间，可绘制城市资源环境承载力政策数目变迁图，如图 16.1 所示。

由图 16.1 可知，我国政府颁布的城市资源环境承载力政策其数目在时间轴上呈波动型变化。在各维度的相关政策中，文化资源承载力、交通承载力、市政设施承载力和公共服务资源承载力的相关政策数目随时间推移呈现上升或波动上升趋势。其中，有关市政设施承载力的政策数目在 2014～2019 年增幅最大，有关文化资源承载力的政策数目在 2015～2019 年上升幅度很明显，交通承载力和公共服务资源承载力相关政策的数目在 2015～2017 年上升趋势较为明显。在整个研究期内，市政设施承载力相关政策的数目变化最大，由 2008 年的 32 条增加到 2019 年的 195 条。有关水资源承载力、能源资源承载力、大气环境承载力、土地资源承载力和人力资源承载力的政策数目呈波动型变化，其中能源资源承载力政策数目变化最小，表明有关能源资源承载力的政策数目相较于其他维度的政策更新变动较少。

进一步分析城市资源环境承载力相关政策的数目变迁，可发现与社会属性相关的城市资源环境承载力政策数目在持续增多，与自然本底相关的城市资源环境承载力政策数目呈波动型变化。这一现象反映了我国政府越来越重视社会系统在优化和提升城市资源环境承载力过程中发挥的作用。事实上，与社会属性有关的资源环境承载力更能通过政策调控来实现优化提升。

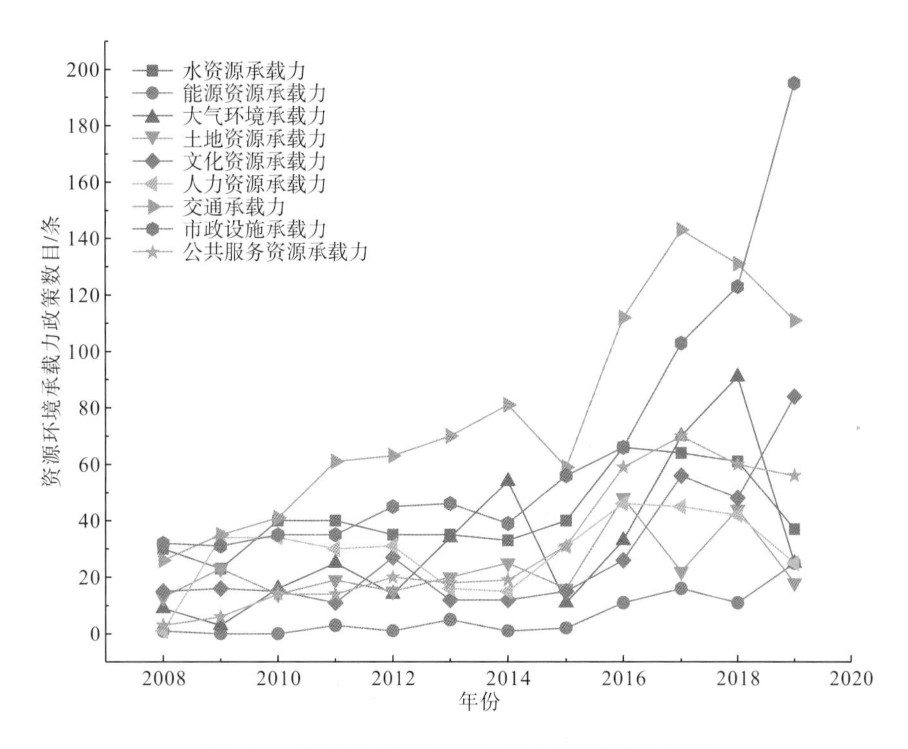

图 16.1　我国城市资源环境承载力政策的数目变迁

16.3.2　城市资源环境承载力政策内容变迁分析

从城市资源环境承载力政策的内容变迁来看，在研究期(2008～2019 年)内，我国政府一直高度重视城市在发展过程中面临的资源环境问题，采取了多样化的政策措施来优化提升城市资源环境承载力。特别是从 2011 年以来，国务院印发了《全国主体功能区规划》，要求全国范围内的国土空间开发与资源环境承载力相适应；2014 年，中共中央　国务院印发了《国家新型城镇化规划(2014—2020 年)》，进一步强调了城市资源环境承载力对城市发展的支撑作用。以这两个全国性的城市资源环境承载力政策的发布时间为分界点，我国城市资源环境承载力政策在研究期内主要由探索性管理办法变迁至管理办法和条例，最终变迁为法律法规。

1. 管理办法的探索阶段

2008～2011 年及之前可以被认为是我国城市资源环境承载力政策的探索阶段。这一阶段，与我国城市资源环境承载力相关的主要政策及其施政重点可用图 16.2 表示。

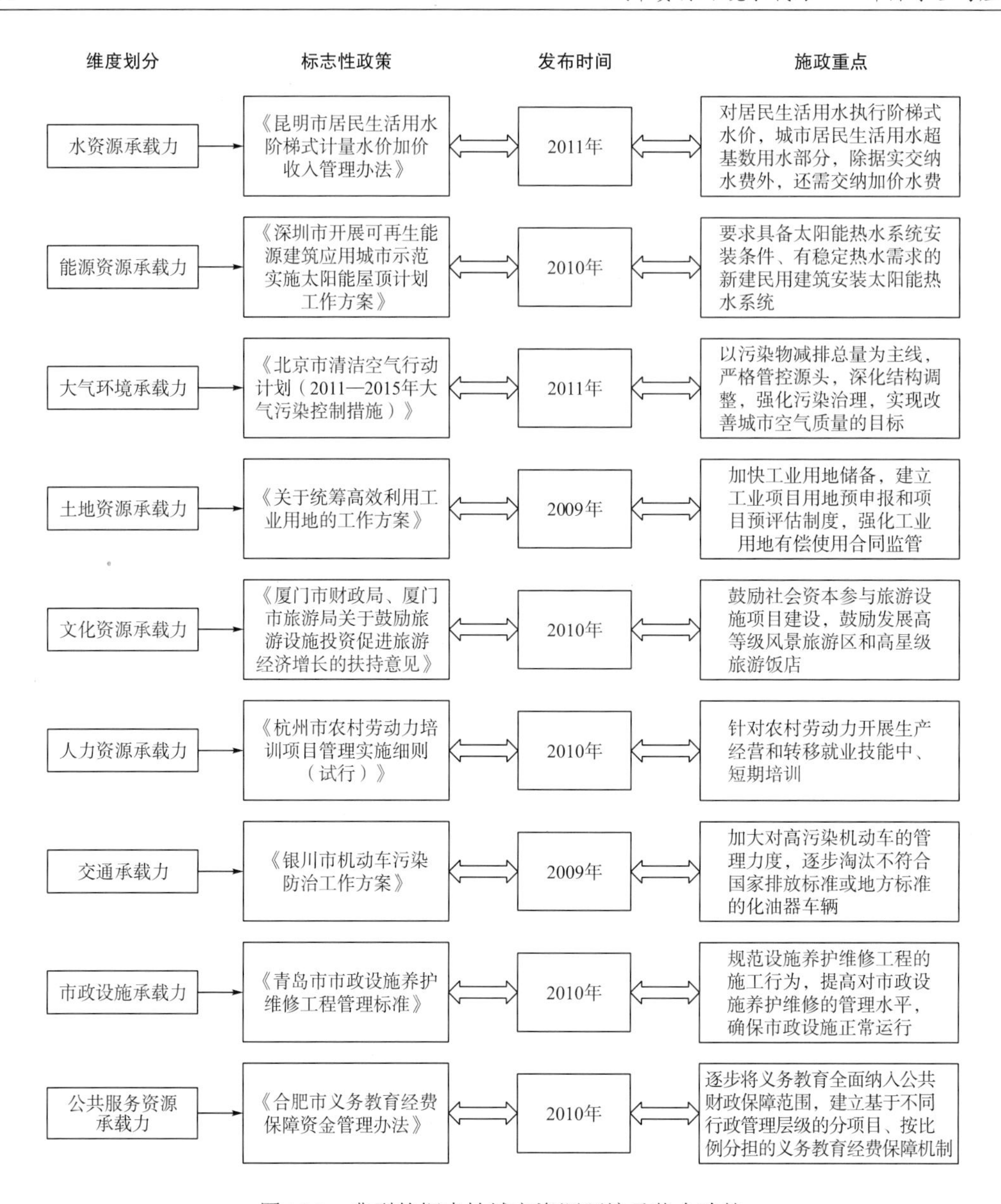

图 16.2 典型的探索性城市资源环境承载力政策

在城市资源环境承载力政策的探索阶段，中央和地方政府已逐步意识到城市资源环境问题的重要性以及解决问题的迫切性，典型的城市资源环境问题包括土地利用粗放、空气污染严重、水资源短缺等。为解决城市面临的这些资源环境问题，政府开始探索性地采取相应的政策措施，这些政策措施通过工作方案、管理办法等形式执行，具有很强的探索性，在一定程度上起到了缓解城市面临的资源环境问题的作用。例如，为了优化城市居民在生活活动中对水资源的利用，昆明市政府采取了居民生活用水阶梯式计价措施，对超过城市用水基数的用水量进行加价收费，以引导城市居民珍惜水资源，节约用水。然而，探索性的政策主要强调解决城市所面临的资源环境问题的重要性，对城市整体的资源环境承载力提升还没有形成明确的政策措施。

2. 管理办法与政策措施的形成阶段

在制定探索性政策的基础上，我国城市资源环境承载力相关政策逐步得以形成，政府逐步认识到优化和提升城市整体上的资源环境承载力对于实现城市的可持续发展具有重要意义，中央和地方政府对城市资源环境承载力相关政策逐步进行了完善，形成了城市资源环境承载力政策体系。图 16.3 展示了进一步形成的城市资源环境承载力相关典型政策及其施政重点。

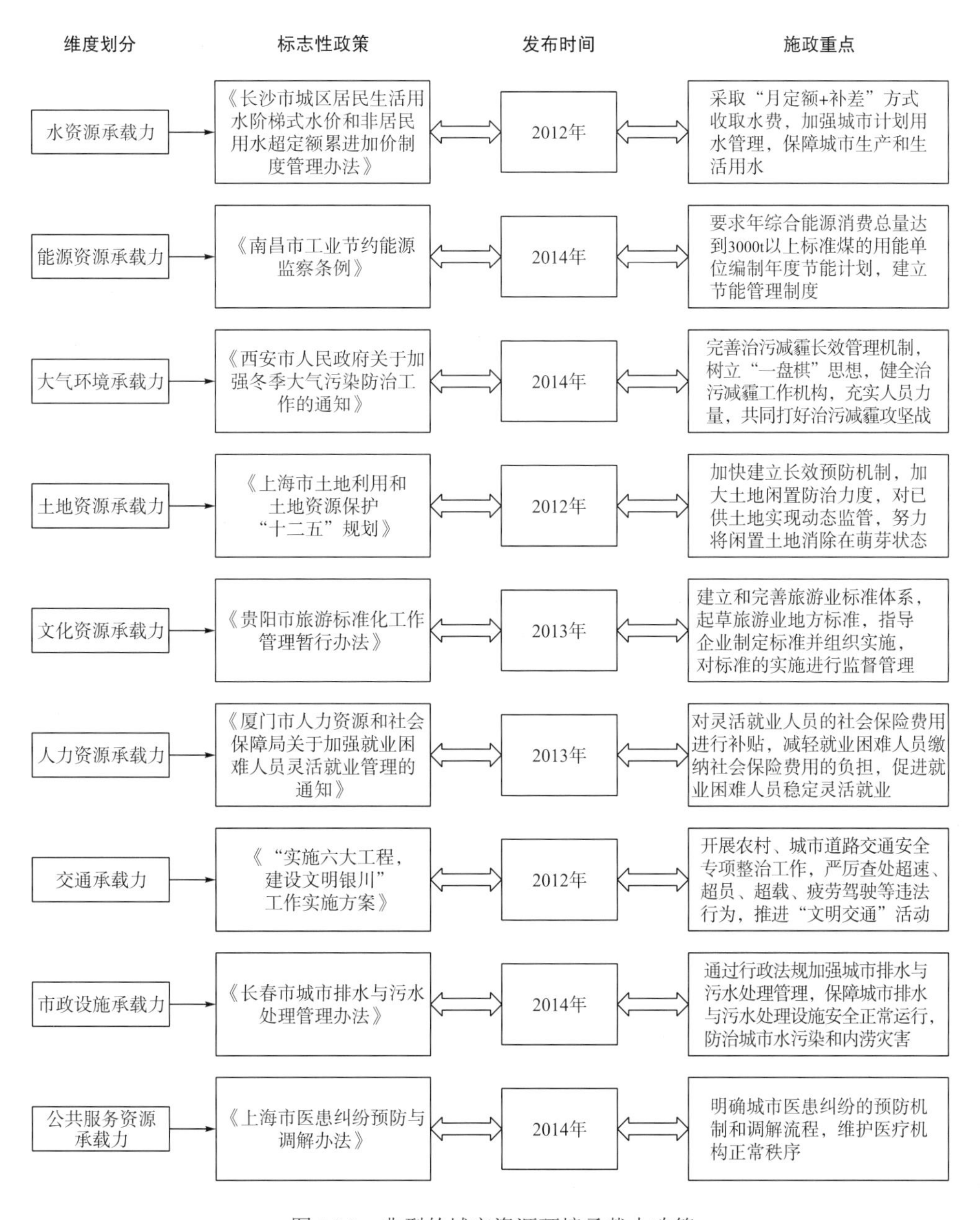

图 16.3　典型的城市资源环境承载力政策

从图 16.3 中可以看出，在逐步形成城市资源环境承载力政策的过程中，政府意识到城市资源环境承载力的优化与提升需要政策来保障，有关政策措施必须形成一个科学的体系。因此，在制定城市资源环境承载力相关政策的过程中，应注重建立能够优化和提升城市各维度资源环境承载力的长效机制。例如，上海在 2014 年颁布了《上海市医患纠纷预防与调解办法》，明确了城市医患纠纷的预防机制和调解流程，以维护医疗机构正常秩序，确保城市公共服务资源承载力能够长效地发挥作用。

3. 法律法规形成阶段

近年来，我国城市资源环境承载力政策得到很大的发展，特别是有关社会属性的资源环境承载力政策得到高度重视，强调如何科学认识和有效利用城市资源环境承载力来指导城市未来的发展。典型的城市资源环境承载力政策法规如图 16.4 所示。

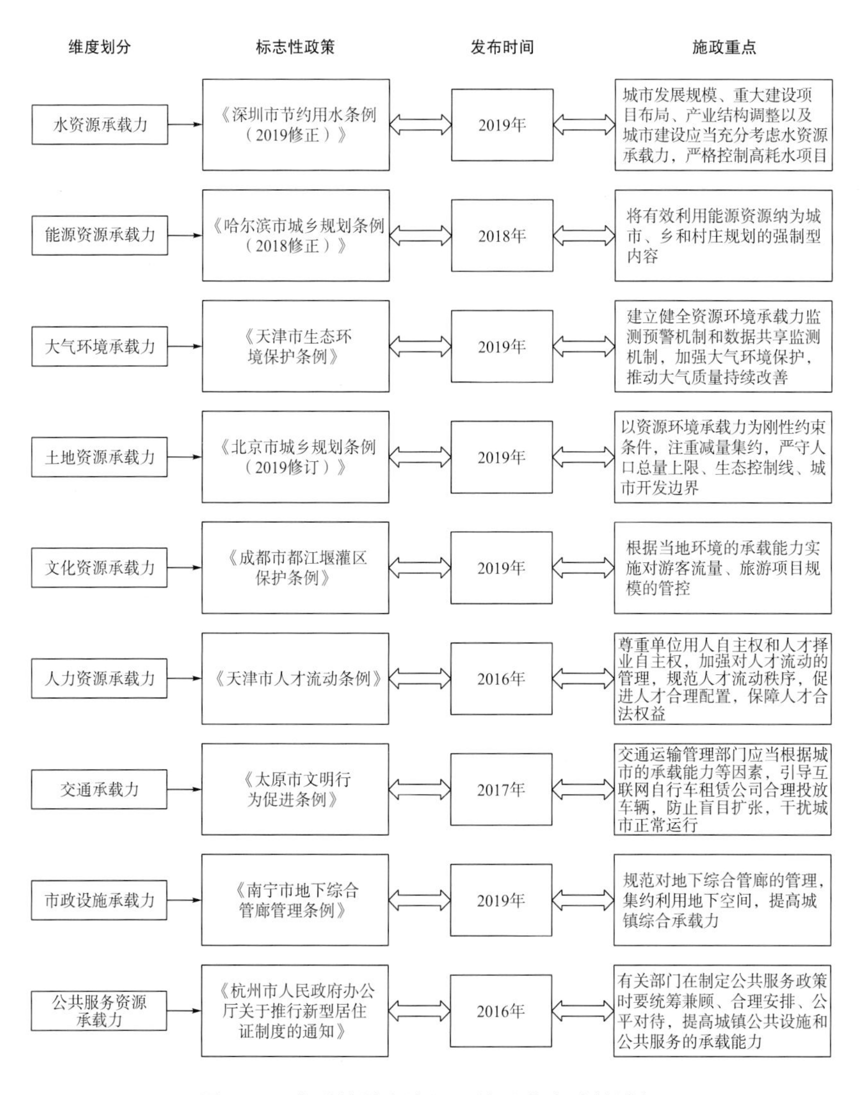

图 16.4　典型的城市资源环境承载力政策法规

由图 16.4 展示的城市资源环境承载力政策发展状况可知，近年来我国政府已经意识到城市资源环境承载力对城市的可持续发展具有重要影响。因此，在制定城市长远的发展规划时必须科学依据城市的资源环境承载力、相关政策强调和要求将城市资源环境承载力作为指导城市规划、建设和管理活动的重要依据。

从我国城市资源环境承载力政策内容变迁情况可以看出，这一系列政策经历了早期注重解决城市资源环境紧迫问题，随后强调要建立优化和提升城市各维度资源环境承载力的长效机制，最后将城市资源环境承载力作为指导城市规划、建设和管理活动重要依据的发展过程。这些政策内容的变化反映了在城市资源环境承载力政策不断发展和完善的过程中，形成了一些自助于城市优化和提升城市资源环境承载力的宝贵经验措施。这些经验措施为全面优化提升城市资源环境承载力、促进城市持续发展提供了重要借鉴和启示。

16.4　城市资源环境承载力政策类型分析

按照公共政策分析原理，政策按照政策工具属性一般分为强制型、自愿型和激励型三种类型。由于有些政策可能同时兼具多种类型政策的特征，因此这三种政策可以进一步分为七类：强制型、自愿型、激励型、强制-激励型、强制-自愿型、激励-自愿型以及强制-自愿-激励型。基于这七种政策类型，对已搜集到的城市资源环境承载力相关政策条目进行归类和汇总，各个维度的资源环境承载力的政策分类结果以及所占的比例可用表 16.3 和图 16.5 表示。

表 16.3　城市资源环境承载力政策条目分类统计结果　（单位：条）

政策类型	水资源承载力	能源资源承载力	大气环境承载力	土地资源承载力	文化资源承载力	人力资源承载力	交通承载力	市政设施承载力	公共服务资源承载力	汇总
强制型	539	69	286	307	378	334	1070	974	396	4353
自愿型	60	1	8	1	16	46	6	2	6	146
激励型	64	5	1	9	5	13	0	0	0	97
强制-激励型	4	1	15	12	10	11	0	0	2	55
强制-自愿型	11	0	60	5	16	25	0	0	1	118
激励-自愿型	2	0	0	0	0	5	0	0	0	7
强制-自愿-激励型	1	0	77	5	8	2	0	0	0	93
总计	681	76	447	339	433	436	1076	976	405	4869

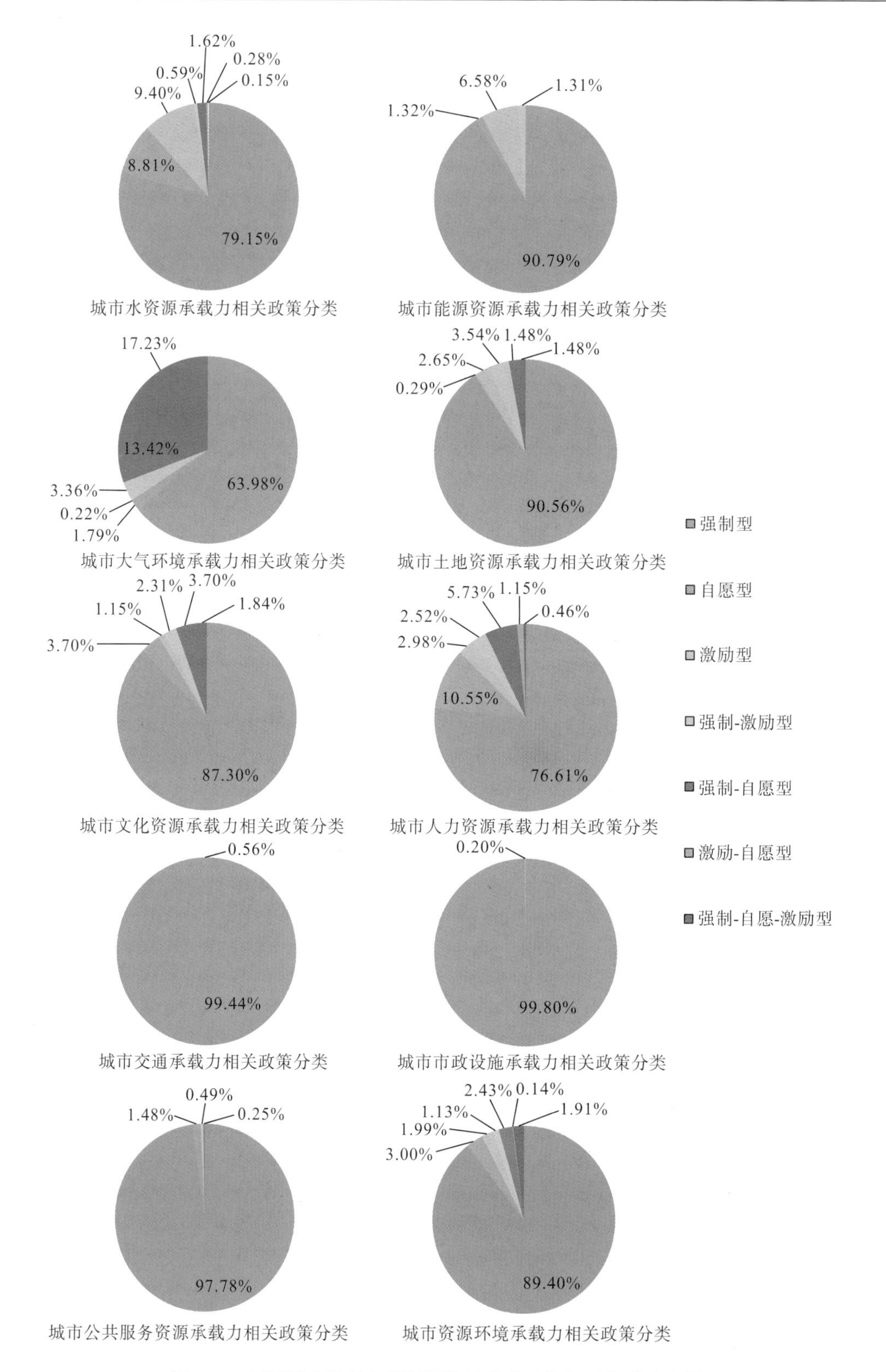

图 16.5　不同维度的城市资源环境承载力政策条目类型分布图

由表 16.3 可知，在已搜集到的政策中，强制型政策有 4353 条，占政策总数的 89.4%。激励型和自愿型政策分别为 97 条和 146 条，占比分别为 2.0%和 3.0%。在混合型政策中，强制-自愿型政策为 118 条，占 2.4%；强制-激励型政策为 55 条，占 1.1%；强制-自愿-激励型政策为 93 条，占比接近 2.0%。数目最少的是激励-自愿型政策，仅有 7 条，占比为 0.1%。这些数据显示，我国已有的城市资源环境承载力政策绝大多数属于强制型政策，表明提升城市资源环境承载力更多依靠的是政府的权威和强制执行，而激励型、自愿型以及其他混合型政策所占比例较低。这进一步说明在提升城市资源环境承载力的过程中，已有的政策主要发挥政府强制作用，在调动社会主体的主动性方面政策较少。

从各个维度的城市资源环境承载力政策来看，图 16.5 显示，在交通承载力、市政设施承载力和公共服务资源承载力维度的政策中，强制型政策占绝大多数，占比在 97%以上，这是因为交通、市政设施和公共服务均有垄断性特征。在我国，与这三个维度相关的载体和荷载(如城市的道路建设、城市管网建设、医疗和教育系统)由政府、事业单位和国有企业等负责管理和经营，对这些国有企事业单位通过下达行政命令进行管理和调控最为直接和有效，因此这方面的政策以强制型为主。

关于水资源承载力、大气环境承载力以及人力资源承载力等维度的现有政策，强制型政策起主导作用，占比分别为 79.15%、63.98%和 76.61%。但自愿型政策在提升水资源承载力和人力资源承载力方面也发挥了一定的作用，自愿型政策在水资源承载力政策和人力资源承载力政策中的比例分别为 8.81%和 10.55%。强制-自愿-激励型政策在大气环境承载力政策中占 17.23%，表明这类政策在改善大气环境承载力方面发挥明显作用。这些统计数据说明水资源承载力、大气环境承载力以及人力资源承载力的调控尽管仍主要依靠强制型政策，但自愿型、激励型以及混合型政策也发挥了一定的作用。水资源和大气质量的好坏由多方主体决定，提升水资源承载力和大气环境承载力需要从产业生产、居民生活、废物处理等多个方面着手，单纯依靠强制型政策治理水资源和大气环境问题，其效果有限，政府的激励政策和城市主体的自发行为非常重要。关于城市人力资源承载力政策，由于人力资源是高度市场化的生产要素，流动性极大，人力资源承载力受市场变化的影响很大，依靠强制型政策改善城市人力资源承载力，其效果十分有限。所以，对城市人力资源承载力的提升需要通过多种政策手段来实现。

图 16.5 还显示，城市能源资源承载力、土地资源承载力和文化资源承载力方面的相关政策中，强制型政策起主导作用，所占比例为 90%左右。其他类型的政策也占有一定的比例，在能源资源承载力相关政策中，有 6.58%的政策属于激励型政策；在土地资源承载力相关政策中，激励型、强制-激励型政策共占 6.19%；在文化资源承载力相关政策中，自愿型和强制-自愿型政策共占 7.4%。对于能源资源承载力而言，由于能源市场的自由化程度相对较低，其必然会受政府干预。以电力为例，电力是城市必需的能源，城市电力供应必须依靠行政手段进行统一调度管理。另外，城市发电-输电设施和变电设施建设成本非常高，且成本回收期较长，在我国只有大型国有企业才具备电力经营能力，因此能源市场的垄断性特征比较明显。这些特点决定了城市能源资源承载力的相关政策需要以政府的强制型政策为主。

我国的基本土地制度是城市土地归国家所有，这就决定了政府将垄断城市土地，同时也决定了政府成为城市土地管理责任方。因此，对城市土地的调控、提升城市土地资源承载力需要依靠政府的强制性行政命令。

对城市文化资源承载力而言，由于我国的文物保护单位和文化服务单位(如博物馆、展览馆和图书馆等)主要为事业单位，其运作主要依靠政府财政拨款，因此对这类资源的管理自然会受到政府政策的直接控制和影响。同样，在科技文化领域，科研院所和高等院校等事业单位的运作也依赖政府公共预算拨款，因此也将接受政府的强制性指导。

上述分析表明，我国已有的城市资源环境承载力政策绝大多数属于强制型政策，政府以强制性行政命令或规范来管理和提升城市的资源环境承载力，较少采用非强制型资源环境承载力政策，如激励型、自愿型以及混合型政策。

16.5 城市资源环境承载力政策焦点分析

识别城市资源环境承载力相关政策的焦点，是分析资源环境承载力相关政策现状和倾向的重要环节。本节将基于 Python 编写词云分析程序，对以往关于城市资源环境承载力的政策条目的主题词进行词云分析和可视化呈现，分析已有的城市资源环境承载力政策的焦点。词云分析程序的设计思路如图 16.6 所示。

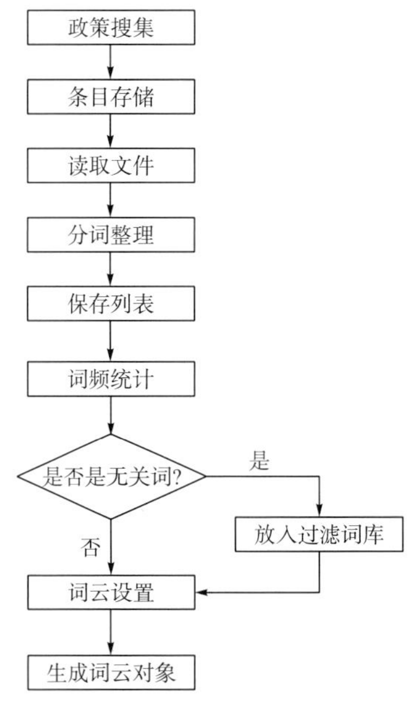

图 16.6 城市资源环境承载力政策词云分析流程

在输出的词云图片中，主题词在词云图片中的字体越大，说明主题词出现的频率越高，相应政策的关注度越高，越有可能成为政策关注的焦点。运用词云分析九个维度的城市资源环境承载力的相关政策条目，可得到城市资源环境承载力各维度的政策焦点，其分析结果如下。

16.5.1　城市水资源承载力相关政策的焦点

通过词云分析得到的水资源承载力相关政策的焦点如图 16.7 所示。

图 16.7　城市水资源承载力相关政策的主题词词云分析图

图 16.7 中最明显的水资源承载力政策主题词有两个，分别是“水污染”和“用水”，说明现有水资源承载力政策聚焦于解决水污染和用水问题，反映出我国的水污染问题一直比较严峻，影响了各个层面的用水需求。因此，无论是中央政府，还是地方政府，都十分重视水污染防治问题，并出台了大量的政策措施。例如，我国于 2016 年在全国推行“河长制”，明确了各河流流域环境污染的责任主体；地方层面也出台了相应的配套责任制度。

在图 16.7 中，“住房”一词也是高频词，反映出政府对居民家庭生活用水问题十分关注。尽管城市生活用水并不是城市水资源的主要消耗途径，但居民用水是否安全和供应是否充足等关乎城市民生的问题也是各级行政主管部门十分关注的问题，因此政府积极制定和更新有关政策。

“价格”一词的内涵是用水价格，出现的频率也较高，说明政府十分重视用水价格。一方面，政府部门十分清楚用水价格关乎城市民生，政府必须制定政策保障价格合理。价格过高会增加城市居民的生活成本和企业的经营成本，给城市居民的正常生活和企业的持续发展增加负担，但价格过低又会影响水资源生产和供应，同时还可能会导致城市居民和企业等城市主体不注重节约水资源，造成水资源浪费加剧。另一方面，政府政策对用水价格的重视反映了政府部门注重运用价格工具，通过制定阶梯式水价等来约束对水资源的过度使用，并保障城市生产和生活用水的最低限度。

“供水”一词也是出现频次较多的城市水资源承载力政策主题词，体现出政府对供水问题高度重视。有关城市供水的政策主要分为两类：①关于城市供水设施建设的政策，涉及水库、供水管道以及其他供水设施的规划、管理、运行等；②关于城市供水管网渗漏问题的政策，例如，2016 年苏州发布的《关于组织开展公共供水管网漏损率调查评估工作的通知》。在有些城市，政府还设置有对减少城市供水管网渗漏问题的主体进行表彰的政策机制。

针对水资源承载力问题，我国城市一直在积极探寻和采取相应政策，其中的一些政策取得了良好的效果。但是，仍有一些水资源承载力问题未得到重视。例如，我国许多城市十分依赖外部调水，这种外部依赖性不仅给城市财政带来了巨大负担，也影响了城市自身的供水安全，然而以往的城市水资源承载力政策对这一问题的关注相对较少。

16.5.2　城市能源资源承载力相关政策的焦点

通过词云分析得到的能源资源承载力相关政策的焦点如图 16.8 所示。

图 16.8　城市能源资源承载力相关政策的主题词词云分析图

在图 16.8 中，“海洋”一词是出现频次排名第一的城市能源资源承载力政策主题词，反映出现有政策十分重视面向海洋的能源开发。特别是在东部沿海地区能源禀赋先天不足和对外部能源依赖性强的城市，开发利用海洋能源可以帮助这些城市摆脱能源禀赋先天不足的困境，在一定程度上降低城市对外部能源的依赖性。而事实上，如何利用海洋所蕴含的能源是我国未来能源发展的重要方向。对海洋能源的利用，既包括对深海能源(如海底石油、天然气、可燃冰等)的利用，也包括对以潮汐能为代表的洋流能的利用。2016 年国家海洋局发布了《海洋可再生能源发展“十三五”规划》，2018 年上海市政府制定了《上海市海洋“十三五”规划》，这些文件都制定了探索、利用和保护海洋能源的方案和政策措施。

“太阳能”“地热能”等新型能源也是现有政策关注的主要对象，其中“太阳能”一词出现的频率仅次于“海洋”。这说明已有的政策非常重视新型能源如太阳能、地热能等环境友好型能源的开发与利用，通过利用这些能源能缓解城市能源结构单一和清洁能源开发利用程度较低的问题，降低对以煤炭等为代表的化石能源的依赖性。国家发改委、国土资源部（现自然资源部）、环境保护部（现生态环境部）等多个部门在 2017 年联合下发了《关于加快浅层地热能开发利用　促进北方采暖地区燃煤减量替代的通知》，要求北方各城市的供暖要用浅层地热能逐步替代燃煤。广州发布了《广州市发展改革委关于组织开展 2020 年太阳能光伏发电项目补贴资金申报工作的通知》，旨在通过补贴方式积极推动太阳能光伏农业的发展。

图 16.8 还显示“发电”“工业”在已有的政策中出现的频率很高。“发电”和“工业”分别是能源的转换和消费环节，必须借助政策对电力的生产和使用，特别是工业领域的使用进行调控和管理。电力的生成途径有很多，包括水力发电、火力发电、核能发电等。东部沿海地区的城市为了保障用电需求和减少对环境的破坏，都在规划建设核电站。工业作为主要的用电部门，对城市能源资源承载力的优化和提升有着很大的影响。目前我国工业节能政策仍以强制型政策为主，为实现节能目标，大多数城市制定了能源监察制度，以对工业活动中的设计、生产、检测和认证等环节进行监管。

从上述讨论可以看出，已有的与能源资源承载力相关的政策倾向于从技术和产业的角度来提高能源资源承载力，对能源供需矛盾和能源体制改革等问题关注得较少。

16.5.3　城市大气环境承载力相关政策的焦点

大气环境承载力相关政策的焦点通过词云分析展示在图 16.9 中。

图 16.9　城市大气环境承载力相关政策的主题词词云分析图

图 16.9 表明与大气环境承载力相关的政策其高频关键词有“排放”“大气污染”和“温室”，说明气体排放、大气污染和温室气体是已有的大气环境承载力相关政策关注的焦点。这些政策主要针对我国城市普遍存在的雾霾、臭氧污染和氮氧化物污染等问题。造成这些问题的原因包括秸秆焚烧、工业生产和地理气候条件制约等，直接影响着居民的健康，因而相关政策高度重视。就气体排放而言，已有的政策主要关注温室气体和有害气体的排放。关于温室气体的排放，一般城市依据“十三五”规划制定控制温室气体排放的方案以及温室气体排放核查指南等。有些城市在控制温室气体排放的同时重视城市有害气体的排放问题，例如，2017 年青岛制定了《重污染天气应急响应工业废气减排污染源清单》，提出空气质量较差时，将采取强制措施关停工业废气排放量大的部门或企业。大气污染也是政策关注的焦点，关乎城市居民的健康，我国主要城市(如北京、郑州和天津等)均制定了大气污染防治条例，采取强制性手段解决大气污染问题。

由上述讨论可知，已有的城市大气环境承载力相关政策对大气监测以及使用监测结果的数据平台存在的数据壁垒等关注得较少，忽视了大数据链在改善大气环境方面的监测和引导作用，影响了大数据在提升大气环境承载力过程中所能发挥的作用。

16.5.4 城市土地资源承载力相关政策的焦点

图 16.10 展示了通过词云分析得到的土地资源承载力相关政策的焦点。

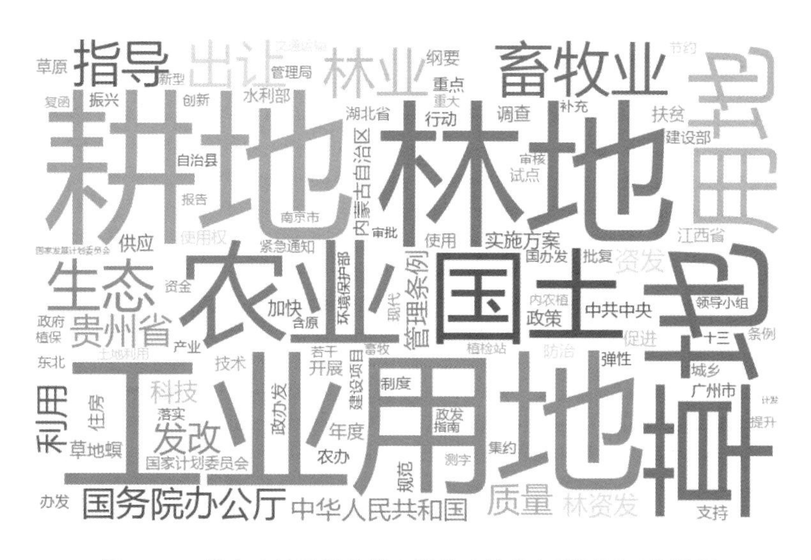

图 16.10 城市土地资源承载力相关政策的主题词词云分析图

在有关土地资源承载力的政策中，出现频率最高的关键词是“耕地”，其次是“林地”。基于“十分珍惜、合理利用土地和切实保护耕地”的基本国策，国家要求各级政府严格执行土地利用规划，保护耕地，以土地利用指标严格控制各省、各城市的土地开发利用。保护耕地包括保护耕地数量和耕地质量，不仅是生态任务，更是政治任务，从中央到地方各级政府高度重视，因此相关政策较多。对耕地数量的保护在已有的政策中集中体现为在全国层面坚守 18 亿亩耕地红线，地方政府制定相应政策，而这些政策的实施是以行政考核、强制规定等方式层层落实的。除坚守耕地数量红线，我国已有的土地资源承载力政策还强调耕地质量，如农业部(现农业农村部)下发了《2014 年耕地质量保护与提升技术模式》，随后出台了《补充耕地质量验收评定工作规范(试行)》，确定了耕地质量保护工作的验收依据。

“林地”“工业用地”和“草地”在已有的政策中出现的频次也较多，表明国家对这些类型土地的利用和保护高度重视。由于城市蔓延，大量林地和草地被占用。这些生态用地被占用不仅改变了地表自然面貌，还破坏了动植物的栖息地，影响了整个生态系统的平衡，因此必须高度重视。另外，工业用地越来越高度受到关注。工业用地通常规模较大，对耕地和其他生态用地的影响也较大。在城市更新过程中，建设用地大多来源于变更了用途的现有工业用地。一些位于城区的工业用地可能未得到有效开发与利用，需要盘活这些存量工业用地，以完成城市更新，缓解城市建设用地供应紧张的问题。因此，政府部门十分重视土地利用中的工业用地问题。

从用地开发模式来看，已有的关于城市土地资源承载力的政策对飞地的开发利用、地下空间的开发关注得较少；从用地类型来看，已有的土地政策对公共服务用地需求的关注较少。这些政策的局限性影响了城市土地资源承载力的提升。

16.5.5　城市文化资源承载力相关政策的焦点

图 16.11 展示了通过词云分析得到的城市文化资源承载力相关政策的焦点。

图 16.11　城市文化资源承载力相关政策的主题词词云分析图

图 16.11 表明在城市文化资源承载力相关政策中，“旅游”“景区”等词出现的频率最高，这是因为旅游业是文化资源的重要载体，政府注重利用文化资源发展旅游业，进而带动城市的发展。几乎所有样本城市均制定有相应的文化旅游业发展规划，用以指导当地

文化旅游业的发展。

“文物保护”是文化资源承载力相关政策中出现频次较多的主题词，反映出政府一方面希望通过制定政策并利用各地的文化资源来发展旅游业，另一方面也认识到保护文化资源的重要性，只有保护好文化资源，旅游业才能持续发展。一般城市都会制定旅游景区管理条例和文物保护条例，将对旅游景区和文物的保护管理规范化和制度化。

“知识产权”一词也是文化资源承载力相关政策中出现频次较多的主题词，说明保护知识产权已经得到政府的高度重视。对于知识产权的保护，国家层面有《中华人民共和国知识产权法》《国家知识产权局知识产权信用管理规定》等法律法规，样本城市也都设立了知识产权法院等机构，负责审理知识产权案件，有助于强化我国对知识产权政策和法律的执行。

已有的城市文化资源承载力相关政策对旅游资源开发质量的关注较少，对于旅游产品同质化、旅游景点的游客参与性不强和旅游资源淡季闲置而旺季超载等问题仍缺乏系统性的政策措施。

16.5.6 城市人力资源承载力相关政策的焦点

通过词云分析得到的城市人力资源承载力相关政策的焦点如图 16.12 所示。

图 16.12 城市人力资源承载力相关政策的主题词词云分析图

从图 16.12 中可以看出，在城市人力资源承载力相关政策中，“劳动力”一词的出现频率最高，其次为“农村”“就业”等主题词，说明我国已有的人力资源承载力相关政策最为关注的是劳动力就业问题。与劳动力相关的政策可划分为两类，一类是针对农村劳动力培训和保障的政策，如北京市通州区出台的《关于加强通州区城乡劳动力职业培训提高就业能力工作的意见》，厦门市人力资源和社会保障局发布的《关于做好用人单位招用本市农村劳动力社会保险差额补助工作有关问题的通知》。这些政策旨在提升从农村向城市迁移的劳动力的劳动技能，并保障他们的合法权益。另一类政策主要针对农村人口流失造成的负面效应，对于欠发达地区的城市，这类政策非常重要。例如，贵阳在 2013 年制定了《关于进一步做好农村劳动力就地就近转移就业工作的意见》，石家庄在 2010 年制定了《关于做好农村劳动力转移就业工作的意见》。制定这些政策主要是希望农村劳动力能够迁移到附近的城市，避免当地人口流失带来农村空心化、劳动力匮乏等一系列社会问题。

上述关于城市人力资源承载力的政策主要解决劳动力的就业、技能培训和保障以及由劳动力迁移引发的农村空心化和城市劳动力匮乏等问题。需要注意的是，已有的政策倾向于解决中低端劳动力的就业和培训，以及全社会劳动力的社会保障问题，而在高端劳动力方面，仍存在着“重引进、轻培养，重利用、轻扶持”的局限性。

16.5.7　城市交通承载力相关政策的焦点

通过词云分析得到的我国城市交通承载力相关政策的焦点如图 16.13 所示。

图 16.13　城市交通承载力相关政策的主题词词云分析图

从图 16.13 中可以看出，“安全”一词是交通承载力相关政策中最重要的主题词，反映出政府的交通政策首先关注的是安全，这是最大的公共利益。与交通安全有关的现有政策主要关注运输安全和人身安全，各城市都制定有相应的交通政策，这些政策主要涉及公路运输、铁路运输和航空运输等的安全。实际上，城市存在着各种各样的交通事故隐患，如道路使用者交通规则意识淡薄、电瓶车缺乏有效管理等，这些问题容易引发交通事故，不仅会造成人员伤亡和财产损失，还会影响社会的和谐与稳定，所以交通安全是交通承载力相关政策中最受关注的焦点。

在有关交通设施的政策中，“港口”是出现频次最多的主题词，说明水运交通管理受到了政府部门的高度关注，特别是沿江沿海城市。交通运输部、发改委、财政部等多个部门于 2019 年联合下发了《关于建设世界一流港口的指导意见》，旨在支持沿海城市发展建设已有的港口，提升我国对外开放水平。同时，各地方政府也出台了具体的政策文件，以支持港口基础设施和营商环境的建设，如广东省交通运输厅制定了《广东省交通运输厅关于港口设施维护的管理办法》，辽宁省政府制定了《辽宁省人民政府关于优化口岸营商环境　促进跨境贸易便利化工作的实施意见》。

在有关交通方式的政策中，“道路交通”是出现频次最多的主题词。已有的交通承载力相关政策重视城市道路交通建设，旨在解决我国许多城市存在的道路交通问题，如道路通达性不佳、公路设计与规划不合理、路网结构比例失调等。道路交通不仅是城市内部主要的交通方式之一，也是城市与其他地区和城市进行联系的重要途径。与道路交通相关的政策主要涉及交通安全、道路交通设备、新型道路交通技术、道路交通拥堵等方面。

其他出现频率较高的主题词包括“公共交通”“轨道交通”“机动车”“停车”等，体现了近年来我国政府重视发展公共交通，特别重视兴建以地铁、轻轨为代表的轨道交通，以缓解交通拥堵，提高城市各区域之间的通达性。“停车”一词主要体现停车难问题，这是我国城市普遍面临的问题。许多城市停车难并不是因为缺乏停车设施，而是因为未对已有的临时性停车位和永久性停车场进行充分协调和利用。

由上述分析可以发现，已有的关于城市交通承载力的政策对航空通达性、交通网络融合、大数据和智能系统应用等方面缺乏关注。

16.5.8 城市市政设施承载力相关政策的焦点

通过词云分析得到的城市市政设施承载力相关政策的焦点如图 16.14 所示。

图 16.14　城市市政设施承载力相关政策的主题词词云分析图

图 16.14 表明，“能源”“电力”和“安全”是有关城市市政设施承载力的政策的高频主题词。市政设施是能源输送和转化的重要载体，如各种变电站、能源输送管网等，这些市政设施的规模、质量和安全性是保障城市社会经济运行和发展的关键。一般城市都以各种政策规范市政设施的规划、建设、维护和管理，都制定有市政设施管理办法、市政设施管理条例实施细则等行政性法规，强调政府应保障城市市政设施稳定运行，进而保障各类城市能源的安全性。

“供水”和“供热”也是出现频次较多的主题词。与供水设施有关的政策大多属于强制型政策，国家和地方政府都制定有相关的政策。与供热设施相关的政策主要涉及我国北方城市，如《天津市供热用热条例》《长春市城市供热管理条例》等。与供水设施的政策相似，有关城市供热设施的政策大多属于强制型政策。

上面的分析表明，我国已有的城市市政设施承载力相关政策“重建设、轻管理，重规划、轻维护”，缺乏考虑城市市政设施更新维护及管理体制改革等方面。

16.5.9　城市公共服务资源承载力相关政策的焦点

图 16.15 展示了通过词云分析得到的我国城市公共服务资源承载力相关政策的焦点。

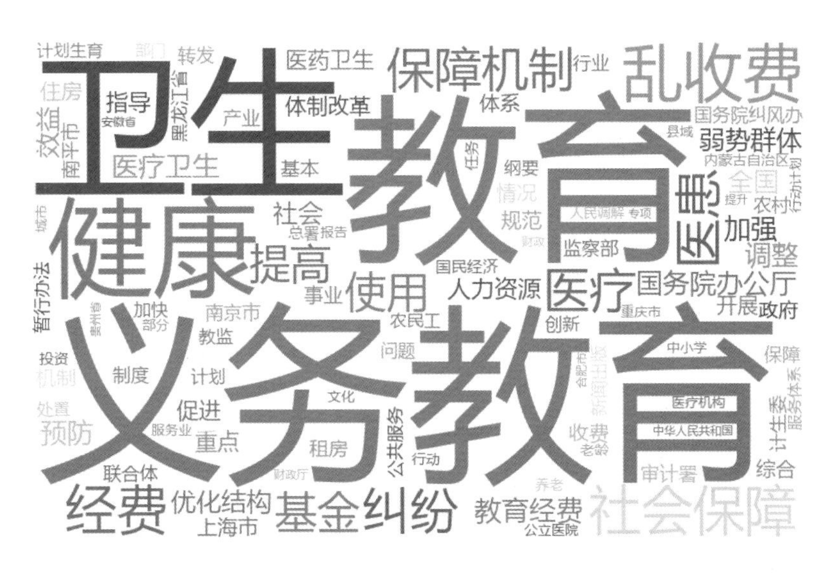

图 16.15　城市公共服务资源承载力相关政策的主题词词云分析图

由图 16.15 可知，在城市公共服务资源承载力相关政策中，“教育”和“义务教育”是最主要的主题词。教育尤其是义务教育以及优质义务教育稀缺，是公共服务资源承载力相关政策最为关注的焦点。因为我国的义务教育具有强制性、公益性特征，需要依靠国家力量强制推行，所以与义务教育有关的政策绝大多数属于强制型政策，地方政府也制定了各种义务教育政策，这些政策涉及的内容非常广泛，如辍学率控制、教育拨款和民办教育如何收费等。

“卫生”与“健康”也是公共服务资源承载力相关政策关注的焦点。医疗健康是城市公共服务的重要组成部分，是国家和地方政府关注的重要内容。相关政策多涉及医疗服务收费、基层医疗资源、医患纠纷处理、公共卫生等方面。有关医疗卫生的政策大多属于强制型政策，其目的在于规范城市公共卫生服务、为居民提供优质的医疗服务、调解医疗服务中的医患纠纷和保障公众健康等。

通过上述讨论可以发现，与城市公共服务资源承载力相关的政策主要针对的是城市公共服务资源不足的问题，而对公共服务机构管理效率低下、医疗体系结构不合理和优质公共服务资源分布不均等问题缺乏有效的关注。

16.6 本章小结

认识我国城市资源环境承载力政策现状是进行政策研究的重要前提。本章依据城市资源环境承载力的九个维度，基于各维度相应的政策关键词，从北大法宝数据库中检索出相应的政策。在此基础上，本章进行了政策变迁分析、政策类型分析以及政策焦点分析。通过以上三个视角的分析可以看出，针对各维度城市资源环境承载力的现有政策构成了比较完整的政策体系。但随着城市社会经济的发展，已有的政策体系显示出各种局限性，主要归纳为以下两方面。

(1) 城市资源环境承载力相关政策的分布较为分散，缺乏体系化。在梳理相关政策的过程中，发现已有的城市资源环境承载力政策分散在城市资源环境承载力九大维度的地方性法规、工作文件、标准指南和通知公告等文件中，而没有形成一套系统性的资源环境承载力政策体系。这种碎片化的政策分布限制了城市管理者对相关政策进行系统认识，局限了管理者对现有政策经验的总结和应用，因此构建一个关于城市资源环境承载力的综合性政策数据库，整合已有的碎片化信息，对于打破信息孤岛，辅助政府进行系统有效的决策具有重要意义。

(2) 已有的政策实施手段较为单一，过度依赖强制型手段。由前面讨论的政策类型可知，与城市资源环境承载力相关的政策绝大多数属于强制型政策。尽管城市管理的客观需要决定了政府应在提升城市资源环境承载力的过程中发挥主导作用，但是积极构建和采取自愿型、激励型相结合的政策，将有利于提高城市整体上的管理效率，降低城市资源环境问题的治理成本，同时也有利于调动社会各方力量及其积极性，推动城市发展正向循环，最终实现城市的可持续发展。

根据上述对现有政策的认识可知，要进一步优化提升城市资源环境承载力，提出一套全面而体系化的政策非常必要。一套系统完善的政策体系可以帮助城市管理者针对性地提高我国城市的资源环境承载力。

第 17 章　基于经验挖掘原理的城市资源环境承载力政策决策支持系统

本章将阐释城市资源环境承载力政策经验挖掘基本原理，解释城市资源环境承载力政策决策支持系统的机理，构建了一个供展示系统运行机理的示范平台。

17.1　城市资源环境承载力政策经验挖掘基本原理

17.1.1　经验挖掘原理

经验挖掘原理最早由 Shen 等(2013)提出，是一种基于案例推理(case-based reasoning，CBR)的决策研究方法。CBR 是人工智能领域中的一个重要分支，用于模拟人类在解决问题时的思维过程(Kolodner，2014)，其主要原理是利用已有的方法解决类似的新问题(Aamodt and Plaza，1994)。

在案例推理法基础上发展起来的经验挖掘原理，其应用场景是待解决的问题与过去曾经出现过的问题相同或相似。经验挖掘原理认为在以往的实践中存在一些与面临的新问题相同或相似的问题，并有解决这些问题的措施或成功经验，每一个措施或成功经验可以被整理和描述成一个经验块。当有一定数量的经验块时，可以构建一个经验库。当管理者需要针对遇到的新问题制定措施或做决策时，可以从经验库中挖掘出与新问题特征相似的经验案例，并参考和分析挖掘到的经验案例采用的措施和决策，然后将其直接应用或修改后应用到新问题上(Shen et al.，2017)。

从上面的阐释可以看出，应用经验挖掘原理的关键是建立一个有效的经验库。经验库涉及两个基本内容：经验块的表达形式和存储机理。经验块的表达形式是一种结构化形式，目的是使计算机能够识别、存储和处理经验案例，核心是将非结构化信息转换成易于计算机存储和处理的结构化信息，其所表达的信息可能是结构化的、半结构化的或者非结构化的。本书对涉及提升城市资源环境承载力的各种经验案例进行了标准化处理，形成了经验块，使得案例信息的表达较为完善和清晰。经验库的存储功能不只是存储已有的经验块，其还会利用用于解决新问题的措施形成新的经验块，并添加到经验库中，从而更新和丰富经验库。当经验库中案例不断增加时，我们能更容易地找出针对新问题的相似案例。

17.1.2　政策经验库构建机理

构建政策经验库是挖掘城市资源环境承载力政策经验的基础。经验库的功能是对用于提升城市资源环境承载力的各种政策的实践经验进行存储，经验库的构建遵从一定的机理，经验库由构建原则、构建维度、资料来源和存储类型组成。图 17.1 展示了政策经验库的组成要素。

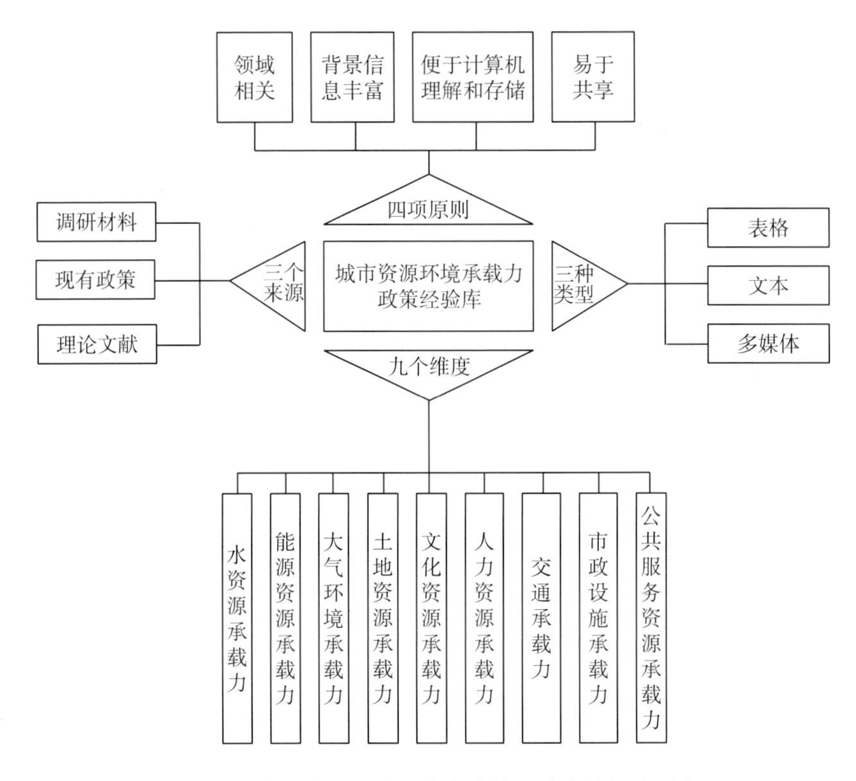

图 17.1　城市资源环境承载力政策经验库的组成要素

1. 政策经验库构建原则

政策经验库的构建需要基于一定的标准和原则。经验库的基本存储单元为经验块，而经验块的构建要点在于经验知识的表达，即对所描述的问题及案例信息以一种方便计算机理解、存储和处理的方式进行描述。因此，表达经验知识时不仅要确定经验知识的描述方法，更重要的是要明确经验知识所包含的城市资源环境承载力政策的内容，包括关键特征、经验案例的结构、经验案例的组织和索引方式等。具体来说，经验知识的表达需要满足以下四个原则。

(1) 领域相关。经验知识的内容应充分反映城市资源环境承载力政策特点，能够充分表达领域知识。

(2) 背景信息丰富。经验知识的内容应包含案例的城市资源环境背景信息，这些背景信息要能够帮助我们了解案例中问题产生的原因，使得经验挖掘更加有效和精确。

(3) 便于计算机理解和存储。经验知识不仅要具有良好的表达方式和能够被检索的特点，还要易于计算机理解和处理，因此需要将非结构化、半结构化的经验知识进行结构化处理。经验知识的表达要清晰明了，保证经验描述的规范性和完整性，使得经验库中的经验知识易于组织、维护和管理。

(4) 易于共享。经验知识的表达要具有可拓展性和可共享性，由此才能得到推广。因此，经验知识表达模型应采用一致的索引方式。

依据上述经验知识表达的四项原则，可以构建城市资源环境承载力政策经验块。根据领域相关原则，经验块要包含具体的城市资源环境承载力政策方案；根据背景信息丰富原则，经验块要包含对拟解决的城市资源环境承载力问题的描述；根据便于计算机理解和存储以及易于共享原则，经验块要使用统一和规范的编码。因此，一个完整的城市资源环境承载力政策经验块包含三类信息：方案信息、背景信息和编码信息。

2. 政策经验库的维度

根据本书第 3 章，城市资源环境承载力包括九大维度，即水资源承载力、能源资源承载力、大气环境承载力、土地资源承载力、文化资源承载力、人力资源承载力、交通承载力、市政设施承载力和公共服务资源承载力。因此，城市资源环境承载力政策经验库也包括九个维度。

3. 政策经验库资料来源

城市资源环境承载力政策经验库资料来源的准确性和有效性直接影响挖掘出的政策经验的质量。本书应用的政策经验资料来源于以下三个渠道：调研材料、现有政策和理论文献。

(1) 调研材料。调研是收集经验措施最直接的途径。本书采用的调研材料来自于通过与相关城市的政府部门、城市规划院、当地高校、科研院所以及相关的企事业单位等多种机构的专家进行访谈讨论与交流，搜集城市的第一手资料。这些资料包括照片、文字记录、录音、视频等。调研材料不仅记录了各城市在优化提升城市资源环境承载力过程中的具体实践经验，而且汇集了不同领域的专家在长期实践的基础上提出的宝贵建议，因此调研材料是政策经验库的重要资料来源之一。

(2) 现有政策。现有政策是指目前已公布或已实施的与城市资源环境承载力相关的政策。现有政策中有的可能与城市资源环境承载力直接相关，如国土空间规划、主体功能区规划等；有的虽然与城市资源环境承载力不直接关联，但在提升城市资源环境承载力过程中发挥着重要作用，如水污染治理政策、交通拥堵治理政策和土地利用政策等。现有政策是认识我国资源环境治理现状的重要渠道，也是城市在长期实践过程中对经验的系统性总结，因此是政策经验库的重要资料来源。

(3) 理论文献。理论文献包括中英文学术论文、学术专著、政府工作报告等。已有的学术论文和学术专著对国内外城市的资源环境承载力进行了大量系统的研究，提出了许多政策建议，这些政策建议对于指导资源环境承载力的提升具有启发作用。政府工作报告是政府对年度工作的总结和对下一阶段工作的展望，通过阅读政府工作报告，可以了解政府对当前已有的城市资源环境承载力政策实施情况的看法，以及对城市未来发展的规划和展望。因此，理论文献也是政策经验库的重要资料来源。

4. 政策经验存储类型

城市资源环境承载力政策经验有三种存储类型，分别是表格、文本和多媒体。

(1) 表格。表格是典型的结构化数据。表格所记录的信息必须遵循特定的规范、格式和长度。表格中一行数据表示一个实体的信息，每一行记录同一种类别的信息，每一列记录同一种属性的信息。表格所记录的政策经验通常具有相同的数据结构，可方便地进行查询、增加、修改和删除。

(2) 文本。文本是以文字形式记录城市资源环境承载力政策经验。与表格不同，文本所记录的政策经验不一定遵循特定的结构和规则，无法按照数据的属性和类别进行查找，但是可按照关键词的相似度建立关联，从而进行文本挖掘、存储和检索。

(3) 多媒体。多媒体是以录音、图像和视频等多种媒介为载体存储城市资源环境承载力政策经验。多媒体文件通常以像素、帧等形式进行存储，占用的存储空间较大。通过多媒体记录的经验一般由颜色、纹理和形状、声音等特征信息来反映，与表格和文本信息相比，多媒体信息更为直观，但对存储和读取技术的要求更高。

17.2 城市资源环境承载力政策决策支持系统的机理及组成要素

基于经验挖掘理论，为了更加有效地利用城市资源环境承载力政策经验库，本书应用大数据工具构建城市资源环境承载力政策决策支持系统的机理。该决策支持系统的机理可通过 4 个功能模块进行阐述，即人机交互、网络传输、数据仓库和分析工具。城市资源环境承载力政策决策支持系统可以通过开发搭建在网络上运行，这样用户便可以随时获取系统中的政策经验并向系统贡献自己的政策经验，从而提高了数据的共享性。该决策支持系统的机理如图 17.2 所示。

1. 人机交互

人机交互指决策支持系统与用户之间的交互。系统管理者或用户通过“用户输入”向决策支持系统发出咨询请求，并通过“系统输出”获得决策信息。城市资源环境承载力政策决策支持系统中的人机交互可以依托网页进行用户管理，并通过建立菜单和窗口等图形界面实现高效的系统输入与输出操作。

2. 网络传输

网络传输指通过网络协议如 HTTP (hyper text transfer protocol，超文本传输协议) 实现远距离的数据传输。除数据传输这一基本功能外，网络传输在决策支持系统中的另一个重要功能是实现前端用户操作系统与后端服务器系统的分离，将大量的系统操作放在服务器上，从而减小用户界面的复杂性，使用户能更有效地利用决策支持系统发布在网络上的共享资源。

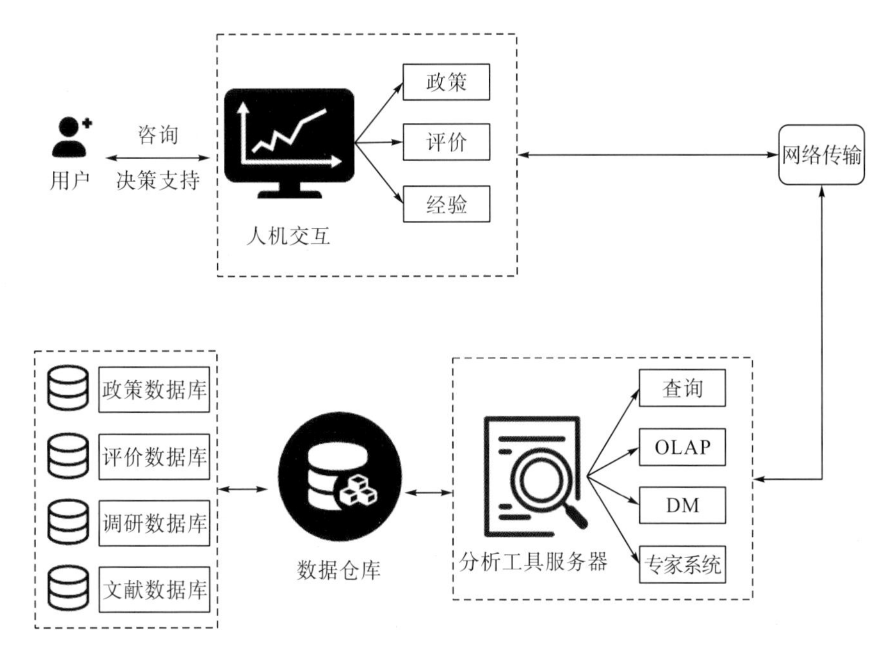

图 17.2　城市资源环境承载力政策决策支持系统基本机理

3. 数据仓库

数据仓库是存储城市资源环境承载力政策经验的数据库。城市资源环境承载力政策决策支持系统中的经验库以数据仓库的形式存在，它的基本数据源有政策数据库、评价数据库、调研数据库以及文献数据库等 4 个数据库。数据仓库以城市九大维度的资源环境承载力为决策主题对象，集成了上述 4 个数据库，需要统一规范地进行编码，形成多维数据立方体，可有效地支撑有关城市资源环境承载力的各类决策分析。在计算机联网进行网络传输的条件下，数据仓库被剥离出用户界面，只在数据仓库服务器上运行，这样可以简化用户界面并节约用户的存储和计算资源。

4. 分析工具

分析工具是提取和分析数据仓库中的信息的工具集合。由于数据仓库数据量大、操作灵活，因此需要一套功能强大、操作灵活的分析工具来从数据仓库中提取辅助决策信息，以满足决策支持系统的各类需求。分析工具包括查询工具、联机分析处理(on-line analytical processing，OLAP)工具、数据挖掘(data mining，DM)工具以及专家系统工具。在城市资源环境承载力政策决策支持系统的运行过程中，分析工具也被剥离出用户界面，并通过分析工具服务器运行，以简化用户界面并节约用户的存储和计算资源。

根据前面所述的系统构建机理，城市资源环境承载力政策决策支持系统将由经验库、系统前端和系统后端三个部分构成，如图 17.3 所示。其中，经验库在决策支持系统里可以通过设计一套编码表示具体的政策经验措施；系统前端可以通过设计简单明了的浏览器图形交互界面，实现用户向系统发出登录、系统介绍、选择对象、识别问题、挖掘经验等请求；系统后端则集成了网络传输、分析工具以及各种类型数据库的功能，可实现系统设置、评价管理、问题管理、经验管理，并响应用户的请求，支撑城市资源环境承载力政策优化的分析。

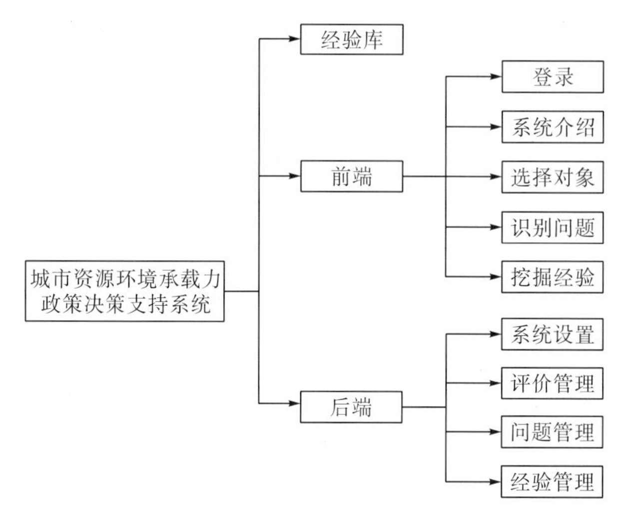

图 17.3 城市资源环境承载力政策决策支持系统组成要素

17.3 城市资源环境承载力政策决策支持系统政策经验库

根据本书第 15 章识别的我国城市资源环境承载力问题，从现有政策、调研材料和理论文献中挖掘出解决九大维度资源环境承载力问题的政策经验措施，构建城市资源环境承载力政策经验库，为后续提出优化提升我国城市资源环境承载力的政策建议奠定基础。基于“问题-经验”视角构建的政策经验库的框架如图 17.4 所示。

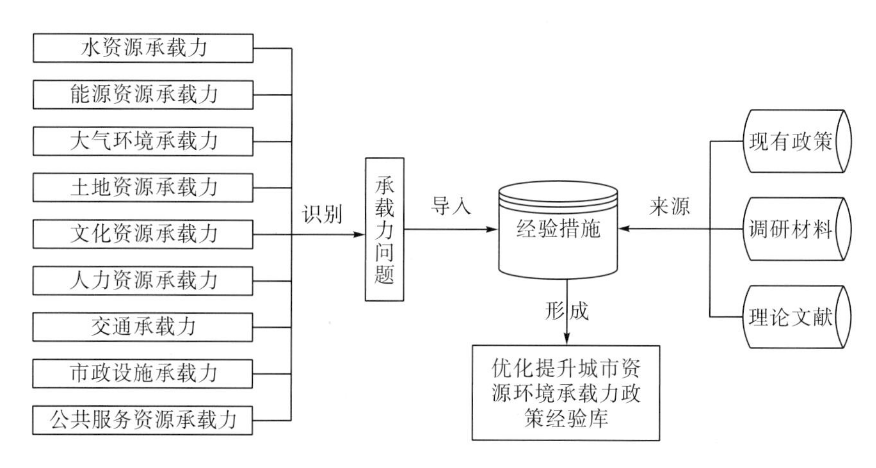

图 17.4 基于“问题-经验”视角的城市资源环境承载力政策经验库框架

基于图 17.4 中的框架，本书以九大维度的资源环境承载力核心问题和一般问题为导向，通过现有政策、调研材料和理论文献，搜集解决问题的政策经验措施，构建优化提升我国城市资源环境承载力政策经验库。

为了对优化提升我国城市资源环境承载力的政策经验进行系统有序的挖掘，对城市资源环境承载力相关政策经验文件进行编码。每一条政策经验措施包含三个要素：解决的问题、实施的经验措施、经验的来源。政策经验措施的编码包括问题编码和经验措施编码，从而形成二维的城市资源环境承载力政策经验挖掘编码结构。

(1) 问题编码。从水资源承载力(W)、能源资源承载力(E)、大气环境承载力(A)、土地资源承载力(L)、文化资源承载力(C)、人力资源承载力(H)、交通承载力(T)、市政设施承载力(I)、公共服务资源承载力(P)九个维度，以“Q-维度-问题编号”的形式进行问题编码。例如，水资源承载力维度的第一个问题的编码为“Q-W-1”，其第 n 个问题的编码为“Q-W-n”。根据这种编码方式，可以得到城市资源环境承载力问题编码结构表，见表 17.1。

表 17.1　城市资源环境承载力问题编码结构表

维度	问题编码			
水资源承载力(W)	Q-W-1	Q-W-2	…	Q-W-*n*
能源资源承载力(E)	Q-E-1	Q-E-2	…	Q-E-*n*
大气环境承载力(A)	Q-A-1	Q-A-2	…	Q-A-*n*
土地资源承载力(L)	Q-L-1	Q-L-2	…	Q-L-*n*
文化资源承载力(C)	Q-C-1	Q-C-2	…	Q-C-*n*
人力资源承载力(H)	Q-H-1	Q-H-2	…	Q-H-*n*
交通承载力(T)	Q-T-1	Q-T-2	…	Q-T-*n*
市政设施承载力(I)	Q-I-1	Q-I-2	…	Q-I-*n*
公共服务资源承载力(P)	Q-P-1	Q-P-2	…	Q-P-*n*

(2) 经验措施编码。对针对各维度下每一个问题挖掘出的政策经验措施进行编码，经验措施编码的形式为“E-维度-问题编号-经验措施编号”。以水资源承载力维度的经验措施编码为例，水资源承载力维度的第一个问题的第一条经验措施编码为“E-W-1-1”，第 n 个问题的第 m 条经验措施编码为“E-W-n-m”。基于这一编码方式，可以得到水资源承载力经验措施编码结构表，见表 17.2。其余维度的经验措施编码结构表以类似的方法产生。

表 17.2　水资源承载力经验措施编码结构表

问题编号	经验措施编号				
	1	2	3	…	*m*
1	E-W-1-1	E-W-1-2	E-W-1-3	…	E-W-1-*m*
2	E-W-2-1	E-W-2-2	E-W-2-3	…	E-W-2-*m*
3	E-W-3-1	E-W-3-2	E-W-3-3	…	E-W-3-*m*
⋮	⋮	⋮	⋮		⋮
n	E-W-*n*-1	E-W-*n*-2	E-W-*n*-3	…	E-W-*n*-*m*

通过对城市资源环境承载力相关政策经验措施的搜集和梳理，最终挖掘出191条优化提升城市水资源承载力的经验措施，149条优化提升城市能源资源承载力的经验措施，92条优化提升城市大气环境承载力的经验措施，127条优化提升城市土地资源承载力的经验措施，107条优化提升城市文化资源承载力的经验措施，97条优化提升城市人力资源承载力的经验措施，222条优化提升城市交通承载力的经验措施，165条优化提升城市市政设施承载力的经验措施，249条优化提升城市公共服务资源承载力的经验措施。这些资料数据构成了城市资源环境承载力政策经验库。

17.4 城市资源环境承载力政策决策支持系统前端结构示范平台

该系统示范平台的前端结构包括系统介绍和经验挖掘两部分。

17.4.1 系统介绍

城市资源环境承载力政策决策支持系统前端结构中设置有登录和系统介绍两个要素，以方便用户快速进入系统以及了解系统及其操作。

1. 登录

在示范平台登录界面进行登录操作时，用户有三个选择，分别为“登录”“免费注册”和“忘记密码？”，如图17.5所示。

图17.5 城市资源环境承载力政策决策支持系统示范平台“登录”界面

用户分为已有用户和新用户，已有的用户可以通过输入“用户名邮箱”和“密码”登录系统，进行经验挖掘。若是新用户，则需要通过“免费注册”创建账号成为系统用户，“免费注册”的示范界面如图17.6所示。

图 17.6　城市资源环境承载力政策决策支持系统示范平台“免费注册”界面

用户如果遗忘密码，可以选择“忘记密码？”进行找回密码操作，如图 17.7 所示。

图 17.7　城市资源环境承载力政策决策支持系统示范平台“找回密码”界面

2. 系统介绍

系统介绍的作用是方便用户了解城市资源环境承载力政策决策支持系统的发展历史和操作方法，以及提供反馈意见。示范平台中的系统介绍包括 4 个方面的内容：“系统发展介绍”“操作指南”和“联系我们”。

(1)“系统发展介绍”界面展示了城市资源环境承载力政策决策支持系统从理论原型到成功开发的过程，如图 17.8 所示。

图 17.8　城市资源环境承载力政策决策支持系统示范平台“系统发展介绍”界面

(2)“操作指南”界面对城市资源环境承载力政策决策支持系统的具体操作过程进行了详细介绍，如图 17.9 所示。

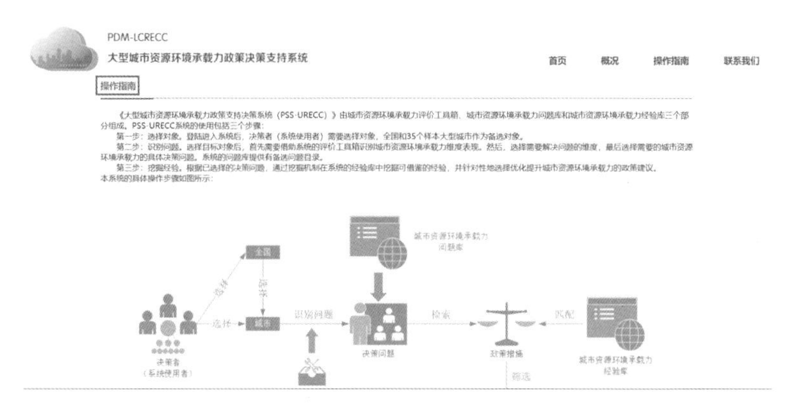

图 17.9　城市资源环境承载力政策决策支持系统示范平台“操作指南”界面

(3)“联系我们”界面为用户提供了针对城市资源环境承载力政策决策支持系统提出改进建议的途径，如图 17.10 所示。

图 17.10　城市资源环境承载力政策决策支持系统示范平台“联系我们”界面

17.4.2　经验挖掘

登录系统之后，用户将进入城市资源环境承载力政策决策支持系统的经验挖掘过程，这个过程通过三个核心步骤来实现，即选择对象、识别问题和挖掘经验。

1. 选择对象

使用城市资源环境承载力政策决策支持系统进行经验挖掘的第一步是“选择对象”，在系统示范平台中提供了“选择全国”和“选择城市”两个选项，系统默认的选项为“选择全国”，如图 17.11 所示。

图 17.11　示范平台中经验挖掘过程步骤一：“选择对象”界面——“选择全国”

若点击“选择全国”，“选择对象”步骤结束。若点击“选择城市”，用户需进一步在城市名单呈选择一个城市，如图 17.12 所示。完成城市选择后，“选择对象”步骤结束。

图 17.12　示范平台中经验挖掘过程步骤一：“选择对象”界面——“选择城市”

2. 识别问题

根据不同的选择对象，决策支持系统提供了不同的问题识别功能。若点击“选择全国”，用户可以进一步进行资源环境承载力维度选择，从而可以从不同资源环境承载力维度查看一组城市（直辖市、省会城市）的状态，图 17.13 显示了示范平台中以水资源承载力维度为例的表现状态。

图 17.13　示范平台中经验挖掘过程步骤二：识别全国层面的维度问题界面

点击“下一步”则可得到水资源环境承载力维度下存在的具体问题，如图 17.14 所示（以示范平台中水资源承载力问题为例）。

图 17.14　示范平台中经验挖掘过程步骤二：从“选择全国”路径选择单个维度后的“识别问题”界面

根据图 17.14，在“选择对象”界面上，若点击“选择城市”，并选择某一城市，系统则将展示该城市在城市资源环境承载力九大维度下的状态。图 17.15 显示了北京市在不同维度的情况。

图 17.15　示范平台中经验挖掘过程步骤二：具体城市的“识别问题”界面

接下来，用户可以选择某一个具体维度并查看该城市在该维度下的具体问题，图 17.16 显示在示范平台中北京能源资源承载力问题。

图 17.16　示范平台中经验挖掘过程步骤二：从“选择城市”路径选择单个维度后的“识别问题”界面

3. 挖掘经验

在执行完识别问题步骤后，将执行挖掘经验步骤。选择某个具体维度下的某个具体问题后，决策支持系统可以自动产生该问题的简介以及解决该问题的经验块。如图 17.17 展示了在示范平台中以“能源资源承载力问题——能源资源载体问题——能源资源禀赋先天不足，外部依赖严重”为例的情况。

图 17.17　示范平台中经验挖掘过程步骤三：具体维度下具体问题的“挖掘经验”界面

17.5　城市资源环境承载力政策决策支持系统后端结构示范平台

在城市资源环境承载力政策决策支持系统的示范平台中，后端主要实现对数据库的管理和维护，其结构由“系统设置”“评价管理”“问题管理”和“经验管理”四个部分构成。

1. “系统设置”

“系统设置”的作用是对系统前端涉及的登录及系统介绍信息进行管理，包括四个功能：“后端用户”“前端用户”“留言管理”和“内容管理”。

(1)“后端用户”用于对系统管理人员进行管理，赋予或删除系统管理人员在后端的权限，包括新增、启用、停用和重置密码等功能，如图 17.18 所示。

图 17.18　示范平台中“后端用户”界面

(2)“前端用户”则用于系统管理人员对系统用户进行管理，包括新增、重置密码、启用和停用等功能，如图 17.19 所示。

图 17.19　示范平台中“前端用户”界面

(3)“留言管理”可以让系统管理人员查看用户留言，并考虑采纳具有建设性的建议，从而改进系统，如图 17.20 所示。

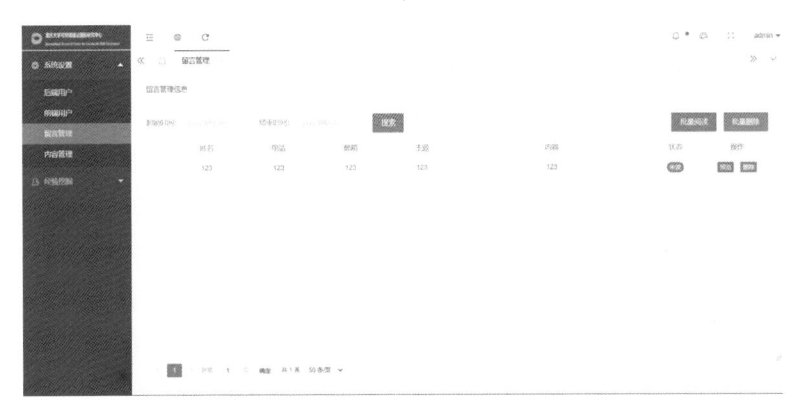

图 17.20　示范平台中“留言管理”界面

(4)“内容管理”界面负责实现对“系统发展介绍”“研发团队介绍”“操作指南”以及“联系我们”等界面内容的预览、编辑、新增和删除等操作，如图 17.21 所示。

图 17.21　示范平台中“内容管理”界面

2. “评价管理”

在后端的“评价管理”界面，系统管理人员可以查看、编辑、删除目前系统已经录入的城市在水资源、能源资源、大气环境、土地资源、文化资源、人力资源、交通、市政设施以及公共服务资源方面的评价，并根据需要在系统中新增城市及其在资源环境承载力九大维度下的评价，图 17.22～图 7.24 展示了示范平台运行的相关内容。

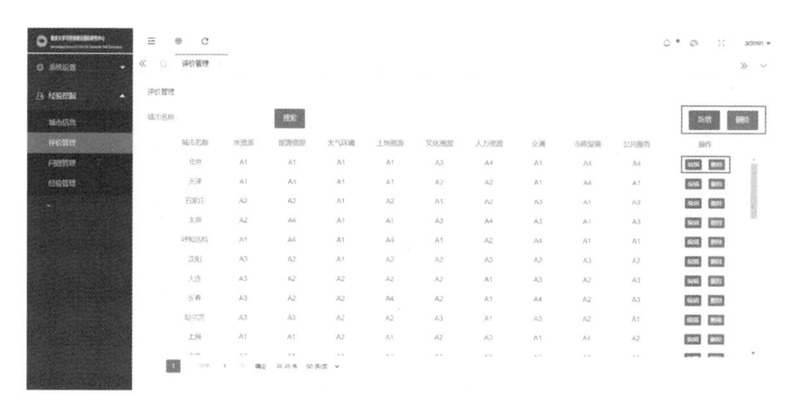

图 17.22 示范平台中“评价管理”界面

图 17.23 示范平台中“评价管理”界面编辑功能

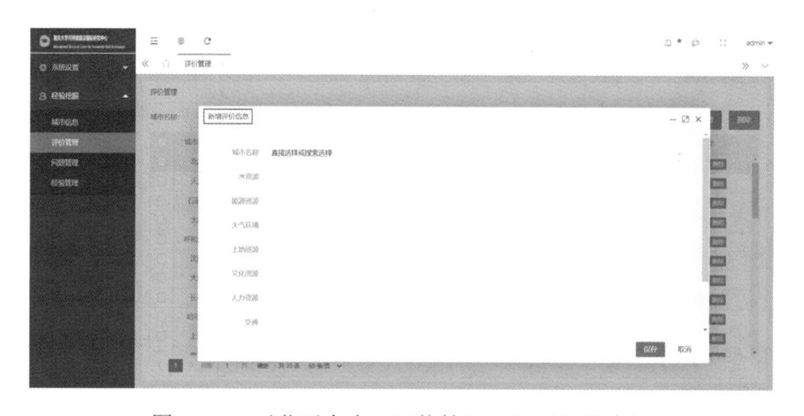

图 17.24 示范平台中“评价管理”界面新增功能

3. “问题管理”

在后端的“问题管理”界面，系统管理人员可以查看并修改目前系统已经录入的城市九大维度资源环境承载力存在的具体问题，问题以二级或三级目录的形式展开，图 17.25 和图 17.26 显示了在示范平台中的情况。

图 17.25　示范平台中“问题管理”界面中的二级目录示例

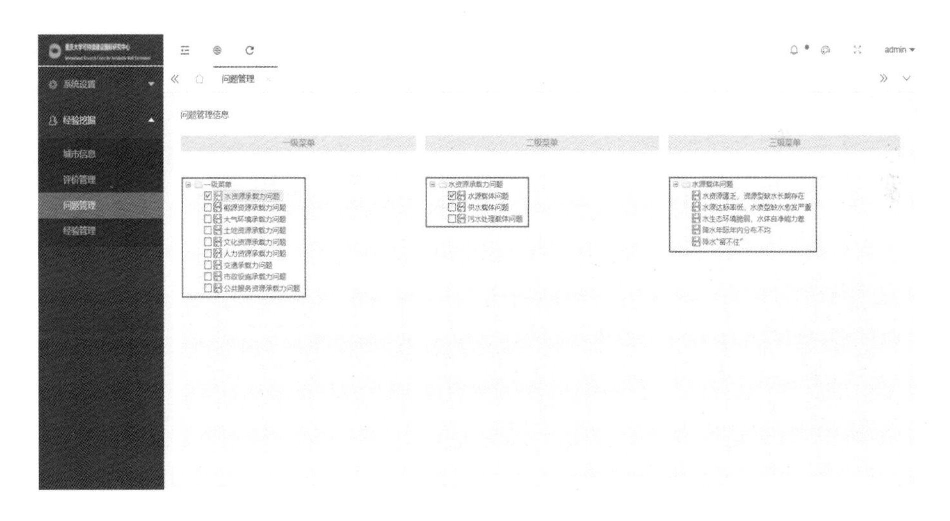

图 17.26　示范平台中“问题管理”界面中的三级目录示例

4. “经验管理”

在后端的“经验管理”界面，系统管理人员可以预览和删除目前系统已经录入的针对城市九大维度资源环境承载力具体问题的经验措施，并根据需要导入新的经验措施，图 17.27～图 17.29 显示了在示范平台中的运行情况。

图 17.27 示范平台中“经验管理”界面

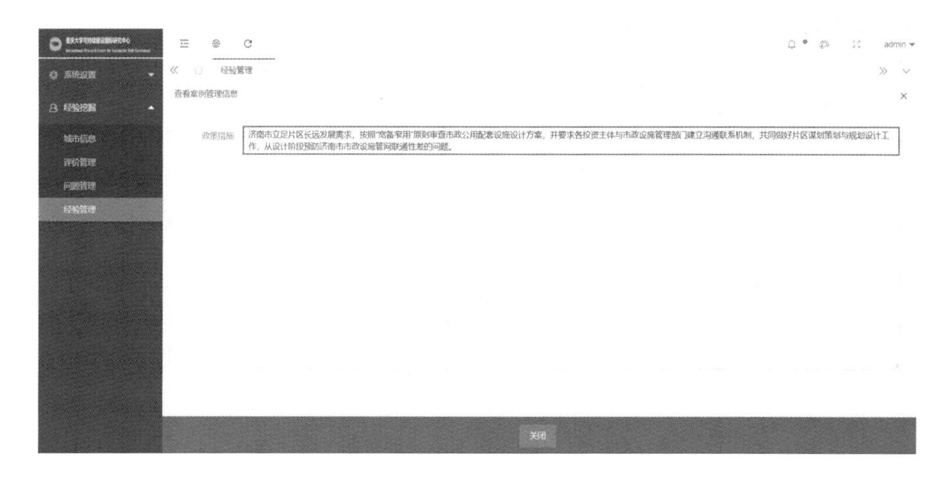

图 17.28 示范平台中“经验管理”预览功能

图 17.29 示范平台中“经验管理”导入功能

17.6　城市资源环境承载力政策决策支持系统应用示范平台的展示

本节以北京为例，展示城市资源环境承载力政策决策支持系统的应用，即北京需要关注的资源环境承载力维度、相关的承载力问题以及问题对应的经验措施，这些经验措施可以为制定优化提升北京资源环境承载力的政策提供参考。

1. 登录系统

使用测试账号登录系统，如图 17.30 所示。

图 17.30　示范平台的应用登录系统

2. 开启经验挖掘

登录系统后，系统将展示经验挖掘的三个步骤，分别为“选择对象”“识别问题”“挖掘经验”。点击“点击开始”按钮，便可开启经验挖掘，如图 17.31 所示。

图 17.31　示范平台中经验挖掘的三个步骤

3. 选择案例城市北京

进入决策支持系统的“选择对象”界面后，点击“选择城市”，然后在样本城市目录中点击“北京”，如图 17.32 所示。

图 17.32 选择案例城市北京

4. 识别北京需要关注的资源环境承载力维度及其存在的问题

进入决策支持系统示范平台的“识别问题”界面后，可以在系统中看到北京 9 个维度资源环境承载力的状态。北京需要关注的资源环境承载力维度为水资源维度、能源资源维度、大气环境维度、土地资源维度、人力资源维度、交通维度、市政设施维度和公共服务资源维度，如图 17.33 所示。

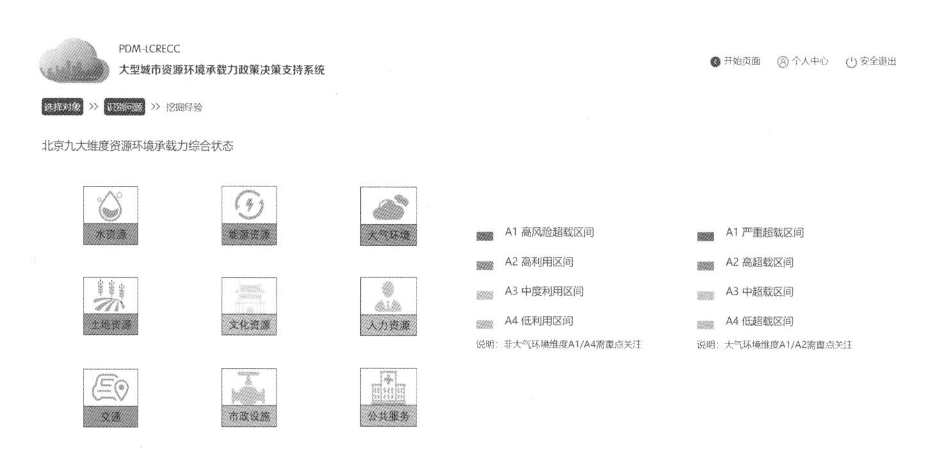

图 17.33 示范平台中北京九大维度资源环境承载力的状态

然后依次点击北京需要关注的资源环境承载力维度，识别这些维度存在的具体问题，图 17.34 分别显示了示范平台中北京需要关注的 8 个维度资源环境承载力面临的问题。

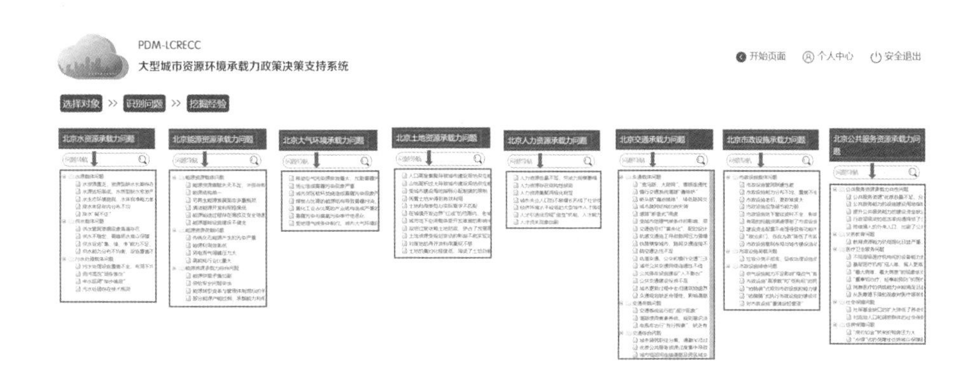

图 17.34　示范平台中北京 8 个维度资源环境承载力面临的具体问题

5. 针对北京资源环境承载力问题的经验挖掘

在系统示范平台中，依据上一环节识别的北京需要关注的资源环境承载力问题，在每一个维度下选择一个问题作为示例，挖掘解决该问题的经验措施。

①“水资源承载力问题——水源载体问题——水资源匮乏，资源型缺水长期存在”

通过系统检索，挖掘出的具体经验措施如图 17.35 所示。

图 17.35　示范平台中解决北京水资源承载力问题的经验措施挖掘界面

列举两条得到的具体经验措施作为示例。

(1) 昆明市严格落实“以水定城”原则，将城市发展规模与水资源承载力挂钩，将单位 GDP 用水量控制在合理范畴，以缓解该城市的缺水问题。

(2) 昆明市利用昆苏合作开发的去蓝藻化技术解决滇池富营养化问题，从而为滇池作为后备水源提供基础条件，改变水资源短缺现状。

②“能源资源承载力问题——能源资源载体问题——能源资源禀赋先天不足，外部依赖性严重”

通过系统检索，挖掘出的具体经验措施如图 17.36 所示。

图 17.36 示范平台中解决北京能源资源承载力问题的经验措施挖掘界面

列举两条得到的具体经验措施作为示例。

(1) 济南市继续加强实施“外电入济”战略，在确保电力系统安全稳定的前提下，合理增加利用外来电力，推进相关输电线路建设，减少市内煤炭消费，提高了济南市电力能源的供给水平。

(2) 海口市充分发掘新能源以弥补其能源短缺现象，如大力建设分布式太阳能发电项目、注重发展生物质发电、建设核电站等，改善了海口市能源资源先天短缺的现象。

③“大气环境承载力问题——移动空气污染源排放量大，加剧雾霾污染、臭氧污染和氮氧化物污染”

通过系统检索，挖掘出的具体经验措施如图 17.37 所示。

图 17.37 示范平台中解决北京大气环境承载力问题的经验措施挖掘界面

列举两条得到的具体经验措施作为示例。

(1) 厦门市严格进行新车环保装置的检验，在新车检验、登记等场所开展环保装置抽查，以保证新车环保装置的有效性和一致性，减少汽车尾气，降低移动空气污染源排放量，减轻大气污染。

(2) 成都市实施公共交通(公交车、轨道交通等)出行免费或适度优惠政策，以减少私家车的使用，降低移动空气污染源的排放量。

④ “土地资源承载力问题——人口高度集聚导致城市建设用地供应紧张”

通过系统检索，挖掘出的具体经验措施如图 17.38 所示。

图 17.38　示范平台中解决北京土地资源承载力问题的经验措施挖掘界面

列举两条得到的具体经验措施作为示例。

(1) 郑州市以各县(市、区)牵头，城管委、城建委和交通委参与，落实街区制，实施“窄马路、密路网”举措，打通改造“断头路”“卡脖路”，提高了郑州市道路与交通设施用地效率。

(2) 南京采用了飞地模式，即南京与淮安在淮安的行政区域内建立了“宁淮特别合作区”，在这片面积约为 5.8km^2 的土地上，积极培育南京批而未供地的信息技术、生命健康、高端装备制造、人工智能、新能源、新材料等产业项目，解决了南京城市建设用地供应不足的问题。

⑤ “人力资源承载力问题——人力资源总量不足，劳动力规模萎缩”

通过系统检索，挖掘出的具体经验措施如图 17.39 所示。

列举两条得到的具体经验措施作为示例。

(1) 俄罗斯政府采取直接补贴和间接补贴等一系列措施鼓励生育，以提升人口出生率。直接补贴措施包括孕产补贴、一次性生育补贴、“母亲基金”和“地区母亲基金”等，间接补贴措施包括购房补贴和按揭贷款利率优惠等。以上措施有助于提升适龄人口生育积极性，解决俄罗斯人力资源总量不足、劳动力规模萎缩的问题。

(2) 荷兰通过注册并受政府监管的非营利性组织对社会住房进行管理，所有公民基本上都能租住或者购置住房，政府对符合条件的低收入者提供房租补贴，这一举措有利于吸引大量劳动力，从而缓解荷兰劳动力规模萎缩的问题。

⑥ “交通承载力问题——交通载体问题——‘宽马路，大路网’，道路连通性差”

通过系统检索，挖掘出的具体经验措施如图 17.40 所示。

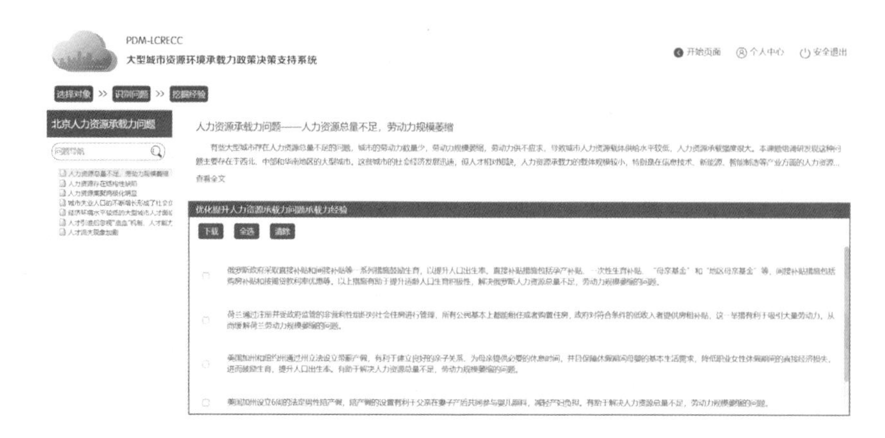

图 17.39 示范平台中解决北京人力资源承载力问题的经验措施挖掘界面

图 17.40 示范平台中解决北京交通承载力问题的经验措施挖掘界面

列举两条得到的具体经验措施作为示例。

(1) 青岛通过采取“窄马路、密路网”的规划理念来优化路网布局结构，对城市轨道、公交场站等建设用地进行了较好的控制，缓解了青岛道路连通性差的问题。

(2) 厦门通过打通局部“断头路”，完善了城市道路网络系统，打造了“小街区、密路网”的微循环路网，提升了城区的路网通达性和可达性，解决了厦门“宽马路，大路网”、道路连通性差的问题。

⑦“市政设施承载力问题——市政设施载体问题——市政管网连通性差”

通过系统检索，挖掘出的具体经验措施如图 17.41 所示。

列举两条得到的具体经验措施作为示例。

(1) 中山市规定生活污水处理厂截污管网必须与主体工程同步建成，以强化污水管网和污水处理厂的连通性，解决中山市污水管网连通性差的问题。

(2) 济南市立足片区长远发展需求，按照“宽备窄用”原则审查市政公用配套设施设计方案，并要求各投资主体与市政设施管理部门建立沟通联系机制，共同做好片区谋划策划与规划设计工作，从设计阶段解决济南市市政管网连通性差的问题。

图 17.41 示范平台中解决北京市政设施承载力问题的经验措施挖掘界面

⑧“公共服务资源承载力问题——公共服务资源承载力共性问题——公共服务资源‘优质总量不足、分布不均’”

通过系统检索，挖掘出的具体经验措施如图 17.42 所示。

图 17.42 示范平台中解决北京公共服务资源承载力问题的经验措施挖掘界面

列举两条得到的具体经验措施作为示例。

(1)银川市批准设立了一批互联网医院，通过开设远程专家门诊，为疑难重症患者提供日常互联网视频问诊，解决了优质医疗资源分布不均的问题。

(2)广州市引进国内外名校教育资源在教育资源薄弱地区办学，例如，引进湖北省黄冈中学在花都区举办黄冈中学广州学校，引进香港耀华国际教育机构在花都区开办新校，缓解了教育资源薄弱地区教育资源不足的问题。

17.7 本 章 小 结

本章首先介绍了经验挖掘原理和政策经验库构建机理，然后展示了利用计算机技术开发的城市资源环境承载力政策决策支持系统的示范平台和应用。决策支持系统示范平台包括经验库、系统前端和系统后端三个部分。其中，经验库实现了海量经验数据的编码与存储；系统前端实现了“登录”“系统介绍”“选择对象”“识别问题”和“挖掘经验”等功能；系统后端实现了“系统设置”“评价管理”“问题管理”和“经验管理”等功能。在示范平台应用方面，本章以北京为例，展示了通过应用城市资源环境承载力政策决策支持系统识别的北京需要关注的资源环境承载力问题，以及通过经验挖掘机制产生的可解决北京市资源环境承载力相关问题的政策经验措施。基于这个示范平台，可以进一步开发一个在实践中可以应用的城市资源环境承载力政策决策支持系统，为应用大数据工具帮助城市管理者制定优化提升城市资源环境承载力的政策措施提供科学决策平台。

第 18 章　提升城市资源环境承载力的政策体系

基于本书第 5～14 章对我国 35 个样本城市九大维度资源环境承载力的实证分析、第 15 章对城市资源环境承载力问题的剖析、第 16 章对城市资源环境承载力相关政策现状的阐释以及第 17 章基于经验挖掘原理构建的政策决策支持系统，本章将从城市的规划-建设-管理全生命周期视角出发，针对我国城市资源环境承载力存在的问题，结合我国城市资源环境承载力问题的层次性和不同维度的特征，提出总体性政策建议和维度性政策建议，以促进城市的持续发展。

18.1　提升城市资源环境承载力政策体系的理论框架

提升城市资源环境承载力政策体系的构建应基于样本城市资源环境承载力实证评价结果、实地调研结果、问卷调查结果，同时应用基于经验挖掘原理的城市资源环境承载力政策决策支持系统，城市资源环境承载力政策体系的理论框架可以用图 18.1 表示。

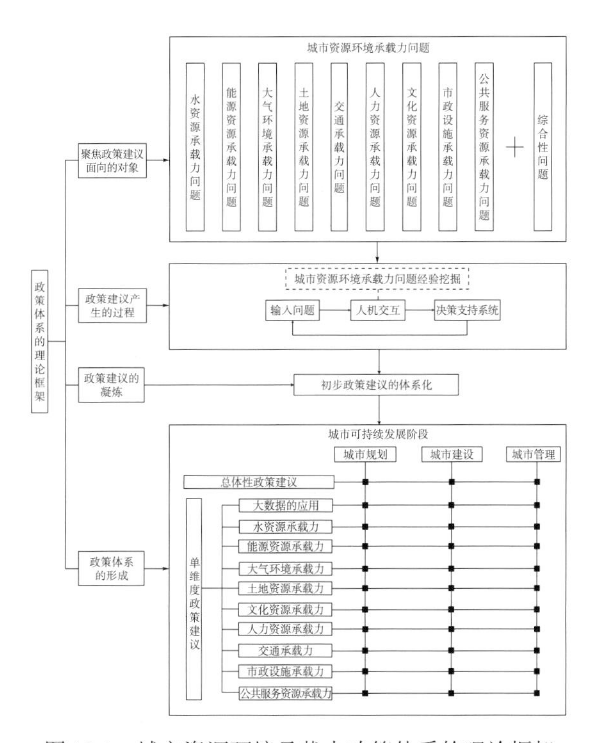

图 18.1　城市资源环境承载力政策体系的理论框架

在图 18.1 所示的理论框架中，首先要清楚认识政策建议面向的对象，即城市资源环境承载力问题，包括综合性问题及维度性问题。在此基础上，要结合调研资料和应用基于经验挖掘理论的城市资源环境承载力政策决策支持系统，挖掘出一系列政策经验措施。

城市资源环境承载力政策决策支持系统所产生的政策建议可能存在碎片化、零散化、可操作性不强等问题，因此需要对其进行进一步的凝练。另外，由于九个维度的城市资源环境承载力问题可能存在交叉，如能源资源承载力问题和市政设施承载力问题在现实中可能存在关联，对应的政策建议可能会在一定程度上重叠，因此需要对挖掘出的政策建议进行进一步的提炼。

18.2 提升城市资源环境承载力的总体性政策建议

秉持“以人为本、尊重自然、传承历史、科学发展、改革创新”的理念，充分考虑我国城市资源环境承载力存在的核心问题和一般问题，本书从规划-建设-管理全生命周期视角出发，针对我国城市资源环境承载力存在的问题提出以下总体性政策建议。

1. 制定打破信息壁垒的制度机制

只有在信息有效流通和开放共享的前提下，才能借助大数据技术实现城市规划、建设和管理的精细化，提升城市资源环境承载力，保障城市的可持续发展。然而，由于城市各职能部门的行政分割、管理目标存在差异以及技术标准不统一，信息壁垒一直存在于城市的规划、建设和管理环节，阻碍了城市对信息的共享和对大数据的利用。为此，建议城市政府制定打破信息壁垒的制度机制。具体对策措施如下：①设立直属城市政府的城市大数据主管部门，以协调各职能部门之间的信息流通，并组建专业化和常态化的城市大数据团队，提高城市政府对大数据的利用水平。同时赋予城市大数据主管部门相应的权限，使其能领导城市大数据的搜集、记录、存储和挖掘等工作，从而让大数据在城市资源环境承载力的优化提升过程中更好地发挥作用。②由城市大数据主管部门建立统一的城市大数据信息化共享平台，将现有的多个部门的数据迁移至统一的平台，实现对城市大数据的集中管理，降低数据存储和流通成本，提高城市大数据的利用率。③制定法律法规保障信息和数据在城市各部门之间的流通，以及研究城市资源环境承载力时所需数据的可获得性。

2. 从城市可持续发展原则出发，提高城市规划编制的前瞻性

城市规划对城市发展有引领作用，而大数据背景下的城市规划更具有科学性和前瞻性。然而，我国许多城市严重存在规划缺乏前瞻性带来的城市资源环境承载力问题，典型的包括基础设施不匹配、居民职住分离、通勤半径过大、公共服务资源分布不均等。基于这些问题，城市政府应遵循可持续发展原则，颁布提高城市规划编制前瞻性的政策。具体对策措施如下：①城市政府应要求规划部门把城市可持续发展原则融入城市规划编制的全过程，从城市经济、社会和环境相协调的角度规划城市的形态和发展定位，引导城市建设成为既有绿水青山又有金山银山的美丽家园，实现城市资源环境承载力的持续提升。②把

"以人为本"的理念融入城市规划中，结合城市的文化背景和居民的生活习惯以及城市的空间形态，打造"15 分钟社区生活圈"和"半小时通勤圈"，保障居民日常生活的便捷性以及区域间的互联互通，减少职住分离现象。③正确分析城市未来转型升级的需要，为城市长远发展需求预留合理的弹性空间，避免出现"建成就落后"的窘况。④提高城市规划的稳定性和长期性，经城市人民代表大会和上级政府审批的规划方案不得轻易发生变化，要将城市规划作为城市建设与管理的依据，将一张蓝图绘到底，确保城市资源环境承载力持续地处于优良状态。

3. 建立城市资源环境承载力动态监控机制

城市资源环境承载力具有动态性，在不同时间资源环境载体与所承载的荷载之间的匹配程度是动态变化的。例如，水、电、气等能源资源以及公共服务资源在使用高峰难以满足城市生产和生活需求，市政设施存在应急调节能力弱等问题。因此，政府应建立城市资源环境承载力动态监控机制，实时掌握城市资源环境载体和荷载的匹配状态，从而动态地使用调控措施提升城市资源环境承载力。具体对策措施包括：①建立城市一体化监测管理平台，对水资源、能源资源、大气环境、土地资源、文化资源、人力资源、交通、市政设施、公共服务资源等维度的资源环境承载力状态以及城市的人流和物质流进行实时监控，帮助城市职能部门动态及时地评估城市资源环境承载状况，对资源环境的超载风险做出预警，帮助政府和相关企业及时采取措施进行调控和协调治理，保障城市资源环境承载力得到持续的优化和提升。②对居民的个性化需求进行精准动态的识别。政府应与互联网企业合作，利用现代信息技术，并基于城市居民在日常生活中使用水、电、气以及公共服务资源等的行为特征，对城市居民的个性化需求进行大数据关联分析，使城市资源环境的供给能满足不同群体的需求，从而优化提升城市整体的资源环境承载力。③政府应建立城市资源环境承载力网格化监测机制，设置专职网格管理员，负责对网格内的各类资源环境承载力进行实时动态的监控。

4. 将城市资源环境承载力评价纳为城市智慧体系建设内容

传统上，许多类型的城市资源环境数据无法得到有效的收集，这将影响评价分析效果。为了发挥大数据的作用，以及高质高效地进行城市相关数据的采集和利用，建议城市政府把对资源环境承载力的动态评价纳为城市智慧体系建设内容。具体对策措施如下：①城市大数据主管部门应统筹管理城市资源环境大数据采集设备设施的安装，保证设备设施布局的合理性和覆盖范围的全面性，并应用先进的数据库软件系统，提高大数据的计算和存储效率，为分析城市资源环境承载力提供硬件和软件条件。②城市大数据主管部门应帮助各职能部门对现有的电子政务平台进行升级和智慧化精细管理，以提供精细准确的城市资源环境承载力评价数据。

5. 建立旨在优化提升城市资源环境承载力的城市联席会议制度

随着城镇化、工业化和数字化进程的不断推进，城市既是推动国家全面发展的重要引擎，又是资源环境问题集中凸显的敏感区域。这一特点使得现代城市的管理日趋复杂，许多城市的就业、交通拥堵、空气污染、用地紧张等问题很难通过单一职能部门的管理工作得到解决。因此，城市内部、城市与城市之间应建立联席会议制度，通过协同方式治理城市病，以提升城市资源环境承载力。具体对策措施如下：①在城市内部建立多个行政主管部门共同参与的城市跨部门联席会议制度，提高职能部门间的沟通效率。城市跨部门联席会议应由城市政府牵头，发改、工商、市政、应急、公安、规划等部门和相关企业共同参与，定期就城市资源环境承载力存在的重大问题进行协商，明确各管理单位的职责和关键任务的时间节点；联席会议负责协调处理在城市资源环境承载力管理工作中部门间存在的冲突和矛盾，并对各部门关注的资源进行统筹分配，促进城市不同维度的资源环境承载力协调高效地发展。②在城市密集地区建立多个城市平等参与的城际联席会议制度，通过城际协调方式实现区域整体资源环境承载力的优化提升。城际联席会议应由中央政府或地区发展程度较高城市的政府牵头，区域内各城市平等参与。城际联席会议要制定具有约束力的章程，明确各城市应承担的责任和应享受的权益，并由中央政府审批，以保障城际联席会议的权威性和公信力。城际联席会议要建立常设机构，针对特定的任务目标组织城市进行协作，并对公共资源进行合理调配，以提高区域内城市资源环境承载力的整体水平。

6. 将城市资源环境承载力相关管理工作纳为行政绩效考核内容

行政绩效考核是引导各级政府完成预定目标的重要“方向标”。在实践中，各类城市普遍存在“重建设，轻管理”的问题，产生这一问题的重要原因在于现有的行政绩效考核仅注重城市建设，而不注重考核已获批的城市建设规划是否按时保质完成，更不太注重城市资源环境使用的长期效益。因此，城市政府应树立和强调新型政绩观，对行政绩效考核制度进行改革，将城市资源环境承载力相关管理工作纳为考核内容，引导各级政府从城市资源环境承载力的实际状况出发，既注重城市发展前期的建设工作，又注重城市发展后期的管理工作。具体对策措施如下：①既要奖励，又要问责。一方面，上级政府要采用物质奖励和精神奖励相结合的方式，表扬在把城市建设与优化提升城市资源环境承载力相结合的工作中做出突出贡献的单位和个人，激发城市管理者提高城市资源环境承载力管理工作效率的热情。另一方面，上级政府应定期“回头看”地方政府的城市资源环境承载力管理工作，考核城市资源环境承载力管理工作的综合效益，对未达到预期目标的单位和个人予以问责，并要求其进行及时的修正，以确保城市资源环境承载力得到有效管理。②既要考核数量，又要考核质量。上级政府要重视对地方政府优化提升城市资源环境承载力工作的数量考核，根据对预定目标的完成度进行政绩评价，从而引导和督促地方政府完成目标。同时要强化质量考核，确保地方政府的管理行为能够产生经济、社会和环境效益，实现城市资源环境承载力的提升。

18.3　提升大数据在城市资源环境承载力中应用的政策建议

1. 推进大数据人才培育

当前我国城市在大数据领域存在人才不足、人才素质参差不齐等问题，制约了城市对大数据的充分利用。针对这些问题，本书建议从产教融合和制度保障两方面入手，构建推进大数据人才培育的政策。具体对策措施如下：①城市教育主管部门应联合高等院校、科研机构和高新技术企业，制定科学合理的大数据人才培养方案，通过多种渠道加强大数据人才培养，为城市资源环境承载力大数据建设提供人才来源。政府应制定相应政策鼓励大数据产业部门、高等院校、科研院所、知名大数据企业采取双向交流的方式互派人员任(挂)职锻炼。城市教育主管部门应鼓励地方高校与国内外知名院校、科研机构和知名大数据企业联合办学，共同建设人才培养基地，建设符合大数据应用需求的专业人才储备池。②政府人力资源主管部门应向大数据领域的高层次人才和紧缺人才提供专项经费和相应待遇(如博士津贴、高级职称(职务)待遇等)，为城市资源环境承载力大数据建设提供人才保障。③城市大数据主管部门应建立城市大数据专家库，组织科研院所、大数据优强企业与地方高校组建大数据研究机构，整合优质人才资源，为应用大数据技术优化城市资源环境承载力提供重要的智力支撑。④城市政府应划拨专项资金支持大数据平台建设，设立城市大数据管理专项经费，以满足城市资源环境承载力大数据应用研发和设备采购的资金需求。

2. 推进政府数据开放

在实践中推进城市资源环境承载力评价工作和政策研究工作时的最大障碍之一是数据开放程度低，城市政府应借助统一的城市大数据平台来实现城市数据的开放共享。具体对策措施如下：①大数据主管部门应负责统筹完成数据开放的基础性工作，制定数据资源标识编码规范、数据开放技术规范、数据开放管理规范等，落实数据开放的范围和流程，为应用大数据优化和提升城市资源环境承载力提供规范方面的保障。②大数据主管部门应根据统一的大数据平台中各类数据的敏感程度，为不同类型的数据制定相应的开放策略，这些策略应包括普遍开放、依据申请开放和有限开放三个等级，以保障城市大数据在优化提升城市资源环境承载力过程中的安全性。③大数据主管部门应增强开放数据的可用性。统一的大数据平台应提供最新数据集、热门数据集和热门应用等，提高数据的有效性和可用性。

3. 拓宽大数据应用广度与深度

许多有关城市资源环境承载力的数据其价值尚未得到充分释放，很多数据仍在“沉睡”。政府部门须挖掘大数据应用的潜力，结合具体维度的管理难点，拓展大数据在提升城市管理水平与社会治理水平方面的功能。具体对策措施如下：①能源主管部门与相关企业可利用城市大数据平台上的能源数据，使用大数据工具帮助能源生产企业检测能源设备运行故障；依据能源消费大数据为供能企业提供用能偏好信息，以优化终端供能服务，助力城市能源资源承载力的优化与提升。②环保部门可以基于气象大数据来建立全方位大气污染治理网格化体系，充分利用大数据手段(如环境空气网络监测系统、大气环境遥感系统、实时监控、应用反馈等)，实现网格大气环境信息采集的精细化和全面化，助力城市大气环境承载力的优化与提升。③文化旅游部门应引导旅游产业提高对大数据技术的利用程度，挖掘大数据技术在旅游服务、产品体验、旅游效率方面运用的可能性，使旅游产业整体呈现出旅游管理数据化、旅游服务个性化、旅游景点智能化、旅游安全可视化等特点，从而优化和提升城市文化资源承载力。④交通主管部门应基于城市大数据平台构建智能交通管理系统，将交通事故处理记录、居民日常交通出行特征等信息导入该系统中，并运用人工智能算法对导入的信息进行提取与分析，以实现对城市道路通行状况的智能研判，弥补人工研判在主观性上的偏差，以更加精准和科学的方式优化提升城市交通承载力。⑤市政设施主管部门应借助统一的城市大数据平台上的市政设施大数据，分析居民对给排水、供气、供电、通信、环卫等各类市政设施的需求，进而将居民意愿与城市市政设施规划、建设和管理等活动结合起来，以更加合理和高效的方式优化提升城市市政设施承载力。

18.4 提升城市水资源承载力的政策建议

基于“节约水资源，保护水环境，做好水流动，规范水管理”的理念，针对城市水资源承载力存在的问题，本书从规划、建设和管理视角提出以下优化提升我国城市水资源承载力的政策建议。

1. 确立“以水定城、以水定地、以水定人、以水定产”的量化标准

我国多个城市的水资源量无法满足城市自身的用水需求，资源型缺水问题严重，影响了城市的可持续发展。为解决该问题，城市规划部门应始终坚持“以水定城、以水定地、以水定人、以水定产”的发展理念，明确其量化标准，将水资源量作为城市发展的刚性约束条件，从而降低水资源超载风险。具体对策措施包括：①探明水资源本底，确定水资源可利用量。城市水务部门应当联合生态环境部门，根据城市水资源禀赋和生态保护基准等，明确水资源可利用量，建立动态更新的数据库，为优化提升城市的水资源承载力提供可靠数据。②因地制宜地设置用水标准。根据区域气候条件、生活标准、经济技术水平等，合理设置各行业、各部门的用水(如工业用水、农业用水、景观用水、居民生活用水等)标准，并根据城市发展状况对这些标准进行动态更新，从而引导城市居民和企业采取可持续的用水方式，助力城市水资源承载力的优化与提升。③严格根据水资源可利用量确定城市社会经济发展规模。城市规划管理等部门须严格根据水资源可利用量和用水标准，合理确定城市社会经济发展规模(如产业规模、人口数量等)，使城市社会经济的发展能够与水资源承载力相匹配。

2. 建设突破行政边界的水系连通工程

由于城市行政边界的限制，我国城市水系连通工程针对的对象主要为城市内部的河流、湖泊、水库等水系。为了提升我国城市整体上的水资源承载力，本书建议突破城市间的行政边界，建设水系连通工程，并根据自然水系的水文特征从宏观层面调控水资源，提升城市水源载体的水平。具体对策措施包括：①建立一个集合了多个城市、多个部门的水系连通工程牵头机构，为建设突破行政边界的水系连通工程提供保障。②在牵头机构的统筹管理下建立一套统一的水情监测评估标准，并要求区域内各城市的水资源管理部门依照该标准报告辖区内的河流、湖泊、水库状况，据此确定城市间水系连通工程的设计方案。③各城市分步骤、分批次落地水系连通工程的建设，把行政边界内的"死水"变成突破行政边界限制、适应自然水系流通的"活水"，从而实现城市内水网小循环、城市间自然水系大循环，整体上优化提升城市水资源承载力。

3. 采取虚拟水交易措施解决水资源的空间分布不均问题

我国存在明显的水资源空间分布不均问题，南方城市水资源丰富，而北方部分城市水资源匮乏，水资源供需矛盾突出。为此，本书建议城市间积极开展以水密集型产品(即需要投入较多的水资源才能生产出来的产品)交易为主的虚拟水贸易。水资源匮乏的城市可作为虚拟水输入端，从水资源丰富的城市(虚拟水输出端)购置耗水量较大的粮食、蔬菜、水果等产品，从而缓解水资源载体的承载压力。

4. 建立针对水源地水质的第三方监测评价机制

本书的实证调查发现，许多城市的居民对城市水域水质的满意度较低，特别是对水源地水质的满意度较低。为此，本书建议城市水务部门建立针对水源地水质的第三方监测评价机制，确保水源地水质监测数据"真、准、全"，进而保障城市水源载体的质量。城市水务部门须定期对负责监测水源地水质的第三方机构进行资质认证，并为第三方机构的人才培育提供技术支持；统一制定监测和评价方面的技术规范，落实第三方机构主体责任，规定第三方机构发现水质出现异常(如企业超标违法排水)时必须上报，禁止第三方机构与排污单位形成利益关系。水源地的监测评价指标要全面，不能仅侧重于结果性指标，指标要涵盖污染成因、过程控制、预测及风险评估等方面，以便未雨绸缪，排查潜在的用水安全隐患，确保城市水资源承载力能够得到稳步优化与提升。

5. 建立治理城市黑臭水体的长效机制，避免"返黑返臭"

城市黑臭水体一直是部分城市在水污染治理过程中的顽疾。黑臭水体不断处于治理—恶化—再治理循环过程在很大程度上归因于城市对黑臭水体的短期治理行为，治理工作持续性差。城市政府应建立长效治理机制，全面落实河长制与湖长制，重构水系生态，以改善水源载体质量，实现城市水资源承载力的优化与提升。具体对策措施包括：①水利和生态环境部门详细排查城市内部小巷、城中村等处的支流及污水排放口情况，杜绝污水入河导致水体返黑返臭。②城市政府应建立内河管理名录，并依据"一河一策"原则制定详细的管理办法和实施细则，将黑臭水体治理上升到法治层面，运用法律机制保障城市水资源承载力能够得到优化和提升。③城市政府须加强组织水利、住建、生态环境等部门进行黑臭水体综合治理，强化水生态保护，种植净水能力强的植物以维持水生态结构，开展内河沿岸绿化及景观建设，改善城市水环境，实现城市水资源承载力的优化与提升。④水务部门可考虑建立水体巡查队，明确巡查任务，并定期进行考核，确保沿河排污设施和截污系统正常运行，从而优化提升城市的水资源承载力。

6. 引进专业排水公司对老旧小区开展雨污混流整治工作

城市的雨污混流现象主要发生在城市中的部分老旧小区。这些小区建设时间较早、配套设施不健全、管网信息不完善、物业管理粗放，因此雨污分流难以彻底落实。针对该问题，本书建议城市政府引进专业排水公司进行老旧小区雨污混流整治，从而保证雨污分流工作的专业性和规范性，提升污水处理载体的水平。具体对策措施包括：①组织专业排水公司利用专业设备对老旧小区进行专项排查，摸清污水管道情况，并将相关信息录入数据库系统，以为优化提升城市水资源承载力提供数据保障。②授权排水公司监督老旧小区的居民、商铺等依规排水，对油污分离等难处理的问题进行统一处理。③排水公司应安排专业技术人员负责常规的检查和管理维护工作，确保小区内不出现污水横流现象，提升雨污混流整治效果。④政府应提供财政补贴支持雨污混流整治工程，减轻小区业主和物业的资金负担，保障雨污分流工程顺利实施，从而优化提升城市整体的水资源承载力。

7. 对企业施行税收返还政策以促进中水回用

传统上，城市中的中水主要用于城市景观绿化、道路清扫等，而企业在中水回用方面非常滞后，政府可以通过税收返还的方式鼓励企业进行中水回用。具体对策措施包括：①政府制定企业中水回用考核标准，通过考核调动相关企业优化提升城市水资源承载力的积极性和主观能动性。②定期对企业中水回用系统的建设及使用情况进行评估，并根据标准量化后进行绩效考核。③根据绩效考核结果确定税收返还比例或具体金额，并落实向企业返还相应税金或税收减免等工作，引导企业采取合理措施进行中水回用，从而促进城市水资源承载力的优化提升。

18.5 提升城市能源资源承载力的政策建议

能源资源是城市社会经济的命脉，优化调控城市能源资源承载力对城市的可持续发展有着举足轻重的作用。本书基于城市在能源资源承载力方面存在的问题以及在城市资源环境承载力政策决策支持系统中挖掘出的政策经验措施，紧扣能源消费“双控”目标(总量控制目标和强度控制目标)，高举“节能减排”旗帜，秉承“节约低碳，高效智能，技术创新，互利共赢，多元发展，惠民利民”的理念，结合城市能源资源承载力的内涵，从规划、建设、管理的视角提出以下提升城市能源资源载体水平、调控城市能源资源荷载、优化提升城市能源资源承载力的政策建议。

1. 优先审批采用梯级利用模式的能源项目

能源梯级利用是指在使用能源资源的过程中，按能源品位逐级合理利用能源，以提高能源综合利用率，有效地提升城市能源资源承载力。建议在进行能源项目审批时，优先审批采用梯级利用模式的能源项目(如分布式能源系统)，适当放宽审批条件，以扩大这类项目在城市中的建设规模，逐步淘汰低效的能源项目，降低能源资源荷载。

2. 将清洁能源作为提升城市能源资源载体水平的主要抓手

城市政府应当将清洁能源的开发利用作为推进能源结构全面转型的主要抓手，提高能源资源载体的质量。具体对策措施包括：①城市能源技术主管部门应牵头联合科研机构，根据城市的资源禀赋积极研发清洁能源技术并推动其落地；②国家发改委及各城市的发展改革部门应致力于完善相关的法律体系以限制传统化石能源的消费、构建健全的财税金融优惠政策体系、联合能源专业研究机构制定清洁能源标准等，为清洁能源的发展提供制度和政策保障；③政府、企业和居民共同培育清洁能源应用市场。政府应对生产以清洁能源为动力的产品(如新能源汽车)的企业提供税收优惠和融资便利，对购买清洁能源产品的居民给予贷款便利、资金奖励。④城市政府可通过入户、节目演出、发放传单等方式加大对清洁能源的宣传力度，使清洁低碳的能源消费理念深入人心，挖掘清洁能源潜在的市场需求。

3. 建立发展可再生能源的连续性政策体系

尽管许多城市已响应国家政策积极推动可再生能源(如风能、地热能、生物质能等)项目的建设，但由于政府扶持政策不稳定、后续政策不连续，很多可再生能源项目成为摆设甚至被荒废，严重降低了城市能源资源载体的供应水平。为促进可再生能源项目持续推进，实现能源资源载体的持续供给，城市政府应当构建支持可再生能源发展的连续性政策体系，在顶层设计层面确立针对可再生能源各发展阶段的配套政策，保证政策的连续性和一致性。

4. 建设“互联网+”智慧能源体系，提升能源精细化管理水平

城市政府应建设“互联网+”智慧能源体系，综合运用互联网、大数据、云计算等先进技术，提升能源精细化管理水平。城市应通过对能源生产、利用设施等的智能化改造，实现对能源监测、能量计量、调度运行等的智能化管理，以及时准确地识别能源用户需求、优化能源配置，从而提高能源资源需求与供给的匹配程度，最终构建起可促进能源生产供应集成优化、多能互补、供需协调、能源利用高效的智慧能源系统，提升能源资源载体水平。

5. 设立热电气联调联供一体化机构，保障城市能源资源载体安全供给

推动能源体制改革是我国能源发展战略的必然要求，也是优化我国城市能源资源承载力的基础。为改善能源资源载体的供给状况，城市应设立热电气联调联供一体化机构，对

热电气进行一体化集成供应、调控和监管，加强对热电气等能源供应的耦合集成和资源之间的互补利用，提升应对极端天气和突发事件时的能源应急保障能力，实现城市能源资源载体的安全供给。

6. “建设施、提能力、优布局、引机制”，全方位提升用电用气调峰能力

我国城市普遍存在高峰时段用电用气需求大，供给能力难以满足需求的问题。建议通过“建设施、提能力、优布局、引机制”的综合措施来提升城市用电用气调峰能力，进而优化能源资源的承载状态。城市应加强对调峰电站、天然气调峰储气等设施的建设，扩大城市能源调峰设施建设规模，进而提升调峰设施的供应能力。能源供应部门应引入电力和燃气调峰系统市场化服务机制，加快电力和燃气现货市场及辅助服务市场的建设，完善调峰、调频等辅助服务的价格机制，合理补偿电力、燃气调峰成本等，从而提升能源资源载体的水平和应急调峰能力。

7. 对供能企业进行出口补贴，开拓国际能源市场以化解过剩产能

部分样本城市存在煤炭和电力等能源资源产能过剩的问题。能源主管部门应秉承“合作共赢”的能源发展理念，深化国际能源合作，开拓国际能源市场。政府应对供能企业进行出口补贴，通过现金补贴和财税优惠等激励措施提高供能企业出口过剩能源资源的积极性，以化解过剩产能，提高对能源资源载体的利用率。同时，城市商务主管部门应加快开拓国际能源市场，深化国际能源多边合作，加快落实海上丝绸之路能源合作项目中过剩产能的输送政策，引导供能企业“走出去”，解决能源资源载体因利用不足而被浪费的问题。

8. 建立“以需定供”的能源市场机制以改善能源供求关系

能源供需矛盾影响着许多城市的能源资源承载力，城市应建立“以需定供”的能源市场机制，根据城市的能源需求来调整能源供给类型和数量，从而改善能源供求关系。政府应大力鼓励公众使用新能源，改变我国长期以来以煤炭等化石能源为主的传统能源消费结构，扩大新能源的市场需求；充分发挥市场在资源配置中的作用，建立适应市场需求的价格动态调整机制，达到优化提升城市能源资源承载力的目的。

18.6 提升城市大气环境承载力的政策建议

大气环境是人类赖以生存的自然本底，良好的大气环境是城市进行生产生活活动的基础。本书针对影响城市大气环境承载力的因素，秉承“实时监控、源头防治、绿色发展”的理念，提出以下优化提升我国城市大气环境承载力的政策建议。

1. 建立“自下而上”的大气污染源排放清单体系

建议政府建立一套制度化的自下而上（市级环保部门—省级环保部门—国家环保部门）的大气污染源排放清单体系，构建从城市层面到国家层面分工明确的分级测算与汇总

机制，以解决目前大气污染源排放清单编制工作中研究成果零散、缺乏系统性等问题，为优化提升城市大气环境承载力提供基础数据支撑。具体对策措施包括：①市级环保部门应组建排放清单编制工作组及技术支撑团队，充分利用大数据、云计算等现代信息技术实现对不同污染源活动水平和排放因子数据的收集、污染源排放量的核算以及排放清单的编写。②省级环保部门须严格审核城市层面的大气污染源排放清单编制结果，将审核通过的清单汇总，形成省级大气污染源排放清单。③国家环保部门须审核省级大气污染源排放清单编制结果，将审核通过的清单汇总，形成全国大气污染源排放清单。④为实现分级测算和逐级汇总，三级环保部门应采用统一的排放清单编制规范，形成覆盖全国且不重不漏的高精度大气污染源排放清单。

2. 采用基于“健康风险”视角的大气环境承载力评价方法

建议城市政府采用基于“健康风险”视角的大气环境承载力评价方法，通过刻画各类大气污染物对人类健康的综合影响来衡量大气环境承载力，突破传统评价方法仅关注大气污染物排放量的局限，从而更准确地评价城市大气环境承载力。城市政府应与科研院所或相关企业合作，开展基于人群特征资料的健康风险与大气污染相关性的评估，获取相关关键数据，以确定大气污染物的潜在风险。

3. 对多种大气污染物设定约束性指标，控制复合型大气污染

大气污染物约束性指标是指政府在大气质量管理规划中确定的必须实现的大气污染物管控目标。传统上大气环境保护政策中的约束性指标仅聚焦于细颗粒物，并只关注雾霾污染治理问题。基于此，本书提出以下建议：①城市大气环境治理部门应对多种大气污染物设定约束性指标，并通过运用行政力量合理配置公共资源，确保约束性目标的实现，提升环保部门处理煤烟型污染、汽车尾气污染与二次污染等复合型污染的能力，从整体上提升城市大气环境承载力。②城市环保部门应结合城市的大气污染现状，设立多种差异化、精细化的大气污染物约束性指标，对大气环境荷载进行全面管理，缓解大气环境荷载压力。由于城市的大气污染是复合型污染，城市环保部门应将约束性指标中的污染物类型逐步由一次污染物向一次与二次污染物并重转变，统筹考虑对 SO_2、NO_x、$PM_{2.5}$、PM_{10}、CO、O_3 和 VOCs（挥发性有机物）七类大气污染物的协同治理。特别地，针对我国城市日益严峻的臭氧污染问题，建议尽快将 VOCs 排放减少量、O_3 浓度下降值等设定为约束性指标，对其与其他主要大气污染物进行协同治理。

4. 识别城市扬尘流向，建设城市通风“绿色廊道”

传统上，城市扬尘污染治理的对象主要集中于施工扬尘和道路扬尘，采用短期被动治理模式，导致城市扬尘带来的雾霾污染反复出现。基于此，本书建议城市政府组织专家分析城市扬尘流向，从城市规划和建设层面针对城市扬尘流设计一条“绿色廊道”，以减少城市雾霾污染，优化提升城市大气环境承载力。具体对策措施包括以下内容。①分析城市的地理和气候条件，结合已有的城市形态，对城市扬尘流向进行分析。②根据识别的扬尘流向，合理规划城市形态，构建城市通风廊道，利用风力疏散扬尘流。③在城市通风廊道

上，应用城市扬尘清除技术(如道路绿化、屋顶绿化、垂直绿化和雨雾降尘等)，将廊道建设成城市通风“绿色廊道”。

5. 针对不同秸秆规模建立秸秆处理分级管理制度

焚烧秸秆是许多城市出现大气污染的一个重要原因，针对秸秆规模不同的农户和秸秆生产者应采用秸秆处理分级管理制度，改变传统上的“一刀切”政策，调动农户和秸秆生产者参与治理秸秆焚烧污染的积极性，提升城市政府对由秸秆焚烧引起的雾霾污染的治理能力。具体对策措施包括：①设立秸秆规模阈值，在该阈值以内允许进行合理的秸秆焚烧，从而减轻农户和秸秆生产者被迫进行秸秆综合利用的成本负担。②在该阈值以内，对不同规模的秸秆焚烧提出不同的管理要求，焚烧由城市环保部门授权，并依据焚烧地点的烟雾扩散能力、气象气候条件与地形地貌等进行动态调整。③对规模在阈值以上的秸秆强制要求综合利用，并通过设置秸秆综合利用分级补贴机制，提高农户和秸秆生产者进行秸秆综合利用的积极性。

6. 建立基于清洁能源生产量与使用效果的过程补贴机制

利用清洁能源是提升城市大气质量的重要措施。以往清洁能源生产补贴政策只重规模、不重效率，只看方案、不看效果。政府应改变传统上对清洁能源产品的补贴政策，构建基于清洁能源生产量与使用效果的过程补贴机制，提升清洁能源的使用比例，解决传统能源(如煤炭)占比高的能源结构所导致的雾霾污染和氮氧化物污染严重的问题，从而缓解大气环境荷载压力。具体对策措施包括：①破除补贴形式单一的局限，将单纯的货币补贴逐步扩大为投融资优惠、税收优惠、土地和能源等生产要素优惠政策，以鼓励企业使用清洁能源，促进城市能源结构转型。②对以太阳能、风能、生物质能等为代表的清洁能源，按生产过程进行梯级补贴，而不是基于生产清洁能源的基础设施规模进行补贴。例如，将传统上基于风电装机容量的补贴模式转变为按照风能发电并网量进行梯级补贴的模式。③对清洁能源的使用进行梯级补贴，将行为补贴模式转变为消费补贴模式。取消购买新能源汽车时进行一次性补贴的方式，补贴在车辆使用过程中按行驶里程逐步发放，实行梯级补贴，从而确保新能源汽车得到有效使用。

7. 针对“节能增效”采取竞争补贴政策，减少重化工企业产生的大气污染

“节能增效”是指企业通过自主研发或技术转让等方式实现企业技术的升级换代，从而达到提升能源利用率、降低能源消耗量和减少大气污染物排放的目的。建议运用市场竞争机制，对重化工企业的“节能增效”实施竞争补贴政策，建立一套针对重化工企业的能源-经济-环境投入产出评估机制，以评估不同企业的“节能增效”水平，并以评估结果为依据，设置一个合理的比例，对排名靠前的企业通过低息贷款、税收优惠等补贴措施进行激励，充分调动高能耗、高污染企业的减排热情，提升钢铁、化工、石化等行业的企业实施“节能增效”的积极性，从而减少重化工企业产生的雾霾污染和臭氧污染，提升城市大气环境承载力。

18.7　提升城市土地资源承载力的政策建议

土地作为人类社会经济活动的载体，是最基本的生产要素和生态环境要素，也是城市存在和发展的基础。优化提升城市土地资源承载力，可提高土地资源利用效益，助力城市持续发展。本书基于前面对土地资源承载力问题的分析，响应 “十分珍惜、合理利用土地和切实保护耕地”的基本国策，秉持“严控增量、盘活存量、优化结构、开发地下、探索飞地”的理念，从规划和管理视角提出优化提升我国城市土地资源承载力的政策建议。

1. 构建“自上而下”的目标分解体系，实现“多规合一”的国土空间规划

优化提升我国城市土地资源承载力要从国土空间规划的顶层设计开始。城市规划部门应构建“自上而下”的目标分解体系，上级规划要对下级规划发挥引领作用，下级规划的目标要符合上级规划的目标。城市自然资源管理部门要制定不同层级土地规划间的传导机制，上级规划要综合考虑下级行政区的主体功能、资源禀赋、社会发展状况等，将上级规划的目标分解到下级规划中，解决规划目标间可能存在的冲突问题，实现国土空间规划的“多规合一”，引导提高土地资源承载力。

2. 建立第三方评估机制，对闲置土地处置信息公开程度进行评估

城市政府部门应提高闲置土地处置信息的公开程度，引入第三方评估机制，对闲置土地处置信息的公开程度进行评估，使公众更好地掌握闲置土地处置情况，从而能够监督相关部门采取措施更加高效地利用土地资源，挖掘并发挥土地资源的最大效益，提升土地资源载体的承载能力。

3. 将老工业区用地结构调整为适应城市功能区的用地结构

有些城市存在老工业区土地利用率低的问题，政府应调整老工业区用地结构以满足城市功能区的发展需求，并优化产业布局，提高土地的利用率和土地资源的承载能力。另外，政府应允许老工业区的企业根据实际用地情况选择多种方式调整工业用地结构。具体对策措施包括：①符合企业自行改造升级条件的工业用地，可以以协议出让方式变更为商业服务业用地；②产业属政府扶持类产业的工业企业，可以通过土地置换方式迁入工业园区并以协议出让方式出让企业原本占有的工业用地；③老城区内尚未列入改造计划的工业用地，允许企业进行改造，如利用原厂房发展服务业。政府应从政策上加大对工业用地调整的支持力度，积极盘活现有工业用地，提升土地资源节约集约利用水平。

4. 调整工业用地使用年限，构建新的工业用地进入和退出机制

一些城市存在工业用地闲置、利用率低等问题，造成土地资源被浪费，建议政府采取两方面的政策措施：①结合土地用途、属性和企业实际情况，政府采用具有弹性、分档的

出让年限管理方式，动态调整工业用地使用年限。②构建新的工业用地进入和退出机制，政府制订产业负面清单，作为工业园“守门员”控制好企业的进入和退出。如果企业在负面清单上，政府应依法依规做出予以退出的决定，从而优化产业结构，促进产业转型升级，盘活存量用地，实现城市土地利用与实际需求的平衡，提高土地利用率，提升工业用地的承载水平。

5. 将城市规划部门的职能延伸到协调各部门对地下空间开发利用的管理上

我国城市的地下空间尚未有效地发挥其承载能力。为了解决城市地下空间开发利用难度大的问题，建议将城市规划部门的职能延伸到协调各部门对地下空间开发利用的管理上，发挥其宏观调控和规划引领作用，促使参与地下空间开发的相关部门有效配合，使地下空间的开发利用与实际需求相匹配，实现对地下空间高质量的开发利用与管理，提升地下空间的承载能力。

6. 推动城际飞地模式，实现城市间平衡发展

飞地是指城市发展过程中与原有城区在空间上断开但在功能上却依然保持紧密联系的城市用地。城市政府应积极推动城际飞地模式的应用，开辟区域协作新空间，实现产业的优势配套与互补，完善制度建设，形成“飞出地”与“飞入地”的政策联动效应，建立“飞出地”与“飞入地”的税收、财政、行政管理体系，为飞地模式的实施提供可靠的政策保障，解决“飞出地”用地指标供给不足的问题，提升“飞入地”利用率，实现城市间平衡发展，提升城市土地资源承载力。

7. 构建公众参与的废地复垦机制

废地复垦是增加城市土地资源载体的重要途经，因此建议鼓励公众参与实施废地复垦。政府应依托大数据技术建设废地复垦公共信息平台，实现废地复垦信息公开透明化，促进政府、复垦主体与公众通过公共信息平台进行有效沟通，提高公众对废地复垦的参与度，让公众参与编制更有针对性的复垦方案，减少公众与废地复垦主体之间的矛盾，保障废地得到高效利用，提升城市土地资源承载力。

8. 推行功能兼容、基础设施共享的土地复合利用模式

建议大力倡导土地复合利用，将功能兼容、基础设施共享的土地复合利用模式作为未来城市用地发展的主要模式，以发挥土地功能的协同效应，提高土地载体的利用率，解决土地集约化程度低、在空间布局上碎片化的问题。一方面，在符合控制性详细规划的前提下，按照“用途相近、功能兼容、基础设施共享”的原则，积极推动工业研发、商务贸易、金融服务等复合业态的土地开发利用。另一方面，在未来的城市用地规划过程中，应制定优惠政策，鼓励和引导将复合利用作为城市用地的主要利用模式。

18.8　提升城市文化资源承载力的政策建议

本书秉承“尊重自然、传承历史、以人为本、创新发展”的理念，基于城市文化资源承载力的内涵，从旅游文化资源、科技文化资源和人文文化资源三个方面提出优化提升我国城市文化资源承载力的政策建议。

1. 善用城市多元要素，“点石成金”开发旅游资源

城市自身应依托特色资源开发多元旅游产品，推动旅游产品多元化发展，延展城市旅游文化资源载体的规模，解决旅游资源不足、开发体系不成熟、产品同质化现象严重等问题，提升城市旅游文化资源载体的质量。具体对策措施包括：①在编制城市旅游总体规划时，应优先考虑旅游产品多元化发展，鼓励和支持城市在打造旅游景点时从历史、民族、自然、人文等多个方面挖掘资源，开发多元旅游景点。②结合历史文化名城名镇名村、历史建筑等，打造具有历史文化底蕴的景点，促进历史文化旅游资源得到有效利用。③增加对民俗文化资源开发的财政资金投入，依托民俗、民族历史文化、民间手工艺等，建设各种类型的博物馆，提升城市文化资源载体水平。④制定税收优惠政策，支持和鼓励创办旅游娱乐公司、旅游文化演出公司和生态疗养康复中心等，完善旅游产品体系，实现旅游资源载体水平的提升。⑤制定优惠政策，对荒地、荒坡、荒滩、荒山、垃圾场、废弃厂矿、废弃学校等废弃土地资源进行旅游项目的开发和建设，从而实现旅游资源的“点石成金”。

2. 引导参观型旅游向参与型旅游转变

传统上我国城市的旅游以参观型为主，缺乏具有互动性的参与型旅游。城市旅游主管部门应引导参观型旅游向参与型旅游转变，规划能吸引游客积极参与的体验性旅游项目，建立健全旅游业管理人员培训政策，帮助旅游从业人员依托规模化的平台企业全面地了解与体会各种旅游景点，提升旅游从业人员对参与型旅游的认识，进而从整体上提升旅游景点对游客的承载能力。

3. 构建“智慧一站式”旅游大数据服务模块

许多城市存在文化资源因宣传力度不够而未能有效发挥其承载能力、城市旅游资源淡季空置率高而旺季超载现象严重等问题，因此建议城市旅游主管部门借助大数据技术在政府大数据平台上开发“智慧一站式”旅游大数据服务模块。具体对策措施包括：①为游客提供自助旅游、单位团队旅游、旅游信息咨询、旅游集散换乘、景点宣传、大型活动、客房预订、票务预订等服务，提升旅游服务的便捷性，进而提升城市旅游资源载体水平。②在旅游大数据服务模块中建立旅游资源档案和旅游开发项目库，定期对城市旅游资源进行普查，使旅游开发和游览项目能利用网络媒体宣传渠道及时得到发布，从而有效提高城市旅游活动的受关注程度，为对口的旅游公司和旅游开发商提供实时的旅游开发信息，提高旅游资源载体对开发的承载能力。③利用大数据服务模块作为宣传渠道，在节事活动前

后积极进行消息发布、现场直播、活动抽奖、线上宣传以及旅游产品展销等，全方位扩大城市文化旅游品牌影响力，达到吸引游客的目的，提升旅游资源载体的利用率。

4. 推进景区“厕所革命”，补齐旅游配套设施短板

许多城市旅游设施质量欠佳，尤其是旅游厕所配套不足。建议城市推进“旅游厕所革命”，补齐旅游配套设施短板，实现旅游景区、旅游线路沿线、交通集散点、旅游餐馆、旅游娱乐场所、休闲步行区等的厕所全部达到“数量充足、干净无味、使用免费”的标准。同时建立一套兼顾数量与质量的厕所建设评估体系，充分考虑生态环境、民族文化、特殊人群的需求等因素，引导以人为本的旅游厕所建设，提升城市旅游配套设施的承载能力，进而优化和提升城市旅游资源承载力。

5. 制定淡季吸引游客的优惠措施

通常在旅游淡季，旅游资源的利用率较低。建议政府制定淡季吸引游客的旅游优惠政策和措施，刺激淡季旅游业的发展，从时效上延伸旅游资源载体的供给，解决旅游资源淡季空置率高而旺季超载的问题。具体对策措施包括：①旅游主管部门与主要客源地建立旅游联络点，以方便游客办理旅游手续，减少游客的顾虑；②在淡季开发城市与客源地之间的低价交通线路；③在主要客源地的旅游服务平台上发放淡季旅游景点的套票优惠券、酒店住宿折扣券、交通服务赠送券等，以拓展客源。

6. 削弱季节差异，扩展适游周期

因气候等不可控因素，很多旅游目的地城市的旅游资源存在季节差异。建议这类城市挖掘识别游客潜在的需求，开发具有季节性特色的旅游产品，实现城市的旅游资源载体在不同季节均衡。在自然旅游资源不丰富的季节，积极创造条件申办、组织各种国际性和全国性会议，以及举办各种展览、文化、体育和经贸等活动以充分利用人文旅游资源；而在自然旅游资源丰富的季节，则充分利用城市拥有的自然资源禀赋。

7. 开拓提升科技创新能力的智力输送扶贫模式

在 “老少边穷”地区相对落后的城市，科技文化承载力较弱，且科技成果少，科技利用率不高，创新能力差。建议：①城市政府设立多种荣誉称号，聘请经济发达城市中的优秀科学家及技术人才担任各种荣誉职务；②聘请科技人才在“老少边穷”地区的城市任职；③制定优惠政策，推动经济发达地区的科研院所去“老少边穷”地区的城市建立“科技入地区”交流合作平台，推动这些城市的产业技术升级，从而提升这些城市的科技文化资源载体水平。

8. 培育和发展基于“需求导向”的人文文化资源

许多城市存在人文文化资源利用不足的问题。政府应基于“需求导向”培育和发展人文文化资源，建立线上线下的公众人文文化需求信箱，以掌握公众对人文文化资源的需求；定期评估公众对人文文化资源供给的满意度，及时反馈有效信息并采取相应措施，从而保

障城市人文文化资源载体和荷载相匹配，提升人文文化资源承载力。

9. 通过建立图书馆联盟提升城市人文文化资源承载力

建议政府部门建立纵横贯通的多层级图书馆联盟，以增加城市人文文化资源载体规模，由此不仅能解决城市人文文化设施供给不足的问题，而且能实现人文文化资源的高效利用。在纵向层面统筹规划构建从国家级、省级、市级、区级到社区的图书馆联盟，在横向层面制定措施打破行政地域限制，建立城市间、区县间、社区间的图书馆联盟，从整体上提升城市人文文化资源承载力。

18.9　提升城市人力资源承载力的政策建议

城市的发展本质上是人的发展，城市的可持续发展需要依靠人的智慧和力量。本书基于前面对城市人力资源承载力所面临的问题的分析，从三个方面提出优化提升我国城市人力资源承载力的政策建议：如何从根源上增加人力资源、如何不断地引入高质量人力资源以及如何长效发挥人力资源的效能。

1. 推动落实旨在提升人口出生率的社会保障制度

人口出生率对维持城市从业人口数量十分重要，是保障城市人力资源供给的关键。我国城市人口出生率近年来呈下降趋势，人口红利消失，导致部分城市经济增长缺乏动力。建议城市政府通过完善与生育相关的社会保障机制，对育儿家庭减免部分税费，减轻育儿家庭经济压力；直接提供生育补贴，加强对儿童教育及其生活的保障，提高教育资源的质量，减小教育成本。通过这些措施的实施，可增强生育意愿，提升人口出生率，进而提高城市人力资源的供给水平。

2. 建立高-中-低级人才引进体系

城市不仅要引进“学历高、身份高”的人才，还要大量引进能服务于城市发展的专业技术应用型人才，补齐城市人力资源供给短板。建议建立高-中-低级立体化人才引进体系，根据人才引进的长度、宽度和高度分别制定相应的对策措施。具体对策措施如下：①注重引进和培育相结合，建立人才培训和人才管理的长效机制，延长人才评估周期，确保人才长久发挥作用。②建立不同层次人才的挖掘机制，既要挖掘有成就的人才，也要引进有潜能的人才；既要发现城市内部的人才，也要积极吸纳海内外人才，确保城市各行各业发展所需人才数量充足。③制定提升人才素质的政策措施，为人才提供深造进修的机会，促进人才效能的提升。

3. 推动“候鸟式”人才政策

建议欠发达地区的城市积极推动“候鸟式”人才政策，以提升城市的人力资源承载力；鼓励“候鸟式”高层次人才在科研院所、重点实验室、各类技术中心及企事业单位任职、担任咨询顾问或名誉职务等；制定适合“候鸟式”人才发挥优势和贡献技能的工作方式、考核办法、评价手段；提供“候鸟式”人才福利补贴，以吸引“候鸟式”人才。

4. 建设能产生“硅谷效应”的“人才特区”

建议在知识密集、技术密集的领域，建立健全针对顶尖人才“引得进”“留得住”“发展好”“有保障”的激励机制，在项目平台、项目团队、成果转化、人才培养、待遇提升以及安居保障等方面给予支持，建设能产生“硅谷效应”的“人才特区”，全面用好人才，从而提高城市人力资源承载力。

5. 构建“让人才无后顾之忧”的流动机制

城市政府应构建“让人才无后顾之忧”的流动机制，具体做法如下：①让人才在流动过程中顺利、通畅、无阻，使人才放心来、开心走，没有后顾之忧；②为人才上岗离岗提供充分的便利和保障，使人力资源不闲置、不浪费，人尽其才，各尽所能，最大限度地发挥人才的积极性、主动性和创造性；③制定合理的人才评定和晋升机制，保障人才职业发展的公平性；④制定相应的政策，确保人才在区域之间流动时有业可就、有医可看，子女有教可受，享受和流入地居民同等的社会保障和社会福利。

6. 完善失业人口再就业机制

完善失业人口再就业机制、促进人口再就业是提升城市人力资源承载力的重要举措。政府应大力推动数字经济与实体经济融合，鼓励发展早市经济、夜市经济、地摊经济、小店经济等新产业、新业态，保障产业链、供应链安全稳定，不断扩大灵活就业增量。另外，政府应加强对高校毕业生和农民工等群体的就业帮扶，强化对就业的政策支持，扩大职业技能培训范围，增加社会救助的规模，帮助失业弱势群体获得充分的再就业能力和机会。

7. 搭建职业教育与普通高等教育之间的“立交桥”

我国城市普遍存在职业教育与普通高等教育之间不能互通互联的问题，这不仅不利于职业技能人才的综合发展，而且不利于普通高等教育人才对实践能力的培养。建议政府采取措施来搭建职业教育与普通高等教育之间的“立交桥”，制定政策和相关法规，增加职教学生向普通高等学校升学的比例，使职教学生拥有进一步接受普通高等教育的机会。另外，普通高等学校的学生也可以到职业院校学习。由此可提升城市人力资源的综合素质和水平，扩大城市人力资源载体规模。

18.10 提升城市交通承载力的政策建议

交通拥堵是城市普遍存在的城市病，也是制约城市交通承载力优化提升和城市持续发展的关键因素。本书以“绿色、畅通、智能、高效”为理念，以增强城市交通的通达性和畅通性为目的，紧扣城市交通承载力的内涵，提出以下优化提升我国城市交通承载力的政策建议。

1. 打造旨在减少私家车出行的全市域一体化绿色交通体系

建议打造由公共交通、自行车和步行构成的全市域一体化绿色交通体系，以减少私家车出行，降低城市交通荷载压力，缓解交通系统的“潮汐现象”。具体政策建议如下：①增加非主城区的公交线路和轨道交通，使其精细化对接慢行路网。②优化现有公交线路，解决公共交通“最后一公里”问题，突出公共交通相对于私家车出行的优势，降低居民对私家车出行的需求；③完善步行道路网络，制定优惠政策以鼓励公众选择自行车出行；④优化交通接驳方式，增强交通网络连通性，实现各类绿色交通方式全连通、全融合。

2. 优化城市轨道交通施工建设期间的道路通行替代方案

城市的轨道交通建设工程在施工期间对道路交通的影响很大，降低了城市交通承载力。建议政府规定轨道交通项目的施工单位在施工准备阶段必须研判施工期间交通流量的布局变化，并与交管部门协商确定施工路段交通通行的替代方案，减小轨道交通施工对路网交通承载力的不利影响。施工单位在制定道路通行替代方案时，应开拓道路资源来弥补施工期间所占用的道路，降低施工围挡周边路网的交通荷载，保持轨道交通施工区域交通的通达性和畅通性，保障城市整体的交通承载力。

3. 在关键交通节点采取“多措并举”的引导与分流措施

城市的关键交通节点是产生交通拥堵的主要位置，政府在规划、建设、管理阶段应采取“多措并举”的措施，对关键交通节点的交通流量进行引导与分流。在规划阶段，应依照城市未来的发展方向与用地布局，合理规划道路等级；在建设阶段，应修建平行交通或立体交通通道，增加关键交通节点处的智能信号灯及道路监控平台，并发布路况信息以便引导与分流交通流量，避免在通道出入口处出现交通通道(如桥梁、隧道)的等级与驶入、驶出通道的匝道的等级不匹配导致的交通拥堵；在管理阶段，应采取有偿通行措施，在高峰时段对关键连接道路上的通行车辆收取合理的“通道交通拥堵费”，使用价格机制降低高峰时段关键连接通道口的交通荷载。

4. 织补城市道路网络以提升城市交通连通性

许多城市的交通系统呈现出“宽马路、大路网”的特点，道路连通性欠缺，断头路“痛点难除”，这阻碍了城市交通进行“微循环”，降低了城市的交通承载力。具体建议如下：①城市规划部门和交通部门须协同结合新区建设和旧城改造项目，织补断头路、拓宽瓶颈路以及改造小街巷，发挥这些细部道路在城市交通中的“毛细血管”作用，提高路网交通的连通性；②放缓城市干路建设，积极开展城市次支干路织补工作，提高城市细部道路的建设密度和质量；③鼓励和引导封闭式社区拆除围墙，通过开放社区内部道路来盘活道路资源存量，以加强城市道路连通性，提升城市交通承载力。

5. 增加以缓解城市航运压力为目标的“干支联程”航空线路网络

许多城市的航运压力都比较大，建议国家航空主管部门优化“干支联程”的航空线路网络，提高航空支线城市的交通承载力以分担航空干线城市的航运压力。对于空域资源紧张、地势偏远的城市，航空主管部门可以通过中转联程方式覆盖这些城市的航空运输，扩大国家航线网络的辐射范围，提高偏远城市航空运输载体的利用率，减轻航空枢纽城市机场的航运压力。航空支线城市可在现有航线的基础上，通过跨航合作，增加航班密度，分担更多航空流量，降低航空干线城市的航空荷载。

6. 制定旨在提高交通参与者整体素养的“全民交通”治理机制

交通参与者规则意识淡薄和各种不文明出行行为导致的交通拥堵是许多城市共同存在的现象。建议政府通过建立“全民交通”治理机制来提高交通参与者的整体素养。具体做法如下：①提高交通管理人员的素养，在驾驶员的信息采集、资格审查、驾驶证颁发等工作中做到初始负责、过程尽责、结果问责。②交管部门应建立驾驶员奖惩机制，以社区为单位，监督和惩罚不遵守交通规则的驾驶员，嘉奖遵守交通规则的驾驶员，通过奖惩结合提高驾驶员遵守交通规则的意识。③交通主管部门应充分利用各种现代宣传媒体，开展交通安全文明宣传工作，普及交通安全基本知识，培养居民文明出行的意识。④设立专门的“主动型”交通协管岗位，鼓励和引导居民利用空闲时间积极主动地参与交通疏导工作，强化社会公众的交通参与意识。

18.11 提升城市市政设施承载力的政策建议

市政设施承载力是保障城市社会稳定运行、经济持续发展和环境健康的基础，也是城市可持续发展的重要前提。本书秉持“精准规划、协调建设、智慧管理、创新制度”的理念，对优化提升我国城市市政设施承载力提出如下政策建议。

1. 建立分红机制以吸引专业技术公司参与城市市政设施智能化建设

建议政府制定分红机制，以吸引专业技术公司参与市政设施的智能化建设。政府应与市场上具备一定市政设施智能设备研发能力和服务体系的企业合作，建立基于长期合作的分红机制，并向这些企业购买或定制相关产品和服务，鼓励能供应智慧化市政设施的企业成为城市市政设施智能化建设的融资主体，以减少政府研发成本和投资，而在设施运行期间可通过招标的方式借助设施搭载的 LED 屏进行广告招商，将获得的广告收益通过分红机制分给智慧化市政设施的供应方，以达到用较少的资金成本推动市政设施智能化建设和发展的目的，优化提升城市市政设施承载力。

2. 建立保障项目施工前资金到位的市政设施项目资金审核机制

许多城市都存在市政设施建设资金配置不合理、市政设施建设项目拖欠工程款等问题，建议政府建立市政设施项目资金审核机制，对项目的投资总量、配套资金进行审核，以确保市政设施项目资金到位并能够充分应用到城市市政设施建设中。另外，政府应建立市政设施资金审核和披露制度，对市政设施项目资金的使用情况进行评审和披露。针对资金问题导致的烂尾项目，应对失信行为进行惩戒，跟踪、监督严重失信行为的整改落实情况。由此推动城市市政设施的建设，优化提升城市市政设施承载力。

3. 建立市政设施项目应急处理后评价制度

城市市政设施的突发事故会对城市居民的日常生活和生产经营活动产生影响，甚至会影响社会稳定。政府应完善市政设施项目应急处理制度，提升市政设施项目的应急调节能力，保障市政设施正常使用，制定由第三方机构负责执行的市政设施项目应急处理后评价制度，并对应急处理结果进行评定，给出改进建议。具体对策措施包括：①制定市政设施项目应急处理目标，通过将应急处理结果与应急处理目标进行比对，为进一步优化提升城市市政设施承载力提供重要参考。②构建项目后评价内容和评价标准，对市政设施项目应急处理结果进行评定，做好资料管理和存档工作，以便后续在制定新的优化提升城市市政设施承载力的政策时进行查阅。③对于市政设施项目重大安全事故，应在市政设施联席会议上对应急处理后评价结果进行通报，以便城市其他行政部门了解城市市政设施事故处理情况，更好地配合市政主管部门优化和提升城市市政设施承载力。

4. 建立以公众反馈信息为主的城市市政设施管理维修线上监督平台

城市市政设施存在“重建设、轻管理”的现象，公众的意见没有很好地被考虑。建议构建市政设施管理维修线上监督平台，制定基于公众反馈信息的市政设施管理维修监督机制。具体对策措施如下：①政府利用市政设施管理维修线上监督平台来充分发挥居民的力量，扩充市政设施维修信息来源，实现对城市范围内市政设施待修点的全覆盖，及时诊断城市市政设施故障发生地点，从而精准实现城市市政设施承载力的优化提升。②动态完善城市市政设施信息数据库，实现跨区域、跨部门、跨层级的数据共享和业务协调。③积极采用网页、微信小程序、自助服务台等，利用互联网终端、移动终端、自助终端等，推动市政设施服务一网通办的实现。④在城市市政设施管理维修线上监督平台上收集和记录市政设施故障处理信息，以及居民对处理情况的反馈，从而帮助政府了解处理措施的实际效果并及时进行调整，使城市市政设施承载力能够得到切实的优化和提升。

5. 运用新媒体向公众宣传合理使用市政设施的可持续生活方式

城市居民的不规范使用行为导致许多市政设施没有被正确使用。建议政府通过引导型措施，鼓励新媒体向公众宣传正确合理地使用和享受市政设施的可持续生活方式，以减轻不必要的市政设施荷载压力。政府应要求新媒体企业积极承担社会责任，向公众普及可持续生活方式，并开设专栏宣传垃圾分类知识、市政设施保护知识等。新媒体运营方应提高相关公益视频的宣传频次，采用丰富多样、生动活泼的形式，加大对可持续生活方式的宣传力度，推广可持续生活方式以减轻城市市政设施的荷载压力，实现城市市政设施承载力的优化提升。另外，政府应对新媒体的宣传力度和质量进行监督和考察，通过对新媒体行业的监管来宣传和推广合理使用市政设施的可持续生活方式，从而促进城市市政设施承载力的优化提升。

6. 利用 SSET+GIS 技术全面勘查城市老旧市政管网信息

建议政府利用 SSET(sewer scanner and evaluation technology)+GIS(geographical information system，地理信息系统)技术搜集老旧市政管网的信息，实现对城市市政管网的全面排查，健全城市市政管网勘察信息，为市政设施载体的建设、管理和维护奠定基础。

SSET 是一种管道扫描与评价技术，主要依托传感器和带有倾角仪的鱼眼(fish eye)摄像机，是一种可对管道的集合尺寸、垂直与水平偏差、结构缺陷、缺陷的位置等数据进行采集，并在此基础上对市政管道的完整性进行评估的技术。GIS 可用于存储、管理、分析、显示 SSET 采集到的市政管道数据，最终形成完整的城市市政管网信息。SSET+GIS 技术的使用将提升城市市政设施的运行维护水平，促进城市市政设施升级改造，提升城市市政设施载体水平。政府可以采取招标方式，选择具有 SSET+GIS 技术应用能力的市政工程公司，以保障 SSET+GIS 技术在优化提升城市市政设施承载力的过程中得到专业化应用。

18.12 提升城市公共服务资源承载力的政策建议

公共服务资源是保障全体公民生活的基本社会资源，也是城市社会经济发展的重要支撑。优化提升城市公共服务资源承载力的目的是疏解居民对公共服务资源日益增长的需求与公共服务资源供给不充分或不平衡之间的矛盾。本书秉承“立法先行、公平公开、以人为本、与时俱进”的理念，基于公共服务资源承载力的内涵，从公共服务资源载体、公共服务资源荷载和公共服务资源承载力三个方面，提出优化提升我国城市公共服务资源承载力的政策建议。

1. 建立使优质公共服务资源有序流动的机制

我国城市普遍存在优质公共服务资源总量不足、分布不均的问题。政府应积极建立使优质公共服务资源有序流动的机制，提高优质公共服务资源在资源薄弱地区的供给水平，优化提升城市公共服务资源承载力。具体措施如下：①打破原有的公共服务机构各自独立运行和发展的局面，积极推广集团化办学办医模式，促进师资、设备、医疗技术、手术经验等的共享。②消除教师、医生的单位属性，促进教师流动教学、医生流动坐诊，加大对主动前往发展较为落后的地区参与公共服务建设的机构、人才的补给和政策支持力度，促进优质公共服务资源在区域内流动，进而提升城市整体的公共服务资源承载力。

2. 探索公共服务业与其他产业相融合的混合用地模式，保障公共服务设施建设用地

许多城市用于公共服务设施建设的用地紧张，建议政府基于土地节约集约利用的原则，鼓励产业混合利用土地，推行同一块土地采用两种以上的利用方式(如公共服务业、

工业、商业等混合利用)，保障公共服务设施用地，从而优化和提升公共服务资源承载力。

3. 建立“供给主体多元化、供给模式智慧化”的公共服务供给体系

建议建立“供给主体多元化、供给模式智慧化”的公共服务供给体系，鼓励政府、社会、个人等多元化主体参与城市公共服务资源的建设与供给，支持互联网等现代信息技术在公共服务领域进行推广，从而增强城市公共服务资源的承载能力。具体建议措施如下：①政府应积极探索社会力量参与公共服务供给的多元化形式，加大对社区公共服务、公共卫生服务等的购买力度，通过建章立制、规范管理实现对政府购买公共服务行为的规范化、精细化、信息化管理，增加城市公共服务资源载体规模。②政府应积极利用互联网技术构建综合性公共服务平台，加速推动跨部门、跨区域、跨行业的公共服务信息互通共享，对公共服务建设项目进行分级，保障对优先级高的项目的投资和补贴，简化居民办事流程，提升公共服务效率。③利用大数据挖掘技术，准确匹配公共服务供给与需求，防止供需偏离，优化城市公共服务供给。

4. 将职称评定和晋升机会向基层倾斜

许多城市的基层公共服务资源薄弱，建议采取以下措施：①政府人事管理部门应将职称评定和晋升机会向基层倾斜，提高基层公共服务水平和构建人才流动机制，解决基层公共服务机构普遍存在的薪资待遇低、晋升空间小、社会地位低等问题，增强城市基层公共服务承载力，进而提升城市整体的公共服务资源承载力。②壮大基层公共服务队伍，向基层输送创新型人才，吸引一定比例的高层次人才服务基层，增加基层的公共服务岗位数量，优先吸纳高校毕业生，关心和培养向基层定向输送的师范生和医学生。③强化对人才流向基层的扶持，包括资金扶持以及职称评定和晋升机会方面的支持。政府应在基层公共服务机构中设置高层次的职称，减少对基层公共服务工作人员参与职称评定的限制，重视实际工作能力，对于对基层公共服务建设有突出贡献的人才优先考虑晋升，从而让基层公共服务工作人员的社会地位得以提高，实现城市整体公共服务资源承载力的提升。

5. 健全旨在满足城市“夹心层”住房需求的共有产权住房制度

“夹心层”是指收入水平高于政府保障政策的准入水平但又没有能力购买商品房的群体，他们是城市建设与发展的中坚力量，关注这部分群体的住房需求是优化与提升城市公共服务资源承载力的重要内容。随着城市的房价不断上涨，“夹心层”的人数与日俱增。建议采取如下政策措施：①政府要制定和完善有关共有产权住房的法律法规，指导建设共有产权住房；②明确规定城市“夹心层”为共有产权住房保障对象，实施科学的基于申请者职业、年龄、文化水平、经济收入等的评分制度，并将属于紧缺型人才、居住条件较差、家庭没有住房的“夹心层”纳为优先保障对象；③应用大数据平台对“夹心层”经济能力的变化进行调查跟踪，引导经济能力增强的“夹心层”住户及时购回完整产权，利用回收的资金为更多的“夹心层”群体提供帮助。

6. 织密“国家统筹、企业筑基、个体自保”三张网

养老金是政府提供给居民的最重要的公共服务之一，建议政府、企业和个体三方联动，合力推动养老保险制度的发展和改革，增强公共服务资源承载力。建议采取如下政策措施：①在政府层面，由中央政府统收统支养老基金，以实现余缺调剂，扩大资金集聚的规模效应，提高养老基金在全国范围内的收支平衡水平；②在企业层面，划拨部分国有资本充实社保基金，弥补企业职工基本养老保险基金缺口，促进建立更加公平、可持续发展的养老保险制度；③在个体层面，完善个人养老金制度，通过税收优惠等措施鼓励全体国民参与养老储蓄计划、商业保险、养老金融投资等以补充个人养老金，缓解政府和企业的养老压力。

18.13 本章小结

本章从我国城市资源环境承载力存在的核心问题和一般问题出发，结合问题的层次性以及不同维度的特征，从总体和不同维度两个视角提出了优化与提升我国城市资源环境承载力的政策建议。

针对我国城市资源环境承载力存在的问题，本章秉持“以人为本、尊重自然、传承历史、科学发展、改革创新”的理念，从规划、建设和管理三个方面提出了总体性政策建议，包括：①制定打破信息壁垒的制度机制；②从城市可持续发展原则出发，提高城市规划编制的前瞻性；③建立城市资源环境承载力动态监控机制；④将城市资源环境承载力评价纳为城市智慧体系建设内容；⑤建立旨在优化提升城市资源环境承载力的城市联席会议制度；⑥施行以城市资源环境承载力为依据的行政绩效考核制度。

针对城市九大维度资源环境承载力存在的特殊问题，本章按照“以人为本、实事求是、与时俱进、和谐统一”的理念，从规划、建设、管理视角提出了相应的政策建议，典型的包括：①建立健全城市大数据平台的安全保障机制；②建立治理城市黑臭水体的长效机制，避免水体“返黑返臭”，从而优化提升城市水资源承载力；③建立发展可再生能源的连续性政策体系，以优化提升城市能源资源承载力；④针对不同秸秆规模建立秸秆处理分级管理制度，从而优化提升城市大气环境承载力；⑤建立有关地下空间开发利用的法律法规，推动地下空间的有效利用，以实现城市土地资源承载力的优化提升；⑥依托特色旅游资源，建立城市优势旅游品牌，从而优化提升城市文化资源承载力；⑦积极构建“让人才无后顾之忧”的人才流动机制，从而优化提升城市人力资源承载力；⑧制定旨在提高交通参与者整体素养的“全民交通”治理机制，从而优化提升城市交通承载力；⑨建立市政设施项目应急处理后评价制度，以实现城市市政设施承载力的优化提升；⑩通过建立使优质公共服务资源有序流动的机制，优化提升城市公共服务资源承载力。

参考文献

阿尔弗雷德·韦伯，1997. 工业区位论. 北京：商务印书馆.

阿瑟·奥沙利文，2019. 周京奎，译. 城市经济学. 北京：北京大学出版社.

安虎森，1997. 增长极理论评述. 南开经济研究(1)：31-37.

安小米，宋刚，路海娟，等，2018. 实现新型智慧城市可持续发展的数据资源协同创新路径研究. 电子政务(12)：90-100.

白永秀，何昊，2019. 西部大开发20年：历史回顾、实施成效与发展对策. 人文杂志(11)：52-62.

包艳英，徐洁，唐伟，等，2018. 大连市夏季近地面臭氧污染数值模拟和控制对策研究. 中国环境监测，34(1)：9-19.

保罗·克鲁格曼著，2000. 地理和贸易. 北京：北京大学出版社.

鲍超，贺东梅，2017. 京津冀城市群水资源开发利用的时空特征与政策启示. 地理科学进展，36(1)：58-67.

北京市人民政府，2019. 北京市 2019 年国民经济和社会发展统计公报. http：//www. beijing. gov. cn/gongkai/shuju/tjgb/202003/t20200302_1838196. html.

毕学成，2020. 城市生活垃圾分类困境与摆脱：基于居民社区参与视角. 宁夏社会科学，(4)：114-122.

边泓，周晓苏，黄小梅，2008. 财务报表异常特征、审计师疑虑与信息使用者保护——基于我国资本市场的经验挖掘. 审计研究(5)：61-67.

蔡宁，2014. 城市生长中文化失衡及治理策略. 苏州大学学报(哲学社会科学版)，35(2)：44-50.

曹国良，张小曳，王亚强，2007. 中国区域农田秸秆露天焚烧排放量的估算. 科学通报，52(15)：1826-1831.

曹庭伟，吴锴，康平，2018. 成渝城市群臭氧污染特征及影响因素分析. 环境科学学报，38(4)：1275-1284.

曹现强，姜楠，2018. 基本公共服务与城市化耦合协调度分析——以山东省为例. 城市发展研究，25(12)：147-153.

曹子阳，吴志峰，匡耀求，2015. DMSP/OLS 夜间灯光影像中国区域的校正及应用. 地球信息科学学报，17(9)：1092-1102.

查尔斯·林德布洛姆，2007. 政治与市场 世界的政治-经济制度. 王逸舟，译. 北京：生活·读书·新知三联书店.

柴彦威，2014. 空间行为与行为空间. 南京：东南大学出版社.

常绍舜，2020. 大数据与信息论和系统论. 系统科学学报，28(2)：24-28.

朝乐门，马广惠，路海娟，2016. 我国大数据产业的特征分析与政策建议. 情报理论与实践，39(10)：5-10.

车文辉，2002. 论现代社会调查研究及其方法的创新. 湖南师范大学社会科学学报，31(6)：74-76.

陈百明，1991. “中国土地资源生产能力及人口承载量”项目研究方法概论. 自然资源学报，6(3)：197-205.

陈丙欣，叶裕民，2008. 京津冀都市区空间演化轨迹及影响因素分析. 城市发展研究，15(1)：21-27，35.

陈丹，王然，2015. 我国资源环境承载力态势评估与政策建议. 生态经济，31(12)：111-115，124.

陈德全，王力，郑玉姝，2020. 推动数字政府高效运营. 通信企业管理，(8)：56-59.

陈国权，1999. 可持续发展与经济-资源-环境系统分析和协调. 科学管理研究，17(2)：26-27.

陈加友，2017. 国家大数据(贵州)综合试验区发展研究. 贵州社会科学，(12)：149-155.

陈美，2012. 大数据在公共交通中的应用. 图书与情报，(6)：22-28.

陈念平，1989. 土地资源承载力若干问题浅析. 自然资源学报，4(4)：371-380.

陈倩云，余弘婧，高学睿，2019. 当前我国城市内涝问题归因分析与应对策略. 华北水利水电大学学报(自然科学版)，40(1)：

55-63.

陈少沛，丘健妮，2014. 广州城市通达性综合评价及空间差异. 地理科学进展，33(4)：467-478.

陈威，郭书普，2013. 中国农业农村信息化新进展与新趋势研究. 湖北农业科学，52(22)：5625-5629.

陈向明，2000. 质的研究方法与社会科学研究. 北京：教育科学出版社.

陈颖彪，郑子豪，吴志峰，2019. 夜间灯光遥感数据应用综述和展望. 地理科学进展，38(2)：205-223.

陈振明，2020. 公共政策学——政策分析的理论、方法和技术. 北京：中国人民大学出版社.

程浩，2014. 城市建筑扬尘与雾霾产生的关系及应对措施. 建筑安全，29(4)：50-52.

程麟钧，2016. 我国大气环境监测数据共享技术现状、问题及对策. 中国环境监测，32(6)：146-147.

程朋根，岳琛，朱欣焰，2021. 多源数据支持下的城市生态环境评价及其与人类活动关系的研究. 武汉大学学报(信息科学版).

程启月，2010. 评测指标权重确定的结构熵权法. 系统工程理论与实践，30(7)：1225-1228.

程晓丽，王逢春，2014. 安徽省旅游产业发展与经济增长相关性分析. 经济地理，34(3)：182-186.

仇保兴，2013. 智慧地推进我国新型城镇化. 城市发展研究，20(5)：1-12.

崔莹，谢世友，柳芬，等，2017. 重庆市水资源可持续利用能力的模糊评价. 西南大学学报(自然科学版)，39(4)：115-123.

大卫·李嘉图，1983. 政治经济学及赋税原理. 北京：商务印书馆.

戴刚，严力蛟，郭慧文，等，2015. 基于 MSIASM 和能源消费碳排放的中国四大直辖市社会代谢分析. 生态学报，35(7)：2184-2194.

丹增，2006. 发展文化产业与开发文化资源. 求是，(1)：44-46.

邓伟，2010. 山区资源环境承载力研究现状与关键问题. 地理研究，29(6)：959-969.

第十三届全国人民代表大会，2018. 中华人民共和国宪法.

丁煌，1998. 奎德政策分析理论述评. 国际技术经济研究，1(2)：51-60.

丁锶湲，曾坚，王宁，等，2019. 智慧化海绵体系下的内涝防控策略研究——以厦门市为例. 给水排水，55(11)：67-73.

丁学森，邬志辉，2019. 我国大城市义务教育资源承载力的理论内涵与指标体系研究. 教育科学研究，(8)：5-11.

董海军，耿宇，2018. 移动互联网+问卷的应用特点与发展. 晋阳学刊，(3)：104-110.

董磊磊，潘竟虎，冯娅娅，等，2017. 基于夜间灯光的中国房屋空置的空间分异格局. 经济地理，37(9)：62-69，176.

豆建民，刘叶，2016. 生产性服务业与制造业协同集聚是否能促进经济增长——基于中国 285 个地级市的面板数据. 现代财经(天津财经大学学报)，36(4)：92-102.

段春青，刘昌明，陈晓楠，等，2010. 区域水资源承载力概念及研究方法的探讨. 地理学报，65(1)：82-90.

段晓瞳，曹念文，王潇，等，2017. 2015 年中国近地面臭氧浓度特征分析. 环境科学，38(12)：4976-4982.

樊杰，刘汉初，2016. "十三五"时期科技创新驱动对我国区域发展格局变化的影响与适应. 经济地理，36(1)：1-9.

范丹，梁佩凤，刘斌，2020. 雾霾污染的空间外溢与治理政策的检验分析. 中国环境科学，40(6)：2741-2750.

范洪敏，穆怀中，2015. 中国人口结构与产业结构耦合分析. 经济地理，35(12)：11-17.

范英英，刘永，郭怀成，等，2005. 北京市水资源政策对水资源承载力的影响研究. 资源科学，27(5)：113-119.

范玉刚，2016. 发掘文化资源，推动创意文化产业发展. 上海文化(6)：5-9，13，124.

方创琳，宋吉涛，蔺雪芹，2010. 中国城市群可持续发展理论与实践. 北京：科学出版社.

方创琳，贾克敬，李广东，等，2017. 市县土地生态-生产-生活承载力测度指标体系及核算模型解析. 生态学报，37(15)：5198-5209.

方巍，郑玉，徐江，2014. 大数据：概念、技术及应用研究综述. 南京信息工程大学学报(自然科学版)，6(5)：405-419.

封志明，1990. 区域土地资源承载能力研究模式雏议——以甘肃省定西县为例. 自然资源学报，5(3)：271-283.

冯邦彦，叶光毓，2007. 从区位理论演变看区域经济理论的逻辑体系构建. 经济问题探索，(4)：90-93.

冯留建，2013. 文化自觉视角下的科技文化创新. 中国特色社会主义研究，4(1)：74-77.

冯陶，2016. 完善呼和浩特市科技公共服务平台建设构建创新创业新生态. 西部资源，(4)：175-178.

付磊，李德山，2019. 中国城市土地利用效率测度. 城市问题，(7)：50-58，67.

付云鹏，马树才，2016. 城市资源环境承载力及其评价——以中国15个副省级城市为例. 城市问题，(2)：36-40.

傅才武，2020. 论文化和旅游融合的内在逻辑. 武汉大学学报(哲学社会科学版)，73(2)：89-100.

傅聪颖，赖昭豪，郭熙，2020. 基于熵权TOPSIS模型的区域资源环境承载力评价及障碍因素诊断. 生态经济，36(1)：198-204.

高吉喜，2001. 可持续发展理论探索：生态承载力理论、方法与应用. 北京：中国环境科学出版社.

高佳斌，2019. 大数据背景下的城市承载适配性评价研究. 杭州：浙江大学.

高强，李鹏进，2012. 我国城市基础设施建设投融资现状及对策研究. 开发研究，(1)：117-122.

高爽，董雅文，张磊，等，2019. 基于资源环境承载力的国家级新区空间开发管控研究. 生态学报，39(24)：9304-9313.

高舜礼，2015. 旅游宣传的薄弱与强化. 旅游学刊，30(7)：7-9.

顾荣，2016. 大数据处理技术与系统研究. 南京：南京大学.

顾又祺，周永麒，顾非，2017. 上海公立三甲医院门诊患者就诊时间调查报告. 当代医学，23(21)：26-28.

郭轲，王立群，2015. 京津冀地区资源环境承载力动态变化及其驱动因子. 应用生态学报，26(12)：3818-3826.

郭伟锋，郑向敏，2016. 旅游地文化变迁的影响机理研究：武夷山茶文化案例. 旅游科学，30(5)：74-84.

郭秀锐，毛显强，冉圣宏，2000. 国内环境承载力研究进展. 中国人口·资源与环境，10(S1)：29-31.

郭雅滨，2007. 以信息化建设促进循环经济发展. 山西财经大学学报，29(S2)：45，48.

郭云涛，2007. 中国能源资源承载力研究. 北京：华夏出版社.

郭志伟，2008. 北京市土地资源承载力综合评价研究. 城市发展研究，15(5)：24-30.

韩俊丽，段文阁，李百岁，2005. 基于SD模型的干旱区城市水资源承载力模拟与预测——以包头市为例. 干旱区资源与环境，19(4)：188-191.

郝大海，2019. 社会调查研究方法. 北京：中国人民大学出版社.

郝庆，邓玲，封志明，2019. 国土空间规划中的承载力反思：概念、理论与实践. 自然资源学报，34(10)：2073-2086.

何好俊，彭冲，2017. 城市产业结构与土地利用效率的时空演变及交互影响. 地理研究，36(7)：1271-1282.

何为，2016. 城市大气环境治理创新模式及方法研究. 天津：天津大学.

何湘宁，石巍，李武华，等，2017. 基于大数据的大容量电力电子系统可靠性研究. 中国电机工程学报，37(1)：209-221.

亨利·明茨伯格，2007. 管理工作的本质. 方海萍，译. 北京：中国人民大学出版社.

洪亮平，郭紫薇，2014. 产城融合视角下城市新区绿色交通规划策略——以呼和浩特市东部新城为例. 规划师，30(10)：35-40.

侯汉坡，刘春成，孙梦水，2013. 城市系统理论：基于复杂适应系统的认识. 管理世界，(5)：182-183.

侯剑华，都佳妮，2015. 基于专利计量与信息可视化的技术热点监测分析——以风力涡轮机技术领域为例. 现代情报，35(2)：67-72.胡昌昊，2018. 海南省旅游经济发展战略研究. 经济研究导刊，(36)：146-147.

胡惠林，2005. 文化产业概论. 昆明：云南大学出版社.

黄鹤，2005. 西方国家文化规划简介：运用文化资源的城市发展途径. 国外城市规划，20(1)：36-42.

黄璜，2015. 互联网+、国家治理与公共政策. 电子政务，(7)：54-65.

黄璜，2020. 数字政府：政策、特征与概念. 治理研究，36(3)：6-15.

黄敬军，姜素，张丽，等，2015. 城市规划区资源环境承载力评价指标体系构建——以徐州市为例. 中国人口·资源与环境，25(S2)：204-208.

黄宁生，匡耀求，2000. 广东相对资源承载力与可持续发展问题. 经济地理，20(2)：52-56.

黄青，任志远，2004. 论生态承载力与生态安全. 干旱区资源与环境，18(2)：11-17.

黄松，李燕林，戴平娟，2017. 智慧旅游城市旅游竞争力评价. 地理学报，72(2)：242-255.

黄婷，郑荣宝，张雅琪，2017. 基于文献计量的国内外城市更新研究对比分析. 城市规划，41(5)：111-121.

黄贤金，宋娅娅，2019. 基于共轭角力机制的区域资源环境综合承载力评价模型. 自然资源学报，34(10)：2103-2112.

黄志明，高伟生，1998. 我国人居环境中的环境问题及其对策探讨. 城市问题，(6)：31-34.

季冰，1997. 香港水资源特征和供需水量平衡研究. 地理研究，16(2)：11-21.

贾绍凤，2000. 开放条件下的区域人口承载力. 市场与人口分析，6(6)：7-14.

金丹元，游溪，2013. 上海早期电影理论与城市文化建构——论上海早期电影理论的演进及对当下的启示. 上海大学学报(社会科学版)，30(1)：19-30.

金磊，2008. 城市安全风险评价的理论与实践. 城市问题，(2)：35-40.

敬峰瑞，孙虎，袁超，2017. 成都市旅游资源吸引力空间结构特征. 资源科学，39(2)：303-313.

康晓光，许文文，2014. 权威式整合——以杭州市政府公共管理创新实践为例. 中国人民大学学报，28(3)：90-97.

雷辉，劳天溢，刘真，等，2015. 体育数据可视化综述. 计算机辅助设计与图形学学报，27(9)：1605-1616.

李博，秦欢，余建辉，等，2019. 中国省域旅游资源竞争力评价及其格局演变. 经济地理，39(9)：232-240.

李超，张红宇，卢健，等，2013. 北京市人口调控与产业结构优化的互动关系. 城市问题，(8)：2-6.

李丁，冶小梅，汪胜兰，等，2013. 基于ESDA-GIS的县域经济空间差异演化及驱动力分析——以兰州-西宁城镇密集区为例. 经济地理，35(5)：23，31-36.

李东军，张辉，2013. 北京市产业结构与经济增长的关系及原因分析. 东北大学学报(社会科学版)，15(2)：148-153.

李东序，赵富强，2008. 城市综合承载力结构模型与耦合机制研究. 城市发展研究，15(6)：37-42.

李端，2012. 区域环境承载力及可持续发展策略研究. 太原：山西大学.

李恩源，朱恩伟，刘洪玉，2019. 住房价格与经济基本面偏离度研究——基于我国35个大中城市相关数据的分析. 价格理论与实践，(10)：52-55.

李锋，王如松，赵丹，2014. 基于生态系统服务的城市生态基础设施：现状、问题与展望. 生态学报，34(1)：190-200.

李纲，李阳，2015. 关于智慧城市与城市应急决策情报体系. 图书情报工作，59(4)：76-82.

李国兵，2019. 珠三角城市旅游收入影响因素分析——基于旅游收入的定义. 地域研究与开发，38(5)：91-96.

李健，杨丹丹，高杨，2014. 基于状态空间模型的天津市环境承载力动态测评. 干旱区资源与环境，28(11)：25-30.

李金滟，胡赓，2012. 中部六省资源环境承载力的测度. 统计与决策，28(21)：122-126.

李玏，刘家明，王润，等，2013. 北京市高尔夫旅游资源空间分布特征及影响因素. 地理研究，32(10)：1937-1947.

李强，刘剑锋，李小波，等，2016. 京津冀土地承载力空间分异特征及协同提升机制研究. 地理与地理信息科学，32(1)：105-111.

李瑞，李清，徐健，等，2020. 秋冬季区域性大气污染过程对长三角北部典型城市的影响. 环境科学，41(4)：1520-1534.

李爽，吴晓艳，2017. 智慧型生态城市建设的价值与路径. 人民论坛，(8)：74-75.

李松志，董观志，2006. 城市可持续发展理论及其对规划实践的指导. 城市问题，(7)：14-20.

李天柱，王倩，2018. 人文社会科学领域大数据研究趋势测度：国内外比较. 自然辩证法研究，34(4)：65-71.

李蔚，胡昊，徐富春，等，2015. 大数据解析技术在大气环境监测中的应用研究. 中国环境监测，31(3)：118-122.

李夏琳，2018. 中国能源生产与消费的空间分异及重心演化. 杭州：浙江工商大学.

李晓萍，张亿军，江飞涛，2019. 绿色产业政策：理论演进与中国实践. 财经研究，45(8)：4-27.

李晓雪，郑静晨，李明，等，2016. 我国医疗卫生资源配置现状与政策建议. 中国医院管理，36(11)：33-35.

李晓燕，2016. 京津冀地区雾霾影响因素实证分析. 生态经济，32(3)：144-150.

李雪欣，宋嘉良，2018. 新形势下中俄关系推动东北地区发展研究. 理论探讨，(5)：100-106.

李颖，2005. 中国文献计量学实用研究的新进展. 现代情报，25(4)：168-170.

李颖，孙长学，2016. “互联网+医疗”的创新发展. 宏观经济管理，(3)：33-35.

梁林，赵玉帛，武晓洁，2019. 人口流视角下京津冀城市网络时空特征研究——基于雄安新区成立前后的对比. 经济与管理，33(2)：1-8.

廖慧璇，籍永丽，彭少麟，2016. 资源环境承载力与区域可持续发展. 生态环境学报，25(7)：1253-1258.

林宏，陈广汉，2003. 居民收入差距测量的方法和指标. 统计与预测，(6)：30-34.

林巍，崔凯，2000. 长春市城市交通发展战略研究. 城市规划，24(2)：35-36.

林文凯，2013. 景区旅游资源经济价值评估方法研究述评. 经济地理，33(9)：169-176.

蔺雪芹，王岱，2016. 中国城市空气质量时空演化特征及社会经济驱动力. 地理学报，71(8)：1357-1371.

刘安乐，杨承玥，明庆忠，等，2020. 中国文化产业与旅游产业协调态势及其驱动力. 经济地理，40(6)：203-213.

刘纯彬，李叶妍，2015. 产业政策：调节超大城市规模的选择. 开放导报，(3)：31-34.

刘大北，贾一苇，2015. 日本《大数据时代的人才培养》倡议：制定背景、研究方向、计划及举措. 电子政务，(10)：85-95.

刘金花，李向，郑新奇，2019. 多尺度视角下资源环境承载力评价及其空间特征分析——以济南市为例. 地域研究与开发，38(4)：115-121.

刘晶晶，2015. 城市发展与城市文化. 建筑工程技术与设计(10)：2717-2717.

刘凯，任建兰，张理娟，等，2016. 人地关系视角下城镇化的资源环境承载力响应——以山东省为例. 经济地理，36(9)：77-84.

刘兰，闫永君，2014. 澳大利亚公共服务大数据战略研究. 图书馆学研究，(5)：47-51.

刘年磊，卢亚灵，蒋洪强，等，2017. 基于环境质量标准的环境承载力评价方法及其应用. 地理科学进展，36(3)：296-305.

刘仁忠，罗军，2007. 可持续发展理论的多重内涵. 自然辩证法研究，23(4)：79-82，105.

刘帅，孔明，任欢，2020. 我国新市民住房保障现状、问题及对策. 现代商业，(5)：83-84.

刘思华，1997. 对可持续发展经济的理论思考. 经济研究，32(3)：46-54.

刘卫东，彭俊，2010. 土地资源学. 上海：复旦大学出版社.

刘贤腾，沈青，朱丽，2009. 大城市交通供需矛盾及发展对策——以南京为例. 城市规划，33(1)：80-87.

刘晓东，杨党锋，蒋雅丽，等，2018. 西安小寨海绵城市智慧管控系统研究与应用. 人民长江，49(S2)：300-303，311.

刘雄仕，2012. 创意文化产业中的媒介功能. 青年记者，(32)：23-24.

刘远彬，丁中海，孙平，等，2012. 两型社会建设与智慧产业发展研究. 生态经济，28(11)：133-135.

刘泽阳，陈则谦，赵俊玲，2014. 城市文化资源与城市品牌建设. 合作经济与科技，(18)：18-20.

刘泽煜，肖玲，2008. 新城市主义思想与广州城市建设实践. 热带地理，28(2)：59-64.

刘政永，孙娜，2014. 环首都城市群资源环境承载力综合评价及政策建议. 河北工程大学学报(社会科学版)，31(4)：15-17，24.

刘智慧，张泉灵，2014. 大数据技术研究综述. 浙江大学学报(工学版)，48(6)：957-972.

龙瀛，刘伦伦，2017. 新数据环境下定量城市研究的四个变革. 国际城市规划，32(1)：64-73.

卢超，王蕾娜，张东山，等，2011. 水资源承载力约束下小城镇经济发展的系统动力学仿真. 资源科学，33(8)：1498-1504.

卢青，胡守庚，叶菁，等，2019. 县域资源环境承载力评价研究——以湖北省团风县为例. 中国农业资源与区划，40(1)：103-109.

卢小兰，2014. 中国省域资源环境承载力评价及空间统计分析. 统计与决策，30(7)：116-120.

卢亚灵，刘年磊，程曦，等，2017. 京津冀区域大气环境承载力监测预警研究. 中国人口·资源与环境，27(S1)：36-40.

卢肇钧，刘成宇，陈愈炯，等，1986. 参加第十一届国际土力学及基础工程会议技术汇报. 岩土工程学报，8(3)：63-95.

罗鹏庭，桂梅，杨紫锐，2016. 日本城市化进程中的产业、财政与金融政策：经验、问题及其对中国的启示. 生态经济，32(6)：108-113.

罗湘蓉，2011. 基于绿色交通构建低碳枢纽. 天津：天津大学.

罗宇，姚帮松，2015. 基于SD模型的长沙市水资源承载力研究. 中国农村水利水电，(1)：42-46.

罗源昆，王大伟，刘洁，等，2013. 大城市的人口只能主要靠行政手段调控吗?——基于区域人口承载力研究. 人口与经济，(1)：52-60.

吕庆华，2006. 文化资源的产业开发的文化资本理论基础. 生产力研究，(9)：183-185.

马奔，毛庆铎，2015. 大数据在应急管理中的应用. 中国行政管理，(3)：136-141，151.

马春山，2015. “米”字形快速铁路引入郑州铁路枢纽研究. 铁道运输与经济，37(8)：51-55.

马丽梅，张晓，2014. 区域大气污染空间效应及产业结构影响. 中国人口·资源与环境，24(7)：157-164.

马世骏，王如松，1984. 社会-经济-自然复合生态系统. 生态学报，4(1)：1-9.

马玉芳，闫晶晶，沙景华，等，2020. 陆海统筹背景下唐山市资源环境承载力综合评价. 中国矿业，29(1)：23-29.

毛汉英，余丹林，2001a. 环渤海地区区域承载力研究. 地理学报，56(3)：363-371.

毛汉英，余丹林，2001b. 区域承载力定量研究方法探讨. 地球科学进展，16(4)：549-555.

孟小峰，慈祥，2013. 大数据管理：概念、技术与挑战. 计算机研究与发展，50(1)：146-169.

苗东升，2006. 信息研究对人文科学的意义. 华中科技大学学报(社会科学版)，20(2)：107-112.

苗东升，2016. 信息研究的中国路径：回顾与展望. 自然辩证法研究，32(10)：84-90.

苗国强，杨忠振，2016. 环境承载力约束下城市交通政策的节能减排效果评价研究. 贵州大学学报(自然版)，33(1)：127-131.

莫虹频，温宗国，陈吉宁，2008. 在土地资源和环境承载力约束下的城市工业发展. 清华大学学报(自然科学版)，48(12)：2088-2092.

倪天麒，王伟，2000. 城市环境容载力及其计量方法初探. 干旱区地理，23(4)：371-375.

宁焕生，徐群玉，2010. 全球物联网发展及中国物联网建设若干思考. 电子学报，38(11)：2590-2599.

宁亚东，李宏亮，2016. 我国移动源主要大气污染物排放量的估算. 环境工程学报，10(8)：4435-4444.

潘宏胜，黄明皓，2014. 部分发达国家基础设施投融资机制及其对我国的启示. 经济社会体制比较，(1)：24-30.

潘锦云，吴九阳，2016. 产城融合发展模式的形成机理与实现路径——基于提升城镇化质量的视角. 江汉论坛，11：23-29.

庞前聪，周作江，王英行，等，2016. 城市宜居动态指数的研究及应用——以珠海国际宜居城市指标体系为例. 规划师，32(6)：124-128.

裴玉龙，潘恒彦，郭明鹏，等，2020. 轨道交通对城市公共交通网络可达性的影响——以哈尔滨市为例. 公路交通科技，37(6)：104-111.

彭建，赵鹏军，刘忠伟，等，2002. 基于地理区位的区域发展分析——以重庆市为例. 地域研究与开发，(2)：28-32.

彭璇，祝辉，祝尔娟，2015. 京津冀能源承载力评价与分析——基于2007—2011年数据. 首都经济贸易大学学报，17(4)：15-22.

彭瑶玲，张臻，闫晶晶，2020. 重庆主城区城市空间结构演变与优化——基于公共服务功能组织视角. 城市规划，44(5)：54-61.

蒲攀，马海群，2017. 大数据时代我国开放数据政策模型构建. 情报科学，35(2)：3-9.

齐喆，张贵祥，2016. 北京市交通综合承载力评价与提升策略. 生态经济，32(1)：82-85，124.

钱佳，汪德根，牛玉，2014. 城市创意旅游资源分类、评价及空间分异——以苏州中心城区为例. 经济地理，34(9)：172-178.

钱学森，1988. 论系统工程(增订本). 长沙：湖南科学技术出版社

钱应苗，王孟钧，袁瑞佳，2018. 智慧城市研究演进路径、热点及前沿的可视化分析——基于Web of Science数据库的文献

计量. 世界科技研究与发展，40(5)：477-485.

邱鹏，2009. 西部地区资源环境承载力评价研究. 软科学，23(6)：66-69.

全华，陈田，杨竹莘，2002. 张家界水环境演变与旅游发展关系. 地理学报，57(5)：619-624.

任磊，杜一，马帅，等，2014. 大数据可视分析综述. 软件学报，25(9)：1909-1936.

任毅，周倩倩，李冬梅，等，2015. 呼和浩特市大排水系统的构建规划与评估研究. 人民珠江，36(4)：25-28.

任泽平，罗志恒，孙婉莹，中国财政报告 2019：谁来给我们养老？. https：//baijiahao. baidu. com/s?id=1654901894090413359&wfr=spider&for=pc，2020-01-05.

任阵海，万本太，虞统，等，2004. 不同尺度大气系统对污染边界层的影响及其水平流场输送. 环境科学研究，17(1)：7-13.

沙勇忠，陆莉，2019. 公共安全数据管理：新领域与新方向. 图书与情报，(4)：1-12.

单博文，2017. 基于百度实时路况及热力图的道路拥堵分析研究——以哈尔滨主城区为例. . (eds.) 持续发展 理性规划——2017 中国城市规划年会论文集（05 城市规划新技术应用）(pp. 294-306).

尚勇敏，王振，2019. 长江经济带城市资源环境承载力评价及影响因素. 上海经济研究，31(7)：14-25，44.

邵磊，厉基巍，杨春志，2015. 大数据视角下的未来人居——清华大学“大数据与未来人居”学术研讨会综述. 城市发展研究，22(9)：121-124.

邵亦文，徐江，2015. 城市韧性：基于国际文献综述的概念解析. 国际城市规划，30(2)：48-54.

邵益生，张志果，2014. 城市水系统及其综合规划. 城市规划，38(S2)：36-41.

申军波，石培华，2021. “厕所革命”的中国治理：成效、经验与反思. 领导科学，(2)：41-43.

施雅风，曲耀光，1992. 乌鲁木齐河流域水资源承载力及其合理利用. 北京：科学出版社.

石敏俊，李元杰，张晓玲，等，2017. 基于环境承载力的京津冀雾霾治理政策效果评估. 中国人口·资源与环境，27(9)：66-75.

石忆邵，尹昌应，王贺封，等，2013. 城市综合承载力的研究进展及展望. 地理研究，32(1)：133-145.

时保国，田一聪，赵江美，等，2020. 生态城市的研究进展与热点——基于文献计量和知识图谱分析. 干旱区资源与环境，34(3)：76-84.

史宝娟，郑祖婷，2014. 河北省综合承载力分析及对策研究. 河北经贸大学学报，35(4)：78-81.

世界环境与发展委员会，1997. 我们共同的未来. 王之佳,等译. 长春：吉林人民出版社.

宋涛，蔡建明，倪攀，等，2013. 城市新陈代谢研究综述及展望. 地理科学进展，32(11)：1650-1661.

宋艳春，余敦，2014. 鄱阳湖生态经济区资源环境综合承载力评价. 应用生态学报，25(10)：2975-2984.

宋之帅，2009. 安徽省能源发展战略研究. 合肥：合肥工业大学.

孙波，2009. 科技文化：国家文化软实力的核心要素和重要支撑. 中国软科学，(10)：67-72.

孙道玮，俞穆清，陈田，等，2002. 生态旅游环境承载力研究——以净月潭国家森林公园为例. 东北师大学报(自然科学版)，34(1)：66-71.

孙海燕，王富喜，2008. 区域协调发展的理论基础探究. 经济地理，28(6)：928-931.

孙久文，2010. 区域经济学教程. 北京：中国人民大学出版社.

孙伟平，刘明石，2016. 论信息时代的生态城市. 广东社会科学，(1)：55-61.

孙晓东，倪荣鑫，冯学钢，2019. 城市入境旅游及客源市场的季节性特征研究——基于上海的实证分析. 旅游学刊，34(8)：25-39.

孙艳芝，鲁春霞，谢高地，等，2015. 北京城市发展与水资源利用关系分析. 资源科学，37(6)：1124-1132.

孙佑海，2019. 我国 70 年环境立法：回顾、反思与展望. 中国环境管理，11(6)：5-10.

谭必勇，刘芮，2020. 数字政府建设的理论逻辑与结构要素——基于上海市“一网通办”的实践与探索. 电子政务，(8)：60-70.

谭术魁，韩思雨，周敏，2017. 土地城市化背景下武汉市资源环境承载力仿真研究. 长江流域资源与环境，26(11)：1824-1830.

谭文垦，石忆邵，孙莉，2008. 关于城市综合承载能力若干理论问题的认识. 中国人口·资源与环境，18(1)：40-44.

谭映宇，张平，刘容子，等，2012. 渤海内主要海湾资源和生态环境承载力比较研究. 中国人口·资源与环境，12(12)：7-12.

谭志云，2009. 城市文化软实力的理论构架及其战略选择——以南京为例. 学海，(2)：175-180.

唐剑武，叶文虎，1998. 环境承载力的本质及其定量化初步研究. 中国环境科学，18(3)：3-5.

唐美玲，王明晖，王雁，2019. 高校问卷调查研究方法与实践. 上海：同济大学出版社.

唐媛，2016. 城市市政基础设施管理问题及对策研究. 长沙：国防科学技术大学.

陶国根，2016. 大数据视域下的政府公共服务创新之道. 电子政务，(2)：68-73.

田成川，2006. 构建我国环境承载力评价制度的建议. 宏观经济管理，(6)：39-41.

田雪原，1999. 以人为本的可持续发展理论及其理论体系. 中国人口科学，(1)：1-6.

佟新，2011. 论中国人才性别结构均衡发展. 云南民族大学学报(哲学社会科学版)，28(5)：112-117.

万向东，刘林平，张永宏，2006. 工资福利、权益保障与外部环境——珠三角与长三角外来工的比较研究. 管理世界，(6)：37-45.

王曾珍，2017. 城市交通承载力评价模型研究. 北京：中国地质大学.

王春福，2017. 大数据与公共政策的双重风险及其规避. 理论探讨，(2)：39-43.

王翠华，冉瑞平，魏晋，2010. 区域土地综合承载力空间差异评价研究——以四川省为例. 国土与自然资源研究，(2)：30-31.

王冬一，华迎，朱峻萱，2020. 基于大数据技术的个人信用动态评价指标体系研究——基于社会资本视角. 国际商务(对外经济贸易大学学报)，192(1)：121-133.

王功文，张寿庭，燕长海，等，2021. 栾川矿集区地学大数据挖掘和三维/四维建模的资源-环境联合预测与定量评价. 地学前缘，28(3)：139-155.

王恒伟，2018. 快速工业化地区土地容量评价及规划调控机制研究——以广东省东莞市为例. 北京：中国社会出版社.

王俭，孙铁珩，李培军，等，2005. 环境承载力研究进展. 应用生态学报，16(4)：768-772.

王建军，2012. 当前我国公共服务资源社区化配置的理论及实践研究. 新疆社会科学，(6)：124-127.

王金霞，2004. 可持续发展与绿色税收制度问题研究. 长春：吉林大学.

王开泳，颜秉秋，王芳，等，2014. 国外防治城市病的规划应对思路与措施借鉴. 世界地理研究，23(1)：65-72.

王凯丽，袁彩凤，张晓果，2018. 我国大气环境承载力研究进展. 环境与可持续发展，43(6)：35-39.

王理，孙连营，王天来，2016. 互联网+智慧建筑的发展. 建筑科学，32(11)：110-115.

王璐，高鹏，2010. 扎根理论及其在管理学研究中的应用问题探讨. 外国经济与管理，32(12)：10-18.

王谦，2003. 可持续发展中我国绿色税收制度的建立与完善. 财贸经济，(9)：86-90.

王芹，谢元礼，段汉明，等，2017. 基于实时路况的西安交通拥堵研究. 西北大学学报(自然科学版)，47(4)：622-626.

王如松，欧阳志云，2012. 社会-经济-自然复合生态系统与可持续发展. 中国科学院院刊，27(3)：254，337-345，403-404.

王若霏，2017. 我国能源消费的区域差异研究. 北京：北京工业大学.

王胜，孙贵艳，2017. 我国低碳城市规划存在的问题及对策探析. 科技管理研究，37(20)：225-229.

王书华，毛汉英，赵明华，2001. 略论土地综合承载力评价指标体系的设计思路——我国沿海地区案例分析. 人文地理，16(4)：57-61.

王树强，张贵，2014. 基于秩和比的京津冀综合承载力比较研究. 地域研究与开发，33(4)：19-25.

王鑫，2013. 基于空间数据分析的北郊森林公园选址研究. 北京：北京林业大学.

王雪军，付晓，孙玉军，等，2013. 基于 GIS 赣州市资源环境承载力评价. 江西农业大学学报，35(6)：1325-1332.

王雁红，2010. 公共事业民营化模式探求——以杭州湾跨海大桥为例的实证研究. 宁波经济(三江论坛)，(1)：23-27.
王阳阳，2018. 甘肃省旅游经济增长影响因素分析. 兰州：兰州财经大学.
王郁，2016. 城市公共服务承载力的理论内涵与提升路径. 上海交通大学学报(哲学社会科学版)，24(6)：15-22.
王振波，方创琳，许光，等，2015. 2014 年中国城市 $PM_{2.5}$ 浓度的时空变化规律. 地理学报，70(11)：1720-1734.
王振杰，2009. 加快呼和浩特铁路局铁路网规划建设的思考. 铁道运输与经济，31(9)：29-32.
王振坡，张馨芳，宋顺锋，等，2017. 我国城市交通拥堵成因分析及政策评价——以天津市为例. 城市发展研究，24(4)：118-124.
卫思夷，居祥，荀文会，2018. 区域国土开发强度与资源环境承载力时空耦合关系研究——以沈阳经济区为例. 中国土地科学，32(7)：58-65.
卫振林，申金升，徐一飞，1997. 交通环境容量与交通环境承载力的探讨. 经济地理，17(1)：37，97-99.
魏后凯，1989. 区域承载力・城市化・城市发展政策. 学术界，(6)：76-80.
魏文秀，张欣，田国强，2010. 河北霾分布与地形和风速关系分析. 自然灾害学报，19(1)：49-52.
文立杰，纪东东，张杰，2018. 沿边民族地区农村基层公共文化服务质量研究——以 Z 自治区 4 市 8 县(区)38 村为样本. 图书馆论坛，38(12)：70-78，95.
文兴吾，何翼扬，2012. 论科技文化是第一文化. 中华文化论坛，1(1)：135-142.
沃尔特・克里斯塔勒，2010. 德国南部中心地原理. 北京：商务印书馆.
吴晨阳，王婉莹，2020. 国家中心城市基础设施承载力评价及障碍因素诊断. 水土保持通报，40(3)：260-267，273.
吴春涛，李隆杰，何小禾，等，2018. 长江经济带旅游景区空间格局及演变. 资源科学，40(6)：1196-1208.
吴大放，胡悦，刘艳艳，等，2020. 城市开发强度与资源环境承载力协调分析——以珠三角为例. 自然资源学报，35(1)：82-94.
吴海燕，2018. 以智慧旅游视野发展全域旅游的理论和实践. 经济问题探索，(8)：60-66.
吴善鹏，李萍，张志飞，2019. 政务大数据环境下的数据治理框架设计. 电子政务，(2)：45-51.
吴圣刚，2002. 文化资源及其特征. 河南师范大学学报(哲学社会科学版)，29(4)：11-12.
吴秀云，赵元吉，刘金，2020. 供给侧结构性改革下公共体育服务供需矛盾及其调和路径. 体育文化导刊，(1)：18-22.
吴英慧，2019. 大数据导向下的民族地区绿色发展研究. 生态经济，35(4)：71-76.
吴增基，吴鹏森，苏振芳，2018. 现代社会调查方法. 上海：上海人民出版社.
武晓耕，2014. 科技文化传播方式的流变——兼论中国科技期刊“走出去”的目标与路径. 中国科技期刊研究，25(3)：361-364，367.
席广亮，甄峰，2017. 基于大数据的城市规划评估思路与方法探讨. 城市规划学刊，(1)：56-62.
席晶，袁国华，2017. 中国资源环境承载力水平的空间差异性分析. 资源与产业，19(1)：78-84.
夏翠娟，2020. 面向人文研究的“数据基础设施”建设——试论图书馆学对数字人文的方法论贡献. 中国图书馆学报，46(3)：24-37.
夏军，王中根，左其亭，2004. 生态环境承载力的一种量化方法研究——以海河流域为例. 自然资源学报，19(6)：786-794.
向宁，汤万金，李金惠，等，2017. 中国城市可持续发展分类标准的研究现状与问题分析. 生态经济，33(3)：100-104.
肖悦，田永中，许文轩，等，2018. 中国城市大气污染特征及社会经济影响分析. 生态环境学报，27(3)：518-526.
徐爱好，2017. 城乡统筹医疗保险制度效果评价——基于天津、重庆、宁夏的实证研究. 中国卫生政策研究，10(10)：23-27.
徐卞融，吴晓，2010. 基于“居住-就业”视角的南京市流动人口职住空间分离量化. 城市规划学刊，(5)：93-103.
徐桂菊，王丽梅，2008. 城市文化竞争力评价体系的构建. 山东经济，24(5)：101-107.
徐少华，2012. 银川市市政设施管理现状及改进措施. 市政设施管理，(4)：4-6.
徐图，2013. 节能减排约束下浙江省“十二五”能源结构优化调整研究. 杭州：浙江工商大学.

许光清，2006. 城市可持续发展理论研究综述. 教学与研究，(7)：87-92.

许联芳，谭勇，2009. 长株潭城市群“两型社会”试验区土地承载力评价. 经济地理，29(1)：69-73.

许明军，冯淑怡，苏敏，等，2018. 基于要素供容视角的江苏省资源环境承载力评价. 资源科学，40(10)：1991-2001.

许宪春，任雪，常子豪，2019. 大数据与绿色发展. 中国工业经济，(4)：5-22.

许新宜，王浩，甘泓，1997. 华北地区宏观经济水资源规划理论与方法. 郑州：黄河水利出版社.

许雪婷，蔡冠清，郝芳华，等，2016. 能源基地水资源利用现状及其承载力分析——以山西省为例. 环境污染与防治，38(6)：69-74.

薛海，张帆，2020. 降水量与城市大气环境关系——以 113 个环保重点城市为例. 自然资源学报，35(4)：937-949.

薛静静，2014. 中国省域能源供给安全格局及优化机制研究. 北京：中国科学院大学.

薛静静，史军，沈镭，等，2015. 中国区域能源供给安全问题研究. 中国软科学，(1)：96-107.

薛文博，付飞，王金南，等，2014. 基于全国城市 $PM_{2.5}$ 达标约束的大气环境容量模拟. 中国环境科学，34(10)：2490-2496.

亚当·斯密，2015. 郭大力，王亚南，译. 国民财富的性质和价值的研究. 北京：商务印书馆.

严强，2008. 公共行政的府际关系研究. 江海学刊，(5)：93-99，238-239.

杨海平，孙平军，2017. 产业结构调整的经济增长效应及其政策选择——以江苏沿海三市十六县为例. 首都经济贸易大学学报，19(4)：63-70.

杨怀中，2011. 科技文化软实力及其实现路径. 自然辩证法研究，27(7)：118-122.

杨莉，王红武，胡坚，等，2018. 镇江市基于信息化技术的海绵城市智慧监管系统研究. 中国给水排水，34(10)：7-10.

杨玲，张新平，2016. 人口年龄结构、人口迁移与东北经济增长. 中国人口·资源与环境，26(9)：28-35.

杨小波，吴庆书，2014. 城市生态学(第三版). 北京：科学出版社.

杨秀平，翁钢民，2014. 城市旅游环境可持续承载的管理创新研究. 人文地理，29(6)：146-153.

杨雅雪，杨井，许玉凤，等，2016. 基于 LMDI 方法的新疆生产用水变化分析. 干旱区地理，39(1)：67-76.

杨友宝，王荣成，李秋雨，等，2015. 东北地区旅游资源赋存演化特征与旅游业空间重构. 经济地理，35(10)：194-201，209.

姚青，刘敬乐，蔡子颖，等，2018. 天津大气稳定度和逆温特征对 $PM_{2.5}$ 污染的影响. 中国环境科学，38(8)：2865-2872.

姚治君，王建华，江东，等，2002. 区域水资源承载力的研究进展及其理论探析. 水科学进展，13(1)：111-115.

叶京京，2007. 中国西部地区资源环境承载力研究. 成都：四川大学.

易睿，王亚林，张殷俊，等，2015. 长江三角洲地区城市臭氧污染特征与影响因素分析. 环境科学学报，35(8)：2370-2377.

尹凡，刘明，2017. 京津冀区域城镇化推进政策着力点分析——基于基础设施承载力和公共服务承载力的对比. 城市发展研究，24(11)：10-13.

于丰，谭丽莎，高春阳，等，2016. 国际建筑工程承包风险清单构建. 财经问题研究，(S1)：30-32.

于广华，孙才志，2015. 环渤海沿海地区土地承载力时空分异特征. 生态学报，35(14)：4860-4870.

原达，刘日晨，袁晓如，2015. 探地数据可视化研究. 计算机辅助设计与图形学学报，27(1)：36-45.

约翰·冯·杜能，1986. 孤立国同农业和国民经济的关系. 北京：商务印书馆.

岳公正，王俊停，2016. 我国城镇养老保险基金收支平衡的预测分析. 统计与决策，32(20)：153-155.

岳文泽，王田雨，2019. 资源环境承载力评价与国土空间规划的逻辑问题. 中国土地科学，33(3)：1-8.

岳向华，林毓铭，许明辉，2016. 大数据在政府应急管理中的应用. 电子政务，(10)：88-96.

曾浩，申俊，江婧，2019. 长江经济带资源环境承载力评价及时空格局演变研究. 南水北调与水利科技，17(3)：89-96.

曾悠，2014. 大数据时代背景下的数据可视化概念研究. 杭州：浙江大学.

张波，周歆，刘江涛，2019. 城市研究中的大数据应用. 城市问题，(4)：22-28.

张朝枝，朱敏敏，2020. 文化和旅游融合：多层次关系内涵、挑战与践行路径. 旅游学刊，35(3)：62-71.

张辰，唐伟，肖洁，等，2020. 基于人工智能的空气质量预测系统的开发及应用. 环境科学与技术，45(S2)：188-193.

张春晖，白凯，马耀峰，等，2013). 入境游客视角下中国旅游形象的景区代言. 地理研究，32(5)：924-941.

张春磊，杨小牛，2013. 大数据分析(BDA)及其在情报领域的应用. 中国电子科学研究院学报，8(1)：18-22.

张冬梅，2018. 德尔菲法的运用研究——基于美国和比利时的案例. 情报理论与实践，41(3)：73-77.

张红，陈嘉伟，周鹏，2016. 基于改进生态足迹模型的海岛城市土地承载力评价——以舟山市为例. 经济地理，36(6)：155-160，167.

张红凤，周峰，杨慧，等，2009. 环境保护与经济发展双赢的规制绩效实证分析. 经济研究，44(3)：14-26，67.

张佳丽，王蔚凡，关兴良，2019. 智慧生态城市的实践基础与理论建构. 城市发展研究，26(5)：4-9.

张杰，李冬，2012. 水环境恢复与城市水系统健康循环研究. 中国工程科学，14(3)：21-26，53.

张洁，汪俊亮，吕佑龙，等，2019. 大数据驱动的智能制造. 中国机械工程，30(2)：127-133，158.

张静，唐莲，刘子西，等，2020. 污水再生回用对银川市水资源承载力的影响. 安全与环境学报，20(2)：756-762.

张礼兵，胡亚南，金菊良，等，2021. 基于系统动力学的巢湖流域水资源承载力动态预测与调控. 湖泊科学，33(1)：242-254.

张楠，2015. 公共衍生大数据分析与政府决策过程重构：理论演进与研究展望. 中国行政管理，(10)：19-24.

张书铨，孙竹，刘扬，2018. 2017 年季节性供气紧张的原因与对策. 天然气工业，38(7)：120-128.

张文忠，刘继生，1992. 关于区位论发展的探讨. 人文地理，7(3)：7-13.

张晓平，2008. 中国能源消费强度的区域差异及影响因素分析. 资源科学，30(6)：883-889.

张序，2015. 公共服务供给的理论基础：体系梳理与框架构建. 四川大学学报(哲学社会科学版)，(4)：135-140.

张燕，2003. 西方区域经济理论综述. 当代财经，(12)：86-88.

张引，陈敏，廖小飞，2013. 大数据应用的现状与展望. 计算机研究与发展，50(S2)：216-233.

张永杰，2019. 社保基金数字化联网审计模式建构研究. 会计与经济研究，33(1)：39-51.

张忠贵，2014. 市政公用基础设施时空信息集成管理技术研究. 武汉：中国地质大学.

章穗，张梅，迟国泰，2010. 基于熵权法的科学技术评价模型及其实证研究. 管理学报，7(1)：34-42.

章燕喃，田富强，胡宏昌，等，2014. 南水北调来水条件下北京市多水源联合调度模型研究. 水利学报，45(7)：844-849.

赵晨曦，王云琦，王玉杰，等，2014. 北京地区冬春 $PM_{2.5}$ 和 PM_{10} 污染水平时空分布及其与气象条件的关系. 环境科学，35(2)：418-427.

赵德余，2017. 政策科学研究方法的评价标准、跨学科与范式之争. 探索与争鸣，(1)：85-89.

赵辉，李琦，2016. 区域水土流失动态监测评价的大数据分析基础与对策. 中国水土保持科学，14(4)：68-74.

赵连璧，2016. 兰州市市政设施管理养护问题研究. 兰州：兰州大学.

赵苗苗，赵师成，张丽云，等，2017. 大数据在生态环境领域的应用进展与展望. 应用生态学报，28(5)：1727-1734.

赵敏，张卫国，俞立中，2009. 上海市居民出行方式与城市交通 CO2 排放及减排对策. 环境科学研究，22(6)：747-752.

赵勤，2018. 社会调查方法(第 3 版). 北京：电子工业出版社.

赵希勇，张璐，吴鸿燕，等，2019. 哈尔滨地区乡村旅游资源评价与开发潜力研究. 中国农业资源与区划，40(5)：180-187.

赵小风，黄贤金，2011. 中国城市土地储备研究文献计量分析. 中国土地科学，25(8)：86-92.

郑石明，2016. 大数据在环境政策分析中的应用研究. 湖南社会科学，(6)：7-12.

郑思齐，张晓楠，徐杨菲，等，2016. 城市空间失配与交通拥堵——对北京市“职住失衡”和公共服务过度集中的实证研究. 经济体制改革，(3)：50-55.

郑伟元，2009. 中国城镇化过程中的土地利用问题及政策走向. 城市发展研究，16(3)：16-19.

郑炜，2018. 基于三角模型的城市水资源安全动态评价——以广州市为例. 水资源与水工程学报，29(5)：68-73，80.

郑志明，焦胜，熊颖，2020. 区域历史文化资源特征及集群保护研究. 建筑学报，(S1)：98-102.

郑忠海，付林，狄洪发，2009. 利用城市能源承载力来评价城市可持续发展.//《城市发展研究》编辑部. 城市发展研究——2009城市发展与规划国际论坛论文集，哈尔滨：202-205.

周侃，樊杰，2015. 中国欠发达地区资源环境承载力特征与影响因素——以宁夏西海固地区和云南怒江州为例. 地理研究，34(1)：39-52.

周侃，樊杰，王亚飞，等，2019. 干旱半干旱区水资源承载力评价及空间规划指引——以宁夏西海固地区为例. 地理科学，39(2)：232-241.

周莉，刘苗，周蕊格，等，2009. 基于专利文本挖掘的科技文化产业技术发展趋势研究. 科技进步与对策，36(23)：69-75.

周鹏，张红，谢娜，等，2010. 基于主成分分析和德尔菲法的房地产投资环境综合评价体系. 中国土地科学，24(12)：58-63.

周文辉，2015. 知识服务、价值共创与创新绩效——基于扎根理论的多案例研究. 科学学研究，33(4)：567-573，626.

周业晶，周敬宣，肖人彬，等，2016. 以 GDP-$PM_{2.5}$ 达标为约束的东莞大气环境容量及承载力研究. 环境科学学报，36(6)：2231-2241.

朱丹，2015. 沈阳经济区基本公共服务均等化问题研究. 沈阳：东北大学.

朱建平，章贵军，刘晓葳，2014. 大数据时代下数据分析理念的辨析. 统计研究，31(2)：10-19.

朱黎明，张磊，张能恭，2021. 面向 2049 的宁波城市发展战略规划探析. 规划师，37(2)：62-69.

朱一诺，2018. 我国大中型城市新增建设用地管理的现状、问题及对策研究. 南京：东南大学.

邹昱昙，2009. 浅析我国基础设施建设中 PPP 模式应用问题. 商业时代，(24)：60，79.

左其亭，张修宇，2015. 气候变化下水资源动态承载力研究. 水利学报，46(4)：387-395.

Aamodt A，Plaza E，1994. Case-based reasoning：Foundational issues，methodological variations，and system approaches. AI Communications，7(1)：39-59.

Ahvenniemi H，Huovila A，Pinto-Sepp I，et al.，2017. What are the differences between sustainable and smart cities?. Cities，60：234-245.

Ait-Aoudia M N，Berezowska-Azzag E，2016. Water resources carrying capacity assessment：The case of Algeria' s capital city. Habitat International，58：51-58.

Akaabre P B，Poku-Boansi M，Adarkwa K K，2018. The growing activities of informal rental agents in the urban housing market of Kumasi，Ghana. Cities，83：34-43.

Allen W，1949. Studies in African land usage in Northern Rhodesia. Rhodes Living stone Papers，15.

Allen W，1965. The African husbanman. New Yor k：Barnes and Noble.

Anarfi K，Shiel C，Hill R A，2022. The public' s perspectives of urban sustainability：A comparative analysis of two urban areas in Ghana. Habitat International，121：102496.

Angelidou M，2014. Smart city policies：A spatial approach. Cities，41：S3-S11.

Antle J，Capalbo S，Houston L，2015. Using big data to evaluate agro-environmental policies. Choices，30：1-8.

Bathrellos G D，Skilodimou H D，Chousianitis K，et al.，2017. Suitability estimation for urban development using multi-hazard assessment map. Science of The Total Environment. 575：119-134.

Bator F M，1958. The anatomy of market failure. The Quarterly Journal of Economics，72(3)：351-379.

Bello-Orgaz G，Jung J J，Camacho D，2016. Social big data：Recent achievements and new challenges. Information Fusion，28：45-59.

Bibri S E，Krogstie J，2017. Smart sustainable cities of the future：An extensive interdisciplinary literature review. Sustainable Cities and Society，31：183-212.

Bogataj D，Bogataj M，Drobne S，2019. Interactions between flows of human resources in functional regions and flows of inventories in dynamic processes of global supply chains. International Journal of Production Economics，209：215-225.

Boulila W，Farah I R，Hussain A，2018. A novel decision support system for the interpretation of remote sensing big data. Earth Science Informatics，11(1)：31-45.

Burgess E W，Park R E，1933. Introduction to the Science of Sociology. Chicago University Press.

Cairncross E K，John J，Zunckel M，2007. A novel air pollution index based on the relative risk of daily mortality associated with short-term exposure to common air pollutants. Atmospheric Environment，41(38)：8442-8454.

Carpenter S R，Folke C，Scheffer M，et al.，2009. Resilience：Accounting for the noncomputable. Ecology and Society，14(1)：13.

Chapman R，Howden-Chapman P，Capon A，2016. Understanding the systemic nature of cities to improve health and climate change mitigation. Environment International 94：380-387.

Chelleri L，2012. From the “Resilient City” to Urban Resilience. A review essay on understanding and integrating the resilience perspective for urban systems. Documents d' anàlisi geogràfica，58(2)：287.

Chen W，Su H，Yong Y，et al.，2019. Decision support system for urban major hazard installations management based on 3DGIS. Physics and Chemistry of the Earth，Parts A/B/C 110：203-210.

Cheng K，Fu Q，Meng J，et al.，2018. Analysis of the spatial variation and identification of factors affecting the water resources carrying capacity based on the cloud model. Water Resources Management，32(8)：2767-2781.

Choi Y，Lee H，Irani Z，2018. Big data-driven fuzzy cognitive map for prioritising IT service procurement in the public sector. Annals of Operations Research，270(1-2)：75-104.

Chu Z，Bian C，Yang J，2022. How can public participation improve environmental governance in China? A policy simulation approach with multi-player evolutionary game. Environmental Impact Assessment Review，95：106782.

Cohen J E，1995. Population growth and earth' s human carrying capacity. Science，269(5222)：341-346.

Computing Community Consortium，2012. Challenges and Opportunities with Big Data. Washington，DC：Computing Research Association.

Costanza R，de Groot R，Braat L，et al.，2017. Twenty years of ecosystem services：How far have we come and how far do we still need to go? Ecosystem Services 28：1-16.

Daily G C，Ehrlich P R，1992. Population，sustainability，and earth' s carrying capacity. In：Ecosystem Management. BioScience，42(10)：761-771.

Daneshvar M R M，Khatami F，Zahed F，2017. Ecological carrying capacity of public green spaces as a sustainability index of urban population：A case study of Mashhad city in Iran. Modeling Earth Systems and Environment，3(3)：1161-1170.

De Gennaro M，Paffumi E，Martini G，2016. Big data for supporting low-carbon road transport policies in Europe：Applications，challenges and opportunities. Big Data Research，6：11-25.

Demirkan H，Delen D，2013. Leveraging the capabilities of service-oriented decision support systems：Putting analytics and big data in cloud. Decision Support Systems，55(1)：412-421.

Elvidge C D，Ziskin D，Baugh K E，et al.，2009. A fifteen year record of global natural gas flaring derived from satellite data. Energies，2(3)：595-622.

Fan Y P，Fang C L，2019. Research on the synergy of urban system operation-Based on the perspective of urban metabolism. Science of The Total Environment，662：446-454.

Fearnside P M，1990. Estimation of human carrying capacity in rainforest areas. Trends in Ecology&Evolution，5(6)：192-196.

Giest S，2017. Big data for policymaking：Fad or fasttrack?. Policy Sciences，50(3)：367-382.

Goddess P，1975. City in evolution. New York：Howard Forting.

Graymore M L M，Sipe N G，Rickson R E，2010. Sustaining human carrying capacity：A tool for regional sustainability assessment. Ecological. Economics. 69(3)：459-468.

Guo J，Ren J，Huang X T，et al.，2020. The dynamic evolution of the ecological footprint and ecological capacity of qinghai province. Sustainability，12(7)：3065.

Guo Q，Wang J Y，Yin H L，et al.，2018. A comprehensive evaluation model of regional atmospheric environment carrying capacity：Model development and a case study in China. Ecological Indicators，91：259-267.

Hadwen S，Palmer L J，1922. Reindeer in alaska. Washington：Govermment Pninting Office.

Hardin G，1992. Cultural carrying capacity：A biological approach to human problems. Carrying Capacity Network Focus，2：16-23.

Huang J，Shen G Q，Zheng H W，2015. Is insufficient land supply the root cause of housing shortage? Empirical evidence from Hong Kong. Habitat International，49：538-546.

Hudak A T，1999. Rangeland mismanagement in south Africa：Failure to apply ecological knowledge. Human Ecology，27(1)：55-78.

Höchtl J，Parycek P，Schöllhammer R，2016. Big data in the policy cycle：Policy decision making in the digital era. Journal of Organizational Computing and Electronic Commerce，26(1-2)：147-169.

Irankhahi M，Jozi S A，Farshchi P，et al.，2017. Combination of GISFM and TOPSIS to evaluation of urban environment carrying capacity（case study：Shemiran City，Iran）. International Journal of Environmental Science and Technology，14(6)：1317-1332.

Jia Z，Cai Y，Chen Y，et al.，2018. Regionalization of water environmental carrying capacity for supporting the sustainable water resources management and development in China. Resources，Conservation and Recycling，134：282-293.

Kjølle G H，Utne I B，Gjerde O，2012. Risk analysis of critical infrastructures emphasizing electricity supply and interdependencies. Reliability Engineering&System Safety，105：80-89.

Kolodner J，2014. Case-based reasoning. San Francisco：Morgan Kaufmann.

Kramers A，H öjer M，L övehagen N，et al.，2014. Smart sustainable cities—Exploring ICT solutions for reduced energy use in cities. Environmental Modelling & Software，56：52-62.

Kurronen S，2018. Natural resources and capital structure. Economic Systems，42(3)：385-396.

Lane M ，Dawes L ，Grace P，2014. The essential parameters of a resource-based carrying capacity assessment model：An Australian case study. Ecological Modelling，272：220-231.

Lasswell H D，Daniel L，1951. The policy sciences：Recent developments in scope and method. Stanford，Calif. ：Stanford University Press.

Laves G，Kenway S，Begbie D，et al.，2014. The research-policy nexus in climate change adaptation：experience from the urban water sector in South East Queensland，Australia. Regional Environmental Change，14(2)：449-461.

Lee D，Kim M，Lee J，2016. Adoption of green electricity policies：Investigating the role of environmental attitudes via big data-driven search-queries. Energy Policy，90：187-201.

Leyens L，Reumann M，Malats N，et al.，2017. Use of big data for drug development and for public and personal health and care. Genetic Epidemiology，41(1):51-60.

Li K，Jacob D J，Liao H，et al.，2019. Anthropogenic drivers of 2013—2017 trends in summer surface ozone in China. Proceedings of the National Academy of Sciences，116(2)：422-427.

Liu H M，2012. Comprehensive carrying capacity of the urban agglomeration in the Yangtze River Delta，China. Habitat International 36：462-470.

Liu P，Yi S P，2017. Pricing policies of green supply chain considering targeted advertising and product green degree in the big data environment. Journal of Cleaner Production，164：1614-1622.

Liu R Z，Borthwick A G L，2011. Measurement and assessment of carrying capacity of the environment in Ningbo，China. Journal of Environmental Management，92(8)：2047-2053.

Ma T，Zhou C，Pei T，et al.，2014. Responses of Suomi-NPP VIIRS-derived nighttime lights to socioeconomic activity in China' s cities. Remote Sensing Letters，5(2)：165-174.

Mahmoudi R，Shetab-Boushehri S N，Hejazi S R，et al.，2019. Determining the relative importance of sustainability evaluation criteria of urban transportation network. Sustainable Cities and Society，47：101493.

Mancini M S，Galli A，Coscieme L，et al.，2018. Exploring ecosystem services assessment through Ecological Footprint accounting. Ecosystem Services 30：228-235.

Marshall A，1961. Principles of economics：An introductory volume. London：Macmillan.

Maslow A H，1943. A theory of human motivation. Psychological Review，50(4)：370.

Masnavi M R，Gharai F，Hajibandeh M，2019. Exploring urban resilience thinking for its application in urban planning：A review of literature. International Journal of Environmental Science and Technology，16(1)：567-582.

Mauerhofer V，2013. Social capital，social capacity and social carrying capacity：Perspectives for the social basics within environmental sustainability. Futures，53：63-73.

McKinney M L，2008. Effects of urbanization on species richness：a review of plants and animals. Urban Ecosystems，11(2)：161-176.

McPhearson T，Haase D，Kabisch N，et al.，2016. Advancing understanding of the complex nature of urban systems. Ecologic Indicators，70：566-573.

Meerow S，Newell J P，Stults M，2016. Defining urban resilience：A review. Landscape Urban Planning. 147：38-49.

Monfreda C，Wackernagel M，Deumling D，2004. Establishing national natural capital accounts based on detailed ecological footprint and biological capacity assessments. Land Use Policy，21(3)：231-246.

Moses L B，Chan J，2014. Using big data for legal and law enforcement decisions：Testing the new tools. UNSWLJ，37：643.

Oh K，Jeong Y，Lee D K，et al.，2005. Determining development density using the Urban Carrying Capacity Assessment System. Landscape and Urban Planning 73：1-15.

Panagopoulos T，Duque J A G，Dan M B，2016. Urban planning with respect to environmental quality and human well-being. Environmental Pollution，208：137-144.

Park R E，1915. The city：Suggestions for the investigation of human behavior in the city environment. American journal of sociology，20(5)：577-612.

Park R E，Burgess E W，1921. An Introduction to the science of sociology. Chicago：The University of Chicago Press.

Pearl R，Reed L J，1920. On the rate of growth of the population of the United States since 1790 and its mathematical representation. Proceedings of the National Academy of Sciences of the United States of America，6(6)：275.

Peng J，Du Y，Liu Y，et a.，2016. How to assess urban development potential in mountain areas? An approach of ecological carrying capacity in the view of coupled human and natural systems. Ecological Indicators，60：1017-1030.

Perroux F，1950. Economic space：Theory and applications. The Quarterly Journal of Economics，64(1)：89-104.

Peters C J，Wilkins J L，Fick G W，2007. Testing a complete-diet model for estimating the land resource requirements of food consumption and agricultural carrying capacity：The New York State example. Renewable Agriculture and Food Systems：145-153.

Quade E S，Carter G M，1989. Analysis for public decisions. Cambridge：MIT Press.

Rees W E，1992. Ecological footprints and appropriated carrying capacity：What urban economics leaves out. Environment and Urbanization，4(2)：121-130.

Ren C F，Guo P，Li M，et al.，2016. An innovative method for water resources carrying capacity research—Metabolic theory of regional water resources. Journal of Environmental Management 167：139-146.

Salvati L，Ranalli F，Carlucci M，et al.，2017. Forest and the city：A multivariate analysis of peri-urban forest land cover patterns in 283 European metropolitan areas. Ecological Indicators，73：369-377.

Seidl I，Tisdell C A，1999. Carrying capacity reconsidered：from Malthus' population theory to cultural carrying capacity. Ecological Economics，31(3)：395-408.

Seilheimer T S，Wei A，Chow-Fraser P，et al.，2007. Impact of urbanization on the water quality，fish habitat，and fish community of a Lake Ontario marsh，Frenchman's Bay. Urban Ecosystems，10(3)：299-319.

Shannon C E，1948. A mathematical theory of communication. The Bell System Technical Journal，27(3)：379-423.

Shelford V E，1931. Some concepts of bioecology. Ecology，12(3)：455-467.

Shen L，Kyllo J，Guo X L，2013. An integrated model based on a hierarchical indices system for monitoring and evaluating urban sustainability. Sustainability，5(2)：524-559.

Shen L，Yan H，Fan H Q，et al.，2017. An integrated system of text mining technique and case-based reasoning（TM-CBR）for supporting green building design. Building and Environment 124：388-401.

Shen L Y，Ochoa J J，Zhang X，et al. 2013. Experience mining for decision making on implementing sustainable urbanization—An innovative approach. Automation in Construction，29：40-49.

Shi K，Yu B，Huang Y，et al.，2014. Evaluating the ability of NPP-VIIRS nighttime light data to estimate the gross domestic product and the electric power consumption of China at multiple scales：A comparison with DMSP-OLS data. Remote Sensing，6(2)：1705-1724.

Shi K，Yu B，Hu Y，et al.，2015. Modeling and mapping total freight traffic in China using NPP-VIIRS nighttime light composite data. GIScience&Remote Sensing，52(3)：274-289.

Shi Y，Wang H，Yin C，2013. Evaluation method of urban land population carrying capacity based on GIS—A case of Shanghai，China. Computers，Environment and Urban Systems，39：27-38.

Shorrocks A F，1980. The class of additively decomposable inequality measures. Econometrica：Journal of the Econometric Society，48(3)：613-625.

Silva-Laya M，D'Angelo N，García E，et al.，2020. Urban poverty and education. A systematic literature review. Educational Research Review 29.

Slesser M，1990. Enhancement of carrying capacity options-ECCO：Simulation software for assessing national sustainable development. The Management of Greed. Resource Use Institute.

Smaal A C，Prins T C，Dankers N M J A，et al.，1997. Minimum requirements for modelling bivalve carrying capacity. Aquatic

Ecology，31(4)：423-428.

Stieb D M，Burnett R T，Smith-Doiron M，et al.，2008. A new multipollutant，no-threshold air quality health index based on short-term associations observed in daily time-series analyses. Journal of the Air&Waste Management Association，58(3)：435-450.

Sun C W，Chen L T，Tian Y，2018. Study on the urban state carrying capacity for unbalanced sustainable development regions：Evidence from the Yangtze River Economic Belt. Ecological Indicators，89：150-158.

Świader M，Szewrański S，Kazak J K，et al.，2018. Application of ecological footprint accounting as a part of an integrated assessment of environmental carrying capacity：A case study of the footprint of food of a large city. Resources，7(3)：52.

Świader M，Lin D，Szewrański S，et al.，2020. The application of ecological footprint and biocapacity for environmental carrying capacity assessment：A new approach for European cities. Environmental Science&Policy，105：56-74.

Tehrani N A，Makhdoum M F，2013. Implementing a spatial model of Urban Carrying Capacity Load Number（UCCLN）to monitor the environmental loads of urban ecosystems. Case study：Tehran metropolis. Ecological Indicators，32：197-211.

Theil H，Uribe P，1967. The information approach to the aggregation of input-output tables. The Review of Economics and Statistics 49(4)：451.

Tian Y，Sun C W，2018a. A spatial differentiation study on comprehensive carrying capacity of the urban agglomeration in the Yangtze River Economic Belt. Regional Science and Urban Economics，68：11-22.

Tian Y，Sun C W，2018b. Comprehensive carrying capacity，economic growth and the sustainable development of urban areas：A case study of the Yangtze River Economic Belt. Journal of Cleaner Production 195：486-496.

Tobler W R，1970. A computer movie simulating urban growth in the Detroit region. Economic Geography，46：234.

Trubka R，Newman P，Bilsborough D，2010. The costs of urban sprawl-Infrastructure and transportation. Environment Design Guide：1-6.

UNESCO F，1985. Carrying capacity assessment with a pilot study of Kenya：A resource accounting methodology for sustainable development. Paris and Rome：9-12.

Van der Honing Y，Van Es A J H，Nijkamp H J，et al.，1973. Net-energy content of Dutch and Norwegian hay and silage in dairy cattle rations. Zeitschrift für Tierphysiologie Tierern?hrung und Futtermittelkunde，31(1-5)：149-158.

Vieira L C，Serrao-Neumann S，Howes M，et al.，2018. Unpacking components of sustainable and resilient urban food systems. Journal of Cleaner Production，200：318-330.

Walker B，Meyers J A，2004. Thresholds in ecological and social-ecological systems：A developing database. Ecology and Society，9(2)：1-16.

Wang J H，Ren Y T，Shen L Y，et al.，2020. A novel evaluation method for urban infrastructures carrying capacity. Cities，105：102846.

Wang L Y，Fan H，Wang Y K，2018. Estimation of consumption potentiality using VIIRS night-time light data. PloS one，13(10).

Wang R，Cheng J H，Zhu Y L，et al.，2016. Research on diversity of mineral resources carrying capacity in Chinese mining cities. Resources Policy 47：108-114.

Wang T X，Xu S G，2015. Dynamic successive assessment method of water environment carrying capacity and its application. Ecological Indicators，52：134-146.

Wei X X，Shen L Y，Liu Z，et al.，2020. Comparative analysis on the evolution of ecological carrying capacity between provinces during urbanization process in China. Ecological Indicators，112：106179.

Wei Y G，Huang C，Lam P T I，et al.，2015. Sustainable urban development：A review on urban carrying capacity assessment. Habitat

International 46：64-71.

Wei Y G，Huang C，Li J，et al.，2016. An evaluation model for urban carrying capacity：A case study of China’s mega-cities. Habitat International 53：87-96.

Weng H T，Kou J，Shao Q L，2020. Evaluation of urban comprehensive carrying capacity in the Guangdong-Hong Kong-Macao Greater Bay Area based on regional collaboration. Environmental Science and Pollution Research：1-12.

Wu X L，Hu F，2020. Analysis of ecological carrying capacity using a fuzzy comprehensive evaluation method. Ecological Indicators，113：106243.

Xia T Y，Wang J Y，Song K，et al.，2014. Variations in air quality during rapid urbanization in Shanghai，China. Landscape and Ecological Engineering，10(1)：181-190.

Xu L P，Zhao S，Li J L，2013. Evaluation and prediction of water resources carrying capacity in Beijing city of China. In Advanced Materials Research (Vol. 616，pp. 1303-1311). Trans Tech Publications Ltd.

Yu G，Li M，Xu L，et al.，2018. A theoretical framework of urban systems and their evolution：The GUSE theory and its simulation test. Sustainable Cities and Society 41：792-801.

Zacharias A，Vakulabharanam V，2011. Caste stratification and wealth inequality in India. World Development，39(10)：1820-1833.

Zhan D，Kwan M P，Zhang W，et al.，2018. Assessment and determinants of satisfaction with urban livability in China. Cities，79：92-101.

Zhang F，Wang Y，Ma X，et al.，2019a. Evaluation of resources and environmental carrying capacity of 36 large cities in China based on a support-pressure coupling mechanism. Science of the Total Environment，688：838-854.

Zhang H，Wang Z，Liu J，et al.，2019b. Selection of targeted poverty alleviation policies from the perspective of land resources-environmental carrying capacity. Journal of Rural Studies.

Zhang L，Nie Q，Chen B，et al.，2020. Multi-scale evaluation and multi-scenario simulation analysis of regional energy carrying capacity—Case study：China. Science of The Total Environment：139440.

Zhang M，Liu Y，Wu J，et al.，2018. Index system of urban resource and environment carrying capacity based on ecological civilization. Environmental Impact Assessment Review 68：90-97.

Zhang Y，Fan J，Wang S，2020. Assessment of ecological carrying capacity and ecological security in China’s typical eco-engineering areas. Sustainability，12(9)：3923.

Zhao P，Hu H，2019. Geographical patterns of traffic congestion in growing megacities：Big data analytics from Beijing. Cities，92：164-174.

Zhou K，Fu C，Yang S，2016. Big data driven smart energy management：From big data to big insights. Renewable and Sustainable Energy Reviews，56：215-225.

后　记

中国在过去的几十年经历了世界上规模最大、速度极快的城镇化进程，在可预见的未来，城镇化将仍然是我国社会经济发展的主旋律。城镇化标志着人口不断向城市集聚，形成越来越多的大型城市，可以说大型城市的产生是人类社会发展的必然趋势。

城市可持续发展的基础是其资源环境具有较高的承载能力。为了保证城市资源环境承载力与城市社会经济的发展相适应，必须准确识别城市资源环境承载力状态并制定科学的优化提升城市资源环境承载力的政策措施。城市，特别是大型城市，集聚了主要的社会经济活动，是人口的主要聚集地。在城市发展过程中，不断涌现海量的数据。这些数据为准确评价我国城市资源环境承载力提供了可靠依据，为构建城市资源环境承载力政策体系奠定了基础。

本书立足于我国城市，以城市可持续发展为目标，对我国城市资源环境承载力的内涵、评价原理、实证评价、演变规律和优化提升政策等进行了深入剖析和阐释，力图紧扣大数据背景，开展对我国城市资源环境承载力的评价与政策研究。目前研究城市资源环境承载力的大数据平台以及大数据基础设施建设水平较低，数据的公开程度也较低，且获取难度极大，获取成本极高。因此本书在对城市资源环境承载力进行实证评价时，多采用传统的统计数据，仅在对能源资源承载力、大气环境承载力和交通承载力进行实证评价和分析时有限地运用了大数据。未来随着大数据技术和数据采集机制的成熟和完善，大数据工具可以更有效地应用在我国城市资源环境承载力评价和政策研究中。

本书构建的城市资源环境承载力政策决策支持系统，旨在为城市管理者在制定优化提升城市资源环境承载力的政策措施时提供科学工具和平台。由于时间仓促，现阶段该系统的功能只得到初步开发，尚未在实践中推广使用，希望未来加强与政府部门、行业协会、科研院所、高等院校、企业之间的合作，推进系统的完善和应用，为优化提升我国城市资源环境承载力做出贡献。